현대 문화지리의 이해

현대 문화지리의 이해

초판 1쇄 발행 2013년 9월 12일
초판 4쇄 발행 2024년 3월 20일

지은이 한국문화역사지리학회

펴낸이 김선기
펴낸곳 (주)푸른길
출판등록 1996년 4월 12일 제16-1292호
주소 (08377) 서울특별시 구로구 디지털로 33길 48 대륭포스트타워 7차 1008호
전화 02-523-2907, 6942-9570~2
팩스 02-523-2951
이메일 purungilbook@naver.com
홈페이지 www.purungil.co.kr

ISBN 978-89-6291-236-4 93980

특정한 공간 · 장소 · 경관 등에서
문화는 어떤 양상으로 나타나는가?

   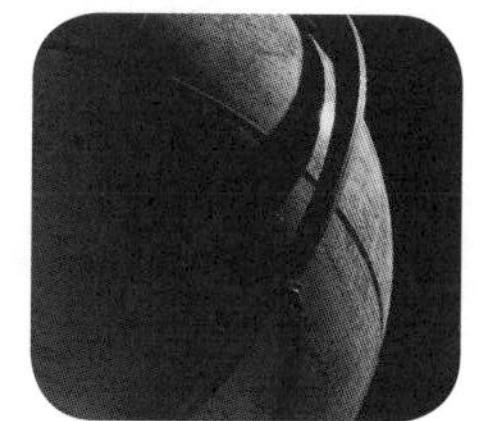

현대 문화지리의 이해

한국문화역사지리학회 지음

푸른길

문화의 시대에 문화의 길, 지리를 묻다

본서는 한국문화역사지리학회가 펴내는 여섯 번째 책이다. 『한국의 전통지리사상』(1991), 『우리 국토에 새겨진 문화와 역사』(2003), 『장소와 장소상실』(2005), 『지명의 지리학』(2008), 『한국역사지리』(2011) 등의 저서와 번역서에 이은 반가운 책이다.

문화지리학의 키워드는 문화와 지리이다. 그런데 문화 그리고 문화의 터전으로서 지리, 공간, 장소는 20세기 이후 자본주의, 기술과 통신, 글로벌화, 개인화의 진전에 따라 급격한 변혁을 겪고 있다. 19세기부터 문화지리학은 문화를 지리학의 입장에서 탐구하며 문화의 분포와 공간적 차이, 경관에 관심을 집중했다. 인종, 민족, 언어, 종교, 인구, 촌락 및 도시, 농업과 산업 등의 요소를 문화지역(culture region), 문화전파(cultural diffusion), 문화생태(cultural ecology), 문화경관(culture landscape) 등의 주제로 지구 상의 여러 지역에 대한 문화 이해의 성과를 일구어 냈다. 지금은 이러한 문화지리학적 접근을 전통적인 문화지리학 또는 구문화지리학(old cultural geography)이라 부른다. 이러한 전통적인 문화지리학의 존재 가치나 연구 영역이 사라진 것은 아니다.

동일한 용어와 단어를 사용하고 있으나 문화 개념이 포함하는 학문적 함의와 맥락, 해석은 크게 변했다. 1970년대 이후 문화, 사회, 정치, 삶의 공간을 바라보는 새로운 시각은 새로운 문화지리학 즉 신문화지리학(new cultural geography), 비판적 문화지리학 등으로 발전하며 활발한 논의를 거듭해 왔다.

일례로 문화지리학의 가장 중요한 주제였던 문화경관에 대해 전통적인 경관 개념은 외적인 면인 형태적 또는 물질적 측면을 지나치게 강조해 경관에 내재된 상징적 의미와 문화적 의미를 무시하며 외부자의 견해를 강조했다고 비판하고, 신문화지리학에서는 경관에 대한 내부자의 정체성과 경험을 중시한다. 또한 문화는 "지배와 종속의 사회적 관계가 결성되고 해체되는 영역"이며, 그동안 문화지리학자들이 문화가 구성되고 표현되는 사회적 맥락의 범위를 과소평가하였다고 비판한다. 문화는 지배와 종속의 권력관계와 연관되어 있으며, 지배층에 의해 의미가 창조되어 피지배층에게 전달되는 과정 즉 이데올로기, 헤게모니에 대한 이해가 매우 중요하다고 본다. 문화경관에는 그것을 생산하고 사용해 온 사람들이 표현한 상징적 의미와 이데올로기가 담겨 있으므로 경관은 '담론을 담고 있는 텍스트'이며, 텍스트, 예술품, 지도와 같이 주위 세계를 재현하고 상징하는 문화적 이미지를 담고 있다는 것이다. 1960년대 이후 활발해진 영국의 신문화지리학, '문화연구'에서는 문화를 경제적이고 정치적인 모순들이 상호충돌하고 때로는 해결되는 영역으로 본다.

문화는 매우 다양한 수준의 다양한 개념으로 사용되는 용어이다. 문화는 삶의 방식이고 가치관이자 그 표현의 결과물이다. 그런데 21세기 문화의 시대에 문화는 자본주의 산업, 마케팅과 결합되면서 부가가치와 소비의 새로운 원천이 되고 있다. 문화산업, 문화기술, 문화콘텐츠, 가상공간, 대중문화산업 등이 고부가가치를 창출하는 첨단 기술로 주목받고 있다. 반면 문화의 지나친 상품화와 소비, 문화의 생산에 자본주의적 생산 원리가 가져오는 역효과를 우려하기도 한다. 이제 문화는 또 다른 다중적 구조로 나아가고 있는 것으로 보인다.

이 책은 지리학 및 지리교육 학부생을 위한 현대 문화지리의 이해를 도울 수 있는 저서가 필요하다는 인식에 의해서 기획되었다. 2011년에 한국의 역사지리학 기본서로 『한국역사지리』가 출간된 이후 이러한 요청은 더욱 공감을 얻게 되었다. 최근 현대 문화의 변화와 현대 문화지리학의 이해를 위한 번역서들은 있었으나 우리의 시각에서 현대 문화지리학을 정리한 책은 없었기 때문이다. 이에 2012년에 한국문화역사지리학회의 임원들이 이 책의 출간을 논의, 기획하였다.

　이 책은 현대 문화지리학의 가장 최근의 연구 내용과 방향을 제시하는 데 중점을 두고, 크게 세 부분으로 구성되었다. 제1부는 서론에 해당하는 내용으로 '한국 문화지리학의 과거와 현재'(이정만), 그리고 '문화지리학의 접근 방법'(류제헌) 등 문화지리학의 흐름과 방법론에 대한 이해로 도입부를 장식하였다. 제2부는 현대 문화지리학의 핵심 개념들을 이해하는 내용으로 구성되었다. '재현 혹은 실천으로서의 경관: 신문화지리학의 경관 이론을 중심으로'(진종헌), '장소 개념의 스펙트럼과 잠재력'(심승희), '정체성, 인간이 공간에 새긴 흔적을 설명하다'(박승규), '인종과 민족집단의 지리'(박경환), '이주: 장소와 문화의 재구성'(이영민), '페미니스트 지리학과 젠더'(정현주), '가상 공간: 하이퍼텍스트로서의 도시'(이희상)의 개념을 각 장에서 제시하고 있다. 제3부는 문화지리학의 연구 주제로 '문학과 지리학의 만남, 문학지리학'(심승희), '관광지리, 사회문화적 접근'(조아라), '영화에 투사된 현실의 탐구: 영화지리학의 접근 방식과 연구 동향'(정희선), '아트지리학의 가능성 탐색: 진화하는 현대 미술을 중심으로'(김이재), '장소 기억의 정치'(한지은), '지명의 문화 정치'(김순배), '문화콘텐츠의 공간적 의미'(이병민) 등의 주제를 선정해 변화하는 사회 속에서 문화지리학의 관심, 문화지리학이 기여할 수 있는 분야들을 다루었다. 각 장마다 주제에 대한 이론적 소개와 요약, 핵심어, 학생들이 읽어 볼 만한 주요 문헌을 함께 제시하여 학생들이 이해하기에 어려움이 없도록 하였으며, 사고와 논의를 더 발전시킬 수 있도록 구성하고자 했다.

　이 책의 집필에 문화지리학계의 원로, 중진, 신진학자들이 고루 참여해 주신 점, 감사드린다. 한편 총 열여섯 가지의 주제에 열다섯 명의 집필진이 참여하다 보니 체제와 내용의 수준이 고르지 못한 점도 보인다. 또한 중요한 주제이면서도 누락된 내용이 있을 수 있으며, 사진과 도면 자료, 한국의 사례가 풍부했으면 하는 바람도 있다. 추후 보완을 기대하며 양해를 부탁드린다.

　이 책의 출간은 전적으로 학술이사이신 심승희 교수, 그리고 편집이사 진종헌 교수,

박경환 교수의 헌신에 힘입었다. 또 하나의 이정표, 『현대 문화지리의 이해』를 탄생시킨 세 분께 진심으로 감사드린다. 심승희 교수는 기획과 총괄을 도맡아 주시고, 책이 나오기까지 많은 어려운 과정을 묵묵히 진행해 주셨다. 공동으로 진행하는 일에는 누군가의 희생과 봉사가 필수적이다. 그동안 표현하지 못했던 감사의 마음을 이 자리를 빌려 오롯이 드리고 싶다.

지리학계의 아름다운 후원자이신 푸른길 출판사의 김선기 사장님은 이 책의 출판도 흔쾌히 수락해 주셨다. 읽고 싶은 훌륭한 책으로 만들어 주신 이선주 님을 비롯한 편집팀 여러분께도 진심으로 감사드린다. 개인적으로 문화와 지리는 삶의 의미를 찾아 주는 나침반이라고 생각한다. 이 책을 위해 고생하신 모든 분들, 그리고 이 책의 모든 독자들이 나침반을 만나시기를 기대한다.

2013년 8월

한국문화역사지리학회 회장 **양보경**

차 례

제3부   문화지리학의 연구 주제

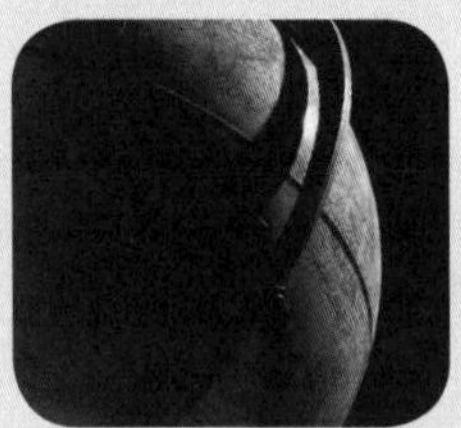

Understanding Contemporary Cultural Geographies

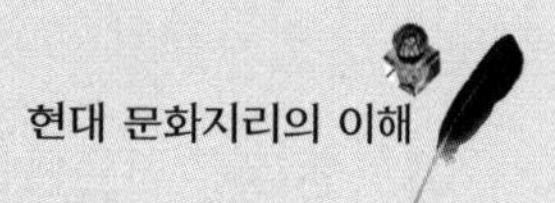

제1부

서 론

1. 한국 문화지리학의 과거와 현재

서울대학교 **이정만**

문화지리학을 정의하기는 쉽지 않다. 하지만 문화지리를 느끼는 것은 어렵지 않다. 힌두교의 최고 성지로 꼽히는 바라나시의 갠지스 강변(그림 1)에 가면 된다. 이곳에 도착하는 한국인 관광객은 강렬한 충격을 받는 게 보통이다. 왜냐하면 우리나라와는 모든 것이 너무나 다르기 때문이다. 바로 이 '다름'이 있기에 문화지리학이 존재한다고 할 수 있다. 바라나시의 갠지스 강에서 목욕을 하면 그동안의 죄와 부정을 씻어낼 수 있다는 믿음이 있어 연중 힌두교도들의 순례가 끊이지 않는다. 강가에는 목욕을 위한 계단이 있는데 계단 중 일부는 화장터로 사용되고 있어 시체를 화장하는 연기가 피어오르고 타는 냄새가 코를 찌른다. 물론 여기저기 돌아다니는 소들의 똥 냄새도 만만치 않다.

또한 죽은 뒤 바라나시의 갠지스 강가에서 화장하여 그 재를 강에 뿌리면 내세에 더 좋은 카스트로 태어날 수 있다고 믿어 죽음이 임박하면 일부러 바라나시의 요양원에 와서 죽음을 맞이하는 사람이 많다. 하지만 인도의 평범한 힌두교도는 바라나시에 와서 장례를 치르는 비용을 감당하기 어려워, 가난한 사람은 죽어서도 죄를 면하기 어렵다. 한편에서는 종교적 목욕을 하고 시체를 화장하는데, 다른 한편에서는 관광객들이

그림 1. 인도 바라나시의 갠지스 강변(사진: 이정만, 2009)

이 '신기한' 장면들을 구경하고 사진 찍고, 이 관광객들을 상대로 많은 인도인들이 열심히 돈을 벌고 있다.

한국으로 돌아와서 대학가의 한 식당 '한양 가든'으로 가 보자. 학생들이 삼겹살을 구워먹으면서 소주를 마시고 있다. 한국인에게는 익숙한 즐거운 광경이지만 바라나시에서 온 힌두교도에게는 이러한 삼겹살과 소주의 식사가 끔찍한 경험일 것이다. 돼지고기는 더러운 것으로서 먹어서는 안 되는 것이기 때문이다. 식당에서 다른 사람들은 맛있게 먹고 있는데 한 '여학생'은 고기를 먹지 않고 있다. 먹기 싫어서가 아니라, 먹고 싶지만 살을 빼고 싶기 때문이다. 하지만 그 여학생의 어머님이 젊었을 때는 아마도 구운 고기를 먹고 싶어도 귀해서 마음껏 먹기 힘들었을 것이다.

위와 같이 바라나시의 삶의 양식, 돼지고기에 대한 의미 부여, 그리고 본능을 억압하는 다이어트와 같은 것은 장소나 소속에 따라 서로 다르게 나타날 수 있다. 문화지리학은 이렇듯 사람마다, 장소마다, 독특한 속성을 가지게 되는 이유와 과정을 설명하는 학문이라 할 수 있다.

1) 한국의 전통 문화지리학

조선 성종 대에 편찬된『동국여지승람(東國輿地勝覽)』에는 인물, 예속(禮俗), 시문 등
이 강조되어 이전에 편찬된 세종 대의 지리지에 비해 문화적 성격이 강하였다(양보경,
2011, 295). 병자호란 이후 등장한 것으로 추정되는『정감록(鄭鑑錄)』은 일종의 예언서
로서 근거가 없는 주장으로 이루어져 있지만, 전쟁 때 피난가면 안전하다는 '십승지(十
勝地)'가 제시되어 있어 백성들의 관심을 끌었다. 이중환이 1750년경에 쓴 것으로 추
정되는『택리지』의「복거총론」에서는 지리, 생리, 인심, 산수(山水)의 네 가지를 사람이
살기 좋은 곳을 판단하는 기준으로 삼았다. 그는 아름답고 관개에 유리하다는 이유로
시냇가에 사는 것을 선호한 반면, 바닷가는 샘물이 모자라고 질병이 많다는 이유로 선
호하지 않았다. 한국의 풍수사상은 신라 말 도선 국사에 의해서 체계화되었는데 고려
를 창건한 태조는 풍수사상을 반영한『훈요십조』를 남겼다. 조선 초기 천도 시에도 풍
수가 반영되었으나 이후 유학자들에 의해 배척되어 민간신앙처럼 여겨졌다. 결국 자
손들이 명당에 조상의 묘지를 만들어 부귀영화를 추구하는 술법으로 전락하여 폐해가
컸다(최창조, 1990, 120-126).

1910년 일제의 한반도 강점으로 한국의 지리학적 전통은 단절되고 일제 식민통치를
위한 지리학이 강조되었다. 조선총독부는 일본 학자들을 동원하여 통치에 필요한 수
많은 자료를 수집하였는데, 그중 젠쇼 에이스케(善生永助)에 의한『조선의 취락』과 무
라야마 지준(村山智順)에 의한『조선의 풍수』는 대표적이다(장철수, 1998). 일제 강점
기 경성제대 교원양성소에는 지리를 담당하는 교수진으로 오우치 다케치(大內武次) 교
수와 마쓰다 히사오(松田壽男) 교수, 그리고 이즈미 세이이치(泉靖一) 강사가 있었다
(서울대 인류학과 전경수 교수 증언). 이 중 마쓰다는 동서문화의 교류, 이즈미는 잉카
제국, 오우치는 경제지리 관련 저술을 하였다. 그러나 1945년 일본이 패전하자 일본인
교수들은 급히 일본으로 귀환하여 한국에서의 지리학은 전기를 맞게 된다.

2) 한국의 현대 문화지리학

1945년 해방으로 일본인 교수들이 일본으로 귀환함에 따라 젊은 한국 지리학자들이 교수가 되지만, 문화지리학 분야의 연구는 1960년대 초가 되어서야 본격적으로 발표되기 시작한다. 특히, 1960년 미국 루이지애나 주립대학에서 루이지애나 벼농사의 문화사에 관한 논문으로 지리학 박사 학위를 받은 이찬이 1962년 서울대학교에 교수로 부임하면서 문화지리학 연구에 입문하는 제자들이 늘어났다. 이찬은 1988년 퇴임할 때까지 많은 학자를 배출하여 한국 문화지리학계에 큰 영향을 미쳤다. 이찬이 석·박사학위를 취득한 루이지애나 주립대학 지리학과는 프레드 니펜(Fred Kniffen)에 의해 창설되었는데, 니펜은 버클리 캘리포니아 대학에서의 박사학위 논문 지도교수가 칼 사우어(Carl Sauer)였으므로 소위 '버클리 학파'의 일원이다. 인간의 자연환경 변형에 관심이 컸던 사우어에 비해 니펜은 경관요소의 전파에 관심이 많았고(윤홍기, 2009, 20), 이찬도 경관 연구에 큰 관심을 가지게 되었다. 1970년대 들어 다수의 한국 지리학자들이 버클리 학파의 연구 주제와 방법을 사용한 연구결과를 발표하였다. 1980년대 들어서는 많은 학자와 학생들에 의해 다양한 주제의 석·박사학위 논문과 연구물들이 국내외에서 완성되어 문화지리학의 중흥기를 맞았다(류제헌, 1996, 257-260).

1990년대에도 많은 문화지리학 관련 연구들이 발표되었지만, 이때는 이미 유럽과 북미에서 '신문화지리학'이 힘을 얻고 있었으므로 한국의 문화지리학자들은 영미권에서와 마찬가지로 새로운 선택을 하게 되었다. 전통적 문화지리학과 신문화지리학의 핵심적 차이로는 연구 지역으로서 농촌과 도시라는 차이, 단일문화와 복수문화의 차이, 문화의 개념으로서 생활양식과 의미체계라는 차이를 들 수 있다. 한국에서 이미 도시화가 사실상 완료된 상황에서 문화지리학자들도 도시를 연구 지역으로 선택하는 것은 당연하고, 도시를 연구하게 되면 한 지역이나 장소에서 다양한 집단이 활동하는 것 또한 당연하므로 다수의 문화가 경합하는 모델을 채택하게 된다. 도입부에서 소개한 바와 같은 삼겹살이나 사후세계에 대한 의미 체계의 차이는 결국 삶의 양식의 차이로 이어지므로, 실제 연구 과정에서는 두 관점 모두 차이와 경쟁, 타협, 장악 등에 관한 연구로 수렴할 가능성이 크다. 결국, 전통적 문화지리학 연구를 하던 학자들은 신문화지리학적 개념과 연구 주제를 대폭 수용하면서 전통적 방식과 새로운 방식의 융합을 시도하게 되었다. 신문화지리학적 연구 관점을 일찍 수용한 소장 학자들은 새로운 관점과 이론, 그리고 연구방법으로 기존의 문화지리학계에 강렬한 영향을 미쳤지만, 이들 역시 실제 현장 연구 과정에서 기존의 전통적 연구 방식 중 유용한 방법이나 개념들을 부분적으로 수용하게 되었다.

2000년대 들어 신문화지리학자들도 새로운 비판과 도전을 맞이하고 있다. 연구 내용이 관념적이라거나 편향적이라거나 하는 비판을 받고 이에 대한 대응과 변화를 모색하고 있는 상황이다. 한국의 학자들로서는 학문의 세계화를 추구하면서도 서구의 학문에 대한 종속성을 극복하여 대등한 주체성을 확보하는 것이야말로 문화지리학뿐 아니라 학문 전반의 가장 큰 과제일 것이다.

● 요약

1. 문화지리학은 삶의 양식, 의미 부여 등의 차이에 따라 사람이나 장소마다 독특한 속성을 가지게 되는 이유와 과정을 설명하는 학문이다.
2. 1960년대 이후 한국의 문화지리학자들은 미국 버클리 학파의 연구 주제와 방법을 많이 따랐다.
3. 1990년대 이후 도시를 대상으로 복수 문화의 경합과 의미체계의 차이를 중요하게 다루는 신문화지리학에 전통적 문화지리학이 수렴하는 경향이다.
4. 2000년대 들어 신문화지리학자들도 관념성이나 편향성 등에 대한 비판을 받고 있다.

● 핵심어(Key words)

삶의 양식, 풍수사상, 버클리학파, 신문화지리학, 복수문화, 의미체계

way of life, poongsu(fengshui), Berkeley school, new cultural geography, plural cultures, system of meaning

● **읽어 볼 문헌**

- 이중환, 『택리지』. 조선 시대 사람들이 땅에 대해 어떻게 생각하였는지를 알려 주고 있는 책이다.

- 최창조, 1990, 『좋은 땅이란 어디를 말함인가: 한국 풍수사상의 이론과 실제』, 서해문집. 한국 풍수의 역사와 실제 응용 방법을 다양한 사진과 도표를 사용하여 알기 쉽게 설명한 책이다.

- 윤홍기, 2011, 『땅의 마음: 풍수 사상 속에서 읽어 내는 한국인의 지오멘털리티』, (주)사이언스북스. 미국 버클리 캘리포니아 대학에서 오래 전 한국의 풍수에 관한 논문으로 박사학위를 받은 뉴질랜드 대학 한국인 노교수의 한국 풍수에 대한 객관적 접근이다.

- 윤홍기, 2009, "영어권에서 문화지리학의 발전과 연구동향," 『문화역사지리』 21(1), 13-30. 영어권에서의 문화지리학 동향에 대한 한 버클리 학파 구성원의 해석을 볼 수 있다.

참고문헌

류제헌, 1996, "한국 문화·역사지리학 50년의 회고와 전망," 대한지리학회지, 31(2), 255-67.

양보경, 2011, "제6장, 지역 정보의 보고, 지리지", 이준선 외 지음, 한국역사지리, 푸른길, 289-336.

윤홍기, 2009, "영어권에서 문화지리학의 발전과 연구동향", 문화역사지리, 21(1), 13-30.

장철수, 1998, "조선총독부 민속 조사자료의 성격과 내용," 정신문화연구, 21(3), 31-54.

최창조, 1990, 좋은 땅이란 어디를 말함인가: 한국 풍수사상의 이론과 실제, 서해문집.

2. 문화지리학의 접근 방법

한국교원대학교 **류제헌**

문화지리학(Cultural Geography)을 문화를 연구하는 지리학의 분야라고 단순하게 정의할 때 가장 먼저 검토해야 할 대상은 문화라는 용어가 된다. 현재 일상적으로 통용되는 문화(culture)라는 용어는 작물과 가축의 재배, 인간 정신의 배양, 특정한 인간 집단의 총체적 생활 양식을 의미한다. 하지만 그동안 문화지리학에서 채용한 문화의 개념은 이러한 의미보다 훨씬 더 복잡하고 다양한 것이 사실이다. 여기에서는 문화지리학의 다양한 접근 방법을 개관하기 위하여 지금까지 문화지리학에서 활용하고 있는 문화의 개념을 그 발달 과정 중심으로 살펴보기로 한다.

1) 문화란 무엇인가?

문화는 믿기지 않을 만큼 복합적인 의미를 함유하고 있는 단어이다. 우리들 대부분은 그 의미를 의식하지 않고 문화라는 단어를 일상적으로 사용하고 있다. 우리들은 흔히 영국 문화, 중국 문화, 에스파냐 문화에 대하여 별다른 생각 없이 이야기한다. 구(舊)

유고슬라비아 내전과 같은 사건을 이해하지 못할 때, 우리들은 흔히 "음, 그건 바로 그들의 문화야. 그들은 수세기 동안 서로 싸워 왔어."라고 간단히 언급해 버린다. 또 다른 한편으로 우리들은 예술, 교향악, 연극 등을 문화, 특히 고급문화로 지칭한다. 그리고 그 순간 우리들은 텔레비전, 록 음악 스타, 코미디 서적에 의하여 전파되는 유행 문화에 대해서 이야기하고 싶어지기도 한다. 만일 유행 문화가 실재한다고 인정한다면 반항 문화, 토착 문화, 청년 문화, 흑인 문화, 노동자 문화, 서양 문화, 기업 문화, 빈민 문화, 민속 문화라는 범주의 설정이 가능해진다.

현재의 입장에서는 이와 같은 문화를 무엇이라고 정의하는 것이 가장 타당할까? 우선적으로 문화라는 단어는 특정한 인간 집단의 언어, 의복, 식습관, 음악, 주택 양식, 종교, 가족 구조, 가치 기준 등을 포함하는 '총체적 생활 방식'을 의미하는 것처럼 보인다. 그 다음으로 문화는 예술 작품, 음악 작품, 박물관과 연주회장에 보관되어 있는 사물은 물론, 텔레비전과 영화관을 통하여 방영되는 사물, 클럽이나 체육관 내부의 사물, 잡지에 광고되는 사물을 지칭하는 것처럼 보인다. 심지어 문화는 인간 생활을 규정하는, 아니면 인간 생활로부터 구성되기도 하는 '희미한 감정의 구조'라고 정의되기도 한다.

그렇지 않아도 복잡한 문화에 대한 사고를 더욱 복잡하게 만드는 또 다른 방법은 문화를 사회생활의 다른 영역과 분리된 영역으로 파악하는 것이다. 실제로 지리학, 인류학, 사회학에서 이론적 작업의 대부분은 사회생활을 경제, 정치, 사회, 문화의 영역으로 구분하여 수행하여 왔다. 물론 경제는 어떻게 생활을 영위하는가에 대한 것이고, 정치는 어떻게 권력을 배분하며 어떻게 사회적 승자와 패자를 결정하는가에 대한 것이다. 사회는 한편으로 정치적, 경제적, 문화적 형태로 표현되지만, 또 다른 한편으로 이러한 형태의 재생산을 도와주는 인간과 제도로 구성된다. 때때로 사회는 '오스트레일리아 사회'라는 표현과 같이 정치적, 경제적, 문화적, 사회적 형태의 집합적 총체가 되기도 한다. 그리고 문화는 아마도 경제, 정치, 사회로 분류되고 남은 사물 모두를 포함하는 잡동사니와 같은 존재일 것이다. 아무튼 문화는 지금까지 사물을 사고하는 방식의 하나로 엄연히 전해 내려오고 있는 것이다.

그렇지만 정치, 경제, 사회, 문화라는 개념적 영역은 현실 세계에서 상호 독립적으로 존재하지 않는 것이 분명하다. 진실로 이들 영역은 제각기 상대방을 정의하는 데 반드시 필요한 것으로 보인다. 예를 들면, 특정한 사회의 경제적 기능을 이해하려면 그 사회에서 권력이 어떻게 배분되는가를 이해하지 않으면 안 된다. 이러한 의미에서 문화를 이해하는 방법의 하나는 정치와 경제, 또는 넓은 의미의 사회가 물질적 관계와 관련되어 있는 반면, 문화는 상징적 관계와 관련이 있다고 보는 것이다. 이와 같이 문화를 경제적, 사회적, 정치적인 것이 아닌 상징적인 것으로 정의하는 이유는 상이한 영역들이 상호 작용을 통하여 상호 규제하며 사회의 총체, 즉 문화를 생산하는 과정을 들여다보기 위한 것이다. 이러한 경우에 문화는 관례적으로 특정한 인간 집단의 총체적 생활 양식을 의미한다. 문화를 이해하는 방법으로 이보다 더 단순하지만 여전히 중요한 또 다른 하나는 문화를 자연이 아닌 존재로 정의하는 것이다.

그러므로 문화는 간단히 정의하기 어려운 매우 혼란스러운 대상이다. 이러한 문화를 이해하는 방법으로는 아마도 다음과 같은 여섯 가지가 특별히 중요할 것이다. 첫째, 문화는 자연과 반대되는 것으로 인간을 인간적으로 만드는 것이다. 둘째, 문화는 실제적인 것으로 아직까지 분석되지 않은 특정한 인간 집단의 패턴과 차이이다. (애버리진 문화나 독일 문화가 의미하는 바와 같이 문화는 하나의 생활 양식이다) 셋째, 문화는 이러한 인간 집단의 패턴이 발전하는 과정이다. 넷째, 문화라는 용어는 특정한 인간 집단을 분별하고 특정한 인간 집단에 대한 소속감을 표시하는 것이다. 다섯째, 문화는 특정한 인간 집단이 이러한 패턴, 과정, 증표를 표상하는 방식이다. 즉, 문화는 고급문화, 저급 문화, 유행 문화, 민속 문화를 막론하고 그 의미를 생산하는 행위이다. 여섯째, 문화라는 개념은 흔히 이러한 과정, 행위, 생활 양식, 문화적 생산의 위계질서를 가리킨다. 문화적 위계에 대한 의식은 문화나 문화적 행위를 상호 비교할 때, 특히 서방 국가에서 이슬람교도의 선천적 열등성에 대하여 언급할 때 흔히 표출된다.

영국의 사회 비평가 레이먼드 윌리엄스(Raymond Williams, 1976)는 이와 같이 인간 세상의 모든 것을 의미하는 것처럼 보이는 문화 개념의 발달 과정을 추적한 바 있다. 그의 추적에 따르면, 애초에는 단순했던 문화의 의미가 세월의 흐름과 함께 소설 속에서 다른 의미들이 지속적으로 첨가되는 과정을 거쳐 복잡한 상태로 발전하였다. 윌리엄스의 설명에 의하면, 문화라는 단어는 경작(cultivation)이나 돌봄(tending)이라는 의미를 가진 'cultura'라는 라틴어에 뿌리를 두고 있다. cultura라는 단어가 프랑스어로 전이되어 발달하다가 15세기 초반 영국에 상륙할 때까지 문화는 여전히 자연적 성장을 돌보는 행위를 의미하고 있었다. 그 후 시간이 흐르면서 '식물과 동물의 성장을 돌보는 행위'라는 의미는 은유적 표현으로도 사용되어 '인간, 특히 마음이 성장을 돌보는 행위'로 확대되었다. 늦어도 19세기 초반에 이르면서 '인간의 성장을 돌보는 행위가 대상으로 하는 것은 구체적으로 개인'이라는 사고가 정착되었다. 이때부터 '문화는 하나의 개인이 실천하는 대상'이라는 의미가 새로이 출현하였다. 그렇지만 곧이어 문화는 인간 개인을 포함하는 다양한 대상을 돌보는 행위를 의미하는 단어로 진화하였다. 여기에서 중요한 사실은 문화라는 단어가 계급이나 지위의 차이를 표현하는 수단으로 이용되었다는 것이다. 문화가 좋은 사람과 나쁜 사람, 즉 교양이 있는 사람과 교양이 없는 사람을 분별하는 용어가 되었던 것이다.

18세기 독일과 프랑스에서 문화의 의미가 서로 다르게 변이되는 과정은 문화의 계급적 측면을 강조하는 '문명(civilization)'이라는 단어가 출현하는 과정과 그 궤를 같이한다. 18세기 말엽 독일 철학자 요한 폰 헤르더(Johann von Herder)는 돌보고 경작하는 행위가 유럽 사회를 인간 자아 발달의 최고 정상으로 인도해 주었다고 생각하는 고정 관념을 비판하였다. 그는 유럽 세력이 지구 전체로 팽창하는 것 자체를 비난하고, "무엇보다도 유럽 문화가 우월하다는 아집이 건방지게도 장엄한 자연 법칙을 모욕하고 있다."라고 주장하였다. 헤르더의 주장에 의하면, 단수로 존재하는 문화가 아니라 오히려 복수로 존재하는 문화들을 가정하고 특정한 민족(국가)의 문화들은 물론이고 민족(국가) 내부의 상이한 문화들을 논의하는 것이 중요하다. 이러한 주장은 계급이나 민족(국가)에 따라 다른 문화들이 상호 공존하는 것이 가능하다는 사고에 근거한 것이다. 이와 같이 유럽 내부에서 상반되는 문화들이 시공간적으로 공존한다는 관념, 즉 복수적 문화에 대한 관념은 18세기 말엽 독일의 낭만주의 운동에 의하여 창안된 것이다. 그 당시 낭만주의의 입장에서 문명은 물질적인 것이고, 문화는 정신적 또는 상징적인 것이라는 인식이 정당화되었던 것이다.

19세기 중반에 이르면 문화의 현대적 의미는 대부분 유럽의 사회 속에 정착된 것으로 보인다. 그 다음에는 대체로 문화라는 용어가 새롭게 정의되기보다는 기존 개념이 더욱 확장되었던 것으로 보인다. 윌리엄스는 문화에 대한 어원학적 분석의 결론으로 우리들이 주목해야 할 것은 문화라는 용어가 지니는 복합적 의미라고 지적하였다. 그의 주장에 따르면, 이와 같은 문화라는 의미의 복합성은 인간 발달의 일반성과 특수성이 가지는 상호 관계, 아니면 이러한 양면적 인간성과 예술이나 지성에 의한 작품과 실천이 가지는 상호 관계가 상당히 복잡하다는 사실을 암시한다.

2) 칼 사우어(Carl Sauer)의 문화 개념

진실로 문화는 매우 복합적인 의미를 가진 단어로 진화하여 왔으므로 문화가 함유하는 의미에 대한 다층적이고 다양한 해석은 얼마든지 가능하다. 그럼에도 불구하고 문화지리학의 경우에는 최근까지만 하여도 문화라는 단어를 비교적 제한적인 의미로 사용하여 왔다. 지리학자들은 사람들이 생활 양식의 증표로 만들어 내는 인공물(artifacts)에 상징적인 것이 반영되어 있다고 생각하는 경향이 팽배하였다. 그 대표적인 인물이 미국 지리학의 창시자나 다름이 없는 버클리 학파의 태두 칼 사우어(Carl Sauer)이다. 미국에서 문화지리학의 발달에 끼친 칼 사우어의 영향은 아무리 과장을 하여도 지나침이 없을 정도로 막대하다. 이러한 사우어에게 비록 간접적이기는 하지만 가장 많은 영향을 준 것은 철학자 임마누엘 칸트의 제자 헤르더(Herder)가 주창한 문화적 상대주의이다.

문화의 복수성과 상대주의에 대한 헤르더의 인식은 자기 자신의 문화적 전통이 가지는 정당성을 입증하려는 노력의 결과로 보인다. 헤르더는 독일 창설 당시 주체가 된 것은 독일 고유의 문화적 자아이며, 이를 독일 민중의 문화적 전통에서 찾고자 하였던 것이다. 헤르더의 주장에 따르면, 한 국가의 지방 문화는 마치 유기체와 같이 그 지방 고유의 지세, 관습, 공동체에 뿌리를 두고 있다. 이러한 가정하에 그는 독일 문화의 뿌리를 독일의 토양에서 찾으려고 노력하였던 것이다. 그의 이론은 특정한 국가의 진정한 뿌리는 의심할 여지없이 민속, 민요, 동화, 유행 시가(詩歌)와 같은 통속적인 예술에서 찾아야 한다는 것이었다.

독일적 독특성의 뿌리를 토양과의 유기적 관계에서 찾아내는 과정에서 헤르더는 문화적 상대주의에 눈을 돌리며 문화적 다양성을 추구할 필요성을 느꼈다. 그에 따르면, 독일을 독특하게 하는 것은 장소의 특이성과 그 장소에서 오랫동안 전개된 문화의 역사이다. 그는 다른 문화들도 장소와 역사의 관계를 통하여 형성되었다는 사실을 인정해야 한다고 주장하였다. 그렇지만 헤르더는 환경결정론자들과는 달리 독일의 독특성을 환경적 요인 그 자체가 아니라 오랫동안 지속된 지방과 환경의 상호 작용, 그리고 지방에 근거한 사회의 내부에서 찾으려고 하였다. 헤르더의 견해에 의하면, 공고한 기반을 가진 독일 민족국가의 건설에는 문화적 특수주의가 필요하며, 더 나아가 이는 지구 전체의 문화적 차이를 이해하기 위한 보편적 수단이 된다.

그렇지만 사우어가 문화적 특수주의를 이해하고 연구 방법과 대상으로 문화사를 필요로 하며 문화의 발달과 진보를 인간 집단의 독자적인 과정으로 이해하기까지는 헤르더로부터 간접적으로 영향을 받았다. 특히 헤르더가 적극적으로 선도한 인상주의라는 전통이 현대의 다원주의와 마찬가지로 사우어의 학문적 태도에 깊은 영향을 끼쳤다. 사우어는 문화 영역(culture area) - 하나의 특수한 문화를 특징으로 하는 지역 - 이라는 사고를 독일 지리학자 라첼(Ratzel)로부터 차용하였다. 또한 그는 "하나의 공동체가 문화적 특수성이 없는 사회적 유기체로 실재한다고 상상하는 것은 불가능하다."라고 주장하였다. 실제로 사우어는 지리학으로부터 인종중심주의를 추방하고 세계 각지의 사람들에 대한 공감을 증대시키려는 노력을 계속하였다. 이에 따라 그의 방법론적인 언명과 경험적 연구에는 민족지(民族誌)적이고 다문화적인 감수성이 분명히 내포되어 있다.

헤르더의 비인종주의적 시각은 양차 세계대전 중에 가장 인기를 끌었으며 인류학과 지리학이라는 학문 분야의 정립에 가장 큰 영향을 주었다. 이러한 헤르더의 이론은 '문화사로서의 지리학'을 정립하고자 하는 사우어에게 중요한 시대정신으로 작용하였다. 특히 이는 사우어가 문화와 경관의 관계에 대한 사고를 발전시키는 데 직접적으로 영향을 주었다. 이러한 상황에서 사우어에게 가장 큰 영향을 준 것은 미국 인류학의 창시자인 프란츠 보아스(Franz Boas)의 학문적 업적이었다. 보아스는 1890년대 사회진화론자들이 주도하는 이론들을 활발히 공격하며 학문적 관심을 끌었다. 그는 인류학에 영향을 주고 있는 환경결정론의 인종주의적 함의를 철저히 파헤치려고 노력하였다. 그는 다른 문화를 올바로 탐구하려면 자기 고유의 문화적 가치 기준을 포기하려는 노력을 철저히 해야 한다고 주장하였다. 그리고 30여 년이 지났을 때 사우어는 보아스의 전례를 따라 자기 고유의 방법론을 개발함으로써 그 당시 지리학을 풍미하고 있던 사회진화론을 공략하려고 하였다.

보아스의 최고 수제자인 알프레드 크뢰버(Alfred Kroeber)와 로버트 로위(Robert Lowie)는 모두 캘리포니아 주립대학교 인류학과 교수로 재직하였다. 이들은 문화적 특수주의와 상대주의에 대한 칼 사우어의 사고에 직접적으로 영향을 끼친 것으로 보인다. 사우어와 크뢰버 양자 간의 유연성(類緣性)은 무엇보다도 문화 영역(culture area)의 발달과 분포에 대한 크뢰버의 관심에서 분명히 확인된다. 크뢰버는 문화 영역을 문화적 요소(cultural trait)의 분포가 동질적으로 나타나는 지리적 지역으로 정의하였다. 사우어와 마찬가지로 크뢰버는 문화를 역사적으로 이해하고자 하는 욕구를 가지고 문화적 요소의 특정한 결합에 대한 지도화 작업을 시도하였다. 이러한 지도화 작업에서 그는 캘리포니아 주의 원주민 인디언, 아니면 작물을 최초로 재배한 사람들과 같은 인간 집단을 분별하고 이들의 총체적인 생활 방식을 파악하는 데 탁월한 성과를 도출하였다. 크뢰버는 "문화 영역이라는 개념은 수단이자 목적이다. 그 목적은 가령 문화의 역사적 사건과 같은 문화적 과정을 이해하는 것이다."라고 천명하였다. 사우어는 이러한 발언에 동조하며 "지리학자는 상호 관련되어 있지만 상이한 모습으로 세상에 나타나는 생활 패턴, 즉 문화 영역을 발견하는 데 관심을 가져야 한다."라고 제안하였다.

로버트 로위는 자신의 연구에서 문화의 발달과 변동에 대한 전파(diffusion)의 중요성을 이해하는 데 초점을 두었다. 그의 주장에 의하면, 전파라는 과정에서는 아무 것도 창조되지 않으며 이는 모든 요인들이 단지 인간 문명의 총체적 성장에 기여할 뿐이다. 로위는 아마도 진보에 대한 본질적인 회의를 품고 있다는 점에서 사우어와 상호 유사한 측면이 있다. 사우어는 현대 산업 사회의 장기적인 가치를 거의 인정하지 않았다. 그는 현대 사회의 진화로 말미암아 자연 세계에 두고 있는 문명의 뿌리가 뽑혔다고 생각하였다. 이와 마찬가지로 로위는 문화의 진보가 반드시 진보만을 의미하는 것이 아니라고 주장하였다. 문화적 특수성을 인정하는 보아스의 초보적 다문화주의는 사우어와 로위를 거쳐 더욱 발전하여 인류학자와 지리학자 모두가 서양 문화의 오만 불손한 태도를 지양하고 문화의 위계 대신 차이를 연구하도록 촉구하였던 것이다.

사우어가 문화인류학으로부터 배운 문화적 특수주의는 환경결정론에 비해 훨씬 더 복잡한 방식으로 문화와 환경과의 관계를 설명한다. 사우어는 지역을 단위로 하는 문화사로서의 지리학을 구축하기 위하여 미국 인류학의 이론에 독일 지리학의 이론을 선택적으로 결합시켰다. 이때 독일 지리학의 이론은 파사르게(Passarge)가 개발한 경관으로 번역되는 란트샤프트(Landschaft)에 관한 이론, 리히트호펜(Richthofen)이 제창한 분포학(chorology: 지역에 관한 과학), 헤트너(Hettner)가 대표하는 자연 경관이 문화 경관으로 변형되는 과정에 관한 이론 등을 포함하였다. 이러한 이론의 결합은 그야말로 미국 고유의 독창적인 지리학 프로그램으로 발전하여 독특한 유형의 문화지리학이 탄생하는 기반이 되었다. 사우어의 문화지리학은 문화적 상대주의를 출발점으로 하며 인간의 문화가 자연의 세계를 문화 경관이나 문화 지역으로 변형시키는 방식에 특별히 주목하는 역사적 지리학(historical geography)이었던 것이다.

사우어는 미국 지리학자들에게 영원한 과제라고 자신이 명명한 과제, 즉 분포의 관계학이라는 지리학의 고전적 전통의 르네상스에 관심을 가져 줄 것을 촉구하였다. 그의 목표는 지리학을 다른 학문 분야가 취급하지 않는 현실의 일부분을 연구하는 과학으로 존중받도록 재정립하는 것이었다. 사우어의 주장에 의하면, 이러한 현실의 일부분은 다름 아닌 경관으로서 세계의 본질 그 자체를 있는 그대로 담지하고 있는 것이다. 그러므로 사우어는 지리학의 과제란 지상의 다양한 광경에 부여된 모든 의미와 색깔을 파악하기 위하여 경관의 현상학을 포함하는 정밀한 체계를 구축하는 것이라고 주장하였다. 그는 지리학의 단위 개념을 표현하고 특정한 지리적 결합을 특징짓기 위하여 경관(landscape)이라는 용어를 사용하고 경관의 동의어로 영역(area)과 지역(region)이라는 용어를 제안하였다.

결론적으로 사우어의 문화지리학은 지구에 형상을 부여하는 과정보다는 오히려 그 결과, 즉 형상 그 자체에 관심을 보이는 데 만족하였다. 사우어와 그의 제자들 대다수는 지리학의 관심사로 문화의 내부적 작용이 아니라 세계에 작용하는 문화의 결과에 주목하였다. 그들은 문화 그 자체를 이론화하기보다는 오히려 문화가 자연에 지속적으로 작용하여 문화 경관을 생산하는 과정을 연구하였던 것이다. 그들에게 문화란 총체적 생활 양식이라는 인류학적 정의와 대체로 일치하였다. 그들은 문화를 기정사실로 인정되는 인간의 생활과 같은 존재 정도로 간주한 나머지 이러한 인간 생활의 내부적 갈등에 대한 정밀한 이해가 결여되어 있었다. 이와 같은 문화 개념은 적어도 1970년대 후반까지 미국의 문화지리학 전체를 지배하고 있었다.

3) 초유기체주의와 이에 대한 비판

사우어의 제자 중 하나인 윌버 젤린스키(Wilber Zelinsky)는 『미국의 문화지리(Cultural Geography of the United States)』(1973)라는 유명한 저서를 출간하였다. 이 저서를 통하여 그는 문화를 초유기체적인 존재로 이론화하려는 노력을 기울였다. 그리고 미국의 문화지리학자 대부분은 문화가 초유기체라는 가정에 암묵적으로 동의하고, 이러한 가정하에 자신의 연구를 진행하는 것에 만족하였던 것으로 보인다. 젤린스키의 주장에 의하면, 초유기체주의는 인생에 있어서 상대적으로 독립적이고 인력(人力)을 초월하는 세력에 대한 믿음을 일컫는다. 이러한 믿음은 초유기체적인 문화가 인간의 의지나 의도를 독립적으로 초월하는 실재적인 세력이 된다는 존재론적 가정을 전제로 한다. 문화는 문화에 참여하는 사람들에게 소속되는 한편으로 그들을 초월하는 존재이다. 여기에서 문화의 총체성이 문화의 모든 부분의 집합에 그치지 않고 그 이상이라는 사실은 명백하다. 문화는 본질적으로 초유기체적이고 초개인적인 존재자로서 자기 고유의 동인과 동력에 의해 구축되는 구조를 독립적으로 가지고 있다는 것이다.

젤린스키의 견해에 의하면, 문화는 문화를 구성하는 부분의 집합을 초월하는 사물이기 때문에 문화의 작용을 가능하게 하는 메커니즘은 매우 복잡하다. 젤린스키는 개인으로부터 문화에 이르고, 또한 역으로 문화로부터 개인에 이르는 문화적 독해가 불가능하다고 경고하였다. 그리고 그는 문화의 진행으로부터 개인의 행동을 예측하는 것보다는 개인의 행동으로부터 문화의 구조를 추론하는 것이 더 어렵다고 생각하였다. 그의 주장에 따르면 문화는 내부적 법칙에 따라 생존하고 변화하는 초유기체적 존재와 같은 하나의 총체이다. 하부 문화는 경관이나 문화에 의한 인공물을 통하여 인식하는 것이 가능하지만, 그것이 자립적이고 가변적인 미국의 문화 전체와 어떠한 관계를 가지고 있는가를 이해할 필요가 있다. 왜냐하면 이와 같이 부분과 전체의 관계를 규명하려는 구체적인 노력을 통하여 지리학자들이 비로소 중요한 역할을 할 수 있기 때문이다.

초유기체주의는 사우어의 전통을 이어가는 연구에 종사하는 사람들에게 명시적으로나 암묵적으로나 수용된 반면, 그렇지 않은 사람들에게는 반대로 비판의 대상이 되었다. 초유기체주의를 비판하는 사람들은 자신들이 속한 세계가 조화보다는 갈등이 만연되어 있다는 사실을 인정하였다. 그들은 이러한 세계를 이해하려면 미묘한 차이를 포착하는 것이 가능하며 사회학적 의미를 가진 문화에 대한 개념을 고안해야 한다고 생각하였다. 여기에서 가장 중요한 사실은 그들이 권력에 대한 이론을 최소라도 포함하는 문화 이론을 원하였다는 것이다. 그들은 권력에 대한 이론의 도움 없이는 생활에 대한 일상적인 투쟁 속에서 문화지리가 실질적으로 형성되는 과정을 이해하는 것이 거의 불가능하다고 판단하였다.

대표적으로 제임스 던컨(James Duncan, 1980)은 그동안 문화지리학자들이 명시적으로나 암시적으로나 문화가 초유기체라는 관념을 수용하였다고 비판하였다. 그의 비판에 따르면 문화를 과정으로 판단하기보다는 오히려 사물을 구체화하는 것으로 판단하는 오류를 범하였다. 그리고 이러한 구체화로 인하여 문화를 구성하는 사회학적이고 심리학적인 요소를 이해하는 것이 불가능해졌다. 간단히 말해서 던컨의 주장은 초유기체주의로 말미암아 문화지리학의 사고에서 사회에 대한 개인의 역할이 무시되었다는 것이다. 그의 주장에 따르면, 초유기체주의는 인간을 문화라는 신비롭고 독립적인 세력으로부터 지시를 받으며 다만 피동적으로 행동하는 존재로 전락시켰다. 그의 부연 설명에 의하면, 문화가 초유기체라고 하는 의미는 사람들이 습관적인 반응에 익숙해져 있으므로 마치 파블로프의 개와 같이 자기 행동을 스스로 조절하지 못한다는 사실을 함축하고 있다.

던컨의 주장에 의하면, 문화라는 용어는 단순히 사물을 묘사하고 설명하는 수단으로 이용되지 않고 인간 행위나 인간관계가 다양한 수준으로 실천되는 과정을 분석하는 데 이용되어야 한다. 문화라는 용어가 의미하는 바는 인간의 상호 작용이라는 단어로 압축될 수 있는 것이기 때문이다. 던컨은 비록 우리들의 생활을 통제하고는 있지만 여전히 많은 문제를 내포하고 있는 사회·정치·경제적 관계에 주의를 집중할 것을 요구하였다. 그리고 그것을 가능하게 하기 위해서는 문화에 대한 보다 더 사회학적인 관념이 필요하다고 제안하였다. 이러한 관념은 문화를 사회, 정치, 경제와 동등한 수준의 분석 대상으로 인정하지 않는 것으로 보일지도 모른다. 던컨은 사회 속에서 문화가 작용하는 과정을 이해하기 위하여 정치·경제·문화라는 분야의 구별을 거부하였던 것이다.

문화지리학의 이론적 기반에 심각한 결함이 있다는 던컨의 공격은 미국 문화지리학의 중심에 정면으로 최초의 일격을 가한 사건이었다. 이에 이은 타격은 문화에 대한 질문에 관심을 가지는 영국의 소장 지리학자들을 중심으로 실행되었다. 미국의 문화지리학은 대체로 경관의 문화적 변형에 대한 증거에 주목한다는 이유로 영국의 소장 지리학자들의 관심을 끌지 못하였다. 그들의 주장에 의하면, 이러한 증거란 펜실베니아 주의 헛간 유형의 형태, 북미 대륙 전체에 걸친 가옥 유형의 전파, 남미 원주민에 의해 이용되는 불어서 내쏘는 화살(통)의 특수한 유형의 진화와 분포 등과 같은 비전적(秘傳的)인 것이었다. 미국의 문화지리학은 항구적 문화 요소 3~4가지, 물질적 문화

유물의 분포, 문화의 통일성을 위하여 차이를 생략하는 방식을 통하여 사람과 장소의 독특성을 묘사하는 데 주력하였던 것이다.

피터 잭슨(Peter Jackson, 1989)이 지적하였듯이, 초유기체에 대한 미국 문화지리학의 의존은 문화의 내부적 작용을 중심으로 하는 사회적 차원보다는 오히려 문화를 구성하는 물질적 요소에 거의 맹목적으로 집착하는 결과를 초래하였다. 미국 문화지리학에서 인공물로서의 문화에 대한 집중적인 관심은 통나무집, 묘지, 헛간, 주유소 등과 같은 문화 요소의 지리적 분포에 대한 연구의 양산(量産)으로 이어졌다. 더구나 문화의 기원에 대한 사우어의 관심은 기술적 현대주의에 대한 불신과 더불어 미국 문화지리학들로 하여금 수세대에 걸쳐 진행되는 대규모적인 변형 과정에 우선적으로 주목하게 하는 데 영향을 끼쳤다. 또한 그의 영향은 미국 문화지리학자들이 도시적 지역이나 사건, 그리고 현대적 생활을 무시하고 농촌적이고 예스러우며 원시적이고 지방적인 현상에 거의 배타적으로 집착하게 만드는 결과를 낳았다.

1980년대 후반조차 미국 문화지리학의 주류는 여전히 초유기체주의에 만족하고 있는 것처럼 보였다. 이에 반해, 영국에서는 신세대 지리학자 다수가 문화지리학보다는 오히려 사회지리학의 전통에 따른 배경을 가지고 문화적 논제에 적극적으로 관심을 보이기 시작하였다. 그리고 그들은 미국의 문화지리학자와 인류학자들에게 전수되어 온 문화에 대한 제한된 사고보다는 오히려 새로이 출현하고 있는 문화 연구라는 분야가 표방하는 다문화주의에 주목하였다. 그들은 문화가 경제적이고 정치적인 모순들이 상호 충돌하고 때로는 해결되는 영역이라고 생각하는 문화 연구로부터 영향을 받았다. 영국 지리학자들의 견해에 의하면, 문화는 사회적 관계가 구조와 형상을 갖추며 이러한 형상이 인간에 의해 경험·이해·해석되는 과정을 이해하기 위한 '의미의 지도(maps of meaning)'이다.

4) 신문화지리학의 문화 개념

이와 같은 새로운 관점의 문화지리학, 즉 신문화지리학의 발달 초기를 대표하는 지리학자는 피터 잭슨이다. 그는 문화지리학이 특별히 주목해야 하는 대상은 문화 그 자체가 아니고 문화 정치(cultural politics)라고 생각하였다. 그는 문화 정치에 대해 관심을 집중해야 하는 이유는 현재 당면한 정치적 상황을 반영하기 위한 것이라고 주장하였다. 그리고 이러한 문화 정치를 탐구하여 위하여 잭슨을 비롯한 신문화지리학자들은 미국의 문화지리학으로부터 영국과 외국의 문화 연구(cultural studies)로 관심을 돌렸다. 1970년대 출현하고 1980년대 도약한 문화 연구라는 분야는 사회, 권력, 지배, 저항, 양식(style), 소비, 이념 등을 강조하였다. 그들은 이러한 문화 연구로부터 영향을 받으며 문화적 경험이 공간과 장소에 구축되는 과정, 즉 의미의 지도에 대한 연구를 개척하였다.

피터 잭슨(1980)은 1970년대 발달한 인간주의 지리학을 영국의 사회지리학에 융합함으로써 일상생활의 경험을 형상화하는 데 공동으로 작용한 문화와 사회의 지리를 보다 더 효과적으로 이해하자는 의미에서 '문화지리학의 청원'을 발표하였다. 그 후 3년이 지나 데니스 코스그로브(Denis Cosgrove, 1983)는 권력, 지배, 그리고 엘리트 집단에 의한 공간과 문화의 통제에 관심을 집중하는 급진적(radical) 문화지리학을 발전시킬 때가 무르익었다고 주장하였다. 잭슨과 코스그로브를 선두로 하는 신문화지리학자들이 당면한 목표는 지리학자들에 의해 드물게 취급되어 온 사회생활이라는 영역을 연구하기 위하여 철저하게 정치적으로 정의되는 문화 개념을 창안하는 것이었다. 그들이 우선적으로 연구하고자 한 대상은 인종에 대한 관념, 문화 공간의 생산에 대한 언어와 담론의 역할, 하부 문화의 발달과 유지, 그리고 젠더(gender), 섹슈얼리티(sexuality), 아이덴티티(identity) 등이었다. 그리고 그들은 경관과 장소가 단지 물질적 인공물의 집괴(集塊), 아니면 사회적 행위를 수용하기 위해 비어 있는 용기(容器)에 그치지 않고 그 이상의 존재로 되어 가는 과정을 연구하고자 하였다.

특히 아이덴티티에 필요한 공간성(spatiality) 그 자체는 문화지리학의 핵심적 관심사가 되었다. 아이덴티티와 문화 정치에 대한 관심의 증대는 곧 문화적 저항에 대한 연구의 증가로 이어졌다. 이러한 유형의 연구들은 경제, 국가, 군대, 대중 매체, 문화 산업 등이 우리들 생활과 우리 자신들을 형상화하는 과도한 능력을 가지고 있는 상황에서 보통 사람들이 어떻게 자기 고유의 역사와 지리를 계속 유지하고 관리해 나갈 수 있겠는가를 구체적으로 묻고 있다. 특히 저항에 관한 연구에서는 문화적이고 지리적인 경계 넘기(越境, transgression)를 이해하기 위하여 문화적 통제(control)와 경합(contestation)을 탐구하고 있다. 왜냐하면 이러한 연구는 저항이 문화 정치의 요소 그 자체라고 전제하기 때문이다.

또 다른 한편으로, 아이덴티티의 공간적 차별화와 공간적 구축에 대한 관심이 증대되었으며, 이러한 관심의 증대는 곧 섹슈얼리티, 젠더, 인종, 국민(민족)에 대한 연구물의 폭증으로 이어졌다. 데이비드 매틀리스(David Matless, 1995)는 이러한 유형의 연구들을 수행적 도덕 지리(performative moral geography)에 대한 연구라고 규정지었다. 그의 지적에 따르면, 수행성(performativity)이라는 개념은 아이덴티티가 항상 사회적 실천이라는 사실을 상기하는 데 도움이 된다. 이러한 연구들은 대부분 아이덴티티의 수행에 대한 국지적 조건을 분석한다고 표명한다. 또한 아이덴티티가 소비를 통하여 구축된다는 자명한 이치를 탐구하기 위하여 아이덴티티의 형성에 이르는 과정을 거시적으로 조사하는 연구물들이 증가하였다.

아이덴티티와 마찬가지로 인종주의, 동성애 혐오, 그리고 젠더와 계급에 대한 억압은 도덕적 지리를 매개체로 하여 수행된다. 젠더, 섹슈얼리티, 인종, 계급 등을 수단으로 형성되는 아이덴티티는 물론이고 국민(민족)적 아이덴티티의 형성과 국민(민족) 문화의 생산에 대한 질문은 오늘날 곧바로 중요한 질문이 되었다. 지금 우리들은 냉전의 붕괴와 제2차 세계대전 이후의 세계를 지배해 오고 있는 상대적으로 정태적인 국민(민족) 국가 체계의 동요에 직면해 있기 때문이다. 국민(민족)의 아이덴티티에 대한 분석은 정치적 소속과 효과의 지리가 변화하는 과정을 이해하는 것을 목적으로 한다. 이러한 분석은 지리의 변화가 문화 생산의 변화에 조건이 되기도 하고, 반대로 문화 생산의 변화로부터 영향을 받기도 한다는 사실을 자주 발견한다.

대체로 1980년대 말까지 신문화지리학이라는 분야는 아직도 하나의 독립된 분야로 제대로 인정받지 못하고 있었지만 1990년대 말에는 그 사정이 더 이상 나쁘지 않았다. 1990년대 말부터 지금까지 신문화지리학이라고 분류되는 연구들이 놀라울 만큼 활기를 띠고 있다. 이제 신문화지리학은 짧은 논문 한편으로 간결하게 요약하는 것은 고사하고 두꺼운 저서 한 편으로 개괄하는 것조차도 버거울 정도로 거대한 분야이다. 영미 계통의 문화지리학이 발달 초기에는 대체로 미국 지리학자들에 의해 주도되었지만, 지난 10여 년간 문화지리학의 변혁은 그 대부분이 영국 지리학자들에 의해 주도되었다. 이들은 문화지리학보다는 오히려 사회지리학에 의해 훈련을 받은 사람들로, 문화지리학에 대하여 다양한 목소리를 내어 왔다. 여기에 페미니즘(feminism)과 후기구조주의(post-structualism)와 같은 새로운 목소리가 추가되자 이제는 하나의 문화지리학을 얘기하기가 어려운 상황에 이른 것이다.

그럼에도 불구하고 문화지리학의 새로운 연구 모두가 접근 방법의 차이에 관계없이 합의하는 사항이 하나 있다면 그것은 문화는 곧 공간적이라는 것이다. 구 문화이론은 시간이라는 요소를 다방면으로 강조하여 문화적 전통이 한 세대에서 다음 세대로 전수된다고 주장한다. 이에 반해, 신 문화이론은 문화가 공간을 매개로 구축되기도 하고 또한 반대로 공간 그 자체를 구축하기도 한다고 주장한다. 이러한 신 문화이론은 공간이라는 요소를 강조하는 것으로서 오늘날 지리학과 문화 연구, 그리고 이들과 연계되는 많은 학문에서 비약적으로 발전하고 있다. 이에 따라 공간적 메타포(metaphor)는 문화의 구축 과정을 이해하는 데 있어서 필수 불가결한 대상이 되고 있다. 예를 들면, 신 문화이론에서 문화는 영역(realm), 매개(medium), 수준(level), 지대(zone)와 같은 공간적 메타포를 통하여 정의되고 있다.

피터 잭슨과 데니스 코스그로브의 견해에 의하면, 문화는 인간이 물질적 세계의 세속적 현상에 의미와 가치를 부여함으로써 물질적 세계를 상징적 세계로 변형시키는 매개이다. 문화는 다름 아닌 변화가 경험되고 의문시되며, 또한 구성되게 하는 매개 그 자체이다. 잭슨이 언급하였듯이 문화는 사회집단이 자신들의 특징적 생활 패턴을 발전시키는 수준이므로 세계에 대한 이해를 가능하게 하는 의미의 지도이다. 그러므로 문화는 정치, 경제, 사회와 같은 다른 권역들만큼 중요하며, 이러한 권역들과는 분리되어 있는 인간 생활의 권역이다. 이러한 문화의 재정의(再定義)에는 문화가 그 모든 것이나 그 어떤 것으로부터 분리되어 있는 하나의 영역으로 존재한다는 의미가 우선적으로 포함되어 있다.

또 다시 한번 강조한다면 문화는 개별적인 수준 또는 권역, 또는 영역 또는 관용어(idiom)이지만 또한 생활 방식 전체로도 존재한다. 문화는 분명히 언어나 원문(text) 또는 담론이기도 하지만, 인종이나 젠더와 같이 사회적이고 물질적인 구성물이기도 하다. 문화는 정치적 접촉의 접점이기도 하지만 곧 정치이기도 하다. 문화는 또한 일상적인 것이지만, 사람들이 생각하고 알고 있는 것 가운데 가장 좋은 것이기도 하다. 결론적으로 문화는 실천 속에 수동적으로 존재하기도 하지만, 이와 반대로 능동적으로 의미를 부여하는 체계이기도 하다. 문화는 사람들이 추상적으로 세계에 의미를 부여하는 방식이기도 하지만, 구체적으로 권력과 지배의 체계이기도 하다.

5) 비판적 문화지리학의 문화 개념

오늘날 세상에 존재하는 모든 것이 신문화지리학과 문화 연구를 열광시키고 있는 듯이 보인다. 이들 분야는 문화가 사회 속에서 작용하는 방식을 규명한다는 명목으로 일상생활, 예술 작품, 정치적 저항, 경제적 형성, 종교적 신념, 의복 양식, 식 관습, 이념, 관념, 문학, 음악, 대중 매체 등과 같이 다양한 현실적 사례들을 연구하고 있다. 따라서 문화는 그저 연구자가 문화적이라고 간주하는 행위들을 길게 수록한 목록에 불과한 것처럼 보인다. 이러한 연구들은 공통적으로 문화를 의미의 권역이나 지도, 또는 세계에 의미를 부여하는 수단이라는 가정을 전제로 하고 있다. 이러한 연구들은 문화를 그 많은 과정 모두를 지칭하기에 편리한 용어 정도로 간단히 이해하려는 경향이 있다. 만일 그렇다면 우리들은 문화와 같은 용어가 지속적으로 은밀한 담론에 참여하여 사회 속에서 권력을 행사하는 사람들을 옹호하는 과정을 간과하는 결과를 초래할 것이다.

돈 미첼(Don Mitchel, 2000)은 신문화지리학의 문화 개념에 심각한 문제가 있다고 주장한다. 그의 비판에 따르면 문화가 영역, 수준, 매개라는 생각은 원래 의도와는 상관없이 근본적으로 공허한 것이라는 문화의 개념을 더욱 더 고정시키는 효과가 있다. 문화는 원래 아무 것도 의미하지 않는데도 가장자리(edge), 경계(boundary), 그리고 '효력을 가지는 대상이 되는' 안정적 사물(thing)로 형상화된다. 이제 우리들에게 필요한 것은 문화라는 사물에는 처음부터 존재론적 근거가 없다는 사실을 곧바로 이해할 수 있는 새로운 문화의 개념화이다. 미첼의 견해에 따르면 문화는 오로지 관념으로만 존재할 뿐이며 사회를 조직하는 권력의 차별적 배치에 강력한 도구로 이용되고 있는 것이다. 또한 그는 이러한 문화라는 용어의 모호성은 바로 문화 전쟁을 위한 하나의 기반이 된다고 주장한다.

총제적인 생활 양식과 마찬가지로 수준, 영역, 매개로 문화를 정의하는 입장은 내부적으로 통일적이지 못하고, 포괄적이지도 못한 것이다. 문화의 정의가 시도되는 순간마다 문화라는 의미의 존재론적 기반은 언제나 이해의 범위로부터 한 걸음 더 뒤로 물러난다. 결국 문화는 어떤 세계에도 뿌리를 내리고 있지 않다. 그럼에도 불구하고 우리들은 문화의 경계가 실제로 존재한다고 생각하며 인류 전체를 개별적인 경계를 가진 문화적 단위로 분류하는 행위를 계속한다. 우리들은 문화가 무엇인지를 결코 정의하지도 못하면서 문화는 존재한다고 계속 주장한다. 이러한 의미에서 세계 속에서 문화가 사회적 관계, 의미, 그리고 사물들을 결정하는 권력을 생성시키고 소유하는 존재임을 이해하는 것이 절대적으로 필요하다.

그런데 문화라는 관념은 사람들이 하고 있는 행위의 내용을 구체적으로 드러내 주지 않는다. 오히려 그것은 사람들이 그동안 자신들이 실천해 온 내용에 대하여 의미를 부여하는 방식이다. 문화라는 관념은 사람들이 어떤 행위를 문화라고 지칭하며 구체화하는 방식을 통해 포착된다. 그러므로 흔히 문화지리학자들이 사례 연구를 할 때 대상으로 하는 문화의 목록은 매우 중요한 의미를 가진다. 이러한 목록은 문화 그 자체가 아니라 그것을 정의하는 권력을 쟁탈하는 과정을 거쳐 만들어진 사물이기 때문이다. 이러한 경우에 문화를 수준이나 영역으로 지칭하는 것이 거의 의미가 없어졌음에도 불구하고 아이러니하게도 문화는 여전히 강력한 명칭으로 남아 있는 것이다. 이제부터 문화지리학들은 문화가 무엇인가가 아니라 오히려 문화라는 관념이 사회에서 어떻게 이념(ideology)으로 작용하는가를 규명하는 비판적 연구에 충실해져야 한다.

돈 미첼의 주장에 의하면, 비판적 문화지리학은 문화는 단지 하나의 관념, 즉 이념에 불과할 따름이라는 인식에 기초해야 한다. 문화라는 관념 그 자체가 사회적 재생산의 지방적 체계와 지구 전체적 체계에 있어서 가장 중요한 동인의 하나라는 사실을 이해할 필요가 있다. 문화라는 관념은 사회를 통합하고 하나의 계급이나 파벌의 패권을 증대시키기 위해 이용하는 수단의 하나이다. 그러므로 문화는 하나의 잘못된 구체화, 즉 착각이나 망상일 가능성이 있다. 만일 그것이 사실이라면 비판적 문화지리학의 질문은 "누가 문화를 구체화하는가?"가 되어야 한다. 문화라는 관념은 비록 다른 행위자가 항상 반대하지만 언제나 사회적 행위를 실행하는 일부 집단을 위해 작용한다. 문화라는 관념의 실천은 사회적 의도에 따라 진행되는 과정이므로 문화는 그 자체가 이념인 것이다. 다시 말해서 이는 특정한 개인이나 집단의 이익 추구를 용이하게 하려는 목적으로 의미를 부여하는 하나의 체계이다.

문화라는 관념이 추구하는 궁극적 목적은 오히려 불완전한 진리를 보편화시키는 것이다. 실제로 다른 사람들이 구체화하고 대변하는 것에 매우 만족해하는 사람들이 꽤 있다. 현실 세계에서 문화라는 관념을 이용해서 그렇게 하는 것이 자신들의 이익에 부합되기 때문이다. 이와 같이 문화라는 관념은 서로 다른 사회적 대리인들이 자신들의 이윤과 권력을 영속적으로 창출하고 유지하는 수단이 된다. 한편으로 문화는 판매되지만, 또 다른 한편으로 문화의 구체화된 개념은 일상적 사회를 설명하는 데 쓰인다. 미첼의 주장에 따르면 이제부터 우리들은 현대 세계에서 문화는 영역이 아니라 산업이라는 명제를 이해할 필요가 있다. 문화는 경제적 가치와 그밖에 다른 가치의 생산에 있어서 가장 중요한 요소 중 하나이다. 문화라는 관념은 지구 전체적인 자본주의가 주도하는 정치 경제에 있어서 하나의 도구로 철저히 이용되고 있는 것이다.

● 요약

1. 문화는 일반적으로 자연이 아닌 존재로서, 정치, 경제, 사회와 같은 상이한 영역들이 상호작용을 통하여 상호규제하며 생성된 사회적 총체로 정의 내릴 수 있다.

2. 문화(culture)는 라틴어 cultura에서 유래되었으며, 처음에는 자연적 성장, 이후에는 개인의 성장을 돌보는 행위를 설명하였다. 문화는 가치 평가가 가능한 의미였으나, 18세기 말 독일의 낭만주의 운동에 의해 문화의 다양성, 상대성, 특수성이 부각되었다.

3. 칼 사우어(Carl Sauer)는 각 공동체가 고유의 문화영역을 가지고 있다고 여겼고 각 문화영역의 고유한 문화경관에 주목하였다. 그의 지리학은 문화가 자연과 작용하여 문화경관을 생성하는 과정을 연구하는 역사적 지리학으로 평가된다. 이후 사우어의 연구는 문화를 초유기체적인 존재로 인식하는 (구)문화지리학의 시작점이 되었다.

4. 문화를 초유기체로 보는 관점은 사회에 대한 개인의 역할을 무시하였으며, 인간을 피동적 존재로 전락시켰다는 비판을 받았다. 이후 문화에 대한 보다 사회학적인 관념이 필요하다고 여기는 학자들, 특히 영국의 사회지리학자들을 중심으로 신문화지리학이 태동하였다.

5. 신문화지리학은 문화를 사회적 관계가 구조와 형상을 갖추어 공간과 장소로 구축되는 과정으로 여긴다. 그리고 공간을 정치적 상황이 반영된 메타포(metaphor)로 간주한다. 따라서 이의 해석을 위해 인접 학문 분야와 끊임없이 소통하며, 인종, 언어, 담론, 젠더, 섹슈얼리티), 아이덴티티 등이 공간에 투영되고 구축되는 과정을 연구하였다.

6. 최근에는 문화가 관념으로만 존재하며, 단지 권력의 차별적 배치 도구로서 기능한다고 평가하는 비판적 문화지리학이 대두되었다. 이들은 공간에 어떻게 이념(ideology)이 작용하는가에 관심을 갖고, 현대 세계에서 문화란 자본주의 사회의 산업이라고 평가한다.

● 핵심어(Key words)

문화, 문화영역, 역사적 지리학, 경관, 신문화지리학, 문화정치, 공간적 메타포, 이념
culture, culture areas, historical geography, landscape, new cultural geography, cultural politics, metaphor, ideology

● 읽어 볼 문헌

Jordan T. G. and Domosh M., 2000, *The Human Mosaic 8E*, New York: W. H. Freedom and Company (류제헌 편역, 2002, 『세계문화지리』, 살림출판사). 사우어 이후 누적된 (구)문화지리학의 다섯 가지 주요 개념인 문화지역, 문화전파, 문화생태, 문화통합, 문화경관에 의거하여 지리적 논제를 설명하고 있다. 한국판에는 그중 문화통합 부분이 제외되어 있다. 서론 부분을 통해 문화지역, 문화전파, 문화생태, 문화경관의 개념을 쉽게 이해할 수 있다.

류제헌, 2002, 『한국문화지리』, 살림출판사. (구)문화지리학의 방법론, 그중에서도 문화경관의 해석을 통해 한국의 다양한 사회(지리) 현상을 설명하고 있다. 특히 서론 부분에서는 구문화지리학과 신문화지리학을 구분하여 설명하고 있는데, 이 책을 통해 신문화지리학이라는 개념이 한국 사회에 보편화되기 시작하였다.

Mitchell, D., 2000, *Cultural Geography: A Critical Introduction*, Oxford: Blackwell (류제헌 외 역, 2011, 『문화정치 문화전쟁: 비판적 문화지리학』, 살림출판사). 전반부에는 문화지리학, 신문화지리학, 비판적 문화지리학으로 이어지는 문화지리학의 변천을 설명하고, 후반부에는 여러 사례를 통해 이념(ideology)이 문화(공간)에 어떻게 작동하는지를 설명하고 있다. 특히 문화정치가 이루어지는 경관의 재현과 공간적 메타포의 해석은 매우 흥미롭다.

참고문헌

류제헌, 2002, 한국문화지리, 서울: 살림출판사.

류제헌 편역, 2002, 세계문화지리, 서울: 살림출판사.

Anderson, Key et al. (eds.), 2003, *Handbook of Cultural Geography*, London: Sage Publications.

Cloke, Paul et al. (eds.), 2005, *Introducing Human Geographies*, London: Hodder Arnold.

Cosgrove, Denis., 1983, "Towars of Radical Cultural Geography," *Antipode*, 15, 1-11.

Duncan, James., 1980, "The Superorganic in American cultural Geography," *Annals of the Association of American Geographers*, 70, 181-198.

Jackson, Peter., 1989, *Maps of Meaning: An Introduction to Cultural Geography*, London: Unwin

Hyman.

Mitchell, D., 2000, *Cultural geography: A Critical Introduction*, Oxford: Blackwell (류제헌 외 역, 2011, 문화정치 문화전쟁, 살림).

Sauer, Carl, 1925, "The Morphology of Landscape", University of California Publication in Geography 2, 19-54, reprinted in Leighly, 1963, *Land and Life: A Selection of the Writings of Carl Ortwin Sauer*, Berkeley: University of California Press, 315-350.

Williams, Raymon, 1976, *Keywords: A Vocabulary of Culture and Society*, London: Fontana.

Zelinsky, Wilbur, 1973, *The Cultural Geography of the United States*, Englewood Cliffs, NJ: Prentice-Hall.

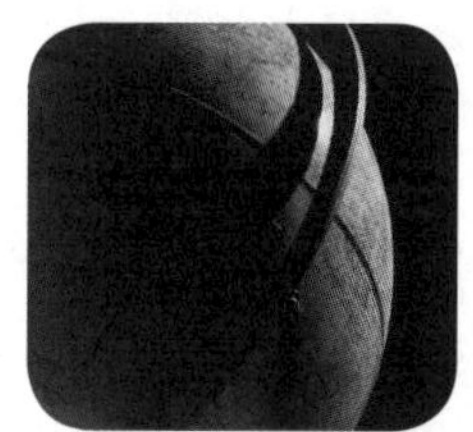

Understanding Contemporary Cultural Geographies

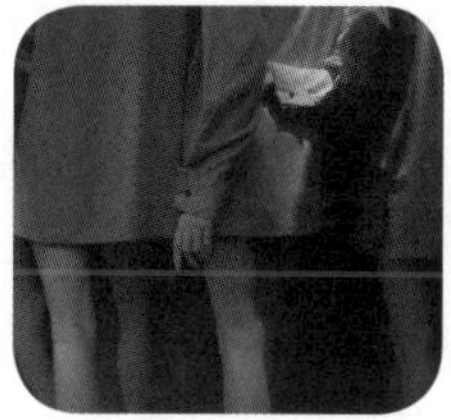

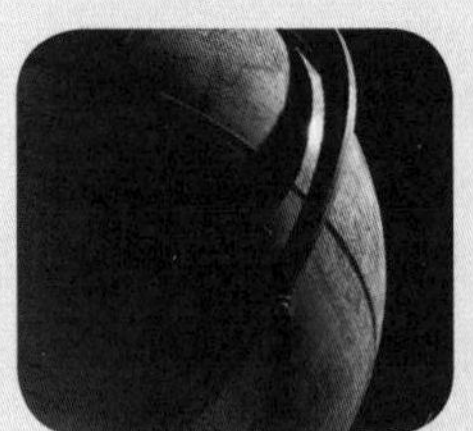

Understanding Contemporary Cultural Geographies

제2부

문화지리학의 핵심 개념

3. 재현 혹은 실천으로서의 경관: 신문화지리학의 경관 이론을 중심으로*

공주대학교 **진종헌**

1) 머리말

경관은 인문지리학에서 독보적으로 가치 있는 개념이다. 장소와 달리 경관은 자연의 윤곽 안에서 우리의 위치를 환기시킨다. 환경이나 공간과 달리 경관은 인간의 의식과 이성을 통해서만 그 윤곽이 우리에게 알려지며, 단지 기교를 통해서만 인간으로서 그 곳에 참여할 수 있음을 이야기한다. 동시에 경관은 지리학이 모든 곳에 있다는 것을 말하며 이익과 손해의 원천일 뿐만 아니라 아름다움과 추함, 선과 악, 기쁨과 슬픔의 원천이기도 하다.(Cosgrove, 1989, 122)

20세기 초반 칼 사우어(K. Sauer)가 문화경관의 개념을 정립한 이래로 경관은 문화지리학의 핵심 주제이자 용어가 되어 왔다. 사우어 이후로 투안(E. Tuan)과 렐프(E. Relph)를 비롯한 인간주의 지리학자들, 신문화지리학의 대두와 그에 대한 최근의 비판

---

* 이 글은 대한지리학회지 2013년 8월호에 게재된 "재현 혹은 실천으로서의 경관: '보는 방식'으로서의 경관 이론과 그에 대한 비판을 중심으로"를 수정 · 보완한 것임.

적 관점에 이르기까지 경관 관념과 실천을 둘러싼 많은 주장들은 인문지리학의 이론
적 지형의 변화와 깊은 관련성을 가지고 있다. 지금까지 신문화지리학의 기본 개념과
문화 연구에 대한 소개는 여러 차례 이루어졌다(류제헌, 2009; 박승규, 1995; 이무용,
1999; 진종헌, 2006; 홍금수, 2009). 그러나 신문화지리학의 경관론을 향한 다양한 비
판적 관점에 대해서는 충분히 논의되지 않은 편이라 할 수 있다. 비판적 관점의 스펙
트럼은 페미니즘과 마르크시즘에서 최근 인문지리학의 현상학적 전환(phenomenolog-
ical turn)에 영향을 미친 인류학의 경관론에 이르기까지 다양하며, 이러한 비판들은
신문화지리학의 경관 연구를 새로운 방향으로 인도해 왔다. 신문화지리학의 경관 개
념은 대체로 '재현(representation)으로서의 경관'이라고 할 수 있으며, 신문화지리학에
대한 비판은 근본적으로 재현의 관점 및 재현의 지리학(representational geography)에
대한 비판으로 수렴되고 있다. 즉, 최근 (신)문화지리학의 새로운 연구들의 맥락과 방
향성을 이해하기 위해서는 지난 20여 년간 그에 대해 이루어진 이론적·실천적 비판의
핵심을 이해할 필요가 있다.

또한 많은 경우에 신문화지리학의 이론과 방법론은 사우어의 연구에 기반을 둔 전
통적인 문화지리학과 대비하여 본질적으로 동일하거나 매우 유사한 이론적·방법론적
토대를 갖는 것으로 인식되어 왔다. 즉, 전통적인 문화지리학과의 차이를 강조하는 데
초점을 둔 나머지 신문화지리학 내부의 다양성과 차이에 대해서는 큰 관심이 없었다
는 것이다. 그리하여, 신문화지리학에서 경관을 '보는 방식(a way of seeing)'으로 이해
하는 입장과 '텍스트'로 이해하는 입장 사이의 공통점과 상호관련성뿐만 아니라 양자
간의 이론적이고 실천적인 차이를 검토하여 신문화지리학의 경관 연구가 갖는 역동성
을 이해하고자 한다.

한편, 20세기를 관통하여 지속된 경관을 둘러싼 논쟁과 주장들을 여기서 포괄적으
로 논의하는 것은 어차피 가능하지 않기 때문에 이 글에서는 다양한 이야기들을 일관
하는 하나의 중요한 지점—경관의 이론적 이중성(혹은 모호함)에 초점을 두고 다양한
학자들의 관점들을 살펴보려고 한다. 경관의 '이중성(duplicity)'(Daniels, 1989)은 그
자체로는 애매한 표현이지만 경관의 재현적 성격을 검토하는 데 있어서 유효적절하

다. 즉, 경관은 그 '이중성'을 통해서 글 첫머리의 인용문처럼 '환경'이나 '지역' 혹은 '장소'와 차별화되며 경관의 물질적인 측면과 상상적인 측면을 동시에 설명하는 것이 가능하다. 따라서 이 글은 경관을 이해하는 다양한 방법을 다루면서도 논의의 지향점을 경관의 변증법적 성격—주체와 대상, 정신과 육체, 개인과 사회, 내부인과 외부인—으로 수렴하는 방법을 택했다. 이러한 가운데 시대별로 상이한 각각의 경관 이론들이 이론과 방법론 속에서도 공유하고 있는 '재현(representation)'에 대한 문제 설정, 그에 대한 대안으로서의 실천(practice) 및 수행(performance)으로서 경관의 주제를 도출하고자 한다.

이와 같은 인식에 기초하여 이 글에서 다루려 하는 내용을 정리하면 다음과 같다. 첫째, 지난 30여 년간 문화지리학의 새로운 조류로 자리한 신문화지리학에 대한 다양한 이론과 관점에서의 비판이 갖는 이론적·실천적 함의에 대해 탐구하고자 한다. 둘째, 신문화지리학의 경관론에 내재한 다양성과 차이를, 경관 관념의 이중성에 초점을 두고 검토할 것이다. 셋째, 신문화지리학의 경관론에 대한 최근 지리학의 비재현 이론 및 현상학적 비판이 갖는 함의에 대해 검토할 것이다.

2) 칼 사우어의 문화경관론

칼 사우어는 독일어로 경관을 의미하는 'landshaft'에서 경관 개념을 가져와 그의 기념비적인 논문 "경관의 형태학"의 개념적 토대로 삼았다. 그 또한 이 논문에서 독일 지리학자들이 이룬 경관의 가시적 요소에 대한 체계적 연구 전통으로부터 많은 영향을 받았음을 밝히고 있다. 그는 지리학 자체를 경관을 탐구하는 과학으로 생각했으며, 경관은 인간의 문화와 자연 환경 간의 상호 작용 결과 생성된 것으로 이해했다. 지리학자의 역할은 인간 활동의 결과물로서 지표 위에 가시화된 경관의 형태를 묘사하고 해석하는 것이었다. 사우어의 전통적인 문화지리학은 학사적인 측면에서 세기 전환기를 풍미했던 환경결정론에 대한 반작용이자 보다 이론적으로 진화된 관점으로 지리학의 과학화를 위한 노력의 산물이라고 볼 수 있다. "경관의 형태학"은 환경결정론의 착오에 대한 지리학계의 자기비판이자, 문화를 지리학 연구의 중심부에 위치시키고 지적 기반을 재구축하려는 시도였다(Mitchell, 2011, 77).

사우어의 문화생태학은 자연 조건에 대한 인간의 문화적 적응을 강조한다. 그는 문화경관을 지리적 구체성이 부족한 '지역(area/region)'과는 달리 사실의 지리적인 연관성을 특징적으로 묘사할 수 있는 용어로 '자연적이고 문화적이며, 형태의 고유한 연계로 이루어진 지역'이라고 정의한다. 그의 문화경관론의 요체는 문화지리학이 자연경관 위에 펼쳐지는 물질문화에 대한 연구라는 것이다. 즉, 그에게 있어서 물질문화로서의 문화경관은 (좁은 의미에서) 물질적인 것으로 시각 및 촉각으로 확인할 수 있는 대상을 의미하며 물상화된 대상을 지칭한다. 자연과 문화가 명백히 구분되는 영역이라는 점이 사우어 경관론의 핵심이자 주된 비판의 지점이기도 하다. 그에게 있어서 문화경관은 인간의 문화가 물질적·실제적으로 영향을 미친 결과이므로, 인간의 손길이 닿지 않은 상태의 토지는 자연경관으로 간주될 것이다. 사우어(1925)는 경관형태를 자연적인 것과 문화적인 것으로 나누는 것이 '인간 활동의 특성을 이해하고 지역의 중요성을 밝히기 위한 필수적인 기초'라고 하였다. 문화가 발전함에 따라, 그리고 한 문화가 다른 문화로 대체되면 문화경관은 당연히 그에 따라 변화한다. 즉, 문화경관과 자연경관의 구분은 그의 '초유기체'적인 문화 관념으로부터 자연스럽게 유도되는 것이다. 그에 따르면 자연경관은 '인간 개입을 통해서' 변화하는데, 인간(의 개입)은 '가장 최종적이고 가장 중요한 형태 결정 요소(morphologic factor)'이다. 인간은 문화를 통해 자연 형태를 개발하여 변화시키거나 파괴한다(Sauer, 1963, 341). 이러한 문화에 대한 그의 관점은 가장 대표적인 사우어 지리학의 경관론 정의로 이어진다.

자연경관은 문화 집단에 의해 문화경관으로 변형된다. 문화는 작인(agent)이며 자연 지역은 매개체(medium)이고 문화경관은 그 결과이다. 시간에 따라 변화하는 특정 문화의 영향을 받아서, 경관은 변화를 거듭하다가 종국에는 변화의 사이클이 멈추게 된다. 이때 외래문화와 같은 또 다른 문화가 유입되면서 그 경관이 회춘하

거나 새로운 경관이 기존의 경관 위에 포개진다.(Sauer, 1963, 343)

그의 주된 관심사는 결국 문화경관과 문화경관을 창출해 낸 인간의 개입이었으며, 이를 가능케 하는 근본적인 기초는 '초유기체적인 문화 관념'(Duncan, 1980)이었다고 할 수 있다. 환경결정론이 완전히 퇴락하지 않았던 시대의 분위기에서 '문화'에 의한 경관의 변형을 특히 강조한 것은 당연한 일이었다. 문화에 대해 상이한 관점을 갖고 있는 신문화지리학이 문화경관보다 단순하게 '경관'을 선호하는 이유는 사우어와 달리 자연경관과 문화경관의 이원론적 구분에 동의하지 않기 때문이다. 문화지리학의 관점에서 볼 때 인간에 의해서 개간되지 않은 황무지나 혹은 인간의 발길이 닿지 않은 곳이라 할지라도 인간의 인식 범위 안에 있다면 문화경관이라 할 수 있으므로 자연경관과 문화경관을 구분하는 것 자체가 크게 의미 있는 작업이 아니다. 사우어 경관론의 관점은 상호작용론(interactive understanding of landscape)이라는 이름으로 비판의 대상이 되었다. 즉, 환경결정론의 '환경이 인간 문화에 영향을 미친다.'라는 일방향적인 논리와 비교하면 한층 세련되게 진화한 것이지만 자연과 문화를 상호 분리된 것으로 범주화하여 양자 간의 상호 침투와 역동성에 무관심했다는 비판으로부터 자유롭지 못했다. 특히 이러한 자연/문화 관념에 대한 이원론의 저변에는 보편적이고 시공간 맥락으로부터 자유로운 추상적·탈역사적 자연의 관념이 전제되어 있다.[1]

사우어의 경관론에 대한 또 다른 비판은 그의 경관론이 당시 미국사회의 급속한 변화 즉, 산업화와 도시화의 과정에서 변화에 대한 능동적인 대응이라기보다는 낭만주의적 반작용(반발)의 측면이 강했다는 것이다. 실제로 사우어는 (도시 경관은 말할 것도 없고) 도시 문화에 대해서는 연구할 만한 가치가 없는 것이라고 생각했으며, 그러한 점에서 촌락의 문화지리에 대한 그의 천착은 당연한 것이었다. 사우어는 1923년부터 버클리대학에서 재직하였는데 현대 산업 사회의 문명 전반에 대해서 그리고 작게는 캘리포니아의 급속한 도시화 및 발전에 대해 깊은 반감을 가졌고 이는 경관의 파괴에 대한 그의 지속적인 관심사로 이어졌다(Mitchell, 2011, 75). 이에 대해서는 렐프 (1999, 13-14) 또한 언급하고 있는데 그는 대부분의 저술가들이 새로운 경관(현대 도시경관)을 '경멸과 비난의 대상'으로 간주하며 시인과 화가들도 현대 도시 경관을 무시한다고 지적하면서 도시경관의 의미가 제대로 인정받고 이해될 필요가 있다고 주장했다. 사우어 이후로도 많은 문화지리학자들이 사우어가 정초한 문화경관 및 문화생태학의 개념을 축으로 연구해 왔으며, 20세기 후반에 이르기까지 이들은 도시 문화 혹은 도시 경관에 대해서는 대체로 무관심했다.

3) 신문화지리학 경관 이론의 형성과 진화: 개념과 방법론

1980년대 지리학에 급진주의(혹은 비판적 지리학)적 흐름이 정점에 달했을 무렵 문화지리학 분야에 새로운 이론적 조류가 형성되기 시작했다. 일군의 젊은 지리학자들(D. Cosgrove, S. Daniels, J. Duncan, P. Jackson 등)은 지리학 외부에서 가져온 이론과 방법론으로 무장하여, 여전히 사우어의 유산에 긴박되어 있던 문화지리학자들 혹은 개념의 추상성과 방법론적 개인주의로 인해 인문지리학의 주류로 도약하는 데는 실패했던 인간주의 지리학자들과 구분되었다. 이들의 연구는 '신문화지리학'으로 불리기 시작했다(자세한 내용은 2장 문화지리학의 접근 방법 참조). 이들의 문화지리학 개념과 연구 방법에서 경관은 핵심적인 부분을 차지하고 있는데 전통적인 문화지리학과는 달리 지리학 외부에서 많은 이론적·방법론적인 개념을 가져와서 당시 인간주의 지리학자들의 경관에 대한 반(反)과학주의적·전체론적(holistic)·주관적 경관론을 비판했다.

(1) '보는 방식'으로서의 경관 관념과 투시법

일반적인 의미에서 경관은 지구의 표면 중 일부를 지칭한다는 점에서 지역(area/region)과 의미의 상당 부분을 공유한다. 경관은 지표 위의 사상(事象)—자연현상이나 인문현상—의 시각적·기능적 배치와 질서를 의미하면서 동시에 그러한 물리적 구성을 넘어서 그 질서가 갖는 사회적·문화적 의미까지를 포함하는 개념이다(Cosgrove, 1984, 1; Mitchell, 2011, 112; Meinig, 1979). 지난 1세기 가까운 시간에 걸쳐서 지리학자(문화지리학자)들은 그 사회적·문화적 의미가 어디까지인가를 두고 지속적으로 논쟁해 왔다. 전통적으로 독일지리학자들 사이에 비물질적·비가시적 현상을 지리학적 연구에서 완전히 배제하고 형태(morphology of forms)에 집중해야 한다는 순수주의자와 포괄적인 설명을 위해 연대기적이고 생태학적인 차원을 포괄하자는 헤트너 학파의 논쟁이 계속되었다(Holt-Jensen, 1981; Geipel, 1978; Cosgrove, 1984, 31에서 재인용). 비슷한 논쟁이 미국지리학에서도 있었으며 그 결과 경관지리학자들은 자신들의 연구와 화가, 소설가, 시인의 경관 관념을 구분해야 한다고 생각하게 되었다(Cosgrove, 1984, 31). 마이크셀(Mikesell, 1968, 578)은 지리학자의 투시법(관점)이 예술가의 그것보다는 보다 포괄적이고 종합적인—마치 헬리콥터의 조종사와 같은 투시법을 지녀야 한다고 주장했으며, 이는 결과적으로 실증적이고 객관적인 연구를 위해, 예술적 재현에서의 투시법을 지리학 연구에서 배제하는 것으로 귀결되었다. 이는 지리학자의 객관적인 지위를 보증하기 위해 지리학자를 그가 생산한 수많은 측량과 지도와 항공사진에서 '주체'로서 사라지게끔 했다(Cosgrove, 1984, 33).

그림 1. 코스그로브의 『사회구성과 상징경관』(1998)

코스그로브(1985)는 경관 이론에 대한 대표적 논문인 "조망, 투시법, 경관 관념의 진화에서 르네상스 시기까지 거슬러 올라가, 보는 방식—경관(landscape as a way of seeing)의 이론적 기초와 기술로서 선투시법(linear perspective)의 역사를 검토했다.[2] 알베르티에 의해 최초로 이론화된 투시법은 인쇄술이 활자에 미친 영향만큼이나 그래픽 이미지의 역사에서 중요한 것이었다. 코스그로브는 당시 인간주의 지리학자들의 경관 관념에서 반과학주의와 시각이미지에 대한 경시를 비판적으로 보았기에, 경관 관념이 사실상 르네상스 시기에 과학과 지식에 대한 추구에서 이론적으로 정립되었음을 밝히는 것은 중요한 일이었다(Cosgrove, 1985, 45-46).

> 경관은 용어로서, 관념(idea)으로서, 더 적절한 표현으로는 외부세계를 보는 방식(a way of seeing)으로 15세기와 16세기 초에 출현했다. 경관은 시각적 용어이며, 그것은 초기에 르네상스 인문주의의 공간에 대한 특수한 개념과 사고에서 비롯되었다. 동시에, 경관은 공간의 실제 전유와 밀접하게 관련되었다.… 그 연계는 도시 부르주아가 새롭게 획득하여 지배하게 된 '개량된' 상업적 토지에 대한 측량과 지도화, 대포의 거리, 궤도의 계산 및 그에 대응하는 방어적 요새화 등이었다. … 측량과 지도 제작, 조례의 도표 작성이 실제로 수행한 것을 회화와 정원디자인에서 경관은 시각적·이데올로기적으로 성취했다.(Cosgrove, 1985, 46)

이처럼 경관 관념의 이론적인 정립은 토지를 둘러싼 사회적 실천 즉, 토지(공간)의 소유 및 상품화와 동시에 이루어졌으며, 따라서 경관은 토지의 통제와 지배에 대한 자산가 집단의 욕망에 의해 구체화되었다. 경관을 통해 구성되는 권력은 사회적이면서 동시에 개인적이고 이데올로기적이다. 경관은 '개별적 관찰자에 의해 전유될 수 있도록' 외부세계를 프레임 속에 '구조화하는 보는 방식'이다(Cosgrove, 1985, 55). 기하학과 투시법의 규칙을 통해 개인의 시선은 사회적 권력을 표상하게 되며 이는 개인과 사회를 중재하는 경관의 이데올로기적 기능을 완성한다. 다시 말해서 투시법의 장치는 기하학적인 공간 속에서 관찰자로 하여금 '질서와 통제의 환상'을 갖게 한다는 것이다. 한편으로 투시법은 관찰자를 세계와 '결정적으로 분리'시키는 반면에 다른 한편으로는 그 세계에 '투시법의 축을 따라서' 그림 속으로 들어가서 '주관적으로 참여할 수 있다는 환상'을 관찰자에게 부여한다(Cosgrove, 1985, 55). 코스그로브는 이러한 환상이 풍경화의 후원자이자 토지의 소유주가 실제로 행사하는 권력을 보완하는 역할을 하며, 시각 이데올로기로서 경관 관념을 완성한다고 말한다.

(2) 신문화지리학과 마르크시즘

경관 텍스트론이 신문화지리학의 주요 방법론 중의 하나로 받아들여지면서 사람들이 간과하는 부분들이 초창기에 신문화지리학은 명백히 비판적 지리학의 한 부분으로 정립되었다는 사실이다. 예를 들면, 코스그로브는 1983년『Antipode』저널에 "급진적 문화지리학을 향하여"라는 제목의 논문을 기고하면서 그가 주장하고자 하는 문화지리학의 새로운 흐름이 마르크시즘과 밀접한 관계에 있음을 명백히 했다. 그는 "마르크시즘과 문화지리학은 문화의 중요성과 관련하여 중요한 전제들을 공유하고 있다"라고 말하면서 문화에 대한 급진적 역사 유물론(historical materialism)의 관점에서 사우어가 문화를 생산 관계의 역사성과 무관하게 '순수한 인간의 창안'으로 간주한다고 비판했다(Cosgrove, 1983, 1).

신문화지리학의 출발점이 급진주의 지리학과 밀접한 관계를 맺고 있었다는 사실은 신문화지리학의 진화와 발전 그리고 쇠퇴(?)에 이르는 과정을 이해하는 데 있어서 중요하다. 1980년대 초반 무렵 경관 관념은 인간주의 지리학의 관점과 깊이 관련되어 있었으며, 실증주의에 대한 반대라는 측면에서 급진지리학과도 의미 있는 공유점이 있었다. 그러나 대니얼스(1989)는 인간주의 지리학(Pocock, 1981)의 현상학적 방법을 정면으로 비판하면서, 문화 및 경관 관념이 보다 사회적이고 역사적인 범주로 분석되어야 하며 사회경제적 관계의 물질성에 대해 보다 주목해야 한다고 비판했다. 이는 사실상 경관 연구에 역사 유물론의 관점을 도입함으로써 추상적이고 신비화된 개인적 자아의 경관 경험 및 장소감 연구에 대해 근본적인 성찰을 요구한 것이다. 그는 사우어 전통의 문화지리학은 물론이거니와 인간주의 지리학자들이 문화의 역사적·물질적 차원을 무시함으로써 급진지리학에서 문화지리학은 약화되고 문화는 잔여적인 범주로 되었음을 지적하고 있다(Daniels, 1989, 203). 인간주의 지리학과의 구별짓기는 코스그로브(1985) 역시 마찬가지였다. 즉, 1980년대의 신문화지리학은 비판적·급진적 지리학이 대두하는 전체적인 맥락 속에서 나타났으며, 한편으로는 지리학의 '문화적 전환(cultural turn)'과 함께 하고 있었다. 하비뿐만 아니라 매시(Massey)는 국지성(locality), 그레고리(Gregory)는 지역(region), 세이어(Sayer)는 자연(nature)의 개념을 중심으로 비판적 지리학의 방향을 모색했으며 코스그로브의 경관 연구 또한 이러한 맥락에 놓여 있었다는 점이다(Daniels, 1989).

앞서 살펴본 것처럼 코스그로브 또한 경관 개념의 형성과 변화를 논하면서, 자본 축적 및 물질 생산과 함께 토지의 성격 변화를 주요한 배경으로 들고 있다. 즉, 자본주의 이행기 동안 토지의 의미가 사용 가치에서 교환 가치로 변했으며 상품의 성격을 갖게 되었다는 것이다. 이는 미첼(W.J.T. Mitchell, 1994) 이 '경관은 화폐'라고 언급한 것과 유사한 의미에서이다. 코스그로브와 대니얼스가 제시한 새로운 경관 관념과 경관 이론은 문화지리학의 경관 연구를 생산의 사회적 관계와 연계시키고, 이로부터 경관에 내재한 물질성의 기반을 추구함으로써 사우어의 전통과는 달리 비판적 지리학으로서의 문화지리학을 재구성하려 한 것이다.

물론, 두 사람과 자본 축적의 공간 관계에 초점을 두는 다수의 비판적 지리학자들과의 사이에는 상당한 괴리가 있었다. 표면적으로 '문화적 전환' 속에서 하비에서 미첼(D. Mitchell)에 이르기까지 다수의 마르크스주의 지리학자들은 문화 혹은 경관을 연구의 중요한 연구 의제로 삼는 것처럼 보였다. 파리의 역사 및 경관에 대한 하비(1979)의 사크레쾨르 대성당(Basilica du Sacré-Cœur)에 대한 저술은 방법론적 차이에도 불구하고 문화(혹은 경관)에 대한 공통의 관심을 보여 주는 좋은 예이다. 그러나 마르크스주의 지리학자들의 입장에서 볼 때 문화는 사회관계를 결정하는 궁극적인 요인이 아니었으며, 문화의 문제는 실제 공간의 질서—즉, 자본축적과 순환이 만들어내는 건조 환경—에 후속되는 부차적인 것이었다. 하비의 대표 저작 중 하나인『포스트모더니티의 조건』(1989) 역시, 당시 학문 세계에서 유행의 정점에 있었던 포스트모더니즘을 비롯하여 다양한 문화적 쟁점에 대해 깊이 있게 논의하였으나 결론은 간단히 말해 '포스트모더니즘의 이름하에 나타난 다양한 사회문화 현상은 근본적으로 새로운 것이 아니며 결국 자본 축적 양식의 변동(유연적 축적)에 조응하는 (상대적으로 작은) 문화적 변화이자 근본적으로 모더니티(근대성)에 내재한 본질을 벗어나지 않는 것'이라는 주장이었다. 급진주의 지리학자들의 '문화'에 대한 관점은 "문화 같은 것은 없다.…"라는 미첼(1995)의 논문(특히 그 제목)에서 보다 명시적으로 나타난다.

즉, 신문화지리학자들은 표면적으로 유사해 보이는 문화와 재현, 경관에 대한 분석에서 주류 마르크스주의 학자들과 다른 방법을 택했으며 이는 그들이 지리학 내의 급진적 전통보다는 윌리엄스(R. Williams)나 톰슨(E. P. Thompson) 등의 문화적 마르크스주의(Cultural Marxism)의 영향을 강하게 받았기 때문이다. 사회적·계급적 투쟁과 갈등이나 경제 구조 및 축적 체제의 모순에 초점을 두는 전통적 마르크스주의 학자들과는 달리 윌리엄스와 함께 신좌파(New Left)라 불리운 톰슨(1963; 2000, 나종일 역)은 노동 계급의 '문화'적 형성 과정에 초점을 두고 노동 조건과 착취의 경험, 생활 수준 및 주거 상태, 공동체 문화 등에 대한 다양한 사료 분석에 근거하여 노동 계급 문화와 계급 의식이 어떻게 형성되었는가를 탐구하였다. 톰슨의 관점에 따르면 노동 계급은 만들어지는(be made) 것이라기보다는 스스로를 계급의식을 가진 주체로 형성하는(making) 데 그 매개수단이 노동 계급의 문화 혹은 문화적 맥락이라는 것이다. 즉, 이때 문화는 고전적 마르크시즘의 공리주의적인 평가 절하된 개념이 아니라 인류학적인 개념의 문화로서 한편으로는 귀족적이고 한편으로는 서민적인 것이다(Daniels, 1989, 198). 윌리엄스는 경관 연구자들이 수없이 인용해 온 "일하는 시골은 좀처럼 경관이 되기 힘들다."(1975, 26)라는 주장을 통해 그의 관점을 상징적으로 드러낸다. 그는 경관의 설계와 조성에 대한 저술을 이해하기 위해서는 토지와 사회의 일반적인 역사를 이해해야 하며, 경관은 '토지와 관련하여 이루어진 일정한 사회적 배치−토지의 분배, 이용, 관리−의 일부'라는 것이다(Williams, 1975; 이현석 역, 2013, 243). 그는 '멋진 조망'이라는 제목의 12번째 장에서, 18세기에 경관에 대한 '심미적' 관찰과 '실용적' 관찰이 분리되었으며, 사회사적 과정 속에서 그러한 능력을 갖게 된 주체를 자의식적 관찰자라고 칭한다(이현석 역, 244-245). 윌리엄스는, 영국의 귀족들이 그랜드 투어에서 익혀 온 문화적 감수성에 따라 18세기 영국의 저택과 정원을 건설하는 과정을 검토하면서, 지주 계급의 예술적 문화적 취향과 토지와 자연의 변형이 분리될 수 없는 것이라고 말한다.[3] 경관의 이면에 숨겨진 노동과 노동자들을 주목했다는 점에서 그는 코스그로브와 같은 신문화지리학자들뿐만 아니라 미첼과 같은 마르크스주의 문화지리학자에게도 의미 있는 유산을 남겼다고 볼 수 있다. 여하튼 코스그로브는 18세기 영국에서 조망과 경관의 사회적 형성 및 토지(공간)의 실제 전유와의 관계에 대한 윌리엄스의 견해에 많은 영향을 받았으며 이를 경관의 시각적·이데올로기적 성격에 대한 본격적인 분석으로 발전시켰다. 코스그로브와 대니얼스는 버거(J. Berger)와 윌리엄스의 '문화적 마르크스주의'를 계승하여, 전통적인 마르크스주의 관점에 비해 이데올로기적 상부구조—사회적 규범, 조절제도, 문화산물과 가치—에 경관 연구를 혁신적으로 위치시켰다고 언급한다(Wylie, 2007, 100).

(3) 경관 관념의 이중성 혹은 모호함

코스그로브는 그의 대표 저서의 본문 첫 페이지를 "경관은 지리학에서 부정확하고 모호한 개념으로 사용되어 왔다."(1984, 13)라고 시작하고 있다. 그가 말하는 경관의 모호함(ambiguity)은 그 이중적, 변증법적 성격에서 비롯되는데, 경관을 주체와 대상, 개인과 사회 간의 이중적 관계를 통해서 정의할 수 있다는 의미이다. 그에 따르면, 경관 관념은 주체와 외부세계의 분리에서 출발하는데 양자는 능동적인 인간 실천(참여)을 통해 매개된다. 즉, 경관 관념 속에는 인간의 개인적·주관적인 반응이 내재해 있으나 이는 경관 관념의 이론화에 적절하지 않은 정서적 차원(나아가 상징적 차원)을 내포하기에 형태를 중시하는 사우어 문화지리학은 이러한 측면을 배제하려 했다. 코스그로브는 반대의 전략을 취한다. 그는 경관을 '이데올로기적 개념'이라고 주장함으로써 주관적·개인적 측면을 포기하지 않고 경관의 사회적 맥락을 오히려 강조한다. 그 의미는 경관이 특정 계급의 사람들이 그들 자신과 세계를 의미화하는 방식이라는 것이다. 그것은 자연과의 상상적 관계를 통해서 이루어지며, 이를 통해 그들은 외부 자연과의 관계 속에서 자신들과 타인들의 사회적 역할을 강조하고 의사 소통해 왔다는 것이다(Cosgrove, 1984, 15). 물질적 삶을 만들어 나가는 매체 즉, 의사소통 및 의미화 장치로서 경관의 역할에 대한 그의 인식은 명백히 윌리엄스의 문화 관념에서 영향을 받은 것이다.

두 번째로, 경관 관념의 모호함은 개인과 사회 간의 변증법적 관계를 통해서도 확인할 수 있다(Cosgrove, 1984, 18). 이는 구체적으로 내부자와 외부자 간의 관계에서 비롯된다. 경관 관념을 지리학의 다른 핵심개념들과 구분해 주는 것은 그것이 명백히 외부자의 시각이라는 점이다. 더욱이 코스그로브는 편향되지 않고 객관적이며 과학적인 지리학은 외부자의 시각에 의해서 가능하며, 과학의 요구는 진리의 보편성을 전제하기에 이는 외부자의 위치를 절대화하는 관점—투시법의 장치를 통해 더욱 강화될 수 있다고 보았다. 즉, 과학적 이해는 '보는 방식—경관'의 연장이자 발전일 수 있다는 것이다. 다른 한편으로 외부자의 시각은 경관을 조망하고 대상화하는 실천 즉, 예술적이고 심미적인 경험을 가능케 하는 전제이기도 했다. 이러한 경험은 그 자체로 개인적인 것이다. 즉, 코스그로브는 경관의 사회적이고 이데올로기적인 성격과 개인적이고 주관적인 경관경험이 서로 배치되지 않는다고 주장했다. 나아가 경관의 이데올로기적 성격과 외부자의 객관적·과학적 시각 모두 투시법의 기술을 통해서 가능한 것이기에 그는 지리학적인 경관과 예술적 경관을 구분하는 것에 대해 회의적이었다.

따라서 코스그로브는 경관이라는 용어가 어떤 장소에서 내부자로 일하는 사람에게는 적절하지 않다고 주장한다. 왜냐하면 내부자에게는 풍경과 자아, 대상과 주체의 분리가 명확하게 발생하지 않고, 내부자에게 경관은 심미적 관습을 통해 매개되지 않으며 집단은 개인과 공존하기 때문이다(Cosgrove, 1984, 19). 여기서 두 번째 '모호함'—개인과 사회 간의 모순—이 도출되며, 이 때문에 경관을 엄밀한 실증과학적인 개념으로 도입하는 것은 쉽지 않다. 이러한 이유에서 코스그로브는 실증적인 방식으로 경관 개념을 과학화하기 보다는 경관 관념의 정서적이고 심미적인 관습을 통해 '문화적 이데올로기'로 경관을 해석한다. 그리고 경관이 투명한 창이기보다는 장막이나 커튼이라고 간주한다.

대니얼스 역시 경관을 변증법적 이미지로 정의하며, '경관의 이중성(duplicity of landscape)'에 대해 강조하고 있다. 이는 경관이 세계에 실제로 존재하는 대상으로 완전히 물상화(reification)되기 힘들 뿐만 아니라 이데올로기적인 신기루로 용해될 수도 없는, 이중적 성격을 띠고 있다는 것이다(M. Jay, 1984; Daniels, 1989에서 재인용). 경관은 '변증법적 이미지'이며 이는 경관이 종교적인 구원의 힘과 이성의 의식적 개입이라는 두 측면을 동시에 갖고 있는 모호한 종합이라는 의미이다. 대니얼스(1989)에 따르면 이는 경관 관념에 내재한 긴장 관계와 관련되는데, 이는 엘리트주의 '보는 방식'으로서의 경관과 토속적 '삶의 방식'으로서의 경관 사이의 긴장이라고 이해할 수 있다. 코스그로브는 이러한 경관의 성격을 자본주의 이행기라는 특수한 역사적 맥락하에서 역사유물론의 방법으로 분석하여 경관의 모호함을 창의적으로 재구성했다. 즉, 경관은 한편으로는 자연과의 감각적인 일치 속에서 구현되는 구원과 초월 및 심미적인 시각인 동시에 다른 한편으로는 삶의 물질적 조건인 현실을 가리는 장막이라는 것이며, 그 때문에 우리는 자연세계와 우리를 분리시키는 경관의 역할에 대해 알 수 없게 된다(Wylie, 2007, 67). 결과적으로 경관의 이중성 혹은 모호함에 대한 논의는 신문화지리학에 내재한 문화유물론적 관점의 발현이라고 생각할 수 있다.

(4) 텍스트로서의 경관

사우어의 경관 이론에 대해 '초유기체주의 문화론'이라고 비판했던 던컨(1980)은 롤랑 바르트의 후기구조주의 문학 이론을 받아들여 경관을 일종의 문학텍스트에 비유했다. 코스그로브의 '보는 방식으로서의 경관'이 유럽의 역사적 맥락에서 구체화된 사회적 관계에 의해 형성된 것이라면 '텍스트로서의 경관'은 문학이론을 보다 명시적으로 받아들여 텍스트 공동체(textual communities), 상호텍스트성(intertextuality), 경관의 자연화/탈자연화(naturalization/denaturalization)와 같은 개념을 토대로 수립된 경관의 재현 이론이다. 텍스트 공동체는 어떤 텍스트에 대한 이해를 공유하는 사람들의 집단을 말하며 상호텍스트성은 어떤 텍스트의 맥락(context)이 또 다른 텍스트가 될 수 있다는 것이다. 즉, 텍스트의 의미는 텍스트들 간의 상호 관계에 의해 규정되며 실제 세계의 물질성과의 관계는 의문시된다. 텍스트로서의 경관에 대해서는 지금까지 여러 글에서 소개되어 왔다(박승규, 1995; 전종한, 2012) 와일리(Wylie, 2007, 80)는 텍스트 접근을 '구성주의(constructionism)'로 해석하는데, 문화적 의미들은 경관이나 이미지, 텍스트의 형태로 담론적 영역에서 구성된다는 의미이다; '모든 의미는 항상 언제나 재현적이다'. 즉, 언어적 재현 혹은 이미지와 실제 세계와의 관계에서 실제 세계의 선차성은 의문시되고 세계는 담론과 재현을 통해 존재하게 되며, 존재론과 인식론 사이에 혼동이 일어난다(Wylie, 2007, 80) '언어(writing)에 우선하는 실제(pre-determined reality)'는 존재하지 않는다는 반스와 던컨(1991)의 단호한 진술에서 담론적 구성주의의 요체를 재확인할 수 있다. 그들은 텍스트의 개념을 다음과 같이 명확히 정의한다.

롤랑 바르트와 여타의 당대 문학이론가들, 그리고 문화인류학자들의 견해를 따라서 텍스트의 개념을 사회·경제·정치적 제도뿐만 아니라 회화, 지도, 경관과 같은 문화생산물을 포함하는 것으로 확대하고자 한다. 이 모든 것들은 의미화하는 실천으로 간주되어야만 한다. 텍스트의 독해는 수동적인 것이 아니라 말하자면 새로운 서술의 과정이다. 이 확장된 텍스트 개념은 넓게 보자면 포스트모던 관점이며, 이는 텍스트를 실제(reality)를 모사하기보다는 구성하는 것으로 간주한다. 바꾸어 말하면 참조적 복제 보다는 의미화의 문화적 실천(cultural practice of signification)이라는 뜻이다.(Barns and Duncan, 1991, 5)

이와 같은 텍스트의 개념에서 경관의 의미가 도출된다. 반스와 던컨은 리쾨르(Ricoeur)와 바르트의 텍스트 개념에서 몇 가지 핵심을 추려낸다. 텍스트의 의미는 저자의 의도를 비껴가며, 텍스트가 원래 만들어진 컨텍스트를 넘어서 재해석된다. 텍스트의 의미는 불안정하며 다양한 해석은 특정 텍스트 공동체의 담론적 실천에 달려 있다. 이러한 텍스트 메타포는 경관에 효과적으로 적용할 수 있으며, 경관은 문자 텍스트만큼의 고정적 의미를 갖게 된다. 즉, 경관의 의미는 경관의 조성자가 의도했던 바와 달라지고, 경관이 축조된 원래의 상황을 벗어나며 리쾨르가 텍스트에 대해 부여한 정의의 특징을 고스란히 갖게 된 것이다(Barns and Duncan, 1991, 6). 더 나아가 경관의 자연화와 탈자연화에 대한 논의는 경관텍스트론이 사회관계의 물질성에 어떤 함의를 갖는가를 보다 명확히 해 준다(Duncan and Duncan, 1988, 124). 예를 들면 앤더슨

(K. Anderson, 1988)의 차이나타운 연구에서 차이나타운 경관은 일종의 텍스트로서 인종범주가 자연화 되는 방식으로 해석되었다. 즉, 차이나타운을 물리적·문화적·인종적 '타자'로 정의하는 가운데, 그 범주는 밴쿠버 시정부의 정책에 일관성을 부여하고 정당화했다는 것이다(Duncan and Duncan, 1988).

지금껏 살펴본 것처럼, 경관텍스트론은 '보는 방식'으로서의 경관론과는 달리 포스트구조주의의 이론적 맥락에서 전통적인 급진적·비판적 지리학과 명확히 자신의 방법론을 구분했으며, 1990년대를 보다 강한 의미에서 '재현(적) 지리학(representational geography)'의 시대로 만들었다. 그들의 포스트구조주의 개념과 방법은 자본 축적과 사회 관계의 물질성에 여전히 주목해 왔던 마르크스주의 급진지리학과 달리 담론 이론이라는 한층 포괄적인 범주 속에서 정의되었다. 이러한 차이는 코스그로브나 대니얼스가 주목했던 경관의 이중성 혹은 모호함이라는 특징을 해소하는 결과를 낳게 된다. 경관의 이중성이 궁극적으로 물질적 실체로서의 경관과 상징적·이데올로기적 재현으로서의 경관 사이의 긴장관계에 대한 탐구를 통해 도출된 관념인 반면에, '텍스트' 메타포는, 많은 부분을 '보는 방식' 메타포와 공유하고 있음에도 불구하고, '재현'의 지위와 의미를 다소 극단적으로 강조함으로써 경관 관념의 이중성이 작동할 여지를 축소시켰다. 즉, '텍스트로서의 경관' 연구를 통해 '(담론적) 재현'은 문화적 실천을 해석하는 도구 혹은 장치의 개념을 넘어서, 경관 대상의 의미를 고착화하고 동시에 해석의 주체에 과도한 담론적 권력을 부여할 가능성이 만들어졌다.

이러한 점 때문에 2000년대 이후 인문지리학에서 비재현 이론(Non-representational Theory)이 대두하면서 신문화지리학에 대한 비판의 칼날이 주로 향했던 쪽은 경관텍스트론이었다. 따라서 신문화지리학 내 두 개의 다른 경관 이론 및 경관 관념의 차이를 인식하는 것은 충분히 의미 있는 것이며, 이를 신문화지리학의 동질성 속으로 완전히 용해시키는 것은 적절하지 않아 보인다.

4) 신문화지리학의 경관론에 대한 비판

1990년대 이후 일군의 문화지리학자들이 경관 연구에서 새로운 개념과 방법을 정립한 이래 이에 대한 도전과 비판이 다양한 지점에서 이루어졌다. 그중에서도 가장 대표적인 것으로 급진주의 문화지리학(D. Mitchell)과 페미니스트지리학(G. Rose)의 비평을 들 수 있다. 이들의 비판적 경관 연구는 1990년대에 주로 이루어졌으며, 한편으로는 '보는 방식'이나 '텍스트'로서의 경관론에 대한 근본적인 비판을 수행했지만 또 다른 측면에서는 주류적 경관 담론과 일종의 상호작용하는 담론적 지형을 형성한 것으로 이해할 수 있다. 대체로 신문화지리학이론의 초창기부터 제시된 이 비판들이 효과적으로 상대를 비판했는지에 대해서는 의문점이 있다. 그러나 이러한 비판들을 소개하는 것 자체가 새로운 경관론의 핵심을 이해하는데 도움을 줄 것이라 생각된다.

(1) 돈 미첼의 마르크스주의 문화지리학

미첼은 경관을 노동이 이루어지는 현장이자 사회적 갈등과 충돌이 발생하는 지점으로 간주했다. 그는 신문화지리학이 경관의 '재현'을 지나치게 강조하여 실천이 일어나는 실제 경관에 대한 연구를 등한시하는 결과를 초래했다고 비판한다. 즉, 그에게 있어 경관의 주요 역할은 사회적 불평등을 가리는 것이다. 그는 "California, the Beautiful and the Damned"의 슬로건이 스타인벡의 소설 『분노의 포도』의 주인공 톰 조드(Tom Joad)가 직면했던 경관의 실제 현실과 경관 이미지 간의 괴리를 표현하며, 그것이 캘리포니아 경관의 '유혈적 아이러니'라고 말한다(Mitchell, 1996). 즉, 캘리포니아 경관의 심미적 풍경에는 그 풍경을 만들어 내는 노동이 가려져 있다는 것이다. 그는 코스그로브의 견해처럼 경관을 시각 이데올로기(visual ideology)로 보는 것은, 경관을 '경험되는' 것이 아니라 '보여지는' 것으로 이해하는 것이라고 비판한다. 미첼의 신문화지리학비판에서 가장 핵심적인 지점은 그들이 (실제)경관의 생산에 대해 말하지 않는다는 것이며, 그들의 작업은 대체로 경관의 의미 해석—즉, 경관의 소비(consumption)

에 집중하고 있다는 것이다. 즉, 그들은 전체 이야기의 절반만 언급하고 있다는 것이다(Wylie, 2007, 102).

경관텍스트 이론은 경관을 문화적 귀결이자 가치의 반영으로 이해한다. 최근의 경관텍스트 이론이 방법론과 정치학의 측면에서 상당히 정교함에도 불구하고, 경관 생산의 측면이 결여되어 있다. 이 방법론 내에서 독해 가능한 경관은 이미 그곳에 있으며 해독의 대상이 된다. 그러나, 그것들이 생산된 과정에 대해서는 질문하지 않는다.(Mitchell, 1994, 9)

경관의 생산과 그에 필요한 노동에 대한 그의 관심은 일관된 것이어서 사우어의 문화지리학에 대한 비판에서도 주요한 요소이다. 그에 따르면 사우어의 학설에는 인간의 노동에 대한 언급이 거의 완벽하게 결여되어 있으며 경관이 사회적 생산 과정의 결과물이라는 점이 나타나 있지 않다고 비판한다(Mitchell, 2000; 류제헌 외 역, 2011, 246). 그럼에도 불구하고 경관을 물리적 혹은 물질적 실체로 간주한다는 점에서, 경관 개념을 둘러싸고 있는 예술적 상상력을 거부한다는 점에서 사우어 이론과의 친연성(親緣性)을 떠올리게 되는 것은 일종의 역설이다. 물론 미첼은 결론적으로 경관의 생산과 경관의 소비(재현 혹은 해석)를 종합적으로 고려해야 한다고 주장한다. 그에 따르면 경관은 두 가지 방식으로 생산되는데, 한 가지는 토지를 만드는 노동이며, 다른 하나는 노동의 산물이 경관으로 재현(re-presentation)되는 것이다(Mitchell, 1996). 물론 그의 궁극적인 관심은 경관에 대한 해석보다는 생산과 재생산을 통한 경관실천에 있는데, '형태적 경관(morphological landscape)은 읽혀지기 위해 생산되는 것이 아니라, 한 지역에서 생산과 재생산의 사회공간적 실천을 인도하는 수단으로서 그리고 그 결과로서 발전하는 것이다…'(Mitchell, 1996)라는 주장에서 잘 드러난다.

미첼이 비록 경관을 '물질성(materiality)과 재현의 통합'으로 이해한다고 말하고는 있지만, 이때 재현은 의사소통 장치로서의 능동적인 사회적 역할을 수행하기보다는 노동의 결과로서의 물질 경관의 수동적인 사회적 표현에 가깝다는 점을 알 수 있다.

그림 2. 돈 미첼의 『땅의 거짓말: 이주노동자와 캘리포니아 경관』(1996)

다시 말해서 그는 많은 문화적 개념을 사용하고 있지만 전통적 마르크시즘의 토대-상부 구조의 관점을 거의 유지하고 있으면서 문화의 영역으로서 경관의 의미는 물질적 사회관계-노동과 사회갈등의 실천 및 제도에 종속된 것임을 알 수 있다. 그는 경관에 능동적 역할을 부여하기를 거부함으로써 마르크스지리학의 전통 속에서 스미스(N. Smith)와 같은 앞선 세대의 급진적 지리학자들에 비해서도 지리-공간의 역할을 사회관계 및 제도의 메커니즘에 더 완고하게 종속시키는 결과를 초래한다. 그의 최종적 관심은 물질경관이 어떻게 생산되는가에 있으며 재현에 대한 언급은 부가적인 의미만을 갖는다. (단순화의 위험을 무릅쓴다면) 경관을 사회적 갈등의 산물로 바라보는 그의 견해는 경관을 오히려 물상화하는 결과를 초래한다. 미첼이 그의 경관 관념에서 추구하고자 하는 '물질성'과 '재현' 사이의 균형은 사실상 대니얼스가 '경관의 이중성' 개념을 통해 전달하고자 하는 경관의 본질과 일맥상통하는 것이다. 경관의 이중성이나 모호함에 대해 내재적인 불안정성으로 이해하며 해소해야 할 대상이라고 간주하지 않았던 코스그로브나 대니얼스와 비교할 때, 미첼의 환원주의적 해결책이 더 성공적이라고 보기는 어렵다.

(2) 질리안 로즈의 페미니스트 비평과 캐서린 내쉬의 반비판

미첼과 같은 급진적 지리학자의 비판이 주로 경관텍스트론을 향한 반면에 페미니스트 지리학자 로즈(G. Rose)는 코스그로브의 경관론을 전면적인 비판의 대상으로 삼았다. 로즈는 경관을 시각 이데올로기로 간주하는 신문화지리학자들의 관점이 여성을 수동적으로 묘사하여 자연과 동일시하고 있다고 비판한다. 이는 문화비평가 버거(J. Berger)나 코스그로브, 대니얼스 등의 경관 연구에서 공통적으로 다루어지는 《앤드류 씨 부부》라는 그림에 대한 상이한 해석에서 잘 나타난다(8장 페미니스트 지리학과 젠더 참조). 코스그로브(1984)는 이 그림이 들판에서 일하고 있는 사람을 묘사하고 있지 않으며 화가의 흔적을 삭제함으로써 앤드류 씨 부부가 배경의 경관에 대해 독점적 소유권을 갖고 있음을 표현한다고 해석한다. 반면에 로즈는 남편과 아내의 차별성에 주목하여 총을 옆에 차고 있는 남편만이 역동적인 토지 소유주로서의 모습을 보이고 있을 뿐 남편 옆에 다소곳이 앉아 있는 그의 아내는 마치 주변의 나무와 마찬가지로 수동적인 존재, 즉 자연의 일부로 묘사되고 있다고 주장한다(Rose, 1993; 정현주 역, 2012, 221).

같은 그림을 보는 두 사람의 시각이 이렇게 다른 것에 대해 로즈는 남성(문화)지리학자들이 경관을 볼 때 성차별적 시선으로 바라보기 때문이며, 이는 지리학자들의 경관 경험에 내재한 쾌락과 불안감의 양가감정 때문이라고 주장한다. 그는 지리학자들이 경관을 통해 불안한 쾌락을 반복적으로 느끼는 것을 스스로 인정하면서도 공식적으로는 언급하지 않는다고 지적하는데, 이러한 쾌락은 자연과 여성이 남성적 욕망의 대상이라는 점에서 동일하기 때문이다. 경관은 양육하는 어머니라는 환영받는 자연인 동시에 스핑크스와 고르곤이 지배하는 공포스러운 자연이기도 하다는 것이다(정현주 역, 2012, 233-249).

경관을 바라보면서 느끼는 쾌감은 이성애 남성의 시선으로만 가능한 것이다. 로즈에 따르면 대니얼스는 경관(시골이미지)에 대면하여 느끼는 이 같은 쾌감에 대해 얼버무리면서 적당히 넘어가고 있다고 비판한다. 자연과 여성을 동일시하는 데서 오는 이 같은 쾌감은 미학적 남성 중심성을 뜻하며 여성의 입장에서 결코 느낄 수 없다는 것이다(정현주 역, 2012, 234-235). 결국 관찰자와 대상 간의 '거리 두기'와 '보기'를 통해 지리학 지식이 생산될 뿐만 아니라 정서적 쾌락이 자극되기 때문에 양자 간의 끊임없는 진자운동(oscillation)이 불안정하게 지속될 수밖에 없다는 것이다.

로즈의 비판은 경관텍스트론으로 이어진다. '보는 방식'으로서의 경관을 지리학적 응시의 남성 중심성의 표현으로 본 것처럼 반스와 던컨이 언급한 '텍스트의 고정성'에 대해 의문을 제기한다. 즉, 모든 텍스트가 논쟁과 해석에 열려 있다는 반스와 던컨의 주장은 그들 자신의 글(남성 지리학자의 글)에 대해서는 예외적이며, 그들은 논쟁의 여지가 있는 텍스트의 의미를 올바르게 해석할 수 있는 권한을 부여받은 것처럼 행동한다는 것이다.

따라서 텍스트 생산자의 '구체적인 체현(embodiment)' 대신에 '거리를 둔 권위'가 자리하며, 경관텍스트론은 표면적 의도와는 달리 '권위적인 독해'를 초래하게 된다는 것이다. 그리하여 로즈에 따르면 경관을 텍스트로 은유하는 것은 '지리학적 응시'에 내재한 성차별주의 즉, '남근 중심성'을 숨기고자 하는 시도인 동시에 '시각적 권력'을 위한 새로운 '남성 중심성'을 확립하려는 시도라는 것이다(정현주 역, 2012, 238). 즉, 경관을 대면하는 지리학자가 시각적 쾌락을 느끼고 동요하는 감정을 가진 남성 주체(feeling subject)라는 점을 숨기는 데 텍스트 메타포가 효과적으로 작용하며, 나아가 지리학자의 해석에 대한 권위를 지킬 수 있다는 것이다. 이러한 점에서 경관 텍스트메타포와 보는 방식으로서의 경관메타포는 서로 상호작용하면서 지리학적 지식의 남성 중심성을 강화한다고 이해할 수 있다.

사실 로즈의 경관론 비판은 신문화지리학의 경관 이론에 국한된 것이라기보다 그 이전부터 자연과 여성의 동일시 및 대상화가 지리학의 경관 연구 및 조사에서 뿌리 깊은 관습이었다는 인식을 반영하고 있다. 그에 따르면 '지리학 담론에서 경관은 종종 여성의 몸이나 자연의 아름다움으로 간주'되었으며 순환성과 다산성의 은유를 통해 동일시되었다(정현주 역, 2012, 210). 그리하여 경관으로서의 여성(female body-as-landscape)은 욕망의 은유적 지형을 형성하며 이는 근대 초기 유럽인들이 비유럽 세계를 탐험할 당시, 탐험과 지도화의 대상이 되었던 새로운 땅이 여성으로 재현된 것에서 잘 드러난다(Wylie, 2007, 84). 이를 통해 여성은 자연과, 남성은 문화의 영역과 대응이 이루어지고 정신과 육체의 분리 또한 정당화된다. 이러한 이분법은 대상으로부터 분리된 객관적 관찰을 중시하는 서구과학 전통에 내재한 것이며, 경관의 시각은 객관성이라는 탈체현적 응시가 될 수 있다.

다소 전투적이면서 완고한 페미니스트 관점을 견지하고 있는 로즈에 대한 비평은 내쉬(K. Nash, 1996)의 연구를 요약하는 것으로 대신할 수 있다. 내쉬는 여성 예술가들이 그린 벌거벗은 남성 육체-《Abroad》[4]를 예로 들면서, 비판적 페미니스트 접근에 대해 재현의 정치학의 관점에서 비평한다. 내쉬는 남성 지리학자들이 자신의 경관을 바라보는 관점에 권위를 부여한 것처럼, 여성의 시각(vision)에 대해서 문제시하는 것이 필요하다고 주장한다. 나아가 남성적 혹은 여성적 응시에 단일한 혹은 근본적인 의미를 부여하는 것에 대해 반대한다.

그는 페미니즘과 반인종주의, 탈식민주의 관점에서 재현의 정치학에 대한 비판이 모든 형태의 시각적 즐거움과 재현의 실천을 문제시했다고 보았다. 그는 시각적 즐거움을 일반적 남성주의 관념과 등치(동일시)하는 것에 대해 찬성하지 않는 듯이 보인다. 이러한 관점은 다양한 역사적·사회적 맥락에서의 경관 재현들-이미지들- 간에 나타나는 차이들을 무시하고 전체를 억압적인 것으로 간주하고 있다고 비판한다. 예컨대 그가 예로 들고 있는 여성의 성적 욕망을 표현한 《Abroad》조차도 경관 이미지를 통해 사회 조직의 형태를 생산하고 자연화해 온 경관 전통과 관련되어 있으며, 관습적인 경관 이미지의 포맷을 차용하고 있다는 것이다(Nash, 1996, 151).

> … 이 역사는 특정 시공간에서 사회적 권력과 통제를 정당화하고 강화하기 위해 사용된 이미지와의 관계를 이유로 특정 이미지를 영구적으로 억압적인 것으로 고정해서는 안된다. 특정 재현 이미지를 효과적으로 비평하기 위해서는, 그 이미지가 생산되고 수용되는 구체적인 맥락을 분석함으로써 이해해야만 한다. 그 맥락은 그 이미지들이 속한 재현의 전통을 포함하지만 그것에 의해 결정되지는 않는다.(Nash, 1996, 151)

결국 내쉬는 경관에서 얻는 시각적 쾌락에 대해 로즈가 지나치게 완고한 태도를 취하고 있다는 입장으로 시각적 쾌락에 대해 보다 수용적인 태도 즉, 급진적인 해석을 제안한다. 그는 로즈가 경관 이론 비판의 이론적 토대로 삼고 있는 멀비(Mulvey)의 주장까지 동시에 비판하는데, 젠더 정체성과 남성주의 쾌락, 욕망과 유혹의 사고 사이에 지나치게 보편적인 도식을 만들어서 부지불식간에 '규범적' 섹슈얼리티를 재생산하고 있다는 것이다(Nash, 1996, 156). 멀비의 관점은 젠더와 시각적 쾌락의 주제를 이해하는 데 있어서 여성의 볼 권리(spectatorship)를 무시하는 경향이 있으며, 예컨대 게이·레즈비언 여성의 이미지와 응시에 대한 설명은 시각적 쾌락의 재생을 함축한다는 것이다.

결과적으로 양자 간의 차이에도 불구하고, 로즈의 경관론 비판과 내쉬의 반응을 상호보완적인 쌍으로 간주하여, 신문화지리학의 경관론에 대한 다양한 페미니스트 관점의 적극적인 개입으로 이해하는 것이 적절한 태도일 것이다. 로즈가 말하는 경관 연구에 내재한 지식과 쾌락 간의 긴박한 진자운동에 대한 논의는 그 해석상의 논란에도 불구하고 경관 개념의 핵심을 관통하고 있다는 점에서 의미 있다. 이는 대니얼스의 '경관의 이중성' 및 코스그로브의 '경관의 모호함'과 맞닿아 있는 주제이기도 하다. 대니얼스에 비해 코스그로브는 경관 개념의 변증법에 대해 보다 명시적인 언어로 설명하고 있지만 여전히 질문의 여지는 남아 있다. 무엇보다도 코스그로브는 경관이 자연과의 상상된 관계를 통해 특정 계급(부르주아계급)이 그들 자신과 세계를 표현(signify)해 온 방식을 의미한다고 주장했다(1984, 14). 로즈는 아마도 그 주체가 단지 계급이 아니라 남성 주체임을 명백히 함으로써 코스그로브가 밝히고자 했던 경관 개념의 역사성을 더욱 분명히 하는 데 도움을 주었다고 평가할 수 있다.

또 다른 측면에서 코스그로브는 경관의 이중적 모호함-주체/대상, 개인/사회-을 설명하면서 주체를 이성적인 동시에 감정적(정서적)인 측면에서 설명하고 있다. 경관의 주체는 대체로 투시법에 기초한 이성과 합리성의 담지체로 정의되는 동시에, 아름다움, 장엄함, 길들임, 단조로움, 훼손 등의 주관적이고 정서적인 반응을 통해 경험되며, 경관의 예술적이고 시적인 이용 속에 함축된 주관적 의미를 이해하는 것이 필요하다는 것이다. 그러나 과학적 이해와 과학적 방법에 대한 요구는 외부자의 시각을 절대화하고 내부자의 경험을 삭제하며 지리학적 경관에서 연구 대상이 보편적 진리라는 관념을 강화하게끔 했다. 궁극적인 해결책은 경관의 개념에서 주체를 삭제하고 객관적 지식의 지위를 얻는 것이었다(Cosgrove, 1984, 33). 이것이 바로 사우어와 그 이후의 전통적 문화지리학이 걸어온 길이다. 코스그로브와 대니얼스의 전략은 경관 관념에서 미학적이고 정서적인 측면을 복원하고, 다시금 주체와 대상의 변증법을 통해 경관을 인식하여 경관의 변증법을 회복하고자 하는 것이다. 이와 같은 점에서 신문화지리학들이 지식과 쾌락 사이에서 끊임없이 동요하고 있다는 로즈의 지적은 한편으로 타당하고 날카로운 것이다. 그러나 그러한 동요는 비판의 대상이 되기보다는 지리학에서 강력하게 형성되어 온 경관 전통의 남성 중심성이 오히려 흔들리고 있는 징후로 독해하는 것이 타당할 수 있다. 오히려 로즈가 비판해야 할 대상은 코스그로브가 극복하고자 했던 문화지리학의 과학주의 및 실증주의 전통이 되어야 하지 않을까 생각된다. 이러한 점에서 시각적 쾌락을 긍정적인 것으로 해석할 수 있다는 내쉬의 로즈에 대한 비평은 유효하다.

5) 비재현적 지리학의 도전과 경관 연구의 새로운 방향

신문화지리학의 경관론이 등장한 지 30년 가까이 지난 현재 시점에서 그들의 주장과 이론은 문화지리학의 새로운 흐름인 비재현적 이론(Non-representational Theory)과 관련 연구들에 의해 강력한 도전을 받고 있다. 지난 10여 년간 신문화지리학의 경관 이론은 현상학적 재고찰을 통해 '재현적' 연구 방법에 대한 근본적인 수정을 요구받았다. 신문화지리학의 경관론에 대한 전면적인 공세는 지리학뿐만 아니라 서구 사상에서 시각의 특권적인 지위에 대해 도전하는 폭넓은 이론적 경합 속에서 이해해야만 한다(de Certeau, 1984; Haraway, 1991; Latour, 1993; Ingold, 2000) 특히 여성주의 혹은 마르크스주의 전통의 지리학자들은 수행 및 실천과 관련하여 시각의 특권적 지위 박탈을 강력하게 주장하기 시작했다(Thrift, 2000; Whatmore, 2002). 이 같은 주장의 근저에 주요하게는 페미니즘과 탈구조주의에서부터, STS(과학기술연구), 수행연구, 현상학 등에 이르기까지 광범위한 이론적 배경이 놓여 있다. 이들의 관점에 의하면 문화지리학 경관학파의 대표 이론인 재현주의(representationalism)는 살아 움직이는 대상을 프레임 속에 집어넣고, 고정시키며, 죽은 것으로 간주해 왔다는 것이다(Lorimer, 2005, 84). 반면에 비재현적 지리학은 주체와 대상을 분리하는 것에 반대하며, 경관을 일종의 결과물(고정된 재현)이 아니라 인간 행동의 과정 속에 있는 실천으로 간주한다. 주체와 대상을 매개하는 육체에 대한 관심의 회복은 자연스러운 결과이다.

경관 연구에서 가장 대표적인 비재현 이론으로 먼저 현상학의 부활을 다룰 필요가 있다. 경관의 일시성(temporality of landscape)에 주목하는 인류학자 잉골드(1993)는 인류학 뿐만 아니라 현상학, 생태심리학에 기초하여 코스그로브와 대니얼스의 보는 방식/문화적 이미지로서의 경관개념을 정면 비판한다.

> 나는 이 견해에 동조하지 않는다. 반대로 나는 내부 세계와 외부 세계의 구분에 반대한다. 그러한 이분법의 근저에는 정신과 물질, 의미와 실체(meaning and substance)의 구분이 있다. 경관은 정신의 눈으로 조망하는 상상 속의 그림이 아니다. 그것은 또한 인간의 질서가 부과되기만을 기다리는 외부적 실체가 아니다. (Ingold, 2000, 191)

잉골드의 관점에서는 코스그로브와 대니얼스의 경관개념이 이분법적이라는 것이다. 즉, 신문화지리학의 경관 연구는 한편에는 탈체현된 문화적 의미들-상징경관-이 존재하고 이와 별개로 텅 빈 기반으로서 자연경관이 있다는 것이다(Wylie, 2007, 154). 이는 문화 관념과 자연 사이에 근본적인 구분이 있다는 의미이다. 그는 문화지리학의 전통적 경관 관념과 신문화지리학의 경관 관념을 통틀어 비판하는데, 전자는 경관을 인간문화의 외부에 있는 일종의 (자연) 배경이자 무대로 간주한다는 점에서 '자연주의적 경관론'이며, 후자는 모든 경관 속에 상징적 의미가 배어 있다고 주장하는 '문화주의적 경관론'이라고 정의한다(Ingold, 2000, 189). 이러한 양극단의 경관론은 서구사상에 내재한 이분법(Cartesian dualism)에 그 기원이 있으며, 자연과학과 사회과학의 분화라는 현대 학문 속에서 더욱 당연시되어 왔다(Wylie, 2007, 189). 이러한 점에서 신문화지리학 경관론의 핵심에 있는 경관의 이중성과 모호함은 결국 잉골드와 같은 현상학적 경관론에 의해 이분법적이라는 비판의 대상이 된다. 즉, '문화주의적' 경관론은 경관을 주체와 객체, 정신과 물질, 문화와 자연으로 분단한다는 점에서 데카르트주의 인식론을 벗어나지 못한다는 것이다(Wylie, 2007, 189).

최근 경관 연구에 대한 현상학적 도전은 경관 개념을 둘러싼 논쟁을 넘어서 문화지리학(더 크게는 인문지리학)의 이론적 지형의 변화와 밀접하게 관련되어 있다. 이러한 변화는 인문지리학에서 비재현 이론의 강력한 대두와 밀접하게 관련되어 있으며, 스리프트(Thrift)는 1990년대 후반부터 비재현 이론을 통한 인문지리학의 새로운 이론적 토대와 방향성에 대해 논의해 왔다. 그는 고전적인 의미에서 영웅적 행위로서의 '저항'을 뛰어넘어 새로운 형태의 저항 가능성을 벤야민(W. Benjamin)과 드 세르토(M. de Certeau)의 실천(practice)에 대한 이론에서 찾는다(Thrift, 1997). 그에 따르면 1980년대 중반 사회과학 및 인문학의 사유와 실천 방식에서 큰 변화가 발생했는데 그것은 비재현 이론 혹은 실천에 대한 이론이라는 것이다. 그는 비재현 이론을 다음과 같이 압축적으로 요약한다(Thrift, 1997, 126-133). 첫째, 비재현 이론은 일상적 실천에 대한 이론으로 특정 장소에서 타자와 자신을 향한 인간 행동을 형상화한다. 둘째, 비재현 이론은 주체가 아닌 '주체화(subjectification)'의 실천을 다루는 이론이다. 셋째, 비재현 이론은 공간적이면서 시간적이다. 넷째, 비재현 이론은 존재의 기술(technologies of being)과 관련되어 있는데 그 계보를 추적하면, 푸코가 탐구한 국지적인 기술(예를 들면, 감시의 기술),[5] ANT의 보다 수행적인 기술, 들뢰즈와 가타리의 아상블라주(assemblage) 혹은 기계(machines)이다. '존재의 기술' 측면에서 이들 세 가지 접근에 공통적인 것은 존재를 거대 내러티브화하지 않고 보다 소박하게 공간화한다는 것이다(Thrift, 1997, 133). 여하튼, 행동과 실천이 발생하는 구체적인 장소에 대한 관심은 (재현으로서의) 경관에 대한 거시적인 이론에 대한 추구와 배치될 수 밖에 없다. 스리프트(2000)는 수행이론에 대한 보다 심화된 이론적 분석을 수행하면서 논문의 제목을 "죽은 지리학 다시 살리기"라고 붙였는데 이는 신문화지리학을 포함하여 재현이론에 기반한 20세기 후반의 인문지리학에 대한 그의 비판적 관점을 표현한다.

젊은 문화지리학자 로리머(Lorimer, 2005; 2007)는 재현적 지리학에서 수행과 실천으로의 관심 이동이라는 변화를 압축적으로 정리하고 있는데, 그의 표현에 따르면 '비재현 이론'은 인간, 텍스트, 시각 중심에서 탈피하려는(more-than-human, more-than-textual, multisensual) 다양한 연구들을 포괄하는 용어이다. 데카르트주의에 근본적인 요소인 인간주체의 절대성에 대해 비판적인 그는 비재현 이론이라는 표현보다 '재현을 넘어선(more-than-representational) 지리학'이라는 표현을 선호한다. 방법론적으로는 현상학적 기반을 강하게 유지하면서 관심의 초점은 '재현'에서 '수행' 혹은 '실천'으로 이동한다. 이는 삶의 물질성에 대한 관심을 회복하자는 것이며, 경관을 재현된 이미지나 이데올로기로 해석하기 보다는 육체 경험과 결부지으려 한다. 즉, 경관을 볼 때 그 이면에 존재하는 의미와 가치를 끄집어내려 하기보다는 다양한 육체적 실천인 '표현(expression)'에 집중한다. 경관이 해석과 판단의 대상이라는 관점은 주체와 대상을 분리하는 것이며 이러한 분리는 육체의 '표현' 속에서 가능하다는 것이다. 이러한 표현은 구체적으로 '공유된 경험, 틀에 박힌 일상, 순간적인 조우(遭遇), 육화된 움직임, 실용적인 기술, 정서적인 격렬함, 지속적인 충동, 평범한 상호작용, 감각적인 기질(Lorimer, 2005, 84)'을 의미한다. 그에 따르면, 녹지(그린스페이스)에 대한 관심, 시각주의에 대한 비판과 함께 다양한 감각의 재발견—예를 들면, 청관(聽官, sound-scape)—, 응시보다는 직접적인 경험, 체현적 지식, 지리학의 시각주의에 대한 비평, 체현적 지식, 덜 공공적이고 더 실천지향적인 기억연구 등이 비재현적 문화지리학의 새로운 연구 주제가 되고 있다(Lorimer, 2005, 84). 그리고 새로운 주제와 방법론에 입각한 많은 문화지리학 연구들이 최근에 지속적으로 발표되고 있다. 20세기 초 유럽의 나체주의 실천에 대한 모리스(Morris, 2009)의 연구, 경관사진과 경관영화가 갖는 공간적 성격의 중요성을 탐구한 킬러(Keiller, 2009)의 연구, '민족정체성(national identity)'이라는 전통적인 문화지리학의 주제를 '비재현적' 방식으로 새롭게 다룬 우드(Wood, 2012)의 연구 등을 들 수 있다.

이 모두는 비재현적 지리학을 향한 광범위한 움직임의 일부이며, 재현이론의 성격이 강한 신문화지리학의 경관론은 커다란 어려움에 직면해 왔다. 그러나 한편으로는 경관텍스트이론과 보는 방식으로서의 경관론을 구분해서 보아야 한다는 관점도 있다. 델라 도라(della Dora, 2009)는 신문화지리학에 대한 '현상학적 실험'이 지목하는 대상이 주로 경관텍스트론에 국한되었다고 주장하면서, 경관재현을 '시각 텍스트'에서 정서적인 인간 육체와 감각적으로 상호 작용하는 매혹적인 물질 대상 혹은 '인간 범주를 넘어선(more-than-human)' 육체로 해석하는 변화에 대해 언급한다(della Dora, 2009; Whatmore, 2006). 또한 경관재현이 정적인 것에서 동적인 것으로 변했다고 주장하는데, 델라 도라의 조어에 따르면 이는 이동하는 경관대상(travelling landscape-object)이다. 예를 들면 시공간상에서 이동하는 물질적 매체에 삽입되어 있는 그래픽 이미지를 말한다. 그러나 그의 관점은 전통적인 경관텍스트론을 이것으로 대체할 수 있다는 것이 아니라 도상학적 분석을 보완할 수 있는 연구 프레임워크로 '대상성(object-hood)'을 제안하는 것이다(della Dora, 2009, 335). 즉, 그는 여전히 시각적인 경관 이미지와 우리가 지나쳐 가는 '다감각적 경관(multisensorial landscape)' 사이의 방법론적 격차를 메우려고 시도한다.

코스그로브 역시 수행 및 다양한 감각에 대한 강조와 현상학적인 방법론의 대두에 대해 완고한 태도를 보인 것은 결코 아니었다. 경관에 대해 비교적 후기의 관점을 담고 있는 글에서 그는 최근의 경관 연구가 시각과 이미지에 초점을 두는 방법에 비판적이라는 사실을 인식하고 있으며, 이것이 시각에 특권을 부여하는―데카르트와 계몽사상가들은 물론이거니와 아리스토텔레스로까지 거슬러 올라가는―서구의 합리주의 전통 속에 있음을 지적하고 있다. 이러한 전통에서 시각은 합리적 정신에 도달하게 하는 일종의 윈도우라는 것이다(Cosgrove, 2003, 250). 그리하여 그는 시각이 인간행동의 여타 감각들, 인지, 정서적인 측면과 분리된 것이 아니라고 말하면서, 경관에서의 주체가 경관을 새로운 경관 연구의 가능성을 풍수적 개념에서 찾을 수도 있을 것이라고 제안한다. 즉 중국 및 한국의 풍수에서 기(Qi)의 흐름이, 경관의 개념의 진화―시각적인 것의 제약을 넘어서서 보다 상상적이고 (많은 것들을 망라하는), 감각적이면서 인지적인 체현―를 이해하는 데 도움을 줄 수 있을 것이라고 간단히 언급하고 있다(Cosgrove, 2003, 265).

6) 맺음말

지금까지 신문화지리학의 경관 관념을 경관의 이중성과 재현의 개념을 중심으로 살펴보았다. 무엇보다도 여기서 다루고 있는 경관에 대한 논의는 대단히 다양한 지리학의 경관 이론과 연구의 일부에 국한된 것임을 밝혀 둘 필요가 있다. 예를 들면 칼 사우어 이후 버클리학파의 전통을 잇는 다양한 연구 특히, 미국 문화지리학에서 중요한 위치를 차지하고 있는 잭슨(J. B. Jackson) 이나 젤린스키(W. Zelinsky)의 연구에 대해 여기서는 전혀 다루지 못했다. 또한 신문화지리학의 다양한 연구자들 예를 들면 지리학자는 아니지만 코스그로브에게서 영향을 받아서 경관 제국주의의 전형적인 문화현상으로 제시한 미첼(W. J. T. Mitchell), 신문화지리학의 경관 연구와는 다소 상이하게 경관의 실체적 성격(substantive nature)에 초점을 두어 독일 경관 전통(landschaft)의 본질에 보다 충실했던 올위그(K. Olwig)의 연구 또한 지난 20년간의 경관 연구에서 빼놓을 수 없는 연구자이지만 이 글에서는 지면의 한계로 다루지 못했다.

이 글의 주제와 관련하여 국내의 경관 연구에 대해 정리하는 것은 쉬운 일이 아니다. 왜냐하면 경관은 포괄적으로 본다면 문화지리학 내의 특정 연구주제 이상의 넓은 범위에 걸쳐 있기 때문이다. 단적으로 2009년 학술지『문화역사지리』의 경관특집에 문화지리학 및 역사지리학을 연구하는 많은 이들이 다양한 주제의 논문을 투고했는데 이속에는 좁은 의미에서의 문화경관에 대한 논문들뿐만 아니라 조선 시대에 제작된 고지도를 상징경관의 관점에서 해석한 연구(양보경, 2009), 비보와 같은 풍수 경관을 텍스트로 독해한 연구(권선정, 2009) 등 이 포함되어 있다. 즉, 최근 문화·역사지리학의 다양한 분야에서 이루어진 경관 연구가 신문화지리학의 방법론과 개념에서 직·간접적으로 많은 영향을 받았음을 알 수 있다. 편의상 최근 10여 년간의 경관 연구를 분야 및 형태와 관점, 방법론을 기준으로 나눈다면 크게 다음과 같이 세 갈래 정도로 분류하는 것이 가능할 것이다.[6] 첫째, 전통적인 촌락 및 역사경관에 대한 연구에 신문화지리학의 방법론을 적용하거나 부분적으로 가미한 연구(김덕현, 1999; 윤홍기, 2001; 전종한, 2009), 둘째, 신문화지리학의 연구방법 및 개념을 명시적으로 제시하거나 적용한 연구(권선정, 2003; 이무용, 1999; 진종헌, 2005; 2006), 셋째, 전통적인 연구 방법에 기초한 역사지리학적 경관 연구(이기봉, 2009; 홍금수, 2006; 최진성, 2011)가 있다. 몇 가지만 예를 들면, 지도를 경관 텍스트로 간주하여 지도 경관의 자의성(恣意性)과 사회적 구성에 초점을 두어 권력의 상징 경관으로 지도를 분석한 권선정(2003)의 연구처럼 뚜렷하게 경관 텍스트론의 개념과 방법을 제시한 연구에서부터, 전종한(2009)처럼 전통적인 촌락경관 연구의 연장선상에 있으면서 '문화적 구성물로서의 경관'이라는 개념을 통해 경관과 사회문화적 실천의 관계에 대한 새로운 관점을 부분적으로 받아들인 연구에 이르기까지 다양한 스펙트럼에 걸쳐 있다. 또한, 다양한 전통적 유교 경관에 대한 연구를 지속해 온 김덕현(2003)은 유교적 가거지 내앞 경관에 대한 연구에서 마을의 경관이 마을주민들의 세계관이 '재현(representation)'된 것이라는 관점에서 경관 독해를 진행하였다. 그는 전통적 문화유산경관 연구에서 '재현'으로서의 경관 관점이 기여할 수 있는 가능성을 제시했다.

신문화지리학의 경관론은 지난 20여 년간 한국의 문화·역사지리학에 크고 작은 영향을 미쳐 왔으며, 실제로 많은 사례연구들이 신문화지리학의 경관 이론을 바탕으로 진행되어 학문적인 성과를 지속적으로 축적해 왔다. 그러나, 최근 경관 연구의 이론적·방법론적 지형의 변화에 대해서 소개나 논의가 충분히 이루어진 것 같지는 않다. 새로운 이론-현상학적 전환에 따른 경관 이론을 또다시 소개하고 받아들이는 것도 중요하겠지만 그전에 한국의 지리학자들이 신문화지리학의 경관 이론을 어떻게 소화해 왔는가에 대해 차분히 검토하는 작업이 필요할 것이다. 부연하면, 신문화지리학의 주요 방법 중에서도 텍스트 은유가 실제 연구에서 방법론과 이론배경으로 상대적으로 많이 채택이 되었는데, 이러한 경향의 원인과 의미에 대해서도 깊이 있는 논의가 요구된다.

앞서 논의한 대로 '보는 방식'으로서의 경관 관념은 지리학 및 문화연구의 급진적 전통과의 상호교감 속에서 발전해 왔다. '텍스트'로서의 경관 관념 역시 무(無)에서 갑자기 생겨난 것이라기보다 '경관독해'를 지향하는 기존의 문화지리학의 관심이 토대가 되었다고 할 수 있다(Meinig, 1979). 이러한 학문적 변화의 연속성을 이해할 때 신문화지리학의 개념과 방법 또한 완성된 것으로 주어진 것이 아니라 변화 속에 놓여 있는 것으로 인식해야 하며, 그에 대한 최근의 급진주의·페미니즘 등으로부터의 비판적 관점 또한 쉽게 수용될 것이다. 따라서, 우리는 새로운 경관 이론의 검토과정을 지식과 이론의 맥락적·구성주의적 성격에 대해 보다 전향적인 의미에서 성찰해 보는 기회로 삼을 수 있을 것이다.

● 요약

1. 마르크시즘과 페미니즘에서부터 최근 현상학의 재생과 비재현적 관점의 대두는 신문화지리학의 경관 연구를 새로운 방향으로 인도하고 있다. 그리하여 최근 문화지리학의 변화를 이해하기 위해서는 지난 20여 년간 신문화지리학에 대해 이루어진 다양한 비판을 검토할 필요가 있다.

2. 신문화지리학의 경관 연구들 간의 유사성이나 동질성과 함께 내적인 다양성과 차이를 이해함으로서 경관 연구의 역동성을 밝히고자 한다. 특히, 보는 방식으로서의 경관 관념에 내재한 개념의 이중성과 모호함은, 경관의 물질성과 재현적 성격 간의 모순에서 비롯되는 필연적인 결과로서, 경관이 함축하는 역동성과 풍부함의 원천이 되어 왔다.

3. 경관 이론을 완성된 개념과 방법론을 수입하여 적용한 것으로가 아니라 우리 사회의 이론과 실천의 상호작용 속에서 새롭게 구성된 맥락적·상황적 지식으로 받아들이고 그 과정을 성찰적으로 검토할 필요가 있다.

● 핵심어(Key words)

신문화지리학, 재현, 경관의 이중성, 비재현이론, 현상학적 전환, 수행, 실천

New cultural geography, representation, duplicity of landscape, Non-representational theory, phenomenological turn, performance, practice

● 읽어 볼 문헌

Williams, R. 1975. *The Country and the City*. Oxford University Press (이현석 역, 2013,

『시골과 도시』, 나남). 이 책은 문화비평가 레이먼드 윌리엄스의 대표작 중 하나로 주로 영국의 잉글랜드에서 진행된 도시화 과정을 연구한 결과이다. 제목처럼 도시와 시골의 관계에 대해 일종의 착취관계라는 관점을 견지하고 있다. 경관의 형성이 특정 역사 시기의 토지 및 사회관계의 모순과 관련되어 있음을 이해하게 해 준다.

Mitchell, D., 2000. *Cultural Geography: A Critical Introduction*. Oxford: Blackwell (류제헌 외 역, 2011, 『문화정치 문화전쟁』, 살림). 이 책은 진보적 문화지리학자 돈 미첼 교수의 문화정치 및 문화경관론을 다루고 있다. 문화에 대한 추상적인 관념을 넘어서 현실의 치열한 갈등 속으로 문화를 가져와 사람들이 자신의 공간을 확보하기 위해 문화를 어떻게 이데올로기화하고 권력화하는지 다양한 사례를 통해 분석한다. 그의 비판을 통해서 신문화지리학 경관론의 장단점을 더 잘 이해할 수 있다.

Berger, J., 1972, *Ways of seeing: Based on the BBC television series*, Viking Press (최민 역, 2012, 『다른 방식으로 보기』, 열화당). 미술평론가 및 사회비평가 존 버거(John Berger)의 대표작으로 1972년 초판 발행 이후 미술전공자들뿐만 아니라 이미지에 대한 다양한 연구자들의 필독서가 되어 왔다. 미술 작품과 이미지에 대한 기존 학계의 전통적인 관점과 해석을 전복하여 새로운 시각을 제시함으로써 70년대 이후 비판적이고 학제적인 문화연구를 개막하는 데 큰 역할을 한 저작이다.

주

1 사우어의 경관론이 가지고 있는 환경론적 의미에 대해서는 진종헌(2009)을 참고할 것.

2 코스그로브는 UCLA 지리학과에서 석좌교수(Alexander von Humboldt professor)로 재직하던 중 2008년 3월 60세를 일기로 사망했다. 그의 주요 저작을 중심으로 한 연구의 요약과 의미에 대해서는 진종헌(2006)을 참고할 것.

3 "대정원을 아카디아 풍 조망이 보이도록 개조하려면, 대정원의 경계를 벗어난 농지와 진정한 의미의 전원토지에까지 이미 착취체제가 완비되어 있어야 했다. 그곳들에 강제적으로 관철되고 있던 체제는 사회경제적 체제일 뿐만 아니라 물리적 체제이기도 하였다. 인클로저 재정문서에 따른 직선의 울타리와 직선의 도로, 바둑판처럼 엄격하게 수학적으로 분할된 토지는 정원의 자연스러

운 곡선이나 분산 배치된 조형물들과 같은 시대의 산물이었다. 그리고 그것들은 일견 취향면에서 서로 대립적인 것처럼 보이지만, 실은 동일한 과정의 서로 연관된 일부였다. 토지는 생산을 위해서—차지농과 노동자들의 작업장으로—조직되고 있었고, 정원은 소비를 위해서—경관과 유한계급의 여유로운 휴식, 조망을 확보할 목적으로—조직되고 있었다는 점에서 서로 대립적인 것처럼 보일 뿐이다.”(이현석 역, 2013, 252)

4 다이앤 베일리스(Diane Baylis)의 작품으로, 남성의 벌거벗은 신체를 마치 나무가 울창한 산 능선처럼 묘사한 사진이다. 이를 통해 자연 및 경관과 (남성의 응시에 의해 대상화된) 여성의 신체를 동일시하는 전통적 페미니스트 관점에 의문을 제기하는 효과를 낳는다.

5 물론 세 접근 중에서도 푸코의 기술모델은 가장 덜 수행적이라는 점을 쓰리프트는 지적하고 있는 것 같다. 푸코의 모델에 비해 ANT는 비인간 행위자에 보다 큰 역할을 부여하며, 우연성을 더욱 강조한다.(Thrift, 1997, 131)

6 여기서 예로 들고 있는 연구는 많은 연구자들에 의해 수행된 다양한 연구들 중의 일부에 불과하며 사례로 제시하는 것이다. 10년이라는 기간 역시 최근 동향에 초점을 두기 위한 편의적 기준이다.

참고문헌

권선정, 2003, “경관텍스트로서의 지도읽기: 금산의 옛 지도를 포함하여”, 문화역사지리, 15(2), 61-82.

권선정, 2009, “텍스트로서의 풍수경관읽기”, 문화역사지리, 21(1).

김덕현, 1999, “儒敎의 自然觀과 退溪의 山林溪居”, 문화역사지리, 11, 33-53.

김덕현, 2003, “儒敎적 可居地 ‘내앞’ 景觀 讀解”, 문화역사지리, 15(1), 47-76.

류제헌, 2009, “한국의 문화경관에 대한 통합적 관점”, 문화역사지리, 21(1), 105-116.

박승규, 1995, “문화지리학의 최근 동향: ‘신’문화지리학을 중심으로”, 문화역사지리, 7, 131-145.

양보경, 2009, “상징경관으로서의 고지도 연구”, 문화역사지리, 21(1), 95-104.

이기봉, 2009, “수도한양의 조선적 국도숲 이해”, 문화역사지리, 21(1), 223-242.

이무용, 1999, “한국도시경관의 근대성: 경관 연구의 지평확대를 위하여”, 문화역사지리, 11, 95-117.

전종한, 2009, “문화적 구성물로서의 촌락경관 비교연구: 반촌과 민촌적 배경의 촌락 간 비교”, 문화역사지리, 21(3), 81-103.

전종한·서민철·장의선·박승규, 2012, 인문지리학의 시선, 사회평론.

진종헌, 2005, “금강산 관광의 경험과 담론분석: ‘관광객의 시선’과 자연의 사회적 구성”, 문화역사지리, 17(1).

진종헌, 2006, "코스그로브의 경관 이론", 현대공간이론의 사상가들, 한울.

진종헌, 2009, "경관연구의 환경론적 함의: 낭만주의 경관을 중심으로", 문화역사지리, 21(1), 149-160.

최진성, 2011, "삼례도찰방역의 경관변화", 문화역사지리, 23(3), 50-65.

홍금수, 2006, "전관장의 경관변화", 문화역사지리, 18(1), 102-134.

홍금수, 2009, "경관과 기억에 투영된 지역의 심층적 이해와 해석", 문화역사지리, 21(1), 46-94.

Barns, T. and Duncan, J., Eds., 1991, *Writing worlds: discourse, text and metaphor in the representation of landscape*, Routledge, London.

Braun, B., 2002, *The Intemperate Rain forest: Nature, Culture, and Power on Canada's West Coast,* University of Minnesota Press, Minneapolis.

Casey, E., 2002, *Representing place: landscape painting and maps,* University of Minnesota Press, Minneapolis & London.

Cosgrove, D., 2003, "Landscape and the European sense of sight-Eyeing nature", In K. Anderson et al., *Handbook of cultural geography*, London; Thousand Oaks; New Delhi: Sage publications, 249-268.

Cosgrove, D., 1983, "Towards a radical cultural geography: problems of theory", *Antipode*, 15(1), 1-11.

Cosgrove, D., 1984, *Social Formation and Symbolic Landscape,* Barns & Noble Books, Totowa, N.J.

Cosgrove, D., 1985, "Prospect, perspective and the evolution of the landscape idea", *Transactions of British Geographers*, 10(1), 45-62.

Cosgrove, D., 1989, "Geography is everywhere: culture and symbolism in human landscapes", In D. Gregory and R. Walford, eds., *Horizons in human geography*, London: Macmillan, 118-35.

Cosgrove, D. and Daniels, S., Eds., 1988, *The Iconography of Landscape: essays on the symbolic representation, design, and use of past environments*, Cambridge University Press. Cambridge (UK).

Daniels, S., 1993, *Fields of vision: landscape imagery and national identity in England and the United States,* Cambridge: Polity Press.

Daniels, S., 1989, "Duplicity of landscape", In R. Peet and N. Thrift, Eds., *New Models in Geography: the Political-Economy Perspective* Vol.2, London; Boston: Unwin-Hyman.

de Certeau, M., 1984, *The Practice of Everyday Life*, trans. S. Rendall, Berkeley: University of Califoinia Press.

della Dora, V., 2009, "Travelling landscape-objects", *Progress in Human Geography*, 33(3), 334-354.

Driver, F. and Gilbert, D., 1999, "Imperial Cities: overlapping territories, intertwined histories", In F. Driver and D. Gilbert, eds., *Imperial cities: landscape, display and identity*, Manchester: Manchester University Press, 1-17.

Dubow, J., 2000, *Colonial settlement and landscape in South Africa*, dissertation thesis, University of Nottingham.

Duncan, J., 1980, "The superorganic in American cultural geography", *Annals of the Association of American Geographers,* 70(2), 181-198.

Duncan, J., 1990, *The city as text: the politics of landscape interpretation in the Kandyan Kingdom,* Cambridge(UK); NewYork: Cambridge University Press.

Duncan, J. and Duncan, N., 1988, "(Re)reading the landscape", *Environment and Planning D: Society and Space* 6, 117-126.

Geipel, R., 1978, "The landscape indicators school in German geography", In D. Ley and M. Samuels, eds., *Humanistic Geography*, 155-172.

Harvey, D., 1979, "Monument and myth", *Annals of the Association of American Geographers,* 69, 362-81.

Harvey, D., 1989, *The Condition of Postmodernity: An Enquiry into the Origin of Cultural Change*, Blackwell Publishers (구동회·박영민 역, 1994, 포스트모더니티의 조건, 한울).

Haraway, D., 1991, *Simians, cyborgs, and women: the reinvention of nature*, London: Free Association of Books.

Holt-Jensen, A., 1981, *Geography: Its History and Concept*, London: Harper and Low.

Ingold, T., 2000, *The Perception of Environment: Essays in Livelihood, Dwelling and Skill*, London: Routledge.

Jay, M., 1984, *Adorno*, London: Fontana.

Jin., J., 2006, "The transforming Sacredness of Mt. Chirisan from an Utopian Shelter into a Modern National Park: Focused on the Escapist Lives of 'Mountain Men'", *Journal of the Korean Geographical Society*, 40(2), 172-186.

Jin., J., 2009, Paektudaegan: Memory, Science, Colonialism and Mountain Mapping in Korea,

High Places: Cultural Geographies of Mountains and Ice (edited by Veronica della Dora and Denis Cosgrove), I.B.Tauris Publishers.

Keiller, P., 2009, "Cultural geographies in practice: Landscapes and cinematography", *Cultural Geographies,* 16, 409-414.

Latour, B., 1993, *We Have Never Been Modern.* Trans. C. Porter. Cambridge. Mass.: Havard University Press (홍철기 역, 2009, 우리는 결코 근대인이었던 적이 없다, 갈무리).

Lorimer, H., 2007, "Cultural geography: worldly shapes, differently arranged", *Progress in Human Geography,* 31(1), 89-100.

Lorimer, H., 2005, "Cultural geography: the busyness of being 'more than representational'", *Progress in Human Geography,* 29, 83-94.

Matless, D., 1998, *Landscape and Englishness.* London: Reaktion.

Meinig, D. W., 1979, ed., *The interpretation of ordinary landscapes,* Oxford: Oxford University Press.

Mitchell, D., 1994, "Landscape and surplus value: the making of the ordinary in Brentwood", CA, *Environment and Planning D: Soceity and Space,* 12, 7-30.

Mitchell, D., 1995, "There is no such thing as culture: Towards a reconceptualization of the idea of culture in geography", *Transactions of the Institute of British Geographers,* 20(1), 102-116.

Mitchell, D., 1996, *The Lie of the Land: Migrant Workers and the Californian Landscape,* Minneapolis: University of Minnesota Press.

Mitchell, D., 2000, *Cultural Geography: A Critical Introduction,* Oxford: Blackwell (류제헌 외 역, 2011, 문화정치 문화전쟁, 살림).

Mitchell, W. J. T. (Ed.), 1994, *Landscape and Power.* Chicago: University of Chicago Press.

Morris, N., 2009, "Naked in nature: naturism, nature and the senses in early 20th century Britain", *Cultural Geographies,* 16, 283-308.

Nash, C., 1996, "Reclaiming Vision: Looking at Landscape and the Body", *Gender Place and Culture,* 3, 149-69.

Nash, C., 2000, "Performativity in practice: some recent work in cultural geography", *Progress in Human Geography,* 24, 653-64.

Relph, E., 1987, *The Modern Urban Landscape.* Balimore, MD: The Johns Hopkins University Press.

Rose, G., 1993, *Feminism and Geography: The Limits of Geographical Knowledge,* Cambridge:

Polity Press (정현주 역, 2011, 페미니즘과 지리학: 지리학적 지식의 한계, 한길사).

Sauer, C., 1963, "The morphology of landscape", Reprinted in J., Leighly, ed., *Land and Life: Selections from the Writings of Carl Ortwin Sauer*, Berkeley, CA: University of California Press, 315-350.

Tompson, E. P., 2002, *The Making of the English Working Class*, Penguin (나종일 역, 2000, 영국 노동계급의 형성 상/하, 창작과 비평사).

Thrift, N., 2000, "Dead geographies-and how to make them live", *Environment and Planning D: Society and Space*, 18, 411-432.

Thrift, N., 1997, "The still point: resistance, expressive embodiment and dance", *Geographies of resistance*, Eds., Steve Pile and Michael Keith, Routeldge London and New York, 124-151.

Tilly, C., 2004, *The materiality of stone: explorations in landscape phenomenology*, Oxford: Berg.

Whatmore, S., 2006, "Materialist returns: practising cultural geography in and for a more-than-human world", *cultural geographies*, 13, 600-609.

Williams, R., 1975, *The Country and the City*. Oxford University Press (이현석 역, 2013, 시골과 도시, 나남).

Wood, N., 2012, "Playing with 'Scottishness': musical performance, non-representational thinking and the 'doings' of national identity", *Cultural Geographies*, 19(2), 195-215.

Wylie, J., 2007, *Landscape*, Routledge.

4. 장소 개념의 스펙트럼과 잠재력[*]

청주교육대학교 **심승희**

1) 들어가며

장소(place)라는 용어는 학술 용어보다 일상용어로 훨씬 많이 사용되고 있다. 그렇기 때문에 정색하고 장소라는 용어의 정의를 내릴 일도 드물 뿐만 아니라, 실제로 정의하고자 하면 이 용어가 가진 친숙함의 크기만큼 어려움에 직면하게 된다. 그래서 장소야말로 가장 복잡한 지리적 개념 중 하나이다.

그런데 최근 들어 부쩍 '장소'라는 용어를 일상용어가 아닌 학술 또는 전문 용어로 사용하려는 흐름이 지리학 외에 문학, 사회학, 인류학, 철학, 정치학, 경제학, 관광학, 생태학 같은 인접 학문 분야뿐 아니라 사회 및 문화 운동의 차원에서도 거세지고 있다. 장소를 일상용어가 아닌 학술 및 전문 용어로 사용한다는 것은 일종의 개념으로 접근한다는 의미이다. 물론 학술 및 전문 용어로서의 장소가 일상용어로서의 장소와 무관한 것은 아니다. 오히려 일상적 실천 속에서 드러나는 장소를 통해 장소 개념이 발달

---

[*] 이 글의 일부는 2012년 8월 22일 한국언어문화학회 여름 학술대회(주제: 공간, 장소, 지역의 문화사회학)에서 발표된 내용임.

해 왔다고 보는 편이 타당할 것이다.

지리학은 다른 어떤 학문 분야보다 장소를 중심적 연구 대상이자 개념적 도구로 발전시켜 왔다. 따라서 본 글에서는 지리학 분야를 중심으로 장소 개념 및 관련 개념들이 어떻게 발전해 왔는지를 고찰하고, 최근 들어 장소 개념이 더 새롭고 폭넓게 활용되고 있는 배경과 양상 그리고 이를 둘러싼 주요 장소 관련 논쟁을 살펴보고자 한다.

2) 장소란 무엇인가?: 장소 개념의 스펙트럼

장소란 무엇인가? 지리학자 팀 크레스웰(Tim Cresswell)은 장소가 무엇인지를 생생히 체감할 수 있는 예로 다음을 제시하였다.

> 비행기 두 대가 북위 40도 46분, 서경 73도 58분으로 날아갔다는 말을 들을 때와, 비행기가 뉴욕 시 맨해튼 쌍둥이 빌딩으로 날아갔다는 말을 들을 때의 충격은 꽤 다를 것이다. 크루즈 미사일은 위치와 공간 좌표로 프로그램화되어 있다. 만약 크루즈 미사일이 '장소'로 프로그램화될 수 있다면, 다시 말해서 장소에 내포된 이해(理解)로 프로그램화될 수 있다면, 사막에 불시착하기로 결정할 것이다.
> (Cresswell, 2004; 심승희 역, 2012, 4)

'북위 40도 46분, 서경 73도 58분'이라는 위치 정보는 그곳이 단순히 지구 북반구 서쪽 어디쯤일 것이라는 사실만 떠올리게 한다. 하지만 '뉴욕 시 맨해튼 쌍둥이 빌딩'이라는 장소로 명명되는 순간, 우리는 많은 것을 떠올릴 수밖에 없다. 가장 강렬한 이미지는 2001년 9·11 테러 사건일 것이고, 왜 테러범들은 하고많은 장소 중에서 그곳을 선택했을지, 그리고 9·11 테러 사건 이후 일어난 아프가니스탄 전쟁 등 전 세계적 경색 국면이 연달아 떠오를 것이다. 보다 최근에 이르면, 9·11 테러 사건 이후 '그라운드 제로(ground zero)'라고 불리게 된 그 장소 인근의 모스크 건설 찬반 논쟁까지 떠올릴 수 있다. 하지만 개인적으로 보면 뉴욕 맨해튼의 쌍둥이 빌딩은 가슴 벅찼던 가족 여행의 기억이 오롯이 새겨진 장소일 것이며, 아메리칸 드림의 실현을 가장 상징적으로 보여 줄 수 있는 성공의 장소였을 것이다. 또 뉴욕 시민들의 입장에서 맨해튼의 쌍둥이 빌딩은 자유의 여신상과 더불어 외부인에게 내세우던 뉴욕 시의 상징물이었을 것이다. 이처럼 장소에는 다양한 수준의 의미와 실천들이 내포되어 있다. 따라서 장소를 개념적으로 접근하는 일은 상당히 광범위하고 복잡한 작업이다.

여기서는 지리학의 발달 과정 속에서 장소 개념이 어떻게 대두되었으며 이후 어떻게 진화하고 분화해 나갔는지를 중심으로 장소 개념에 접근할 것이다. 또한 장소 개념의 이해를 돕기 위하여 지역, 경관, 공간, 로컬리티, 장소성 같은 관련 개념과의 비교도 병행할 것이다.

(1) '지역'과 '공간'의 대안으로서의 장소: 인본주의 지리학에 의한 부상(浮上)

패티슨(Pattison, 1964)은 지리학이 무엇을 연구 대상이나 주제로 삼았느냐를 기준으로 지리학의 4대 전통을 정리한 바 있다. 그것은 첫째로 지구 과학으로서의 전통, 둘째, 인간-환경 관계로서의 전통, 셋째, 지역 연구로서의 전통, 그리고 마지막으로 공간 분석으로서 전통이다. 여기에서는 장소 연구로서 지리학의 전통이 포함되지 않는다. 그것은 패티슨의 글이 발표된 시점이 이푸 투안(Yi-Fu Tuan)의『토포필리아(Topophilia)』(1974)로 시작된 인본주의 지리학이 대두되기 이전이기 때문이다.

위의 네 가지 전통 중 장소와 밀접한 관련이 있는 전통은 세 번째 전통인 지역 연구로서의 전통이라 볼 수 있다. 물론 지역 연구의 전통은 고대 그리스 시대의 지리학자 스트라보(Strabo)까지 거슬러 올라갈 수 있지만(Relph, 1997) 여기에서는 학문으로서 지리학의 본질과 방법론을 정립하기 위해『지리학의 본질(The Nature of Geography)』(1939)을 쓴 리처드 하트숀(Richard Hartshorne)의 지역 연구 전통을 대표적 예로 제시하고자 한다. 하트숀은 지리학이란 지표면 간의 차이에 의해 나타나는 지역의 특성, 즉 지역성을 밝히는 것이라고 정의하였다. 지역(region)이란 지형, 기후, 식생, 토양,

인구, 자원, 취락 등의 종합에 의해 다른 영역과 구분되는 일정한 영역이며, 지리학의 임무는 A라는 지역이 B라는 지역과 구분되게 하는 고유한 지역성을 밝혀내는 일이라고 했다. 따라서 지역 연구로서의 지리학은 주로 지역의 고유성, 특수성을 찾아내는 데 주력했다. 크레스웰(2004)은 이 시기 지리학이 연구 대상으로 삼았던 지역이 넓게 보면 장소라고 보았다. 그래서 그는 지리학에서 장소의 계보학을 세 가지 흐름으로 나눌 때 이 지역 연구의 전통을 장소 연구의 한 흐름으로 구분하였다. 이렇게 구분한 이유는 장소가 공간과 구분되는 중요한 특성으로 고유성, 특수성, 구체성을 갖기

그림 1. 투안의 『공간과 장소』(1977)

때문이다. 따라서 지역의 고유성, 특수성을 추구했던 지역 연구의 전통을 일종의 장소 연구로 볼 수 있다. 지리학의 핵심 개념으로서 장소에 관한 논의를 정리한 노엘 카스트리(Noel Castree, 2003, 165-166) 역시 장소 개념의 시작을 하트숀의 지역 연구 전통으로 보았을 뿐 아니라, 지역과 동일시되었던 이때의 장소 개념으로부터 '모자이크로서의 장소(mosaic of places)'라는 관점이 시작되었다고 보았다. 여기서 모자이크로서의 장소란, 다른 곳과 구분되는 경계선이 있으면서 경계선 안쪽은 단일한 특성을 갖는(discrete and singular) 영역이라는 의미이다.

하지만 다음 두 가지를 고려한다면 당시의 지역 개념과 현재의 장소 개념에는 분명한 차이가 있다. 첫째, 당시의 지역 연구에서는 지역 주민을 비롯하여 사람들이 지역에 대해 갖는 인식, 의미, 가치, 태도를 의도적으로 연구 대상에서 제외하였다. 그 이유는 하트숀의 경우 지리학을 다른 사회과학과 구분하기 위해서였고(권정화, 2005, 171), 칼 사우어(Carl O. Sauer)를 중심으로 한 문화경관학파의 경우 지역 연구는 자신들이 받아들인 독일 지리학의 경관 연구 전통에 의해 철저하게 '가시적인 것'만을 연구

대상으로 한정하였기 때문이다. 장소와 경관 개념이 구분되는 지점도 바로 여기이다. 경관이란 일정한 땅의 물리적 형태에 시각 개념을 결합시킨 것이다. 다시 말해 경관을 보는 주체는 항상 경관 밖에 위치한다. 반면 장소는 그 안에서 살아가는 사람을 전제한 개념이다(Cresswell, 2004; 심승희 역, 2012, 16-17). 따라서 장소를 장소이게 만드는 가장 중요한 특성인, 사람들이 장소에 부여하는 '의미 또는 가치'가 이 시기 지역 연구에는 포함되지 않았다는 점에서 지역과 장소를 동일시하기 어렵다. 하지만 오늘날의 지역 연구에서는 사람들이 지역에 대해 가지는 인식도 중요한 연구 대상이 되고 있다. 예를 들어 이영민(2006; 2008)은 서울의 강남 지역이 외부와 구분되는 특정 지역으로 형성되어 온 과정을 연구했는데, 분석 대상으로 선택한 것이 외부인들(특히 매스미디어)이 강남 지역을 바라보는 인식과 내부인들이 강남 지역을 바라보는 인식이다. 이러한 연구 방법은 이후에 나타난 장소 개념이 지역 연구의 전통에 새롭게 녹아든 결과라고 볼 수 있다.

둘째, 당시의 지역 연구에서는 지역의 규모, 즉 스케일이 어느 정도 제한적이었다. 일반적으로 당시의 지역은 건조 지역, 나일 강 유역 지역, 유럽 중부 지역, 우리나라 남부 지역처럼 대륙보다는 작고 로컬(local)보다는 큰 스케일로 설정되었다. 최근 지리학에서 뜨거운 주제로 떠오르고 있는 개념이 바로 '스케일'인데, 일반적으로 스케일은 global, national, regional, local 이렇게 네 수준으로 유형화되고 있다. 여기에서도 알 수 있듯이 지역(regional)은 로컬(local)보다 크고 글로벌(global)보다는 작은 스케일이다. 그러나 지역(regional)은 국가(national) 스케일보다 클 수도 있고 작을 수도 있어서, 두 스케일의 순서는 뒤바뀔 수 있다. 여기서 중요한 점은 적어도 당시 지역의 규모는 거리나 가옥, 방 수준보다는 훨씬 컸다는 점이다. 반면에 인본주의 지리학자 투안은 지구에서부터 국가, 지역, 거리, 집, 방, 심지어 의자 하나까지도 장소가 될 수 있다고 했다(Tuan, 1977; 구동회·심승희 역, 2007). 오늘날에는 투안 식의 장소 개념 덕분에 지역의 스케일이 매우 유연해졌다. 그 단적인 예로 지역과 로컬을 굳이 구분하지 않고 혼용해 사용하고 있다.[1]

정리해 보자면, 하트숀을 중심으로 한 지역 연구의 전통 시기까지는 장소가 지리학의 독자적인 연구 대상으로 출현하지 못하고, 지역과 유사한 개념으로 사용되었다고 볼 수 있다. 당시의 지역 개념과 이후에 출현한 장소 개념의 공통점은 '고유성, 특수성, 구체성'을 추구했다는 점이며, 당시까지는 지역 연구에서 의미나 가치, 스케일의 유연성 등이 고려되지 않았다.

이 같은 하트숀을 중심으로 한 지역 연구의 전통은 지리학의 본질로까지 일컬어질 만큼 지리학의 패러다임을 장악했으나, 1950년대에 이르러 쉐퍼(Shaefer, 1953) 등에 의해 공간 분석적 전통으로부터 비판을 받았다. 비판의 주된 내용은 기존의 지리학이 지역의 특수성, 고유성 같은 예외적 현상만을 고집함으로써 보편성이나 법칙, 이론을 생산해야 하는 과학적 학문으로서의 조건을 갖추지 못했다는 것이었다(권정화, 2005, 186-187). 또한 제2차 세계대전 이후 세계적인 경제 성장의 흐름 속에서 지역 개발 및 도시 계획 분야에서 '입지론'이 중요한 역할을 하게 되면서 지리학은 기존의 지역 연구 전통에서 공간 법칙을 추구하는 공간 분석적 전통으로 선회하게 된다. 이에 따라 '공간(space)'이 지리학의 주요 연구 대상으로 부상하였으며, 공간 개념의 발달로 이어졌다.

그렇다면 공간이란 무엇인가? 공간이란 보편적인 지리적 현상에 적용할 수 있는 법칙을 도출해내기 위해 추상적으로 가정된 동질적 영역을 의미한다(김인, 1986). 따라서 공간은 구체적으로 실재하는 것이 아니라 추상적인 개념이다. 이 공간 분석적 전통은 1950년대 이후 사회과학 전반을 지배했던 실증주의 패러다임 속에서 발달하였다.

공간 분석적 전통이 실제 지역 개발이나 도시 계획에 적용된다는 의미는 무엇일까? 신도시 건설을 예로 들어 보자. 신도시 건설의 최적지를 선택하는 방법은 지도를 펼쳐 놓고 인구, 자원, 시장, 교통 요인의 분포 및 규모 등 몇 가지 계량 가능한 요인을 선정하여 수학적으로 투자 대비 효과가 가장 높은 지점을 찾아내는 것이다. 이때 몇 대를 이어 살아온 주민들의 고향 상실이나, 역사 유산의 훼손, 주변 경관과의 부조화, 그로 인한 사람들의 정서적 혼란 등은 고려 대상이 아니다. 다시 말해서 공간은 오로지 효율성, 기능성, 합리성을 기준으로 사고되는 대상일 뿐이다.

장소 개념의 부상은 이 같은 공간 분석적 전통에 대한 대안으로 나타났다. 다시 말해 장소 개념은 실증주의 패러다임 속에서 간과되었던 인간을 다시 중심에 놓고자 하는 인본주의 패러다임으로의 변화 속에서 출현했다. 그 물꼬를 튼 저작이 중국계 미국 지리학자 투안이 쓴 『토포필리아(Topophilia)』(1974)이다. 이 책의 제목 토포필리아는 '장소애'로 번역되기도 하는데, 사람이 장소(topo, 땅)에 느끼는 정서적 유대(philia, 사랑)를 의미한다. 이 책의 부제 '환경 지각, 태도, 가치의 연구(a study of environmental perception, attitudes, and values)' 역시 기존의 공간 분석적 전통에 대한 대안적 사고임을 명시하고 있다. 땅의 점유자인 '사람'이 제거된 상태에서의 지리적 연구는 현실의 반쪽만을 보여 줄 뿐이다. 사람들은 자신이 살아가고 있는 환경을 어떻게 지각하고 경험하며, 환경에 대해 어떤 가치와 태도를 형성하고 있는지를 앎으로써 나머지 현실의 반을 이해할 수 있다. 인간은 그저 땅이라는 무대 위에 거주하는 기계가 아니라 땅과 긴밀한 정서적 끈을 형성하며 살아가는 존재이기 때문이다. 이때 땅은 '장소'가 된다. 따라서 투안은 공간과 장소의 관계를 이렇게 정리했다. "동질적인 공간은 우리가 그 공간을 더 잘 알게 되고 가치를 부여하게 됨에 따라 장소가 된다."(Tuan, 1977; 구동회·심승희 역, 2007, 19) 공간이 장소로 변화하는 과정에서 사람들은 그 장소에 대해 장소감(sense of place)을 갖게 된다. 따라서 엄밀하게 말하자면 인본주의 지리학이 추구한 것은, 하트숀이 생각했던 지표면의 특정 지점으로서의 장소라기보다 사람들마다 다양하게 갖고 있는 장소감이다(Castree, 2003, 170).

투안과 더불어 인본주의 지리학의 양대 거장으로 꼽히는 에드워드 렐프(Edward Relph)의 『장소와 장소상실(Place and Placelessness)』(1976)은 오늘날 장소에 대해 관심을 갖는 많은 학문 분야에서 주목하는 책이다. 그 이유는 장소 개념에 대한 거의 최초의 체계적 이론서이기 때문이다. 이 책은 자신의 박사학위 논문을 단행본으로 출간한 것인데, 학위 논문의 성격답게 장소 개념을 장소의 본질, 장소 정체성의 구성 요소 등을 통해 체계적으로 정의하였다. 렐프의 장소 개념 정립은

그림 2 렐프의 『장소와 장소상실』(1976)

1970년대 당시 인문사회과학계를 풍미했던 현상학에 토대한 것이었다. 현상학적 방법론에 토대한 장소란, '공식적 지리학의 지식으로 가공되기 이전에 실재하는, 지식보다 우선하는 생활 세계'로서의 장소이다. 장소는 본질적으로 인간 실존의 근원적 중심이다. 인간의 실존이란 '거주한다'는 것으로서, 거주란 인간과 세계가 관계맺음으로써 장소를 갖는 것이다. 다시 말해 '거주한다'는 것은 한 장소에 뿌리를 내리고, 그곳을 중심으로 세계를 바라보고 세계와 관계 맺는 것이다(Relph, 1976).

이런 관점에 따른 현상학적 장소론은 인간의 장소 경험에 내재된 보편적 특성을 탐구하고자 했다. 그래서 서울, 뉴욕, 밴쿠버 같은 구체적인 '장소들' 보다 집, 고향, 성소(聖所) 같은 '보편적 장소'에 더 관심을 가졌으며(Cresswell, 2004, 82), 수많은 장소 중에서 집(home)이 가장 이상적이고 진정한 장소라고 보았다. 또한 장소 경험이 갖는 보편적 특성 중 하나는 사람마다 장소를 주관적으로 고유하게 경험하기 때문에 장소의 의미가 사람마다 다르다는 점이다(Tuan, 1977; Relph, 1976). 그렇지만 동시에 인간이라는 보편성으로 인해 타자의 주관성을 공감하고 이해할 수 있는 '상호 주관성(intersubjectivity)'이 가능하기 때문에 사람들은 장소에 대한 경험과 의미를 공유할 수 있다.

이와 같은 현상학적 장소론에 토대하여 렐프는 장소와 장소 경험의 주체인 인간과의 상호 작용을 통해 만들어지는 장소의 고유한 특성을 '장소의 정체성(identity of place)'으로 개념화했다(Relph, 1976; 김덕현·김현주·심승희 역, 2005, 108-109). 또한 렐프는 장소의 정체성을 구성하는 3요소를 제시함으로써 장소 연구의 방법론에도 기여하였다. 그 방법론이란, 장소의 정체성을 구성하는 3요소인 물리적 환경(physical setting), 인간 활동(activities) 즉 기능, 의미(meanings)를 제시하고 각 요소별 특성 및 요소 간의 관계를 통해 장소의 정체성을 분석하는 것이다. 예를 들어 심승희(1995)의 경우는 전통 도시 전주의 대표적 역사 경관 중 하나인 한옥보존지구의 장소 정체성을 분석하는 방법으로 한옥보존지구를 구성하고 있는 주택, 상가, 역사 유적의 물리적 환경, 기능, 의미를 분석하였다. 이석환(1998) 역시 대학로의 장소성을 분석하기 위한 방법 중 하나로 대학로 주요 장소들의 물리적 환경, 기능, 의미를 분석하였으며, 이를 통해 각 장소들이 어떻게 가로(街路)로서 대학로 전체의 장소성을 형성하고 있는지를 공시적·통시적 방법으로 접근하여 밝힌 바 있다.

렐프의 공헌은 여기서 그치지 않는다. 렐프의 장소론이 이룬 가장 큰 공헌은 '무장소성(placelessness)'이라는 개념을 만들어 냈다는 점이다. 그는 장소 개념을 정립한 뒤, 현대 세계는 점점 장소가 훼손되거나 사라져 가고 있으며 이런 장소 상실 현상을 '무장소성'이라고 명명했다. 이 '무장소성'의 본질은 사람들이 점점 진정한(authentic) 장소감이 아닌 비진정한(inauthentic) 장소감을 경험하게 된다는 것이다. 이때 진정함과 비진정함을 나누는 기준은 인간이 장소와 맺는 관계의 방식이다. 인간의 장소 경험이 능동적이고 주체적인가, 아니면 수동적·강제적·관습적이어서 장소로부터 '소외'되어 있는가 여부이다. 그는 현대 세계에 오면서 점점 비진정한 장소감을 느끼게 된 배경은 우리 삶의 환경이 전근대적 수공업적 사회에서 현대 산업 사회로 전환되었기 때문이라고 본다. 현대 산업 사회의 주요한 특징인 매스커뮤니케이션(교통과 통신 매체), 대중문화, 대기업, 중앙 집중화된 정치 체제, 경제 체제가 무장소성을 끊임없이 조장하고 있다는 것이다. 렐프가 지적한 무장소성의 대표적 현상은 '장소의 획일화'와 '상품화된 가짜 장소의 생산'이다(심승희, 2005).

렐프는 무장소성의 심화·확대가 근대적 현상임을 지적했다는 점에서, 개인(동시에 보편적 인간) 또는 공동체 수준에서의 장소감에만 주목했던 투안과는 달리 구조주의적 관점을 도입했다. 하지만 렐프는 근대적 현상의 메커니즘으로 기술 산업 사회의 특성을 지적했을 뿐, 그 기술 산업 사회를 움직이는 자본주의 체제의 특성으로는 눈을 돌리지 않았다. 그럼에도 불구하고 그의 『장소와 장소상실』(1976)은 발간 당시 보다 1990년대와 2000년대에 들어서서 더 많이 인용되었다(Gold, 2000). 이는 자본주의의 발달에 따라 심화·확대되는 지구화 현상과 그로 인해 전 세계의 장소들이 점점 획일화되거나 사라져 가고 있으며, 그럴수록 장소감을 느낄 수 있는 장소를 지키려는 사회적 요구가 거세지고 있다는 보편적이고 상식적인 믿음 때문이었다.

따라서 자본주의의 발달과 지리적 세계의 변화 관계에 꾸준히 관심을 가져오던 비판적·구조주의 지리학 분야에서는 이 '장소' 개념에 주목하지 않을 수 없게 되었다. 인본

주의 지리학에 의해 정립된 장소 개념이 비판적·구조주의 지리학과 결합하는 계기가
마련된 것이다.

(2) '사회적 공간'으로서의 장소: 비판적·구조주의 지리학과의 결합

렐프는 『장소와 장소상실』을 통해 다음과 같은 문제를 제기했다. "경제의 세계화와 그
로 인한 문화의 세계화는 지구 곳곳을 똑같은 모습으로 만들어 버릴 것이며, 그로 인해 사
람들의 장소 경험은 점점 진정성을 잃어 갈 것이다. 따라서 진정한 장소 만들기를 위한 새
롭고 의도적인 노력이 필요하다." 렐프의 주장이 널리 수용될 수 있었던 것은 많은 사람들
이 보편적이고 상식적으로 공감하는 문제였기 때문이었다. 하지만 이 주장이 이후 장소 논
의의 발전에 기여한 바는 그의 주장에 대해 다음과 같은 중요한 질문이 제기되었다는 점이
다. 첫 번째 질문은 '정말로 세계화, 지구화의 진전으로 인해 모든 곳이 똑같아질 것인가?[2]
다시 말해 장소가 사라질 것인가?' 그리고 두 번째 질문은 '장소의 획일화를 막고 장소의
고유성을 지켜야 할 만큼 장소는 선(善)한 것인가?'이다.

이 두 질문에 대해 적극적으로 대답하고자 한 지리학 분야는 경제지리학과 문화 및 정치
지리학이었으며, 비판적 또는 구조주의 인문지리학적 관점에서 접근했다. 먼저 경제지리
학 분야에서의 장소 연구를 살펴보자. 1980~1990년대 경제지리학의 큰 특징 중 하나는 로
컬리티(locality) 연구였다. 로컬리티의 사전적 의미는 '국가보다 작은 공간적 스케일의 장
소나 지역'을 뜻하지만, 학술 용어로는 한마디로 정의하기 어려운 논쟁적인 개념이다. 그러
나 주목할 점은 로컬리티 연구의 특징이 전통적 지역지리학의 한계를 극복하기 위해 사회
이론을 적극 도입했다는 점이다(구동회, 2010, 514). 그래서 로컬리티 연구학파는 구조와
행위 주체 간의 이원론적 한계를 극복하기 위한 기든스(Giddens)의 '구조화 이론(structura-
tion theory)'에 상당한 뒷받침을 받았다(Castree, 2003, 173). 로컬리티 연구학파의 핵심적
주장은 1980년대부터 진행된 전 세계적인 경제 재구조화의 물결 속에서도 장소들이 획일
화되지 않고 장소 간의 차이를 여전히 보여 준다는 것이다. 왜냐하면 세계화라는 거대한
경제적 흐름이 모든 장소에 동일하게 작동하는 것이 아니라, 각 장소가 갖고 있는 물리적

특성, 역사적 전통, 사회문화적 제도, 사람들의 개인적 성향 및 조건 같은 다양한 층위를 통과하면서 굴절되고, 이로 인해 각 장소는 타 장소와 다르면서 이전의 장소와도 다른 새로운 장소가 되기 때문이다. 또한 자본주의는 서로 다른 장소 간의 연결성과 상호 의존성을 통해 장소의 차이를 계속해서 생성해 왔으며, 세계화의 시대에도 장소 간 연결의 원인이자 결과로서 장소의 차이가 이전 시대보다 더욱 강화되고 있으며, 그에 따라 새로운 형태로 장소의 분화가 발생하고 있다(Castree, 2003, 165-166).

여기에서 주목할 점은 장소에 대한 새로운 시각의 형성이다. 그것은 바로 장소란 고정되어 있고 경계가 분명한 정적(靜的) 실체가 아니라, 역사적·사회적·문화적 과정을 통해 형성되고 변화하는 사회적 구성물이라는 시각이다. 이러한 시각이 인본주의 지리학의 본질주의적 장소론과 차별화되는 지점이며, 이때 장소의 개념은 르페브르가 주장한 사회적 공간(social space) 개념과 거의 동일하다(Cresswell, 2004, 15). 르페브르는 공간을 변증법적으로 접근함으로써 사회적 공간 개념을 부상시켰다. 즉 공간이란 '공간 그 자체'로 인식될 수 없고, 공간은 그 공간을 만들어 내는 사람들 간의 사회적 관계, 그 사회가 갖는 생산력 수준과의 상호 작용을 통해 구성된다고 보았다(박세훈, 1994, 28). 르페브르는 다양한 공간의 생산 방식을 공간의 세 가지 계기와 그것들의 변증법적 작용으로 설명하였다. 세 가지 계기란 공간적 실천, 공간의 재현, 재현의 공간이다(Lefebvre, 2000; 양영란 역, 2011). 이와 같은 르페브르의 공간의 생산론 또는 사회적 공간론을 들여다보면, 인본주의 지리학에서 많이 사용하던 체험, 지각, 실천, 상징, 이미지 등을 발견할 수 있다. 다만 이러한 것들이 형성되고 작동하는 중요한 메커니즘을 인본주의 지리학에서와는 달리, 개인 수준이 아닌 구조의 수준에서 바라보려고 했음을 알 수 있다.

이 같은 르페브르의 공간론을 메리필드(Merrifield, 1993)는 공간과 장소의 변증법으로 설명하기도 했다. 즉 공간과 장소는 분리된 두 개의 실체가 아니라 동일한 것의 두 측면을 지칭한다. 장소란 사회적 실천이 일어나는 구체적 위치(locus)이면서 동시에 공간적 과정의 흐름 속에서의 특정한 순간(정지 상태)으로 구성된다. 따라서 장소란 흐름의 공간상에서 특정한 실천이 이루어지는 플랫폼(구체적 위치)이자, 여러 공간 요소(공간적 실천, 재현의 공간, 공간의 재현)들이 변증법적으로 결합된 순간(정지 상태)이다. 실천의 장으로서 장소는 과정으로서 공간 속에서 실현되며, 동시에 장소의 구축을 통해 공간이 형성되고 재형성된다(최병두, 2002, 256). 메리필드(Merrifield, 1993)는 물질이 파동(즉 과정, 흐름)이라는 특성과 입자(즉 사물, 정지)라는 특성을 동시에 가지는 것처럼, 공간과 장소의 관계도 그런 관점에서 파악해야 한다고 보았다. 이를 공간과 장소의 변증법이라고 볼 수 있다.

이처럼 르페브르의 사회적 공간론(공간의 사회적 구성론)이 공간과 장소를 별개의 실체로 보지 않았기 때문인지, 르페브르의 공간의 사회적 구성론이 도입되면서 장소와 공간이 혼용적인 개념으로도 사용되기 시작했다(백선혜, 2004, 23). 그 단적인 예가 '공간의 사회적 구성'이나 '장소의 사회적 구성'이 같은 의미로 사용되고 있다는 점이다.

한편 인본주의 지리학에서는 진정한 장소라는 고정된 어떤 특성을 정해 놓고, 그 특성으로부터 멀어지면 장소적 특성이 사라져 가는 비극이 발생한다고 보았다. 이는 장소는 선이며, 무장소는 악이라는 경직된 이분법적 도식을 만들었다. 하지만 장소가 고정된 것이 아니라 사회적 과정 속에서 끊임없이 형성되고 변화하는 것이라는 사회적 구성론을 받아들이면, 장소에 대한 평가가 유연해진다. 예를 들어 무장소성(placelessness)과 비장소(non-place)는 분명히 다르다. 인류학자 오제(Augé)가 사용한 비장소는 '순간적인 것, 일시적인 것, 수명이 짧은 것'이라는 특성을 띠고 있지만, 렐프가 말한 무장소성처럼 부정적인 도덕적 함축을 띠고 있지 않다(Cresswell, 2004, 74). 오늘날과 같은 이동성의 세계에서는 고속도로나 공항 같은 비장소의 출현이 필연적이고 당연하기 때문이다.

여기서 우리는 또 다시 장소에 대한 인본주의적 관점을 넘어서는 새로운 시각을 발견하게 된다. 그것은 앞서 제기했던 장소에 대한 질문 중의 하나인 '장소는 그 자체로 선해서 우리가 반드시 지켜야 할 것인가?'에 대한 대답이며, 이는 주로 문화 및 정치지리학 분야에서 활발히 연구되었다. 인본주의 지리학에서는 가장 이상적인 장소가 집이라고 보았다. 집은 인간의 실존이 뿌리내리고 있는 터전이며 편안함과 안정감, 애정

그림 3. 르페브르의 『공간의 생산』 번역본

을 느끼고 자신의 정체성이 형성되는 토대이기 때문이다. 하지만 페미니스트 지리학자인 로즈(Rose)는 "가부장적 폭력에 시달리고 있는 여성에게 집은 감옥일 수 있으며", 더 나아가 "집과 가정적인 것에 대한 열정은 여성의 관점을 배제하고 있는데 이는 인본주의 지리학자가 집/장소에 대한 남성우월주의적 사고를 가지고 있음을 보여 준다."(Rose, 1993, 53; Cresswell, 2004, 39-40에서 재인용)라고 주장한다. 그뿐 아니다. 렐프는 진정한 장소감을 일으키는 장소의 사례로 미국 서부 개척 시대 통나무집을 제시했는데, 스스로도 그 이면에는 인디언에 대한 폭력적 추방이 있었음을 시인하였다(Relph, 1976). 오늘날 '우리 장소 지키기'라는 이름으로 행해지는 난민, 이민자, 노숙자, 동성애자 등에 대한 수많은 국가적·사회적 폭력을 보아도 장소를 절대적 선으로 볼 수 없음을 인정하게 된다.[3] 그럼에도 불구하고 여전히 대부분의 사람들에게 장소는 우리가 지키고 가꿔야 할 대상으로 받아들여지고 있다. 왜냐하면 장소의 기본적인 전제가 나/우리가 '애착'을 갖는 곳이기 때문이다. 문제는 나/우리의 애착이 타자의 배제를 동반하기도 하며, 그로 인해 갈등과 폭력을 유발할 수 있다는 점이다.

이 문제에 대해 긍정적 영감을 제시한 영국의 지리학자 도린 매시(Doreen Massey)의 주장을 살펴보자. 기존의 장소 개념은 한 장소에는 동질적인 하나의 정체성이 존재하며, 우리와 타자를 구분하는 경계선이 분명하다는 내부 지향적이고 보수적인 성향의 장소감이 강했다. 이 때문에 한 장소 안에 있는 소수자들의 정체성은 무시되거나 억압되어야 했고, 우리가 아닌 타자에 대한 배제나 폭력 역시 용인될 수 있었다. 이런 장소감 형성의 전제는 '이동'보다 '정착'이 지배적인 사회적 조건이다. 그러나 오늘날과 같은 전 지구적인 이동과 섞임의 세계에서는 장소 자체의 성격이 변화했다. 즉 지구화는 장소의 안과 밖을 나누는 경계선에 구멍을 내어 투과적 장소(porous places)로 만들었다. 따라서 장소는 더 이상 모자이크적 장소가 아니라 지구적 시스템의 회로들을 연결시키는 스위칭 포인트(switching points)나 네트워크상의 결절점(nodes)이라고 이해하는 것이 바람직하다(Castree, 2003, 174). 이 같은 장소의 특성 변화는 자연스럽게 '지구적 장소감(global sense of place)'이라는 외향적이고 진보적인 장소감을 요구하게 된다.

지구적 장소감은 "장소란 고정된 실체가 아니라 끊임없이 형성되어가는 과정이며, 한 장소 안에도 다수의 정체성이 존재하며, 내부에 의해 정의되기보다 외부와의 관계를 통해 정의된다."라고 본다(Cresswell, 2004, 115-116). 그렇다면 우리에게 주어진 임무는 장소를 통해 정체성의 뿌리가 아니라 정체성의 경로(route)를 찾는 것이다(Massey, 1998; Castree, 179-180에서 재인용). 이 같은 지구적 장소감은 다양한 특성을 지닌 수많은 사람들이 어디서나 쉽게 뿌리 내리고 또 쉽게 이동하면서 평화롭게 공존할 수 있는 토대가 될 수 있을 것이다.

위의 논의를 통해 장소는 그 자체로 선하다고 보기 어려우며, 어떤 사회적 과정을 거쳐 어떤 장소가 형성되는가가 더 중요한 문제임을 알 수 있다. 이 때문에 오늘날 문화 및 정치지리학에서 주로 관심을 갖는 장소 연구는 장소를 둘러싼 다양한 사회 집단 간의 경합과 갈등, 협상이라는 장소의 정치학(politics of place)이다. 인본주의 지리학자들이 제기한 장소 개념의 혁신성은 지역이나 공간 개념에서 다루지 않았던 장소가 가진 '의미'를 중요한 연구 대상으로 삼았다는 점이다. 투안이나 렐프 등은 이 의미를 자연스럽게 개인이나 공동체에 의해 합의된 하나의 의미로 보았다는 한계를 지녔다. 그러나 앞에서도 보았듯이 장소가 가진 의미는 개인과 집단에 따라 다양하며, 어떤 의미가 특정 장소의 의미로 표상되는가에는 권력의 문제가 개입한다. 그것이 바로 장소의 정치학이다. 예를 들어 앤더슨(Anderson)은 1880년대 말경부터 캐나다 밴쿠버에 형성된 차이나타운이 단순히 해외로 이주한 중국인들이 자연스럽게 형성한 커뮤니티가 아니라, 백인 엘리트들에 의해 백인의 인종적 순수성을 위협하는 오염과 질병의 장소로 규정되는 사회적 과정 속에서 형성되었다고 주장했다(Anderson, 1991; Cresswell, 2004, 46에서 재인용). 또한 문화유산을 통해 관광 산업을 활성화하려는 어떤 지역의 경우, 선택된 문화유산은 어떤 집단의 기억을 재현하고 있는가? 그로 인해 누락된 기억은 누구의 기억인가? 왜 어떤 기억은 선택되고 어떤 기억은 제거되었는가? 그것이 갖는 정치적·사회적·경제적 의미는 무엇인가? 등이 장소의 정치학이라는 틀에서 논의될 수 있다.

정치지리학자 애그뉴(Agnew, 1987)는 인본주의 지리학과 비판적·구조주의 지리학이 결합하면서 발전한 장소 개념을 새롭게 정립하기 위하여 다음과 같이 장소 개념의 3요소를 제시하였다. 첫 번째는 위치(location)로서 지표면 상의 특정 지점이나 영역이고, 두 번째는 로케일(locale)로서 사람들의 일상적 행위와 상호 작용을 통해 사회적 관계가 구성되는 배경이며, 세 번째는 장소감(sense of place)으로서 사람들이 장소에 대해 가지는 주관적이고 감정적인 애착이다. 카스트리(Castree, 2003, 182)는 애그뉴가 말한 장소의 3요소는 지리학에서의 장소 개념의 계보학을 모두 포괄한 것이라고 보았다. 즉 위치로서의 장소는 하트숀 식 지역 연구의 전통에서 말하는 장소의 특성에 가깝고, 장소감으로서의 장소는 인본주의 지리학의 전통에서 중요시한 장소의 특성에 가깝고, 마지막으로 로케일로서의 장소는 비판적·구조주의 인문지리학에서 중요시한 과정 또는 실천으로서 장소의 특성을 포괄하고 있다.

이처럼 '장소'란 개념은 변화하는 세계에 맞추어 그 스펙트럼을 끊임없이 넓혀 왔다. 또한 넓은 스펙트럼을 가졌기에 장소 연구는 지리학자들만의 연구 대상도 아니다. 그렇다면 우리는 지금까지 '장소'라는 개념을 통해 무엇을 해 왔고 앞으로 무엇을 할 수 있을까?

3) 장소로 무엇을 할 수 있는가?: 장소의 잠재력

장소 개념의 스펙트럼이 넓은 것처럼, 장소 개념을 이용한 장소 연구의 범위 역시 너무 광대해서 적절하게 분류하기 어렵다. 여기서는 장소 연구를 다음과 같이 두 가지 측면에서 접근해 보고자 한다. 첫째, 장소 연구는 장소에 '대한(about)' 연구와 장소를 '통한(through)' 연구로 나누어 볼 수 있다. 장소에 대한 연구는 주로 지표면 상에 특정 지점을 차지하고 있는 지역으로서의 장소 연구(존재론적인 장소)이고, 장소를 통한 연구는 주로 보편적인 지리적 현상의 특성을 탐구하기 위한 분석 수단으로서의 장소 연구(인식론적인 장소)라고 볼 수 있다. 하지만 실제 연구에서 장소에 대한 연구와 장소를 통한 연구는 중첩적으로 나타나는 경우가 많다. 둘째, 장소 연구는 특정 장소 또는 어떤 유형의 장소가 가지는 장소의 특성(장소성)을 발견하는 연구와 개인 및 집단의 요구에 맞춰 특정한 장소성을 가진 장소 만들기에 관한 연구로도 나누어 볼 수 있다.

본 장에서는 다양한 스펙트럼을 가진 장소 개념을 활용하여 이루어지고 있는 장소 연구의 잠재력을 두 번째 접근 방식인 '장소 발견하기'와 '장소 만들기'라는 두 유형으로 나누어 살펴보고자 하는데, 두 유형 역시 실제로는 중첩적으로 나타나는 경우가 많다.

(1) 장소성, 그리고 장소(성) 발견하기

'장소 발견하기'란 장소성을 발견하고 탐구하는 것이라고도 말할 수 있다. '장소성'이라는 용어는 사실 여러 개의 영어 원어를 우리말로 번역한 것이다. 우선은 투안이 말한 'sense of place'를 우리말로 번역할 때 지리학계에서는 주로 '장소감(양보경, 1993; 구동회·심승희, 1996)'이라고 번역했으나 건축이나 설계, 환경학 분야에서는 이를 '장소성'이라고 번역하였다(이규목, 1980). 마찬가지로 렐프가 말한 'identity of place'를 우리말로 번역할 때 지리학계에서는 '장소(의) 정체성(심승희, 1995; 김덕현·김현주·심승희, 2005)'이라고 번역했으나, 건축이나 설계, 환경학 분야에서는 장소 정체성 이외에도 '장소성(이석환, 1998)'이라는 번역어를 사용했다. 최근에는 placeness라는 영어 단어가 장소성으로 통용되는 경향이 강하다. 그런데 인터넷 포털사이트의 영어 사전을 검색해 보면, placeness라는 단어의 항목은 없다. 아직 정식으로 사전에 등재되지 않은 신조어라는 의미이다. 반면 place라는 단어의 활용 예문에는 placeness가 상당수 발견되는데 국내 학술 문헌에서 많이 쓰이고 있다.

국내 학술 문헌에서 장소성이라는 용어를 많이 사용하게 된 배경은, 일상용어로 널리 사용되는 장소(서울, 명동 같은 구체적 위치나 영역으로서의 장소)와 구분 짓기 위해서이다. 학술 용어로서의 장소성은 앞 장에서 논의되었던 여러 장소 개념을 염두에 둔 연구자들에 의해 선택되고 정의된 특정한 장소 개념을 내포한 용어이다. 따라서 장소성(場所性)이란 구체적 장소들이 가지는 장소로서의 어떤 보편적 특성을 개념화한 것으로서, 장소성의 영어식 표현은 placeness만이 아니라, place, sense of place, identity of place 등 다양하게 사용될 수 있다.

국내에서 널리 인용되고 있는 장소성에 대한 정의 중 하나는 "공간을 장소로 만들고 특정 장소를 다른 장소와 구별되게끔 하는 총체적 특성"이다(최막중·김미옥, 2001,

154). 백선혜(2004, 32) 역시 이와 유사하게 "인간이 체험을 통해 애착을 느끼게 되고, 한 장소의 고유한 특성이면서 동시에 다른 장소와는 차별적인 특성"이라고 정의했다. 이 장소성에 대한 정의는 두 가지 특성으로 요약되는데 하나는 개인의 주관적 차원에서 장소에 대해 느끼는 애착이나 감정이며 다른 하나는 장소의 물리적 특성 및 다양한 사회적 과정 속에서 장소 자체가 갖게 된 어느 정도 객관적인 특성이다. 장소성 개념에 왜 두 가지 특성이 모두 내포되어 있는가에 대해서는 이석환(1998)의 장소성 정의를 통해 살펴볼 수 있다. 즉 장소성은 개인적 차원에서 형성되며 상대적으로 가변적인 장소감(sense of place)과 집단적 차원에서 형성되며 시간적 지속성을 갖는 장소의 정신(spirit of place),[4] 이 둘의 변증법적 산물이다(이석환, 1998, 49-50). 이석환이 말하고 있는 장소성의 변증법적 특성은 엔트리킨(Entrikin)이 말하고 있는 장소의 사이성(betweenness of place)과 유사하다. 엔트리킨(Entrikin, 1991)은 장소(감)는 객관적으로 공유된 환경의 속성과 이 환경과 관련된 주관적으로 특유한 경험 사이에 놓여 있다고 보았다(최병두, 2002, 256에서 재인용).

장소성을 이상과 같이 정의했을 때, 세계 속에서 장소성을 발견 또는 탐구하고자 하는 연구는 개인의 주관적 장소감과 집단적 또는 객관적 장소성에 관한 연구로 연결된다. 하지만 일반적으로 한 개인의 주관적 장소감에 관한 모노그래프적 연구는 지나친 개별성과 주관성으로 인해 별로 이루어지지 않고, 시나 소설, 에세이, 영화 같은 텍스트 속에 재현된 개인의 주관적 장소감을 특정 연구 주제에 메타적으로 이용하는 경향이 강하다. 예를 들어 투안(Tuan, 1977)은 개인의 친밀한 장소 경험의 특성을 파악하기 위하여 음악 지휘자 발터 또는 성(聖) 오거스틴의 전기문, 테네시 윌리엄스의 희곡 속에 나오는 등장인물, 업다이크의 소설 속에 나오는 주인공이 느꼈던 장소 경험을 인용하고 있다.

반면 개인적 차원이 아닌 집단적 차원의 장소성 연구는 장소성 연구의 거의 전부라 할 정도로 활발히 이루어져 왔다. 하지만 집단적 차원에서의 장소성 연구는 다시 여러 유형으로 나뉜다. 대략적으로는 전통적 인본주의 지리학의 장소 개념에 토대한 장소성 연구와 사회적 구성론 입장에서의 장소 개념에 토대한 장소성 연구로 나누어 볼 수 있다.

① 전통적 인본주의 입장에 토대한 장소성 연구

전통적 인본주의 입장에 토대한 장소성 연구의 특징은 휴 프린스(H. Prince)의 다음 언급이 잘 묘사하고 있다. "지역과 작가, 사람과 장소는 모두 고유하다…. 장소의 본질은 이 고유한 특성들 속에서 발견된다."(Prince, 1962, 22; Relph, 1976에서 재인용) 렐프(Relph, 1976)는 장소의 본질적 성격을 포착하고 이해하며 소통하는 능력은 대개 예술적 통찰과 문학적 소양에 달려 있으며, 따라서 장소에 대한 이런 접근은 흔히 소설가와 예술가들의 작품에서 쉽게 찾아볼 수 있다고 보았다. 그 예로 영국 작가 로렌스 더렐(Lawrence Durrell)의 『장소의 정신(Spirit of Place)』(1969)을 들었다. 더렐은 이 책에서 여행을 통해 '그리스적인 것', '스페인적인 것' 같은 장소의 본질을 밝혀 보려고 했다. 작가 장석주도 『장소의 탄생』(2006)에서 우리나라 작가들이 문학 작품을 통해 발견해 놓은 장소의 혼을 보여 준다. 그래서 그는 고은의 시 「문의 마을에 가서」를 통해 청원군 문의면의 장소성을 '삶과 죽음이 만나는 곳'으로, 정지용의 시 「향수」를 통해 옥천군의 장소성을 '고향'으로 규정한다. 『문학지리, 한국인의 심상공간』(김태준 편저, 2005) 상권 국내편 역시 지역을 배경으로 한 문학 작품들을 서울·경기도, 충청도, 경상도, 전라도·제주도, 강원도 등으로 분류한 뒤 문학 작품 속에서 형상화되고 있는 장소성을 탐구하였는데, 예를 들어 홍성과 보령은 '선비와 지사의 고향'으로, 철원은 '분쟁과 분단의 현장'으로 규정하였다. 이런 구체적인 장소 외에도 우리나라의 문학 작품 속에서 자주 묘사되는 지옥이나 무릉도원, 고향 같은 보편적인 장소들의 장소성에 대해서도 분석하고 있다.

영화를 통해서도 장소성을 분석하는 사례가 많다. 이탈리아의 거장 영화 감독 로베르토 로셀리니가 그린 〈이탈리아 여행〉(1953)에서 나폴리적인(넓게는 지중해적인) 장소성이 '자유와 느슨함과 게으름/순환적 시간, 가로지르는 시간'으로 해석되며, 이는 북미 대도시의 장소성인 '규율과 시간 관리/직선적 시간, 기승전결적 흐름'과 대비된다(김혜신, 2011). 대중가요를 통해서도 장소성을 발견할 수 있다. 예를 들어 1950~1960

년대 우리나라 대중가요 속에 묘사된 부산의 장소성은 항구라는 특성상 대부분 '이별'로 묘사된다. 즉 한국 전쟁 때 부모, 형제, 연인과의 이별 그리고 해양 산업의 성장과 함께 마도로스와 부산 아가씨들과의 이별이라는 주제가 부산의 중심적 장소성을 형성하였다(차철욱·공윤경·손영삼, 2009).

이상을 통해서 보면, 전통적 인본주의 입장에서 본 장소성 연구는 장소마다 고유하면서도 본질적인 장소적 특성이 내재해 있다고 전제하고, 이 장소성은 주로 섬세하고 통찰력 있는 감수성(주로 예술가)을 통해 발견될 수 있다고 본다. 따라서 대부분의 연구가 시, 소설, 영화, 대중가요, 에세이 같은 텍스트 속에 재현된 특정 장소(문의, 나폴리, 부산 등)나 보편적 장소(집, 고향, 산, 섬 등)를 대상으로 이루어지고 있다. 다시 말해 장소에 대한 재현물의 해석을 통해 장소성을 탐구하는 방식을 주로 취하고 있다. 이 재현물들은 대개 고전이나 대중문화의 형태를 띠고 있어서 대중적 인지도가 높으며, 그에 따라 특정 장소나 보편적 장소의 장소성을 많은 사람들에게 알리고 수용하게 하는 문화 권력을 가지고 있는 경우가 많다. 이는 대중들에게 장소에 대한 통찰력 있는 감성과 경험, 지식을 제공함으로써 사람들의 장소 경험을 보다 풍부하게 한다는 점에서 긍정적 역할을 한다. 하지만 사회적 구성론 입장의 연구자들은 이 현상이 부정적 역할을 하기도 한다고 주장한다. 그 대표적 현상이 '장소 신화(place myth)'의 형성이다.

장소 신화란, 장소(기표)와 장소에 부여된 의미(기의)가 자의적으로 사회적 과정을 통해 결합하여 기호를 형성하지 못하고, 장소(기표)에 특정한 의미(기의)가 고정되어 버리는 현상이다. 다시 말해 장소에 부여된 의미는 사회적·역사적 과정을 통해 형성된 것이기 때문에 언제든 다양한 사회적 과정을 통해 새롭게 변화할 수 있다. 그런데 장소에 특정 의미가 고착되어 버리면 그 장소의 의미가 사회적·역사적 과정의 산물이 아니라 자연적·불변적인 것으로 전도되어 버린다. 이와 같은 전도가 일어나면 장소의 의미가 새롭거나 풍부해질 가능성이 사라질 뿐만 아니라 특정 집단의 이해를 대변하는 도구로 전락할 위험이 있다.

따라서 다음에 소개될 사회적 구성론 입장에서의 장소성 연구는 전통적 인본주의 입장에서 주장하는 본질적 장소성이 사실은 사회적·역사적 과정을 거쳐 형성된 특정 시점의 결과물이라는 점을 밝히고자 한다.

② 사회적 구성론 입장에 토대한 장소성 연구

사회적 구성론 입장에 토대한 장소성 연구를 주요 초점에 따라 유형화하면, 첫째, 장소성이 형성되고 변화하는 역사적 과정에 초점을 맞춘 연구, 둘째, 복수(複數)의 정체성을 가진 장소성에 초점을 맞춘 연구, 셋째, 외부와의 관계를 통해 형성된 장소성에 초점을 맞춘 연구로 나누어 볼 수 있다.

먼저 첫 번째 유형의 연구 사례를 보자. 최원석(2009)은 우리나라에서 전통 시대 이상향의 원형이라 할 수 있는 청학동이 시대적 사조와 문화 배경의 변화에 조응하여 어떠한 장소성을 형성해 왔는지 탐구했다. 그에 따르면 청학동은 본래 고려 시대부터 지리산지의 토착 지방민, 승려 및 영호남 유학자들에 의해 선경(仙境)과 복지(福地)의 장소 이미지로 인지되었으며, 조선조에 수많은 유학자들에게 유산행(遊山行)의 장소가 되기도 했다. 하지만 조선 중·후기에 이르러 민간인들이 생활을 영위하면서 이상향을 실현하려는 주거촌으로서의 장소성으로 변화하기 시작하는데, 특히 임진왜란과 병자호란을 겪으면서 풍수·도참의 명당 길지라는 장소성으로 쇄신되었다. 현대에 와서는 정부, 지방 자치 단체, 주민, 관광 자본에 의한 장소 마케팅에 의해 관광지로서의 장소성을 갖게 되었다.

전종한(2009) 역시 종로 피맛골이라는 장소가 형성되어 온 역사적 과정을 통해, 그 장소가 갖게 된 중층적 장소성을 분석하였다. 그는 피맛골의 장소성을 피지배 계층의 공간이라는 점에서 서발턴(subaltern)의 공간이자 저항의 공간으로, 그리고 그곳이 주로 술집들이 자리한 유흥 공간이라는 점에서 삶의 무게로부터 벗어나고자 하는 망각의 공간이자 또 그 행위를 통해 새롭게 인생을 돌아보고 새로운 삶의 에너지를 찾게 되는 회상과 생성의 공간으로 규정했다. 마지막으로 피맛골은 현대 도시 공간에서 과거의 흔적이 남아 있는 화석화된 공간이자 동시에 여전히 많은 사람들이 생계를 이어가며 살아온 삶의 공간이라는 장소성을 형성하고 있다고 보았다.

정희선(2004)은 명동성당이 성스러운 공간으로서의 상징성과 사회적 저항의 공간으로서의 상징성을 언제, 어떻게 결합하게 되었으며, 그 과정에서 명동성당의 장소성이 어떻게 변화했는가를 탐구했다. 조선 최초의 순교자 김범우의 집터에 자리잡은 한국 최초의 천주교 교회라는 카톨릭 성소로서의 장소성을 유지해 오던 명동성당은, 1950 년대 후반부터 이승만 정권에 대한 반독재투쟁에 참여하면서 사회적 저항 공간으로서의 위상이 생겨나기 시작했다. 본격적인 저항 공간으로서의 상징성은 1970년대 유신 체제 반대운동에 참여하면서 형성되었으며 이는 1980년대에도 이어졌다. 하지만 1990 년대에 들어서면서 장기농성으로 인한 폐해로 명동성당은 점차 탈정치화의 길을 걷기 시작했으며 2000년에는 경찰에 시설 보호를 요청하고 집회·시위 허가제를 결정하면서 사회적 저항 공간보다 복합 종교 문화 공간으로서의 장소성을 추구하게 되었다. 더불어 이 연구는 명동성당이 이러한 장소성을 형성하게 된 요인을 경관·건축적 요인, 사회·역사적 요인, 지리적 요인의 측면에서 접근하였다.

다음은 두 번째 유형, 즉 한 장소에 대해 서로 다른 의미를 부여하는 복수의 집단 간 갈등과 투쟁 속에서 장소성이 형성되는 과정에 초점을 맞춘 연구 사례이다. 하비(Harvey, 1989a)는 프랑스 파리의 몽마르트르 언덕 꼭대기에 세워진 기념비적 건축물인 사크레쾨르 대성당(Basilique du Sacré Cœur)이 어떻게 계급투쟁의 산물이자 상징으로서의 장소성을 형성하게 되었는지를 역사지리적으로 파헤쳤다. 사크레쾨르 대성당이 세워진 몽마르트르 언덕은 역사적으로 기독교도들의 순교지로 알려져 있던 곳이었는데, 1848년 2월 혁명 때 파리 민중들에 의해 몇몇 왕당파들이 총살당한 곳이면서 동시에 파리 코뮌이 왕당파에 의해 진압당할 때 상당수의 코뮤니스트들이 총살당한 곳이기도 하다. 하지만 몽마르트르 언덕에 사크레쾨르 대성당을 세울 때 기념되었던 것은 카톨릭을 지키려다 순교한 이미지로 부각된 부르주아 왕당파들의 이념이었다. 따라서 사크레쾨르 대성당이 기념하고자 하는 정치적 의도에 대한 공화주의자들의 반발 역시 지속되었다. 하비는 이 사크레쾨르 대성당을 두고 "그 건물은 음침한 침묵 속으로 비밀을 감춘다. 오직 이러한 역사를 인식하고 그곳의 장식물을 찬성 또는 반대하여 투쟁한 자들의 신조를 이해하는 사람들만이 그곳에 사장된 신비를 벗겨내며 그 무덤의 죽음 같은 침묵으로부터 풍부한 경험을 구해내고 그것을 요람의 소란한 시작으로 변형시킬 수 있다."(Harvey, 1989a; 초의수 역, 1996, 289)라고 웅변했다.

하비의 연구와 유사하게 김백영(2007)은 일제 식민 통치의 상징인 구(舊) 조선총독부 건물의 해체와 서대문 독립공원의 복원 사업에 내재된 장소 정체성의 경합과 그 결과로서의 장소성 형성에 대해 언급한 바 있다. 구(舊) 조선총독부 건물이 1995년 광복절 기념식 행사의 일환으로 해체된 배경에는 그 장소를 식민 지배라는 오욕의 역사로서의 장소성으로 규정했기 때문인데, 사실 그 장소는 1948년 8·15 정부 수립 선포식, 9·28 서울 수복, 4·19 혁명, 5·16 쿠데타 등 한국 현대사의 정치적 격동을 증언하는 현장으로서의 장소성도 가지고 있다. 마찬가지로 서대문형무소 사적지를 중심으로 형성된 서대문 독립공원의 경우도 일제의 폭압적인 식민 지배와 그에 대한 민족적 항거 장소로서의 정체성만이 지나치게 부각되고 있는데, 사실 그곳은 해방 이후 서울교도소, 서울구치소란 이름으로 4·19 혁명 이후 1980년대 중반까지 군사 독재 정권에 맞섰던 민주화 운동의 장소이기도 하다. 하지만 민족주의 담론의 우위 속에서 해방 이후 한국 정치사와 민주화 운동의 현장으로서의 장소성은 묻히고 말았던 것이다.

인천 자유공원 안에 세워진 맥아더 동상을 일종의 장소로 보고, 이 동상의 존치 또는 철거를 둘러싼 사회 집단 간 갈등을 통해 맥아더 동상의 장소성을 탐색한 연구도 있다(정희선, 2006). 인천상륙작전 7주년을 기념하여 맥아더 동상이 1957년 인천 만국공원에 세워지면서 공원의 명칭마저 자유공원으로 변경되었다. 이때부터 맥아더 동상은 '자유민주주의의 수호자'를 추모하는 공간일 뿐 아니라, 영원한 우방으로서의 미국과 반공의 상징적 공간으로서의 장소성을 형성하였다. 하지만 이후 미국과 맥아더에 대한 역사적 재평가와 반미 운동의 영향으로 1990년대 초반부터 대학생을 중심으로 맥아더 동상 철거 문제가 제기되기 시작하였다. 특히 2002년 미군의 장갑차에 의해 여중생이 압사한 사건 이후에는 본격적으로 맥아더 동상 철거 시위가 열리기 시작했다. 이때부터 진보와 보수 단체 간의 격렬한 논쟁뿐 아니라 물리적 충돌까지 일어났으며, 급기야 미국 정치인, 미국 교민들까지 이 논쟁에 개입하여 결국에는 한국 정부가 동상의 존치를 공식화했다. 하지만 맥아더 동상 철거 논쟁은 계속되었다. 인천 광역시 지방 정부는 맥아더 동상이 있는 자유공원 일대의 구도심 활성화 사업으로 '전쟁' 같은 부정적 이미지 대신 '개항'의 이미지를 선택했고, 그 결과 이 일대를 1900년대 초반 개항장 인천의 모습을 재현 또는 복원하는 쪽으로 장소성을 형성하고자 하기 때문이다. 이 방향에 따르면 맥아더 동상은 개항장으로서의 장소성 형성에 걸림돌이 되므로 철거 논쟁은 진행중이다(정희선, 2006; 진종헌·신성희, 2006; 오미일·배윤기, 2009).

세 번째 유형의 연구는 장소란 내부적 동질성에 의해서만 형성되는 것이 아니라, 외부와의 관계에 의해 형성된다는 관점에 토대한 연구이다. 환경사가인 크로논(Cronon)은 알래스카의 도시 케네코트(Kennecott)를 사례로 외부 세계와의 관계를 통해 장소성이 형성되고 변화하게 된다는 사실을 보여 주었다. 1차적으로 케네코트는 유라시아 모피 시장에 편입되어 모피 공급처가 되면서 외부로부터 설탕, 알코올, 담배를 수입하게 되었고, 그 결과 장소는 상당한 변화를 겪었다. 또한 2차적으로 구리 광산의 가치가 외부로 알려지면서 광산, 공장, 철도를 건설할 새로운 인구가 유입되고 식량 수요의 증가로 순무, 양배추 같은 새로운 먹거리와 식물 종이 들어오고 사냥의 증가로 동물 종의 변화까지 겪게 되었다. 하지만 남아메리카에서 더 값싼 구리 광산이 발견되자마자 케네코트는 순식간에 유령 도시가 되어 버렸다(Cronon, 1992; Cresswell, 2004에서 재인용). 크로논이 알래스카의 도시 케네코트가 어떻게 외부와의 관계를 통해 장소성을 형성하게 되는가를 설명하는 메커니즘은 경제의 세계화와 밀접한 관련이 있다. 세계화가 진행될수록 장소성이 외부와의 관계를 통해 형성되는 사례는 더욱 빈번하고 심화될 것이다.

고민경(2009) 역시 서울의 세계화가 심화됨에 따라 서울 내에서도 이태원의 장소성이 초국가적 장소로서의 성격이 강화되는 현상을 연구하였다. 이태원은 1945년 미군부대가 주둔하면서 외국인들이 쉽게 들어올 수 있는 사회·문화·경제적 조건을 갖추게 되었으며, 이 때문에 국내 어느 곳보다도 외국인들에 대한 진입장벽이 낮은 장소가 되었다. 따라서 1990년대 초 서울의 세계화가 심화되면서 급증하기 시작한 다양한 국적의 외국인 이주자들은 진입장벽이 낮은 이태원에 대한 선호도가 높았다. 이 결과 기존의 미국계 이주자뿐 아니라 중국계, 이슬람계, 아프리카계의 외국인 이주자들은 이태원을 중심으로 종족 커뮤니티를 형성하였으며, 이를 바탕으로 한국과 모국을 연결시키는 초국가적 경제 활동을 수행하면서 초국가적 장소를 만들어 가고 있다.

이외에도 외부적 힘에 의해 장소성이 형성되는 대표적인 사례가 관광 산업과 관련된 것이다. 미국의 나이아가라 폭포는 17세기까지만 해도 일반인들이 쉽게 다가갈 수 없는 곳이었으며 자연의 장엄함을 상징하는 장소로 오랫동안 경외시되었다. 이후 차츰 상류층들의 여름 휴양지로 알려지다가 대중 관광이 확대된 19세기에 이르러 신혼여행이 유행하게 되면서 나이아가라 폭포는 세계적인 신혼여행지로서의 장소성을 형성하게 되었다(Shields, 1991). 이처럼 대부분의 관광지는 내부인보다 외부인의 관점에 의해 장소성이 형성되는 경향이 강하다.

(2) 장소 만들기, 장소(성)의 창조

최근 장소에 대한 연구는 앞 절에서 살펴본 장소(성)의 발견, 즉 연구자가 일정한 거리를 두고 객관적으로 장소 현상을 탐구하기 보다, 원하는 방향으로 장소를 만들 수 있는 방법, 즉 장소 만들기에 대한 연구가 더 활발하다. 오늘날 장소 만들기는 중요한 사회적·문화적·경제적 흐름으로 보인다.

장소 만들기가 이 시대의 중요한 흐름으로 대두된 배경은 두 가지로 추출해 볼 수 있다. 하나는 자본주의 발달로 인해 심화되는 경제 및 문화의 세계화라는 거대한 물살 속에서 나와 공동체가 안정된 정체성과 애정을 가지고 살만한 터전(즉 장소)을 만들고자 하는 욕구의 증대이다. 자본주의로 인해 심화되는 인간 소외 현상을 장소 만들기를 통해 극복하고자 하는 흐름의 일종이라고 볼 수 있다. 다른 하나는 자본주의의 발달로 인해 지역 및 기업 간 경쟁이 심해지면서 시장에서 팔릴만한 매력적인 상품으로서의 장소 만들기라고 볼 수 있는데, 전자와의 구분을 위해 이러한 현상은 흔히 장소 마케팅(place marketing)이라 명명된다. '장소'를 키워드로 해서 학술 검색을 해 보면, 가장 많이 나오는 주제가 바로 장소 마케팅 관련 주제이다.

이 두 현상은 아래에서 논의하겠지만, 본질적으로 매우 다른 출현 배경을 갖고 있으나 현실에서는 장소 만들기와 장소 마케팅이 중첩되어 나타나는 경우가 많다. 그 예가 지역 축제이다. 지역 축제는 자신이 살고 있는 지역을 문화적으로 풍요롭고 살만한 장소로 만들기 위한 목적으로 개최되는 행사이면서, 동시에 관광객이나 기업 유치 같은 경제적 목적을 위한 장소 마케팅 수단으로도 개최되기 때문이다. 여기서는 먼저 장소 마케팅으로서의 장소 만들기 현상에 대해 살펴보기로 한다.

① 장소 마케팅으로서의 장소 만들기

『Selling Places』(Kearns & Philo, 1993), 『Marketing Places』(Kotler *et als.*, 1993), 『Place Promotion』(Gold & Stephen, 1994)처럼 1990년대에 나온 장소 관련 책 중에는 '장소 마케팅'으로 분류되는 현상에 대한 성찰이나 적극적인 장소 마케팅 전략을 제안하는 책이 많다. 하비는 장소 마케팅의 시작을 서구의 전통적 산업 지역들이 세계화와 경제 재구조화의 영향으로 탈산업화와 지역 산업의 몰락을 경험하면서, 이에 대한 대응으로 블루칼라와 공장 굴뚝의 이미지로 형상화되어 있는 지역에 새로운 도시 이미지를 형성하여 자본과 인구를 끌어들이고 이를 바탕으로 쇠퇴한 지역을 부흥시키려는 전략에서 비롯된 것이라고 보았다(Harvey, 1989b; 박배균, 2010, 499에서 재인용). 이러한 제조업 중심 지역 개발에서 서비스, 문화 중심 지역 개발로의 변화와 더불어 우리나라의 경우는 지방자치제의 실시와 함께 본격화된 지방화의 과정이 장소 마케팅을 더욱 강력하게 파급시키는 데 영향을 주었다(박배균, 2010, 499).

즉 자본주의 및 지방자치제의 발달과 더불어 지역 간 경쟁이 심화되면서, 장소라는 것은 인간의 사회적 경제적 활동이 영위되는 영역적 실체를 넘어 상품처럼 경쟁이 이루어지는 기본 단위로서 상품화, 소비화, 마케팅이 가능한 대상으로 간주되었다. 어떤 지역이 장소 마케팅에 성공하기 위해서는 매력적인 장소 자산(place asset)을 발굴하고 개발하는 일이 매우 중요하다. 이러한 장소 자산이 보다 많은 가치를 지니기 위해서는 그 자산의 비복제성과 비대체성이 높아야 한다. 따라서 도시나 지역이 장소 마케팅에서 보다 매력적인 상품이 되기 위해서는 장소의 특수성과 고유성을 발굴하고 살리는 장소 만들기 과정을 통해 장소 자산의 가치를 높여야 한다(박배균, 2010, 500). 예를 들어 백선혜(2004)는 한국의 통영과 미국의 잭슨빌 같은 소도시가 지역 출신의 유명한 음악가나 구(舊)광산 지역의 산업유산을 문화예술축제로 연결하여 성공시킨 장소 마케팅 사례를 보여 주었다. 또한 이은숙·

정희선·장은미(2007)는 문학 작품 속의 배경이나 작가와 관련된 장소들을 문학 공간으로 규정하고, 이 문학 공간을 관광 자원으로 활용한 장소 마케팅 방안을 제시하기도 하였다.

그런데 박배균(2010)은 장소 마케팅에서 강조되는 이와 같은 장소성의 형성과 복원 전략이 인본주의 지리학자들이 주장한 본질주의적 장소 개념에 바탕을 두고 있어, 오히려 장소를 폐쇄적이고 배타적인 영역으로 만들 가능성이 크다고 비판하였다.

사실 모든 장소 마케팅이 인본주의 지리학의 본질주의적 장소 개념에 토대하고 있다고 보기는 어렵다. 여기에서 본질주의적 장소 개념이란 장소의 진정성, 고유성, 동질성(장소 안과 밖의 명확한 구분 등)을 가리키는 것으로 보인다. 그런데 장소 마케팅은 장소를 마케팅의 대상으로 만드는 것이며, 따라서 장소의 특성이 어떻든(진정하든 비진정하든, 고유하든 고유하지 않든, 동질적이든 동질적이지 않든) 상관없이 더 비싼 값에 많이 팔리게 하는 것이 장소 마케팅의 원칙이다. 따라서 장소 마케팅 영역에서는 장소가 반드시 본질주의적 특성을 가질 필요가 없다. 백선혜(2004)의 연구에서처럼, 어떤 장소가 팔릴 만한 장소 자산이 없다면 인위적으로라도 장소성을 만들어서 팔 수 있다. 또한 진정성을 가진 장소보다 키치적인 비진정성의 장소가 더 잘 팔릴 수만 있다면 키치적 장소를 더 많이 만들어 낼 것이다. 또한 이태원처럼 개방적인 장소성을 부각시키는 것이 마케팅에 효율적이라면 폐쇄적인 장소성보다 개방적 장소성을 더 활성화할 것이다. 결론적으로 말해서 장소 마케팅은 장소가 목적이 아니라 수단일 뿐이다. 그래서 장소 마케팅에서 장소의 본질을 논하기에는 장소 마케팅이 수단화하고 있는 장소의 스펙트럼이 너무 방대하다.

그렇다면 박배균(2010)이 지적한 본질주의적 장소 개념에 토대하고 있는 장소 마케팅이라는 명명이 더 잘 적용되는 영역은 어디일까? 그는 장소 마케팅에 대한 사회적 기대가 높아진 배경을 다음과 같이 기술하고 있다.

특히 급속한 근대화와 자본주의적 산업화의 외중에서 사라져 버린 고향에 대한 향수, 장소적 공동체에 대한 그리움 등과 같은 정서와 결합하면서, 장소적 정체성의 부활을 통해 지역 발전을 추구하는 장소 마케팅 전략은 경제적 논리만 추구하던 기존의 지역 발전 전략에 비하여 훨씬 인간 중심적이며 진보적인 대안으로 인식되는 경향도 있다…. 게다가 우리나라의 경우… 그간 중앙 집권적 정치 제도하에서 경제 성장을 위한 효율성에 초점을 두어… 천편일률적이고 획일적인 방식으로 도시와 지역의 개발이 이루어져 도시와 지역 고유의 특성과 정체성이 사라지고 있다는 인식이 확산되면서, 장소적 특수성과 고유성을 살리는 데 초점을 두는 장소 마케팅 전략은 분권화와 자치화 시대 지역 개발의 대안적 전략으로 받아들여지기도 한다.(계기석·천현숙, 2001; 박배균, 2010, 500에서 재인용)

위의 인용문에 따르면 장소 마케팅에 대한 사회적 기대감이 높아진 배경으로, 근대화와 자본주의화에 의해 사라지거나 약화된 정체성 및 공동체의 회복과 중앙 집중적 정치 및 경제 체제에 대한 대안으로 분권화된 자치를 꼽을 수 있겠다. 그런데 이 세 가지는 장소 마케팅의 배경이라기보다 사회 및 문화 운동으로서의 장소 만들기가 저변을 넓히고 있는 배경이라고 보는 것이 더 타당할 것이다.

② 사회 및 문화 운동으로서의 장소 만들기

현재 경제적 목적의 장소 마케팅 외에도 장소성의 상실에 대응하여 장소 만들기를 통한 장소성의 복원 또는 생성을 시도하려는 사회 및 문화 운동이 다양한 맥락과 양상으로 나타나고 있다. 이러한 사회 및 문화 운동으로서의 장소 만들기는 최병두(2002)나 박배균(2010)의 지적처럼 인본주의 지리학적 관점에서 장소의 특성, 즉 정체성, 뿌리 내림, 공동체성을 오늘의 현실 속에서 실현시키는 데 목적이 있다. 하지만 이러한 장소 만들기 운동이 인본주의 지리학적 관점에서의 장소성에 머물러 있지 않다는 사실은 '장소 만들기 운동'이라는 명칭에서도 볼 수 있듯이 장소란 본래적으로 주어지는 것이 아니라 사람들의 의도에 따라 사회적 역사적으로 구성될 수 있다는 관점에 내포되어 있다.

갈수록 거대한 경제 및 정치 조직 등에 의해 획일화되고 비인간화되는 무장소성에 대응하여 정체성이나 뿌리 내림, 공동체성 같은 안정된 소속감을 누리면서도 개인의 개성과 자유가 보장될 수 있는 개방적인 삶의 터전을 만들어 내려는 요구들이 모여 다양한 장소 만들기 운동이 시도되고 있다. 그러나 그 현상의 스펙트럼이 매우 넓어 이를 모두 포괄하여 몇 가지로 유형화하려는 시도는 쉽지 않을 것 같아, 여기서는 대표적인 장소 만들기 사례를 소개하는 것으로 대신하고자 한다.

먼저 대표적인 장소 만들기 운동의 사례로는 '마을 만들기'가 있다. 마을 만들기 운동은 시민 단체나 주민 같은 아래로부터의 운동부터 지방 자치 단체나 중앙 정부의 부서 같은 공공기관 주도의 위로부터의 운동 등 다양한 양상으로 나타난다. 그중 서울시가 주도한 주민 참여형 마을 만들기에 나타난 마을 만들기의 성격을 살펴보자. 마을 만들기란 삶의 터 가꾸기, 공동체 가꾸기, 사람 만들기를 포괄하고 있는데, 다시 말해 특정 지역 사회에 소속된 주민들이 모여 의사소통 시스템을 갖추고 마을의 공동 관심사를 토론하고, 협력하고, 교류하고, 해결 과제에 공동으로 대처해 나가며, 마을의 비전을 가꾸어 나가는 발전적 행위 또는 그 활동 과정이다(정석, 1999; 송희영, 2011, 124에서 재인용). 이러한 마을 만들기의 정의에 대해서는 시민 단체나 주민 중심의 아래로부터의 마을 만들기 운동도 크게 다르지 않다. 예를 들어 생태 중심 교육을 표방하면서 주민들에 의해 설립된 대안학교인 성미산 학교를 중심으로 도시 속 마을 만들기 운동에 참여하고 있는 문화인류학자 조한혜정(2007)의 글에 나온 마을 만들기의 성격을 살펴보자.

우리/내가 살고 싶은 주거를 상상해 보자 ··· 중략 ··· 미래의 주거는 마을 주민들이 스스로 만든 학교와 문학 카페와 식당과 소극장과 반찬 가게와 작은 진료소들이 있는 마을의 형태여야 한다. 노인들이 골목길 이곳저곳에서 모여 아이들이 뛰노는 것을 볼 수 있고, 수시로 물물교환이 이루어지고 서로가 잘 알기에 함께 있음으로 안전한 마을, 사람들이 자주 이사를 가지 않고 가게도 자주 망하지 않아 단골이 되는 그런 마을이 후기 근대적 주거의 핵심이어야 한다. ··· 중략 ··· 근대는 '마을 버린 사람들'에서 시작해서 '마을을 만드는 사람들'로 끝이 날 것이다.(조한혜정, 2007, 144, 149)

조한혜정이 그리고 있는 마을은 주민들과의 대면 접촉이 잦아 서로 인간적 관계를 지속적으로 맺을 수 있는 안정된 장소이다. 다시 말해서 공동체성과 자치성을 확보한 장소이다. 이러한 마을 만들기는 곧 "자신이 속한 지역을 이해하고, 그곳에서 자신이 현재 누리고 있는 문화를 토대로 또 다른 문화를 만들어가는 일"(송희영, 2011, 126)이기도 하다. 따라서 마을 만들기의 전제는 장소에 대한 탐구와 이해로서, 장소 만들기 운동이 자기가 살고 있는 지역의 역사와 문화를 탐구하고, 그중 일부를 새로운 문화로 재창조하는 일로 확장되기도 한다. 이 때문에 마을 만들기 운동이 지역의 역사적 경관이나 문화를 복원 또는 재창조하거나(추명희, 2002), 공공 미술 프로젝트(김학희, 2008; 김혜진, 2010; 김연진, 2010), 지역 축제의 개최(정근식 편, 1999; 김준, 2002) 등으로 연결되고, 다시 그러한 활동이 지역의 역사와 문화를 활용한 도시 재생 운동으로 연결되는 현상도 나타나고 있다.

장소 만들기의 또 다른 대표적인 사례는 생태주의 운동과 결합된 '생태 지역'으로서의 장소 만들기 운동이다. 생태주의는 인간 역시 지구 환경이라는 생태계의 일원이며 따라서 지구 환경에 대한 윤리적 책임감을 자각하는 데에서 시작하고 있다. 책임감이란 책임감의 주체가 그 대상과 긴밀한 끈으로 연결되어 있음을 자각하고 인정하는 데에서 시작된다. 따라서 생태주의는 인간이 지구 환경을 장소로 느껴, 장소애(또는 장소감)를 가져야 한다. 그런데 인간이 지구 전체에 대해 강렬한 장소애나 장소감을 갖기에는 지구 환경이 너무 거대해서 장소감이 상당히 추상적인 관념에 그칠 수 있다. 그러나 인간이 일상생활을 통해 자연과 직접적으로 만나고 교감하는 일정한 영역을 장소로 설정한다면, 그 때의 장소감은 구체적인 실체가 될 수 있다.

생태지역주의(bioregionalism)는 자연 세계를 인간이 자의적으로 그은 정치적·행정적 구역 대신, 분수령, 산등성이, 사막, 강과 같은 지형이나 기후 혹은 식물군에 따라, 다시 말해 장소에 따라 새롭게 구분하고 이런 생태지역적 특수성과 고유한 형편에 최적인 생활 양식을 자연을 통해 배워 실천하자는 운동이다. 다시 말해 장소의 귀환을 환경 위기를 극복할 수 있는 실천적 기획으로 수용했다(신문수, 2007, 72).

이 같은 생태지역주의자의 주장은 현재의 정치 및 행정 체계를 완전히 해체해야 한다고 보기 때문에 매우 급진적이며, 심층적 생태주의자가 아니고는 도전하기 어려운 과제로 보이기도 한다. 하지만 이들의 주장은 현대 자본주의 사회에서 인간 생활의 중심 부분을 차지하고 있는 소비의 영역에서 '장소 기반 소비'의 필요성을 주장한 지리학자 로버트 색(Robert Sack)의 주장과 공유되는 부분이 많다. 색에 따르면 후기 근대 사회에서 우리가 장소와 맺는 1차적 관계 형태는 소비의 형태인데, 우리는 소비의 장소 안에서 상품을 구매하고 그 장소는 다양한 환상적 맥락 속에서 광고되고 있다. 이 모든 것의 순수한 결과는 우리 행위의 결과에 무감각해지는 것이다. 도덕이란 우리 행위의 결과를 아는 것에 토대하고 있다. 소비는 생산 과정의 위장을 통해 우리의 구매 결과를 숨기며, 따라서 몰도덕적인 소비자의 세계를 창조한다. 이런 등식의 핵심 부분은 그런 결과의 공간적 범위이다. 초근대성의 특징은 각각의 국지적 행동의 결과를 지구적으로 만드는 글로벌리즘이다. 즉 개인이 감당하기에는 모든 것이 너무나 엄청나다. 이러한 글로벌리즘에 대한 대안으로 장소 기반 행위를 주장하고 있다. 장소 기반 행위는 상품 생산자와 소비자의 거리가 가까워서 책임감을 느낄 수 있고 따라서 도덕이 가능해지는 곳에서 이루어진다(Sack, 1992; Cresswell, 2004에서 재인용). 최근 들어 강조되고 있는 로컬 푸드(local food) 운동도 장소 기반 소비 운동의 일환이라고 볼 수 있으며, 환경 교육의 분야에서는 장소 기반 환경 교육을 통해 장소감을 발달시켜 환경의식을 변화시키자는 주장(권영락, 2005)이 전개되고 있다. 이러한 사례들은 오늘날 인류가 당면하고 있는 환경 문제를 해결하고 지구 생태계의 일원으로서 조화롭고 지속가능한 삶을 유지하고자 하는 장소 만들기의 한 흐름에 속한다고 볼 수 있다.

4) 나가며

이상에서와 같이 지리학에서 장소 개념은 오랜 시간을 통하여 그 스펙트럼을 넓혀 왔다. 초창기에는 장소 개념이 지역지리적 전통 속에서 지역과 동일한 개념으로 사용되었다. 즉 이때의 장소란 고유성, 특수성, 구체성을 가진 지표면 상의 일정 영역으로서의 지역과 동일한 개념으로 사용되었다.

오늘날 널리 통용되는 장소 개념, 즉 인간이 환경과의 상호 작용을 통해 삶을 영위하는 과정 속에서 의미화된 환경으로서의 장소 개념이 부상하게 된 것은 실증주의 지리학이 내세운 공간 개념에 대한 비판과 대안 모색에서 비롯되었다. 인본주의 지리학자들은 실증주의 지리학의 공간 개념은 공간의 점유자인 인간을 배제한 채 오로지 효율성, 기능성, 합리성을 기준으로 하기 때문에, 인간이 환경에 부여하는 의미, 가치, 태도의 문제를 간과한다고 비판했다. 그 결과 인간이 자기 삶의 토대인 환경과 진정한 관계를 형성하지 못하고 환경으로부터 소외되고 비진정한 장소 경험을 하게 되는 것이다. 렐프는 이런 현상을 장소를 상실하고 장소가 사라진다는 의미에서 무장소성(placelessness)이라고 명명하였다.

한편 비판적·구조주의 지리학에서는 보편적 인간 또는 개인 및 공동체 수준에서 논의되었던 인본주의 지리학의 장소 개념을 사회 구조 수준에서의 논의로 확장시켰다. 따라서 장소를 인간 실존의 토대로 보고 인간의 보편적 장소 경험에 초점을 둔 인본주의적 접근과는 달리 장소를 일종의 사회적 공간으로 보았다. 즉 장소란 특정한 시공간적 맥락 속에서 사회적으로 형성되는 것이며, 장소의 형성 과정에는 권력의 문제가 개입된다. 따라서 비판적·구조주의 지리학에서 관심을 갖는 장소의 문제란 사실상 장소의 정치이다.

보다 최근에는 위와 같은 장소 개념의 확장과 지구화 시대의 도래로 지구적 장소감 개념이 대두되고 있다. 지구적 장소감 개념의 핵심은, 장소란 고정된 실체가 아니라 끊임없이 형성되어 가는 과정이며, 한 장소 안에도 다수의 정체성이 존재하며, 내부에 의해서 정의되기보다 외부와의 관계를 통해 정의된다는 점이다.

장소 개념이 이처럼 스펙트럼을 넓혀 온 것은 그만큼 사회의 변화 속에서 실천적으로도 학술적으로도 의미 있는 역할을 해 왔기 때문이다. 이 같은 장소 개념을 가지고 현재 활발히 진행되고 있는 장소 연구는 '장소 발견하기'와 '장소 만들기'로 나누어 볼 수 있다. '장소 발견하기'에 속하는 연구 경향은 다시 전통적 인본주의 지리학의 장소 개념에 토대한 장소 연구와 사회적 구성론에 토대한 장소 연구로 유형화할 수 있다.

첫 번째 유형에 속하는 장소 연구는 대개 장소마다 고유하면서도 본질적인 장소적 특성이 내재한다고 전제한다. 그리고 이 장소성은 섬세하고 통찰력 있는 감수성을 통해 발견되고 재현된다. 따라서 대부분의 장소 연구는 시, 소설, 영화, 대중가요, 에세이 같은 텍스트 속에 재현된 특정 장소나 보편적 장소의 장소성을 탐구하고 해석하는 방식으로 진행된다. 두 번째 유형인 사회적 구성론에 토대한 장소 연구는 다시 주요 초점에 따라 세 가지로 나누어 볼 수 있다. 구체적으로는 장소성이 형성되고 변화하는 역사적 과정에 초점을 맞춘 연구, 한 장소 안에서 발생하는 다수의 장소 정체성 간의 갈등과 경합, 협상 과정에 초점을 맞춘 연구, 외부와의 관계를 통해 형성된 장소성에 초점을 맞춘 연구 이렇게 세 가지이다.

또한 '장소 만들기'에 속하는 연구는 크게 두 유형으로 나뉘는데, 하나는 장소 마케팅으로서의 장소 만들기 연구이고, 다른 하나는 사회 및 문화 운동으로서의 장소 만들기 연구이다. 장소 마케팅 연구는 현재 가장 활발히 진행되고 있는 분야인데, 그 배경은 자본주의 발달과 지방자치제의 확산으로 지역 간 경쟁이 심화되면서 지역 경제 활성화의 수단으로 장소 마케팅 전략을 선택하는 현상이 크게 늘고 있기 때문이다. 반면 사회 및 문화 운동으로서의 장소 만들기는 자본주의의 발달로 심화되고 있는 경제 및 문화의 세계화라는 거대한 흐름 속에서 대안적인 삶의 방식을 모색하기 위한 것이다. 즉 거대하고 획일화된 시장과 중앙 집중적인 정치권력으로부터 벗어나 공동체적 안정감과 정체성에 토대한 인간다운 삶의 터전을 만들고자 하는 사회문화 운동의 하나로 장소 만들기 활동이 대두되고 있다.

이처럼 장소 개념은 그 스펙트럼만큼 많은 잠재력을 가진 개념이다. 앞으로도 장소 개념은 학문적·사회적 요구에 맞추어 끊임없이 변신하고 발전할 것이다. 그 변신과 발전 과정을 지켜보고 참여하는 일은 무척 흥미로운 일이 될 것이다.

● 요약

1. 장소 개념은 기존의 지역 및 공간 개념이 가지고 있던 한계를 극복하기 위하여 인본주의 지리학에 의하여 부상하게 되었다.

2. 인본주의 지리학에서 장소란, 인간이 거주라는 실존적 행위를 통해 의미화한 환경 또는 땅을 말한다. 인본주의 지리학이 강조하는 장소의 특성은, 의미, 고유성, 진정성, 공동체성 등이다.

3. 비판적·구조주의 지리학에서 장소는 일종의 사회적 공간으로서, 고정된 실체가 아니라 끊임없이 형성되어 가는 과정이며, 한 장소 안에도 다수의 정체성이 존재하며, 내부에 의해서 정의되기보다 외부와의 관계를 통해 정의된다고 본다.

4. 경제 및 문화의 세계화라는 거대한 흐름 속에서 공동체적인 안정감과 정체성에 토대한 삶의 터전을 만들고자 하는 사회문화 운동의 하나로 장소 만들기 활동이 대두되고 있다. 또한 자본주의 발달 및 지방자치제의 확산으로 지역 간 경쟁이 심화되면서 지역 경제 활성화의 수단으로 장소 마케팅 현상 역시 활발해지고 있다.

● 핵심어(Key words)

장소(성), 무장소성, 장소(공간)의 사회적 구성, 지구적 장소감, 장소 만들기, 장소 마케팅

place, placelessness, social construction of place(space), global sense of place, place making, place marketing

● 읽어 볼 문헌

- Cresswell, T., 2004, *Place*, Oxford: Blackwell (심승희 역, 2012, 『장소』, 시그마프레스). 영국의 사회 및 문화지리학인 팀 크레스웰의 저작인데, 블랙웰(Blackwell) 출판사가 기획한 '짧은 지리학 개론 시리즈' 중의 첫 번째 책이기도 하다. 개론서라는 특성답게 지리학 및 인접 학문에서 장소 개념이 발전해 온 역사를 정리하고, 최근의 장소 개념을 통해 활발히 진행되고 있는 연구 주제 및 성과를 일목요연하게 소개하고 있다. 저자는 2014년 이 책의 개정판을 출판하였다.

- Lefebvre, H., 2000(4ed.) *La Production de l'Espace*, Paris: Anthropos (양영란 역, 2011, 『공간의 생산』, 에코리브르). 프랑스의 철학자이자 사회학자인 앙리 르페브르의 저작으로, 사회는 저마다의 공간을 생산한다는 명제를 통해 '사회적 공간'의 논의를 전개하

고 있다. 신문화지리학자들에게 많은 영향을 미친 저작이기도 하지만, 독해하기에 상당히 난해한 책이기도 하다.

- Relph, E., 1976, *Place and Placelessness*, London: Pion Ltd (김덕현 · 김현주 · 심승희 역, 2005, 『장소와 장소상실』, 논형). 이푸 투안과 더불어 인본주의 지리학의 양대 거장으로 꼽히는 에드워드 렐프의 저작이다. 장소 및 장소 정체성 개념을 체계적으로 정리하고 있으며, '무장소성(placelessness)'이라는 개념을 통해 현대 경관의 특성을 날카롭게 비판하고 있다.

- Tuan, Y.F., 1977, *Space and Place: the perspective of experience*, Minnesota Univ. Press (구동회 · 심승희 역, 2007(2판), 『공간과 장소』, 대윤). 중국계 미국인 지리학자 이푸 투안의 저작으로 인본주의 지리학을 대표하는 저작이기도 하다. 투안이 이 책에서 정의한 공간과 장소에 대한 개념 틀은 이후 지리학자들뿐만 아니라 다양한 분야의 공간 및 장소 연구자에게 중요한 논거를 제공해 주고 있다.

주

1 오늘날과 같은 glocalization 시대에 각광받는 구호가 'Think globally, Act locally'인데, 우리나라에서 '지구적으로 생각하고 지역적으로 행동하라'로 번역하여 사용하는 것도 그 예라 할 수 있다.

2 예를 들어 카스텔(Castells)은 교통 및 정보 통신 기술의 발달로 인해 자본은 어느 한 곳에 머물기보다는 끊임없이 이동하는 '흐름의 공간'상에 떠다니게 되었으며, 이 흐름의 공간이 역사적으로 구축된 장소들의 공간을 지배하게 됨으로써 장소가 사라지게 된다고 주장하였다(Castells, M, 1989, *The Informational City*, London: Blackwell: 최병두 역, 2001, 『정보도시』, 한울).

3 장소가 항상 선한 것은 아니라는 점에 대해서는 렐프(Relph, 1997) 역시 인정하고 있다. 그래서 그는 타자에 대한 배제나 폭력으로 표출되는 부정적인 장소감을 '중독된 장소감(poisoned sense of place)'이라고 비판하였다.

4 렐프는 장소의 정신이란 장소감이나 장소의 분위기와 더불어 일종의 장소 정체성이라고 본다. 하지만 장소의 정신은 장소 정체성을 구성하는 기본 요소들이 심각하게 변화하더라도 그 정체성을 계속 유지할 수 있는 지속성을 갖고 있다고 설명하고 있다(김덕현 · 김현주 · 심승희 역, 2005, 115). 다시 말해 장소의 정신이란 주관적이고 사적인 장소감에 비해, 객관적이고 집단적이어서 구조적

인 특성을 갖고 있는 것이라고 볼 수 있다.

참고문헌

계기석·천현숙, 2011, 지방화시대의 도시정체성 확립 방안 연구, 국토연구원.

고민경, 2009, 초국가적 장소의 형성: 이태원을 중심으로 바라본 서울의 세계화, 서울대학교 대학원 사회교육과 지리전공 석사학위논문.

구동회, 2010, "로컬리티 연구에 관한 방법론적 논쟁", 국토지리학회지, 44(4), 509-523.

권영락, 2005, 장소기반 환경교육에서 장소감의 발달과 환경의식의 변화, 서울대학교 대학원 환경교육전공 박사학위논문.

권정화, 2005, "장소의 상실 혹은 진정성의 상실?: 〈장소와 장소상실〉 서평", 문학과 환경, 4, 214-217.

권정화, 2005, 지리교육의 이해를 위한 지리사상사 강의노트, 한울아카데미.

김미선, 2012, "1950~1960년대 여성의 소비문화와 명동(明洞)의 장소성에 관한 연구: 양장점과 미장원을 중심으로", 서울학연구, 46, 59-101.

김백영, 2007, "상징공간의 변용과 집합기억의 발명: 서울의 식민지 경험과 민족적 장소성의 재구성", 공간과 사회, 28, 188-221.

김연진, 2010, 예술창작촌의 장소형성 연구: 서울시 영등포구 문래동 사례, 서울대학교 환경대학원 박사학위논문.

김인, 1986, 현대인문지리학: 인간과 공간조직, 법문사.

김준, 2002, "지방자치와 지역정체성의 형성: 지역축제를 통한 지역문화 만들기", 경제와 사회, 53, 36-62.

김태준 편, 2005, 문학지리·한국인의 심상공간, 논형.

김학희, 2008, "지리학자가 된 예술가들: 안양 FLOW 및 석수아트프로젝트를 중심으로", 대한지리학회 2008년 전국지리학대회 논문발표집, 34-38.

김혜신, 2011, "지중해적 장소성과 영화의 현대성을 찾는 모험: 로베르토 로셀리니(R. Rossellini)의 〈이탈리아 여행〉을 중심으로", 지중해지역연구, 13(3), 27-56.

김혜진, 2010, "2000년대 이후 한국의 공공미술 프로젝트 유형", 한국콘텐츠학회논문지, 10(8), 198-208.

박배균, 2010, "장소마케팅과 장소의 영역화: 본질주의적 장소관에 대한 비판을 중심으로", 한국경제지리학회지, 13(3), 498-513.

박세훈, 1994, "현대성의 공간적 상상력", 한국공간환경연구회 편, 공간환경, 49, 25-39.

백선혜, 2004, 장소 마케팅에서 장소성의 인위적 형성: 한국과 미국 소도시의 문화예술축제를 사례로, 서울대학교 지리학과 박사학위논문.

부산대학교 한국민족문화연구소 편, 2010, 장소성의 형성과 재현, 혜안.

손명철 편역, 1994, 지역지리와 현대사회이론: 새로운 지역지리 논의를 위하여, 명보문화사.

송희영, 2011, "서촌의 마을 만들기를 향한 두 가지 관점 연구", 예술경영연구, 20, 121-146.

신문수, 2007, "장소·인간·생태적 삶", 문학과 환경, 6(1), 57-79.

심승희, 1995, 역사경관과 지역 정체성에 관한 연구, 서울대학교 사회교육과 지리전공 석사학위논문.

심승희, 2000, 문화관광의 대중화를 통한 공간의 사회적 구성에 관한 연구, 서울대학교 사회교육과 지리전공 박사학위논문.

심승희, 2005, "에드워드 렐프의 현상학적 장소론", 국토연구원 엮음, 현대공간이론의 사상가들, 한울, 35-50.

심승희, 2006, "'장소 기억하기'와 '장소 만들기'로서의 문학", 문학수첩, 겨울호, 39-53.

양보경, 1993, "투안의 인간주의 지리학", 한국지리연구회 편, 현대지리학의 이론가들, 민음사, 281-195.

오미일·배윤기, 2009, "한국 개항장도시의 기념사업과 기억의 정치: 인천의 집단기억과 장소성을 중심으로", 사회와 역사, 83, 45-81.

윤옥경, 2008, "도시지역 마을만들기의 사례와 시사점: 대구 삼덕동을 사례로", 한국지역지리학회지, 14(5), 466-479.

이규목, 1980, "환경지각과 장소성에 관하여", 건축, 24(20), 54-57.

이기봉, 2005, "지역과 공간, 그리고 장소", 문화역사지리, 17(1), 121-137.

이석환, 1998, 도시 가로의 장소성 연구: 대학로의 사례를 중심으로, 서울대학교 환경대학원 박사학위논문.

이석환·황기원, 1997, "장소와 장소성의 다의적 개념에 관한 연구", 국토계획, 32(5), 169-184.

이영민, 2006, "서울 강남의 사회적 구성과 정체성의 정치: 매스미디어를 통한 외부적 범주화를 중심으로", 한국도시지리학회지, 9(1), 1-14.

이영민, 2008, "서울 강남 정체성의 관계적 재구성 과정 연구: 지역 구성원들의 내부적 범주화를 중심으로", 한국도시지리학회지, 11(3), 1-14.

이은숙·정희선·장은미, 2007, "문학 공간을 활용한 장소마케팅 방안: 종로 지역을 사례로", 국토지리학회지, 41(1), 53-65.

이희상, 2012, "글로벌/로컬 푸드 담론을 통한 장소의 관계적 이해", 한국지리환경교육학회지, 20(1), 45-62.

장석주, 2006, 장소의 탄생: 우리 시의 문학지리학, 작가정신.

전종한, 2009, "도시 뒷골목의 '장소 기억': 종로 피맛골의 사례", 대한지리학회지, 44(6), 779-796.

정근식 편, 1999, 축제, 민주주의, 지역활성화, 새길.

정석, 1999, 마을 단위 도시계획 실현 기본 방향(Ⅰ): 주민참여형 마을만들기 사례연구, 서울시정개발연구원.

정희선, 2004, "종교 공간의 장소성과 사회적 의미의 관계: 명동성당을 사례로", 한국도시지리학회지, 7(1), 97-110.

정희선, 2006, "집단기억의 경관과 장소정치: 인천 맥아더 동상 철거 논쟁을 사례로", 한국도시지리학회 하계학술대회 자료집, 37-50.

조한혜정, 2007, 다시 마을이다, 또하나의문화.

진종헌·신성희, 2006, "도시정체성 형성을 위한 '과거'의 선택적 복원 과정: 인천시의 '만국공원(현 자유공원)' 복원론을 사례로", 지리학연구, 40(2), 241-255.

차철욱·공윤경·손영삼, 2009, "1950−60년대 대중가요 속의 부산 장소성", 문화역사지리, 21(2), 1-14.

추명희, 2002, "역사적 인물을 이용한 지명의 상징성과 정체성 형성전략: 영암 구림리의 도기문화마을 만들기를 사례로", 한국지역지리학회지, 8(3), 326-346.

최막중·김미옥, 2001, "장소성의 형성요인과 경제적 가치에 관한 실증분석: 대학로와 로데오 거리 사례를 중심으로", 국토계획, 36(2), 153-162.

최병두, 2002, "자본주의 사회에서 장소성의 상실과 복원", 도시 연구, 8, 253-278.

최원석, 2009, "한국 이상향의 성격과 공간적 특징: 청학동을 사례로", 대한지리학회지, 44(4), 745-760.

최진성, 2009, "종교의 장소성: 전주, 목포, 군산을 사례로", 문화역사지리, 21(1), 135-148.

홍금수, 2009, "경관과 기억에 투영된 지역의 심층적 이해", 문화역사지리, 21(1), 46-94.

Adams, P., 1992, "Television as Gathering Place", *Annals of the Association of American Geographers*, 82, 117-135.

Agnew, J. A., 1987, *Place and Politics: The Geographical Mediation of State and Society*, Allen & Unwin Inc.

Anderson, K., 1991, *Vancouver's Chinatown: Radical Discourse in Canada 1895-1980*, Montreal: McGill-Queen's University Press.

Anderson, K. & F. Gale (eds), 1992, *Inventing Places: studies in cultural geography*, Melbourne: Longman.

Castells, M, 1989, *The Informational City*, London: Blackwell (최병두 역, 2001, 정보도시, 한울).

Castree, N., 2003, "Place: connections and boundaries in an interdependent world", in Holloway, S. I., Rice, S. P. and Valentine, G. (eds.), *Key Concepts in Geography*, London: Sage, 165-186.

Cresswell, T. 2004, *Place*, Oxford: Blackwell (심승희 역, 2012, 장소, 시그마프레스).

Cronon, W., 1992, "Kennecott Journey: The Paths out of Town" in Cronon, W., Miles, G. and Gitlin, J. eds., *Under an Open Sky*. New York: Norton, 28-51.

Entrikin, J. N., 1991, *Betweenness of Place: towards a Geography of Modernity*, Baltimore: Johns Hopkins University Press.

Gold, J. R., 2000, "Classics in Human Geography Revisited: Place and Placelessness", *Progress in Human Geography*, 24(4), 613-619.

Gold, J. R. & V. W. Stephen (eds.), 1994, *Place Promotion: the use of publicity and marketing to sell towns and region*, New York: JOHN Wiley & SONS.

Hartshorne, R., 1939, *The Nature of Geography*, Association of American Geographers (한국지리연구회 역, 1998, 지리학의 본질, 민음사).

Harvey, D., 1989a, *The Urban Experience*, Baltimore: The Johns Hopkins Univ. Press (초의수 역, 1996, 도시의 정치경제학, 한울).

Harvey, D., 1989b, "From Managerialism to Enterpreneurialism", *Geografiska Annaler*, 1, 3-17.

Kearns, G. & C. Philo (eds.), 1993, *Selling Places: the city as cultural capital, past and present*, Oxford: Pergamon Press.

Keith, M. & S. Pile, 1993, *Place and the Politics of Identity*, London: Routledge.

Kotler, P., Haider, D. H., I. Rein, 1993, *Marketing Places: attracting investment, industry, and tourism to cities, states, and nation*, New York: Free Press.

Lefebvre, H., 2000 (4ed.) *La Production de l'Espace*, Paris: Anthropos (양영란 역, 2011, 공간의 생산, 에코리브르).

Massey, D., 1998, "The spatial construction of youth cultures", in T. Skelton and G. Valentine (eds.), *Cool Places*, London: Routledge, 121-129.

Merrifield, A., 1993, "Place and Space: A Lefebvrian Reconciliation", *Transactions of the Institution of British Geographers*, NS 18, 561-531.

Norberg-Schulz, C., 1976, *Genius Loci: Towards a Phenomenology of Architecture*, London: Academy Editions (민경호 외 역, 1996, 장소의 혼: 건축적 현상학을 위하여, 태림문화사).

Pattison, W. D. 1964, "The Four Traditions of Geography", *Journal of Geography*, 63(5), 211-226.

Prince, H., 1961, "The geographcal imagination", *Landscape*, 9, 14-21.

Relph, E. 1976, *Place and Placelessness*, London: Pion Ltd (김덕현·김현주·심승희 역, 2005, 장소와 장소상실, 논형).

Relph, E., 1997, "Sense of Place", in Hanson, S. (ed.), *Ten Geographic Ideas That Changed the World*, Rutgers University Press (구자용 외 역, 2001, "장소감", 세상을 변화시킨 열 가지 지리학 아이디어, 한울아카데미).

Sack, R., 1992, *Place, Consumption and Modernity*, Baltimore: Johns Hopkins University Press.

Schaefer, F. K., 1953, "Exceptionalism in Geography: A Methodological Examination", *Annals of the Association of American Geographers*, 43(3), 226-249.

Shields, R., 1991, *Places on the Margin: Alternative Geographies of Modernity*, London: Routledge.

Tuan, Y.F., 1974, *Topophilia*, Prentice Hall Inc (이옥진 역, 2011, 토포필리아, 에코리브르).

Tuan, Y.F., 1977, *Space and Place: the perspective of experience*, Minnesota Univ. Press (구동회·심승희 역, 2007(2판), 공간과 장소, 대윤).

Urry, J., 1995, *Consuming places*, London: Routledge.

5. 정체성, 인간이 공간에 새긴 흔적을 설명하다[*]

춘천교육대학교 **박승규**

1) 인간, 공간의 차이를 만들다

인간은 지리적 존재이다. 태어나는 순간부터 일정한 공간을 점유한다. 그 공간에서 거주하고, 성장한다. 일생 동안 단 하나의 공간만을 점유하는 것은 아니다. 태어난 곳과 자란 곳이 다르고, 지금 내가 거주하고 있는 공간이 다를 수 있다. 내가 태어난 곳과 자란 곳, 그리고 거주하는 곳 모두 같을 수도 있다. 하지만 인간은 공간을 생산하기도 한다. 이전에 존재하지 않았던 새로운 공간의 생산은 아니다. 일상적 삶을 살고 있는 생활세계에 작은 흔적을 표시함으로써 나만의 공간을 생산한다. 그 공간을 통해 자신이 어떤 사람이고, 우리가 누구인지를 드러낸다.

베르크(A. Berque)가 존재론에는 지리학이 없고, 지리학에는 존재론이 없다고 했다(Berque, 2000; 김웅권 역, 2007). 존재론자는 공간에 새겨 놓은 인간의 흔적에 무관심했고, 지리학자는 공간에 새겨진 흔적을 통한 인간 이해에 무심했다. 힙합을 즐기는

* 본 장은 2013년『대한지리학회지』 제48권 3호에 게재된 논문 "정체성, 인간과 공간의 관계를 설명하는 노두"를 수정, 보완, 재구성한 것임.

사람이 벽에 새겨 놓은 그림은 지저분한 낙서에 불과할지 모른다. 하지만 그림 그리는 사람에게 낙서는 자신 그 자체이다. 낙서를 통해 새로운 공간을 생산하고, 세상과 소통하기를 바란다. 하지만 우리는 애초부터 이 같은 낙서에 관심 갖지 않는다. 낙서 그림을 그리는 사람과 보는 사람의 소통 부재는 흔적의 의미를 반감시킨다. 그들은 세상과 소통하고 싶지만, 일방통행로에 서 있는 존재에 불과하다.

일본에서 발생한 지진과 해일은 사람들의 삶터를 폐허로 만들었다. 사람이 거주하고 있던 집과 일터가 사라졌다. 하지만 집과 일터만 사라진 것이 아니다. 그 공간에 담겨 있던 개인의 기억마저 앗아갔다. 그 공간에서 거주했던 사람들의 삶의 의미마저 황폐하게 했다. 지진과 해일로 잃어버린 것은 삶터가 아니라, 그 공간에 거주하고 있던 인간의 삶이다. 지진과 해일로 잃어버린 것은 그 공간에 거주하고 있었던 존재 그 자체의 소멸이다. 그곳에 있던 나도, 우리도 모두 사라지고 없다. 내가 누구이며, 우리가 어떻게 살아 왔고, 어떻게 살고 있는지 확인받을 수 있는 길이 없다. 그곳에 있던 공간도, 시간도, 세계도 모두 무너졌다. 공간의 소멸은 인간 삶의 소멸을 의미한다. 공간은 인간을 대변하고, 그것을 통해 인간은 자신을 확인받는다.[1] 존재론적인 차원에서 공간은 인간의 삶 그 자체임을 보여 준다(박승규, 2010a).

사람들은 한 공간에 정주하지 않는다. 한곳에 오래 머무르지 않기에 자신의 정체성을 표현할 수 있는 근원 공간의 부재를 경험한다. 인간의 유동성 증가는 동네에서마저 익명성이 나타나게 한다. 익명성의 등장은 동네와 도시의 과거를 없앤다. 미래마저 소거한다. 익명성은 마을 사람 간에 공유하는 과거가 없음을 의미한다. 그렇기에 '지금 여기'의 관계도 소홀하다. 자신을 드러내는 근원 공간의 부재는 자아를 잃어버린 수많은 현대인을 생산한다. 나를 확인받을 수 있는 근원 공간의 상실은 인간을 끊임없이 부유하게 한다. 나를 찾기 위한 여정도 없고, 나를 만들기 위한 고민도 없다. 그저 인간은 부유하고, 떠돈다. 근원 공간의 상실과 부재는 우리의 실존을 위협하는 가장 큰 문제인 것이다(박승규, 2010a).

지리학은 땅에(**geo**) 새겨 있는(**graphien**) 것의 의미를 찾는 학문이다. 지표 위에 누군가 무엇을 새겼다면 이유가 있을 것이다. 누가 왜 새겼는지를 살피고, 그것을 통해 인간과 공간의 관계를 이해한다. 지표 위 공간에 새겨 있는 흔적을 통해 새긴 사람이 누구이고, 어떤 사람인지 밝힌다. 그것을 통해 지리학이 인간의 삶을 이해하고 설명하는 학문임을 천명한다. 인간이 생산한 다양한 공간의 차이가 곧 나와 우리의 차이임을 설명한다. 지리학에서 인간의 정체성에 관심 갖는 이유이다.

지리학에서 정체성에 대한 논의는 주로 지역을 대상으로 한다. 어떤 특정 지역을 대상으로 지역정체성 문제를 다루는 논의(심승희, 1995; 이영민, 1999; 임병조, 2009; 조아라, 2009)와 지역정체성을 개념적으로 정의하고자 하는 연구(최재헌, 2005)가 있었다. 시대에 따른 정체성 개념의 변화에 천착하여 정체성을 새롭게 정의하고자 하는 시도(임병조·류제헌, 2007)도 있었다. 이 같은 논의는 지역정체성을 통해 그 지역에 거주하고 있는 인간에 대해 이해할 수 있게 해 준다는 점에서 의미를 갖는다. 하지만 인간에 대한 존재론적 이해를 토대로 정체성과 공간의 관계에 대해 연구한 것은 거의 없었다. 지리학이 인간의 존재론적 특성과 일상 공간에 새겨져 있는 흔적을 통해 어떻게 인간의 삶에 대해 설명할 수 있는지를 보여 주는 것이 필요하다.

인간이 공간상에 새겨 놓은 흔적은 일종의 문화적이고 사회적인 기억이다. 인간이 새겨 놓은 흔적을 찾아 수많은 지리학자는 산책한다. 산책자(flaneur)로서 지리학자는 일상 공간을 구성하는 여러 사물과 기호에 담겨 있는 다양한 기억과 욕망을 확인한다. 인간이 어디에 거주하고 있는가에 따라 같은 흔적에도 서로 다른 욕망과 욕구가 반영되어 있음을 파악한다. 인간이 거주하고 있는 공간의 특성이 생활 양식의 차이를 반영하고 있음을 이해한다. 서로 다른 공간의 차이가 서로 다른 인간 삶의 표현임을 인식한다. 그렇기에 다양한 공간의 차이가 인간의 정체성의 차이임을 감지한다.

내가 누구인지, 우리가 누구인지를 존재론적으로 파악하는 것은 어렵다. 관념적이고 추상적인 작업이기에 그것을 지리 시간에 말하기는 힘들다. 하지만 가시적으로 확인할 수 있는 경관이나 일상 공간을 구성하고 있는 다양한 문화적 요소에 주목한다면, 관념적이고 추상적인 존재론적 논의는 구체성을 담보한다. 지리학은 구체성의 미학을 추구한다. 문화적 기억에 담겨 있는 흔적을 통해 나와 우리를 이해한다. 우리가 살아가면서 이용하는 다양한 공간이 인간의 차이임을 말하고 있음에 주목하려 한다. 이 같은 문제 의식을 통해 정체성이 인간과 공간의 관계를 설명하고 이해할 수 있는 노두임을 밝히는 것이 이 장의 목적이다.

2) 정체성, 그 기원을 찾다

로크(J. Locke)는 정체성을 불변하는 동일한 인격으로 규정한다. 홀(S. Hall, 1996)은 정체성을 우리를 둘러싼 문화 체계 속에서 재현되거나 다루어지는 방식과 관련하여 형성되고 끊임없이 변형되는 것이라고 정의한다. 정체성을 바라보는 관점의 다양성은 이 두 사람 만의 이야기가 아니다. 고정된 실재로서의 정체성에 대한 정의와 변화하고 진화하는 실재로서의 정체성에 대한 논의는 정체성을 규정하는 두 관점을 형성한다. 정체성을 바라보는 관점의 차이는 그 기원에 근원을 두고 있다.

정체성을 의미하는 'identity'는 '같음' 또는 '동일성'을 의미하는 후기 라틴어 'identitas'에서 유래한다. 이 라틴어의 어원은 영어의 'the same'에 해당하는 삼인칭 지시 대명사 'idem'이다(양승태, 2006). 라틴어의 기원에 근거할 때 정체성은 '동일성'과 '같음'의 의미만을 갖는다. 하지만 같음이나 동일성과 다른 의미가 부여된 것은 'identitas'에 해당하는 희랍어 'tautotes'가 갖고 있는 의미 때문이다.[2] 이 희랍어는 'identitas'와는 달리 '자신' 또는 '자체'를 뜻하는 말(ipse; self)과 '같다'를 의미하는 말(idem; same)이 포함되어 있는 'autos'에서 유래한다.[3] 결국 라틴어와 희랍어의 어원을 통해 파악할 수 있는 정체성의 의미는 '동일성'과 '자신'을 표현하는 두 가지 의미를 모두 포함하고 있다.

위에서 설명한 두 가지의 정체성 개념을 리쾨르(Ricoeur)의 표현을 빌려 다시 정리하면 다음과 같다(윤성우, 2004). 하나는 '동일성(sameness)으로서의 정체성'이고, 다른 하나는 '자기성(selfhood)으로서의 정체성'이다. 동일성으로서의 정체성은 '같다'는 의미를 갖고 있는 용어(idem, sameness)에서 유래한다. 동일성으로서 정체성은 어떤 변화에도 불구하고 '동일한' 존재로 유지시키는 그 어떤 것이다. 자신이 갖고 있는 고유성을 그대로 유지하고 존속시키면서 고유한 존재로서 자신을 지켜 가는 것이다. 그렇기에 '나는 무엇인가?'라는 보다 근원적 질문이 어울리는 정체성이다. 다수가 아니라 하나이자 유일한 것이라는 수적인 정체성, 극단적인 유사성으로 인해서 서로 대체될 수 있다는 질적인 정체성, 시간의 변화에도 불구하고 첫째 단계와 마지막 단계 간의 발달상에서 중단되지 않는 연속성으로서의 정체성이 포함된다(임병조, 2009).

반면에, 자기성으로서의 정체성은 '자신' 또는 '자체'를 뜻하는 용어(ipse, selfhood)에서 유래한다. ipse의 반대어가 '다른', '이타적인' 것이라고 한다면, 자기성으로서의 정체성은 그 누구도 대체할 수 없는 '차이'와 '다름'을 전제로 하는 인간 개별자의 그 '다움'이다(윤성우, 2004). 자기성으로서의 정체성은 '나는 누구인가?'에 대해 고민하는 정체성이다. 인간의 삶은 변화와 생성을 거듭한다. 인간의 삶은 하나의 시공간에 머무는 것이 아니라, 변화한다. 그렇기에 인간 개개인이 갖고 있는 정체성은 근원적 물음인 '나는 무엇인가?'가 아니라, '나는 누구인가?'를 통해 변화하고 생성을 거듭하는 정체성의 양상에 대해 질문해야 한다. 인간은 변화하고 그런 변화 속에서 자신을 유지하고 자신이 누구인지를 잊지 않으려 한다. 다른 사람과 구분되는 차이와 다름을 지속적으로 추구하며 나다움을 유지하는 것이 '자기성으로서의 정체성'이다. 개개인이 갖고 있는 실존적 정체성의 문제가 여기에 포함될 수 있을 것이다. 나를 둘러싸고 있는 사회문화적 환경과의 관계 속에서 나의 실존적 정체성은 다양한 양상으로 나타난다.

이 글에서는 리쾨르의 용어가 갖고 있는 생소함을 조금 더 일상적이고 친숙한 용어로 표현하기 위해 정체성을 '변화하지 않는 정체성(Unchanging identity)'과 '변화하는 정체성(Changing identity)'으로 새롭게 개념화하고자 한다. '변화하지 않는 정체성'이 고유명사로서의 정체성을 의미한다고 한다면, '변화하는 정체성'은 동사로서의 정체성을 의미한다. 변화하지 않는 정체성은 같음과 동일시에 가치를 둔다. 내가 어떤 집단에 소속되어 있는 것으로 나의 정체성이 표현된다고 믿는다. 내가 한국 사람이고, 내가 가톨릭 신자라는 것이 곧 나의 정체성인 것이다. 나와 다른 누군가를 인정하지 못하고, 우리의 동일성으로 차이와 다름을 포섭한다. 하나의 보편적 기준으로 차이와 다름을 소거하는 정체성인 것이다. 반면에 변화하는 정체성은 '차이'와 '다름'에 가치를 둔다. 프루스트(M. Proust)가 말한 것처럼 "현대의 작가는 모두가 유일한 작가이다."

라는 말로 차이와 다름을 표현할 수 있는 정체성인 것이다(강주헌 역, 2010). 나다움을 표현하기 위해 새로운 공간을 생산하고, 그 공간을 통해 나다움을 드러내는 정체성의 양상이다.

정체성의 기원에 대한 논의가 정체성의 양상을 어떻게 구분할 것인지에 초점을 두고 있다면, 서로 다른 정체성의 양상을 어떻게 상호 연관 지을지도 고민거리이다. 변화하는 정체성과 변화하지 않는 정체성이 완전하게 구분할 수 있는 개념이라기보다는 상대성을 갖고 있기 때문이다. 리쾨르는 두 가지의 서로 다른 정체성을 아우르는 새로운 개념으로 '이야기 정체성(narrative identity)'을 제시한다. 이야기는 변화하는 정체성과 변화하지 않는 정체성 모두에 포함되어 있고, 이야기를 통해 서로의 정체성을 표현하는 것이 가능하기 때문이다.

리쾨르가 주장하듯이 인간이 거듭되는 삶의 변화 과정에서 자신일 수 있음을 증명해 주는 것은 이야기밖에 없다. 내가 탄생하고 죽을 때까지 내가 누구인지를 설명해 줄 수 있는 것은 나의 이야기와 우리의 이야기이다. 내가 들려줄 수 있는 이야기는 내가 살아온 삶의 모습이다. 우리 민족이나 지역이 갖고 있는 고유한 모습은 우리 민족이나 지역에서 유통되는 이야기를 통해 확인할 수 있다. 정체성을 설명하는 데 이야기가 중요한 이유이다(윤성우, 2004).

3) 이야기, 정체성을 드러내다

내가 누구이고, 우리가 누구인지는 문화적으로 구성된다. 어떤 문화를 소비하고, 어떻게 문화에 적응하며 살아가는가에 따라 나와 우리는 달라진다. 내가 갖고 있는 욕망과 개성에 따라 나를 표현하는 수단에 차이가 있다. 우리가 갖고 있는 문화적 기억에 따라 우리를 표현하는 방식 역시 다르다. 그렇지만 자신의 정체성에 대해, 정체성을 구성하고 있는 요소가 무엇인지를 단정적으로 말하기는 어렵다. 그럼에도 이 절에서는 정체성을 무엇으로 식별할 수 있는가에 대해 살펴보려 한다.

렐프(E. Relph)는 장소 정체성을 구성하는 요소로 물리적인 환경, 활동, 의미를 제시한다. 그는 카뮈(Camus)가 오랑주에 대해 기술한 설명문을 통해 장소가 갖고 있는 정체성의 구성 요소가 이 세 요소로 정리될 수 있다고 주장한다. 이 세 요소는 다른 요소로 대치될 수 없고, 우리의 장소 경험에서 분리할 수 없을 정도로 얽혀 있지만, 장소 설명에 대한 뚜렷한 초점을 제공한다는 것이다(김덕현·김현주·심승희 역, 2005). 반면에 칼비노(I. Calvino)가 쓴 『보이지 않는 도시들』에서 도시의 정체성을 표현하는 방식은 다르다. 마르코 폴로는 자신이 경험했던 많은 도시를 칸에게 설명한다. 보이지 않는 도시를 채우고 있는 것은 사물 그 자체가 아니라, 인간의 기억이나 욕망, 가치나 신념이라고 말한다. 보이지 않는 도시여서 물리적 환경의 문제가 중요하지 않고, 기억이나 욕망, 가치나 신념의 문제가 중요하다고 생각할 수 있다. 하지만 보이는 도시와 보이지 않는 도시가 갖고 있는 의미 구조는 크게 차이가 없다는 점에서 칼비노의 주장 역시도 도시의 정체성을 이해하는 데 일면 타당해 보인다(박승규, 2010b).

렐프와 칼비노의 사례를 보면, 장소와 도시의 정체성을 구성하는 요소는 사람마다 정의하는 것이 조금씩 다름을 알 수 있다. 물론 도시와 장소의 차이가 정체성을 구성하는 요소의 차이를 가져올 수 있다. 하지만 근원적으로 도시와 장소라는 공간의 정체성을 파악하는 데는 가족 유사성이 있어 정체성을 구성하는 요소에 커다란 차이는 없다. 그럼에도 어떤 요소가 정체성을 구성하는 요소인지를 단정적으로 말하기는 어렵다. 하지만 모든 것에 공간이 담겨 있고, 공간 속에 모든 것이 담겨 있다고 한다면, 정체성을 표현하는 요소는 어떤 한두 가지로 정의할 수 없다. 공간 속에 담겨 있는 많은 것을 설명할 수 있고, 모든 것 속에 담겨 있는 다양한 것을 설명해 줄 수 있는 것이 무엇인지에 대한 고민이 필요하다.

앞에서 우리는 정체성의 양상을 '변화하지 않는 정체성'과 '변화하는 정체성'으로 구분하였고, 그것을 아우르는 것이 '이야기 정체성(narrative identity)'이라 하였다. 이것은 다른 측면에서 본다면, 나와 우리를 구분하는 정체성은 나와 우리가 살아온 이야기를 통해 설명하는 것이 가능하다는 시사점을 준다. 내가 어떤 공간을 소비하면서 살아왔는지는 나의 이야기를 통해 드러난다. 내가 세상에 존재하면서 나와 관계를 맺었던 많은 사람과 사물이, 기억이나 욕망이 그 이야기에 등장한다. 내 이야기에 등장하는 많은 사람들도 나와 비슷한 이야기를 갖고 있을 수 있다. 하지만 나와 다른 사람의 이야기 줄거리는 다르다. 나와 다른 사람이 기억하고 있는 삶의 모습이 다르기 때문이다. 리쾨르는 이야기만이 내가 누구인지를 구별할 수 있게 해 준다고 말한다. 모든 것 속에 담겨 있는 공간의 이야기를 말할 수 있고, 공간 속에 담겨 있는 모든 것을 전해줄 수 있는 것이 이야기인 것이다.

이야기(narrative)[4]는 정체성을 드러내 주는 중요한 요소 가운데 하나이다. 역사학은 이야기 학문이다. 우리가 다른 문화를 갖고 있는 사람이나 다른 민족과 구별되는 우리만의 역사를, 문화를 갖고 있음을 알리는 것이 이야기임을 역사가 증명한다. 역사를 배운다는 것은 우리가 살아온 이야기를 듣는 것이다. 그 이야기를 통해 우리 민족은, 우리 지역은 다른 곳과 구별되는 어떤 정신문화의 유산을 갖고 있는지 파악한다. 그와 같은 정신문화의 유산에 대한 이야기를 통해 현재의 나와 우리가 어떤 맥락 속에 존재하고 있는지 가늠한다. 그것을 통해 우리가 다른 민족과 다른 문화를 향유하는 사람과 구별되는 우리만의 정체성이 있음을 확인한다.

하지만 나와 다른 사람을 구분하는 이야기는 우리 사회의 구조를 논하고, 본질을 논하는 '커다란 이야기(grand narrative)'가 아니다. 오히려 내가 일상 공간에 거주하면서 겪는 일상의 작고 소소한 것을 소재로 하는 '작은 이야기(petite narrative)'이다 (Lyotard, 1979; 이현복 역, 1992). 역사적 사건과 혁명을 담고 있는 커다란 이야기의 주체가 나일지라도 그와 같은 경험은 객관적 경험이고, 우리의 경험이기에 나의 정체성을 대변해 주지 못한다. 나의 정체성을 설명해 주는 것은 일상 공간을 구성하는 시시하고 하찮은 소재로 구성된 작은 이야기이다. 나의 생활 세계에서 구성되는 작은 이야기는 어느 누구도 흉내 낼 수 없는, 나만의 이야기인 것이다.

〈굿 윌 헌팅〉이라는 영화에서 심리학 교수인 숀은 윌과의 대화에서 윌이 갖고 있는 지식은 사실, 책을 통해 간접적으로 얻은 객관적 지식을 잠시 갖고 있는 것임을 보여준다. 숀은 윌에게 말한다.

내가 전쟁에 대해 물으면 너는 아마 셰익스피어의 명언을 이용할 수도 있겠지.
다시 한 번 돌진하세, 친구여. 하며…. 하지만 넌 상상도 못해. 전우가 도와 달라는
눈빛으로 널 바라보며 마지막 숨을 거두는 걸 지켜보는 게 어떤 건지….

이 대사는 윌이 책을 통해 경험할 수 없는 것이다. 내가 몸을 통해 직접 경험하지 못
하면 말할 수 없는 숀만의 경험인 것이다. 숀은 자신의 아내에 대한 기억도 덧붙인다.
숀의 아내는 이불 속에서 방귀를 뀌는 습관이 있었고, 아내의 모습을 기억할 때 가장
먼저 떠올리는 모습이라 말한다. 어느 누구도 아내가 이불 속에서 방귀 뀌는 습관이
있는지 모른다. 그와 같은 아내의 습관은 일상을 같이하고 함께하는 사람만이 들려 줄
수 있는 작은 이야기인 것이다. 그것이 아내의 모습을 진짜 알고 있는 사람만이 말할
수 있는 이야기라는 것이다.

〈광해, 왕이 된 남자〉에서 임금을 대신해 왕으로 살아야 하는 가짜 임금은 자신이
지금껏 살아온 것과 다른 삶을 산다. 가짜 임금이 겪는 어려움 가운데 가장 조심해야
할 것은 일상적 행동이다. 밥을 먹고, 매화틀을 이용하고, 신하에게 말하는 일상적 행
동이 진짜 왕과 다르지 않아야 한다. 신하 앞에서는 가능한 한 말을 삼가고, 행동을 삼
간다. 진짜 왕과 가짜 왕의 차이는 커다란 사건을 통해 드러나는 것이 아니다. 왕의 말
하는 습관이나 식사 습관 등 몸에 기억되어 있는 일상적 요소가 가짜와 진짜를 구분한
다. 나를 확인하게 해 주는 작은 이야기의 부족은 가짜 왕이 진짜 왕이 될 수 없음을
증명한다. 나의 정체성은 이처럼 일상의 작은 이야기를 통해 확인되고, 각인된다.

하이데거(M. Heidegger)는 이야기가 인간의 실존적 조건을 확인시켜 줄 수 있는 중
요한 요소라고 말한다(Heidegger, 1962). 인간의 실존적 조건은 내가 어떤 요소와 관
계를 맺고 있는가에 따라 달라진다. '거기에 있는 존재(Dasein)'로서 인간은 어디에 놓
여 있는가에 따라 그를 둘러싸고 있는 실존적 요소가 달라진다. 인간이 어떤 실존적
요소와 관계 맺는가에 따라 들려줄 수 있는 이야기는 다르다. 인간의 관계 맺는 방식
에 따라서도 이야기는 달라진다. 같은 공간을 소비하고 있지만 이야기의 줄거리가 달
라지는 이유이다. 하나의 이야기가 나의 삶을, 우리의 삶을 설명할 수 있는 이유이기

도 하다.

리쾨르가 이야기 정체성을 설명할 때 시간의 차이에 따른 정체성의 차이를 말한다 (Ricoeur, P., 1983; 김한식 역, 2004). 하지만 이야기 정체성은 시간의 차원에만 한정되지 않는다. 리쾨르가 주목하고 있는 시간의 차이는 공간을 전제한다. 공간은 늘 그 자리에 있기 때문에 시간의 변화에만 주목한다. 공간을 전제한 상태에서 시간의 변화에 따른 이야기의 차이는 변화하고 있는 나와 우리를 파악하게 한다. 하지만 나와 다른 사람의 차이는 시간의 변화보다는 공간의 차이를 통한 이야기의 차이에 의해 더 부각된다. 내가 살고 있는 공간과 다른 사람이 살고 있는 공간의 기억은 서로 다른 이야기를 생산하고, 그것을 통해 서로의 정체성을 확인한다.

공간은 정체성이 확장된 영역이다. 공간은 나를 가시적으로 드러내는 나의 연장이다. 공간은 내가 다른 사람과 구별되는 이야기를 들려줄 수 있는 나만의 영토이다. 내 영토에서 생산된 이야기는 나만의 것이다. 내 이야기는 나의 문화적 기억을 토대로 한다. 내가 살아오면서 경험한 일상적 소재가 내 이야기를 만든다. 나의 일상 공간을 구성하고 있는 사물 하나, 경관 하나에 담겨 있는 문화적 기억은 이야기 줄거리의 소재가 된다. 나의 정체성을 드러내는 것은 이야기의 줄거리이다. 하지만 그것만큼이나 이야기의 소재 또한 나와 남을 구별하게 하고, 나의 정체성을 드러내 주는 요소가 된다.

이야기 정체성은 다양한 인간의 모습을 담는다. 이야기는 변화하지 않는 정체성의 모습을 담기도 하고, 변화하는 정체성의 모습을 들려주기도 한다. 이야기는 변화하지 않는 정체성과 변화하는 정체성의 상호 연관성을 보여 줄 수 있는 요소이다. 또한, 양자 간의 구분을 가능하게 해 주는 요소이기도 하다. 공간의 차이를 통해 인간이 가진 정체성의 차이를 설명해 줄 수 있는 중요한 요소인 것이다.

4) 정체성, '변화하는 정체성'과 '변화하지 않는 정체성'으로 변이하다

(1) '변화하는 정체성'과 '변화하지 않는 정체성', 그 구분 준거는?

변화하는 정체성과 변화하지 않는 정체성을 구분하는 준거는 무엇일까? 앞에서 변화하지 않는 정체성과 변화하는 정체성을 구분하는 과정에서 조금씩 언급되기는 했지만 이 절에서 두 정체성을 구분하는 준거를 보다 명확하게 제시하고자 한다. 변화하는 정체성과 변화하지 않는 정체성은 대략 네 가지 준거에 의해 구분할 수 있을 것이다.

첫째, 정체성에 대한 인식의 차이이다. 정체성이 무엇인지를 묻는 질문에서 그 차이를 볼 수 있다. 변화하지 않는 정체성에서는 '내가 무엇이고(being)', '우리가 무엇인지'를 묻는다. 이 같은 물음을 통해 근원적이고 본질적인 정체성이 무엇인지를 고민한다. 근원적이고 본질적이기에 그와 같은 정체성은 쉽게 변화하지 않는다. 반면에 변화하는 정체성은 '내가 누구이고, 무엇으로 되어 가느냐(becoming)', '우리가 누구이고, 무엇으로 되어 가느냐'를 묻는다. 나를 둘러싸고 있는 공간 요소와의 관계 맺기를 통해 나의 정체성이 달라질 수 있음을 인정한다. 내가 어떤 공간 속에 거주하고 있는가에 따라 나의 정체성은 무엇으로 되어 가고 있다고 인식한다. 그렇기에 내가 무엇으로 되어 가고 있는 정체성은 근원적이고 본질적인 무엇이라기보다는 관계 속에서 형성되는 진행형의 정체성이고, 변화하는 정체성의 성격을 갖는다.

둘째, 개인적 정체성과 집단적 정체성의 문제이다. 개인적, 실존적 정체성은 외모, 연령, 성, 교육 정도, 특정한 형태의 사고, 감정, 행동 등 개인적 요소들로 구성되며 개인이 기존의 가치, 규범, 전통을 수용하거나 거부하는 형태로 사회와 대결하는 과정에서 형성된다. 어떤 가치나 규범을 수용하고, 거부하는가에 따라 개인적, 실존적 정체성은 변화한다. 반면에 개인은 집단에 편입됨으로써 안전과 안정을 부여받을 수 있으므로 복수의 집단적 정체성도 존재한다. 집단적 정체성은 여러 다양한 사회적 그룹(가족, 계층, 단체, 소수 그룹, 민족 등), 지역적 그룹(마을, 도시, 지역, 국가, 대륙) 등에 의존해 있다(권혁준, 2012). 이와 같은 정체성은 개인적, 실존적 정체성을 흡수하고 자신의 정체성을 유지하기 위해 변화하지 않는다. 변하지 않는 정체성은 동일시와 같음을 통해 집단을 통일적인 힘으로 이끌어야 하기에 기존의 정체성을 유지하려 한다.

셋째, 인간이 자신의 정체성을 규정하는 방식이다. 인간은 자신의 정체성을 스스로 '규정하기'도 하고, 집단에 의해 '규정받기'도 한다. 전자는 변화하는 정체성의 모습이고, 후자는 변화하지 않는 정체성의 양상이다. 변화하는 정체성은 내가 나의 정체성을 규정한다. 내가 무엇이 되어 가느냐를 내가 결정한다. 조금 더 나은 나의 모습을 만들고, 다른 사람과 구별되는 내가 되기 위해 노력한다. 반면에 변화하지 않는 정체성은 우리가 무엇인지와 관련된 근원적 물음을 통해 개인의 정체성을 흡수한다. 우리가 무엇이어야 하는가에 대한 집단적이고 통일적인 인식을 개인에게 부과한다. 내가 무엇이어야 하는지는 궁금하지 않다. 개개인의 정체성은 동일시와 같음의 정체성으로 치환된다. 그렇기에 개인의 정체성은 자신의 의지에 의해 규정하는 것이 아니라, 내가 이미 어떤 민족인 순간에, 내가 어느 국가에 소속된 순간에 나의 정체성은 규정된다.

넷째, 변화하는 정체성과 변화하지 않는 정체성은 서로 다른 기원을 갖고 있다. 리쾨르의 표현을 그대로 사용하면, 변화하는 정체성은 자기성(ipse, selfood)으로서의 정체성이고, 변화하지 않는 정체성은 동일시(idem, sameness)로서의 정체성이다. 변화하는 정체성은 차이와 다름을 강조하면서 '나다움'을 지향하는 정체성이다. 인간 삶은 매일 생성과 소멸을 거듭한다. 그런 과정에서 내가 무엇으로 되어 가고 있느냐의 문제는 매일 유사하지만 이전과는 다른 차이와 반복을 경험하면서 새롭게 규정해 가는 과정을 취한다. 반면에, 변화하지 않는 정체성은 동일시와 같음을 강조하면서 '우리다움'을 지향하는 정체성이다. 변화하지 않는 정체성에서는 차이와 다름을 지향하는 개인의 정체성을 이미 규정된 동일한 정체성으로 흡수한다. 이미 규정된 정체성의 양상에 개개인의 정체성을 맞추어야 하는 양상인 것이다.

(2) 변화하는 정체성, '차이로서의 정체성(identity as difference)'을 지향한다

변화하는 정체성은 차이와 다름을 지향한다. 변화하는 정체성은 '나는 무엇이 되고 있느냐(becoming)'의 문제에 천착한다. 내가 무엇이 되고 있느냐의 문제는 내가 지향하는 어떤 것으로 '되기'의 문제이고, 내가 무엇이 된다는 것은 내가 나 자신을 찾아가는 과정인 것이다. 그것을 통해 나를 실현할 수 있음을 의미한다. 들뢰즈(Deleuze)에게 '되기(becoming)'는 무언가 현실적으로 일어나는 변화이다. 되기의 주체인 나 자신에게 혹은 나 자신 속에 직접적으로 변화가 일어날 때 그 변화가 '되기'이다(김효, 2008). 이진경(2002)은 되기를 설명하기 위해 다음과 같은 사례를 제시한다. 박쥐권, 호랑이권, 뱀권, 고양이권, 학권, 용권 등이 있다. 박쥐권은 박쥐가 가지고 있는 빠르고 음산한 '감응(affect)'을 자신의 신체에 부여하는 것이며, 호랑이권은 호랑이가 가지고 있는 호랑이의 그 힘, 호랑이의 '감응'을 내 신체에 분포시킨다.

하지만 용권은 어떠한가? 용은 실제로 존재하지 않지만 되기라는 것은 가능하다. 용의 감응을 내 신체에 분포시킴으로써 가능한 것이다. 들뢰즈와 가타리(Guattari)에게 되기를 가능하게 해 주는 '감응'이란 심리적인 차원에서 말하는 감성 혹은 정서가 아니다. 그것은 힘 혹은 에너지 차원에서의 변화를 말한다. 들뢰즈와 가타리는 '되기'는 된 동물에 해당하는 항이 없더라도 동물-되기로 규정될 수 있고 또 그렇게 규정되어야 한다고 말한다. '되기'란 이 같은 '감응'의 변이이며, 존재의 차원에서 일어나는 변화인 것이다. 들뢰즈와 가타리의 용어로 부연하자면, 되기란 분자적인 차원에서 일어나는 존재의 변화이다. 그들은 '몰적(molaire)'이라는 용어와 '분자적(molaiculaire)'이라는 용어를 구분한다. 분자는 몰을 구성하는 요소이다.[5] 몰적인 차원은 거시 물리적 차원을 의미하며, 분자적 차원은 미시 물리적 차원을 뜻한다(김효, 2008).

우리의 육안으로 보이는 거시 물리적인 차원에서 보면 존재는 형태를 띠고 있다. 하지만 미시 물리적 차원에서 보면 형태는 사라지고 존재는 순전히 운동과 힘으로써만 정의된다. 인간의 몸은 거시 물리적인 차원에서 보면 뚱뚱하거나 날씬하거나 어떤 형태를 갖고 있다. 하지만 미시 물리적인 차원에서 본다면 세포의 활동과 혈액의 움직임

등으로 규정될 뿐이다. 미시 물리적인 차원에 고정된 것은 없다. 그곳에서는 끊임없이 운동이 일어난다. 들뢰즈와 가타리에게 형태적인 측면에서 '닮기'는 모방이다. 힘의 차원에서 다른 무엇으로 변화되는 것이 '되기'이다. 힘은 눈에 보이지 않는다. 단지 느껴질 뿐이다. 그렇기에 '감응'의 차원에서 일어나는 변화를 생성 혹은 되기라 칭하는 것이다(김효, 2008).

변화하는 정체성이 갖고 있는 되기의 문제는 존재의 차원에서 일어나는 정체성의 변화이다. 표피적으로 감지되는 변화를 의미하는 것이 아니다. 나의 실존적 차원에서 나타나는 변화이다. 내가 무엇으로 되어 가느냐의 문제는 외형상의 변화가 아니라, 내면에서 일어나고 있는 변화이다. 우리의 정체성은 한곳에 고정되어 있지 않다. 다양한 사물과 기억, 욕망과 욕구 등과 관계 맺으며 여러 가지 형태로 변화하고 진화한다. 어떤 방향성을 갖고 변화하는 것은 아니지만, 내가 누구인가의 문제는 정태적인 문제가 아님을 확신하게 한다.

백석은 자신의 시 400여 편 가운데 공간에 관한 시 50편을 남겼다(유인실, 2012). 공간에 관한 50편의 시를 통해 백석은 자신을 드러낸다. 자신의 고향을 표현할 때 백석과 서울과 만주를 표현할 때 백석은 다르다. 50개의 공간이 서로 다르다는 것은 어쩌면 당연한 것이다. 하지만 백석은 자신이 거주했던 공간에 서로 다른 의미를 부여하고, 서로 다른 표현 양상을 보여 준다. 시가 도시의 경관 차이를 기술하기 위한 것이 아니라, 인간의 내면을 표현하고 보여 주기 위한 것이라고 한다면, 백석의 시에 등장하는 다양한 공간은 지속적으로 변해가는 백석의 정체성을 표현한 것으로 생각할 수 있는 것이다.

이러한 모습은 단지 백석에게만 한정된 것은 아니다. 우리 모두가 일상적인 삶에서 경험한다. 내가 누구로 되어 가고 있느냐의 문제는 내가 지금 어떤 공간을 소비하고 있는가에 따라 달라진다. 집에 있는 나, 직장에서 근무하는 나, 친구들과 어울리고 있는 나는 서로 다른 나의 모습이다. 현실적인 차원에서 내가 몸을 통해 부딪치고 있는, 나를 둘러싸고 있는 일상의 작은 요소와 어떤 관계를 맺고 있는가가 더 중요하다. 그것이 나의 정체성 형성에 영향을 주고, 그것과 어떤 관계를 맺고 있는가에 따라 나의 정체성은 달라진다. 내가 무엇으로 되어 가느냐의 문제에 대한 관심은 다양한 양상으로 전개된다.

① 실존적 정체성(existential identity)

실존적 정체성은 자아 정체성의 또 다른 이름이다. 내가 누구인가?에 대한 질문이 자아 정체성의 다른 표현이라고 한다면, 실존적 정체성은 내가 무엇이 되고 있느냐?의 다른 이름이다. 자아 정체성이 인간의 내면으로 침잠해 들어가 내가 누구인지를 파악하는 것에 초점을 두었다고 한다면, 실존적 정체성은 인간을 둘러싸고 있는 외부적 환경과 인간이 어떤 관계를 맺고 있는가에 관심을 갖는다.

쉴즈(Shields, 1997)가 "나는 공간을 차지한다. 고로 나는 존재한다."라고 언급했듯이 기본적으로 인간은 공간 내 존재이다. 존재 'existence(ex/istence)'의 어원에 따르면, 인간은 내면으로 침잠해 가는 자아 중심적인 특성을 갖지 않는다. 오히려 다른 사람과의 관계를 향한 외부 지향성(ex~)을 갖고 있다. 인간 존재에 대한 모토는 "안으로 들어가지 말고 밖으로 나가! 인식론적 주체가 되지 말고 윤리적 행위자가 돼라!"이다 (정화열, 1999). 이 같은 존재에 대한 어원을 통해 본다면, 인간은 자신을 둘러싸고 있는 공간과의 관계 맺기를 통해 자신을 형성하고 규정한다. 나의 내면으로 들어가 내가 누구인지를 물음으로써 답할 수 있는 것이기보다는 나를 에워싸고 있는 다른 사람과의 대화를 통해 내가 누구인지를 담보 받는다. 그렇기에 인간의 정체성은 인간 내면으로 침잠하면서 파악할 수 있는 것이 아니다. 오히려 인간을 에워싸고 있는 공간과의 상호 작용에 주목해야 한다.

사르트르(Sartre)가 인간 모두가 공유하고 있는 본질적인 문제보다 실존(existence)을 중요하게 생각하는 것 역시도 실존의 문제가 현재 내가 살아가고 있는 삶의 문제이기 때문이다. 내가 누구와 마주하고 대화하고 있으며, 내가 지금 어떤 공간에 거주하고 있는가에 따라 나는 달라진다. 나를 규정하는 것은 시간과 공간을 초월한 그 무엇이 아니다. 오히려 지금 내가 관계 맺고 있는 나를 둘러싸고 있는 다양한 요소이다. 내가 거주하고 있는 공간의 차이에 따라 내가 관계 맺는 사람이 달라지고, 그것이 이전과는 다른 나의 실존적 정체성을 규정한다.

　실존적 정체성은 인간 삶의 변화무쌍한 생성과 소멸의 반영인 셈이다. 매일같이 반복되는 인간의 삶이지만, 똑같은 삶의 양상이 전개되지 않듯이, 실존적 정체성의 모습은 늘 같은 인간의 모습이지만, 차이를 생산하며 반복하는 정체성이다. 그렇다고 같은 공간을 점유하고 있는 사람 모두가 동일한 실존적 정체성을 갖는 것은 아니다. 같은 공간을 공유하고 있어도 시간의 변화에 따라 인간과 공간이 관계 맺는 양상의 차이는 서로 다른 실존적 정체성을 형성하게 한다.

　학생과 교사가 학교에 부여하는 의미는 다르다. 학교에서 자신의 미래를 설계하고 꿈을 키우는 학생과 더 이상 미래를 설계하지 못하고 학생들에게 꿈을 보여 주지 못하면서 일상을 소비하는 교사에게 학교라는 공간이 갖는 의미는 다르다. 반대로 소명 의식을 갖고 열심히 노력하는 교사와 관성적으로 학교를 다니는 학생에게 학교의 의미 역시 달라진다. 그들이 학교라는 공간과 관계 맺는 방식의 차이 때문이다. 평생직장으로 여기며 열심히 일하는 노동자와 이윤만을 생각하는 사업주에게 회사가 갖는 의미 또한 같을 수 없다. 그들은 같은 공간을 점유하고 있지만, 그들이 공간과 관계 맺는 방식에 따라 그들의 존재론적 특성은 달라진다(박승규, 2009).

　실존적 정체성은 차이와 다름의 정체성이다. 인간은 하나의 고정된 정체성을 갖고 있지 않다. 내 삶이 생성과 소멸을 반복하듯이, 인간은 늘 변화하고 진화한다. 그러면서 지금과는 다른 나로 매일 아침을 맞는다. 같은 일상을 반복하고 있는 나이지만 매일매일의 나는 어제와는 다른 나의 또 다른 모습과 마주한다. 실존적 정체성은 차이와 다름의 정체성이다. 인간은 하나의 고정된 정체성을 갖고 있지 않다. 내 삶이 생성과 소멸을 반복하듯이, 나는 늘 변화하고 진화한다. 그러면서 지금과는 다른 나로 매일 아침을 맞는다. 같은 일상을 반복하고 있는 나이지만 매일매일의 나는 어제와는 다른 나의 또 다른 모습과 마주한다. 동일한 일상 공간을 소비하지만, 똑같은 삶을 살지는 않는다. 아침에 눈을 뜨고 맞는 세상은 늘 비슷하지만, 그런 일상 속에서 우리의 삶은 매일 조금씩 다른 양상으로 전개되듯이 인간이 자신의 일상 공간과 관계 맺는 양상에 따라 정체성은 차이를 반복하며 변이한다.

② 문화적 정체성(cultural identity)

문화적 정체성은 문화에 대해 어떻게 인식하는가에 따라 다양한 양상을 보인다. 문화에 대한 정의는 윌리엄스(R. Williams)가 언급하듯이 영어권에서 가장 정의하기 어려운 개념 가운데 하나이다. 그 이유는 문화가 여러 학문 분야나 서로 다른 사상 체계에서 가장 중요한 개념으로 사용되고 있기 때문이다(Williams, R., 1983; 김성기·유리 역, 2010). 그렇기에 문화를 어떤 관점에서 바라보는가에 따라 문화에 대한 정의가 달라질 수 있고, 문화적 정체성의 양상도 문화를 바라보는 관점에 따라 다양한 스펙트럼을 갖는다.

시공간 압축을 통해 지구의 물리적 경계가 축소되고, 인간의 생활 양식은 빠른 속도로 변화한다. 우리의 문화도 계속해서 변화하고 있음을 주변에서 쉽게 목격한다. 빠르게 변화하고 있는 삶의 맥락에서 본다면, 문화는 한곳에 고정되어 있는 인간 삶의 양식이 아니다. 계속해서 변화하고 진화하는 삶의 양식이다. 문화적 정체성은 바로 이 같은 역동적인 문화 개념을 포함한다. 고정된 생활 양식을 지칭하는 '명사'로서의 문화가 아니라, 역동적인 생활 양식을 생산하고, 변화시키는 '동사'로서의 문화 개념을 전제한다.

리오타르(Lyotard)에게 문화는 '인간에 의해 형식적으로 만들어지든, 그렇지 않든 상관없이 관계 맺음의 방식이고, 인간이 거기-있음(being-there)'을 의미한다(Malpas, 2003; 윤동구 역, 2008). 리오타르의 정의에 근거한다면, 인간은 어디에서 어떤 사람과 관계를 맺으면서 거기에 머물러 있는지를 살핀다. 인간은 '어디에서' 관계를 맺으면서 어떤 삶의 방식으로 거기에 있는지 묻는다. 이 같은 리오타르의 해석에 근거하면 문화를 이해하는 가장 중요한 요소가 공간인 셈이다(박승규, 2012). 거기에 있는 인간이 어디에 있는지를 파악하고 그가 누리는 생활 양식의 차이를 통해 문화적 정체성을 확인할 수 있다. 그렇기에 문화적 정체성도 인간이 어디에 거주하고 있는지와 관련된 공간의 문제인 것이다. 어떤 공간을 소비하고 있고, 어떤 장소를 생산하고 있는지에 따라 문화적 정체성 역시도 달라지기 때문이다.

호르헤 라라인(Jorge Larrain)은 문화적 정체성을 생각하는 두 가지 방식에 대해 언급한다. 하나는 좁고 닫힌 본질주의적인 것이고, 다른 하나는 포괄적이고 열려 있는 역사주의적인 것이다. 본질주의는 문화적 정체성을 이미 완성된 사실, 이미 구성된 본질이라고 생각한다. 반면에 역사주의는 문화적 정체성을 만들어지고 있는, 언제나 과정 속에 있는, 결코 완전히 완성될 수 없는 어떤 것으로 간주한다(Larrain, H., 1994; 김범춘 외 역, 2009). 여기서 언급하는 문화적 정체성은 역사주의적인 문화적 정체성이다. 역사주의적 관점에서 바라보는 문화적 정체성은 무엇으로 되어 감의 문제이다. 우리 삶의 맥락에서 지속적으로 변화해 가는 정체성의 양상인 것이다. 문화 정체성은 가능한 실천 속에서, 그리고 현존하는 상징과 개념 속에서 새롭게 다시 만들어지는 것이다(Larrain, H., 1994; 김범춘 외 역, 2009).

라라인이 언급하는 본질주의적인 문화적 정체성은 변화하지 않는 정체성의 양상을 갖는다. 집단적 특성을 강하게 부각시키고 있고, 정체성을 이미 완성된 사실이나 구성된 본질로 인식한다는 점에서 그렇다. 그런 점에서 문화적 정체성을 변화하지 않는 정체성과 변화하는 정체성으로 구분하는 것에는 약간의 논란이 있을 수 있다. 그럼에도 문화적 정체성을 변화하는 정체성으로 구분한 것은 인간의 생활 양식은 고정되어 있는 것이 아니기 때문이다.

문화적 정체성을 규정할 수 있는 인식소로서 '문화'에 초점을 둔다고 한다면, 문화는 변화와 생성을 거듭하는 것이고, 인간이 거기 있음의 문제이다. 그것은 인간이 거기에서 무엇과 어떤 관계를 맺고 있으며, 그것을 통해 다른 사람과 구분되는 어떤 나의 모습을 구성하는가의 문제가 중요하다. 그것을 통해 인간은 자신의 정체성을 형성한다. 다른 사람과의 사회적인 과정 속에서 자신의 정체성을 구성한다. 문화가 집단적 성격을 갖고 있는 모습은 명사로서의 문화에 대한 인식을 전제로 한다. 변화하는 정체성으로서 문화적 정체성은 동사로서의 문화에 대한 인식을 전제로 한다. 그것은 역동적인 문화의 모습에서 개인의 삶의 방식이 변화하는 것에 초점을 둔 것이고, 개인의 정체성을 문화의 변화 과정을 통해 파악할 수 있다는 여지를 마련할 수 있기 때문이다.

(3) 변하지 않는 정체성, '같음으로서의 정체성(identity as sameness)'을 지향한다

모든 것이 같다는 것은 때때로 가장 최상의 원리처럼 생각되고는 한다. 같음을 추구하는 것은 그 안에 어떤 대립도 나타나지 않는 통일적인 힘을 상정한다. 또한 영원히 사라지지 않는 힘을 표상하기도 한다. 동일하고, 영원하며 절대적인 하나의 원리는 자신과 다른 것을 받아들이려 하지 않는다. 그래서 모두가 같아지는 방식으로는 진정한 의미의 소통을 이룰 수 없다. 하나라는 영원하고 동일성을 갖는 힘은 유일무이한 진리를 등장시키고, 그와 같은 진리와 다른 종류의 것은 강제로 흡수하거나 미리 마련된 기준에 의해 소거시키는 방법을 동원한다.[6]

변화하지 않는 정체성은 내가 무엇이고, 우리가 무엇인지를 묻는다. 근원적이고 본질적인 물음을 지향하기에 변화하지 않는다. 나다움이 문제가 아니라, 우리다움을 지향한다. 변화하지 않는 같음을 통해 변화하는 것을 동일성으로 포섭한다. 다름과 차이를 인정하는 것이 아니라, 같음과 동일성으로 다름과 차이를 희석시킨다. 그런 과정을 통해 동일하면서도 영원한 하나의 정체성을 구성한다. 이미 누군가에 의해 형성된 근원적인 정체성을 개인에게 강제로 부과하면서 영원하고 동일한 힘을 유지하기 위한 정체성을 만들어 간다.

마르케스(Márquez)는 『100년 동안의 고독』에서 마콘도에 살고 있는 사람들의 이야기를 한다. 이 마을에는 모든 것을 쉽게 망각하게 만드는 아주 해괴한 전염병이 돈다. 나이 많은 사람들에게서 먼저 시작된 이 전염병은 차츰 마을 전체로 확산되고, 사람들은 아주 흔한 일상 용품의 이름조차 잊어버리게 된다. 이런 와중에 병에 걸리지 않은 한 젊은이가 있었다. 그는 모든 사물에 이름표를 붙여 사람들의 기억을 되찾아 주고자 노력한다. '이것은 탁자입니다', '이것은 창문입니다', '이것은 젖소입니다. 매일 아침 젖을 짜주어야 합니다.' 등의 이름표를 달아 나간다. 그리고 맨 마지막에 '이 마을의 이름은 마콘도입니다.' 라고 쓰고, 좀 더 큰 표지판에는 '신은 존재합니다.' 라고 썼다.

나를 둘러싸고 있는 사물을 잊어버려도 내가 어디에 살고 있는지에 대한 기억은 신에 대한 기억만큼이나 오래 남는다. 내가 나고 자란 근원 공간에 대한 기억은 쉽게 잊혀지지 않는다. 나를 세상에 존재하게 하는 공간은 나의 근원적 문제이기에 나를 둘러싸고 있는 사물을 잊는 것과는 다른 차원의 문제이다. 모든 것을 잊어도 내가 살고 있는 곳에 대한 기억은 내가 누구인지를 대변해 주는 것이기에 쉽게 잊을 수 없다. 마콘도라는 마을이 나를 대변해 주고, 내가 마콘도 속에 투영되어 있음을 무의식적으로 알고 있는 것이다.

같음으로서의 정체성은 나의 문제가 아니라, 우리의 문제이다. 서로 다른 내가 우리가 되어 가는 과정이 같음의 정체성이다. 내가 마콘도 마을에 살면서 우리의 역할을 담당할 수 있을 때, 내가 세상에 존재해야 하는 이유가 된다. 같음의 정체성은 마콘도를 기억해야 한다. 나를 둘러싼 사물의 기억은 빨리 잊어도, 마콘도에 거주하고 있다는 것은 가장 나중에 잊는다. 같음의 정체성은 그런 모습이다. 나를 둘러싸고 있는 우리다움의 문제가 나를 규정함으로써 나는 잊혀질지라도 우리다움의 문제가 나다움의 문제를 대신하는 정체성인 것이다. 그렇기에 우리다움을 지향하는 같음의 정체성은 변화하지 않는다.

① 민족 정체성(national identity)

단일한 민족 정체성을 갖고 있는 곳에서 인간 개인의 정체성은 무가치한 것으로 받아들여진다. 각자 자신을 위해 최선의 삶을 살기 위해 노력하지만 민족이라는 가치가 우선한다. 단일한 민족 정체성 안에서 다원화된 개인의 정체성은 허구이다. 민족 정체성은 고유한 문화 및 역사에 기반을 둔 사회 정체성이며, 자기 스스로 주장하여 표현하는 정체성이다. 민족 정체성은 조상 대대로 관계를 가지고 있는 한 집단에 대한 충성을 의미한다. 내가 규정한 정체성이 아니라, 민족이 규정한 정체성이 나의 정체성으로 치환된다.

민족 정체성은 크게 두 가지 의미로 사용한다(이소영, 2009). 하나는 공유된 민족적 특성으로 인해 어느 한 개인이 어느 특정 민족집단에 대해 느끼는 소속감이다. 다른 하나는 개인이 소속되어 있는 집단의 독특함과 차별성을 의미한다. 이것을 통해 개인은 자신의 민족 정체성을 다른 사람에 의해 규정받는다. 다른 민족과 구별되는 우리 민족만의 같음에 주목한다. 민족 정체성은 간혹 인종 정체성(racial identity)이나 국가 정체성(national identity)과 혼용되기도 한다. 하지만 인종 정체성은 신체적 특성에 보다 강조를 둔 사회 정체성으로서, 내가 아니라 다른 사람에 의해 규정되는 경향이 강하다. 또한, 국가 정체성은 국적 취득이나 국민의 의무와 권리 등의 법률적 의미가 강한 것을 고려한다면, 이 두 개념 모두 민족 정체성과는 다소 구별되는 측면이 있다.

민족 정체성에서 말하는 민족은 어떻게 인식할 수 있는가? 앤더슨은 민족을 상상의 정치 공동체로 규정한다(Anderson, 1983, 강명구, 2001에서 재인용). 반면에 르페브르(H. Lefbvre)는 '대부분의 사람은 민족을 자연적인 경계를 이루는 영토에서 태어나 역사적인 시간 속에서 성장한 일종의 실체'라고 정의한다(Lefbvre, H., 2000; 양영란 역, 2011). 하지만 이 두 가지의 서로 다른 민족에 대한 정의 역시도 다음과 같은 앤더슨의 민족에 대한 정의에서 크게 벗어나지 못한다.

(민족)은 상상적 정치 공동체이다. 그것은 생겨날 때부터 일정한 범위를 가지는 것으로 그리고 자주적인 것으로 상상된다. 그것이 상상적인 까닭은 가장 규모가 작은 민족국가의 구성원들조차 서로를 모르고, 만날 수도 없고, 듣지도 보지도 못했지만, 구성원으로서 각자의 마음속에 살아 있기 때문이다. (민족은) 일정한 범위를 갖는 것으로 상상된다. 왜냐하면 가장 큰 민족조차 설사 10억 명의 인구를 가졌다 하더라도 어떤 경계 바깥에는 다른 민족들이 살고 있는 것으로 생각하기 때문이다. … 중략 … 모두가 관련되어 있는 현실의 불평등과 착취에 상관없이 민족은 항상 절친하고 평등한 동지애로 생각된다. 지난 2세기 동안 수백만 명의 사람들이 이러한 상상체를 위해 사람들을 죽이고 또 자발적으로 죽도록 만드는 것이 바로 이러한 형제애인 것이다.(Anderson, 1983, 강명구, 2001에서 재인용)

위 인용문에서 보듯 민족이라는 상상된 공동체는 허구도 고유한 어떤 것도 아니다. 그렇기에 민족 정체성을 강조하는 사람이 누구인지를 따져볼 필요가 있다. 그들이 생산하는 민족 정체성은 무엇을 위한 것인지 숙고할 필요가 있다. 르페브르는 민족 정체성을 주장하는 사람들은 부르주아 계급이라고 본다. 그들은 자신의 역사적 조건과 태생을 투사하여 상상 속에서 민족을 미화하며, 노동자와 부르주아 계급 간의 허구적 통합을 만들어 내기 위해 민족이라는 허구를 만든다고 본다(Lefbvre, H., 2000; 양영란 역, 2011). 민족 정체성이 사회적으로 구성된 정체성 양상을 띤다면, 적어도 민족 정체성은 권력을 갖고 있는 사람들이 구성한 정체성이라는 것이다.

권력적 주체가 생산한 민족 정체성은 우리가 다른 민족과 구별되는 어떤 특성을 갖고 있어야 하는지를 역설한다. 그것을 통해 개인의 차이와 다름을 같음으로 획일화한다. 민족이라는 개념적 범주에서 개인의 차이와 다름은 무가치하다. 오로지 권력이 규정한 민족 정체성만이 가치를 갖는다. 그들이 규정한 민족 정체성은 개인의 의지와 무관하게 인간의 정체성을 규정한다. 개인의 정체성은 소멸되고, 자신의 의지와 상관없는 새로운 민족 정체성이 자신의 정체성을 대신한다. 나의 정체성을 내 스스로가 규정하기보다는 무엇인가에 의해 정체성을 규정받는 방식의 정체성인 것이다.

같음을 추구하는 것은 그 안에 어떤 대립도 존재하지 않는 통일적인 힘을 상정한다. 또한 영원히 사라지지 않을 힘을 표상한다. 그렇기에 민족 정체성은 변화화지 않는 정체성인 것이다. 같음을 통해 변화하지 않을 통일적인 힘을 유지하고, 영원히 사라지지 않을 힘을 표상하기 위해 존재해야 하는 정체성이다. 모두가 같아지는 방식으로는 소통을 이룰 수 없지만, 그것은 큰 의미가 없다. 하나라는 영원하고 동일성을 갖는 유일무이한 가치가 의미가 있고, 그것을 가능하게 하는 통일적인 힘이 의미를 갖는다. 변화하지 않는 정체성으로서 민족 정체성은 계속해서 우리의 상상을 자극하고, 우리는 그 프레임에 갇혀 벗어나지 못한다.

공간은 존재 그 자체이다. 민족이라는 상상의 정치 공동체 역시도 상상의 정신적 공간을 사회적, 정치적 실천의 공간과 동일시하게 된다. 공간과 관계 맺는 방식에 의해 민족적 차이는 규정된다. 우리가 다른 민족과 구별되는 특징을 갖고 있음을 보이기 위해 서로 다른 경관을 형성하고, 그것을 통해 자신의 민족 정체성을 강화한다. 공간 속에 재현된 기호와 경관은 그들이 공간과 관계 맺는 방식을 보여 준다. 그것을 통해 다른 민족과 구별되는 우리만의 정체성이 있음을 확인한다. 상상된 정치 공동체로서의 민족은 공간에 투영된 그들의 존재 방식을 통해 현실적 실체로 인식할 수 있는 것이다.

그들이 공간과 관계 맺고 있는 양상의 차이는 정체성의 차이이다. 권력을 갖고 있는 사람들이 구성하는 민족 정체성은 단지 그들의 계급적 이익이나 권력을 위한 수단만은 아니다. 자신의 민족이 소유하고 있는 문화적 특성을 선전하고, 그것을 미화하는 과정에서 개인의 다름과 차이를 소거한다. 자신의 문화적 특성을 공간에 새기고, 그것을 통해 우리다움을 말하려 한다. 민족 정체성을 통해 공간과 관계 맺는 방식은 같음을 통해 변화하지 않는 통일적인 힘을 드러내고, 마치 영원할 것 같은 힘을 보여 줌으로써 개인의 실존적 정체성을 망각하게 한다.

망각은 존재의 소멸을 의미한다. 존재의 소멸은 공간의 소멸을 동반한다. 망각은 과거의 기억에서 '나'라는 존재를 소멸시킨다. '나'라는 존재에 대한 어떤 이야기도 들리지 않게 한다. 나는 그저 사물 가운데 하나로 존재한다. 기억이 상실된 인간으로서 나는 공간을 구성하는 부속물의 하나로 전락한다. 나를 부정하는 방법이다. 나의 기억을 망각하게 강요하는 것은 신체에 가해지는 폭력은 아니다. 하지만 훨씬 더 근본적으로 나를 부인하게 한다. 훨씬 더 근원적으로 세상에서 나를 지우려 한다. 일상적 경험의 차원에서든, 존재론적 차원에서든 공간에 새겨져 있는 나에 대한 기억의 소멸은 나에게는 커다란 상실로 다가온다(박승규, 2011). 같음의 정체성은 개인이 갖고 있는 정체성의 망각을 지향한다. 지금 당장은 아니지만, 시나브로 잊어 가는 개인의 정체성은 민족 정체성을 구성하는 사람이 궁극적으로 바라는 바이다. 그와 같은 민족 정체성을 통해 권력을 갖고 있는 사람은 권력을 유지하고, 부르주아 계급은 자신의 이득을 연장시키려 한다. 개인 스스로 자신의 정체성을 규정하는 것이 아니라, 정체성을 규정받음으로써 무언가에게 길들여지기를 바란다.

② 국가 정체성(national identity)

국가 정체성은 민족 정체성과 유사하다고 한다. 하지만 유사하지 않다. 국가 정체성과 민족 정체성을 규정하는 국민과 민족을 윌리엄스(R. Williams)는 다음과 같이 구별한다.

용어로서 '네이션'은 근본적으로 '태생(native)'과 연관되어 있다. 우리는 어떤 장소에 특정하게 자리 잡은 관계들 속에서 태어난다. 이런 형태의 본원적이고 '장소에 따라 정해지는' 유대는 매우 근본적인 인간적·자연적 중요성을 가진다. 그렇지만 이로부터 근대 국민국가와 유사한 형태로 비약하는 것은 전적으로 인위적이다(Williams, 1983, 류승구 역, 2011에서 재인용).

윌리엄스의 지적은 국민과 민족은 서로 다르며, 민족이 자연적이고, 공간 구속적이라고 한다면, 국민은 인위적인 정치 체제에 의해 구현되는 것이라고 본다. 어떤 정치 체제를 형성하는가에 따라 국가 정체성은 달라질 수 있음을 시사한다. 다문화 사회에서는 한 국가 안에 여러 민족이 공존한다. 이주와 이민이 빈번해지고, 전 지구가 네트워크로 연결되면서 문화적 다양성은 점증한다. 한 국가에 다양한 민족을 기반으로 하는 문화적 모자이크가 형성된다. 하지만 다양한 민족적 배경을 갖고 있는 개인도 하나의 국가 체제 안에 거주한다. 특정 국가의 영토에서 일상을 영위함을 전제한다면, 국가 정체성과 민족 정체성은 다른 양상을 보인다.

국가 정체성에서도 국가 정체성이 무엇인지를 묻는 근원적 질문이 유효하다. 국가 정체성이 어떻게 형성되어 가느냐는 관심 대상이 아니다. 국가 정체성이 갖고 있어야 할 본질적이고 근원적인 정체성에 대한 관심 때문이다. 그런 점에서 국가 정체성도 변화하지 않는 정체성이다. 근원적이고 본질적인 정체성을 통해 한 국가 내에 존재하는 다양한 정체성을 포섭한다. 그 힘을 토대로 국가의 위상을 유지하려 한다. 변화하지 않는 견고한 같음의 정체성은 특정 국가의 영토에 거주하는 사람들이 공유해야 할 정체성이라 믿는다.

르낭(E. Renan)은 『국가란 무엇인가?』에서 "국가는 민족적 단일성, 언어, 지역 혹은 지형에 의해서 정의되는 것이 아니다."라고 말한다(김휘택, 2011). 나아가 국가에 대해 다음과 같이 언급한다.

국가는 하나의 영혼이며 정신적 원리입니다. 둘이면서도 사실 하나인 것이 바로 이 영혼, 즉 정신적인 원리를 구성하고 있습니다. 한쪽은 과거에 있는 것이며, 다른 한쪽은 현재에 있는 것입니다. 한쪽은 풍요로운 추억을 가진 유산을 공동으로 소유하는 것이며, 다른 한쪽은 현재의 묵시적인 동의, 함께 살려는 욕구, 각자가 받은 유산을 계속해서 발전시키고자 하는 의지입니다. … 중략 … 과거에 공통된 영광을 누렸던 것, 현재에 공통의 의지를 가지고 있는 것, 다시 말해 위대한 일을 함께 이루었고 여전히 그것을 함께하고자 하는 것이야말로 하나의 국민이 되기 위한 본질적인 조건들인 것입니다.(Renan, E., 1882; 신행선 역, 2002)

르낭이 제시하고 있는 국가의 정의에서 가장 중요한 것은 국가를 구성하는 구성원의 의지이다. 윌리엄스가 언급하고 있듯이 근대 국민국가는 민족과는 다르게 인위적으로 구성된다. 인위적으로 구성된 국민국가에서 국가 정체성을 누가 규정하고 있는지 따져보아야 한다. 국가는 자연적인 민족과는 다르다. 국가는 인위적인 배타적 경계선을 토대로 유지되고 있어, 그 영토에 거주하는 국민 모두에게 하나의 정체성을 강제한다. 그것을 통해 국가를 유지하고자 하는 열망을 키운다. 개인의 안정과 안전을 담보로 모두가 자랑스러워할 국가를 만들기 위해 과거의 전통을 학습하고, 계승하도록 권장한다.

국가 정체성은 한 국가의 국민이 심리적 차원이든 또는 이념적 형태이든 국가의 근본적인 성격에 대하여 규정하거나 믿고 있는 내용에 관한 것이기도 하다. 하지만 그와 같이 규정하거나 믿고 있는 국가 정체성과 관련하여 국민들 사이에 분열이 일어날 수 있다(김휘택, 2011). 국가 정체성으로 규정하고 있는 정체성의 내용이 모든 국민을 설득하거나 받아들일 수 없게 한다. 국가 정체성이 추상적이고, 이념적이고, 역사적인 특성을 갖고 있어 한 국가에 소속된 국민 모두가 쉽게 받아들일 수 없는 측면이 있다.

공간은 존재의 기반이다. 우리다움을 드러낼 수 있는 토대이기도 하다. 국가 정체성은 자신을 강화하고, 각인시키기 위해 우리 모두가 기억하고 기념해야 할 공간을 탐색한다. 그 공간에 우리가 기억하고 기념해야 할 국가 정체성을 새긴다. 추상성을 갖고 있는 국가 정체성의 모습을 가시적이고 현실적인 모습으로 치환한다. 공간은 국가 정체성이 지향하는 통일적인 힘의 모습을 보여 준다. 국가 정체성이 각인된 공간은 차이와 다름의 모습이 아니라, 같음과 동일성을 지향하는 공간이다.

인위적으로 구성된 국민국가이기에 국가를 유지하기 위해서는 하나의 통일된 정체성이 필요하다. 정체성은 국가를 유지하는 근원이다. 국가 정체성은 서로 다른 문화를 갖고 있는 민족을 흡수한다. 서로 다른 실존적 정체성을 갖고 있는 개인을 포섭한다. 같음과 동일성을 나타내는 표상을 통해 새로운 공간을 생산하고, 그 공간에 우리의 삶을 가둠으로써 차이와 다름을 소거한다. 국가 정체성을 강화할 수 있는 다양한 사물과 기억이나 기념을 담아내기 위한 공간을 생산함으로써 통일적인 힘을 배가시킨다. 그런 공간에서 일상적 삶을 살아가면서 우리는 시나브로 우리의 차이와 다름이 동일성과 같음으로 대체되고 있음을 망각하고 있는지 모른다.

5) 정체성, 동일성과 차이의 반복을 거듭하다

인간이 생산한 다양한 공간은 인간 존재의 다양함을 보여 준다. 인간의 존재 기반은 공간이다. 그렇기에 다양한 공간의 차이는 다양한 인간의 차이를 반영한다. 공간에 새겨진 인간의 차이는 서로 다른 인간이 모여 살고 있음을 알게 한다. 서로 다른 삶의 방식을 유지하면서 나와 같은 공간을 소비하고 있음을 인식하게 한다. 공간은 추상적인 존재의 논의를 구체화한다. 가시적이고 감각기관을 통해 파악할 수 있는 인간 존재의 차이에 대한 인식은 존재론적 논의를 관념적 차원에서 구체성의 차원으로 옮겨 놓는다. 지리학이 존재론적 논의의 새로운 지평을 제공할 수 있는 이유이다.

공간은 존재의 연장이다. 내가 살아가고 있는 공간이 지금의 나를 대변한다. 자신이 살아가는 공간을 구성하는 다양한 요소를 통해 지금 내가 무엇이 되어 가고 있는지를 보여 준다. 우리가 누구인지를 드러낸다. 공간에 새겨 있는 흔적은 나의 정체성을 재현한다. 우리의 정체성도 표현한다. 공간을 구성하는 다양한 요소를 통해 우리는 서로의 정체성을 인식할 수 있고, 그와 같은 정체성을 토대로 소통한다. 하지만 정체성은 고정된 개념이 아니다. 우리 삶이 변화하듯, 공간에 새겨져 있는 흔적도 변화하고, 소멸한다. 새로운 흔적이 생산되고, 그것을 통해 이전과 다른 나의 모습을 알린다.

인간과 공간의 관계를 통해 파악할 수 있는 정체성의 모습은 제한된 시공간의 맥락을 전제로 한다. 정체성은 계속해서 변화하고 진화한다. 그렇기에 나의 정체성이라 표현하는 것은 '지금 여기'에서이다. 지금 여기를 벗어난 나의 정체성이 무엇이 되어 가고 있는지는 나 자신도 장담할 수 없다. 다만, 나의 공간적 실천을 통해 내가 어떤 정체성을 갖기 위해 노력하고 있는지는 파악할 수 있다. 내가 관계 맺고 있는 공간의 변화는 나의 정체성 형성에 영향을 준다. 변화하지 않을 것 같은 공간이 변화한다는 사실은 인간이 갖고 있는 본질적 모습이 과연 존재하는지에 대해 의구심을 갖게 한다. 인위적으로 규정된 무엇이 있다고 하더라도 그것 역시 시공간의 변화에 따라 인간의 삶이 변화한다면 변화할 수밖에 없는 운명이기 때문이다.

그런 점에서 모든 정체성은 변화한다. 역설적이지만 변화하는 정체성은 물론이거니와 변화하지 않는 정체성도 변화한다. 변화하는 정체성이 차이와 다름을 지향하면서 변화한다면, 변화하지 않는 정체성은 동일성의 반복을 통해 변화한다. 변화하는 정체성은 차이와 다름을 부각시키는 방향으로 변화한다면, 변화하지 않는 정체성은 같음과 동일시를 강화시키는 방향으로 변화한다. 그렇기에 두 정체성의 변화 양상은 다르다. 우리가 인식하는 정체성은 어제와 같은 차이와 다름이지만, 어제와 같은 동일성과 같음이지만, 오늘은 어제와는 다른 차이와 동일성의 반복을 통해 새로운 정체성을 형성해 간다. 그런 점에서 모든 정체성은 현재형이고, 진행형이다.

인간이 생산한 공간이 비슷한 양상을 통해 반복하듯이 정체성 역시 우리 삶의 생성과 소멸의 과정을 통해 차이를 반복한다. 인간은 매일 같은 일상을 살지만 늘 같은 모습으로 일상을 살지 않는다. 매일매일 조금은 다른 모습으로 일상적 삶을 이어간다. 매일같이 반복하는 삶의 모습이지만 차이를 생산하고, 그것을 통해 매일 같은 일상적 삶을 영위한다. 차이를 전제로 하는 반복은 정체성이 매 순간 그 자리에 고정되어 있는 것이 아님을 의미한다. 지금 여기에 존재하는 나도, 우리도 변화한다. 변화하지 않는 것은 없다. 헤라클레이토스가 말하는 판타레이(panta rhei)는 정체성에도 적용된다. 우리 삶은 생성과 소멸을 반복한다. 그런 삶 속에서 정체성은 생성되고 소멸한다.

어제와 다른 오늘의 나는 어제와 다른 오늘의 정체성을 갖고 있는 나이다. 어제와 다른 오늘의 우리는 어제와 다른 우리이다. 나와 우리에게는 '지금 여기'에서 파악할 수 있는 정체성의 모습만이 존재한다. 과거의 정체성도, 미래의 정체성도, 그리고 지금 여기에서 파악할 수 있는 현재의 정체성도 모두 나이고 우리인 것이다. 그렇기에 정체성은 현재형이고, 진행형이며, 차이의 반복을 거듭하면서 새로운 정체성을 형성해 간다.

● 요약

1. 인간은 지리적 존재이다. 공간을 통해 자신이 누구인지를 드러낸다. 서로 다른 인간의 모습을 확인할 수 있는 것이 우리 주변의 다양한 일상 공간이다. 그와 같은 공간을 통해 인간의 정체성을 설명하고, 이해하는 것이 가능하다.

2. 정체성은 두 가지 기원을 갖는다. 하나는 '변화하는 정체성'이고, 다른 하나는 '변화하지 않는 정체성'이다. 이 두 가지 서로 다른 정체성을 연결해 주는 것이 '이야기 정체성(narrative identity)'이다.

3. 이 두 가지 서로 다른 정체성을 설명해 줄 수 있는 것은 '이야기(narrative)'이다. 하지만 커다란 이야기(grand narrative)가 나의 정체성을 보여 주는 것이 아니라, 작은 이야기 (petite narrative)를 통해 나의 정체성을 말할 수 있다.

4. 변화하는 정체성과 변화하지 않는 정체성을 구분하는 준거는 정체성을 인식하는 방법, 정체성을 규정하는 방식, 개인과 집단의 문제, 그리고 정체성의 기원과 관련된다.

5. 모든 정체성은 변화한다. 다만 변화하는 정체성은 차이와 다름을 지향하며 변화하고, 변화하지 않는 정체성은 동일시와 같음을 생산하기 위해 변화한다. 그렇기에 모든 정체성은 현재형이고, 진행형이다.

● 핵심어(Key words)

정체성, 인간과 공간의 관계, 이야기, 이야기 정체성, 커다란 이야기, 작은 이야기, 차이로서 정체성, 같음으로서 정체성

identity, human-space relationship, narrative, narrative identity, grand narrative, petite narrative, identity as difference, identity as sameness,

● 읽어 볼 문헌

• Berque, A., 2000, *Ecoumene: Introduction a l'eude des milieux humains*, Belin (김웅권 역, 2007, 『외쿠메네』, 동문선). 지리학을 통해 인간 존재를 이해하기 위한 책이다. 지리의 존재성이나 존재의 지리성 등의 표현을 통해 존재론으로 설명하지 못한 인간 존재를 지리학을 통해 설명하기 위해 다양한 시도를 하고 있다. 인간과 공간의 관계를 통해 인간에 대한 깊은 이해뿐 아니라, 지리학이 인문학으로서 가능성을 갖고 있음을 확인할 수 있다.

• 박승규, 2009, 『일상의 지리학』 책세상. 공간을 통해 인간을 이해하기 위한 책이다. 다양한 일상 공간을 통해 인간과 공간의 관계에 대해 설명하고 있다. 우리에게 낯설고 어색한 공간이 아니라, 익숙하고 친숙한 공간을 통해 인간의 삶을, 우리의 삶을 설명한다. 그런 과정을 통해 나와 우리의 정체성에 대해 생각해 보게 한다.

주

1 프레시안 책 소개 관련 기사에서 아이디어를 얻었다. 정확한 자료를 표시할 수 없지만, 그럼에도 이 생각의 기원이 그 책 소개자에게 있음을 밝힌다.

2 그것은 희랍어 정관사 'to'와 'self' 또는 'same'을 의미하는 삼인칭 지시대명사 'autos'가 결합한 형용사 'tautos'의 추상 명사이며, 아리스토텔레스의 『니코마코스 윤리학』 8권 1061b에서 형제간의 우애(philia)를 부모와의 관계와 동일성(tautotes) 차원에서 설명하는 과정에 나타나 있다. 그런데 아리스토텔레스에서 동일성 개념은 이 용어로만 표현되는 것은 아니며, 그의(1933) 『형이상학』 10권 (특히 1054a33-1054b4)의 '단일성(to hen; one)' 개념을 논의하는 과정에서는 'to tautos(영어로 'the identical'에 해당)'라는 용어를 사용하고 있다(양승태, 2006).

3 이 점은 독일어에도 해당된다. 영어의 'self'에 해당하는 'selbst' 또는 'selber'는 '자신'과 더불어 '같음'의 의미를 갖고 있기 때문이다. 실제로 독일 학계에서는 정체성을 의미하는 말로 라틴어 어원의 'Identitat' 대신에 순수 독일어로 'Selbigkeit'를 사용하기도 한다(양승태, 2006).

4 리쾨르가 언급하는 이야기를 의미한다. 우리 삶을 살아가는 데 필요한 이야기가 만들어지는 메커
  니즘은 조금은 복잡하다. 아리스토텔레스에게 영향을 받아 이야기의 시간성에 관심을 두고 있는
  리쾨르의 이야기 구조를 자세하게 밝히는 것은 큰 의미가 없다고 판단되어 생략하고자 한다. 이야
  기 구조에 대해 관심 있는 사람은 윤성우(2004)의 폴 리쾨르의 철학을 참고하길 바란다.
5 1몰은 6×10^{23}개의 분자를 가리키는 단위이다.
6 프레시안의 책 소개 관련 기사에서 아이디어를 얻었다. 정확한 자료를 표시할 수 없지만, 그럼에
  도 이 생각의 기원이 그 책 소개자에게 있음을 밝힌다.

참고문헌

권혁준, 2012, "독일 축구영화 〈베른의 기적〉과 집단적 정체성의 문제", 카프카연구, 27, 247-270.

김효, 2008, "들뢰즈/가타리의 '되기' 이론으로 살펴 본 장 쥬네의 〈하녀들〉", 한국연극학, 36, 227-
      262.

박승규, 2009, 일상의 지리학: 인간과 공간의 관계를 묻다, 서울: 책세상.

박승규, 2010a, "인문학으로서의 지리학과 지리교육", 대한지리학회지, 45(6), 698-710.

박승규, 2010b, "광장, 카니발과 미학의 정치 공간", 공간과 사회, 34, 60-86.

박승규, 2011, "인정, 보이지 않고, 들리지 않고, 쓰여지지 않은 공간을 발견하다", 대한지리학회지,
      46(6), 767-780.

박승규, 2012, "다문화교육에서 다문화 공간의 교육적 의미", 문화역사지리, 24(2), 111-122.

서상문, 2010, "교육과정/교육현상의 구성을 위한 Ricoeur 이야기의 교육해석학", 교육철학, 41, 301
      -347.

심승희, 1995, "역사경관과 지역정체성에 관한 연구: 전주시 한옥보존지구와 역사유적을 사례로", 지
      리교육논집, 33, 43-73.

양승태, 2006, "국가정체성 문제와 정치학 연구: 무엇을, 어떻게", 한국정치학회보, 40(5), 65-79.

유인실, 2012, "백석 시의 로컬리티 연구", 건지인문학, 7, 207-238.

윤성우, 2004, 폴 리쾨르의 철학, 서울: 철학과 현실사.

이영민, 1999, "지역정체성 연구와 지역신문의 활용: 지리학적 연구 주제의 탐색", 한국지역지리학회
      지, 5(2), 1-14.

이진경, 2002, 노마디즘, 서울: 휴머니스트.

임병조, 2009, "지역정체성의 구성과 제도화: 홍성신문에 투영된 '內浦'만들기", 대한지리학회지,
      44(1), 89-104.

임병조·류제헌, 2007, "포스트모던 시대에 적합한 지역 개념의 모색: 동일성(identity) 개념을 중심으로", 대한지리학회지, 42(4), 582-600.

정화열, 1999, 몸의 정치, 서울: 민음사.

조아라, 2009, "문화관광지의 문화정치와 정체성의 사회적 구성: 일본 홋카이도 오타루의 재해석, 재도화, 재인식", 대한지리학회지, 44(3), 240-259.

최재헌, 2005, "세계화시대의 지역과 지역정체성에 대한 개념적 이해", 한국도시지리학회, 8(2), 1-17.

Anderson, B., 1983, *Immagined Communites: Reflections on the origin and spread of nationalism*, London: Verso.

Barloewen, C.V., 2007, *Le Livre des Savoirs: Conversations avec les Grands Esprits de Notre Temps*, Grasset (강주헌 역, 2001, 휴머니스트를 위하여:경계를 넘어선 세계 지성 27인과의 대화, 사계절).

Berque, A., 2000, *Ecoumene:Introduction a l'eude des milieux humains*, Belin (김웅권 역, 2007, 외쿠메네:인간과 환경에 대한 연구서설, 동문선).

Bhabha, H., 1990, *Nation and Narration*, Routledge (류승구 역, 2001, 국민과 서사, 후마니타스).

Calvino, I., 2002, *Le Citta Invisibili*, Zovencedo (이현경 역, 2007, 보이지 않는 도시들, 민음사).

Hall, S., 1996, "Introduction: Who needs indentity?" 1-17, in S. Hall & Du Gay (eds), *Questions of cultural indentity*, London: Sage.

Heidegger, M., 1962, *Being and Time*, NewYork: Harper & Row Publisher.

Larrain, H., 1994, *Ideology & Cultural Identity: Modernity and the Third World Presence*, Plioty (김범춘 역, 2009, 이데올로기와 문화정체성, 모티브북).

Lefebvre, H., 2000, *La Production de L'espace*, Anthropos (양영란 역, 2011, 공간의 생산, 에코리브르).

Lenan, E., 1882, *Qu'est-ce qu'une nation?*, Nabu Press (신행선 역, 2002, 민족이란 무엇인가, 책세상).

Lyotard, J.F., 1983, *Temps et re'cit: Intrigue et re'cit historique*, Seuil (김한식 역, 2004, 시간과 이야기(III), 문학과 지성사).

Lyotard, J.F., 1979, *The Postmodern Condition: A Report on Knowledge*, Univ of Minnesota Press (이현복 역, 1992, 포스트모던적 조건: 정보사회에서의 지식의 위상, 서광사).

Malpas, S., 2003, *Jean-Francois Lyotard*, Routledge (윤동구 역, 2008, 장 프랑수와 리오타르 포스트모더니즘을 구하라, 엘피).

Relph, E., 1976, *Place and Placelessness*, Pion (김덕현 · 김현주 · 심승희 역, 2005, 장소와 장소상실, 논형).

Shields, R., 1997, "Spatial stress and resistance: social meanings of spatialization", in Benko. G. & Strohmayer, U., *Space and Social Theory,* Blackwell, Oxford, 186-202.

Williams, R., 1983, *The Year 2000*, NewYork: Pantheon.

Williams, R., 1983, *Keyword: A Vocabulary of Culture and Society,* Oxford University (김성기 · 유리 역, 2010, 키워드, 민음사).

6. 인종과 민족집단의 지리[*]

전남대학교 **박경환**

1) 서론

인종화된 세계의 외부란 존재하지 않는다. … 그러나 인종 지리에 어떠한 '외부'가 존재하지 않을지라도 인종적 구성의 공간적 표현은 매우 다양할 뿐만 아니라 가변적이다. 공간은 인종에 대한 몰이해나 인종 의식, 그리고 통합주의, 동화주의, 분리주의나 토착주의와 같은 이데올로기에 의해 생산된다. 이러한 인종-중심적 이데올로기는 공적/사적, 소유, 섹슈얼리티, 시민성, 민주주의, 범죄와 같은 다른 이데올로기적 요소들과 결합되고, 나아가 다른 권력의 선분들과 교차함으로써 권력이 배어 있는 일상생활의 공간성을 더욱 미묘하고 복잡하게 변화시킨다.(Delaney, 2002, 7)

한국은 (서양이 아닌) 서양이라는 가면을 쓴 일본에 의해 식민주의를 경험한 독특한

---

[*] 본 장은 2012년 『문화역사지리』 제24권 제3호에 게재된 논문 "다문화주의의 지리에서 인종 및 민족집단의 지리로(1): 인종 및 민족집단에 대한 사회공간적 논의의 성찰"을 수정·보완, 재구성한 것임.

역사적 궤적을 갖고 있다. 이 때문에 공식적으로 식민주의가 종식된 이후, 아프리카, 남아시아, 라틴 아메리카에서는 인종(race)과 민족집단(ethnicity)[1]을 비판적으로 성찰하는 포스트식민 연구가 활발하게 이루어져 온 반면, 한국에서는 역사적, 정치적 서사가 일본 '식민주의'보다는 '일본' 식민주의에 초점을 둠으로써 주로 민족(nation)과 민족주의(nationalism)를 중심으로 전개되어 왔다. 이는 한국이 개발 국가로서 급속한 자본주의적 추상 기계를 공간화하는 과정에서 중요한 이데올로기적 토대로 작동해 왔다.

그러나 1980년대 후반부터 대내외 경제 환경이 변화하고 정부의 재구조화 정책이 실시되고 1990년대에 들어 '글로벌화'라는 담론을 중심으로 자본 축적의 국제화 정책이 실시되면서, 기존의 민족을 토대로 한 나/우리―국가―발전의 삼위일체 공식에 균열이 발생하기 시작했다. 특히, 인구학적 변화와 관련하여 1980년대 후반부터 1990년대 초반 시기에 이미 섬유, 의류, 금속, 기계 부문을 중심으로 한 영세 제조업과 건설업을 중심으로 중국 및 동남아시아로부터 이주 노동자들이 비공식적으로 유입되기 시작했다.[2] 이는 국내 비숙련 노동 시장의 임금 상승 추세에 대응하기 위한 사용자들의 전략이었다. 이에 중앙 정부는 1991년에 공식적으로 '외국인 산업기술연수생' 제도를 도입하면서 비공식적 노동 유입을 공식화하여 관리하기로 결정했다.[3] 또한, 국내의 도시―농촌 간 불평등과 불균등 발전이 가속화되면서 농촌에서의 노동 재생산과 가족 구성 위기가 불거짐에 따라, 중국 및 동남아시아의 여러 국가들로부터 결혼 이주자들의 유입이 본격화되었다. 특히 지방 자치 단체는 1990년대 후반 이후 농촌 총각 장가보내기 운동 등을 주도하며 이러한 변화를 가속화시켰다. 또한, 2000년대에 들어서면서 중앙 정부는 해외로부터 투자자, 연구 인력, 지식·정보 산업에 종사하는 전문가를 본격적으로 유치하고자 했고, 영어 교육 활성화를 위하여 북아메리카, 오스트레일리아, 유럽 등으로부터 원어민 강사들을 도입하기에 이르렀다.

이러한 일련의 변화 과정, 특히 도시와 농촌 양 극단 모두에서의 인구학적 이질성 증대 과정에 대해 국내의 반응은 점차 이주 노동자와 결혼 이주 여성이라는 '불쌍한 타자에 대한 동정심'과 '손님에 대한 배려'라는 이데올로기로 수렴되어 나갔다. 특히 2000년대 중반에 들어서서 이러한 지배적 서사는 (인종과 민족집단의 역동적 권력 관계를 포착하고 지배적 사회 담론을 문제시하기보다는) '다름'이나 '다양성'과 같은 탈정치화된 어휘로 이를 포괄한 후, 국가적, 민족적 차원에서 '다문화주의'를 통해 새로운 이주민들과 이들의 생활 공간을 빠른 속도로 식민화해 오고 있다. 이러한 서사는 피상적으로는 차이의 인정과 그에 대한 관용을 강조하지만, 그 토대는 여전히 민족주의에 뿌리를 두고 있다. 물론 이러한 지배적 서사가 시민 단체와 같은 민간 부문 행위 주체를 매개로 이주민들의 경제적, 사회적 삶에서의 여러 문제들을 (가령, 임금 체불, 학대, 노동 착취, 가내 폭력 등과 같은) 해결하는 데에 적잖은 기여를 해 왔음을 부정할 수는 없다. 그럼에도 불구하고, '다문화 산업'이라고까지 명명할 수 있을 정도의 지배적 담론과 제도적 정책 및 실행 과정이 여러 소수 민족집단의 '스스로의 목소리 내기'를 원천적으로 차단하고 있음을 또한 부인할 수는 없다.

이런 측면에서 한국의 역사적, 정치적 특수성을 고려한다면, 현재 한국에서 이루어지는 탈정치화 담론과 역사는 인종 및 민족집단에 대한 논의를 통해서 접근할 때에 그 한계와 본질이 명확하게 드러날 수 있다. 곧, 인종 및 민족집단이라는 개념을 통해 '다문화주의', '개방적 민족주의', '세계시민주의'와 같은 최근의 지배적인 학술적, 대중적 서사를 비판적으로 고찰하고 재정치화 할 필요성이 있다. 특히, 많은 이주민들이 소속감이나 정체성과 같은 사회적 위치와 공간적 위치 간의 불일치와 긴장을 내재화하고 있음을 고려할 때, 다른 많은 디아스포라적 주체들과 마찬가지로 이러한 접근을 통해 사이성(inbetweenness)과 혼성성(hybridity)이라는 중요한 화두를 발견할 수 있다.

이러한 사이성과 아울러 보다 흥미로운 것은, 우리가 이들의 독특한 위치성(positionality)을 읽는 순간 우리는 '민족', '민족 문화', '전통'이라는 것이 '우리'와 '그들'의 경계를 긋기 위해 생산된 그리고 동원된 독특한 사회적 구성물이지는 않은가 질의하게 된다는 점이다. 나아가 이러한 질의는 민족과 같은 '우리'라는 공동체가 어떻게 자연화되고, 보편화되며, 탈정치화되어 왔는가에 대한 흥미로운 연구 과제를 제시한다. 곧 이들의 독특한 위치는 우리가 어떻게 우리가 될 수 있었는지, 우리가 우리가 되기 위해 어떻게 그들을 생산했는지, 그리고 이 과정에 깃든 권력

관계 및 집단적 욕망의 본질은 무엇인가를 논의하기 위한 하나의 좋은 출발점이 된다.(박경환, 2006, 133)

뒤에서 살펴보겠지만 인종과 민족집단이라는 용어는 19세기 중반 이후 근대 지리학의 발전 과정에서 하나의 출발점이자 현행에 이르기까지의 중요한 연구 주제였을 뿐만 아니라, 그 과정에서 특수한 지리적, 역사적 맥락에 뿌리를 두고 지배적 담론과 결합하며 역동적인 궤적을 그려 왔다. 이런 점을 염두에 두고, 다음 절에서는 오늘날 인종 및 민족집단에 대한 관심이 어떤 측면에서 새롭게 부활하는가를 살펴본다.

2) 다문화주의와 인종 및 민족집단의 지리

최근 십여 년간 인종과 민족집단의 지리에 관심을 둔 비판 지리학적 연구가 영국 및 미국 지리학계를 중심으로 활발하게 이루어져 왔다.[4] 이는 거시적인 측면에서 볼 때 1980년대 이후 지리학을 포함한 사회과학의 문화적 전환과 그에 따른 정체성의 정치와 차이의 정치의 부상이라는 포스트모던 연구 흐름의 연장선상에 있다. 그러나 최근의 연구는 인종 지리의 공간적 분포 패턴을 문제 설정하여 지도화하고 분석하는 것을 넘어, 계급 및 젠더의 선분이 인종적 선분과 어떻게 교차하는지를 분석하여 주체 위치의 복잡성을 드러내거나 인종 및 민족 공동체 내부와 외부의 상호 관계 속에서 장소적 중요성을 부각시키는 등 기존의 연구 경험과는 또 다른 차원에서 활성화되고 있다 (Jackson, 2008). 이러한 새로운 인종 및 민족 지리의 '또 다른 차원'이란 크게 다음의 세 가지로 요약할 수 있다.[5]

첫째, 글로벌 노동 시장의 공간적 분절화와 노동의 지리적 이동성 증가에 따라 등장한 새로운 이주 현상인 초국가주의(transnationalism)로 인하여, 민족국가에서 시민들이 공적 공간에서 경험하는 신체적 경관이 빠른 속도로 다양화·분절화하고 있다. 한편에서는 풍부한 경제적·사회적·문화적 자본을 바탕으로 높은 이동성을 전유하여 자

신의 계급적 지위를 확대 재생산하는 초국적 엘리트 계급이 있고, 또 다른 한편에서는
글로벌 양극화로 인해 생존 자체를 목적으로 높은 지리적 이동의 비용을 무릅쓰고 있
는 난민, 망명 신청자 등의 '벌거벗은 생명'(Agamben, 1998)과 이주 노동자와 국제결
혼 이주자 등 '아래로부터의 초국적 이주민'(Smith, 2001; Benton-Short *et al.*, 2005)
이 있다. 특히 근대 민족국가의 사회적 토대인 가족이라는 단위가 교육 등을 통한 가
족 자체의 재생산을 위해 점차 다양한 스케일에서 공간적으로 분절된 복수의 가구를
형성하는 소위 '분절가구 초국적 가족'(박경환·백일순, 2012)의 등장은 과거의 이주 패
턴과의 단절을 극적으로 반영한다. 이러한 초국가주의는 공적 공간에서 인종과 관련
된 신체 경관이나 민족과 관련된 문화 경관을 다양화할 뿐만 아니라 계급, 젠더, 연령
등의 상이한 차이들과 교차하면서 빠른 속도로 공적 영역에 뿌리를 내리고 있다. 최근
페미니즘을 중심으로 한 사회 이론 및 비판지리학은 특히 도시 내 민족집단 근린 지구
의 형성과 관련하여 인종화와 인종 담론, 젠더 관계, 계급적 위치 등 상이한 위치성의
상호교차성(intersectionality)이라는 문제 설정에 주목해 왔다(Crenshaw, 1993; Adib
and Guerrier, 2003; McCall, 2005; Valentine, 2007).

둘째, 초국가주의에 따른 사회적 이질성 증대에 대한 민족국가의 이데올로기적 반
응으로서 기존의 배타적 민족주의를 재조정하고 보다 포괄적인 거버넌스를 구축하기
위해 세계시민주의, 다문화주의, 개방적 (또는 열린, 방법론적) 민족주의 등에 관한 도
구주의적 논의가 부상하고 있다는 점이다(이진우·이한구, 1992; 노찬옥, 2004; 설규
주, 2004; 임지현, 2004; 김귀옥, 2009).[6] 정부 주도의 다문화주의나 개방적 민족주의
와 같은 용어 자체는 소수자에 대한 배려라는 담론을 통해 지배적 체제를 유지하므로,
결국 근본적으로 다수자와 지배 집단의 목소리일 뿐만 아니라 가부장적인 함의까지도
내재하고 있다(Mitchell, 1998; 박경환, 2008). 또한, 글로벌 스케일에서 민족국가의
지정학적 배타성이 더욱 견고해지고 있음에도 불구하고 공적 영역에서는 세계시민주
의나 개방적 민족주의 같은 역설이 강해지고 있다. 이러한 민족국가 거버넌스의 역설
적 담론으로 인해 저임금 제조업 및 소비자 서비스업에 종사하는 하위 계급은 도시 내
불량 주택 지구를 중심으로 집중하는 양상이 심해지고 있는 한편, 다문화주의나 세계

시민주의와 같은 담론 속에서 이들의 신체적, 문화적 경관이 형성하는 독특한 근린 지구들은 대상화되고 상업화되어 소비의 대상이 되어 가고 있다. 이는 곧 다문화주의 등을 토대로 한 민족국가의 이주 정책이 일련의 신자유주의적 국가 재구조화 정책과 조응하고 있음을 보여 준다(박경환, 2012). 뿐만 아니라 다문화주의나 열린 민족주의와 같은 '도구주의적' 담론은 인종주의라는 현실에서의 편견과 그로 인한 사회·공간적 문제를 '문화'라는 이름으로 우회하는 부드럽고 유용한 회피 수단으로 작동하며, 계급적으로 우월한 위치에 있는 민족집단이 자신들의 집단적 권력 강화를 위해 사용하는 이차적 이데올로기이기도 하다(Mitchell, 1997; 1998; Dwyer and Bressey, 2008).

셋째, 글로벌화에 따른 다양한 초국가주의적 변화, 그리고 포스트민족주의와 신자유주의가 절묘하게 결합된 민족국가 거버넌스를 전면적으로 비판하는 포스트식민 관점이 새롭게 부상하고 있다. 포스트식민주의는 근대 민족국가의 역사적 변천 과정을 고려하면서 현대 자본주의 체제에서 '인종화된 세계의 외부란 존재하지 않는다.'라고 주장하면서 이러한 인종적, 민족적 경관과 공간적 변화에 주목한다(Delaney, 2002; Shaw, 2006; Sharp, 2008). 또한, 포스트식민주의는 다문화주의라는 지배적 담론이 궁극적으로 인종적 범주를 가정하고 있을 뿐만 아니라 계급적 관계를 문화적 관계로 치환·은폐하려는 목적을 띤다고 비판한다. 포스트식민 관점은 초국적 이주민들에 대한 인종적 재현이 지리적 상상과 어떻게 결합되어 왔는지를 분석하는 데에 매우 효과적이기 때문에, 오늘날 초국가주의에 따른 인종 및 민족 경관의 지리를 고찰하는 데 중요한 관점으로 부상하고 있다(Nayak, 2006). 요컨대 우리는 현행의 인종 및 민족 경관에 대한 관심을 세 가지의 맥락에서 이해할 필요가 있는데, 곧 글로벌 불균등 발전과 초국가주의의 부상, 국제 이주자들의 유입을 포괄하기 위한 민족국가 거버넌스의 변동과 신자유주의화, 그리고 새로운 지배적 담론에 대한 비판적 사회·공간 인식론으로서 포스트식민주의의 부상이 그것이다.

1990년대 중·후반 이후 국가적 차원에서 노동력 유연성 확보를 위해 진행되어 온 이주 노동자와 결혼 이주 여성 유입의 사회공간적 과정 및 결과에 관련하여, 국내 지리학계에서도 풍부한 연구 성과를 축적해 오고 있다. 특히, 2000년대 중반 이후 이러한 연구는 가히 폭발적으로 성장해 왔다. 이러한 연구를 대표적인 몇 가지로 범주화해 보면, 우선 초국가주의 현상 및 그 사회·공간적 결과라 할 수 있는 다문화 사회 및 공간에 관한 논의를 성찰하면서 이에 대한 지리적 관점의 중요성을 강조한 일반론적, 이론적 논의로서 박경환(2007a; 2007b), 박배균(2009), 정현주(2008; 2009), 최병두(2009a), 최병두·신혜란(2011)의 연구 등이 있다. 특히 최병두 등(2011)이 한국연구재단의 지원을 받아 수행한 연구 결과를 집대성하여 『지구·지방화와 다문화 공간』이라는 제목의 단행본을 발간하고 『현대사회와 다문화』라는 학술지를 창간하였던 것은 지리학계로서는 주목할 만한 성과이다. 둘째, 초국적 이주민의 유입으로 인한 근린 지구 변화와 그 함의에 대한 연구가 축적되어 왔는데, 대표적인 범주로서 외국인 노동자의 유입으로 인한 근린 지구의 변화에 주목한 박배균·정건화(2004), 조현미(2006), 최병두(2009b; 2010), 이영민 외(2012), 이종희(2012) 등의 연구, 초국적 엘리트 및 전문직 종사자의 도시 내 지리적 분포와 변화에 주목한 연구 최재헌·강민조(2003), 이희연·김원진(2007), 임석회·송주연(2010) 등의 연구, 초국가주의의 맥락 속에서 국제결혼 이주자 등 외국인 이주민의 이주 현상과 이들이 집중한 근린 지구에 초점을 둔 정현주(2007; 2010), 고민경(2009) 등의 연구를 들 수 있다. 셋째, 유입된 외국인 집단의 공간적 집중보다는 초국적 네트워크를 중심으로 한 '초국적 사회 공간(Faist 2000)'에 주목한 연구 범주로서 이용균(2007), 최재헌(2007), 유희연(2008) 등의 연구가 있는데, 이러한 연구는 초국적 이주와 관련된 민간 부문 행위 주체 및 관련 제도의 역할에 주로 초점을 두었다. 넷째, 이주민의 행위 주체성보다는 이주를 통제하는 이주 관련 민족국가 정책의 담론 및 제도적 권력이라는 구조적 측면에 초점을 둔 연구 범주로서 박경환(2009a; 2009b; 2012a)의 연구를 들 수 있다. 이는 초국가주의 현상에서 여전히 국가적 거버넌스가 개별 주체의 생산 및 재생산 영역에서의 삶을 구조화하는 중요한 힘으로 작동하고 있음을 강조한다. 끝으로 지리교육 분야의 연구자들도 최근 정부의 다문화 교육 정책이라는 큰 흐름 속에서 이주민의 사회·공간을 세계지리 교육이나 세계시민성 교육의 차원에서 다루고자 해 왔는데, 대표적인 연구로서 박선희(2009), 한동균(2009), 김미순(2011), 김시구(2011), 허지은(2011) 등의 연구가 있다. 이들은 '다문화

교육'이라는 최근의 교육적 화두에 있어서 지리적 지식의 중요성을 강조하는 데에 초점을 두었다. 한편, 이보다 조금 앞서 박경환(2008)은 정부의 온정주의적 다문화주의 개념의 근본적 한계와 이데올로기적 속성을 검토하고 '비판 다문화주의'의 교육의 가능성을 탐색한 바 있다.

그러나 이러한 풍부한 지리학적 연구 성과에 내재된 비판적 관점과 보다 급진적인 제안들은 양적 성장에 비해 여전히 질적인 측면에서 취약하고 피상적인 수준에 머무르고 있다. 더구나 한국의 경우 최근 중앙 정부는 이주민의 유입에 대응하는 새로운 거버넌스 구축을 목표로 재한외국인처우기본법, 다문화가족지원법, 외국인정책기본계획, 다문화 교육 정책 등을 추진해 오고 있는데, 이러한 일련의 제도·정책과 이를 뒷받침하는 지배적 담론은 이주민 스스로의 목소리 내기를 차단하고 온정주의적 다문화주의를 확대·재생산하거나, 신자유주의적 관점에서 이주민의 신체와 공간을 새롭게 통제하려는 거버넌스로 작동하고 있다. 이러한 제도적 전환 속에서 다문화주의 개념은 정부, 학계, 시민사회 영역 모두에서 가히 '다문화 산업'이라고 부를 수 있는 주류의, 주류에 의한, 주류를 위한 정책적 흐름을 생산해 왔다(박경환, 2008). 물론 다문화주의 개념을 통해 사회·공간적 분배와 정의를 제고할 가능성이 완전히 차단된 것은 아니다. 가령, 최병두(2009a, 635)는 "다문화주의라는 용어는 … 노동력의 지구적 이동과 이의 통제에 관한 자본과 국가의 입장을 반영한 이데올로기"라고 주장하면서도, 결국 '다문화 공간'은 소수자로서 외국인 이주민들의 주변적 위치를 향상시킬 수 있는 인정을 위한 공간의 투쟁의 장이 될 수 있다고 본다. 그러나 "다문화주의 정책의 주체는 근대 국가라는 정체이고 정책의 대상은 근대 국가를 구성하는 소위 '시민'이라는 개별 주체들이라는 점에서, 다문화주의 정책은 근본적으로 시민을 대상으로 하는 국가적 담론이며 … [그렇기 때문에] 아무리 자유주의적인 혹은 급진적인 형태의 다문화주의 관점이라고 할지라도 국가적 통합을 최종적 목적으로 한다."(박경환, 2008, 304)라는 점을 염두에 두어야 한다. 그렇기 때문에 다문화주의 개념은 타자의 목소리를 '소수자로서의 청원 운동'으로 가두어 버리고(윤수종, 2005; 2006), 보편으로 간주되는 것을 특수한 것으로 다시 쓰는 것을 차단한다는 측면에서 본질적으로 문제적이다.

그렇다면 위에서 언급한 세 가지의 다른 차원이라는 맥락에서, 어떻게 하면 글로벌 불균등 발전과 초국가주의 현상이 야기한 최근의 지리적 변화에 대한 해석을 더욱 비판적이고 생산적인 틀에서 재구성하여 민족국가의 권력과 시민 사회의 지배적 공리계로부터 벗어날 수 있는 흐름으로 만들어 갈 수 있을 것일까? 이에 대한 한 가지 모색의 모티브는 문제 설정의 방식 자체에서 제시될 수 있다. 즉, 다문화주의는 '다문화 현상'과 '다문화 정책(운동)'이라는 상이한 두 가지 함의를 동시에 포괄한다고 할 수 있는데, 이러한 측면에서 현행의 많은 연구들은 이 두 가지 중 어느 한 가지에 초점을 두거나 뚜렷한 구분 없이 이를 동시에 포괄하고 있다. 전자의 경우 '다문화'는 기술적 개념으로 사용되는 것이지 현상을 설명하기 위한 분석적 개념은 아니다. 또한, 후자의 경우 '다문화'를 능동적으로 달성한다는 의미에서 궁극적으로 제도적 개념이지 사회 현상에 대한 비판적 도구가 될 수는 없다. 특히, 한국의 경우 정부 주도의 '통합을 전제로 한' 다문화주의 정책이 지배적이라는 측면에서 더욱 문제적인데, 드와이어와 브레시(Claire Dwyer and Caroline Bressey, 2008)는 이러한 측면에서 인종과 민족집단의 문제를 중심으로 한 지리적 탐구의 중요성을 강조하면서 다음과 같은 점을 예리하게 지적하고 있다.

오늘날 영국의 정치와 여론을 지배하고 있는 이주와 테러리즘이라는 두 주제에는 '인종' 관념 및 '인종주의' 실천이 깊게 배어 있다. 그러나 일련의 정치 지도자들은 이러한 용어의 사용으로부터 거리를 두려고 노력해 왔다. '다문화주의'라는 담론과 실천에 대한 비판과 우익 세력의 정치 운동에 대한 두려움이 '통합(integration)'이나 '단결(cohesion)'이라는 용어의 부상을 낳았다. 그러나 통합, 차이, 단결, '영국인다움'이라는 문제는 오늘날 영국 정치의 핵심부에서 기존의 인종화된 담론을 새롭게 부활시키고 재구성하고 있다.(Dwyer and Bressey, 2008, 2)

또한, 보다 중요하게 다문화주의와 같은 관념은 지리적 측면에서 볼 때 스케일의 정치(politics of scale)에 토대를 둔 담론적 구성물이다. 근본적으로 말할 때, 지표면 상

  현대 문화지리의 이해

에 거주하고 있는 모든 개별 주체와 집단은 상이한 위치성을 갖고 상이한 시·공간을 점유하고 있기 때문에 어떤 지리적 스케일에 있어서도 문화적으로 (그리고 당연히 인종이라는 구성적 범주에서도) 상이할 수밖에 없다(Delaney and Leitner, 1996). 심지어 일상생활 속의 신체라는 미시적 스케일도 정신분석학적 측면에서 볼 때 시·공간적 맥락에 따라 상이한 문화적 영역 사이에서 갈등, 투쟁, 타협하는 일련의 과정들로 구성되어 있다(Pile and Thrift, 1995; Pile, 1996). 이러한 측면에서 '주체성(subjectivity)'이란 전체는 분절화된 주체적 형성 과정들에 의해 끊임없이 응집력을 유지하려고 하는 일련의 '과정'이라는 측면에서 '주체화(subjectification) 그 자체'라는 주장은 매우 타당하다. 신체적 스케일이 이러할진대, 하물며 개별 가족, 근린 지구, 도시, 지역, 국가, 지역, 그리고 세계 전체는 일상적으로 상이한 문화들이 매일 교차하고 접합되는 지리적 세계이다. 따라서 '다문화'라는 표현은 특정한 지리적 스케일의 공간을 외부와 구분 짓고 차별화하는 동시에 보다 작은 지리적 스케일의 문화적 차이를 등질화하는 일종의 스케일의 정치적 재현이라고 할 수 있다(Dwyer and Jones, 2000; Delaney, 2002).

이러한 측면에서 지리학자는 '통합을 전제로 한 다문화주의'로 요약되는 현행의 기술적, 제도적 문제 설정을 벗어나서, 이를 분석적, 비판적으로 새롭게 문제 설정할 필요가 있다. 다문화주의 개념은 본질적으로 지리적, 역사적으로 이질적인 위치와 궤적에 있었던 주체들이 하나의 생활 공간에서 만난다는 사실을 기술하고 제도화하는 사회·공간적 담론의 구성물이라는 점에 주목해야 한다. 이는 곧 프랫(Mary Louise Pratt, 2007)이 언급했던 것처럼 문화 횡단(transculturation)의 복잡성이 뿌리내리고 있는 접촉 구역(contact zone)의 지리에 관심을 두어야 함을 의미한다(Amin, 2002; Nayak, 2006). 왜냐하면 이러한 접촉 구역에서는 인종 및 민족집단을 중심으로 한 차이의 선분들이 지식이나 재현과 같은 권력을 통해 전유되어 온 지리적, 역사적 궤적이 남겨져 있기 때문이다. 따라서 '접촉 구역'이라는 메타포는 '간문화적(intercultural)' 관계에 있어서 인종 및 민족집단이라는 범주와 관련된 권력이나 욕망이 어떻게 지리적으로 뿌리내리는가를 포착하는 중요한 정치적 실천이기도 하다.

이러한 측면에서 글로벌 불균등 발전과 초국가주의가 야기하는 로컬 스케일의 접촉 구역의 지리는 다문화주의라는 기술적, 제도적 개념에서 문제 설정될 것이 아니라, 인종과 민족집단의 다양한 차이의 선분들을 전유해 온 권력, 지식, 재현의 측면에서 문제 설정되어야 할 것이다. 궁극적으로 오늘날의 공간은 모든 스케일에서 상이한 인종 및 민족집단의 구성원들이 상호 교차하는 접촉 구역이 되어가고 있다. 다더와 토레스(Antonia Darder and Rodolfo Torres, 2004)의『인종 이후: 다문화주의 이후의 인종주의(After Race: Racism after Multiculturalism)』는 이러한 문제의식을 깊이 반영한다. 이런 주장을 받아들인다면, 지리학적 측면에서는 이러한 접촉 구역에서 인종과 민족집단, 계급, 젠더 등 차이를 전유해 온 사회·공간적 담론을 분석하고 비판하는 것이 필요하다. 최근 인종과 민족집단의 지리에 대한 문제의식이 포스트식민주의적 관점과 관련하여 새롭게 부상하는 것은 바로 이러한 맥락에서이다. 특히, 현재 한국 사회에서 다문화주의가 하나의 산업과 같이 찬양받고 열풍이 불고 있으면서도 이주민들에 대한 차이나 편견이 더욱 강하게 확대, 재생산되고 있는 것은 다문화라는 이름 뒤에 은폐된 인종과 인종주의에 대한 냉철한 분석과 비판이 미흡하기 때문이다(박경환, 2008; 2012b; 박경태, 2009). 이러한 측면에서 다음 절에서는 인종 및 민족집단이라는 사회·공간적 구성물의 역사지리를 되짚어 보고, 이 개념의 지리의 변동 과정을 검토한다.

3) 인종 담론의 성쇠

오늘날 '인종'이라는 범주는 사회적 구성물로서 널리 받아들여지고 있지만, 불과 100여 년 전까지만 하더라도 하나의 과학적 사실이자 객관적 범주로 간주되어 왔다. 이러한 과정에서 '인종'은 사람들의 육체적 특징이나 사회적 속성을 불변의 본질적인 것으로 간주함으로써 사람들을 사회적으로 범주화하고 차별화하기 위한 수단으로 이용되어 왔다. 특히 근대에 들어 피부, 머리카락, 얼굴, 골격 등 생물학적 특징은 문명/비문명, 이성/비이성(감성), 절제/무절제 등의 이분법적 담론 틀에 조응하여 이해되어 왔다. 즉, 인종은 인간 세계의 질서를 수립해 온 서양의 식민주의 및 근대의 역사적 과정과 관련되어 있다. 한편, 헤게모니 집단이나 지배적 권력이 구사해 온 인종화된 지식은 오늘날에도 여전히 사회적 통념이자 상식으로 간주되는 경향이 있고, 뿐만 아니라 많은 개인적, 제도적 실천들은 여전히 인종이라는 개념적 매개물을 통해 구현, 실천되고 있다. 이러한 의미에서 "인종은 사회적 구성물이지만, 인종주의는 물질적 사실이다."라는 진술은 매우 정확한 지적이다(Johnston, 2009b, 615).

인간에 대한 근대의 생물학적, 계층적 범주화는 근대 이전의 다양한 신화적 서사와 철학적 근거를 소위 '과학'이라는 선분을 중심으로 재구성한 것에 토대를 둔다(Livingstone, 2011). 무엇보다도 근대 인종 개념은 플라톤과 아리스토텔레스의 철학에 기원을 두고 플로티노스와 같은 신플라톤주의자들에 의해 발전된 '존재의 대사슬' 개념에 뿌리를 둔다.[7] 지리적 탐험으로 비유럽 세계에 대한 지식이 축적되면서, 이 개념은 점차 인류에 대한 계층적 범주화를 정당화하는 주요 원리로 사용되기 시작했다. 가령, 유럽에서는 15세기에 들어 이 개념을 근거로 유대인이 태생적으로 기독교로 개종될 수 없는 '인종'이라고 생각하기 시작했고, 아프리카의 원주민도 식민주의적 권력 팽창 과정에서 이러한 담론 내에 편입되어 유럽인보다 열등한 인종으로 자리매김되기 시작했다. 또한, 라스카사스(Bartoloméde las Casas)와 세풀베다(Juan Jiménez Sepúlveda)가 벌인 유명한 '바야돌리드 논쟁'은 아메리카 원주민들이 과연 기독교도로 개종될 수 있는 비문명적인 천진난만한 인류인가? 아니면 만물의 존재 법칙으로 볼 때 낮은 계층에 처해 있으므로 상위 계층에 있는 유럽인들에 의해 지배와 착취를 받는 것이 타당한 야만인인가를 중심으로 한 것이었다(Carriére, 1992). 이처럼 스페인 식민주의자들은 '순혈'을 강조하면서 혈통적 순수성에 근거를 두고 사람들을 계층적으로 범주화함으로써 오늘날 인종 담론의 토대를 구축했다.

인종 개념이 영어권에서 사용되기 시작한 것은 17세기에 들어서인데, 그 배경에는 신대륙에 대한 앵글로색슨 민족의 식민지화 과정을 출현이 놓여 있다. 특히, 서양의 '타고난' 우월성을 정당화하기 위해 '문명'이라는 개념을 발전시키는 데에 인종 개념은 핵심적이었기 때문에, '인종'은 종교적·신화적 영역 외부의 근대 과학적 범주로 뿌리내려야만 했다. 이러한 의미에서 길로이(Paul Gilroy, 2000)는 인종 개념이 유럽의 착취적·팽창적 모더니티 기획에 있어서 단순한 부산물인 것이 아니라, 근대의 성립 그 자체가 '인종'과 불가분에 관계에 있고 나아가 '인종'이라는 담론으로 구성되어 있음을 주장한 바 있다. 근대의 과학적 개념으로서 '인종'은 린네(Carl von Linné)가 식물 분류학을 중심으로 하여 발전시킨 과학으로서 자연사의 발전 과정과 맥락을 같이 한다. 린네는 인류를 피부색과 거주 대륙을 기준으로 '하얀 유럽인', '붉은 아메리카인', '갈색 아시아인', '검은 아프리카인'의 네 가지로 구분한 후, 고대 그리스에서부터 전래되던 인간의 네 가지 기질에 관한 서사를 이러한 분류와 결부시킴으로써 각 집단의 전형적 특징을 생물학적 시각에서 세밀하게 기술하였다. 린네의 인간 분류학에 있어서 유럽인은 하얀 피부색을 띤, 세련된, 창의적인, 법에 따르는 인종이었고, 아프리카인은 피부색이 검은, 교활한, 게으른, 종잡을 수 없는 인종으로 전형화되었다(Livingstone, 1992). 또한, 프랑스의 철학자이자 자연 과학자였던 뷔퐁(Georger Louis Leclerc Buffon)은 인류에 대한 린네의 분류 범주를 사실상 '인종'이라는 개념으로 정립한 사람으로서, 전체 자연사의 틀 속에 인종 발달사를 끼워 넣었다. 뷔퐁은 모든 인류는 한 인종에서 분화되어 왔다는 인류일원설을 믿고 있었고, 이러한 분화는 다양한 지리적 요인에 따른 것이라고 보았다(Livingstone and Withers, 2005). 이러한 과학으로서의 인종관념의 뿌리가 서양의 유대-기독교의 성경적 지식과 깊이 연관되어 있다는 점에는 의심의 여지가 없다.

19세기 말 다윈의 자연 선택이나 적자생존과 같은 개념은 인종 개념을 자연화, 보편화하는 데에 결정적인 영향을 끼쳤고, 이는 우생학의 발전을 낳아 유전적 형질 개선을 통한 인종적 '개량'이라는 사회적 실천의 토대가 되었다. 이러한 인종주의적 실천은 미국에 있어서 이민자의 유입, 빈곤층의 증가, 노동 운동의 과격화 등이라는 맥락 속에서 사회적 '개량'과 통제의 수단으로 부상하게 되었다(Livingstone, 1992). 초기에는 '보다 바람직한' 자녀를 출산하기 위한 산아 제한이나 선택적 임신 등 긍정적 우생학에 초점을 두었으나, 점차 백인종의 순혈성을 유지하기 위해 유색 인종을 격리하거나 단종화하는 등의 부정적 우생학으로 발전되어 나갔다. 독일 나치즘은 이러한 사고가 극단에 치달은 것으로서, (가장 우월한 집단이라고 선전되었던) 나치 친위대는 아리아인 여성을 강제로 임신시키고, 유대인, 집시, 장애인, 동성애자와 같이 '바람직하지 못한' 타자를 아리아인 혈통의 순수성 보호라는 미명하에 격리, 단종화, 학살하였다. 나치즘은 근대의 생물학적 인종 개념의 필연적, 논리적 귀결로서, 나치즘의 몰락과 함께 인간 개개인의 생물학적 특징을 사회적 지위나 문화적 특징과 결부시키려는 시도도 쇠퇴하게 되었다(Darder and Torres, 2004). 덧붙이자면, 동아시아의 경우 일본의 식민주의적 파시즘이 한반도에 자행했던 식민주의적 폭력 또한 나환자나 장애인 등의 단종화와 깊이 연관되어 있다(오정수·박경환, 2012).

인종 개념에 대한 비판에도 불구하고, 오늘날에도 여전히 '인종' 개념에는 과학적, 본질적 토대가 있으며 인류를 하위 집단으로 분류할 수 있다는 관념이 다양한 사회적, 정치적 수단을 달성하기 위한 효과적인 도구로 사용되고 있다. 사회생물학, 신다원주의, 진화심리학과 일부 진화인류학 및 유전학의 경우 개인의 생득적인 '인종적' 차이를 발견하려는 시도를 계속하고 있다(Jackson, 1987). 그러나 다른 한편에서 오늘날 생물학이나 유전학 분야의 일부 학자들은 '과학'이라는 범주 내에서 '인종' 개념을 비판하면서 인종 집단 간의 차이보다는 인종 집단 내의 차이가 더 크다는 점을 지적하고 있다. 그렇지만 이러한 비판은 '인종' 개념을 문화적, 정치적 범주로부터 분리시키는 오류를 범함으로써 인종은 문화적 또는 자연적 개념 양자의 하나에 속한다는 이분법적 틀을 재생산한다는 측면에서 문제가 있다. 이 때문에 소위 '인종 과학'의 문화 정치는 여전히 심층적으로 분석되지 않은 채 남아 있다. 따라서 인종은 자연적 본질인가 문화적 구성물인가라는 이분법적 틀로 접근하는 대신, 자연과 인종 과학이 사회·공간적으로 구성된 것으로서 '이미 그리고 항상' 정치적으로 얽혀 있다는 점을 인식하는 것이 중요하다(Jackson, 1987; Kobayashi, 2004).

미국의 흑인 인권 운동가였던 두 보이스(W. E. B. Du Bois)는 인종 개념이 1세기 이상 사회의 저변과 정신에 깊숙하게 배어 왔기 때문에 단순히 인종적 범주화의 오류와 한계를 지적한다고 해서 인종 개념의 권력을 무효화할 수는 없다고 보았다. 두 보이스는 백인의 유색인들에 대한 억압을 이성적, 의식적 결과물로 파악하기보다는 오랜 세월에 걸쳐 사람들의 행태에 내재되어 온 무의식적 습관과 비이성적 충동에 문제의 초점을 두어야 한다고 보았다. 따라서 프란츠 파농(Franz Fanon)의 『검은 피부, 하얀 가면(Black Skin, White Masks)』같은 인종 및 민족집단 정체성에 대한 정신분석학적 접근은 인종주의의 무의식적, 비이성적 차원을 검토하는 데에 매우 중요하며(이석호 역, 1998), 이 때문에 포스트식민 이론가들은 유럽 식민 이성의 폭력을 분석하면서 파농의 저술에 주목했다(Spivak, 1990; Sharp, 2008). 파농은 인종 개념의 구성이 근대적 인간의 주체성 형성 과정에 뿌리를 내리고 있음을 지적하면서, 인종 개념은 자아의 구성과 자아에 대한 인식뿐만 아니라 자아의 행위와 변화 과정에도 깊이 얽혀 있다는 점을 분명히 한다. 이러한 논의는 크리스테바(Julia Kristeva)와 같은 정신분석이론가들의 '대상관계(object relation) 이론'을 통해 보다 심층화되어 왔다. 그리고 이러한 논의에서 아브젝시옹(abjection)이나 오염(defilement)과 같은 개념이 인종을 집단적, 개인적 주체 형성 과정에서 접근하는 데에 중요한 도구로 부상하였다(서민원 역, 2001; Mc-Clintock, 1995; Sibley, 1995; Pile, 1996).

오늘날 인종화에 관한 계보학적 연구나 비판 인종 이론에서부터 흑인 문화 연구나 치카노 연구 등 보다 구체적인 경험적 연구들에 이르는 인종 연구들은, 인종적 차이나 유사성이 사회적 투쟁, 공유된 역사, 일상적 실천의 '위치 짓기(positioning)'를 통해 형성되어 왔고 이러한 과정에는 식민주의적 팽창, 민족국가의 형성, 가부장주의, 자본주의 등 다중적인 권력 관계가 교차하고 있음을 지적하고 있다. 결국 '인종'은 어떤 고정된 차이도 아니며 어떤 불변의 의미나 보편적 형태도 없으며, 역사적, 지리적으로 상이한 맥락을 조건으로 하여 구성되고 동원되어 온 담론이라고 할 수 있다. 오늘날 많은 학자들은 인종과 교차되는 다양한 차이와 권력 관계의 지리적 특수성을 포착하고자 함과 동시에, 다양한 인종주의'들'이 어떻게 일상적 삶의 현실에 뿌리내리고 있는지에 여전히 주목하고 있다. 요컨대 오늘날 사회과학에 있어서 인종지리학(racial geography)은 인종 담론의 생산 및 재현과 공간성의 관계에 주목하는 인종화의 지리(geographies of racialization)로 이행해 왔음을 보여 준다.

4) 민족집단 개념의 부상

'민족집단'이라는 용어가 처음으로 사용된 것은 기원전 5세기 헤로도토스가 『역사』에서 그리스인의 정체성을 언급하면서부터이다. "우리는 모두 헬라스인들이오. 우리는한 핏줄이고, 같은 말을 쓰고, 같은 신전을 사용하고, 같은 축제를 개최하며, 생활 방식 또한 같소이다."(Herodotos, BC 440; 천병희 역, 2009, 837)라는 표현에서 알 수 있듯이, 그는 공통의 혈연, 언어, 종교, 문화와 관습을 민족집단의 특성이라고 보았다. 이후 기독교가 발흥함에 따라 점차 민족집단은 유대·기독교도의 범주에 해당되지 않는 타자를 지칭하는 용어로 사용되었고, 14세기부터 19세기 중반까지 주로 종교적, 문화적 측면을 중심으로 하여 '이교도'나 '이단'을 지칭하는 용어로 사용되었다. 그러나 19세기 중반 즈음부터 민족집단은 보다 광범위하고 일반화된 용어로서 사람들 곧 집단을 지칭하는 용어로 사용되기 시작하였다.[8] 특히, '민족집단'이라는 용어가 대중적으로 부상하기 시작한 것은, 20세기에 들어 서양 선진 자본주의 국가로부터 아시아와 아프리카 등 비유럽 세계의 이주민이 강제적 또는 자발적으로 유입되어, 이들이 민족국가 내 '국민'의 등질성과 지배적 권력을 침해하는 소수 민족집단으로 등장하면서부터이다. 이러한 맥락에서 민족집단은 지배적 주류 문화를 내재한 국가 또는 민족 내부로 이주나 정복에 의해 이동해 온 상이한 문화 정체성을 가진 새로운 집단을 의미했다. 아울러 이는 지리적 측면에서도 국가마다 상이한 의미를 내포하게 되었다. 가령, 영국의 경우 '민족집단'은 대체로 '인종'을 함의하여 서로 뚜렷한 구분 없이 사용되지만, 북미에서 '인종'은 피부색과 같은 생물학적 측면을 일컫고 '민족집단'은 비영어권 국가 출신의 최근 이민자들 및 그 후손들을 가리키는 경향이 강하다(Johnston, 2009a).

민족집단은 인종과 자주 혼용되지만 인종 개념이 사회적, 정치적 담론으로 비판받으면서 기존의 인종이라는 신체적 특성뿐만 아니라 종교, 언어 등 문화 집단까지를 포괄적으로 나타내기 위한 개념으로서 사용되고 있다. 명사형으로서 '민족집단'이 학술적으로 처음 사용된 것은 아주 최근인 1940년대 초반으로서, 원래 나치즘과 깊이 결부되어 있었던 생물학적 '인종' 개념을 대체하여 인종주의적 인식을 근절하기 위한 목적으로 사용되기 시작했다. 특히, 1951년 유네스코가 발간한 짧은 선언문인 "인종 문제(The Race Question)"라는 선언문에 레비-스트로스(Claude Levi Strauss), 몬테규(Ashley Montagu), 헉슬리(Julian Huxley), 뮈르달(Gunnar Myrdal)과 같은 저명한 학자들이 서명을 했는데, 이는 제2차 세계대전을 일으킨 이데올로기적 핵심이었던 소위 '인종'이라는 생물학적, 생리학적 관념에 뿌리를 둔 인종주의와 인종과학의 종언을 선언한 것이었다. 이 선언문에서는 "민족적, 종교적, 지리적, 언어적, 문화적 집단은 인종 집단과 필연적으로 일치하는 것은 아니다. 이러한 집단의 문화적 특질은 인종적 특질과 유전적으로는 어떤 상관관계도 없다. 이러한 오류는 우리가 '인종'이라는 용어를 대중적으로 사용하는 순간 습관적으로 나타난다. 우리는 인류에 대해 말함에 있어서 '인종'이라는 어휘보다는 '민족집단'이라는 어휘를 사용하는 것이 보다 적절하다고 생각한다."(UNESCO, 1951, 6-7)라고 선언함으로써 이데올로기적 인종 관념을 민족집단이라는 용어로 대치할 것을 촉구했다.

오늘날 민족집단은 한 개인이 자신의 집단적 소속감과 정체성을 정의하는 방식의 하나일 뿐만 아니라 특정 사회 내에서 사람들이 형성하는 사회적 층화의 한 종류이기도 하다. 특정 민족집단에 소속되어 있다고 믿는 사람들은 공통의 기원이나 조상, 그리고 다른 사람들과 구분되는 독특한 문화적 차이를 강조하며, 이 때문에 민족집단 형성은 포섭과 배제를 동반할 수밖에 없고 민족집단의 정체성은 '우리'와 '그들'을 구분 짓는 전형적인 사례로 간주된다. 이처럼 오늘날 '민족집단'이라는 용어는 뚜렷한 문화적 특징을 가지고 있다고 자기 정체화하는 모든 다양한 인류 집단을 지칭하는 일반적인 용어로 확장되었다. 근대적 의미에서 '민족집단'이라는 용어를 처음으로 사회과학에서 사용한 막스 베버에 따르면, 민족집단은 신체적 특징이나 관습의 유사성 또는 식민화나 이주 경험에 대한 공유된 기억을 바탕으로 같은 출신이라고 생각하는 주관적 믿음을 가진 집단이다(Banton, 2007). 나아가 민족집단에 있어서 객관적인 혈통 관계가 존재하느냐의 여부는 중요하지 않으며, 특정 민족집단의 주체적, 자발적 믿음과 집단 역사에 대한 인식이 핵심적이라고 이해했다. 이처럼 베버는 민족집단을 사회적 구성물이라고 보면서 민족집단의 정체성 형성에서 구성원들의 주관적인 믿음을 강조하였고,

집단 정체성이 이러한 민족적 신화와 역사 그리고 집단적 믿음을 창조해 냈다고 보았다(Banton, 2007).

20세기에 들어 민족집단의 '기원'에 대한 논의는 크게 두 가지 쟁점을 중심으로 하여 전개되어 왔다. 첫째, 베버의 관념론적 입장은 같은 혈통에 뿌리를 둠에 따라 전승되어 온 공통의 습속과 취향이 사람들마다 다르기 때문에 사회문화적, 행태적 차이가 존재한다는 자연주의적 또는 본질주의적 입장[9]과 정면으로 대치되었다. 베버와 같이 전통적인 독일 관념론에 기반을 둔 관점은 민족집단의 정체성이 역사적 힘의 산물이라고 보는 반면, 베버 이전의 민족학자들을 중심으로 한 본질주의자들은 이러한 정체성을 존재론적 범주로 간주하여 사회 행위자들에 영향을 미치는 독립 변수로 이해하고자 했다. 둘째, 이러한 본질주의적 입장과 관념론적, 역사주의적 입장 간의 긴장과 아울러 원초주의적 관점과 도구주의적 관점 사이의 긴장도 민족집단에 대한 이해를 보다 복잡하게 만든다. 원초주의적 관점은 주체적 믿음이나 신화적 구성과 같은 관념적 측면보다는, 이러한 집단적 믿음과 의지를 태동하는 물질적 필요와 토대, 집단 내부 및 외부에서의 권력 관계에 주목한다. 반면, 도구주의적 관점은 민족 정체성을 어떤 집단의 특정한 전략적 요소라고 보고, 부, 권력, 사회·경제적 지위 향상과 같은 2차적 목적을 위해 동원되는 자원으로 간주한다(Banton, 2007; Johnston, 2009a). 요컨대 20세기 이전 베버의 역사주의적 관점이 부상하기 전에는 본질주의적, 원초주의적 관점이 지배적인 시기였고 인종과 민족은 동전의 양면과 같았다. 이 시기는 소위 골상학과 같은 '자연과학'이 지배했던 시기로서 사람들의 문화적, 행태적 특질과 경향은 생물학적 특성의 반영이라고 생각했고, 그렇기 때문에 민족집단 간의 문화적 차이는 상속된 습속이나 취향의 결과라고 받아들여졌다. 그러나 점차 민족집단을 집단적 믿음의 부산물이자 역사적 결과물로 간주하는 사회과학적 관점이 부상하고 '인종' 개념에 근거한 파시즘에 대한 전면적 비판이 제기되면서, 민족집단 개념으로부터 생물학적, 본질주의적 관점의 소위 '인종 과학'은 점차 분리되어 나가게 되었다.

1980년대 사회과학의 문화적 전환 이후, 민족집단은 정체성의 정치와 관련된 역사적, 사회적으로 구성된 산물로서 이해되는 것이 일반적이다. 이러한 입장은 민족집단의 공동체 의식, 소속감, 연대감은 특수한 맥락이나 목적하에 부상한다는 점을 강조한다. 가령 마르크스주의자들은 도구주의적 입장에서 민족집단의 연대감은 계급의식이 전치된 것이라고 이해하면서, 계급적 위치의 우선성을 강조한다. 또한 국가가 국가 내 노동 계급의 연대를 약화시키고 분절 노동 시장을 창출하기 위해 노동 계급의 내적 이질성을 높이려는 자본주의적 이데올로기라고 본다. 아울러 민족집단 응집력을 다른 집단과의 관계 속에서 이해하는 관점도 있다.[10] 결국 민족집단은 일련의 포함과 배제의 정치적 과정에 따라 축소 또는 확대되는 동적인 범주로 이해되어야 하며, 이때 특정한 지정학적 맥락에서 정치적 동원과 같은 2차적 목적을 위해 어떻게 정체성이 규정되고 이용되는가에 주목해야 한다.

마지막으로 인종, 민족집단, 민족이라는 용어의 사용과 관련해서 몇 가지의 문제점을 지적하고자 한다. 첫째, 근대 국가는 민족집단의 등질성에 기반을 둔 한 개의 등질적인 '민족'이 한 개의 국가를 구성한다는 소위 민족국가 관념에 뿌리를 두고 있었지만, 실제 현실 공간에 있어서 민족국가는 다수의 민족집단들로 구성되어 있는 경우가 대부분이다. 이러한 맥락에서 '민족'은 '만들어진 전통' 즉, 민족국가와 민족주의가 지리적 상상의 산물이자 이데올로기라는 점에서 비판받아 왔다(Hobsbawm and Ranger, 1983).[11] 이러한 측면에서 민족집단은 이미 19세기 말부터 대체로 소수 민족집단(ethnic minority)을 가리키는 용어로 차용되었다. 이는 특정 국가 내의 지배적인 집단은 보편적이고 정상적인 헌장 집단(charter group)으로 간주되는 반면, 유색인종이나 이주민들과 같은 소수자들은 특수한 문화적, 사회적 속성을 내재한 '민족집단'으로 간주되기 때문이었다.

둘째, 민족집단과 인종은 실제 사용하는 언어에 따라서 뚜렷하게 구분이 가능하다기보다는 대체로 혼용되거나 상호 관련 속에서 정의되는 경우가 많다. 가령, 인종은 인간에 대한 보다 광범위한 분류 체계로 간주되는 반면, 민족집단은 특정 인종 집단의 하위 범주로 간주된다는 점에서 문제적이다. 그렇지만 인종이라는 범주 자체도 문제적일 뿐만 아니라 다양한 인종 간의 결합 과정에서 유전학적, 생물학적으로 특정한 인종 집단을 전형적으로 드러내는 것은 사실상 불가능하다. UN의 정의를 따르자면, 생물학적으로 말할 때, 인류에는 '인간'이라는 한 가지 종밖에 존재하지 않는다(UNES-CO, 1964). 모든 인종은 '인종화'의 산물이며, 모든 인종화는 특정 집단을 자연화하려는 목적을 위해 이루어졌다. 다양한 육체적, 문화적 증거들이 인종 간의 선을 만드는 데에 사용되었고, 이러한 인종적 선은 일단 그어지고 나면 함부로 넘기 힘든 막강한 권력을 부여받게 되었다. 이러한 측면에서 '민족집단'은 인종화된 소수 집단이 문화적 유사성이나 역사적 공통성에 기반을 두고 자신들의 사회적 연대감과 단결을 촉진하기 위해 사용되는 거울과도 같은 용어라고 할 수 있다. 따라서 인종화는 결과적으로 민족성의 등장을 강화하며, 소수 민족집단은 민족성을 토대로 지배 집단의 권력에 저항하거나 도전할 수 있는 응집력을 갖추게 된다. 이 경우에서 볼 수 있듯, 인종과 민족성의 근본적인 차이는 인종적 차이의 경우 집단 외부로부터 민족적 연대감은 집단 내부로부터 발원한다는 데에 있다. 이러한 점에서 결국 민족성은 자기 결정의 과정이라고 할 수 있다.

5) 인종지리학과 환경결정론

지난 10여 년간 지리학자들은 인종, 인종주의, 인종화라는 문제에 유례없을 정도로 각별히 주목함으로써 … 그동안 [지리학에서] 간과되어 왔던 많은 문제들을 밝히는 데 기여해 왔다. [특히 이러한 새로운 인종 지리 연구는] 권력의 작동과 정체성의 관계적 구성에 있어서 공간이 어떤 역할을 하는지에 대한 이해를 보다 풍부하게 해 왔다.(Delaney, 2002, 6)

'인종'이라는 개념은 오랫동안 인류가 지리적 영향하에서 어떻게 독특한 경관을 형성해 왔는지에 관심을 가져왔는지를 이해하는 데에 핵심적이었다. 인류의 '보편적 이성'과 '시민 사회'를 주장했던 계몽주의자들은, 지리상의 발견 이후 비유럽 세계와의 접촉을 통해 축적된 지리적 사실로부터 '인종'이라는 자연적 범주를 고안해 냄으로써 비유

럽 세계의 주민들을 근대적 '시민'의 범주로부터 배제하였다.[12] 사람들의 코, 눈, 입 등
얼굴의 생김새, 피부와 머리카락의 색깔, 복장, 행태와 같은 미시적·신체적 경관에서
부터 음식, 주택, 마을, 농경 방식, 사회 조직 등에 이르는 보다 거시적·지역적 경관은
인종 개념의 과학성과 원초성을 정당화하는 핵심적인 증거로 전유되었다.

19세기 중·후반까지만 하더라도 인종지리의 다양성에 대한 지리학계의 태도는 크
게 두 가지로 이원화되어 있었다. 우선, 프린스턴 대학에서 자연지리학과 지질학을
강의했던 기요(Arnold Guyot)는 이러한 인종 지리를 창조주에 의한 결과라고 보았는
데, 이러한 목적론적 세계관은 여전히 계몽주의적 이성에 대해 종교적 입장을 견지하
던 사람들에 의해 널리 지지받고 있었다. 둘째는 미시간 대학에서 지질학을 강의했던
윈첼(Alexander Winchell)로 대표되는 입장으로서 인종 지리는 (생존 경쟁을 위한 치
열한 투쟁의 결과로 빚어진) 자연적 과정의 귀결이라고 보았는데, 이는 당시 부상하기
시작하던 인류 역사에 대한 자연과학적 관점을 대변하는 것이었다. 결과적으로 리터
(Carl Ritter)의 신학적·목적론적 세계관의 영향을 받았던 기요의 인종 지리적 관점은
19세기 이후 다윈주의라는 지배적 패러다임이 등장하면서 점차 쇠퇴했다(Smith and
Godlewska, 1994).

19세기 중반 이후 분류학을 토대로 한 자연과학의 발전이 진화론으로 응집되면서,
인종 개념에는 생물적 본질에다가 진화라는 '역사성'까지 부여되어 '우리'와 '그들'을 범
주화하기 위한 확실한 토대로 굳어지게 되었다(Livingstone, 1992). 이는 라첼과 같은
생물학적 관념론에 기반을 둔 지리학자가 등장하면서 더욱 '과학적' 지리학으로서 설
득력을 얻게 되었다. 주지의 사실이다시피, 라첼은 인종 집단의 초유기설을 바탕으
로 하여 '모든 인종은 처음부터 끝까지 일관된 법칙에 의해 움직이는 단일체이다.'라는 선
언에서 출발하여 근대 인종지리학의 문을 열어젖혔다. 그는 1869년『유기체적 세계의
존재와 의지』라는 논문으로 동물학 박사학위를 취득하면서 자연환경과 문명의 인과
관계를 다루었는데, 그 주장의 핵심은 진화와 문명 발달에서 환경의 변화에 따른 유기
체적 적응과 이주가 핵심이라는 것이었다. 달리 말해, 유기체의 서식은 서식 환경에
의해 결정되고, 서식 환경이 확대되는 것은 유기체의 이주에 따른 공간적 확산과 번식

의 결과라는 것이었다. 이러한 관점에 영향을 미친 것은 신라마르크주의의 열렬한 지지자였던 바그너였다. 그는 다윈의 진화론이 지리적 이주와 고립이 진화에 미치는 영향을 간과했다고 보면서, 고립적 환경의 특수성이 변이를 가중시키지만 진화로 이어지기 위해서는 이주가 필연적이라고 보았다.[13] 라첼은 바로 지리학적으로 매우 매력적이었던 신라마르크주의를 받아들여 인종 집단의 생활 공간에 미치는 환경과 이주의 영향을 설명하면서, 특정 인종의 생활 영역은 유기체로서의 인종 집단이 점유하는 지리적 영역의 확장과 변화는 진화 법칙의 필연적 결과라고 보았다(권정화, 2009).

소위 '환경결정론자'로 요약되는 헌팅턴(Ellsworth Huntington), 테일러(Griffith Taylor), 셈플(Ellen Semple)과 같은 라첼의 추종자들은 그의 주저 『인류지리학』에서 관념론적, 사회진화론적 속성은 제거하고 신라마르크주의의 요체인 환경, 적응, 고립, 이주, 확산과 같은 '지리적' 개념들만을 계승, 확대 발전시켰다. 이 결과 이들의 연구는 '과학적 인종학'을 기치로 하여 지리적 환경과 인종적 기질 및 생활과의 필연적 법칙에 초점을 두었다. 우선, 헌팅턴은 전 생애에 걸쳐 지능, 건강, 문명 등의 분포와 소위 '기후 에너지' 분포의 지리적 상관관계를 지도화하여 인종 집단 문명의 성쇠를 기후라는 독립 변수로 설명했다. 그에 따르면, 열대 지역에 영구히 정착하게 된 사람들은 열대 기후로 인한 정신–생리학적 불이익으로 진화를 영구히 멈추게 되어 수천 년 동안 아무런 변화도 겪지 못했기 때문에 아프리카의 흑인들은 '인류의 가장 원시적인 조상'을 대표한다고 보았다. 마찬가지 맥락에서 아메리카 원주민 등은 추운 시베리아와 베링 해협을 통해 이주하는 과정에서 퇴행적 진화를 겪게 되었다고 보았다(Huntington, 1924).[14]

셈플은 신라마르크주의적 진화론을 가장 뚜렷하게 반영하는 지리학자로서 개별 인종 집단의 지형적, 기후적 환경에의 적응 노력이 세대를 거쳐 상속된다고 주장하였다. 가령, 지형적 측면에서 산간 지역 거주자들은 새로운 혁신에 대해 거부감을 갖고 강한 가족애를 갖고 있으며, 생존을 위한 투쟁의 결과 매우 소박하고 근면하다고 보았다. 또한, 기후적 측면에서 열대 지역 주민들은 게으른 경향이 있고 감정적인 기질이 강하며 생계를 위한 비용이 전체적으로 낮기 때문에 노동자 계급이 형성될 가능성이 높다

고 보았다(Semple, 1911).[15]

테일러는 습도와 기온이 인간의 정주에 미치는 영향을 연구하면서 호주 내륙이 백인들이 정착하기에는 적합하지 않는 반면, 원주민이나 아시아계 인종은 이러한 환경에 잘 적응할 수 있다고 보았다(Taylor, 1916).[16] 테일러는 기후를 묘사함에 있어서 '건강에 유리한', '활동을 촉진하는', '유리한', '에너지 넘치는'과 같은 표현을 사용하면서 인종별 범주화에 토대를 둔 지능과 기후와의 상관관계를 지도학적 분포 패턴을 통해 정당화하고자 했다(Taylor, 1916).[17] 또한, '인간의 피부색 및 기타 특성에 대한 기후의 영향'으로 시작되는 장에서, 인종은 피부색에 따라 니그로, 함족, 올리브족, 혼혈인(half-caste) 등으로 분류하고 각 인종 집단을 지능, 눈의 모양, 머리카락 색깔, 문화와 상호 관련시켰다. 또한, 인종 특성에 관해서 라첼과 마찬가지로 문명 발달에서 이주를 중요시하면서 이주의 과정에서 가장 문명적으로 진화된 (그러나 노쇠한) 집단이 아시아계 인종이라고 보았다(Livingstone, 1992).

이 외에도 트레와다(Glenn Trewartha, 1926)는 열대 지역에 거주하는 백인들은 독한 술을 가까이하게 되고, 성적인 탐욕에 빠지게 됨에 따라 열등한 인종들과 가깝게 어울리며, 영양이 고른 (옳은) 식사를 하기 어렵기 때문에 심각한 문제에 직면하게 된다고 주장했다. 한편, 크로포트킨(Peter Kropotkin)의 주장은 무정부주의적 인간주의에 바탕을 둔 '생물학적 기능주의'로 요약될 수 있다. 무정부주의를 과학적인 토대 위에 올려놓고자 했기 때문에, 무정부주의에서의 도덕 지리는 상호 부조의 원리라고 보았다. 사회성은 자연의 법칙에 속하며, 동물 종이든 특정한 인간 종이든 이들의 점진적 진화는 사회성에 의해 결정된다고 보았다. 그는 러시아 농노 사회에서 평등의 정신과 자급자족의 원리를 발견했고, 이를 토대로 한 상호 부조, 탈중심적 사회 구성, 공동체 기반의 자치 정부 등이 자연과 인간 간의 조화로운 관계에 대한 증거라고 생각했다(Livingstone, 1992; Smith and Godlewska, 1994; 권정화, 2009).

이처럼 다윈의 등장 이후 19세기 중·후반 이후의 지리학은 기후에 따른 인종의 지리적 특성을 설명하는 데에 초점을 두었고, 이 속에서 인간의 이주, 적응, 정신, 도덕, 문명을 결합시켜 이해하고자 했다. 그리고 20세기에 들어서면서 환경결정론은 지정학과 결부되어 정치적 영역에서의 직접적 실천에 큰 영향을 끼쳤다. 특히 지리학의 제도화 과정에서 환경결정론에 초점을 둔 지리학자들은 기후 지역에 대한 인종 기반의 도덕 지리 담론을 생산했을 뿐만 아니라, 나아가 보다 능동적인 측면에서 제국주의적 지배와 군사적 팽창을 정당화하기 위한 이데올로기의 토대를 구축했다고 볼 수 있다 (Livingstone, 1992).

6) 민족집단과 사회·문화지리학

1900년대 초반 이후에는 점차 인종지리학에 뿌리를 둔 환경결정론적 관점이 쇠퇴하는 대신, 민족집단의 지리적 분포와 이들이 형성하는 문화 경관에 대한 관심이 증대되어 왔다. 이는 크게 두 가지 흐름으로 볼 수 있는데, 첫째는 칼 사우어(Carl O. Sauer)로 대표되는 버클리 학파의 문화지리학적 연구로서 주로 인류가 형성한 경관의 창조적 변동 과정에 초점을 두어 문화적 실천과 산물이 어떻게 경관에 아로새겨져 왔는지를 조사해 왔다. 이는 스펜서(Herbert Spencer)의 문화의 초유기체설에 기반을 둔 것으로서, 문화를 하나의 독립적, 물질적 실체로 파악하여 문화의 내적 논리와 법칙에 따른 진화 과정이 인간의 일상생활에 영향을 미친다고 보았다. 따라서 인간은 문화를 이 장소에서 저 장소로, 이 세대에서 저 세대로 실어 나르는 매개자나 메신저의 역할을 수행한다고 파악했다. 문화에 관한 진화론적, 초유기체적 관점이 지리학계에 들어온 것은 1920~1930년대에 사우어가 같은 대학의 인류학자인 알프레드 크뢰버(Alfred L., Kroeber)와 로버트 로위(Robert H., Lowie)와 친한 관계를 유지하면서부터였다 (Cloke *et al.*, 2004).

그러나 이미 1940년대에서부터 인류학계에서조차 이러한 초유기체적 관점은 인간 행위의 주체성을 강조하는 분위기로 인해 인간 집단이 다양한 제도를 창조하여 어떻게 문화를 바꾸어 나가는가에 관심을 가지는 방향으로 변화하고 있었다. 그러나 사우어 중심의 문화지리적 관점은 오히려 뒤늦게 지리학계에서 상당히 넓은 지지층을 확보해 나갔다. 고고학적, 인류학적 연구 방법에 기초하여 현재의 문화 경관 속에서 역사적 진화와 전파 과정을 규명하는 이러한 풍토에서, 인간은 문화에 대해 수동적이며, 문화적 관계의 외부에 존재하는 것으로 이해되었다.[18] 다이아몬드(Jared Diamond)의 『총, 균, 쇠』와 같은 저술 또한 과거 문화진화론적 관점의 현대판 소생으로서 인류의 문화사를 자연지리학적 지식과 아울러 생물학, 생리학과 같은 보다 '과학적'인 담론 속에서 체계화한 것이라 할 수 있다.

두 번째 흐름은 도시라는 보다 작은 지리적 스케일에 주목한 연구 흐름으로서 도시 내부의 사회·공간적 분화와 경관 형성 과정에 초점을 둔 연구이다. 이는 주로 도시 내 민족집단의 격리(segregation) 원인과 결과에 주목했는데 이러한 관심은 1900년대 초반 시카고 인간 생태학파의 연구에 뿌리를 두었다(Wirth, 1927; 1938). 로버트 파크(Robert Park)나 루이스 워스(Louis Wirth)는 민족집단 격리의 전형적인 사례로 '게토'에 초점을 두었고, 그 기원을 르네상스 시기 베니스에서 유대인들의 강제 주거 지구에까지 소급해 추적하였다.[19] 시카고학파의 게토 연구는 생물학적 유추에 기반을 두고 인간 행위주체성과 구조적 측면 양자를 간과했다는 측면에서 기능주의 사회학의 비판에 직면했지만, 이들이 '공간적 격리'에 주목했던 점은 1960년대 이후 사회 현상의 공간적 분포에 관한 학문이라 할 수 있는 계량주의–실증주의 도시지리 연구에 중요한 씨앗이 되었다. 1960년대 이후 격리라는 개념은 민족집단의 지리에서 핵심 개념으로 부각되었으며, 격리를 어떻게 정의하고, 지도화하고, 측정해야 하는지에 대한 관심이 지리학자의 전면에 떠오르게 되었다(Peach *et al.*, 1981). 이러한 측면에서 민족집단이 형성하는 게토에 대해 관심이 집중되었고, '상이성 지수'나 '고립 지수' 같은 다양한 지표를 통해 이러한 공간적 패턴을 계량적으로 분석하거나 공공정책에 있어서 민족적, 인종적 분리를 통합하려는 시도가 이루어졌다(Boal, 1976; Sterns and Logan, 1986). 또한, 1970년대부터는 도시 내에서 민족집단의 거주지 패턴과 토지 이용 등을 일반화하려는 시도가 도시 연구에서 중점적으로 이루어졌다. 가령 멀러(Peter Muller, 1976)는 미국 도시의 교외화에 대한 연구에서 흑인 근린지구의 교외화를 다루면서 '게토화된 흑인 교외 지역'이라는 용어를 사용하기도 했다.

민족집단 근린지구를 설명함에 있어서 인종주의라는 지배 집단의 외적인 힘을 강조하는 시도와 아울러, 민족집단 스스로 집단적 정체성을 유지하고 권력을 강화하기 위해 자발적으로 형성하는 공간적 응집(congregation)도 강조되기 시작했다. 보알(Fred Boal, 1976)은 이러한 공간적 응집의 결과를 '엔클레이브'로 명명하면서 도시 내부에서 민족집단 근린 지구에서 형성되는 공통의 민족 정체성이 집단적 방어, 구성원 간의 상호부조, 문화와 전통 보전, 지배 권력에 대한 공격의 측면에서 형성된다고 보았다. 우선, 게토는 유대인의 자기-의식적 집단 정체성을 강화해 왔고, 실제로 유대인은 게토의 물리적 장벽이 사라진 이후에도 외부에서의 배제와 차별을 피하기 위한 도피처로서 게토를 활용해왔다. 둘째, 엔클레이브 내 공식적 제도나 비공식적 가족, 친족, 친구 관계는 구성원 간의 물질적, 사회적 상호 부조를 가능하게 하고, 외부의 경쟁으로부터 자유로운 민족집단 경제의 형성으로 발전된다. 셋째, 영국 내 아시아계 이민자 집단의 근린 지구나 뉴욕의 할렘 지구는 문화적 보전과 표현을 위한 엔클레이브로서, 특수한 음식 재료를 구하고, 종교적 의식과 계율을 지키며, 문화적으로 유사한 배우자를 만나기 위한 공간이다. 넷째는 지배 집단의 배타적 권력이나 헤게모니에 대한 저항 공간으로서의 기능인데, 1960년대 말 샌프란시스코의 카스트로 지구에서 하비 밀크가 주도했던 게이 공동체 운동이 대표적이다. 이들은 도시 내부의 특정 근린 지구에 공간적으로 응집함으로써 소위 '동성애 경제'를 형성하여 경제적 토대를 구축했고 노동조합 등 다른 조직과의 연대를 통해 더 넓은 사회적 실천으로 나아갔다(Knox and Pinch, 2010). 결국, 1960년대부터 1980년대까지 도시를 중심으로 한 민족집단 근린 지구에 관한 연구는 '격리-게토'와 '응집-엔클레이브'라는 이분법적, 이상적 모델로 등식화되었다(Jackson and Smith, 1981; Peach *et al.*, 1981; Knox, 2010).

1980년대에 들어서는 이러한 연구에 대한 비판이 부상하게 되었다. 우선 게토와 엔클레이브는 서로 분리 가능한 독립적인 사회·공간적 결과라기보다는 상호 구성적, 상호 강화적이라는 점이 부각되면서 일련의 '게토-엔클레이브 연속체(ghetto-enclave continuum)'로 인식하는 경향이 대두되었다(Pacione, 2009; Knox and Pinch, 2010). 또한, 사회적 관용과 거주지 분리 사이의 상관관계는 생각보다 뚜렷하지 않다는 점이 제기되었다. 즉, 민족집단의 거주지 분리는 반드시 사회적 차별의 결과로서 나타나지는 않으며, 역으로 민족집단이 공간적으로 서로 분리되어 있지 않다고 해서 사회적 차별이 없음을 의미하는 것이 아니라는 것이다. 또한, 격리에 대한 대부분의 연구는 거의 전적으로 센서스 자료에 의존했는데, 이러한 자료는 응답자의 출신 국가나 인종적 기원에 의해 정의되었기 때문에 민족집단 정체성의 형성 과정을 이해하는 데에 근본적인 한계가 있었다. 이러한 범주적 분류는 근본적으로 인종 범주 간의 경계를 가정하고 있기 때문에 인종화를 사회적, 공간적으로 재생산하고 강화하기도 했다. 이러한 비판으로 인해 1980년대부터는 민족집단에 대한 계량적인 연구가 점차 쇠퇴하였다.

1980년대 중반 이후의 이러한 패러다임적 전환 과정에 있어서 지리학계에서 가장 기념비적인 저술은 1987년 피터 잭슨(Peter Jackson)이 발간한 『인종과 인종주의(Race and Racism)』였다. 이 책은 그동안 지리학이 인종화된 사회관계의 공간적 결과만을 다루었을 따름이지 인종화의 사회·공간적 구성 과정을 간과해 왔다는 데에 대한 통렬한 자기반성이 담겨져 있는 것이었다. 이 저술은 '민족집단의 격리'를 중심으로 한 범주 기반의 계량주의적 방식의 사회지리학으로부터 결별을 고하고, 인종을 사회적 담론의 구성물로 인식하여 지리적, 역사적으로 인종 담론이 어떻게 구성되어 왔고 어떻게 공간적 과정과 접합되어 있는가에 대한 관심으로의 변동을 주창한 것이었다. 이 저술 이후 지리학 내에서의 인종에 대한 관심은 분포에 관한 학문으로부터 사회·공간 변증법적인 측면에서 '어떻게 인종이라는 범주가 탄생하고 이러한 과정에 어떠한 공간적 과정이 개입하는가'에 대한 관심으로 이행하게 되었다.

이러한 관점이 가장 명확하게 드러나는 것은 앤더슨(Kay Anderson, 1987)의 1987년 샌프란시스코 차이나타운에 관한 기념비적 연구이다. 앤더슨은 이 연구를 통해 도시 정부의 법률과 제도, 중국인들에 대한 대중 매체의 인종주의적 보도, 그리고 백인 중심의 주류 집단의 시민 사회 영역이 오리엔탈리즘과 인종 담론을 통해 차이나타운이라는 소수자의 공간을 생산했는가를 추적해 나갔다. 앤더슨은 결론적으로 더럽고, 비위생적인 차이나타운의 장소 속성이 결국 백인과 서양으로 대표되는 지배 집단에 의한 그리고 지배 집단을 위한 제도적·개인적 실천을 통해 생산된 사회적 구성물이자 지리적 상상의 물질적 결과물이라는 점을 지적했다(Anderson, 1987; 1988; 2000).

또 다른 지리학자들은 인종화의 과정 그 자체에 초점을 두어 왔는데, 특히 인종화의 과정이 주택 및 노동 시장에 있어서 사람들의 접근성에 어떤 결과를 낳는가에 초점을 두었다. 특히, 정부 정책에 대한 비판적 분석이 많이 이루어졌는데, 왜냐하면 이민, 주택, 고용 등에 있어서 정부의 통제적 정책들은 사람들의 경험하는 차별이나 인종적 차이에 직접적인 영향을 끼치기 때문이었다. 그러나 이러한 연구는 민족집단 내부에서 이루어지는 사회적 과정을 간과한다는 측면에서 한계가 있다. 인종화나 차별에 관한 연구는 특정 민족집단의 민족의식을 강화하거나 외부의 지배적 권력에 저항하기 위한 도구적 측면을 간과했다. 이러한 측면에서 인종화의 과정을 행위주체성과 관련시켜 이해하려는 연구들이 부상하고 있다. 또한, 지리학자들은 민족성이 계급, 젠더와 같이 다른 사회적 정체성 및 층들과 어떻게 상호 교차하고 있는지에 관심을 둔다. 이러한 관점에 따르면 민족집단이라는 차원이 다른 차원들 모두에 영향을 끼치기 때문에 보다 복잡하고 미세한 관찰이 필요하다.

물론 오늘날 여전히 인종 및 민족집단에 대한 공간적 분포학은 계속되고 있다(Wong, 1998). 그러나 이러한 맥락은 앞서 언급했던 글로벌화에 따른 시공간적 맥락의 변천 속에서 새롭게 제시되고 있다. 가령 최근에는 로스앤젤레스와 같은 태평양 연안 대도시 지역에서 중산층 아시아계 민족집단이 주로 형성하고 있는 '민족집단 교외 지구(ethnoburb)'가 등장하고 있다는 점에서 새롭다(Li, 1998; 1999; Lin, 1998a; 1998b; Lin and Robinson, 2005). 또한, 동아시아의 금융 위기 이후 홍콩, 대만, 한국으로부터의 부유한 초국적 '요트 피플'의 등장(Mitchell, 1997)이나 교육을 목적으로 한 가족 재생산의 전략이라고 할 수 있는 '분절 가구 초국적 가족' 형태 또한 이러한 민족집단의 지리를 한층 복잡하게 만들고 있다(박경환·백일순, 2012). 이러한 현상은 과거 민족집단 근린 지구의 형성을 글로벌화라는 맥락에서 계급적인 선분과 교차하여 이해할 것을 촉구한다.

7) 맺음말

최근 인종과 민족집단에 초점을 둔 지리적 연구는 글로벌 노동 시장의 분절화와 노동의 지리적 이동성 증가를 배경으로 하는 초국가주의 현상의 부상, 이에 대한 민족국가 거버넌스의 이데올로기적·정책적 대응, 그리고 포스트식민적 관점에 기반을 둔 비판지리적 논의를 배경으로 하고 있다. 한국 지리학계에서도 최근 이주 및 정착의 과정에 대한 논의가 폭발적으로 성장해 왔지만, 최근 정부가 주도하고 있는 다문화 관련 정책에 포섭되어 정치적, 비판적 역량이 위축되고 있는 상태이다. 이러한 측면에서 인종과 민족집단을 둘러싼 지리적 논의의 풍부한 역사성과 역동성에 주목하고, 이러한 논의에서 비판적, 정치적 함의를 이끌어 내는 것은 현행의 '다문화주의'를 중심으로 한 탈정치화된 (그리고 근본적으로 민족주의적인) 논의를 재정치화할 수 있는 중요한 작업이라고 할 수 있다.

인종이라는 범주는 서양 식민주의와 자본주의의 팽창 과정에서 등장한 사회적 구성물로서 지배를 정당화하기 위한 이데올로기였다. 오늘날에도 여전히 인종에 대한 생물학적, 자연주의적 관점이 여전히 작동하고 있고, 바로 그 이유 때문에 인종에 대한 비판은 '인종화의 과정'에 대한 문제의식 중심으로 전개되고 있다. 한편, 민족집단이라는 용어는 서양 식민주의의 몰락 이후 인종주의와 인종적 담론에 대한 대체물로 사용되기 시작한 비교적 최근의 개념으로서, 생물학적 측면보다는 문화적, 역사적 측면에 주목한다. 20세기 초반 민족집단에 대한 논의는 주로 민족집단의 본질과 그 기원에 초점을 두고 전개되었지만, 세계대전 이후 정치적 자유주의의 신장 분위기 속에서 점차 쇠퇴하게 되었다. 또한 마르크스주의 진영에서는 민족집단의 정체성, 응집력, 연대와 같은 관념이 자본주의자나 국가 권력에 의해 촉진된다는 점에서 민족집단 개념의 이데올로기적 속성을 비판했다. 1980년대 사회과학의 문화적 전환 이후에는 민족집단의 기원에 대한 논의가 퇴색하는 대신 민족집단의 사회적 구성이 어떠한 권력 선분과 교차하고 있는지에 대한 관심이 새롭게 대두되어 왔다.

한편, 지리적 측면에서 볼 때 인종에 대한 논의는 인종지리학에서 인종화의 지리로 변천되어 왔다고 요약할 수 있다. 19세기 중·후반 근대 지리학이 성립하는 과정에서 인종은 지리적 논의의 핵심적 주제를 구성해 왔고, 이러한 논의에서 라첼 이후의 환경 결정론은 인종주의 및 인종 담론을 확대, 재생산했을 뿐만 아니라 보다 능동적인 측면 에서 제국주의적 지배와 군사적 팽창의 도구로서 국가 권력에 의해 정치적이고 적극 적으로 전유되어 왔다. 20세기 초반 이후 환경결정론이 쇠퇴하고 지리학이 제도권에 서 뿌리를 내리기 시작하면서 인종에 대한 논의는 민족집단에 대한 논의를 중심으로 대체되기 시작했다. 사우어를 중심으로 한 문화지리학적 연구에서 민족집단에 대한 논의는 문화의 역사적 진화와 전파 과정을 중심으로 한 문화 경관론 속으로 포섭되는 한편, 보다 미시적인 스케일에서 파크나 워스를 중심으로 한 시카고 인간생태학파는 민족기술지적 방법론 및 역사적 관점을 중심으로 민족집단의 격리 논제를 활성화하는 데에 중요한 역할을 했다. 1960년대 이후 시카고 인간생태학파의 논의는 그 방법론적, 역사적 함의를 거세 당한 채 격리와 응집이라는 주제를 중심으로 하여 도시지리학의 발전 궤적에 편입되었고, 주로 계량적 방법에 기초를 둔 상관관계 및 요인 분석을 중 심으로 전개되었다. 그러나 1980년대에 들어서면서 사회과학의 문화적 전환과 포스트 구조주의의 부상이라는 맥락 속에서 패러다임적 전환을 맞게 되었고, 지리학적 연구 는 점차 인종 담론의 사회적 구성 및 민족집단 관계가 형성하는 다양한 권력 선분들과 교차하는 지점에 주목하고 있다.

어떤 '범주의 사회적 구성'이란 사회적 과정 이전에 어떠한 '자연적인 또는 전사회적 인 것'이 (원천이나 소재로서 이미) 있음을 가정하는 것이 아니라, '자연적인 것'이라는 범주가 무의미함을 의미한다(Kobayashi, 2004). 이러한 관점에서 볼 때, 우리는 일상 적 삶과 사회·공간적 정체성 형성에 있어서 인종이라는 범주를 탈학습하여 인종 담론 을 비판적으로 해체함과 동시에 인종이 현실에 있어서 뚜렷한 '물질적 힘'으로 작동하 고 있음을 인식할 필요가 있다. 또한, 민족집단이라는 개념에 있어서도 민족집단의 정 체성이 단순히 공간에 반영될 뿐만 아니라, 오히려 공간성이 이러한 민족집단 내부와 외부 사이의 그리고 내적 스케일에서의 권력 관계를 구성하고 강화한다는 점도 염두 에 두어야 한다. 아민(Ash Amin, 2002)이 지적하는 것처럼, 인종과 민족집단의 지리는 일상생활이라는 측면에서 어떻게 인종이라는 관념이 생성, 동원, 전유되고 어떻게 민족집단이라는 집단 정체성이 수행되는가라는 미시 정치(micropolitics)의 문제에 주목할 필요가 있다.

● 요약

1. 궁극적으로 오늘날의 공간은 모든 스케일에서 상이한 인종 및 민족집단의 구성원들이 상호 교차하는 접촉 구역이 되어가고 있다

2. 글로벌 불균등 발전과 초국가주의가 야기하는 로컬 스케일의 접촉 구역의 지리는 다문화주의라는 기술적, 제도적 개념에서 문제 설정될 것이 아니라, 인종과 민족집단의 다양한 차이의 선분들을 전유해 온 권력, 지식, 재현의 측면에서 문제 설정되어야 한다.

3. '인종'은 사람들의 육체적 특징이나 사회적 속성을 불변의 본질적인 것으로 간주함으로써 사람들을 사회적으로 범주화하고 차별화하기 위한 수단으로 이용되어 왔다. 이러한 의미에서 "인종은 사회적 구성물이지만, 인종주의는 물질적 사실이다."라는 진술은 매우 정확한 지적이다.

4. '민족집단'은 '인종'과 자주 혼용되는 개념이지만, 기존의 인종 개념이 강조하는 신체적 특성뿐만 아니라 종교, 언어 등 문화 집단까지를 포괄적으로 나타내기 위한 개념으로서 사용되고 있다. 명사형으로서 '민족집단'이 학술적으로 처음으로 사용된 것은 1940년대 초반으로서, 나치즘과 깊이 결부되어 있었던 생물학적 '인종' 개념을 대체하여 인종주의적 인식을 근절하기 위한 목적으로 사용되기 시작했다.

● 핵심어(Key words)

게토, 격리, 권력, 글로벌화, 다문화주의, 민족, 민족주의, 민족집단, 사이성, 식민주의, 아브젝시옹, 엔클레이브, 오염, 욕망, 위치성, 응집, 이주, 이차적 이데올로기, 인종 담론, 인종, 인종주의, 인종지리학, 정신분석학, 초국가주의, 포스트구조주의, 포스트식민주의, 혼정성, 환경결정론

ghetto, segregation, power, globalization, multiculturalism, nation, nationalism, ethnicity, inbetweenness, colonialism, abjection, enclaver, defilement, desire, positionality, congregation, migration, secondary ideology, racial discourse, race, racism, racial geography, psychoanalysis, transnationalism, poststructuralism, postcolonialism, hybridity, environmental determinism

● 읽어 볼 문헌

• 박경태, 2009, 『인종주의』, 책세상. 근대와 함께 생겨난 인종주의의 개념과 역사를 살펴보고 21세기 새로이 등장한 신인종주의를 경계하면서 다문화 사회에 대한 가능성을 고찰한다.

• Sharp, J., 2008, *Geographies of Postcolonialism: Spaces of Power and Representation*, Sage, London (이영민 · 박경환 역, 2011, 『포스트식민주의의 지리』, 여이연). 이 책은 파농과 사이드로부터 시작되는 포스트식민 논의를 쉽고 명쾌하게 설명하고 있으며, 포스트식민주의가 공간 및 장소와 어떤 영향을 주고받는지에 대해 초점을 둔다. 또한, 일상생활에서 접할 수 있는 풍부한 사례를 제시함으로써 우리 주변의 세계를 포스트식민 이론을 통해 분석할 수 있게 도와준다.

• Rattansi, A., 2007, *Racism: a very short intrduction*, Oxford University Press (구정은 역, 2008, 『인종주의는 본성인가』, 한겨레출판). 인종주의는 아직 잔존할 뿐만 아니라, 오히려 최근 이주의 보편화에 따른 집단주의적 대응으로 인해 더 강하게 부상하고 있다. 이 책은 인종 및 인종주의에 대한 오랜 역사를 고찰하면서, 이러한 허구적 인종 구분이 일상생활에서 접하는 미세한 인종 차별에서부터 홀로코스트의 참극에 이르기까지 어떻게 나타나는지를 고찰한다.

• 정병호 · 송도영 편, 2011, 『한국의 다문화 공간』, 현암사. 한국 사회 속 '다문화 공간'에 대한 연구 성과물로서, 건축학, 사회학, 사회심리학, 유아교육학, 문화인류학 등 다양한 분야의 전문가들이 현장감 있게 글을 썼다. 이주의 사회적 맥락에 대한 섬세한 성찰 속에서 이주민들의 삶의 현장과 목소리를 담고 있다.

• 최병두 · 임석회 · 안영진 · 박배균, 2011, 『지구 · 지방화와 다문화 공간』, 푸른길. '다문화

공간'이라는 개념에 토대를 두고, 지구·지방화 과정에서 결혼 이주자, 이주 노동자, 전문직 이주자, 외국인 유학생 등 다양한 유형의 외국인 이주자들이 보여 주는 국제 이주과정과 지역사회 정착 과정에 대한 연구 성과물을 모은 책이다.

주

1 민족주의, 역사주의, 개발주의가 결합된 한국의 특수한 근대 담론들의 영향으로 인해 인종, 민족, 국민, 시민, 민족집단 등의 개념들은 정확하게 정의하기 힘들 정도로 서로 그 의미들이 혼란스럽게 중첩, 포섭, 배제되는 상태이다. 이런 개념을 어떤 어휘로 번역하는 것이 '가장 옳은지'라는 논의는 근본적으로 위치성과 경험의 문제라고 생각하며, 오히려 이런 혼란스러움 자체가 한국의 현실로서 풍성한 정치적 지형을 잘 반영한다고 생각한다. 한편, 본 글에서 민족집단은 'ethnicity'와 'ethnic group' 모두를 가리키며, '민족성'은 일종의 정치적 담론으로서 'nationality'로 표현되는 것이 옳다고 본다.

2 1990년대 초반 전 세계적으로 글로벌화라는 논점이 학계나 시민사회 영역에서 급속하게 부상하면서, 자본주의의 초경계적 축적 체제의 성장과 민족국가 기반의 국가 축적 체제 간의 불일치에 대한 성찰과 미래에의 전망이 활발하게 논의되었다. 당시 한국에서는 1990년대 초반 새롭게 등장한 중앙 정부가 이러한 논의를 정치적, 경제적으로 전유(appropriation)하는 과정에서 '세계화'라는 용어를 사용했는데, 이는 당시 모 그룹 회장이 주창한 '세계 경영'과 같은 용어가 단적으로 표현하는 것처럼 자본 축적의 국제화를 지향한 것이었다. 당시 세계화는 글로벌화(globalization)와는 전혀 다른 맥락에서 사용되었기 때문에 영어로 'segaewha' 또는 'worldization'이라고까지 표현되기도 했다.

3 물론 1997년 금융 위기로 인한 구조 조정으로 이러한 이주 노동자의 유입이 일시적으로 감소했지만 1999년부터 다시 증가 추세로 돌아섰다.

4 인종 및 인종 지리에 대한 사회지리학 및 문화지리학 분야의 최근 연구 사례로서 Dwyer and Jones, 2000; Wilson, 2000; Amin, 2002; Anderson, 2002; Berry and Henderson, 2002; Delaney, 2002; Benton-Short et al., 2005; Keith, 2005; Nayak, 2006; Schein, 2006; Shaw, 2006 등을 들 수 있다. 특히, 최근에 드와이어와 브레시(Dwyer and Bressey, 2008)가 편저한 『인종과 인종주의에 대한 새로운 지리(New Geographies of Race and Racism)』는 비판적 인종 이론 및 지리적 관점의 가능성을 다양한 경험적 사례를 통해 탐색하고 있다.

5 2000년대 중반 이후 영국 및 미국 내 대도시에서 발생했던 이슬람권 급진주의자들의 테러리즘은

유럽 및 북미 지역이 중동 지역과 맺고 있는 정치적 역사와 지리적 특수성의 결과로 간주될 수 있지만, 결국 세 가지의 '또 다른 차원'들과 관련되어 있다는 점은 부정할 수 없다.

6 가령 한동균(2009)에 따르면 '다문화'를 주제어로 포함한 국내 석·박사학위논문의 발견 현황을 살펴보면, 1994년부터 2003년까지는 총 25편에 불과했지만, 2004년에 11편, 2005년에 15편, 2006년에 23편, 2007년에 40편, 2008년에 134편으로 급격히 증가해 왔다. 특히, 2007년과 2008년에 발간된 '다문화' 관련 학위논문은 전체 학위논문 240편의 72%에 달한다.

7 이는 지리적 존재들에 대한 질서를 부여하는 관념으로서 시대나 지역에 따라 조금씩 상이하지만, 대체로 존재하는 모든 만물은 신이라는 절대적 본원이자 완전체를 정점으로 하여 천사, 별, 달, 왕, 귀족, 인간, 야생동물, 가축, 나무, 기타 식생, 귀금속, 기타 광물 등 계층적으로 낮은 순으로 피라미드형 질서를 이루고 있다고 가정한다. 그리고 이때 낮은 계층은 보다 순수한 완전체인 차상위의 계층을 모방하고자 하며 보다 복잡하게 구성되어 있다고 본다(Lovejoy, 2009).

8 한편, 20세기에 들어오면서 민족/국민(nation)이라는 용어는 (특히, 한국이나 일본처럼 민족 구성원의 민족집단적 등질성이 비교적 강한 국가의 경우) 민족집단을 의미하기도 하고, 한 국가를 구성하는 시민을 지칭하기도 하는 등 중의적으로 사용되고 있다.

9 민족집단에 대한 본질주의적 입장은 베버 이전 시기 민족학자들이나 인류학자들이 중심이 되어 비유럽 세계를 중심으로 인류의 지리적 다양성을 연구함에 있어서 '민족'이라는 단위로 문제를 설정하여 진행해 온 연구들이 주로 채택해 왔다고 할 수 있다. 이는 보다 세부적으로 볼 때, 민족집단은 인간 존재에 있어서 선험적 사실이라고 보는 자연주의적 관점, 민족집단은 친족 및 씨족 관계에서 생물학적 친밀성을 나타내는 기호적 관계들이 문화적으로 확대되어 형성되었다고 보는 친족 관계 중심적 관점, 그리고 민족집단은 혈연, 언어, 영역, 문화적 공통점처럼 자연적이지는 않지만 사람들이 실질적으로 '주어진' 것으로 받아들여 당연시하는 속성이라는 문화주의적 관점 등으로 세분화 할 수 있다.

10 가령 20세기 초반 미국 대도시 내로 유입된 남부 이탈리아계 이주민들의 응집력은 연쇄이주(chain migration)의 영향으로 고향 마을에서의 국지적 유대감에서 비롯된 것이었지만, 미국으로 이주한 이후에는 보다 넓은 '이탈리아인 의식'을 중심으로 집단적 소속감과 유대감을 확대, 발전시켜 나갔다. 이는 종교적, 언어적 유사성, 지정학적 사건, 직업적 특성, 거주지 격리 등의 요인들로 인해 주류 사회나 외부의 다른 집단들에 의해 '이탈리아계'로서 인식되어 범주화된 결과라고 할 수 있다.

11 민족과 민족주의의 기원 및 이의 이데올로기적 속성을 비판적으로 고찰한 대표적 문헌으로서 임지현(1999)과 탁석산(2004)을 참조하라.

12 가령, 계몽주의 철학자였던 몽테스키외의 경우 "대단히 현명한 존재인 신이 영혼, 특히 선량한

영혼을 새까만 육체 속에 깃들이게 했다고는 도저히 생각할 수 없다. 인류의 본질을 구성하는 것이 피부색이라고 생각하는 것은 지극히 자연스럽다.”라고까지 선언한 바 있다(박경환, 2007a, 2에서 재인용).

13 라마르크는 자연사의 틀에서 인종 발달사를 끼워 넣어 사실상 '인종' 개념을 처음으로 정립했던 프랑스의 철학자 뷔퐁(Buffon)의 제자로서 다윈에 앞서 진화론을 주장했던 학자이다. 그는 유기체의 진화 과정에 있어서 환경 변화라는 요인을 강조하면서 유기체가 환경에 적응하는 과정에서 생애 중에 획득한 특질이 다음 세대에 계승된다는 획득 형질의 세대 간 유전을 주장하는 점진적 진화론자였다. 신라마르크주의는 환경 변화에 대한 유기체적 적응과 세대 유전에 대한 과도한 집착으로 인해 다윈의 진화론에 밀려 결과적으로 이데올로기적 주장으로 격하되었다.

14 이러한 헌팅턴의 기획에는 많은 인종주의적 편견이 개입되어 있었는데, 가령 그는 열대 지역 거주자들에 대해 '열대적 관성(tropical inertia)'이라는 용어를 사용하면서 이들은 의지력이 부족하고, 게으르고, 성미가 급하고, 술에 잘 취하며 성적으로 탐욕스럽다고 표현했다(Huntington, 1914).

15 이러한 설명은 인종 집단에 대한 본질주의적 설명으로 발전하여, 백인들이 열대지역에 거주할 경우 심장, 간, 신장, 생식기 등의 생리적 기능에 교란이 일어나기 때문에 신체적으로 심각한 손상을 입을 수밖에 없고, 이런 이유로 인해 백인들은 온대 지역을 정복했던 것처럼 열대 지역을 정복하기 위해서는 엄청난 대가를 치러야 할 것이라고 보았다.

16 당시 테일러는 멜버른 기상학 연구소의 재직 경험을 바탕으로 시드니 대학에 지리학과를 창설했고 중앙 정부의 자문 위원으로 활동하고 있었는데, 이러한 생각은 당시 백호주의를 주장하면서 백인들을 중심으로 내륙 개발을 추진하고자 했던 중앙 정부와 대립되어 시카고 대학으로 이직을 하게 되었다(권정화, 2009).

17 테일러는 흑인종은 가장 원시적인 성격을 갖고 있는 유년기의 상태에 있고, 백인종은 재능이 많고 활동적이며 창의적인 장년기에 해당되며, 황인종은 인종 진화 단계의 가장 성숙한 상태에 있기 때문에 과묵하고 명상적이며 침울한 특징을 갖고 있다고 보았다.

18 이러한 과정은 중·고등학교 교과서와 대학의 세계지역지리 과목의 강의 교재 발간을 통해 세대를 거쳐 이어져 오고 있으며, 많은 지리책들이 여전히 지도상에서 세계 인구를 몇 개의 등질적 문화지역(cultural regions or realms)으로 구분하는 것이 가능한 것처럼 기술해 오고 있다(Cloke *et al.*, 2004).

19 유대인은 고리대금업을 통해 베니스를 상업 및 무역의 중심으로 만드는 데 크게 기여했는데, 당시 이탈리아인들은 유대인의 성공에 적개심을 갖고 이들을 도시 내의 소규모 공장 지대로 격리시켜 버렸다(Knox, 2010).

참고문헌

고민경, 2009, 초국가적 장소의 형성: 이태원을 중심으로 바라본 서울의 글로벌화, 서울대학교 석사
학위논문.

권정화, 2009, 지리사상사 강의노트, 한울 아카데미.

김귀옥, 2009, "세계화 시대의 열린 민족주의: 한국의 민족문제와 민족주의를 둘러싼 성찰과 전망",
탈경계 인문학, 2, 41-75.

김미순, 2011, 다문화 지역사회에 대한 학생들의 인식과 지리교육적 함의: 안산시를 사례로, 대구대
학교 석사학위논문.

김시구, 2011, 지역 다문화 활동과 연계한 세계지리 수업의 설계와 적용, 경북대학교 석사학위논문.

노찬옥, 2004, "다원주의 시대의 세계시민 교육", 사회과교육, 43(4), 207-224.

박경태, 2009, 인종주의, 책세상.

박경환, 2006, "디아스포라라는 거울, 민족이라는 담론, 그리고 초국가주의의 부상", 문화역사지리,
8(3), 133-139.

박경환, 2007a, "디아스포라 주체의 비판적 위치성과 민족 서사의 해체", 문화역사지리, 19(3), 1-12.

박경환, 2007b, "초국가주의 뿌리내리기", 한국도시지리학회지, 10(1), 77-88.

박경환, 2008, "소수자와 소수자공간: 비판 다문화주의의 공간교육을 위한 제언", 한국지리환경교육
학회지, 16(4), 297-310.

박경환, 2009a, "광주광역시 초국적 다문화주의의 지리적 기반에 관한 연구", 한국도시지리학회지,
12(1), 91-108.

박경환, 2009b, "초국적 민족주의와 초국적 국가 기구의 부상: 한국의 사례", 대한지리학회지, 44(2),
146-160.

박경환, 2012a, "초국가 시대 국가 이주 정책의 제도적 틀의 신자유주의적 선회: 한국의 사례", 한국
도시지리학회지, 15(1), 141-161.

박경환, 2012b, "초국적 이주에 있어서 제도적, 조직적 행위자들의 다중스케일적 관계: 광주광역시
를 중심으로", 문화역사지리, 24(1), 95-117.

박경환·백일순, 2012, "조기유학을 매개로 한 '분절가국 초국적 가족'의 부상: 동아시아 개발국가 중
상류층 가족의 초국가적 재생산에 관한 논의 고찰", 한국도시지리학회지, 15(1), 17-31.

박배균, 2009, "초국가적 이주와 정착을 바라보는 공간적 관점에 대한 연구: 장소, 영역, 네트워크,
스케일의 4가지 공간적 차원을 중심으로", 한국지역지리학회지, 15(5), 616-634.

박배균·정건화, 2004, "세계화와 '잊어버림'의 정치: 안산시 원곡동의 외국인 노동자 거주지역에 대

한 연구", 한국지역지리학회지, 10(4), 800-823.

박선희, 2009, "다문화사회에서 세계시민성과 지역정체성의 지리교육적 함의", 한국지역지리학회지, 15(4), 478-493.

설규주, 2004, "세계시민 사회의 대두와 다문화주의적 시민교육의 방향", 사회과교육, 43(4), 31-54.

오정수·박경환, 2012, "치료를 위한 격리인가, 격리를 위한 치료인가?: 일본 식민주의 시기 '나병 담론'을 통한 소록도의 사회적 생산", 한국도시지리학회 2012년 추계학술대회 논문발표집, 68-81.

유희연, 2008, 조기유학의 초국가적 네트워크 특성과 정체성에 관한 연구, 이화여자대학교 석사학위논문.

윤수종, 2005, 우리 시대의 소수자운동, 이학사.

윤수종, 2006, "분자 혁명과 소수자운동", 문예미학, 12, 99-135.

이영민·이용균·이현욱, 2012, "중국 조선족의 트랜스이주와 로컬리티의 변화 연구: 서울 자양동 중국음식문화거리를 사례로", 한국도시지리학회지, 15(2), 103-116.

이용균, 2007, "결혼 이주여성의 사회문화 네트워크의 특성: 보은과 양평을 사례로", 한국도시지리학회지, 10(2), 35-52.

이종희, 2012, 재한 몽골인 트랜스이주와 몽골타운의 로컬리티에 관한 연구, 이화여자대학교 석사학위논문.

이진우·이한구, 1992, "개방적 민족주의와 세계 평화", 철학, 37, 131-172.

이희연·김원진, 2007, "저개발 국가로부터 여성 결혼이주의 성장과 정주패턴 분석", 한국도시지리학회지, 10(2), 15-33.

임석회·송주연, 2010, "우리나라의 외국인 전문직 이주자 현황과 지리적 분포 특성", 한국지역지리학회지, 16(3), 275-294.

임지현, 1999, 민족주의는 반역이다: 신화와 허무의 민족주의 담론을 넘어서, 소나무.

임지현, 2004, "포스트 민족주의 대 열린 민족주의", 제8회 인문학 학술대회 발표 자료집, 27-40.

정현주, 2007, "공간의 덫에 갇힌 그녀들?: 국제결혼이주여성의 이동성에 대한 연구", 한국도시지리학회지, 10(2), 53-68.

정현주, 2008, "이주, 젠더, 스케일: 페미니스트 이주 연구의 새로운 지형과 쟁점", 대한지리학회지, 43(6), 894-913.

정현주, 2009, "경계를 가로지르는 결혼과 여성의 에이전시: 국제결혼이주연구에서 에이전시를 둘러싼 이론적 쟁점에 대한 비판적 고찰", 한국도시지리학회지, 12(1), 109-121.

정현주, 2010, "대학로 리틀마닐라 읽기: 초국가적 공간의 성격 규명을 위한 탐색", 한국지역지리학회지, 16(5), 295-314.

조현미, 2006, "외국인 밀집지역에서의 에스닉 커뮤니티의 형성 –대구시 달서구를 사례로", 한국지역지리학회지, 12(5), 540-556.

최병두, 2009a, "다문화공간과 지구–지방적 윤리: 초국적 자본주의의 문화공간에서 인정투쟁의 공간으로", 한국지역지리학회지, 15(5), 635-654.

최병두, 2009b, "한국 이주 노동자의 일터와 일상생활의 공간적 특성", 한국경제지리학회지, 12(4), 319-343.

최병두, 2010, "외국인 이주자의 지역사회 적응과 지리적 지식", 한국경제지리학회지, 13(1), 39-63.

최병두·신혜란, 2011, "초국적 이주와 다문화 사회의 지리학: 연구 동향과 주요 주제", 현대사회와 다문화, 1(1), 65-97.

최병두·임석회·안영진·박배균, 2011, 지구·지방화와 다문화 공간, 푸른길.

최재헌, 2007, "저개발국가로부터 여성 결혼이주의 정주패턴과 사회적응 과정: 저개발국가로부터의 여성 결혼 이주와 결혼중개업체의 특성", 한국도시지리학회지, 10(2), 1-14.

최재헌·강민조, 2003, "외국인 거주지 분석을 통한 서울시 국제적 부문의 형성", 한국도시지리학회지, 6(1), 17-30.

탁석산, 2004, 한국의 민족주의를 말하다, 웅진지식하우스.

한동균, 2009, 다문화사회에서 소수자 교육의 의미와 접근법: 차이의 지리학적 접근과 관련하여, 서울대학교 석사학위논문.

허지은, 2011, 지리교육에서 음식을 활용한 다문화교육의 교수–학습 방안, 고려대학교 석사학위논문.

Adib, A. and Guerrier, Y., 2003, "The interlocking of gender with nationality, race, ethnicity and class; the narratives of women in hotel work", *Gender, Work and Organization*, 10(4), 413-432.

Agamben, G., 1998, *Homo Sacer: Sovereign Power and Bare Life*, Stanford: Stanford University Press (박진우 역, 2008, 호모 사케르: 주권 권력과 벌거벗은 생명, 새물결).

Amin, A., 2002, "Ethnicity and the multicultural city: living with diversity", *Environment and Planning A*, 34, 959-80.

Anderson, K., 1987, "The idea of Chinatown: the power of place and institutional practice in the making of a racial category", *Annals of the Association of American Geographers*, 77(4), 580-598.

Anderson, K. 1988, "Cultural hegemony and the race definition process in Vancouver's Chinatown: 1880-1980", *Environment and Planning D: Society and Space*, 6(2): 127-149.

Anderson, K., 2000, "Thinking "postnationally": dialogue across multicultural, indigenous, and settler spaces", *Annals of the Association of American Geographers*, 90(2), 381-391.

Anderson, K., 2002, "The racialization of difference: enlarging the story field", *The Professional Geographer*, 54(1), 25-30.

Banton, M., 2007, "Weber on ethnic communities: a critique", *Nations and Nationalism*, 13(1), 19-35.

Benton-Short, L., Price, M. and Friedman, S., 2005, "Globalization from below: the ranking of immigrant cities", *International Journal of Urban and Regional Research*, 29(4), 945-959.

Berry, K. and Henderson, M., eds., 2002, *Geographical Identities of Ethnic America: Race, Space, and Place*, Reno: University of Nevada Press.

Boal, E., 1976, "Ethnic residential segregation", in *Social Areas in Cities*, eds., D. Herbert and R. Johnston, Chichester: Wiley, 41-79.

Carrière, J. C., 1992, *La Controverse de Valladolid*, Paris: Belfond (이세욱 역, 2007, 바야돌리드 논쟁, 샘터).

Cloke, P., Cook, I., Crang, P., Goodwin, M., Painter, J. and Philo, C., 2004, *Practising Human Geography*, New York: Sage, 169-205.

Crenshaw, K., 1993, "Mapping the margins: intersectionality, identity politics and violence against women of color", in *The Public Nature of Private Violence*, eds., M. Fineman and R. Mykitiuk, New York: Routledge, 93-118.

Darder, A. and Torres, R., 2004, *After Race: Racism after Multiculturalism*, New York: New York University Press.

Delaney, D., 2002, "The space that race makes", *The Professional Geographer*, 54(1), 6-14.

Delaney, D. and Leitner, H., 1996, "The political construction of scale", *Political Geography*, 16, 93-97.

Diamond, J., 1999, *Guns, Germs, Steel: The Fates of Human Societies*, New York: W. W. Norton & Company (김진준 역, 2005, 총, 균, 쇠, 문학사상사).

Domosh, M., Neumann, R., Price, P., and Jordan-Bychkov, T., 2010, *The Human Mosaic: A Cultural Approach to Human Geography*, New York: W. H. Freeman and Company.

Dwyer, C. and Bressey, C., eds., 2008, *New Geographies of Race and Racism*, Burlington: Ashgate.

Dwyer, O. and Jones, J. P., 2000, "White sociospatial epistemology", *Social and Cultural Geography*, 1, 209-21.

Faist, T., 2000, *The Volume and Dynamics of International Migration and Transnational Social Spaces*, Oxford: Oxford University Press.

Fanon, F., 1967, *Black Skin, White Masks*, New York: Grove Press (이석호 역, 1998, 검은 피부, 하얀 가면, 인간사랑, 서울).

Ford, R., 1992, "Urban space and the color line: the consequences of demarcation and disorientation in the postmodern metropolis", *Harvard Blackletter Journal*, 9, 117-147.

Gilroy, P., 2000, *Against Race: Imagining Political Culture beyond the Color Line*, Cambridge: Harvard University Press.

Goldberg, D., 1994, "The world is a ghetto: racial marginality and the laws of violence", *Studies in Law, Politics, and Society*, 14, 141-68.

Herodotos, B.C. 424, *Histories* (천병희 역, 2009, 역사, 숲).

Hobsbawm, E. and Ranger, T., eds., 1983, *The Invention of Tradition: Reflections on the Origin and Spread of Nationalism*, Cambridge: Cambridge University Press (박지향·장문석 역, 2004, 만들어진 전통, 휴머니스트).

Huntington, E., 1914, "The adaptability of the white man to tropical America", *Journal of Race Development*, 5, 185-211.

Huntington, E., 1924, *The Character of Races, as Influenced by Physical Environment, Natural Selection and Historical Development*, New York: Scriber's.

Jackson, P., ed., 1987, *Race and Racism: Essays in Social Geography*, London: Allen and Unwin.

Jackson, P., 2008, "Afterword: new geographies of race and racism", in *New Geographies of Race and Racism*, eds., C. Dwyer and C. Bressey, Burlington: Ashgate, 297-304.

Jackson, P. and Smith, S., eds., 1981, *Social Interaction and Ethnic Segregation*, London: Academic Press.

Johnston, R., 2009a, "Ethnicity", in *The Dictionary of Human Geography*, eds., D. Gregory, R. Johnston, G. Pratt, M. Watts, and S. Whatmore, London: Wiley-Blackwell, 214-217.

Johnston, R., 2009b, "Race", in *The Dictionary of Human Geography*, eds., D. Gregory, R. Johnston, G. Pratt, M. Watts, and S. Whatmore, London: Wiley-Blackwell, 615-617.

Keith, M., 2005, *After the Cosmopolitan? Multicultural Cities and the Future of Racism*, London: Routledge.

Knox, P. and Pinch, S., 2010, 6(th), *Urban Social Geography: An Introduction*, New York: Prentice Hall (박경환·류연택·정현주·이용균 역, 2012, 도시사회지리학의이해, 시그마프레스).

Kobayashi, A., 2004, "Critical 'race' approaches to cultural geography", in *A Companion to Cultural Geography*, eds., J. Duncan, N. Johnson, and R. Schein, London: Blackwell, 238-49.

Kristeva, J., 1982, *Powers of Horror: An Essay on Abjection*, New York: Columbia Univeristy Press (서민원 역, 2001, 공포의 권력, 동문선).

Li, W., 1998, "Anatomy of a new ethnic settlement: the Chinese ethnoburbs in Los Angeles", *Urban Studies*, 35(3), 479-501.

Li, W., 1999, "Building ethnoburbia: the emergence and manifestation of the Chinese ethnoburb in Los Angeles' San Gabriel Valley", *Journal of Asian American Studies*, 2(1), 1–28.

Lin, J., 1998a, *Reconstructing Chinatown: Ethnic Enclave, Global Change*, Minneapolis: University of Minnesota Press.

Lin, J., 1998b, "Globalization and the revalorizing of ethnic places in immigration gateway cities", *Urban Affairs Review*, 34(2), 313-339.

Lin, J. and Robinson, P., 2005, "Spatial disparities in the expansion of the Chinese ethnoburb of Los Angeles", *GeoJournal*, 64, 51-61.

Livingstone, D., 1992, *The Geographical Tradition*, London: Blackwell.

Livingstone, D., 2011, *Adam's Ancestors: Race, Religion, and the Politics of Human Origins* , Baltimore: The Johns Hopkins University Press.

Livingstone, D. and Withers, C., eds., 2005, *Geography and Revolution*, Chicago: University of Chicago Press.

Lovejoy, A., 2009(1936), *The Great Chain of Being: A Study of the History of an Idea*, Piscataway: Transactions Publishers.

McCall, L., 2005, "The complexity of intersectionality", *Signs: Journal of Women and Culture and Society*, 30(3), 1771-1802.

McClintock, A., 1995, *Imperial Leather: Race, Gender and Sexuality in the Colonial Contest*, London: Sage.

Mitchell, K., 1997, "Different diasporas and the hype of hybridity", *Environment and Planning D: Society and Space*, 15(5), 533-553.

Mitchell, K., 1998, "Reworking democracy: contemporary immigration and community politics in Vancouver's Chinatown", *Political Geography*, 17(6), 729-750.

Muller, P., 1976, *The Outer City*, Resource Paper for College Geography 75-2, Washington DC: Association of American Geographers.

Nayak, A., 2006, "After race: ethnography, race and post-race theory", *Ethnic and Racial Studies*, 29(3), 411-30.

Pacione, M., 2009, *Urban Geography: A Global Perspective*, London: Routledge.

Peach, B., Robinson, V., and Smith, S., 1981, *Ethnic Segregation in Cities*, London: Croom Helm.

Pile, S. and Thrift, N., eds., 1995, *Mapping the Subject: Geographies of Cultural Transformation*, London: Routledge.

Pile, S., 1996, *The Body and the City: Psychoanalysis, Space, Subjectivity*, London: Routledge.

Pratt, M. L., 2007, *Imperial Eyes: Travel Writing and Transculturation*, New York: Routledge.

Schein, R., ed., 2006, *Landscape and Race in the United States*, New York: Routledge.

Semple, E., 1911, *Influences of Geographic Environment on the Basis of Ratzel's System of Anthro-po-geography*, New York: Henry Holt.

Sharp, J., 2008, *Geographies of Postcolonialism: Spaces of Power and Representation*, London: Sage (이영민·박경환 역, 2011, 포스트식민주의의 지리: 권력과 재현의 공간, 여이연).

Shaw, W., 2006, "Decolonising geographies of whiteness", *Antipode*, 38, 851-69.

Sibley, D., 1995, *Geographies of Exclusion*, London: Routledge.

Smith, M., 2001, *Transnational Urbanism: Locating Globalization*, Oxford: Blackwell.

Smith, N. and Godlewska, A., eds., 1994, *Geography and Empire*, Oxford: Basil Blackwell.

Spivak, G., 1990, *A Critique of Postcolonial Reason: Toward a History of the Vanishing Present*, Harvard: Harvard University Press (태혜숙·박미선 역, 2005, 포스트식민이성 비판, 갈무리).

Sterns, L. and Logan, J., 1986, "Measuring trends in segregation", *Urban Affairs Quarterly*, 22(1), 124-50.

Taylor, G., 1916, "The control of settlement by humidity and temperature (with special reference to Australia and the empire)", *Commonwealth Bureau of Meteorology Bulletin*, 14.

Trewartha, G., 1926, "Recent thought on the problem of white acclimatization in the wet tropics", *Geographical Review*, 16, 467-78.

UNESCO, 1951, *The Race Question*, UNESCO Publication, 791.

UNESCO, 1964, *Proposals on the Biological Aspects of Race*, Moscow.

Valentine, G., 2007, "Theorising and Researching intersectionality: a challenge for feminist geography", *Professional Geographer*, 59, 10-21.

Wilson, B., 2000, *Race and Place in Birmingham: The Civil Rights and Neighborhood Movement*, Lanham: Rowman & Littlefield.

Wirth, L., 1927, "The ghetto", *The American Journal of Sociology*, 33(1), 57-71.

Wirth, L., 1938, "Urbanism as a way of life", *The American Journal of Sociology*, 44, 1-24.

Wong, D., 1998, "Measuring multiethnic spatial segregation", *Urban Geography*, 19(1), 77-87.

7. 이주: 장소와 문화의 재구성

이화여자대학교 **이영민**

1) 이주의 시대, 이주의 지리학

이주는 공간을 뛰어넘는 인간들의 움직임을 말한다. 공간을 뛰어넘는 현상이라는 것은 이주가 항상 장소와 관련된 문제임을 의미한다. 국제 이주자들의 권익 보호를 위한 정부 간 기구인 국제이주기구(International Organization for Migration)에서는 이주를 국가 간 경계를 뛰어넘는, 혹은 국가 내에서 인간(집단)의 이동이라고 간단히 정의하고 있다.[1] 이주자의 관점에서는 이주를 통해 기원지를 떠나 목적지로 향하는 새로운 장소로의 공간적 이동을 의미하고, 장소의 관점에서는 이주에 의해 구성원의 변화와 그와 관련된 특성의 변화가 수반된다는 것을 의미하는 것이다. 국경을 넘나드는 인간의 공간적 이동과 인간 삶의 터전인 장소의 변화와 연관되어 있기에, 다시 말해 글로벌화의 동력을 제공하는 중요한 변수이자 장소의 변화를 야기하는 로컬화의 중요한 변수이기에 이주는 오랫동안 인문지리학 및 문화지리학의 핵심적인 주제가 되어 왔다.

인간의 이주는 편의상 여러 기준을 적용하여 구분지어 볼 수 있다. 시간적인 차원에서 이주는 통근, 여행, 순례, 계절적 이동 등 자신의 삶의 터전은 그대로 유지한 채 이루어지는 단기적 이주와 삶의 터전 자체를 바꾸어 새로운 정주를 모색하는 장기적 이주로 구분할 수 있다. 국가 경계선의 가로지르기 여부에 따라서는 국내 이주와 국제 이주로 구분하기도 한다. 또한 이주자의 이주 의지와 목적의 자발성 여부에 따라 자발적 이주와 비자발적(강제적) 이주로 구분하기도 한다.[2] 하지만 이러한 구분은 어떠한 분석 수준과 도구를 적용할지에 따라 편의적으로 달라지는 것이지 그 구분이 절대적인 의미를 지니는 것은 아니다. 가령 자본주의 경제의 글로벌화가 확장되면서 최근 정착과 이주를 수시로 단행하며 양국 혹은 다국을 넘나드는 이주자들도 늘어가고 있으며, 정치적 난민의 처지에 놓여 이주를 해야만 하는 비자발적 이주자의 경우 경제적 삶의 질을 높이려는 자발적 이주의 측면도 동시에 가지고 있기에 어느 한쪽만으로 간주하기가 곤란할 수도 있다. 본 장에서는 국경을 넘나드는 국제 이주와 새로운 삶의 터전을 모색하는 장기적 이주를 중심으로 이주의 원인과 과정, 그리고 그와 연관된 장소와 문화의 변화에 대해서 논의해 보고자 한다.[3]

농경의 시작과 더불어 인간은 한 장소를 바탕으로 삶을 영위해 가는 정주의 시대를 살아가게 되었다. 본질주의적 장소관에 의하면, 장소는 애당초 주어져 있던 자연환경의 조건과 어우러진 독특한 경제적·문화적 특성을 지닌 것으로, 본질적으로 경계가 명확히 획정될 수 있는 지역 구획의 기초로 간주되었다. 모더니즘의 시대를 거치면서 이러한 장소와 지역 간 경계의 획정은 더욱 확고하게 진행되었고, 상상적 공동체로서의 민족국가를 구체적으로 실현하는 도구로서 국경선은 더욱 뚜렷하게 획정되었다. 내부적으로 농업 중심의 사회적 구조는 사람들의 이동을 최대한 억제하게 되었고, 이는 안정된 국민국가의 발전에 토대가 되었다.

이러한 정주의 시대는 국민국가 단위의 산업화 및 도시화가 진행되면서 특히 서구 사회에서 변화를 겪게 되었다. 고용 기회를 찾아 이촌향도의 대규모 이주가 본격적으로 시작되었고, 이는 국가 경계선 내의 인구 이동을 촉진하였다. 서구의 식민지가 전 지구적으로 확대되면서는, 식민주의적 관계에 기반한 초국가적 이주가 점차 늘어나기 시작했으며, 이러한 이주의 기본 패턴은 식민제국주의 시대가 종식된 이후에도 계속되었다. 20세기 중반 이후 거세게 몰아닥친 자본주의 경제의 글로벌화 물결은 바야흐로 국가 간 이주의 폭증으로 이어졌다. 교통 기술의 획기적인 발달로 원거리 이동이 용이해졌고, 인터넷을 위시한 정보 통신 기술의 발달은 국경을 뛰어넘는 지역 간 연결성이 전례 없이 확대·강화되는 데 기여하였다. 이에 편승하여 금융 및 문화 영역에서 이루어진 글로벌화의 확산도 사람과 정보의 이동성을 획기적으로 높여 주었으며, 바야흐로 초국가적 이주의 시대가 도래하게 되었다.

2012년 현재 전 세계적으로 약 2억 1400만 명의 이주자가 자신이 태어난 기원국을 떠나 다른 국가에서 살아가고 있다(UNDESA, 2012). 불과 10여 년 전인 2000년에는 약 1억 5000명 정도의 이주자가 타국에서 살아가고 있었기에 그 증가 속도가 가히 폭발적이라는 것을 쉽게 짐작할 수 있을 것이다. 이를 비율로 환산하면 세계 인구의 약 3%가 이주자인 것이다. 여기서 3%라는 단순한 수치만을 보았을 때는 그 비중이 그리 높지 않다고 경시할 수도 있겠다. 하지만 이를 그리 단순하게 치부해 버릴 수 없는 이유는 매우 분명하다. 즉 20세기 후반 이후 최근까지 이주자의 숫자는 역사상 전례 없이 매우 큰 폭으로 증가했다는 점, 이러한 변화가 각 지역과 국가의 변화에 영향을 미치면서 나머지 97%에 해당하는 비이주자의 삶과도 밀접하게 관계되어 있다는 점, 그리고 97%에 포함되는 가난한 국가의 비이주자 중에는 이주하려는 욕망을 지닌 잠재적 이주자가 매우 많다는 점 등이 그 이유이다(Sammers, 2010). 이런 점을 고려한다면, 지금 이 시대를 이주의 시대, 혹은 이동성의 시대라고 능히 말할 수 있을 것이다. 이에 더하여 최근 국제 이주의 주목할 만한 현상은 여성 이주자가 크게 증가하여 전체 이주자의 약 절반을 차지하고 있고, 국제 노동 분업에 의한 재생산 부문에서 이들이 큰 역할을 하고 있다는 점이다(구즈먼, 2011). 위에서도 언급하였듯이 역사적으로 인간의 공간적 이동은 늘 있어 왔다. 하지만 소위 글로벌화 시대 이주의 특성은 그 이전 시기의 이주 특성과는 여러 가지 면에서 확연히 다르다. 다음 장에서는 글로벌 시대 이주의 특성을 전 시대와 비교해 보면서 살펴보도록 하자.

2) 글로벌화 시대의 이주 특성

글로벌화의 진전과 이에 연동하여 더욱 활발해진 지역 간 물질적·비물질적 교류, 그리고 전례 없이 증가한 국경을 넘나드는 인구의 이동은 인문학 및 사회과학 전반에 걸쳐 소위 '새로운 이동성 패러다임(Sheller and Urry, 2006)' 을 불러일으켰다. 기존의 고정성 패러다임은 인간 삶의 특성을 정주성과 안정성, 항상성 등에서 찾으려는, 그래서 변치 않는 본원적 거대이론과 원리를 추구하려하였다. 그러나 이제는 더 나아가, 인간이 유목적 존재임을 새삼 재평가하여 그 이동성과 가변성, 그리고 새로운 관계 맺기에 의한 혼성성 등에 초점을 맞추는 인문사회과학 연구로의 새로운 변화가 시작된 것이다. 이에 앞서 1980년대부터는 인간 생활에 있어서 공간(성)의 중요성을 간과하거나 무시해 왔던 이전까지의 연구 경향에 대한 반성과 비판이 확산되었다. 이에 따라 시간 및 역사성, 그리고 사회 및 사회적 관계의 중요성만큼이나 공간(성)과 장소(성)가 중요하게 다루어져야 한다는 주장이 설득력을 얻게 되었는데, 이를 '공간적 전환(spatial turn)', '장소적 전환(placial turn)'이라고 한다. 하지만 공간과 장소에 대한 관심은, 과거 전근대 및 근대의 공간과 장소의 개념, 즉 일정한 공간과 장소의 특성은 그 안에 원래부터 내재되어 있다고 보는 본질주의적 공간 개념이 아닌, 다공질의 유연한 경계 너머의 것들과 관계 맺기의 과정 중에 형성된다고 보는 관계적 혹은 구성적 공간 개념으로 공간을 재개념화하는 것으로부터 시작된다. 지리적 본질 내지는 특성을 고정되어 있는 것으로 간주하여 그것을 파악하고자 하는 기존의 정적인 지리학 및 사회과학은 새로운 국면으로 진입하게 되었고, 이러한 변화의 중심에는 다름 아닌 인간들의 활발한 이주가 도사리고 있다.

인간의 삶은 안정적인 정착을 추구하면서, 동시에 부단한 이동을 통해 이루어진다. 집에서, 고향에서, 조국에서 안정적 정주를 위해 노력하지만, 또한 생계를 위한 노동을 위해, 휴식과 여가 활동을 위해, 정치적 목적 달성을 위해 끊임없이 이동을 실천하거나 희구하기도 한다. 인간은 특정 장소에 묶여진 정적인 존재로서 정주 지향성을 지니고 있으며, 또한 동시에 공간의 탈주를 꿈꾸고 실천하는 유목적인 존재로서 이동 지향성을 지니고 있다. 이러한 이동 지향성에 대한 관심이 최근에 와서 증폭되고 있는 것은 글로벌화 시대에 국경을 넘나드는 인간의 이주가 크게 증가하고 있기 때문이다. 하지만 좀 더 깊이 있게 생각해 보면, 인간의 이주는 고대로부터 계속되어 온 현상이기에 단순히 그 규모가 크게 증가했다는 이유만으로 새로운 패러다임의 전환이 유발되었다고 보는 것은 적절치 않다. 주목해야 할 부분은 인간이 이주하려는 원인과 결과가 전에 비해 훨씬 다양하고 복잡해졌으며, 그와 연결되어 있는 물질과 사상의 교류 및 이동도 질적인 변화가 수반되었고, 또한 그 충돌과 혼성을 둘러싼 다양한 권력들의 개입과 결과가 이전과는 확연히 다른 모습으로 전개되고 있다는 사실이다.

이러한 질적인 특성 변화에 착목하여, 최근의 새로운 방식의 이주를 단순히 국제 이주(international migration)가 아닌 초국가적 이주(transnational migration), 간단히 줄여서 트랜스 이주(trans-migration)[4]라고 칭하고 있다. 글릭 실러 등(Glick Schiller *et al.*, 1992, 1)에 의하면, 트랜스 이주자(transmigrants)란 국경을 횡단하는 이주자가 기원지와 목적지의 두 사회를 가족적, 경제적, 사회적, 종교적, 정치적 유대를 통해 연결하여 단일한 사회적 장(social fields)으로 결합함으로써 자신의 삶을 영위해 가는 이주자라고 할 수 있다. 이에 따라 초국가성(transnationality)을 '이주자들이 자신의 기원국과 정착국 간을 연결하여 확장시킨 사회적 장을 구축하는 과정'이라고 정의하면서, 그러한 사회적 장을 구축하는 이주자들을 '트랜스 이주자'라고 명명하였다. 즉, 트랜스 이주에 의해 기원지와 목적지는 이제 더 이상 단절된 기억과 향수의 장소로만 인식되는 것이 아니라, 실천적이며 상상적으로 구성되고 상호 연결된 생활 세계로 거듭나게 되었다. 국경의 이쪽과 저쪽의 장소들 모두가 삶의 현장이자 생활 세계의 구성 요소가 된 것이다.

현대의 트랜스 이주자들은 과거의 이주자 혹은 이민자들과는 분명 다른 이주의 목적과 과정과 결과를 보이고 있다(표 1). 과거의 국제 간 인구 이동은 기원지를 완전히 떠나 목적지에서의 성공적인 정착을 지향하는, 다시 말해 기원지와의 사회적·문화적 단절이 필연적인, 그리고 목적지에서의 적응과 동화가 최우선적으로 추구되는 영구 이민(永久移民; permanent migration)의 특성을 보여 주었다. 하지만 현재의 이주는 비

표 1. 과거의 이주와 현대의 트랜스 이주의 차이

과거의 이주	현대의 트랜스 이주
• 기원국의 가족과 분리된 삶	• 정착국에서 기원국의 가족, 전통, 제도 등과 결속된 삶
• 기원국과의 부분적 연결로 연쇄 이주 자극	• 기원국과의 다양한 관계로 글로벌화 확대
• 기원국과 분리된 일상생활	• 기원국 사회 문제에 직간접적 영향력 행사
• 공간적으로 제한된 이주자 네트워크	• 글로벌하게 확대된 이주자 네트워크
• 이주자와 기원국 정부 간 분리(단일 국적)	• 이주자와 기원국 정부 간 유연적인 연대(이중 국적)

자료: 이영민 외, 2012, 105

록 국경을 뛰어넘는 이동이기는 하나, 여러 생활 공간에 동시에 소속되고 쌍방향 이동이 활발하게 전개되는 방식의 이주, 즉 트랜스 이주로 새롭게 자리매김하고 있다. 이제 트랜스 이주자는 과거의 이주자처럼 본국과의 단절에 이은 정착국에서의 적응과 동화만을 추구하는 것이 아니라, 오히려 기원국과의 다양한 관계를 이어가며, 더 적극적으로는 기원국의 사회 문제에 직간접적으로 관여하기도 한다. 기원국과 정착국은 물론이고 그 외 국가와 지역까지도 포섭하는 글로벌하게 확대된 이주자 네트워크에 기대어 자신의 생활 공간을 크게 확대해가고 있다. 이러한 가운데 이주자들의 생활에 영향을 미치는 인자들은 훨씬 다양하고 복잡해져, 세계 경제 활동의 주기적인 부침은 물론이고 여러 관련 정부들의 규제 방식, 정착국 시민들의 우호적 수용 여부 등이 복합적으로 영향을 미치고 있다. 기원지와 목적지의 경제적 상황과 이주자들의 단호한 의지, 희망 및 실천 행위에 주로 초점을 맞추었던 과거의 이주 연구로는 그 실태를 정확히 파악하기가 어렵게 되었다.

3) 이주의 원인과 과정

이주자의 이주 의사 결정과 관련하여 거론되는 가장 고전적인 이론은 19세기 말 지리학자 라벤스타인(Rabenstein)에 의해 제시된 배출–흡인 이론이다. 이는 이주자 개인이나 집단을 분석 단위로 하여 기원지에서의 열악한 상황이 그들을 밀어내고 있으며, 목적지에서의 우월한 상황은 그들을 끌어당김으로써 결국 이주가 실행된다고 보는 이론이다. 가령 기원지의 빈곤, 실업, 정치적 압제, 전쟁, 자원 고갈과 같은 환경 위기 등과 같은 열악한 상황이 배출 요인이며, 목적지의 취업 기회, 더 나은 삶에 대한 기대, 자녀 교육, 의료 기술, 정치적 탄압으로부터의 자유 등과 같은 우월한(우월하리라고 기대되는) 상황이 흡인 요인이다. 그러한 다양한 요인들 중에서 특히 임금 격차로 구체화되는 기원지와 목적지 간의 경제적 상황 차이가 이주자들이 가장 민감하게 반응하는 이주의 원인으로 다루어지는 경향이 있다. 이에 따르면 이주자들은 경제적 동기에 따라 움직이는 합리적인 경제 주체라고 간주되며, 따라서 선진국을 향한 이주자들의 이주는 자연스러운 현상인 것이다. 이러한 배출-흡인 요인은 흔히 가난한 국가나 지역에서 부유한 국가나 지역으로의 이주를 설명하는 데 주로 사용되어 왔으며, 그 원인을 이원론적으로 아주 뚜렷하게 정형화시킴으로써 이주 현상을 명쾌하게 이해하는 데 도움을 주고 있다는 점에서 의의가 있다. 그러나 이주의 분석 단위를 이주자 개인과 집단으로 한정하여, 그들의 의사 결정에 영향을 미치는 원인이 무엇인가만을 다루고 있다는 점은 분명한 한계가 아닐 수 없다. 가령, 기원국의 배출 요인들이 이주자 개인 혹은 집단에 영향을 미친다는 점에만 관심을 두고 있을 뿐, 그러한 배출 요인들이 어떻게 형성된 것인지, 그리고 지리적인 관점에서 기원국의 상황과 어떻게 연계되어 있는 것인지에 대해서는 아무런 언급이 없다. 또한 이주자들이 배출 요인과 흡인 요인을 합리적이고 적절하게 분석해 내는 일종의 '경제인'으로 간주되었고, 실제 벌어지고 있는 다양한 현상들과 그에 영향을 미치는 구조적인 요인들이 고려하지 못하는 한계가 있다(Sammers, 2010).

이주의 원인과 과정에 관한 구조주의적 접근은 위의 한계를 극복하고, 좀 더 글로벌한 차원의 구조 및 체계의 변화에 주목한다. 특히 글로벌 차원에서 벌어지고 있는 자본주의 체계의 변화, 즉 글로벌 경제의 재구조화와 교통 및 통신 수단의 혁신에 따른 이주 양상의 변화에 초점을 맞춤으로써, 이주자 개인이나 집단보다는 글로벌 경제나 글로벌한 동인 자체를, 혹은 글로벌화와 맞물려 재구성되고 있는 글로벌 도시를 분석 단위로 삼아 좀 더 거시적인 분석을 시도하고 있다. 글로벌 자본주의 시스템 내에서 공간적, 구조적 불평등에 초점을 두는 구조주의적 접근은 글로벌화나 글로벌 정치·경제와 관련해서 구조 조정, 신자유주의 등과 같은 개념을 집중적으로 다룬다. 이와 같은 접근은 가난한 국가들의 열악한 경제 상황뿐만 아니라 더 잘사는 국가들 및 그 도시들에서 심화되고 있는 사회-공간적 양극화 문제와 불평등한 노동 수요에도 주목함으로써 이주 현상의 원인과 과정을 보다 세밀하게 다룬다. 가령 부유한 국가의 소위 글로벌 도시가 겪고 있는 양극화와 노동 수요의 차별화는 고소득 이주와 저임금 이주를 동시에 끌어당기고 있으며 초국가적 이주의 양상을 더욱 복잡하게 전개시켜 가고 있다.

하지만 이러한 구조주의적 접근도 역시 분명한 한계를 가지고 있다(Sammers, 2010). 우선 글로벌 구조의 영향력에 주로 초점을 맞춤으로써 다양한 스케일에서 작동하는 국가 및 지방 정부의 역할을 제대로 파악하지 못하는 한계가 있다. 또한 미시적 스케일에서 작동하는 인간의 행위 주체성이나 그와 관련된 가족, 제도, 네트워크 등에 대한 깊이 있는 분석에는 미치지 못하고 있다. 구조적인 접근 중에서도 특히 '글로벌화' 개념에 토대한 논의들에서 자주 등장하는 교통·통신 발달로 인한 이동성 증가도 이주와 관련하여 획일적인 모습으로 전개되는 것이 아니라, 이주자 집단과 장소에 따라 다양한 방식으로 투영되고 영향을 미치고 있음을 간과해서는 안 된다.

위와 같은 구조주의적 접근의 기본 틀을 수용하고, 더 나아가 기원지와 정착지 간의 관계와 국가의 개입 양상을 분석 틀로 삼고자 하는 '이주-발전 연계(migration-development nexus)'와 관련된 논의들은 글로벌 북반부와 글로벌 남반부 사이의 이주 흐름과 그 관계를 좀 더 명확하게 이해하는 데 도움을 준다. 글로벌 남반부에서 글로벌 북반부로 노동력이 이동하는 것은 글로벌 남반부의 실업률을 완화시키는 효과로 나타나고 있고, 또한 남아 있는 가족과 친지들에게 보내 주는 송금은 개인과 집단 수준에서 생활 여건을 개선하는 데 큰 도움을 준다. 또한 기원지 커뮤니티의 학교, 도로, 공동체 시설, 종교 시설 등과 같은 인프라 건설에도 도움을 준다. 이러한 송금의 승수 효과에 착안하여 일부 국가는 국가적 차원에서 노동력 송출과 송금을 경제 발전의 중요한 전략으로 관리하고 있다. 가령, 필리핀에서는 해외계약노동자(OCW, Overseas Contract Worker) 프로그램을 운영하면서, 해외의 노동력 수요를 파악하여 필리핀 노동자를 직접 공급하고 있다. 그 외에도 노동자들이 선진국에서 습득한 기술이 귀환 이주를 통해 사회적 자본으로 기능하여 자국의 발전에 도움을 주고 있는데 귀환 이주자가 글로벌 남반부 발전의 행위 주체가 되고 있다는 연구를 통해서 알 수 있다(Conway and Potter, 2007). 그러나 이주에의 의존성 심화, 사치제 소비의 증가, 지역 사회의 양극화 심화, 귀환 이주가 아닌 두뇌 유출의 고착화 등과 같은 여러 가지 문제로 인하여 기원지의 상황이 오히려 악화되고 있다는 지적도 있다(Cohen, 2005).

이상에서 살펴본 배출−흡인 요인과 같은 행위자 중심의 접근과 글로벌화와 신자유주의에 주목하는 구조주의적 접근은 각각 개인의 행위 주체성과 글로벌 차원의 구조에만 집중함으로써 상호 간의 영향력을 간과하고 있으며, 따라서 제한된 방법의 적용에 따른 편협한 결과의 도출에 이르게 되는 한계가 있다. 이를 극복하기 위해 최근 많이 논의되고 있는 개념이 이주 네트워크(migration network)이다. 이에 따르면 이주자들의 이주 결정과 과정에 더 큰 영향을 미치는 것은 기원지와 목적지 사이에 형성되어 있는 경제적 불평등보다는 공간을 가로질러 연계된 이주 커뮤니티와 그 네트워크이다. 일반적으로 이주 네트워크는 기원지와 정착지를 가로지르는 친척이나 친구, 혹은 동일 민족집단 간의 유대와 구체적인 연결을 일컫는다. 이를 통해 이주자들은 생계의 기반이 되는 구직 정보는 물론이고, 거류지 혹은 은신처, 음식과 기타 서비스, 의료 및 건강, 종교, 여가 활동 등 다양한 생활 정보를 취득하고 공유한다. 또한 이주 네트워크는 이주에 필요한 정착지의 정보를 취득하는 원천이자, 정착지로 이주한 후에도 기원지 생활을 지속할 수 있도록 해 주는 기반으로서의 역할을 한다. 결국 자본주의 경제의 글로벌화와 관련된 구조적 동인들이 이주자 개인이나 집단 수준에서 구체적으로 어떻게 수용되고 의사 결정으로 이어지는지를, 그리고 국경을 넘어 기원지와 정착지 쌍방 간에 어떻게 상호 연결되어 있는지를 거시적이면서도 미시적으로 분석할 수 있다는 장점이 있다.

그렇지만 이주 네트워크가 정부라고 하는 또 다른 중요한 주체의 개입 없이 탈공간적이고 탈맥락적으로 형성되고 기능하는 것은 아니라는 점을 명확히 할 필요가 있다. 즉, 이주자들만으로 구성되는 네트워크상에서만 이주가 결정되고 단행된다는 가정으로부터, 다시 말해 네트워크만이 일종의 구조적인 동인으로서 영향력을 행사한다는 가정으로부터 벗어날 필요가 있다. 네트워크가 가로지르는 공간은 결코 국경이나 비자(visa) 정책을 관장하는 국가 정부의 힘으로부터 자유로울 수 없다. 각 국가 사회 속에서 자행되는 인종 차별이라든지 저임금 이주 근로자 차별 같은 장애물 역시 큰 힘을 발휘하고는 한다. 국가나 제도가 구체적인 정책을 통해 이주자에게 개별적으로 미치는 영향력은 실로 막강하며, 따라서 이에 대한 섬세한 분석이 필요하다.

글로벌화라는 것이 탈공간적으로 탈맥락적으로 이주자에게 획일적인 영향력을 미치면서 전개된다는 가정도 문제가 있다. 가령, 통신 비용은 저렴해졌지만 항공 운임료는 여전히 저소득 이주자들에게는 큰 부담이 되고 있으며, 일부 이주자들의 경우는 저소득에 따른 이동력의 제한으로 인하여 '공간에 갇힌' 채 정착지에서의 삶을 영위하고 있기도 하다. 그들에게 소위 거리 마찰은 이주 관련 현상에 여전히 영향을 미치는 중요한 변수가 아닐 수 없다.

여기서 우리는 행위자 중심의 접근과 구조주의적 접근, 그리고 최근의 이주 네트워크 분석 등이 모두 공간적 관점을 경시한 채로, 그리고 스케일 개념을 무시한 채로 이주 현상을 분석해 왔음을 알 수 있다. 국가적, 로컬적 스케일의 공간 특성을 무시한 초국가적 분석 단위가 우선시되고, 이동성과 흐름만을 강조한 네트워크 분석 틀이 강조되면서 상대적으로 공간의 효과는 경시되었다. 영역(territory)은 영원불멸한 것은 아니지만 '일시적으로' 고정되며, 개인, 제도, 구조, 사회적 네트워크에 '일시적으로' 영향을 미친다. 다양한 스케일의 장소는 이주자의 행위를 구성하는 물질적 토대라고 할 수 있으며, 그 위에서 실천되는 이주자의 행위들은 다시 장소 구성에 영향을 미친다. 이렇듯 이주 현상은 공간의 문제이자 지리의 문제가 아닐 수 없다. 원론적으로 보았을 때 이주란 사람들의 공간적 흐름, 즉 공간상에서 벌어지는 움직임과 관련된 현상이기에 공간의 특성 및 변화와 밀접하게 연결되어 있다. 구조주의적 접근에서 이주의 원인과 과정으로 논의하고 있는 글로벌 자본주의의 지역 간 불균등성 문제도 결국 공간의 문제이며, 행위자 중심의 인간주의적 접근에서 삶의 터전인 지역과 장소가 이주에 의해 그 특성이 변화하고, 그렇게 변화된 지역과 장소가 다시 자본주의 재생산의 바탕이 되고 있다는 점도 결국 공간의 문제인 것이다. 이주는 장소의 영향을 받는 결과이자 동시에 장소를 바꾸어 놓는 변인이므로, 이주와 지리가 대단히 긴밀한 관계를 맺고 있는 것이다. 장소는 이민자 같은 '외부인'에게도 개방된 다양하고 범세계적인 곳일 수도 있고(Massey, 1994), 그 내부 구성원들 중 일부에 의해 '외부인'이 차별적으로 규정되어 격리될 수 있는 '배타적인' 곳일 수도 있다(Cresswell, 2004).

4) 이주와 장소 변화

전 세계적으로 보았을 때 이주의 주된 흐름은 글로벌 남반부라 불리는 가난한 지역에서 글로벌 북반부라 불리는 부유한 지역을 향해 형성되어 있으며, 이는 글로벌 네트워크, 특히 글로벌 도시 네트워크의 재구성에 큰 영향을 미친다. 우리는 흔히 트랜스이주, 즉 초국가적 이주를 국가 대 국가 간의 국경을 뛰어넘는 인구 이동으로 인식하는 경향이 있다. 그런데 좀 더 지리적인 관점에서 보자면, 이러한 국가 단위 이주의 관점은 이주자의 구체적인 생활 특성을 파악하는 데 한계가 있으며, 삶의 터전으로서 장소의 변화를 독해하는 데에도 한계가 있다. 이주자는 항상 한 국가 내의 어느 한 지점에서 이출하여 다른 국가의 어느 한 지점으로 유입되는 것이기에 그저 국가 단위로만 그들의 이주 현상을 파악한다면 글로벌 차원 및 국가적 차원의 구조적인 동인들을 논의하는 데에 그칠 수밖에 없다. 대체로 글로벌화 시대의 이주자들이 모여드는 곳은 도시 지역, 특히 글로벌 북반부의 대도시 지역이라고 할 수 있다. 이러한 대도시 지역은 자본주의적 글로벌 연결성이 한층 강화된 공간이며, 또한 그러한 연결성에 힘입어 문화적 다양성이 한층 증대된 공간이다. 그런데 이주자들의 관문이 되고 있는 이러한 대도시 지역은 국가를 대표하는, 국가와 동일시될 수 있는 공간이라기보다는 독특한 로컬리티를 재구성 중인 이주자들의 삶의 공간인 것이다.

이주는 지역과 장소에 구체적으로 영향을 미치고 있다. 특히 글로벌 북반부의 대도시들은 이주자의 유입에 따른 소위 다문화 사회 공간의 출현을 목도하면서, 이와 관련된 각종 사회 문제들에 효율적으로 대처하고자 부심하고 있다. 초국가적 이주자들이 국경 너머 정착지에 유입하게 되면 자연스럽게 주류 사회의 환경 속에 처할 수밖에 없고, 이에 따라 경제적 경쟁과 문화적 차이를 경험하게 된다. 글로벌 경제 환경의 변화에 따라 글로벌 북반부가 겪게 되는 경기의 부침은 이주자들의 유입 규모에 영향을 미치게 되고, 그와 연동하여 주류 사회가 보여 주는 이주민 집단에 대한 문화적 경계 긋기에도 차이를 보이게 된다. 어떤 이유에서이건 이주자 집단은 주류 사회의 저임금 노동 분야로 유입되는 경우가 많으며, 이러한 경제적 불평등으로 인한 소득 격차가 더욱 뚜렷해지는 특성을 보이고 있다. 문화적 차이도 양 집단 간에 선명하게 경계가 그어진다면, 주류 집단에 의한 편견과 차별이 고착화될 수 있다. 이러한 경제적 불평등과 문화적 편견 및 차별은 이주민 집단에 대한 주류 사회의 사회−공간적 격리와 배척으로 표면화된다. 하지만 그러한 차별에 맞서 이주민 집단은 새로운 정착지 사회 환경에 안정적으로 정착하기 위해 스스로에 의한 경계 긋기 전략을 구사하기도 한다. 즉, 주류 집단과의 첨예한 경제적 경쟁 관계의 대결적 국면과는 다른 방향에서 이주민 집단 자체의 민족 경제를 활성화시키려는 노력을 진행시키기도 하며, 동시에 문화적 편견과 차별에 맞서 자체의 민족 정체성을 공고히 하는 전략을 구사하기도 한다. 이러한 민족 경제 집중화와 민족 정체성 강화는 주류사회 속에서 이주민 집단에 의한 사회−공간적 응집과 자기 범주화로 표면화된다(그림 1).

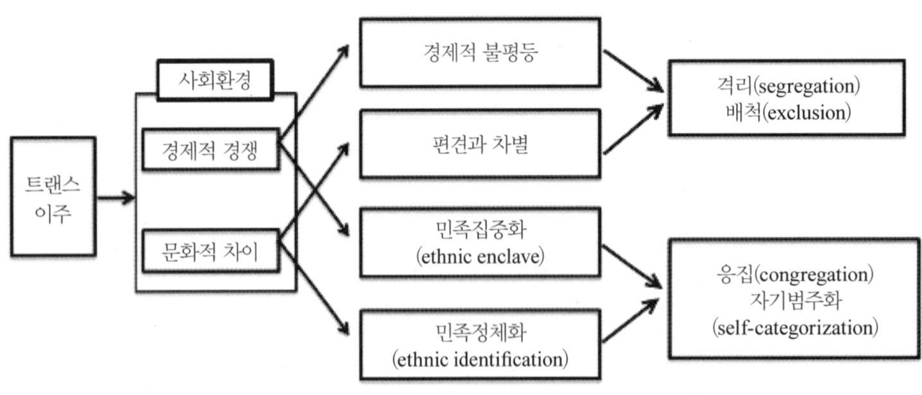

그림 1. 트랜스 이주와 다문화 사회 공간의 형성
(자료: 이영민, 1998, 578)

　　도시 내 이주자 소수 집단에 의한 사회-공간의 형성 및 발달을 설명하는 전통적인 모델은 사회-공간적 동화 모델이었다. 이에 의하면 이주자들의 정착지가 되고 있는 글로벌 북반부의 대도시에서는 이주자들의 진입과 더불어 점차 이주자 엔클레이브(enclave)가 형성되는 모습을 보여 왔다. 이주자 엔클레이브는 흔히 도심과 인접한 곳에 형성되는 경향이 있는데, 이곳은 이주자 집단의 주거지로서, 혹은 이주자 집단의 민족 경제가 집중하는 곳으로서, 새로운 정착지 사회 환경 내에 존재하는 일종의 인큐베이터로서 기능한다. 주류 사회로의 동화는 바로 이곳으로부터 시작되며, 점차 사회적 적응과 동화가 이루어지면서 결국에는 그러한 인큐베이터를 떠나 교외화가 진행되는 것이 일반적 패턴이었다.[5]

　　그런데 글로벌화 시대의 트랜스 이주는 기존의 국제 이주와는 사뭇 다르게 새로운 목적과 방식으로 전개되고 있으며, 이에 따라 이주의 유형과 범주에 있어서 다양화가 이루어지고 있다. 따라서 정착지에서 이들의 사회-공간적 적응 과정도 기존의 과정과는 다르게 새로운 방식으로 전개되고 있다. 전술하였듯이 과거의 이주 현상은 기원지로부터의 이출과 정착지로의 이민으로 단순화될 수 있었고, 배출 요인과 흡인 요인으로 구분하여 기원지와 목적지의 이주 원인을 고정된 장소의 시각에서 파악할 수 있었다. 이에 따라 목적지에서의 적응 및 동화 과정은 기원지와는 분리된 채 정착지 사회 환경의 영향만을 받아 이루어지는 것으로 간주되었다. 하지만 초국가주의 시대의 새로운 이주자들은 기존 이주자들처럼 기원지와 단절된 상황 속에서 정착지에서의 적응을 이어가는 것이 아니며, 그들의 엔클레이브는 더 이상 주류사회로의 진출만을 담보해 주는 인큐베이터가 아니라 기원지와의 연결을 기반으로 한 네트워크상의 결절지로서 존재하게 되었다. 또한 기원지로부터 이미 많은 자본을 소유하고 들어오게 되는 중상류층 이주자들의 경우는 과거처럼 도시 중심부의 전통 이주자 엔클레이브에 정착하는 것이 아니라, 선이주민들이 오랫동안 그곳에서 적응과 계층 상승의 과정을 거친 후 빠져나와 정착한 교외화 지구, 혹은 주류 집단의 교외 중산층 주거지로 바로 이주하여 정착하기도 한다.[6] 이 외에도 정착지 사회에서 벌어지게 되는 새로운 이주자들과의 사회문화적 갈등과 조화의 문제나 이주자들의 소속감과 정체성이 어떻게 형성되고 있고 형성되어야 하는지의 문제, 이주자들의 국적 취득과 관련된 사회적 합의 도출의 문제, 소위 글로벌 시민권이 특정 국가 내에서 어떻게 정립될 수 있고, 그러한 권익이 어떻게 보장받을 수 있을 것인지의 문제 등 다양한 차원의 사회문화적 특성 변화에 대해서도 많은 연구가 진행되고 있다.

이 같은 글로벌 북반부의 이주자 정착지 중심의 이주와 장소 변화 논의가 지속되고 있는 가운데, 최근에는 이주자 기원지의 변화에 대한 관심도 점차 확대되고 있다. 이주자 기원지의 지역 경제는 자국 출신의 숙련 및 비숙련 노동력의 이출로 말미암아 여러 가지 문제점을 겪게 된다. 자본주의 경제의 글로벌화에 따른 글로벌 북반부 도시의 양극화는 숙련 및 비숙련 노동력의 수요를 모두 증가시키고 있으며, 부족한 부분에 대해서 글로벌 남반부로부터 노동력을 충당하고 있다. 이러한 상황에서 글로벌 남반부의 국가 정부는 숙련 노동력은 붙잡아 두고, 비숙련 노동력은 송출하려는 이중적 정책을 시행하기도 한다. 글로벌 남반부 국가 정부는 자국 출신 이주자들이 글로벌 북반부의 목적지에 성공적으로 정착할 수 있도록 하기 위해, 그리고 그들을 글로벌화 시대 국가 발전의 자산으로 삼고자 하는 목적을 달성하기 위해 이주자 네트워크에 적극적으로 개입하기도 한다. 결국 이러한 기원지에서의 여러 가지 상황과 조치들이 이주자들의 정착지와 기원지 간을 긴밀하게 연결하는 데 큰 역할을 하고 있고, 이주자들의 중층적 정체성을 강화하는 데에도 큰 역할을 하고 있다.

5) 장소화된 트랜스로컬 주체성

이주에 대한 학계의 전통적인 연구는 경제적인 목적 달성을 위해 이주자들이 어떻게 국경을 넘는 이주를 감행하고 있는가? (가령, 배출–흡인 요인 같은 이주의 원인과 과정 등) 이들의 이주가 정착국에 미치는 영향은 무엇인가? (가령, 노동 시장의 변화나 다문화주의의 형성 등) 기원국에 미치는 영향은 무엇인가? (가령, 불균등 발전의 완화 혹은 심화, 송금을 통한 지역 발전 등) 이들이 정착국 주류사회에 어떻게 적응하고 동화되는가? 등과 같이 이주의 기원지와 목적지 각각에서 벌어지는 문제들을 중심으로 진행되어 왔다. 그러나 최근의 연구는 기원국과 정착국 사이의 지속적인 연결성을 탐구하고, 이러한 연결성에 토대하여 양쪽의 공간이 어떻게 상호 (재)구성되는가에 대해 주목한다. 특히 트랜스 국가적인 이주를 통해 형성되어 정치적·경제적 조직을 재생산해 나가는 '트랜스 이주자들의 사회적 네트워크'는 트랜스 이주의 결과물이자 과정으로서 중요한 연구 대상 및 연구 방법으로 부상하고 있다. 그런데 이러한 네트워크는 트랜스 이주자들의 일련의 트랜스 국가적 실천과 행위들을 통해 지역 커뮤니티 등의 '로컬적 상황'에 착근되어(embedded) 진행되기 때문에 '지리적으로' 큰 의미를 내포하게 된다. 트랜스 이주자 주체들에 의해 형성된 트랜스네트워크는 이주자들의 일상 생활에 깊숙이 관여하는 물적 조건이 되고 있다. 또한 트랜스 이주자들은 새로운 정착지에서 자신들이 속해 있는 트랜스 국가적 네트워크 이외에도 로컬에 펼쳐져 있는 다양한 집단과 제도들로 구성된 다양한 로컬적 네트워크에 중첩적으로 영향을 받는다. 그러므로 트랜스 이주자들이 속해 있는 다양한 사회 네트워크들이 그들의 로컬 일상생활 속에서 어떻게 부딪치고, 영향을 주고받으며 상호 관련을 맺게 되는지를 파악하는 것이 중요하다(Gielis, 2009).

이주 네트워크 연구에 있어서 로컬 및 장소는 매우 중요한 역할을 담당하고 있다. 인구와 자본, 정보 등의 복잡한 흐름을 구성하는 국경을 뛰어넘는 이주자 네트워크는 분명히 특정의 공고한 '지점' 상에서 발현되고 작동한다(Zhou & Tseng, 2001). 따라서 트랜스 이주자들은 국경을 뛰어넘으면서도 '로컬화'를 통해서 트랜스 국가적인 네트워크를 형성 및 유지하려는 미묘하고도 중요한 전략을 취한다. 여기서 여러 개의 생활공간을 동시에 향유하는 '트랜스로컬리티(translocality)'의 특성이 지역과 지역 사이에서(지역을 가로지르며) 나타나게 된다. 여 등(Yeoh *et al.*, 2005)은 국경을 넘는 이주가 로컬 중요성을 소멸시키는 것이 아니라, 분산을 통해 오히려 국가의 경계와 트랜스로컬리티의 중요성과 마주하게 됨을 밝히고 있다. 즉, 시공 압축에 의한 글로벌화나 초국가주의가 무장소성을 이끌어 내어 탈영토화를 야기하기 보다는 장소적 특성들을 재배치하고 재구조화시키는 재영토화(reterritorialization)를 유도하고 있는 것이다(이영민, 2007). 스미스(Smith, 2001) 역시 최근 인문사회과학계에서 유행한 탈영토화의 개념을 부정하면서 초국가적 실천이 '제3의 공간(the third space)'에서 실천되는 듯 보이지만, 실상은 특정한 장소에 '착근'되어 로컬적 지점에서 번성하고 있음을 밝히고 있다. 이처럼 글로벌화와 초국가주의는 탈영토적인 양상으로 전개되는 것이 아니라 로컬(리티)과의 상호 반영적인 양상으로 전개되면서 재영토화를 생성해 내고 있다.

트랜스 이주자들에 의해 형성되고 있는 국경을 넘나드는 새로운 형태의 공동체는 '트랜스 국가적 공동체(transnational communities)'(Portes, 1996; Vertovec, 1999), '트랜스 국가적 마을(transnational village)'(Levitt, 2001), '트랜스 국가적 회로(transnational circuits)'(Rouse 1989), '트랜스 국가적 네트워크(transnational networks)'(Hannerz, 1996), '트랜스 국가적 사회적 장(transnational social fields)'(Faist, 2000) 등의 유사하지만 다양한 용어로 개념화되었다. 트랜스 이주자들은 기원지로부터의 이탈과 순환, 그리고 국경을 뛰어넘어 확장된 사회 네트워크를 통하여 새로운 주체성을 형성하게 된다. 인간의 정체성은 타인, 사건, 사물 등과 맺고 있는 중층적 연결로부터 생성된 관계적 성취물(relational achievement)이기 때문이다. 관계를 맺는 타인, 사건, 사물 등은 지리적으로 근접되어 있을 수도 있고 멀리 떨어져 있을 수도 있으며, 시간적으로 현재의 일일 수도 있고 과거의 일일 수도 있다. 이처럼 수많은 타자들은 신체적인 접촉과 내면화를 통해 다양한 방식으로 상호 교류하게 되며, 그러한 가운데 혼종적 성취물(hybrid achievement)로서 자아를 형성해 나간다. 여기서 자아의식을 형성하는 많은 사건들과 공동체가 특정한 장소에 연결되어 있다는 평범한 사실을 새삼 인식할 필요가 있다. 즉, 다양한 사회적 관계와 사회성의 형태들은 일련의 뚜렷한 위치와 연결되어 있으며, 이는 정체성의 지속적인 (재)형성에 큰 역할을 수행한다. 장소가 이처럼 수많은 사회적, 물질적, 자연적 실체들을 상대적으로 안정된 상태로 표상하고 있기 때문에, 트랜스 이주자의 지리적 이동은 그들로 하여금 표상된 실체들에 대한 새로운 경험의 기회를 제공함으로써 주체성의 변화에 지대한 영향을 미치게 된다. 이렇듯 지리적 이동은 장소화된 수많은 사람 및 사건들과 우리가 맺고 있는 관계를 필연적으로 변화시켜 나간다(Conradson, 2005).

  이러한 논리에 입각하여 생각해 보면, 트랜스 국가적 이주자들에게 지리적 이동이란 곧 새로운 형태의 주체성을 생성하는 기회를 의미하는 것이라고 볼 수 있다. 콘라드슨과 맥케이(Conradson & McKay, 2007)의 표현을 빌리자면, 트랜스 이주자들의 소위 '트랜스로컬 주체성(translocal subjectivity)'의 형성은 국경을 넘는 지리적 이동성의 실천과 더불어 로컬에의 정착을 통한 지속적인 장소화를 통해 이루어진다. 트랜스로컬 주체성 개념은 트랜스 이주를 탈체된 주체(disembodied subjects)들의 거침없는 이동으로 설명하는 방식에서 탈피하여, 대부분의 트랜스 이주자들이 특정한 입지상의 친척, 친구, 공동체와 지속적인 감정적 교류를 하고 있음에 주목한다. 트랜스 국가적 공동체에 속하게 된 트랜스 이주자들에게 근대 국가의 시민성은 오히려 정체성 형성의 부차적인 틀을 제공하는 데 그친다는 사실이 여러 경험적 연구를 통해서 밝혀진 바 있다.7 즉, 일상생활의 경험적 차원에서 트랜스 이주자들은 트랜스 국가적이기 보다는 트랜스로컬적 주체로 적응하고 생활하는 것이다.

  글로벌화와 트랜스 국가주의를 주창하고 실천하는 것은 단지 다국적 기관이나 기업만이 아니며, 트랜스 국가적 장소에 연결되어 있는 트랜스 이주자들에 의해서도 이루어진다. 트랜스 이주자를 포함한 일반 로컬 주민들은 자신들이 처한 로컬적 상황과 맥락 속에서 구조화된 정치적 저항, 경제적 전략들, 그리고 문화적 혼종성을 일상적으로 실천하고는 한다(Lee and Park, 2008). 그러므로 독특한 지리적·역사적 맥락 속에 처한 로컬 주민들은 자신들에게 부여된 기회와 제약들을 통해 트랜스 국가주의를 로컬리티로서 승화시키고 구체화시키게 된다. 즉, 로컬적 구체성은 트랜스 국가주의의 외부적 영향들과 결합되어 트랜스로컬리티로 재구성되고 있다. 트랜스로컬리티의 차이점들은 트랜스 이주자들의 유연하고 혼종적인 정체성들과 연결되어 있으며, 국가적으로 경계 지어진 문화들을 가로지르는 혼종적 경험들로 이어진다. 그 결과 트랜스 국가적 실천들은 트랜스 국가적 사회 네트워크가 교차하고, 그것들이 로컬 공동체의 네트워크 속에도 뿌리를 내리는 로컬적 상황에 깊게 착근된다.

6) 한국의 외국인 이주자 현황과 분포 특성[8]

지난 10년간 한국에 체류하는 외국인 이주자의 수는 큰 폭으로 증가하였다. 2001년 한국의 외국인 체류자는 501,968명이었으나 2010년에는 1,261,415명으로 증가하여, 무려 151%의 성장률을 기록하였다. 같은 기간 동안 전 세계의 국제 이주자는 약 43% 증가한 것으로 보고되고 있다. 2010년 현재 외국인 이주자의 수는 한국 전체 인구의 약 2%를 차지하고 있는데, 이 2%라는 절대 수치는 그리 큰 비중을 차지하는 것은 아니라고 할 수 있다. 하지만 그 증가의 속도가 매우 빠르고, 단일 민족으로 구성된 오랜 역사적 전통을 지닌 한국 사회에 큰 변혁이 곧 닥치게 될 거라는 점에서 무척 중요한 문제가 아닐 수 없다. 한국의 이러한 폭발적인 외국인 이주자의 증가세는 급속한 경제 성장에 따른 산업 구조의 고도화, 소득 수준의 향상, 고학력화, 저출산화 등에 의해 야기된 저임금 노동력 부족과 밀접한 관계가 있다(최병두, 2009). 저임금 노동 부문의 수요를 외국인 노동자가 채우게 됨과 동시에, 경제의 불균등 발전과 사회적 가치 변화로 인하여 여성의 결혼 조건이 까다로워지면서 하위 계층 남성들의 국제결혼도 증가하여(이용균, 2007), 외국인 결혼 이주자의 유입도 큰 폭으로 증가하였다. 다양한 국적의 외국인 유입이 증가하면서 우리나라는 다문화 사회로의 전환을 경험하게 되었으며, 다문화 사회에 대한 시민 의식을 높이기 위한 다양한 정책이 추진되는 계기가 마련되었다. 다문화 사회에 대한 관심이 증가하여 이제는 교육 이주, 노동 이주, 결혼 이주 등 모든 이주자가 다문화 논의 속에 포함되고 있다.

체류 구성별 이주자의 특성을 살펴보면, 2010년 말을 기준으로 전체 외국인 중에서 교육 이주자는 87,480명이며, 노동 이주자 중 전문직 노동 이주자는 44,320명, 단순직 노동 이주자는 513,621명, 결혼 이주자는 141,654명이었다. 확실히 전문직 고임금 노동자보다는 단순직 저임금 노동자의 숫자가 압도적으로 많으며, 이에 더하여 가난한 국가 출신이 대다수를 이루는 결혼 이주자의 숫자도 큰 비중을 차지하고 있다. 이 가운데 교육 이주자, 전문직 노동 이주자, 결혼 이주자는 꾸준히 증가하고 있는 반면 단순직 노동 이주자는 2008년 이후 증가세가 둔화되고 있다(그림 2). 단순직 노동 이주

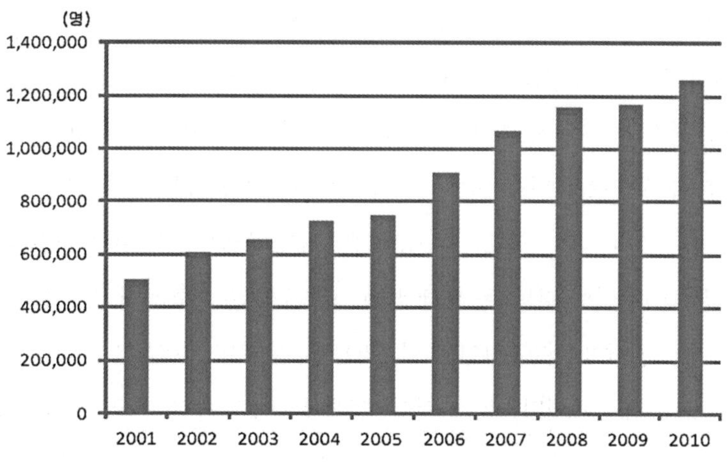
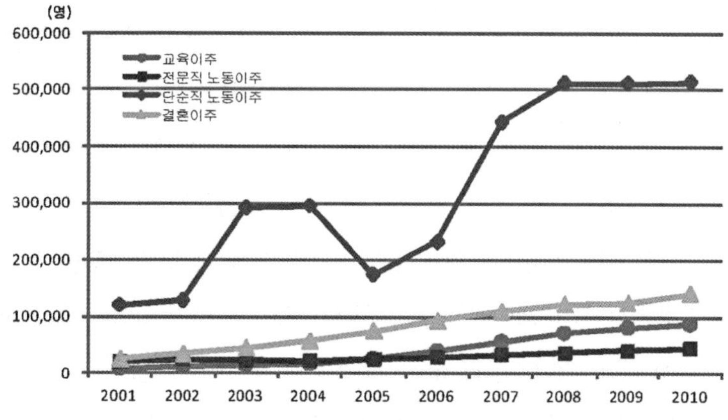

그림 2. 외국인 이주자 수와 체류 구성별 변화
(자료: 법무부, 2011, 국적별 체류외국인 현황; 법무부, 2011, 자격별 등록외국인 현황)

자의 증가가 둔화되는 이유는 정부가 외국인 체류자의 급증을 제한하기 위하여 기존 산업 연수생 제도의 문제점을 보완하고자 2004년 8월부터 고용 허가제를 도입하였고, 2007년 1월부터 전면적으로 시행하였기 때문이다. 한편, 2001년부터 결혼 이주자와 교육 이주자의 수는 지속적으로 증가하고 있다. 결혼 이주자의 경우 과거 농촌 중심의 국제결혼에서 도시 중심의 국제결혼으로 변화하고 있으며, 특히 창원시, 안산시, 수원시, 울산시, 부천시 등 제조업이 발달한 지역에서 높게 나타나고 있다(류주현, 2012). 교육 이주자는 2005년까지는 크게 주목을 받지 못했으나, 2006년 이후 그 수가 급증하기 시작하였고, 2010년에는 10만 명에 근접하고 있다.

2011년 현재 등록 외국인의 수가 가장 많은 곳은 경기도로 전체의 31%인 302,447명이 거주하고 있으며, 서울은 279,220명으로 29%를 차지한다. 수도권에 전체 외국인의 65%(인천 5.1%)가 집중되어 있어 한국인의 수도권 집중도보다도 더 높은 수치를 보이고 있다. 또한 주요 광역시와 그 주변 지역에서도 외국인의 분포는 비교적 높게 나타난다. 전국 시, 군, 구 단위 수준에서 외국인 수가 많은 대표적인 곳은 서울시 영등포구(42,112명), 안산시 단원구(37,487명), 서울시 구로구(31,440명), 경기도 화성시(24,665명), 서울시 금천구(20,818명) 등이다. 표 2에 나타난 외국인 비율이 높은 지역들의 특징을 살펴보면, 안산시 단원구, 서울시 영등포구와 금천구, 경기도 포천시, 서울시 구로구 등은 공장이 밀집해 있으며 주변 지역에 임대료가 낮은 주택이 넓게 분포하고 있는 특징을 보이고 있다. 서울시 중구와 종로구의 경우는 상대적으로 한국인의 인구가 적은 가운데 외국인의 비율이 상대적으로 높은 특징을 보여 준다. 서울시 용산구의 경우는 OECD 국가 출신 이주자들이 가장 밀도 높게 분포하고 있으며, 전체적으로 보았을 때 인구 대비 외국인 비율이 높게 나타나고 있다. 반면 충청북도 음성군과 전라남도 영암군은 농촌 지역으로 영농 단지와 결혼 이주자 유입에 의해 외국인 비율이 높게 나타나고 있다.

표 2. 외국인 인구 비율 상위 10개 시, 군, 구

지역	총 인구 수	외국인 수	외국인 비율(%)
안산시 단원구	350,937	37,487	10.7
서울시 영등포구	396,243	42,112	10.6
서울시 금천구	242,510	20,818	8.6
전라남도 영암군	58,748	4,607	7.8
경기도 포천시	140,997	10,930	7.8
서울시 구로구	417,339	31,440	7.5
서울시 중구	121,144	8,378	6.9
충청북도 음성군	84,088	5,349	6.4
서울시 종로구	155,575	9,037	5.8
서울시 용산구	227,400	12,789	5.6

자료: 법무부, 2011, 등록외국인 현황

아시아로부터 유입되는 외국인 이주자를 국적별로 나누어 봤을 때, 중국 출신 이주
자가 가장 큰 비중을 차지하고 있다. 이 중 소위 '조선족'이라고 불리는 한국계 중국인
은 389,398명이고 비한국계 중국인은 147,301명이다. 중국 다음으로는 베트남, 필리
핀, 인도네시아, 태국 등으로부터 많은 이주자가 유입되고 있다. 아시아로부터 유입
되는 이주자들은 전국 곳곳에 거주하고 있으나, 수도권의 비중이 상대적으로 높은 편
이다. 그러나 한국계 중국인을 제외하고는 이들 이주자들의 서울 거주 비율은 상대적
으로 낮은 수준을 보이고 있는데, 인도네시아 3%, 태국 5%, 베트남 6%, 우즈베키스
탄 7%로 나타나고 있다. 아시아 국가 이주자들의 주요 집거 지역은 국가마다 다소 차
이를 나타내고 있으나, 공통된 점은 한국계 중국인을 제외하고 모든 이주자들은 제조
업 밀집 지역 내 거주 비율이 높게 나타나고 있다는 점이다(그림 3). 한국계 중국인을

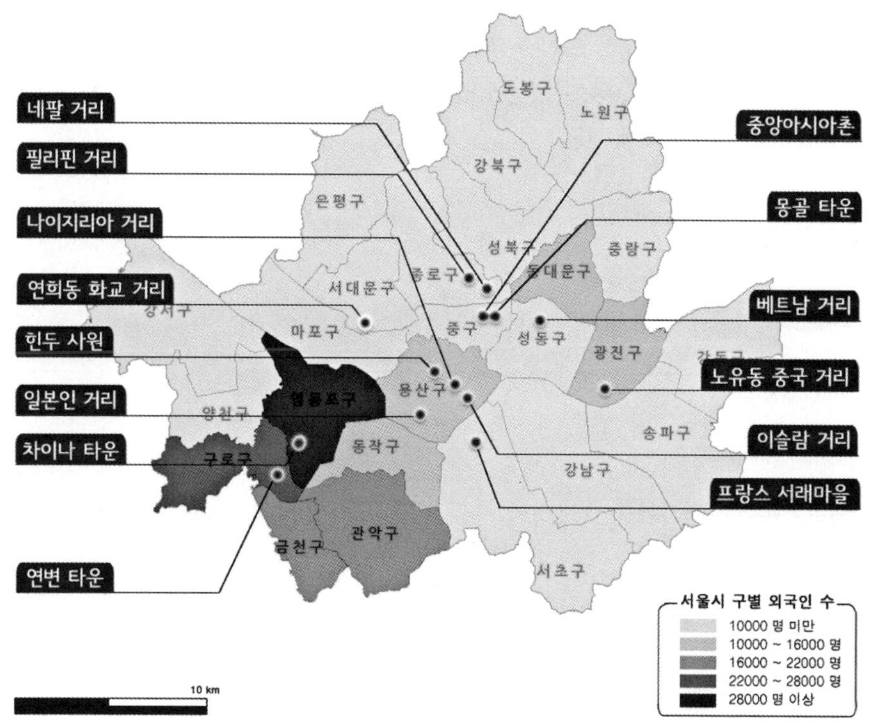

그림 3. 서울시의 구별 외국인 분포와 명명(命名)된 이주자 장소
(자료: 이종희, 2011)

표 3. 주요 아시아 국가 이주자 공간 분포의 특징

국가	이주자(명)	서울 비중(%)	경기 비중(%)	주요 집적 지역(괄호 안은 %)
한국계 중국인	389,398	46	35	영등포구(9.8), 구로구(7.3), 단원구(5.6)
중국인	147,301	23	24	단원구(3.3), 동대문구(2.9), 성북구(2.0), 경산시(1.8)
베트남	110,564	6	27	김해시(3.9), 화성시(3.7), 시흥시(2.5), 단원구(2.0)
필리핀	38,366	10	37	화성시(3.8), 단원구(3.2), 포천시(2.9), 김해시(2.8)
인도네시아	29,573	3	26	김해시(4.8), 화성시(4.8), 단원구(4.5)
태국	25,977	5	49	화성시(10.8), 김포시(4.1)
우즈베키스탄	24,380	7	30	단원구(8.0), 김해시(6.3)
몽골	21,278	22	37	화성시(3.6), 광주시(3.5), 성북구(3.1), 김포시(3.0)

자료: 법무부, 2011, 등록외국인 현황

표 4. OECD 주요 국가 이주자 공간 분포의 특징

국가	이주자(명)	서울 거주(%)	경기 거주(%)	주요 집적 지역(괄호 안은 %)
미국	26,466	37	22	용산구(5.7), 강남구(4.4)
일본	21,126	38	21	용산구(8.2), 마포구(3.4)
캐나다	6,572	34	21	용산구(5.5), 분당구(3.2)
영국	4,748	32	12.9	거제시(7.9), 용산구(7.5)
프랑스	2,126	64	6.3	서초구(21), 거제시(9.4)
오스트레일리아	1,753	43	13.7	용산구(9.9)
독일	1,610	59	8.6	용산구(19)

자료: 법무부, 2011, 등록외국인 현황

제외하고, 이들 이주자들의 대표적인 거주 지역은 경기도의 안산과 화성 지역, 그리고 경상남도의 김해 지역이다. 서울에 거주하는 비율이 비교적 높게 나타나는 이주자는 한국계 중국인, 중국인, 몽골 이주자이며, 한국계 중국인은 서울의 영등포구, 구로구, 그리고 경기도 안산시 단원구에 상대적으로 밀도 높게 분포하고 있다.

OECD 국가 중 이주자가 많은 국가는 미국(26,466명)과 일본(21,126명)이며, 최근 캐나다, 영국, 프랑스 등으로부터의 이주자 유입이 증가 추세에 있다. 주요 OECD 국

그림 4. 가리봉동 연변 타운

가의 이주자들은 서울로의 집중이 높은 가운데, 특히 프랑스와 독일이 가장 높은 서울 집중도를 보이고 있다. 전국 시, 군, 구 단위 수준에서 이들 국가들의 이주자들이 주로 분포하는 곳은 용산구인데, 특히 독일 이주자의 19%는 용산구에 거주하고 있다(표 4). 지방 도시 중에서 이들 OECD 국가로부터 이주자가 많이 거주하는 곳은 경상남도 거

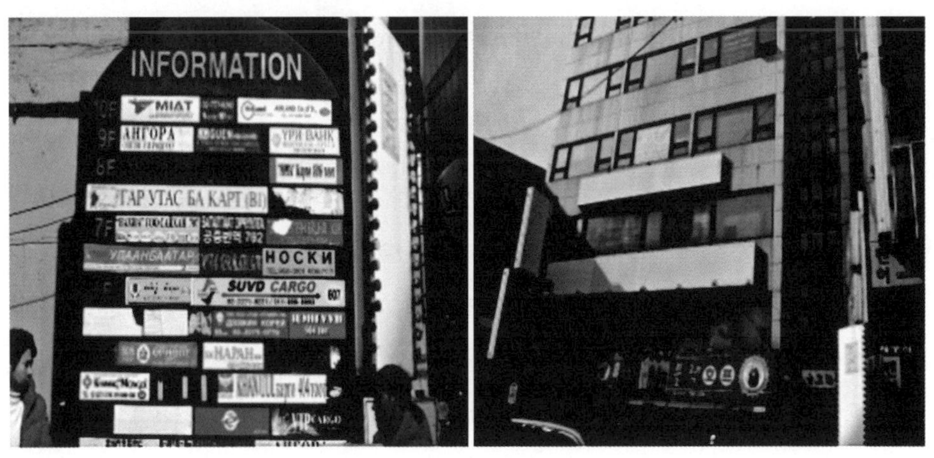

그림 5. 동대문 몽골 타워와 안내 간판 (자료: 이종희)

제시로 영국 이주자의 8%, 프랑스 이주자의 9.4%가 거주하고 있다. 이는 거제시의 조선업 및 기타 제조업 분야의 전문직 노동 이주자와 긴밀히 관련된 것으로 풀이된다. 한편, 프랑스 이주자는 서래마을을 중심으로 서울시 서초구에 거주하는 비율이 높은데, 전체 프랑스 이주자의 21%가 서초구에 거주하고 있다.

이상 외국인 분포의 전국적인 패턴에서 확인할 수 있듯이, 서울을 포함한 수도권은 전체 외국인의 65%를 수용하고 있으며, 그중에서도 중심이라 할 수 있는 서울에는 다양한 외국인 특화거리, 혹은 외국인 이주자 장소가 형성되어 있다(그림 3). 이러한 외국인 특화거리는 가리봉동 '연변 타운'이나 '제2 조선족 거리'처럼 조선족과 한족의 동족 상가와 주거지를 아우르는 대규모의 장소적 특성을 보이고 있는 경우도 있지만(그림 4), 네팔 거리나 나이지리아 거리처럼 그저 동족 상점 몇 개만이 모여 있는 소규모의 장소적 특성을 보이는 경우도 있다. 또한 몽골 타운처럼 10층 규모의 단독 건물에 동족 상가가 밀도 높게 모여 있는 수직적 엔클레이브(enclave)를 형성하는 경우도 있고(그림 5), 필리핀 거리처럼 일요일에만 필리핀 시장이 펼쳐지는 주말 엔클레이브가 형성되는 경우도 있다(그림 6). 어떤 경우가 되었든 간에 이 같은 동족 비즈니스 지구는 생활용품과 서비스를 제공하고, 이주자들의 정착지 생활과 관련된 여러 정보들을 구득하게 해 준다는 점에서 각국 이주자 집단의 구심점 역할을 수행하고 있다. 아울러 통신 및 카고 서비스 등을 통해 기원지와의 연결성을 유지하는 트랜스로컬 이주자 네트워크의 핵심적 결절로서의 역할을 수행하고 있다. 서울에 분포하고 있는 이러한 크고 작은 외국인 특화거리는 외국인의 트랜스로컬 주체성이 실현되는 역동적 공간임에 틀림없다.

하지만 이러한 특화 거리가 한국 주류 사회에 감지되고, 더 나아가 적극적인 외부적 범주화를 통한 이름 짓기가 시작된 것은 2000년대 중반부터이다. 그때부터 강화된 다문화 담론과 더불어 크고 작은 외국인 특화 거리, 특히 가난한 국가 출신의 이주자들에 의한 외국인 특화 거리가 매스컴을 통해 소개되었던 것이다. 그런데 비교적 역사가 오래된 서래마을이나 이태원과 비교했을 때, 조선족 연변 타운을 제외하고는, 대단히 협소한 공간적 범위를 갖고 있음에도 ○○ 거리, ○○ 타운이라는 이름을 부여받게 되

그림 6. 혜화동 필리핀 거리

었다. 이러한 명명(命名: naming)은 한국인 주류 집단으로 하여금 외국인 이주자의 장소를 효과적으로 인지하는 데 도움을 준다. 그러나 진지한 성찰이 수반되지 않은 이름 짓기는 이주자들의 실제 경험을 주변화·타자화할 위험을 내포하고 있기에 주의가 요망된다. 단지 외국인 특화 거리이기 때문에 외국인 이주자들이 그들이 공유한 민족성을 중심으로 결집하고 그것을 장소에 이식함으로써 정체성을 유지·강화한다고 단순하게 전세할 경우, 즉 외국인 특화 거리라는 공간은 그들의 문화가 이식된 독특한 장소이고, 따라서 '그들다운' 문화가 당연히 있을 것이라고 전제할 경우 그들이 주류사회와의 관계 속에서 혼종적으로 만들어 가는 역동적인 장소 만들기 과정을 포착하기 어려워진다(이종희, 2012). 새로운 정착지 상에 자신들의 장소를 만들어 가는 이주자들은 기원지 문화의 단순한 이식자가 아니며, 또한 주류 사회문화의 단순한 수용자가 아니다. 그들은 특정 장소에 집중하고 동족 비즈니스를 위치시켜 나가면서 그 장소를 일종의 사회적 자본으로 승화시켜 나가고는 한다. 장소를 적극적으로 변화시켜 새로운 로컬리티 구성에 기여하는 적극적인 주체인 것이다.

● 요약

1. 이주란 기원지를 떠난 이주자들이 새로운 목적지로 향하는 공간적 이동을 의미하며, 이에 따라 장소의 구성원 및 그와 관련된 문화적 특성도 변하게 된다. 즉, 이주는 공간적 이동과 장소의 변화와 함께 전개되는 대단히 지리적인 현상이다.

2. 현대 글로벌 시대의 이주는 그 목적과 과정에 있어서 과거와는 여러 가지 면에서 차이가 있으며, 이를 구별하기 위해 초국가적 이주, 혹은 트랜스이주라는 용어가 사용된다. 이들 트랜스이주자들은 정착국과 기원국을 연결하는 이주자 네트워크를 통해 가족, 문화전통, 제도 등을 결속시키면서, 정착국은 물론이고 기원국의 사회 문제에도 영향력을 행사하고 있다.

3. 이주 현상의 원인과 과정과 관련된 이론과 논리는 크게 배출–흡인 이론, 구조주의적 접근, 이주–발전 연계, 이주 네트워크 분석 등으로 발전하여 왔다. 대부분의 이론과 주장들은 공간적 관점과 스케일 개념을 경시한 채 탈맥락적, 탈공간적으로 연구되어 왔다는 한계가 있다.

4. 트랜스이주자들은 여러 개의 생활공간을 동시에 향유하는 트랜스로컬적 주체이며, 따라서 이들의 공간적, 장소적 행위와 실천에 주목할 필요가 있다. 한국이 겪고 있는 최근의 다문화사회로의 변화도 이러한 맥락에서 살펴볼 필요가 있다.

5. 한국으로 유입된 이주자들은 기원지 문화의 단순한 이식자가 아니며, 또한 정착지 문화의 단순한 수용자도 아니다. 이주자들에 의해 형성되고, 또한 그들에게 영향을 미치는 초국가적 이주 네트워크는 여러 장소들을 연결시켜 주면서 독특한 로컬리티를 만들어가고 있다.

● 핵심어(Key words)

이주, 장소, 문화, 글로벌화, 트랜스 이주, 이주 네트워크, 배출–흡인 요인, 구조주의적 접근, 스케일, 이주–발전 연계, 다문화주의, 엔클레이브, 민족교외지, 트랜스로컬리티, 외국인 특화거리

migration, place, culture, globalization, trans-migration, migration network, push-pull factors, structural approach, scale, migration-development nexus, multiculturalism, enclave, ethnoburb, translocality, foreigner-street

● 읽어 볼 문헌

• Parrenas, R. S., 2001, *Servants of Globalization: Women, Migration, and Domestic Work*, Stanford University Press (문현아 역, 2009, 『세계화의 하인들』, 여이연). 로스앤젤레스와 로마에서 가사 노동에 종사하는 필리핀 출신 여성 이주자에 대한 심층적 연구로서 소위 '아래로부터의 세계화'를 잘 이해할 수 있는 책이다. 더불어 초국가주의 및 트랜스로컬리티 등의 개념을 이해하는 데도 도움을 준다.

• 최병두·임석회·안영진·박배균, 2011, 『지구·지방화와 다문화 공간』, 푸른길. 한국에서의 이주 현상을 다문화 공간이라는 개념을 통해 다루면서, 한국 사회의 이주자를 결혼 이주자, 단순 이주 노동자, 전문직 이주자, 외국인 유학생 등으로 나누어 그 공간적 분포와 적응 특성을 분석하고 있다.

• Sammers, M., 2010, *Migration*, Routledge (이영민 외 역, 2013, 『이주』, 푸른길). 이 책은 이주 현상을 종합적으로 다루고 있는 지리학적 관점의 개론서로서 '장소', '결절', '거리 마찰', '영역', '스케일' 등 공간적 개념을 중심으로 풍부한 사례를 곁들여 기술하고 있다.

주

1 http://www.iom.int/cms/en/sites/iom/home/about-migration/key-migration-terms-1.html#Migration

2 가령 한 국가 내의 특정 소수 민족이 정치적 박해를 피해 국외로 탈출하는 정치 난민이나 기후온난화로 삶의 터전이 바닷물로 잠식당하여 어쩔 수 없이 국외로 탈출해야만 하는 기후 난민 등이 그 예이다.

3 유엔에서는 자발적 이주나 비자발적 이주, 어떤 이유이건 상관없이, 정상적이건 비정상적이건 어떤 과정이건 상관없이 특정 외국 지역에 1년 이상 거주하고 있는 사람을 이주자로 정의하고 있다. 이들의 공통적인 소망은 기원지에서보다는 더 나은 삶을 갈구하여 목적지에 정착하고자 한다는

점이다.

4 transnational(ism)을 한국에서는 초국가(주의), 초국적(주의) 등으로 번역하는 것이 일반적이다. 그런데 영어의 'trans-'는 경계를 넘나든다는 의미를 가지고 있기에, 이 의미를 충실하게 전달하기 위해서 여기서는 'trans-'를 영어 그대로 '트랜스-'로 쓰고자 한다. 왜냐하면 한국에서 흔히 쓰는 번역어, '초(超)'가 '막강한', '광범위한' 등과 같은 영어의 'super'의 의미를 은연중에 내포하고 있기 때문이다. 같은 한자 문화권인 중국에서는 타넘을 '跨(과)'자를 붙여 '跨國'이라고 하고 있으며, 일본에서는 넘을 '越(월)'자를 붙여, '越境'이라고 하거나, 원어 그대로 '트랜스내셔널'이라고 하고 있다. 이처럼 'transnational'에 대한 중국과 일본의 번역은 경계를 넘는다는 의미에 한정하여 사용하고 있다. 이에 따라 본고에서는 학계에서 관례적으로 써 오고 있는 초국가주의라는 용어를 그대로 사용하되, '경계 넘나들기'의 의미를 특별히 강조하고자 할 때는 'trans-'를 원어 그대로 '트랜스'로 표기하여 사용하고 있다.

5 가령 1970년대를 거치면서 확고하게 형성되었던 미국 로스앤젤레스의 한인 타운에서 한인 이주자들은 미국 사회 적응과 동화의 과정을 거치면서 점차 교외 지역으로 확산하게 되었으며, 지금은 기존의 한인 타운 이외에도 새로운 한인들의 엔클레이브가 오렌지카운티, 글렌데일 등 교외 지역에도 형성되었다.

6 이러한 새로운 이주자 정착지를 민족 교외지(ethnoburb)라고 한다(Li *et al.*, 2002). 가령 투자 목적의 이주자와 자녀 교육 목적의 이주자의 경우 이러한 민족 교외지를 선호하게 되는데, 미국 로스앤젤레스 광역 도시권의 교외 지역인 어바인(Irvine)에는 최근 기존의 한인 타운을 거치지 않고 한국으로부터 직접 유입된 투자 목적의 이주자와 조기 교육 목적의 이주자가 집중되면서, 그리고 한국 글로벌 기업의 미주 지사가 집적되면서 한인 민족 교외지로 성장하고 있다.

7 Norris(2000)가 수행한 영토적 정체성에 의한 자아 정의에 관한 연구에 의하면, 자신들의 1차적 영토 정체성으로 대륙이나 세계를 지목한 사람은 15%, 국가를 지목한 사람은 38%에 불과하며, 나머지 대부분은 로컬 수준이라고 부를 수 있는 지역이나 지방을 지목하였다고 한다. 물론 청년층과 부유층에서 대륙이나 세계를 지목한 사람의 비율은 점차 증가 추세에 있어 코스모폴리타니즘이 확산되고 있다고 볼 수도 있다. 하지만 글로벌화의 혜택을 받지 못하고, 배제된 사람들에게는 여전히 로컬과 종교와 강하게 연계된 자아의식이 여전히 영토적 정체성의 1차적 원천으로 자리 잡고 있는 것이다. 이들의 트랜스 이주 과정과 특성에 주목하는 '아래로부터의 세계화'에 관한 연구에서 글로벌과 로컬이 상호 반영적으로 구성된 트랜스로컬리티는 여전히 매우 중요한 사회적 맥락을 구성한다.

8 이 장은 저자들의 허락을 받아 이용균·이현욱, 2012, "우리나라 외국인 이주자 공간의 특성", 한국지도학회지, 12(2)의 내용을 발췌 수정한 것임.

참고문헌

구즈먼, 2011, "떠도는 삶, 필리핀 '가족'과 해외노동이주의 감정성", 허라금 엮음, 글로벌 아시아의 이주와 젠더, 한울.

류주현, 2012, "결혼이주여성의 거주 분포와 민족적 배경에 관한 소고: 베트남·필리핀을 중심으로", 한국지역지리학회지, 18(1), 71-85.

박경환, 2011, "글로벌, 로컬, 스케일: 공간과 장소를 둘러싼 정치", 로컬리티 인문학, 5, 47-85.

박경환, 2012, "초국가시대 국가 이주정책의 제도적 틀의 신자유주의적 선회: 한국의 사례", 한국도시지리학회지, 15(1), 141-161.

손승호, 2008, "서울시 외국인 이주자의 분포 변화와 주거지분화", 한국도시지리학회지, 11, 19-30.

이영민, 1998, "미국 주요도시의 산업재구조화와 노동시장의 민족별 분화: 집단정체성과의 관련성을 중심으로", 대한지리학회지, 33(4), 575-587.

이영민, 2007, "로스엔젤레스 한인타운의 지방노동시장 특성과 지역정체성 탐색: 한인 불법노동자의 활동을 중심으로", 문화역사지리, 19(3), 13-26.

이영민, 2013, "글로벌 시대의 트랜스이주와 장소의 재구성: 문화지리적 연구 관점과 방법의 재정립", 문화역사지리, 25(1), 47-62.

이영민, 2012, "한국인의 교육이주와 트랜스로컬 주체성: 미국 패어팩스 카운티를 사례로", 한국도시지리학회지, 15(1), 1-16.

이영민·이용균·이현욱, 2012, "중국 조선족의 트랜스 이주와 로컬리티의 변화 연구: 서울 자양동 중국음식문화거리를 사례로", 한국도시지리학회지, 15(2), 103-106.

이영민·이종희, 2013, "이주자의 민족경제 실천과 로컬리티의 재구성: 서울 동대문 몽골타운을 사례로", 한국도시지리학회지, 16(1), 19-36.

이용균, 2007, "저개발국가로부터 여성 결혼이주의 정주패턴과 사회적응 과정; 결혼 이주여성의 사회문화 네트워크의 특성: 보은과 양평을 사례로", 한국도시지리학회지, 10(2), 35-51.

이용균, 2013, "초국가적 이주 연구의 발전과 한계: 발생학적 이해와 미래 연구 방향", 한국도시지리학회지, 16(1), 37-55.

이용균·이현욱, 2012, "우리나라 외국인 이주자공간의 특성", 한국지도학회지, 12(2), 59-74.

이종희, 2012, 재한 몽골인의 트랜스 이주와 몽골타운의 로컬리티에 관한 연구, 이화여자대학교 대학원 석사학위 논문.

이희연·최재헌, 1998, "지리학에서의 지역연구 방법론의 학문적 동향과 발전방향 모색", 대한지리학회지, 33(4), 557-574.

임석회·송주연, 2010, "우리나라의 외국인 전문직 이주자 현황과 지리적 분포 특성", 한국지역지리학회지, 16(3), 275-294.

임승연·이영민, 2011, "오사카 한인타운의 장소성과 재일한인 정체성의 관계적 특성 연구", 로컬리티 인문학, 5, 87-123.

정현주, 2008, "이주, 젠더, 스케일: 페미니스트 이주 연구의 새로운 지형과 쟁점", 대한지리학회지, 43(6), 894-913

정현주, 2009, "경계를 가로지르는 결혼과 여성의 에이전시: 국제결혼이주연구에서 에이전시를 둘러싼 이론적 쟁점에 대한 비판적 고찰", 한국도시지리학회지, 12(1), 109-121.

정현주, 2010, "대학로 '리틀마닐라' 읽기: 초국가적 공간의 성격 규명을 위한 탐색", 한국지역지리학회지, 16(3), 295-314.

최병두, 2009, "한국 이주노동자의 일터와 일상생활의 공간적 특성", 한국경제지리학회지, 12(4), 319-343.

최병두, 2010, "외국인 이주자의 지역사회 적응과 지리적 지식", 한국경제지리학회지, 13(1), 39-63.

최병두, 2012, "초국적 이주와 한국의 사회공간적 변화", 대한지리학회지, 47(1), 13-36.

최병두·신혜란, 2011, "초국적 이주와 다문화사회의 지리학: 연구 동향과 주요 주제", 현대사회와 다문화, 1(1), 65-97.

최병두·임석회·안영진·박배균, 2011, 지구·지방화와 다문화 공간, 푸른길.

Anderson, J., 2010, *Understanding Cultural Geography: Places and Traces,* London: Routledge (이영민·이종희 역, 2013, 문화·장소·흔적: 문화지리로 세상 읽기, 한울).

Appadurai, A., 1995, "The production of locality", in R. Fardon(ed.), *Counterworks: Managing the Diversity of Knowledge*, London: Routledge, 204-225.

Appadurai, A., 1996, *Modernity at Large: Cultural Dimensions of Globalisation,* Minneapolis: University of Minnesota Press.

Atkinson, D. et al. (eds.), 2005, *Cultural geography: a critical dictionary of key concepts,* London: I.B. Tauris (이영민 외 역, 2011, 현대문화지리학: 주요 개념의 비판적 이해, 논형).

Auge, M., 1996, *Non-places: Introduction to an Anthropology of Supermodernity,* London: Verso.

Bonisch-Brednich, B. and Trundle, C., 2010, *Local Lives: Migration and the Politics of Place,* Ashgate.

Brickell, K. and Datta, A. (eds.), 2011, *Translocal Geographies: Spaces, Places, Connections,* Ashgate.

Conradson, D., 2005, "Freedom, space and perspective: moving encounters with other ecologies", in Davidson, J. et al. (eds), *Emotional Geographies,* Aldershot: Ashgate, 103-116.

Cohen, J. H., 2005, "Remittance outcomes and migration: theoretical contests, real opportunities", *Studies in Comparative International Development*, 40, 88-112.

Conradson, D. and McKay D., 2007, "Translocal Subjectivities: Mobility, Connection, Emotion", *Mobilities*, 2(2), 167-174.

Conway, D. & Potter, R.B., 2007, "Caribbean transnational return migrants as agents of change", *Geography Compass*, 1, 25-45.

Crang, M., 1999, "Local-global, in Cloke", P. J. et al., *Introducing Human Geographies*, London, Arnold.

Cresswell, T., 2004, *Place: a short introduction*, John Wiley & Sons (심승희 역, 2012, 짧은 지리학 개론 시리즈: 장소, 시그마프레스).

Faist, T., 2000, "Transnationalization in international migration: Implications for the study of citizenship and culture", *Ethnic and Racial Studies*, 23(2), 189-222.

Gielis, R., 2009, "A global sense of migrant places: towards a place perspective in the study of migrant transnationalism", *Global Networks*, 9(2), 271-287.

Glick-Schiller, N. et al., 1992, "transnationalism: an new analytic framework for understanding migration", in N. Glick-Schiller et al. (eds.), *Towards a transnational perspective on migration: race, class, ethnicity and nationalism reconsidered,* New York: New York Academy of Sciences, 1-24.

Hannerz, U., 1996, *Transnational connections: culture, people, places*, London: Routledge.

Lee, Youngmin and Park, Kyonghwan, 2008, "Negotiation hybridity: transnational reconstruction of migrant subjectivity in Koreatown, Los Angeles", *Journal of Cultural Geography*, 25(3), 245-262.

Levitt, P., 2001, *The transnational villagers,* Los Angeles: University of California Press.

Ley, D., 2004, "Transnational spaces and everyday lives", *Transaction Institution of British Geographers*, 29, 151-164.

Li, W. et al., 2002, "Chinese American banking and community development in Los Angeles County", *Annals of Association of American Geographers*, 92(4), 777-796.

Ma, E. K., 2002, "Translocal spatiality", *International Journal of Cultural Studies*, 5(2), 131-152.

Massey, D., 1994, *Space, place and gender*, Cambridge: Polity Press.

Massey, D., 1993, "Power-geometry and a progressive sense of place", in J. Bird et al.(eds.), *Map-*

ping the Futures: local cultures, global changes, London: Routledge.

Nonini, D. M. & A. Ong, 1997, *Ungrounded Empires: The Cultural Politics of Modern Chinese Transnationalism,* New York and London: Routledge.

Park, K. and Lee, Y., 2007, "Rethinking Los Angeles Koreatown: Multi-scaled Geographic Transition since the Mid-1990s", *Journal of the Korean Geogrphical Society*, 42(2), 196-217.

Parrenas, R. S., 2001, *Servants of Globalization: Women, Migration, and Domestic Work*, Stanford University Press (문현아 역, 2009, 『세계화의 하인들』, 여이연).

Portes, A. et al., 1999, "The study of transnationalism: pitfalls and promise of an emergent research field", *Ethnic and Racial Studies*, 22(2), 217-237.

Sammers, M., 2010, *Migration*, Routledge (이영민 외, 2013, 이주, 푸른길).

Schiller, N. and Caglar, A., 2009, "Towards a comparative theory of locality in migration stduies: migrant incorporation and city scale", *Journal of Ethnic and Migration Studies*, 35(2), 177-202.

Sharp, J., 2009, *Geographies of Postcolonialism: Space of Power and Representation,* London: SAGE (이영민·박경환 역, 2011, 포스트식민주의의 지리: 권력과 재현의 공간, 도서출판 여의연).

Sheller, M. and Urry, J., 2006, "The new mobilities paradigm", *Environment and Planning A*, 38, 207-226.

Smith, M. P., 2001, *Transnational urbanism: locating globalization*, Blackwell Publishers.

UNDESA (United Nations Department of Economic and Social Affairs), 2012, Trends in International Migrant Stock: The 2008 Revision, http: //esa.un.org/migration/index.asp?

Vertovec, S., 1999, "Conceiving and researching transnationalism", *Ethnic and Racial Studies* 22(2), 447-662.

Washborne, N., 2005, "Globalisation/Globality", *Cultural Geography: A Critical Dictionary of Key Concepts*, I.B.Tauris, 161-168.

Yeoh, B., Huang, S., and Lam, T., 2005, "Transnationalizing the 'Asian' family: imaginaries, intimacies and strategic intents", *Global Networks*, 5(4), 307-315.

Zhou, Y. and Tseng, Y., 2001, "Regrounding the 'Ungrounded Empires': localization as the geographical catalyst for transnationalism", *Global Networks*, 1(2), 131-153.

8. 페미니스트 지리학과 젠더[*]

서울대학교 **정현주**

1) 들어가며: 젠더란?

(1) 젠더 개념의 발달

① 사회적으로 구성된 성

젠더(gender)란 일반적으로 생물학적인 성과 구분되는 사회적이고 문화적인 성을 의미한다. 생물학적으로 부여되는 성은 인간이라는 종 가운데 여성이냐 남성이냐를 구분하는 해부학적 특징으로 규정되는 반면, 사회문화적으로 구성되는 성은 생물학적인 특징에 기반하여 사회적으로 학습되고 조성되고 기대되는 역할로 규정된다. 생물학적 성으로부터 사회문화적으로 구성되는 성을 분리하는 것은 남성성과 여성성이 태어날 때부터 지니게 되는 자연적인 '본성'이 아니라 사회적으로도 만들어진다는 인식을 내포하고 있다. 이러한 인식은 시몬 드 보봐르(Simone de Beauvoir)가 그녀의 유명한

* 이 글은 2007년 정부(교육과학기술부)의 재원으로 한국연구재단의 지원을 받아 수행된 연구임(NRF-2007-361-AL0016).

저서인 『제2의 성(The Second Sex)』(1949)에서 "여성은 태어나는 것이 아니라 만들어진다."라고 한 주장에서 단적으로 드러난다. 원래 젠더의 어원은 '출산하다'라는 의미를 지닌 라틴어 'generare'이며(Atkinson, 2005; 이영민 외 역, 2011, 202), 언어학에서는 문법적 성 구분을 위해, 의학 및 심리 치료학과 같은 분야에서는 생물학적인 부분 이외의 성을 포괄적으로 지칭하기 위해 쓰였다. 젠더가 '사회문화적으로 구성되는 성'이라는 의미로 본격적으로 통용되기 시작한 것은 1970년대 페미니스트 운동의 확산과 함께였다.

② 남성/여성 이분법

성이 사회·문화적으로 구성된다는 것은 여성성과 남성성이 운명적으로, 자연의 법칙으로, 당연하게 주어지는 것이 아니라 사회적 제도와 구조에 의해 만들어질 수도 있고 인간의 실천을 통해 변형되고 협상될 수 있음을 의미한다. 오랜 세월 동안 성은 자연의 법칙으로 주어지는 것이며, 불변하고 고정된 것일 뿐만 아니라 남성과 여성이라는 견고한 이분법 안에서만 인식되어 왔다. 케이트 밀레트(Kate Millet)와 슐라미스 파이어스톤(Shulamith Firestone)과 같은 급진적인 1970년대 여성해방론자들은 여성과 남성의 '자연적' 차이, 특히 출산이라는 여성에게만 적용되는 '자연'의 법칙이 여성성과 남성성을 규정하는 토대가 되었다고 한다. 동서고금을 막론하여 여성다움을 구성하는 핵심적 특징은 출산이라는 자연적인 기능에서 파생된 모성성에서 비롯된다. 즉, 아이를 낳고 기르는 존재로서 적합한 특징이 바로 여성다움의 핵심이 된다.

남성적 특징은 이에 대한 반대 항으로 구성되는 경우가 대부분이다. 출산이라는 자연의 법칙에서 생리적으로 벗어날 수 없는 여성과 달리 남성은 자연의 정복자로, 자연과 대비되는 문명의 창시자로 규정된다. 아이를 낳고 기르는 여성은 본능적으로 모성을 가지게 되며 따라서 감정에 휘둘리는 존재가 된다. 반면 남성은 이성의 지배를 받는 존재가 된다. 임신이란 아이와 자신의 경계가 허물어지는 신비로운 경험이며 이는 출산 이후에도 아이와 자신을 정서적으로 분리하지 못하는 모성의 특징으로 연결된다. 생리와 임신, 출산 등 여성성을 규정하는 핵심적인 특징은 여성과 바깥세상을 완전히 구분하기 어렵게 만들며 이는 여성이 자기 완결적 존재로 인정받지 못하는 근거가 되었다. 즉, 여성은 자신과 자신 이외의 세상을 '객관적'으로 분리하는 거리 두기에 능숙하지 못한 주관적인 존재로 인식되었다. 그러나 남성은 자아와 주변의 경계가 분명한 자기 완결적 존재로서, 자아를 대상으로부터 분리할 수 있는, 다시 말해 객관적인 거리 두기가 태생적으로 가능한 존재로 규정되었다.

남성의 이러한 특징은 근대 이후에 중요하게 부상한 과학적 지식을 생산하는 데 적합한 조건이 되었고 따라서 대상을 관조하고 해석할 수 있는 자격을 남성에게 부여했다. 여성은 이성적으로 사고할 수 있는 능력이 결핍되었다고 여겨졌기 때문에 참정권조차 20세기가 되어서야 획득할 수 있었고, 그 조차도 일부 국가에서는 여전히 제한하고 있다는 사실을 두고 볼 때,[1] 여성과 남성의 생물학적 차이가 사회·문화적 여성성과 남성성을 규정하고 합리화하는 근거가 되었음을 알 수 있다.

이러한 남성/여성 이분법은 단순히 사상 체계에 머무른 것이 아니다. 언어 습관, 지식의 생산, 학문적 관행과 주요 개념, 관습, 제도, 도시 하부 구조와 디자인, 자원과 시설의 배치, 집의 설계 등 우리 삶의 거의 전 영역에 걸쳐 현재의 질서를 만들어 내는 데 근간이 되었다. 가령 남성/여성 이분법은 여성을 집과 같은 사적 공간과, 남성을 직장과 공공시설과 같은 공적 공간과 연결시키는 것을 정당화하였고 그러한 관념에 따라 근대 도시가 디자인되었다. 현대 대한민국의 대표적인 주거 공간인 아파트 광고만 보더라도, 그 속에 사는 인물로 묘사되는 주인공은 여성(아내)으로, 그 집을 짓거나 사주거나 소유하거나 외부에서 방문한 사람은 남성(남편)으로 일반화되는 경향이 있고 이것은 별다른 비판 없이 대중에게 수용된다(정현주, 2009).

성이 사회·문화적으로 구성된다는 젠더 개념은 이러한 남성/여성 이분법이 당연한 것이 아니라 의도적으로, 권력에 의해 그러한 방식으로 구성되었을 수도 있음을 암시한다. 즉, 젠더라는 개념은 모성이 자연적으로 모든 여성에게 일관되게 부여된 것이 아니라 남성의 욕망이 투영되어 사회적으로 구성된 것임을 드러내는 것이다. 따라서 남성 중심적 체제를 정당화하는 이분법의 허상을 깨뜨리고 그 이분법이 부여하는 타자화된(표 1에서 오른편 항에 속하는) 정체성과 역할을 거부하는 것이 젠더 정치의 시

	남성적	여성적
결부된 특징	정신(mind) **문화**(culture) 문명(civilization) 합리적(rational) 능동적(active) 낮(day) 태양(Sun) 진보(progressive) 근대적(modern) 생산적(seminal) 일(work) 씨앗(seed) 인간(Man) 백인(White) 바깥(outside) 일터(workplace) 공간(space)	육체(body) **자연**(nature) 야만(primitive) 감정적(emotional) 수동적(passive) 밤(night) 달(Moon) 저장(preserve) 탈근대적(postmodern) 유희적(playful) 여가(leisure) 대지(terrace) 비인간(non-human) 흑인(Black) 안(inside) 가정(home) 장소(place)
기대되는 역할	생산(production)	재생산(reproduction)
결부된 공간	공적 공간(public space)	사적 공간(private space)
결부된 스케일	거시 스케일(macro scale)	미시 스케일(micro sacle)

자료: Rose, 1993; 정현주 역(2011, 181-187), 정현주(2008, 908)

그림 1. 문화(남성)/자연(여성) 이분법을 거부하는 페미니스트 예술가 바바라 크루거(Barbara Kruger)의 작품(1983).
"우리는 더 이상 당신네들 문화에 자연 역할을 하지 않을 것이다!"

발점이다(그림 1). 이 이분법을 깨뜨리고 강제로 부여받은 타자화된 정체성에 저항하기 위해서는 이러한 이분법이 필연적인 척 하지만 사실은 작위적이고, 완결적인 척 하지만 자기 분열적이며, 보편타당한 불변의 진리인 척 하지만 특수한 시대와 사건들에 의해 생산된 특수한 종류의 지식에 불과함을 드러내는 작업을 필요로 한다.

③ 페미니즘과 페미니스트 지리학의 이분법 깨뜨리기

페미니즘과 페미니스트 지리학은 남성적 주체에 부여된 온갖 특징들이 일관성 있는 인과 관계로 이루어진 것이 아니며 오히려 여성적이라고 불리는 특징들의 대립 항으로서만 스스로를 설명한다고 비판한다. 간단히 말해, 무엇이 남성적인가라고 묻는다면 여성적인 온갖 특징(예: 육체적인, 자연적인, 야만적인, 감정적인 등)과의 비교를 통해서만, 즉 거울인 여성적 타자를 통해서만 주체의 모습을 드러낸다는 것이다. 이는 스스로가 무엇인지를 규정할 필요가 없는 우월적 주체의 위치에서 기인한다. 우월적 주체는 타자를 만들어 내고 호명하는 권력을 지닌다. 그러나 역으로 말하면 그만큼 우월적 주체는 타자의 존재를 필요로 한다. 타자가 없으면 주체가 성립되지 않는다는 뜻이다. 이는 마치 자연이 없으면 그것의 대립 항인 문화를 설명할 수 없는 것과 같은 이치이다.

남성/여성 이분법은 이러한 상호 의존성을 무시하고, 여성적 주체를 타자로 폄하하고 남성적 특징은 마치 타자의 존재와는 상관없이 자연적으로 또는 신으로부터 주어진 것인 양 우선시함으로써 타자의 희생을 강요하고 남성적 주체의 권력을 정당화해 온 세계관이다. 이 세계관에 균열을 내고자 하는 젠더 연구와 젠더 정치는 남성-여성에 결부되는 온갖 특징들의 쌍들이 수직적으로도(각 특징들 간에), 수평적으로도(대립되는 두 항 간에) 내적인 일관성이 없거나 권력에 의해 강제로 부여되었음을 밝히고자 했다. 예를 들면, 자연-야만과 결부되는 여성성은 식민 지배자들이 스스로를 문명인으로 규정함으로써 열등하고 야만적인 자연(=원주민과 토착 문화)의 정복을 정당화하기 위해 적극적으로 생산된 담론이라는 것이다(그림 2). 두려움과 신비로움의 대상으로 숭배되기까지 한 자연과 모성은 유럽의 식민 지배 시대 이후로 문화와 문명과 대립

그림 2. 스트라다누스(Johannes Stradanus 또는 Jan van der Straet)의 ≪아메리카≫(1575)

된 야만적인 것으로 폄하되기 시작했다.

그림 2는 아메리고 베스푸치가 아메리카 대륙에 상륙하는 순간을 묘사한 작품으로 '발견의 시대'에 대한 포스트식민주의적 비판에서 많이 소개되는 작품이다. 옷을 입은 백인 유럽 남성 베스푸치에 대비되는 벌거벗은 원주민 여성은 문명의 손길이 닿지 않은 야만의 아메리카를 상징한다. 문명의 상징과 이기로 치장한 채 서서 반쯤 누운 이 여성을 내려다보는 베스푸치는 능동적인 문명의 전달자이자 지식의 생산자로서 가르침을 주는 사람으로 묘사된 반면, 여성은 수동적으로 그러한 지식을 전수받고자 하는 듯한 포즈를 취하고 있다. 여기서 주목할 점은 '발견'된 '신'대륙이 처음부터 여성으로, 그리고 자연과 일체가 된 존재로 묘사되었다는 점이다. 여성-자연-야만의 공식을 시각적으로 재현할 뿐만 아니라 그러한 야만을 길들이는 지배자의 존재를 정당화하는 남성 식민주의자의 시선을 잘 드러낸다.

(2) 젠더 개념에 대한 도전

① 섹스/젠더 이분법에 대한 도전

페미니스트 운동 및 연구의 토대가 될 뿐만 아니라 그 어떤 차이보다도 더 우선적이고 치명적인 정체성으로 간주되어 온 젠더는 최근 두 가지 측면에서 큰 도전을 받고 있다. 첫째는 젠더가 사회적 구성물이라면 성(sex)은 거부할 수 없는 자연적 특징인가 하는 문제 제기이다. 사회적 젠더와 자연적 성이라는 이분법은 남성 중심적 질서를 만드는 데 기초가 되었다고 페미니스트들이 그토록 비판하며 와해시키고자 한 남성/여성 이분법을 그대로 답습한다는 점에서 문제의 소지가 있다. 이 구분에 따르면 젠더만 페미니스트 운동의 영역이 되고 생물학의 영역에 속하는 성차(sexual difference)는 정치적 중립성을 가정하게 되는데, 과연 성은 그리고 그 성차를 체현한 육체는 정치, 사회, 문화로부터 중립적인 것일까?

결론적으로 말해, 성 역시 운명적으로 주어지고 고정불변이고 정치와 무관한 해부학적 특징이 아니라 사회적으로 구성되고 협상되고 실천되는 가변적 범주라는 것이 이러한 문제 제기의 핵심 주장이다. 즉, 젠더와 성은 처음부터 분리된 개념이 아니며 젠더와 성 모두 사회적으로 구성된다는 점에서 자연적으로 주어진 성은 없다는 것이다. 이러한 입장을 대변하는 대표적인 학자 주디스 버틀러(Judith Butler)는 젠더와 섹스 모두 강제적 이성애를 제도화하기 위해 만들어진 것이라고 보았다(배은경, 2004). 이러한 입장은 성과 젠더를 분리할 것이 아니라 어떻게 성차가 만들어지고 합리화되고 제도화되었는지를 밝히는 것이 더욱 의미 있는 작업이라고 보면서, 남녀 양성이라는 강제적 이성애에 저항하는 다양한 성적 행위 및 실천을 통해서 성차의 사회적 구성을 드러내는 학문적 전략을 구사한다. 이에 남녀 양성이라는 고정불변의 이분법을 내포하는 성(sex) 대신 다양한 성적 정체성과 실천을 함의하는 섹슈얼리티(sexuality)라는 용어가 더욱 빈번하게 사용되기 시작했다. 1980년대 이후의 수많은 페미니스트 연구는 성과 젠더의 구분을 통한 여성 해방 보다는 이러한 성차의 사회적 구성과 섹슈얼리티에 대한 탐구에 더욱 박차를 가하고 있다. 젠더 연구가 여성 억압을 학문적으로 규명하고 정치적인 여성 해방을 도모하는 학문적 실천이었다면, 섹슈얼리티 연구는 여성, 남성을 떠나 특정한 성이 '비정상적' 또는 '열등한' 것으로 규정되는 양상을 규명하고 그에 대한 문화적 저항을 제시하는 학문적 실천이라고 볼 수 있다.

② 단일한 젠더 정체성에서 복수의 교차하는 젠더 정체성으로

젠더 연구가 직면한 두 번째 도전은 여성이라고 또는 남성이라고 규정되는 젠더는 과연 내적으로 동일한 범주인가라는 문제 제기이다. 보편적인 여성의 범주에 대한 문제의식은 기존의 페미니스트 운동과 담론이 서구 백인 여성들에 의해, 그들의 특수한 위치성을 보편적인 것으로 가정한 채 전개되어 왔다는 페미니즘 내부의 비판을 통해 확산되었다. 여성이 당면한 억압과 여성적 경험은 인종, 계급, 연령, 종교 등에 따라 그 내용과 정도에 있어서 큰 차이가 있으며, 여성 억압의 역사에서 여성들은 비단 억압의 대상이 되었을 뿐만 아니라 그 억압에 동참하기도 했다. 가령 서구의 노예 제도와 인종 차별 및 식민 지배의 역사에서 이중, 삼중의 억압에 처해 가장 큰 차별을 당한 이들은 흑인 내지 제3세계의 가난한 여성들이었다. 그 억압의 주체에는 백인 남성들뿐만 아니라 백인 여성들도 포함되었다. '여성'이라는 이유로 모든 생물학적 여성을 동일한 정체성을 지닌 주체로 가정하여 연대를 도모하려는 것은 자칫 가부장적 식민 지배에 동참한 일부 여성들에게도 면죄부를 주는 것이며, 더 심각하게는 여성이 처한 억압의 다양한 실상을 간과하고 주변부에 위치한 여성들을 더욱 소외시킬 우를 범할 수 있다.

이러한 비판은 특히 제3세계 페미니즘, 흑인 페미니즘 등 최근의 포스트식민주의 페미니즘 계열에서 강력하게 제기되어 왔다. 이들은 여성 주체의 위치가 다양하며 따라서 갈등과 저항의 지점도 단순히 남성 대 여성이라는 이분법으로 설명될 수 없을 정도로 다양하다는 것을 역사적이고 지구적인 사례를 통해 보여 주었다. 따라서 여성을 열등한 위치로 만들어서 억압해 온 젠더 체제인 가부장제 역시 시대에 따라서, 문화권에 따라서 상이한 형태로 발달해 왔으며, 나아가 가부장제만이 여성을 억압하는 가장 근본적인 기제가 아님을 주장하기도 했다. 모든 여성 억압이 가부장제 때문이라는 다소 단순하고 위험한 결론 대신 계급, 인종, 종교, 섹슈얼리티 등 다양한 차이와 억압의 기

제들이 복잡하게 작동하여 성차별의 구체적인 양상을 만들어 낸다는 입장을 견지하고 있다. 최근에는 이러한 양상을 교차성(intersectionality)이라는 개념을 통해 설명하기도 한다. 여성의 사회적 정체성은 다양한 과정들의 접합 속에서 협상되기 때문에 가변적이고, 불안정하며, 때로는 모순적일 수도 있는 진행형 상태이다. 이는 모든 여성이 단일한 억압하에 놓여 있는 것이 아니며, 개별 여성들은 복수의 억압들이 중첩되고 교차하는 상황 속에 처해 있음을 의미한다. 따라서 이에 대처하는 방식도 복잡한 실타래를 풀 듯 정교하고 맥락에 기반한 차이의 정치를 구사할 필요가 있다는 뜻이다.

③ 제3물결 페미니즘에 대한 도전

이처럼 여성 내부의 다양성을 인정하고 차이에 대한 민감한 감수성을 강조하는 접근을 페미니즘 운동사에서는 제3물결 페미니즘이라고 규정한다. 그러나 이러한 접근은 페미니스트 연대의 기반을 약화시키고 궁극적으로는 페미니즘 운동 자체를 스스로 부정하는 모순에 직면했다는 비판을 받기도 했다. 즉, 모든 여성이 다 다르다면, 여성들이 직면한 억압의 상황이 다 다르다면, 과연 '여성'이라는 공통의 정체성이 성립될 수 있을까? 나아가 단일하고 강력한 저항의 구심점이 없는 상태에서 과연 '여성 운동'은 투쟁성을 확보할 수 있을까? 이러한 비판을 수용하여 최근 페미니스트 연구는 단순히 여성들을 위한 연구가 아니라 젠더와 섹슈얼리티 및 기타 억압 기제와 타자화에 대한 연구로 그 지평을 확장하고 있다. 이들에게 젠더와 섹슈얼리티 연구란 정상과 비정상, 우등과 열등, 주체와 타자라는 범주를 끊임없이 만들어 내면서 후자 집단에 속한 이들을 규정하고 소외시키는 과정에 대한 연구이다. 가부장제라는 특정한 젠더 체제와 이성애중심주의라는 규범적 성 체제는 이러한 차별을 만들어 내는 대표적인 기제이다.

반면 억압받는 젠더로서 '여성'의 범주는 여전히 유효하며, 여성 해방의 목표는 아직도 요원하기에 페미니즘 운동의 종말은 시기상조라는 입장을 지닌 이들은(주로 제3세계 여성연구가들) 여성의 다원성을 인정하면서도 사안에 따른 전략적인 연대를 제안하기도 한다. 예를 들어 제3세계 여성 연구의 대표 주자인 가야트리 스피박(Gayatri Spivak)은 '전략적 본질주의(strategic essentialism)'라는 이름으로 가부장적 억압에 저항하는 여성 연대를 제시했으며, 페미니스트 지리학자인 질리언 로즈는 다양한 남성 중심성에 상응하는 유연한 페미니즘 전략들을 제안함으로써 다양한 페미니스트적 상상은 여전히 중요함을 역설했다.

2) 문화지리학과 페미니즘 지리학의 조우

젠더와 섹슈얼리티 연구는 페미니즘 연구가들이 주도해 왔는데 지리학에서는 페미니스트 지리학이라는 새로운 학문 분과를 탄생시켰다. 그러나 페미니즘이 그러하듯 페미니스트 지리학 역시 특정한 관점과 접근 방식을 의미하는 것이지 특정한 주제에 국한된 하위 분과는 아니다. 예를 들면, 경제지리학, 도시지리학, GIS처럼 지리학 내의 기존 하위 분과와 다른 영역을 의미하는 것이 아니라 경제지리학이면서도 페미니스트 관점을 견지하면 페미니스트 지리학이라고 불릴 수 있다는 뜻이다.

1970년대 후반부터 1990년대 초반에 걸쳐 페미니즘 연구는 인문사회과학 전반에 걸쳐 이론과 방법론에 큰 반향을 몰고 왔다. 페미니즘 연구의 키워드인 젠더와 섹슈얼리티는 이제 더 이상 특수하거나 새로운 용어가 아닐 정도로 학계 내에서 보편적으로 통용되는 개념이 되었다. 그러나 지리학에서는 페미니즘의 수용이 여타 인문사회과학에 비해 매우 늦어져서[2] 1980년대에 이르러 최초의 페미니즘 연구서가 발간되었고 학생들을 위한 교재는 1990년대에 이르러서야 등장하기 시작했다. 영미권을 중심으로 대부분의 연구가 수행된 페미니스트 지리학은 한국에 이보다 훨씬 늦게 소개되었다. 영미 페미니스트 지리학의 전성기였던 1990년대 주요 저작들이 2010년 이후부터 번역되기 시작하였고[3] 이마저도 소수에 의해 간헐적으로 나오고 있는 실정이므로 국내 페미니스트 지리학은 이제 시작 단계에 불과하다고 볼 수 있다. 오히려 여성학에서 페미니스트 지리학의 공간 이론에 더욱 큰 관심을 보이며 지리학보다 더 많은 관련 연구를 내고 있는 실정이다.[4]

1990년대 영미 페미니스트 지리학(특히 제3물결)의 발달을 견인한 집단은 상당수가 영미의 문화지리학자들이었다. 본격 페미니스트 지리학의 대표 학술지를 표방하며 1994년에 발간을 시작한 영문 잡지 타이틀이 *"Gender, Place and Culture: A Journal of Feminist Geography"*라는 점만 보아도 페미니스트 지리학과 문화 연구는 남다른 관계가 있음을 시사한다. 이 장에서는 문화지리학이 젠더, 나아가 페미니스트 지리학과 남다른 관련성을 맺게 되는 배경을 좀 더 자세히 살펴보도록 한다.

(1) 페미니즘과 페미니스트 지리학의 발달

① 페미니즘의 역사

옥스퍼드 영어 사전에 의하면 페미니스트와 페미니즘이라는 용어가 최초로 등장한 것은 각각 1894년과 1895년으로, 여성의 권리와 평등을 옹호하고 지지하는 사람(페미니스트) 내지는 사상(페미니즘)을 의미한다. 페미니즘은 여성 해방의 이념이자 일종의 사회 운동으로서 이론과 실천을 동시에 지향하면서 발달해 왔는데 그 역사는 크게 3단계로 나뉜다.

제1물결 페미니즘은 19세기 말에서 20세기 초반의 페미니즘 태동기를 지칭한다. 이 시기는 여성의 불평등한 위치에 대한 각성을 촉구하고 이를 시정하기 위한 정치 제도적 개선을 요구하는 움직임이 대세를 이루었다. 여성의 참정권 운동이 이 시기를 대표하는 페미니즘 운동으로, 정치적 자유주의 이념을 수용한 자유주의 페미니즘이라고도 불린다.

1960년대 무렵에 시작되어 현재까지 진행 중인 제2물결 페미니즘은 정치 참여뿐만 아니라 자원에 대한 차별적인 접근성의 기반이 되는 사회문화적 불평등에 도전하며 특히 노동과 임금 관계에서의 불평등 문제를 전면에 내세웠다. 이 시기는 자유주의 이념의 한계에 직면한 서구 사회가 경제 위기와 양극화, 각종 사회 문제를 겪기 시작하던 시기로, 구조적 불평등에 대한 비판이 대두되면서 분배의 정의 문제가 사회적인 화두로 등장한 시기였다. 특히 마르크스주의는 이러한 비판에 이론적 배경을 제공했으며 이 시기 페미니즘에도 큰 영향을 미쳐 노동 해방과 여성 해방을 동시에 추구하는 사회주의 페미니즘의 발달을 가져왔다. 이러한 전통은 제3물결 페미니즘이라고 불리는 최근의 경향과 공존하면서 오늘날 페미니즘 운동과 이론의 주요 축을 형성하고 있다.

제3물결 페미니즘은 1990년대 이후 등장한 새로운 조류로, 제2물결 페미니즘이 여성성에 대한 본질주의적 입장을 견지한 데에 대한 반성과 비판을 아우른다. 특히 페미니즘이 특권 계층 여성(중산층, 백인, 교육받은 여성)에 의해 주도되었고 그녀들의 현안(노동 시장에서의 평등, 육아 문제, 가사 분담 등)에만 집중했다고 비판하면서 여성 내부의 다양한 목소리와 다양한 억압의 지점들을 밝히는 데 주력했다. 거시적인 사회 구조 변화를 통해 여성 해방을 주창한 제2물결 페미니스트들과 달리 이들은 모든 여성을 동시에 해방시킬 단 하나의 가장 근본적인 억압 기제가 있다는 가정부터 부정한다. 복잡한 권력의 지형 속에서 모든 여성은 상이한 위치에 놓여 있으며, 따라서 이들에게 필요한(또는 허용된) 저항 전략은 자신과 동떨어진 거시적인 사회 변화 보다는 일상의 공간에서 펼치는 미시 정치이다. 제3물결 페미니즘은 포스트구조주의와 포스트식민주의에 큰 영향을 받아서 일상에서 담론화된 권력을 해체하고 중심뿐만 아니라 주변의 목소리들을 복원시키는 전략을 구사한다. 제3물결 페미니즘을 구성하는 주요 집단은 영미 및 제3세계의 포스트식민주의 학자들[5]과 라캉, 푸코 등 프랑스 정신분석학과 철학 전통에 대한 비판적 재구성을 추구한 포스트구조주의 학자들[6]이 있다.

② 페미니스트 지리학의 발달

페미니스트 지리학 역시 페미니즘 운동 및 이론의 발달과 보조를 맞추어 왔다. 1970년대 제2물결 페미니즘은 지리학 내에서 페미니즘 접근을 태동시켰을 뿐만 아니라 매우 영향력 있는 개념을 생산하는 데 큰 기여를 했다. 가령 도린 매시(Doreen Massey)는 당시 경제지리학 분야에서 뜨거운 이슈가 된 '노동의 공간적 분업'을 넘어서 '젠더화된' 노동의 공간적 분업을 밝혀냄으로써 공간적 불균등이 젠더와 성차에 기초해 있음을 구체적인 사례를 통해 규명했다(Massey, 1994). 제럴딘 프랫(Geraldine Pratt)과 수잔 핸슨(Susan Hanson)이 주도한 지역 노동 시장의 젠더화 및 통근 패턴과 이동성의 성차 연구 역시 불평등한 젠더 관계가 공간적 불평등으로 전환된 사례를 호소력 있게 제시했다(Hanson and Pratt, 1994). 이들은 경제재구조화와 교외화로 상징되는 20세기 후반의 도시 및 경제의 공간적 변화가 어떻게 여성과 남성에게 차별적으로 작동했는지, 역으로 여성과 남성의 차별적 지위와 접근성이 이러한 공간적 불평등을 어떻게 심화시켰는지를 보여 주었다. 이러한 연구들은 여성을 억압하고 물질적인 불이익을 주는 메커니즘이 공간적으로 구조화되어 있음을 밝혔다는 점에서 강력한 사회 비판의 근거를 제시했을 뿐만 아니라 젠더와 공간의 관계를 규명하는 페미니스트 지리학의 고유 영역을 개척했다는 평가를 받았다.

한편 제3물결 페미니즘은 페미니스트 지리학의 전성기를 가져오는 데 결정적인 역할을 했다. 페미니스트 지리학자들은 남성과 여성 간의 물질적 불평등을 넘어 언어, 상징, 재현, 의미의 구축, 정체성과 주체의 구성, 섹스화된 몸(sexed body)(김현미, 2008)에 이르기까지 폭넓은 영역에서 공간(물질 공간 및 비유와 상징으로서의 공간 모두)이 어떻게 관여하는지를 탐색했다. 이러한 시도는 페미니즘 연구에서 공간의 중요성을 환기하여 지리학의 학문적 위상을 제고했을 뿐만 아니라 지리학의 주요 개념(공간과 장소 등)과 방법론을 페미니스트 관점에서 재해석함으로써 지리학 이론과 방법론의 확장에 기여했다. 가령 인종, 젠더, 계급, 종교, 섹슈얼리티 등이 일상의 공간을 통해 조직되는 양상을 고찰하면서 이러한 공간적 차이를 이용한 정체성의 정치를 구사하는 여성 주체에 대한 연구는[7] 미시 공간을 지리학 연구 대상으로 개척했을 뿐 아니라 정체성 구축의 현장이자 매개체로서 공간의 작동을 세밀하게 고찰함으로써 추상적 일반화를 추구하던 기존의 공간 이론을 확장했다.

(2) 문화지리학과 페미니스트 지리학의 조우

제3물결 페미니즘은 페미니스트 지리학의 전성기를 가져왔을 뿐만 아니라 페미니스트 지리학과 문화지리학이 밀접한 관련성을 맺는 맥락을 제공했다. 거의 대부분의 페미니스트 지리학 교재들이 밝히고 있듯이 페미니스트 지리학과 문화지리학의 조우는 일명 '문화적 전환(cultural turn)'이라는 지성사적 현상으로 촉진되었다. 문화적 전환이란 인문사회 분야에서 기존의 정치, 경제 등에 편향된 관심사를 문화로 전환하는 운동이자 흐름을 일컫는 용어로, 문화 연구, 포스트구조주의, 포스트모더니즘, 포스트식민주의의 대두와 함께 20세기 후반 이후 인문사회 연구의 핵심적인 특징이 되었다. 이러한 전환의 중심에는 언어적 전환(linguistic turn)이라고 불리는 인문 현상과 푸코를 중심으로 하는 담론 연구의 활성화가 있었는데, 기존의 물질문명에 치중되었던 문화 연구가 상징과 재현 등 담론적 구성 연구로 방향을 트는 계기가 되었다. 지리학에서는 비판지리학의 일부와 특히 신문화지리학에서 이러한 흐름을 적극적으로 수용하였으며, 때마침 제3물결로의 전환 중에 있던 페미니스트 지리학은 이러한 문화적 전환의 핵심적인 주체가 되었다. 당시 페미니스트 지리학이 신문화지리학과 교류의 접점을 크게 확장하게 된 데에는 이러한 지성사적 배경의 공유와 함께 비판지리학 내에서의 전략적 연대를 유지하면서 형성된 인적·학문적 교류가 결정적인 기여를 했다. 이 시기를 대표하는 영미 페미니스트 지리학자들 중 다수가 문화지리학자라는 사실은 결코 우연이 아니다.

3) 페미니스트 문화지리학의 주제들

페미니스트 이론과 관점을 수용한 문화지리학은 기존의 문화지리학 연구 주제를 페미니스트 이론과 관점으로 재구성하기도 하고 아예 새로운 연구 영역을 개척하기도 했다. 전자의 대표적인 사례는 문화지리학의 주요 연구 분야인 경관 연구에 페미니스트적 관점을 도입한 접근이며, 후자의 대표적인 사례는 몸과 섹슈얼리티 등 학문적 연구 대상으로 부적합하다고 여겨진(여성적 주제이기 때문에) 주제를 학문의 영역 안으로 복원시키는 접근이다. 페미니스트 문화지리학의 다양한 주제 중 이 장에서는 이 두 가지 주제를 사례로 하여 페미니스트 문화지리학의 실제를 간략히 소개하도록 한다.

(1) 경관: 시각적 이데올로기, 시각적 섹슈얼리티

① 여성화된 경관

페미니스트 문화지리학자들은 경관을 보는 방식(way of seeing)이자 재현으로 인식하면서 경관 너머에 얽혀 있는 권력과 이데올로기를 읽어 내는 신문화지리학의 접근에 대체적으로 동의한다. 그러나 이들 연구에서마저 암묵적으로 가정된 시선은 바로 남성적 주체의 시선을 대변하는 경우가 많다는 점에서 사우어 학파의 (노골적인) 남성 중심적 경관 연구와 마찬가지로 비판을 가하기도 한다. 질리언 로즈는 지리학자들이 경관을 응시하는 것은 마치 남성들이 여성의 누드를 보고 쾌감을 느끼는 것과 비슷하게 섹스화된 행동이라고 주장한다. 한 예로 상이한 학파에 속한 두 남성 지리학자가 연구 대상인 경관을 어떻게 여성화하여 바라보는지 아래의 인용문을 통해 살펴보도록 하자.

> 우리 지리학자들이 주로 관심을 가지는 것은 어머니 지구의 얼굴과 형상이다. 화가가 인간이나 동물 해부학을 알아야 하는 것처럼, 우리도 지질학의 일반 원리를 숙지해야 한다⋯. 지구의 얼굴과 형상 중 가장 배우고, 알고, 이해해야 할 가치가 있는 특징은 바로 그 아름다움이다.(F. Younghusband, 1920, "Natural beauty and geographical science," Rose, 1993; 정현주 역, 2011, p.210에서 재인용)

> 유기적이고 유선형인 이 도시 섬은 조수의 침입을 받으며 물로 둘러 싸여 있다. 도시의 거리와 운하는 어둡고 신비로운 미로를 형성하며, 이를 통해 번쩍이며 현란하게 장식된 산마르코 광장에 도달하게 된다. 구불구불한 대운하와 소광장은 자궁처럼 닫힌 산마르코 광장으로 우리를 안내한다(D. Cosgrove, 1982, "The myth and stones of Venice: an historical geography of a symbolic landscape," Rose, 1993; 정현주 역, 2011, p.173에서 재인용).

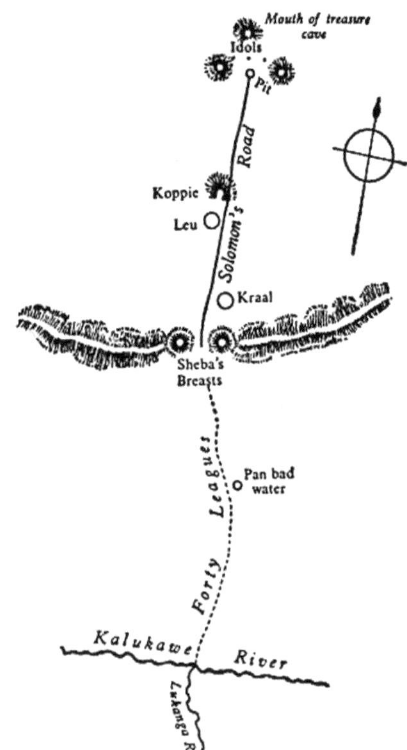

그림 3. 아프리카를 대상으로 한 최초의 모험 소설로 베스트셀러가 된 『솔로몬 왕의 광산(King Solomon's Mines)』(헨리 라이더 해거드, 1885)에 실린 권두화.
소설 속에 등장하는 솔로몬 왕의 보물이 묻힌 광산으로 가는 길을 안내하는 지도이다. 이 길을 따라 보물을 찾으러 가는 영웅적인 주인공은 백인 남성으로, 탐험의 대상인 아프리카는 여성의 성기로 비유되어 있다.[8]

'어머니 지구의 얼굴과 형상'을 관찰하고 측량하는 경우나 베니스를 여성의 성기에 빗대어 묘사하는 경우 모두에서 발견되는 특징은 보는 주체가 대상을 규정하고 명명할 전문적 지식, 또는 해석할 권력을 지니고 있다는 가정이다. 그 대상은 탐험되고 관통되어야 할 수동적 영역으로, 미적인 아름다움을 간직한 여성형으로 묘사되고 있다. 이러한 시선은 앞에서 언급한 식민 지배자가 식민지를 여성화하여 관음의 대상으로 삼는 것과 유사성이 있다(그림 3).

② 관찰자의 위치와 시선

한편 여기서 생략된 것은 바라보는 시선이 남성적이라는 사실 이외에도 바라보는 자의 위치이다. 마치 모든 것을 조망할 수 있는 절대자의 위치에서 경관을 구석구석 훑는 듯한 묘사는 관찰자 자신과 대상과의 관계를 설정하지 않는다. 관찰자는 모든 것을 투시할 수 있으며 객관적으로 묘사할 수 있다는 암묵적인 가정이 있기 때문이다. 그것이 지리학적 전문 지식이든, 투시법이든, GIS를 통한 시각화 기법이든 경관을 재현할 수 있는 권력 이면에는 대상과 자신을 분리시키는 합리적 남성성이 자리 잡고 있다.

페미니스트들은 남성화된 시각적 권력에 도전하면서 주체와 객체를 분리하는 대신 관찰자 자신이 서 있는 위치 역시 수많은 지점 중 특수한 하나의 위치이며 따라서 절대적인 객관성과 보편성을 담보할 수 없음을 주장한다. 이를 위치성(positionality)이라고 하며, 모든 주체는 특수한 위치에서 대상과 관계를 맺을 수밖에 없기에 보편적이고 일반화된 지식 대신 특수한 맥락에 기반한 상황적 지식(situated knowledge)만 얻을 수 있다고 본다(Rose, 1997). 따라서 아무리 미학적 감수성으로 충만한 경관 해석도 그것이 '보이지 않는 손'과 같이 절대적이고 전지전능한 시선을 가진 탈체현된 존재를 가정한다면 결국 누군가를 대상화하고 소외시키는 폭력적인 지식에 불과하다.

③ 경관의 비판적 독해 원칙

질리언 로즈(2007)는 포스트모더니즘의 등장과 문화적 전환의 핵심적인 부분이 바로 시각적 권력의 영향력 증가라고 보았다. 현대는 바야흐로 이미지 홍수의 시대가 되었고 그 이미지를 생산하고 재현하는 것이 권력의 주요한 부분이 되었다. 따라서 연구자와 대중들은 재현된 이미지를 비판적으로 해석하는 능력이 그 어느 때보다 요구된다. 경관도 그림처럼 묘사되거나 실제로 시각자료(회화나 지도, 사진 등)로 재현된다는 점에서 일종의 이미지이다. 질리언 로즈가 제안한 이미지의 비판적 독해 방법을 통해 비판적 문화지리학자의 시각으로 경관을 읽어 내는 하나의 대안적 방법을 간단히 살펴보자.

질리언 로즈는 경관을 포함한 시각 자료를 독해하는 데 고려해야 할 세 가지 현장(sites)과 각 현장마다 결부된 세 가지 측면(modalities)을 제시한 바 있다. 우선 세 가지 현장이란 시각적 이미지가 생산되는 현장, 이미지 그 자체, 이미지가 관중에게 보이는 현장을 말한다(Rose, 2007). 각 이미지가 생산되는 현장에서는 이미지가 어떤 맥락에서, 누구에 의해, 어떻게 생산되는가를 고려할 수 있다. 이미지 생산에 작동한 권력을 살펴보는 것도 이에 속한다. 이미지 그 자체에 대해서는 이미지가 가지고 있는 시각적 요소들과 요소들 간의 관계, 재현된 방식, 재현에서 생략된 정보 등을 살펴볼 수 있다. 마지막으로 이미지가 관중에게 보이는 현장에서는 누가 이미지를 독해하며, 독해가 어떻게 다양한지를 분석할 수 있다. 각 현장은 기술적, 구성적, 사회적 측면에서 또다시 분석되어야 한다(Rose, 2007). 기술적 측면이란 이미지 생산과 재현에 사용된 테크놀로지를 의미한다. 고성능 디지털 카메라로 찍은 경관인지, 유화로 그린 풍경화인지, GIS 기법을 이용한 시각화 기법인지 등이 이에 해당된다. 구성적 측면이란 이미지를 구성하고 있는 시각적 구성 요소(색감, 구도, 사물의 배열 등)이다. 마지막으로 사회적 측면은 이미지가 생산되고 소비되는 데 관여하는 정치, 경제, 문화, 제도, 관습 등의 사회적 관계를 의미한다. 가령 이미지를 만들어 내는 데 작동한 계급 권력을 분석한다면 생산 현장의 사회적 측면이 될 것이고, 이미지가 전달하는 사회 현상을 설명하는 것은 이미지 그 자체의 사회적 측면이 될 것이다. 또한 그 이미지가 각광을 받게 되는 배경이라든지 특정 집단에 의해 정치적 시각 자료로 활용된 배경을 밝혀내는 것은 이미지가 소비되는 현장의 사회적 측면이 될 것이다.

로즈는 시각적 자료의 종류에 따라서 어떤 현장이, 어떤 측면이 더욱 강조되어야 하는지가 결정될 수 있으며 이에 대한 토론이 시각적 방법론의 주요 논쟁이 될 수 있다고

[참고자료 1]

현대 문화지리학에서 경관은 마치 텍스트처럼 해석될 수 있다고 가정된다. 텍스트 분석은 누가 무엇을 위해 경관을 창출했으며, 경관은 어떻게 재현되며, 그렇게 재현할 수 있는 권력은 어디에서 오는지를 묻는다. 텍스트의 행간을 읽듯 경관의 재현에서 보이지 않는(배제된) 지점을 짚어 내기도 한다. 경관을 텍스트화해서 읽어 내는 방식은 페미니스트들에게도 수용되었지만 여기에 젠더라는 렌즈를 추가하여 독해를 시도한다. 여기에서는 질리언 로즈가 풍경화

≪앤드류 씨 부부≫에 대한 문화연구가들의 독해를 페미니스트 관점으로 비판한 사례를 소개하도록 한다. 자세한 내용은 질리언 로즈의 『페미니즘과 지리학: 지리학적 지식의 한계』(2011), 제5장을 참고하면 된다.

　　≪앤드류 씨 부부≫는 18세기 중반 영국에서 대유행했던 풍경화의 전형적인 사례이다. 게인즈버러(Thomas Gainsborough)는 그 시대의 여느 화가처럼 귀족에게 돈을 받고 그들이 원하는 방식대로 그들의 사유지를 묘사하는 풍경화를 그려 냈다. 후세에 이 그림이 유명하게 된 이유는 이 그림에 대한 문화연구가들의 비평 때문이었다. 비판적인 문화연구가들은 이 그림의 경관 재현에서 의도적으로 생략된 점을 두 가지로 지적한다. 하나는 들판에서 일하고 있었을 소작농들이고, 다른 하나는 그림을 그린 화가 자신의 흔적이다. 둘 다 그림을 의뢰한 젠트리(로버트 앤드류 씨)에게 고용된 노동자라는 현실은 그림에서 드러나지 않는다. 저명한 마르크스주의 문화비평가인 존 버거(J. Berger, 1972)는 이러한 종류의 풍경화야말로 자본주의 체제의 임금 노동 관계를 제거하고 자본가의 이해관계만 드러낸 시각적 이데올로기의 한 양식이라고 주장했다. 경관은 상징적인 시각적 표현 방식으로서, 위계적 계급 관계를 정당화함으로써 사회 질서를 유지하는 데 일조한다고 본 코스그로브(D. Cosgrove, 1985)의 생각과도 일맥

≪앤드류 씨 부부≫, 토머스 게인즈버러, 1750, 런던국립박물관 소장.

상통하는 분석이다.

18세기 영국에서 유화로 그려진 사유지 풍경화는 미술 작품이기 이전에 당시의 계급 관계를 잘 들여다 볼 수 있는 시각적 상징물로서도 기능한다. 상당히 비쌌지만 오래 보존될 수 있는 재료였던 유화 물감으로 전문 화가를 고용해서 개인 사유지 그림을 남긴다는 것은 그 자체가 바로 계급적인 행위였다. 이러한 고급문화 행위를 유행시켰던 사람들은 바로 당시 영국 사회에서 대토지 자본가로 부상하고 있던 젠트리였다. 그들의 부를 대대손손 세상에 내보일 수 있는 상징물로서 유화 풍경화는 매우 고상한 장치였다. 그림의 소유주인 로버트 앤드류 역시 아버지로부터 그림에서 보이는 거대한 토지를 물려받은 젊은 젠트리였고 옆에 있는 부인 프랜시스 매리 카터(Frances Mary Carter)도 인근 토지를 소유한 젠트리의 딸로서 이 둘의 결합은 대토지 소유주들 간의 비즈니스임을 추정케 한다(Hagen and Hagen, 2003). 또한 주변 자연과 어울리지 않는 복장은 이들이 자연의 일부가 아니라 정복하고 소유하는 주인이라는 위계 관계를 드러낸다. 존 버거(1972) 역시 이들의 표정과 자세에서 토지주로서 소유한 경관에 대한 태도가 묻어난다고 평했다.

풍경화의 등장은 투시법의 발달과 밀접한 관련이 있는데 코스그로브(1985)는 이러한 기하학적 기술이 상품의 부피를 측량하여 가격을 매기고, 시장 개척을 위해 지도를 제작하고, 사들인 땅의 구획을 위해 측량하려는 의도에서 본격적으로 발달했다고 한다. 즉 투시법이나 풍경화는 신흥 부르주아들의 재산을 측량하고 기록하기 위해 고안된 공간 재현의 방식이었던 것이다(Rose, 1993; 정현주 역, 2011). ≪앤드류 씨 부부≫는 '경관의 전망에 대한 시각적 독점을 허용하고 합리화한 자본주의 토지 관계의 징후를 보여 준다'는 점에 지리학자들은 동의한다(Rose, 1993; 정현주 역, 2011, 221).

그러나 질리언 로즈는 이상의 비평에 동의하면서도 이러한 비평들이 간과하는 지점을 지적한다. 그것은 그 누구도 주목하지 않았던 앤드류 씨와 부인 간의 관계이다. 그림에서 총을 들고 사냥개와 함께 있는 앤드류 씨는 언제라도 경관 속으로 성큼성큼 달려 나가서 자신의 소유지에 대한 배타적 권리를 주장할 것 같은 자세로 서 있는 반면, 그 부인은 마치 땅에 심겨져 있는 식물처럼 고정되어 있다(Rose, 1993; 정현주 역, 2011, 221). 하필이면 그녀는 수확과 재생산을 상징하는 넓은 들판과 가깝게 위치해 있고, 땅에 단단히 고정된 넝쿨 모양의 의자에 앉아 있으며, 뒤에는 그녀가 번식시키고 가꾸어야 할 가계도를 상징하는 듯한 떡갈나무가 서서 그 뿌리로 그녀와 그녀의 남편을 갈라놓는다(Rose, 1993; 정현주 역, 2011, 221). 여성과 자연을 보았다(Rose, 2007). 로즈가 제안한 방식의 독해는 이미지는 순수하지 않으며 비판적 해석을 필요로 함을 가정한다. 또한 단순히 보이는 장면을 있는 그대로 받아들일 것이 아니라 분석 대상과 분석가와의 관계를 고려할 것을 주문함으로써 자기 성찰적(reflexive) 접근을 요구한다(Jung, 2012, 10.1111/1468-2427.12004).

(2) 몸과 섹슈얼리티

① 몸에 대한 본질주의적 접근 vs. 구성주의적 접근

근대적 남성중심주의는 몸이 정신의 반영에 불과하며 고정되고 수동적일 뿐 아니라 정신에 비해 열등한 것으로 가정하고 여성은 이러한 몸을 벗어날 수 없는 존재로, 남성은 이러한 몸의 굴레로부터 벗어날 수 있는 탈체현적 주체로 바라보았다. 반면 페미니스트는 애초부터 정신과 분리된 몸이란 없으며, 열등하게 또는 우월하게 주어진 몸도 없다고 본다. 다만 열등하게 또는 우월하게 재현되었을 뿐이다. 페미니스트들은 비판주의 문화지리학자들과 마찬가지로 몸의 본질주의를 주장하는 생물학적 접근이 특정한 몸을 열등하고 비정상적인 범주로 만드는 데 기여했다고 비판한다. 가령 편파적인 통계와 유전자 이론을 가져와 흑인을 태생적으로 지능이 낮은 집단으로 구성함으로써 백인이 흑인에게 자행한 노예 무역과 식민지 수탈의 역사를 정당화하려는 인종주의자들의 시도가 대표적인 예가 될 수 있다(Mitchell, 2000; 류제헌 외 역, 2011, 9장). 이러한 비판은 열등한 젠더를 만들어 내고 비정상적인 섹슈얼리티를 규정함으로써 가부장제와 강제적 이성애주의라는 주류 질서를 확립해 권력을 유지해 온 역사에도 적용될 수 있다(Foucault, 1976; 이규현 역, 2004).

② 체현

몸과 섹슈얼리티 연구는 최근 인문사회과학 안팎에서 집중적인 조명을 받고 있는 주제로서, 몸과 섹슈얼리티가 사회적으로 구성되고 재현되고 재생산되는 양상을 탐구한다. 여기서 몸은 정체성이 각인되는 장소인 동시에 여성성 또는 남성성을 수행하는 주체가 된다. 페미니스트들은 본원적으로 주어진 몸 대신 다양한 정체성들이 몸을 통해 각인되고 재현된다고 본다. 사회적 관계, 정체성, 정신적 활동 등 비육체적인 과정이 몸에 각인되거나 몸을 통해 재현되고 작동하는 것을 체현(embodiment)이라고 부른다.

체현에 대한 연구는 다양한 주제를 통해 제시되었다. 여성의 몸을 성적 대상화하는 남성 중심적 시선에 도전하면서 새로운 몸의 재현을 탐색하는 연구(Nash, 1996), 남성 중심적 지식이 담아내지 못하는 유동적인 몸 담론을 구성하려는 연구(Longhurst, 2001), 임신한 몸이 공적 공간에서 어떻게 재현되고 소외되는지에 대한 연구(Davidson, 2001; Longhurst, 1995; Young, 2005), 스포츠, 피트니스, 쇼핑 등의 레저 공간에서 몸이 사회적으로 구성되는 양상에 대한 연구(Johnson, 1996; McCormack, 1999; Evans, 2006; Colls, 2006), 화장실 사용이나 공 던지기와 같이 젠더 정체성을 체현하는 수행에 대한 연구(Brown, 2004; Young, 2005) 등 다양한 사례 연구가 제시되었다.

③ 몸의 사회적 구성의 실제

몸에 대한 연구는 우리가 당연하게 받아들이는 몸이 사실 이성애적으로 섹스화된 몸이며(따라서 비이성애는 비정상인 몸이 된다), 사회적 가치와 권력관계를 체현하여 상징적으로, 물질적으로 만들어짐을 강조한다. 몸이 사회적으로 구성된다는 것은 여러 차원에서 성립된다. 에티켓, 복장 코드 등과 같은 몸에 대한 제도적/관습적 통제는 근대 이후 '문명화'된 신체를 양산했다(Valentine, 2001; 박경환 역, 2009). 가령 마늘 냄새를 풍기는 몸에 대한 관용도가 한국에서는 매우 높을 것이며 영국에서는 매우 낮을 것이다. 인간의 몸이 지닌 동물적 특징을 최대한 통제하는 것을 자연(동물)과 분리된 근대적 '문명인'이 되는 조건으로 규정하고 이를 에티켓이라고 불러온 유럽에서는 체취에 대하여 매우 엄격한 기준을 적용하기 때문이다. 따라서 유럽의 관습에서는 향수를 뿌려서라도 향기 나는 몸을 만들게 된다.

프랑스 철학자 피에르 부르디외(Pierre Bourdieu)는 계급적 취향이 특정한 신체적 외양을 가져온다고 주장했다(Bourdieu, 1979; 최종철 역, 2005). 즉 노동자 계급의 취향은 노동자의 신체를, 부르주아의 취향은 부르주아가 동경하는 신체를 갖추게 된다는 것이다. 계급마다 식습관, 생활 패턴, 요구되는 몸의 행동 양식, 복장 등이 다르기 때문에 생활의 장에서 반복되는 계급적 실천은 이러한 신체를 만들어 나간다. 최근 서구뿐만 아니라 한국에서도 이루어지는 저소득층일수록 비만 인구가 많고 고소득 고학력층으로 갈수록 비만 인구가 급격히 감소한다는 언론 보도는 계급에 따른 신체의 사회적 구성을 단적으로 드러낸다.

한편 미셸 푸코는 담론적 권력이 감시와 통제를 통해 현실적 규제력을 지니게 되며 이에 순응하는 유순한 신체를 길러낸다고 보았다. 그에 의하면 근대적 감시는 위로부터의 억압보다는 아래로부터의 자발적 검열을 담당하는 미시적 권력 관계망에 의해 작동하기 때문에 개인과 공동체는 자기 감시와 규율을 실행하게 된다고 한다. 그가 근대적 감시 기제라고 비유한 패놉티콘(원형 감옥)은 몸을 통제하는 생체 권력이 작동하는 원리를 보여 준다(Foucault, 1975; 오생근 역, 2003). 훈육과 감시라는 권력의 작동에 순응하여 길들여진 몸이 생산된다는 푸코의 아이디어는 이후 몸을 둘러싼 권력의 작동에 대한 연구가 쏟아져 나오게 된 계기를 제공했다. 비록 푸코 본인은 젠더가 몸을 구성하는 주요 요소라고 표명하지 않았지만 상이한 담론적 권력

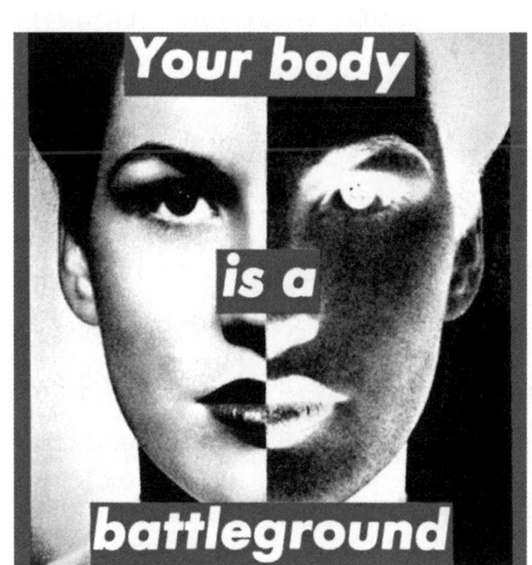

그림 4. 페미니스트 예술가 바바라 크루거의 작품(1989). "당신의 몸은 전쟁터입니다."

과 지식에 따라 상이한 몸이 구성된다는 그의 주장은 페미니스트 연구가들에게 큰 영감을 주었다(Sharp, 2004).

억압된 몸과 길들여진 몸, 또는 그에 저항하는 몸의 정치는 지금까지도 페미니즘과 페미니스트 운동의 주요 화두이다(참고자료 2). 페미니스트 예술가인 바바라 크루거는 '당신의 몸은 전쟁터'라는 도발적인 선언을 한 바 있다(그림 4). 더 이상 정치가들에 의해 낙태 문제가 결정되도록 하지 말고 여성이 스스로 자기 몸을 통제할 권리를 획득하자는 메시지를 담은 이 사진은 낙태 찬성 운동의 포스터로 쓰였고 몸을 둘러싼 오늘날의 페미니스트 투쟁에서 자주 차용되는 이미지가 되었다.

④ 수행성과 공간

푸코에 영향을 받은 페미니스트 이론가인 주디스 버틀러는 젠더 중립적인 푸코의 이론에서 한 발 더 나아가 젠더와 섹스의 경계를 아예 허물면서 섹스화된 몸이 사회적으로 구성되는 방식을 '수행성(performativity)'이라는 개념을 통해 설명하였다. 원래 연극에서 배우가 배역을 연기한다는 의미의 퍼포먼스(performance)에서 유래한 수행성은 배우가 연기를 통해 배역을 만들어 내듯 젠더도 흉내 내기를 통해서 구성된다는 의미를 내포하고 있다. 단 연극에서는 배역 이면의 배우라는 실체를 가정하지만 버틀러가 말하는 젠더의 수행성에는 배우라는 실체가 없이 배역만 있을 뿐이다. 즉 수행 이전의 실체적 정체성(남성, 여성 등)이란 없다는 뜻이다. 담론 이전의 실체적 진실이란 없다는 푸코의 인식과 동일한 지점이다. 또한 이러한 수행성은 지속적으로, 반복적으로 일어나는 것을 가정한다(Butler, 1990; 조현준 역, 2008).

지리학자들은 수행성의 반복성과 지속성이 일상의 공간을 통해 매개된다는 점에 주목했다. 젠더의 수행성은 특정한 장소들과 떼려야 뗄 수 없는 관계인 것이다. 이에 수행성이라는 개념을 공간과 접목시켜 젠더 정체성의 구성을 밝히고자 한 연구물들이 1990년대 영미 페미니스트 지리학자들에 의해 출판되기 시작했다. 마치 차이나타운 없는 중국 디아스포라의 정체성 형성을 상상할 수 없듯이, 성적 해방구 역할을 한 게이 및 레즈비언 게토 없이 비이성애자들의 정체성 형성을 논할 수 없게 되었다. 게이

몸의 재현과 개조를 둘러싼 전쟁 : 누구를 위해 살을 빼고 뼈를 깎는가?

몸을 둘러싼 전쟁은 비단 학문의 영역에 국한된 이야기가 아니다. 대한민국을 포함한 21세기 지구촌 사회는 다이어트와 성형, 피트니스 등 몸 개조 열풍으로 몸살을 앓고 있다. 몸에 대한 관심과 노출은 그 어느 때보다 강렬하게 대중을 사로잡고 있다. 1991년 할리우드 여배우 데미 무어가 만삭의 몸으로 『베니티페어』라는 패션 잡지에 누드 화보를 실은 이래로 만삭 누드 화보 촬영은 임신한 여배우들의 통과 의례가 되었다. 안젤리나 졸리, 니콜 키드먼, 제시카 알바, 미란다 커, 머라이어 캐리, 제시카 심슨 등 섹시한 몸매로 유명세를 떨친 여배우와 여가수들이 너나 할 것 없이 이 만삭 누드 화보 대열에 이름을 올렸다. 임산부의 몸에 대해 서구보다 보수적인 한국에서는 누드 대신 만삭의 아름다움을 드러내 주는 옷을 입은 화보가 유행이다. 손태영, 정혜영 등 유명 연예인뿐만 아니라 일반인들도 웨딩 촬영처럼 만삭 화보 촬영을 하기도 한다.

임신과 출산 등 여성성을 당당히 드러내고 임신한 몸을 찬양하는 이러한 풍토에 대해 임신한 몸을 여성성을 상실한 모성으로 보거나 정상이 아닌(그래서 산부인과 치료를 받아야 하는) 몸으로 보지 않고 건강하고 아름다운 것으로 본다는 점에서 여권 신장의 징후로 여기기도 한다. 반면 임신한 몸조차 성적 대상화하며, 심지어 날씬하고 매력적으로 보여야 한다는 억압적 시선을 강요하고 있다는 비판도 있다. 그도 그럴 것이 출산한 여배우들이 놀랍도록 날씬해진 몸으로 방송에 출현하여 어떻게 몸매를 되돌렸는지, 몇 킬로그램을 뺐는지에 대해 수다를 떠는 토크쇼가 더 이상 낯설지가 않을 정도이니 날씬한 여성의 몸에 대한 전 국민적 강박증이 어느 정도인지 가늠하기란 어렵지 않기 때문이다. 이러한 강박증을 고려해 볼 때 만삭 사진은 본래 의도와 달리 그것을 소비하는 대중에게는 임신한 몸도 이 정도로 날씬해야 한다는 모성 억압적 메시지를 전할 수도 있다.

아름다운 신체에 대한 갈망은 성형과 다이어트, 피트니스 수요를 폭발적으로 증식하면서 '몸짱/얼짱' 열풍을 불러오기도 했다. 텔레비전을 틀면 쏟아져 나오는 각종 다이어트 식품 광고, 거리를 도배하듯 늘어선 강남의 성형외과들, 근육질의 남성과 여성을 모델로 내세워 그야말로 신체 개조를 해 주겠다는 피트니스 전단지들은 이제 우리에게 일상적인 경관이자 이미지가 되어 버렸다. 그리고 몸은 돈과 시간을 투자해서 조형할 수 있는 프로젝트가 되어 버렸다. 담론적 권력이 몸을 구성한다는 푸코식의 주장이 단순히 상징적인 차원이 아니라 물질적인 차원에서도 쉽게 구현되는 시대가 온 것이다.

만삭 화보 촬영이든 성형이나 다이어트이든 여성이 여성의 몸을 스스로 재현하고 변형한다는 점에서 몸에 대한 자기 결정권이 향상된 것만은 분명하다. 그러나 과연 그러한 결정이 누구에 의해, 누구에게 보이기 위해 내려지는 것이며, 어떤 종류의 여성들이 이러한 결정을 할 수 있는지 또는 할 수 없는지는 생각해 볼 문제이다. 또한 낙태를 법으로 금지하면서까지 여성의 몸에 대한 강력한 통제를 유지하는 사회에서 목숨을 담보로 뼈를 깎는 위험한 행위에 대해서는 이토록 관대한지도 생각해 볼 필요가 있다. 여성의 몸에 대한 통제의 기준은 무엇이며 누가 그것을 결정하는가?

문화지리학자들은 이러한 열풍이 어떻게 재현되고 성형과 다이어트 담론이 어떤 권력을 가지는지, 누가 이러한 열풍으로 이익을 취하는지, 누가 소외되는지, 이 모든 현상(열풍 또는 배제)이 지리적으로 어떻게 구성되는지 등에 대해 문제를 제기할 수 있다.

와 레즈비언의 정체성이 특정한 장소에 기반한 반복적 행위로 형성됨을 보여 주는 연구(Bell *et al.*, 1994; Bell and Valentine, 1995), 비이성애 또는 이성애적 장소에 따른 게이/레즈비언의 정체성의 정치(Duncan, 1996; Myslik, 1996; Valentine, 1996), 특정한 남성성이 일터의 미시 공간들에서 체현되는 양상에 대한 연구(McDowell, 1995; 2009) 등 공간과 성적 정체성의 상호 구성을 다루는 연구는 지리학 내에서 몸과 섹슈얼리티 연구를 선도했다.

4) 나가며: 권력의 지리학을 향하여

한때 페미니즘은 여성들에 의한 여성들을 위한 사상이라고 여겨졌고 지금도 한국 사회에서는 특히 더 그러하다. 서구에서는 페미니스트 지리학이 비판지리학의 주요 분과로서 1990년대 이후 서구 지리학의 이론과 방법론 혁신에 큰 기여를 해 왔다. 2000년대 이후 출판된 지리학의 주요 교재들을 보면 페미니스트 지리학에서 발달시켜 온 개념과 방법론들이 페미니스트 지리학 섹션이 아니라 다른 여러 하위 분과에서 빈번하게 사용되고 있다. 젠더와 섹슈얼리티, 몸, 위치성/상황적 지식, 사적(여성)/공적(남성) 분리 등의 개념은 더 이상 페미니즘의 전유물이 아니라 현대 문화지리학의 보편적 지식이 되고 있다. 그러나 비판지리학의 수용에 매우 적극적이었던 한국 지리학계가 페미니스트 지리학의 수용에는 유독 미온적인 이유는 무엇일까? 그 이유 중 하나가 바로 페미니즘이 여성에 의한 여성만을 위한 지식이며 (한국에서는 유난히 다수를 차지하는) 남성 지리학자들과는 별로 상관이 없을 것이라는, 심지어 대립되는 지식일 것이라는 선입견 때문일 것이다.

그러나 제3물결 페미니즘의 소개에서도 보았듯이 최근의 페미니즘 연구는 단순히 여성, 젠더만을 배타적으로 다루지 않는다. 권력은 젠더-인종-섹슈얼리티-계급 등 복합적인 기제가 상호 분리될 수 없을 정도로 밀접하게 엮여서 작동하기 때문이다. 특정한 위치의 남성은 특정한 위치의 여성보다 더 억압적인 상황에 처할 수 있으며(남성 이주 노동자와 여성 고위 공무원을 단적으로 비교해 보라) 대다수의 사람들은 일생 동안 이러한 위치의 변동을 수도 없이 겪는다.

페미니즘은 남성을 폄하하여 여성의 권익을 신장하려는 제로섬 게임이 아니다. 이는 페미니스트들이 그간 비판해 온 지배적 주체(Master subject)가 만들어 낸 이분법에서 좌우 항의 위치만 바꾸어 놓는 것일 뿐 그 이분법을 깨뜨리는 것이 아니기 때문이다. 페미니즘은 이러한 이분법 자체를 무화시키고자 한다. 보다 정확히 말해 이분법을 만들어 낸 권력에 도전한다. 최근에 출판된 문화지리학 교재에서 메리 토마스와 페트리샤 에어캠프(Thomas and Ehrkcamp, 2013, 29)는 페미니스트 사상은 결국 권력에 대한 문제 제기라고 선언했다. 누가 어떻게 권력을 만들고 작동시키는가가 페미니즘 연구의 부제쯤 될 것이다. 권력의 문제에 천착하는 포스트구조주의와 포스트식민주의 및 그에 영향을 받은 비판문화지리학이 페미니즘과 커다란 접점을 만들어 내는 것은 당연한 귀결이다.

페미니스트 지리학은 공간을 통해 이러한 권력의 작동을 탐구하는 학문이다. 여성적 주체가 너무 오랫동안, 지금도 여전히 피지배 위치를 점하고 있기 때문에 페미니스트

지리학의 주된 연구 대상이 되어 왔다. 그러나 최근 인종적 타자, 이주민, 유소년, 장애, 자연(동물) 등 타자화된 위치를 여성적 주체 분석에 결합시키는 징후가 점차 뚜렷해지고 있다. 최근 한국에서 이주 여성을 새로운 종류의 타자로 보면서 그녀들의 위치성과 공간 정치를 탐색하는 연구가 이에 해당된다(김현미, 2006; 정현주, 2012; Jung, 2012). 더구나 이러한 결합은 장소에 따라 상이하게 구성되므로 문화지리학과 페미니스트 지리학의 접경 지대는 여전히 방대하다.

그러나 최근 페미니즘 연구가 여성과 젠더를 넘어 권력이 작동하는 다른 영역들로 확장해 간다고 해서 여전히 시정되지 않고 있는 여성과 젠더 억압의 현실을 외면하는 것은 물론 아니다. 수많은 페미니스트 연구가들은 묻는다. 인류의 반을 차지하는 여성을 학문의 주제와 대상에서 배제하는 것이 과연 옳은 것인가라고(Monk and Hanson, 1982). 그간 무수하게 생산된 경관의 해석과 지도와 기타 수많은 지리들은 남성의 시선으로, 공적 공간을 차지한 남성들을 대상으로 이루어진 경우가 많다. 문명과 문화, 이성의 반대항에 위치하게 된 여성과 그에 결부된 사적 공간은 연구의 영역에서 배제되거나 부적절하게 재현되었다. 그간 배제되었던 대상들(여성, 사적 공간, 비이성애, 자연 등)을 복원하고 대안적인 방식으로 재현하고 이론화하는 것이 오늘날 페미니스트 지리학의 주요 연구 흐름이다. 이는 단지 기존 지리학과 별도의 블루오션을 개척하는 것이 아니다. 여성은 남성과, 비이성애는 이성애와, 사적 공간은 공적 공간과, 자연은 문화와 상호 구성적이므로 전자를 복원하는 것은 후자와의 관계를 재설정하는 것이고, 따라서 지리학을 새롭게 쓰는 것이다.

● 요약

1. 젠더란 생물학적으로 주어지는 성(sex)과 대비되어 사회적으로 구성되는 성을 의미하는 용어로 오랫동안 사용되어 왔다. 그러나 최근에는 이러한 섹스/젠더 이분법에 대해 문제를 제기하면서 섹스와 젠더 모두 이성애적 가부장제를 정당화하기 위해 사회적으로 구성된 것이라는 주장이 제기 되고 있다. 또한 단일한 섹스/젠더 범주가 오히려 특정한 여성을 더욱 소외시킬 우려가 있음이 제기되면서 여러 정체성과 다양한 방식으로 결합하는

복수의 섹스/젠더를 제시하는 주장이 설득력을 얻고 있다.

2. 1990년대 새로운 문화지리학의 부흥을 촉발했던 '문화적 전환'과 페미니즘의 제3물결은 다양성에 대한 감수성, 중심과 주변의 이분법을 해체하고 소외된 주변을 복원하려는 시도, 이미지 이면에 작동하는 권력과 재현의 문제 등에 높은 관심을 보인다는 점에서 많은 학문적 공통점을 지니고 있다. 이는 문화지리학자들이 지리학 내에서 페미니스트 지리학의 도입과 발달을 선도하게 된 배경이 되었다.

3. 페미니스트 문화지리학자들은 신문화 지리학자들과 마찬가지로 경관을 보는 방식으로서, 시각적 이데올로기로서 이해한다. 그러나 이에 더 나아가, 경관은 그것을 재현하는 관찰자 내지는 연구자의 섹슈얼리티를 시각화한 것이라고 주장한다. 따라서 남성 중심적 학문 관행 속에서 경관은 남성적 섹슈얼리티가 투영되어 재현되어 왔으며, 남성적 주체의 우월적 지위를 반영하여 전지 전능한 관찰자 시점에서 재현되어 왔다. 페미니스트 문화지리학은 이러한 시선 역시 상대적으로 위치지어진 것으로, 보편 타당한 관점이 아니라 특수한 관점을 반영하는 것으로 이해할 것을 주장한다. 이에 경관을 해석하는 연구자 자신이 연구 대상과 어떤 관계에 놓여 있는지에 대한 성찰이 필요하다.

4. 최근 몸 개조에 대한 사회적 관심이 급증하면서 자연적으로 주어진 몸보다 사회적으로 구성된 몸에 대한 인식이 높아지고 있다. 몸의 사회적 구성이란 몸이 제도와 관습, 계급, 담론 등을 통해 생성, 변형, 협상된다는 뜻이다. 페미니스트 문화지리학자들은 이에 더하여 다양한 일상 공간에서 반복적인 몸의 수행을 통해 몸과 섹슈얼리티가 실천적으로 구성된다는 것을 보여 주었다.

● **핵심어(Key words)**

젠더, 문화(남성)/자연(여성) 이분법, 성차, 강제적 이성애, 섹슈얼리티, 가부장제, 교차성, 제3물결 페미니즘, 페미니스트 지리학, 포스트식민주의, 섹스화된 몸, 보는 방식으로서 경관, 재현, 위치성, 상황적 지식, 체현, 탈체현, 수행성

gender, culture(men)/nature(women) divide, sexual difference, compulsory heterosexuality, sexuality, patriarchy, intersectionality, the 3rd wave feminism, feminist geography, postcolonialism, sexed body, landscape as ways of seeing, representation, position-ality, situated knowledge, embodiment, disembodiment, performativity

● 읽어 볼 문헌

• Rose, G. 1993, *Feminism and Geography: The Limits of Geographical Knowledge*, Minneapolis: University of Minnesota Press (정현주 역, 2011, 『페미니즘과 지리학: 지리학적 지식의 한계』, 한길사). 페미니스트 문화지리학자인 질리언 로즈가 1993년에 쓴 책으로 비판지리학의 대표적인 명저로 추천되는 책이다. 영미 페미니즘의 전성기였던 1990년대 페미니즘 논쟁의 주요 쟁점을 다루면서 지리학이 이러한 논쟁에 기여할 수 있다는 가능성을 설득력 있게 제시했다.

• Sharp. J., 2009, *Geographies of Postcolonialsim*, London: SAGE Publichations Ltd (이영민 · 박경환 역, 2011, 『포스트식민주의의 지리: 권력과 재현의 공간』, 여이연). 포스트식민주의 페미니스트 지리학의 대표적인 학자인 조앤 샤프의 책으로 포스트식민주의 페미니즘뿐만 아니라 포스트식민주의 논쟁의 지형 전체를 간략하면서도 조리 있게 다루었다. 권력과 재현이라는 최근 문화지리학의 핵심 주제를 관통하는 주제들로 구성되어 있다.

• McDowell, L., 1999, *Gender, Identity and Place: Understanding Feminist Geographies*, Minneapolis: University of Minnesota Press (여성과공간연구회 역, 2010, 『젠더, 정체성, 장소: 페미니스트 지리학의 이해』, 한울). 영미 페미니스트 지리학 강좌에서 가장 많이 사용되는 교재로서 1990년대 페미니스트 지리학의 주요 논쟁을 균형 있게 실었다. 각 주제별로 주요 내용을 파악하고 관련 참고문헌을 조사하고자 할 때 먼저 읽어 보면 좋은 책이다.

• Mitchell, D., 2000, *Cultural Geography: A Critical Introduction*, Oxford: Blackwell Publishers Ltd (류제헌 · 진종헌 · 정현주 · 김순배 역, 2011, 『문화정치 문화전쟁』, 살림). 대표적인 비판 문화지리학자인 돈 미첼의 비판문화지리학 교재이다. 제7장 성과 섹슈얼리티, 제8장 페미니즘과 문화변동이 페미니즘과 젠더 연구에 특히 관련이 있지만 그 외의

장들(특히 경관과 인종에 관한 장들)도 여기에서 소개된 내용들을 다루고 있다.

- Valentin, G., 2001, *Social Geography: Space and Society*, Oxford: Roultege (박경환 역, 2009, 『사회지리학』, 논형). 페미니스트 문화지리학자인 질 발렌타인이 쓴 사회지리 학 교재이지만 문화지리학의 주요 주제들과도 많은 부분을 공유한다. 페미니스트 관점 으로 쓴 사회지리학 교재라는 점에서 여느 사회지리학 교재들과 차별성이 있다.

주

1 최초의 여성 참정권은 1893년 뉴질랜드에서 주어졌고, 이후 호주(1902), 핀란드(1906), 미국 (1920), 영국(1928) 등에서 주어졌다. 한국은 1948년에 제정된 헌법에서 최초로 주어졌다. 중동 권 국가에서는 이보다 더 늦게 여성 참정권이 실시되었는데 오만(1997), 카타르(1999), 쿠웨이트 (2005) 등에 이어 최근 재스민 혁명의 영향으로 사우디아라비아에서도 여성 참정권을 인정하는 법 안이 통과되었다(2015년 예정). 생리 중인 여성은 이성적인 판단을 할 수 없다는 게 이들 국가에서 여성에게 참정권을 주지 않았던 이유였다.

2 1990년대를 대표하는 페미니스트 지리학자인 질리언 로즈는 그 이유를 지리학의 특수성에서 찾 고 있다. 그녀에 의하면 지리학의 남성 중심성이 타 학문에 비해 더욱 복잡한 지형을 형성하기 때 문인데, 한편으로는 노골적이면서 여성을 아예 배제시키는(대다수의 남성 중심적 학문이 그러하 듯) 경향이 있는 반면, 다른 한편으로는 여성적 감수성을 포용하는 듯한 뉘앙스를 풍기면서 오히 려 왜곡된 여성성을 구축함으로써 이성과 감성을 아우르는 학문의 전 영역에서 남성 중심적 지배 를 더욱 공고히 하는 데 기여한 경향이 있다고 한다. 전자의 대표적인 사례로는 과학적 지식과 공 간의 일반화를 추구하는 실증주의 지리학을 들 수 있으며, 후자의 대표적인 사례로는 장소의 의미 를 해석하는 인간주의 지리학을 들 수 있다. 문화지리학 역시 이러한 비판에서 비켜 갈 수 없는데 질리언 로즈에 의하면 후자의 유형에 속한다. 문화지리학자로서 '보는 것'과 시각적 권력에 내재된 남성 중심성에 관한 남다른 연구 업적을 쌓은 질리언 로즈는 후자에 속하는 '교묘한' 남성 중심성 을 낱낱이 파헤치는 데 탁월한 역량을 보였다. 자세한 사항은 그녀의 대표적인 저작 『페미니즘과 지리학: 지리학적 지식의 한계』를 참고.

3 여성과공간연구회가 번역한 린다 맥도웰의 『젠더, 정체성, 장소: 페미니스트 지리학의 이해』가 최 초의 페미니스트 지리학 번역서이다.

4 페미니스트 지리학이라는 용어를 최초로 국내에 소개한 글이 지리학 잡지가 아닌 여성이론문화연 구소가 발간하는 『여/성이론』의 기획 코너 「페미니즘 사전」에 실렸다. 김현미, 2008, 『페미니스트

지리학』 참고. 2009년 한국여성학회는 페미니스트 지리학자인 질 발렌타인(Gill Valentine)을 특별
강사로 초청하여 춘계 학술대회를 열기도 했다. 당시 학술대회의 제목이 '발전의 시대, 공간의 젠
더정치'였다. 그 밖에 여성과 젠더를 연구하는 연구자들 모임에서 질 발렌타인, 린다 맥도웰, 도린
매시 등 주요 페미니스트 지리학자의 저서를 강독하고 페미니스트 지리학의 주요 개념을 공부하
는 세미나 모임과 강연 등이 지리학 외부에서 더 활발히 진행되고 있다.

5 글로리아 안잘두아, 벨 훅스, 셀라 샌도벌, 찬드라 모한티, 가야트리 스피박 등 마르크스주의에서
   출발하였지만 인종과 젠더 문제를 적극 수용하여 (중심부 특권 계층 여성의 전유물인) 하나의 페
   미니즘이 아니라 복수의 페미니즘을 제안하면서 제3세계, 흑인, 제1세계의 빈민층 등 다양한 위치
   의 주변부 여성 주체들의 해방과 연대를 모색하는 연구가들.

6 쥬디스 버틀러(Judith Butler), 앨렌 식수(Helene Cixous), 뤼스 이리가라이(Luce Irigaray), 줄리
   아 크리스티에바(Julia Kristeva) 등 성차와 여성(또는 남성) 주체의 구성에 대한 철학적 탐색을 통
   해 젠더와 섹슈얼리티 이론을 재정립하려는 연구가들.

7 1990년대 후반 이후에 쏟아진 수많은 사회/문화 지리학에서의 페미니스트 접근이 이러한 주제를
   포함하고 있다. 제인 제이콥스(Jane Jacobs)와 루스 핀처(Ruth Fincher)가 공동 편집한 『Cities of
   Difference(1998)』에 실린 논문들 중 대다수가 페미니스트 사회/문화지리학자들의 글로서, 제3물
   결 페미니스트 지리학 전성기 시절의 주요 접근을 살펴보는 데 유용하다. 한국 사례로는 한국 결
   혼 이주 여성들의 공간 정치와 지리적 상상을 다룬 Jung(2012; 10.1111/1468-2427.12004)을 참고
   할 것.

8 남성 식민주의 탐험가들에 의한 식민지의 재현과 여성 탐험가들의 시선에 대한 내용은 조앤 샤프
   저, 이영민·박경환 역, 2011, 『포스트식민주의의 지리: 권력과 재현의 공간』의 2장 "지식과 권력"
   을 참고.

참고문헌

김현미, 2006, "국제결혼의 전 지구적 젠더 정치학: 한국 남성과 베트남 여성의 사례를 중심으로",
　　　　경제와 사회, 여름호, 70, 10-37.

김현미, 2008, "페미니스트 지리학", 여/성이론, 19, 276-293.

배은경, 2004, "사회 분석 범주로서의 '젠더' 개념과 페미니스트 문화 연구: 개념사적 접근", 페미니
　　　　즘 연구, 4(1), 55-100.

전혜은, 2010, 섹스화된 몸: 엘리자베스 그로츠와 주디스 버틀러의 육체적 페미니즘, 새물결.

정현주, 2008, "이주, 젠더, 스케일: 페미니스트 이주 연구의 새로운 지형과 쟁점", 대한지리학회지,

43(6), 894-913.

정현주, 2009, "도시와 여성", 권용우 외, 도시의 이해, 박영사.

정현주, 2012, "이주여성들의 역설적 공간: 억압과 저항의 매개체로서 공간성을 페미니스트 이주연구에 접목시키기", 젠더와 문화, 5(1), 105-144.

Atkinson, D. et al. (eds.), 2005, *Cultural Geography: a Critical Dictionary of Key Concepts*, London: I. B. Tauris (이영민 외 역, 2011, 현대문화지리학: 주요 개념의 비판적 이해, 논형).

Bell, D. and Valentine, G., 1995, *MappingDesire: Geographies of Sexualities*, London: Routlege.

Bell, D., Binnie, Cream, J., and Valentine, G., 1994, "All hyped up and no place to go", *Gender, Place and Culture*, 1(1), 31-47.

Berger, J., 1972, *Ways of Seeing*, London: Penguin.

Bourdieu, P., 1979, *La distinction: Critique Sociale du Jugement*, Paris: Éditions de Minuit (최종철 역, 2005, 구별 짓기: 문화와 취향의 사회학(상), 새물결).

Brown, K., 2004, "Genderism and the bathroom problem: (Re)materializing sexed sites, (re) creating sexed bodies", *Gender, Place and Culture*, 11(3), 331-346.

Butler, J., 1990, *Gender Trouble: Feminism and Subversion of Identity*, New York: Routledge (조현준 역, 2008, 젠더 트러블: 페미니즘과 정체성의 전복, 문학동네).

Colls, R., 2006, "Outsize/outside: Bodily bigness and the emotional experiences of British women shopping for clothes", *Gender, Place and Culture*, 13(5), 529-545.

Cosgrove, D., 1982, "The myth and stones of Venice: an historical geography of a symbolic landscape", *Journal of Historical Geography*, 8, 145-169.

Cosgrove, D., 1985, "Prospect, perspective and the evolution of the landscape idea", *Transactions of the Institute of British Geographers*, 10, 45-62.

Davidson, J. 2001, "Pregnant pauses: Agoraphobic embodiment and the limits of (im)pregnability", *Gender, Place and Culture*, 8(3),283-297.

Duncan, N., ed., 1996, *BodySpace: Destabilizing Geographies of Gender and Sexuality*, London: Routledge.

Evans, B., 2006, "'I'd feel ashamed': Girls' bodies and sports participation", *Gender, Place and Culture*, 13(5),547-561.

Foucault, M, 1975, *Surveiller et Punir: Nassance de la Prison*, Paris: Editions Gallimard (오생근 역, 2003, 감시와 처벌: 감옥의 역사, 나남).

Foucault, M, 1976, *La Volonté de Savoir*, Paris: Editions Gallimard (이규현 역, 2004, 성의 역사1:

앎의 의지, 나남).

Hagen, R. M. and Hagen, R., 2003, *What Great Paintings Say I*, Taschen, 296-300.

Hanson, S. and Pratt, G., 1994, "On suburban pink collar ghettos: the spatial entrapment of women?", *Annals of the Association of American Geographers*, 84(3), 500-504.

Johnson, L.C., 1996, "Flexing femininity: Female body builders refiguring the body", *Gender, Place and Culture,* 3(3), 327-340.

Jung, H. J., 2012, "Spatial politics and identity renegotiation of marriage migrant women in South Korea", *Asian and Pacific Migration Journal*, 21(2), 193-215.

Jung, H. J., 2012, "Let their voices be seen: Exploring mental mapping as a feminist visual methodology for the study of migrant women", *International Journal of Urban and Regional Research* (Online published: 10.1111/1468-2427.12004).

Longhurst, R., 1995, "The body and geography", *Gender, Place and Culture,* 2(1), 97-105.

Longhurst, R., 2001, *Bodies: Exploring Fluid Boundaries*, NewYork: Routledge.

Massey, D., 1994, *Space, Place and Gender*, Minneapolis: University of Minnesota Press.

McComack, D., 1999, "Body shopping: Reconfiguring geographies of fitness", *Gender, Place and Culture,* 6(2), 155-177.

McDowell, L., 2009, *Working Bodies: Interactive Service Employment and Workplace Identities*, Wiley-Blackwell.

McDowell, L. and Court, G., 1994, "Performing work: bodily representations in merchant banks", *Environment and Planning D: Society and Space*, 12, 727-750.

Mitchell, D., 2000, *Cultural Geography: A Critical Introduction*, Oxford: Blackwell Publishers Ltd (류제헌·진종헌·정현주·김순배 역, 2011, 문화정치 문화전쟁, 살림).

Monk, J. and Hanson, S. 1982, "On not excluding half of the human in human geography", *Professional Geographer*, 46, 277-288.

Nash, C., 1996, "Reclaiming vision: looking at landscape and the body", *Gender, Place and Culture* 3(2), 149-169.

Parreãs, R. S., 2001, *Servants of Globalization: Women, Migration and Domestic Work*, Stanford: Stanford University Press (문현아 역, 2009, 세계화의 하인들: 여성, 이주, 가사노동, 여이연).

Pratt, G. and Erengezgin, C. B., 2013, "Gender", in Johnson, N. C, Schein, R. and Winders, R., eds. *The Wiley-Blackwell Companion to Cultural Geography*, 73-87.

Rose, G. 1993, *Feminism and Geography: The Limits of Geographical Knowledge*, Minneapolis: University of Minnesota Press (정현주 역, 2011, 페미니즘과 지리학: 지리학적 지식의 한계, 한길사).

Rose, G., 1997, "Situating knowledges: positionality, reflexivities and other tactics". *Progress in Human Geography*, 21(3), 305-20.

Rose, G., 2007, *Visual methodologies: an Introduction to the Interpretation of Visual Materials* (2[nd]edition), London: Sage.

Sharp, J., 2004, "Feminisms", in Duncan, J., Johnson, N. Schein, R., eds., *A Companion to Cultural Geography*, Blackwell Publishing, 66-78.

Sharp. J., 2009, *Geographies of Postcolonialsim*, London: SAGE Publichations Ltd (이영민·박경환 역, 2011, 포스트식민주의의 지리: 권력과 재현의 공간, 여이연).

Thomas, M. and Ehrkamp, P., 2013, "Feminist theory", in Johnson, N. C, Schein, R. and Winders, R., eds. *The Wiley-Blackwell Companion to Cultural Geography*, 29-31.

Valentin, G., 2001, *Social Geography: Space and Society*, Harlow: Prentice Hall (박경환 역, 2009, 사회지리학, 논형).

Young, I. M., 2005, *On Female Body Experience: "Throwing Like a Girl" and Other Essays*, Oxford: Oxford University Press.

Younghusband, F., 1920, "Natural beauty and geographical science", *The Geographical Journal*, 56, 1-13.

9. 가상 공간: 하이퍼텍스트로서의 도시

대구가톨릭대학교 **이희상**

1) 가상(virtual)=실재(real)−현실(actual)[1]

존 어리(John Urry, 2007, 159)는 기술 발달에 따라 변화해 온 인간 삶의 배경을 세 가지로 구분한다. 첫째, 강, 언덕, 호수, 폭풍, 모래, 눈, 흙 등 인간 역사에서 당연시하는 배경인 '자연 세계'가 있다. 둘째, 기차, 배관, 증기, 나사, 시계, 종이, 라디오, 자동차 등 산업 혁명의 '인공물'로 구성된 배경이 있다. 셋째, 스크린, 케이블, 마우스, 신호, 위성, 휴대 전화 벨소리 등 컴퓨터 하드웨어와 소프트웨어 혁명에서 발생된 '가상물'로 구성된 배경이 있다. 본 글은 세 번째 배경에 초점을 두고, 정보 통신 기술과 더불어 특히 도시 공간을 중심으로 발달해 온 가상 공간의 지리적 함의를 후기구조주의(poststructuralism) 관점에서 설명하고자 한다.

20세기 동안 급속히 발달해 온 컴퓨터, 인터넷, GPS 등 수많은 정보 통신 기술은 사실 군사 기술의 산물이며, 그들 중 상당수는 실리콘밸리가 위치한 미국 캘리포니아의 산물이다. 인터넷, 가상 현실, 전화, 팩스 등 이질적인 정보 통신 기술로 구성된 사이버스페이스(cyberspace)(Dodge and Kitchin, 2001a)[2], 그 가상 공간의 핵심 기술인 인터넷의 경우를 보자. 냉전 시대 미국과 구소련은 지표 공간뿐만 아니라 우주 공간에서도 경쟁하였다. 구소련은 1957년에 최초 인공위성 스푸트니크 1호, 1959년에 달에 도착한 첫 인공위성 루나 2호 등을 발사하였다. 이에 미국은 1958년에 나사(NASA)를 설립하여 1969년에 최초로 인간을 태우고 달에 도착한 아폴로 11호를 발사하였으며, 1958년에 국방부 연구소인 아르파(ARPA)를 설립하여 미국 본토에 대한 구소련의 핵 미사일 공격에도 무너지지 않을 통신 네트워크인 아르파넷(ARPANET)을 개발하여 1969년에 최초의 아르파넷을 캘리포니아대학(UCLA)과 스탠포드대학(SRI) 사이에 연결하였다. 1970년대 이후 자본주의 위기와 냉전 완화로 군사 기술이 민간으로 전환되는 과정 속에서 아르파넷은 지금의 인터넷으로 진화되어 왔다.

1984년 윌리엄 깁슨(William Gibson)의 기념비적 SF 소설 『뉴로맨서(Neuromancer)』에서 처음 사용된 용어인 '사이버스페이스'의 접두어 '사이버'는 인공 지능을 통해 외부 정보를 인식하고 자신을 제어하는, 즉 피드백 루프를 통해 환경을 인식하고 자신을 움직이는 마치 유기체와 같은 기계 시스템을 연구하는 사이버네틱스(cybernetics)에서 가져온 것인데, 그 역시 군사 기술과 관련된다. 사이버네틱스는 제2차 세계대전 후 적기 격추를 위한 대공 미사일 시스템 개발에 몰두한 MIT대학의 노버트 위너(Norbert Weiner)가 『사이버네틱스: 동물과 기계의 제어와 커뮤니케이션(Cybernetics: Or Control and Communication in the Animal and the Machine)』(1948)과 (일반 대중을 위한 저서인) 『인간의 인간적 사용: 사이버네틱스와 사회(The Human Use of Human Beings: Cybernetics and Society)』(1950)를 통해 창시하였다. 흥미롭게도 위너는 MIT 동료 교수들과 『라이프(Life)』(1950년 10월 18일) 지에 「미국의 도시들은 어떻게 핵전쟁에 대비할 수 있는가」라는 제목의 특집 기사를 기고하면서 '커뮤니케이션을 통한 방어 계획'을 발표하였다. 모더니즘 도시는 제어탑 역할을 하는 도시 중심부가 핵 공격으로 파괴되면 도시 전체 기능이 마비되는 치명적 결함을 갖고 있는 것으로 본 위너는 이에 대한 해법으로 도시에 대한 은유로서 인간의 신경망을 끌어왔다. 즉 뉴런들이 수많은 시냅스로 서로 연결되어 있듯이, 도시 기관들 역시 다중적인 교통로와 통신망으로 연결되어야 한다는 것이다. 그와 같은 탈중심화된 공간에 대한 상상력은 이후 1964년 미국 최고의 군사 기술 연구소인 캘리포니아 랜드(RAND) 연구소에서 폴 배런(Paul Baran)이 핵전쟁에도 작동되는 통신 네트워크 모형으로 설계한 '분산 네트워크'로 이어졌고, 배런의 모형은 우여곡절 끝에 인터넷의 시초인 아르파넷의 위상학적 공간 모형이 되었다(박해천, 2009; Barabási, 2002).

사실, 가상 공간에는 다양한 종류가 있으며 사람들은 많은 시간을 그러한 가상 공간과 함께 보낸다. 기억, 몽상, 꿈은 심리적 가상 공간이며, 그림, 사진, 영화는 영상적 가상 공간이며, 테마파크, 모델하우스, 박물관은 물리적 가상 공간이며, 텔레비전, 인터넷, 컴퓨터 게임은 전자적 가상 공간이다. 이들 중 몇몇은 뉴미디어의 발달에 따른 재매개(remediation) 혹은 재혼합(remix)의 과정을 통해 융합되어 왔으며(Manovich, 2001), 문화지리학의 주제로 등장해 왔다. 특히 물리적 현실 공간과 대조되는 전자적 가상 공간은 점차 오늘날 사람들의 일상생활이 영위되는 또 다른 장이 되어 왔으며, 그에 따라 여러 문화지리학자들과 정보통신지리학자들이 현실 공간과 가상 공간의 관계를 연구해 왔다(Graham and Marvin, 1996; 2001; Kitchin, 1998; Crang *et al*, 1999; Dodge and Kitchin, 2001a; 2001b; Holloway and Valentine, 2003; Graham, 2004).

이푸 투안(Yi-Fu Tuan, 1977)의 설명처럼, 인간은 세계를 공간(space)과 장소(place)로 인식하며 그것의 변증법적 과정을 통해 세계를 구성해 간다. 이것은 현실 세계에서뿐만 아니라 가상 세계에서도 지리적 은유를 통해 나타난다. 예를 들어, 하워드 라인골드(Howard Rheingold, 1993)의 『가상 공동체: 전자 프론티어에 정착하기(The Virtual Community: Homesteading on the Electronic Frontier)』라는 책의 제목에서도 나타나듯이, 전자 프론티어라는 용어는 '공간', 가상 공동체라는 용어는 '장소'와 관련된다고 볼 수 있다. 과거 사람들이 구대륙이라는 '구속의 장소'에서 벗어나 신대륙이라는 '자유의 공간'으로 이동하였듯이, 오늘날 사람들은 현실 세계라는 기존의 장소에서 벗어나 가상 세계라는 새로운 공간을 개척한다. 현실 세계가 물리적으로 한정된 시공간, 사회적으로 한정된 정체성에 묶여 있는 정주민적 삶이 이루어지는 곳이라면, 가상 세계는 그러한 제약으로부터 벗어나 광대한 공간에서 자유롭게 이동할 수 있는 유목민적 삶이 이루어지는 곳이다. 하지만 과거 사람들이 그들이 개척한 신대륙에 다양한 지명을 부여하고 정착하면서 '위험의 공간'을 '안전의 장소'로 전환시켰듯이, 오늘날 사람들은 가상 세계라는 공간 속에서 다양한 가상 공동체를 건설함으로써 그들의 장소를 구축하고, 이것은 다시 현실 세계의 공간과 장소에 영향을 준다. 이렇듯 현실 세계에서처럼 가상 세계에서도 '탈영토화'와 '재영토화'의 욕망이 동시에 나타나며, 그 과정 속에서 다양한 사회-공간적 함의와 논쟁이 등장한다.

데이비드 벨(David Bell, 2009, 469-470)은 사이버스페이스의 문화지리학에 있어서 세 가지 주요 논쟁을 제시한다. 첫째, 공동체(community). 사람들은 그들의 지리적 근접성과 관계없이 그들의 관심사에 따라 다양한 공동체를 건설하거나 선택할 수 있다는 장점이 있지만, 공동체에 대한 소속감은 약하며 공동체를 도구적으로 이용한다. 둘째, 정체성(identity). 사람들은 자신의 정체성을 변화시키고 새로운 정체성을 선택할 수 있는 자유를 갖지만, 신뢰성이 약화되고 악의성이 증대된다. 셋째, 민주주의(democracy). 한편으로 인터넷은 군사적 목적으로 만들어졌고 국가와 기업의 통제를 받고 있지만, 다른 한편으로 PC의 역사는 1960년대 히피 문화와 연관되어 있었고, 최근 블로그와 같은 1인 미디어(MeMedia)와 해커 활동의 증대로 사이버스페이스의 식민화는 약화된다. 이와 같은 논쟁은 서구뿐만 아니라 세계의 어느 나라보다도 인터넷 보급률이 높은 우리나라에도 주요한 사회적 이슈가 되어 왔다.

위 논쟁에서 알 수 있듯이 가상은 긍정과 부정을 함께 갖고 있다. 덧붙여 설명하자면, 가상 공동체는 현실 공간에서 도시화나 교외화 과정에서 쇠퇴된 공동체를 보완할 수도 있지만, 현실 공간에서 사회적 삶의 깊이를 얇게 만들어 기존 공동체의 쇠퇴를 가속화할 수도 있다. 또한 아바타와 같은 '제2의 자아'(Turkle, 1984)가 나타나는 가상 공간에는 육체적, 사회적, 상징적 정체성의 경계-가로지르기가 실천되기도 하는데(Olalquiaga, 1992; Lee, 2006a), 그러한 스크린 위의 삶은 자기-폐쇄적인 정체성에서 벗어나도록 할 수도 있지만, 현실과 가상 사이에서 정체성의 혼란을 야기할 수도 있다. 사실 가상에 대한 이러한 상반된 관점은 아주 오래된 철학적 문제와 연결되어 있다. 플라톤(Plato)은 이데아(실재)를 설정하고 그 그림자(가상)로 구성된 인간의 세계를 순수하고 완벽한 세계로부터 멀어진 세계로 보았다. 의자라는 이데아가 있고 그것을 모방해서 물질적 의자를 만들고 또 그 물질적 의자를 모방해서 의자 그림을 그린다. 이렇게 세계는 진짜(실재)에서 가짜(가상)를 향해 변화한다. 아리스토텔레스(Aristotle)는 반대로 우리의 세계는 현실태와 가능태의 상호 작용을 통해 완전태(실재)를 향해 운동한다고 보았다. 씨앗이라는 현실태에는 참나무라는 가능태가 내재하고, 그 가능태는 실제 참나무라는 현실태로 발아하고, 그 참나무는 자라서 참나무다운 참나무라는 완전태에 도달한다. 이렇게 세계는 가상의 현실화를 통해 완전한 세계를 향해 이동한다. 결국 이렇게 생각해 볼 수 있다. 실재를 뺄 것이 없는 순수한 것으로 보면, 가상의 추가는 실재의 순수성을 타락시킨다. 반면 실재를 더할 것이 없는 완전한 것으로 보면, 가상의 추가는 실재의 완전성에 기여한다.

실재와 가상의 관계에 관한 상반된 관점은 오늘날 후기구조주의 (혹은 포스트모더니즘) 사상에서도 나타난다. 가상을 실재의 소멸로 보는 관점에는 실재계/상상계에 관한 자크 라캉(Jacques Lacan), 하이퍼/리얼리티에 관한 장 보드리야르(Jean Baudrillard) 등이 있고, 가상을 실재의 일부로 보는 관점에는 현존/부재에 관한 자크 데리다(Jacques Derrida), 현실/가상에 관한 질 들뢰즈(Gilles Delezue) 등이 있다. 들뢰즈(Deleuze, 1998)는 '실재'를 '현실'과 '가상'으로 구성된 것으로 보고, 가상의 현실화를 통해 세계는 창조적 진화를 한다고 역설한다. 그에게 가상과 현실의 차이는 순서의 차이나 진위의 차이가 아니라(즉 가상은 앞선 것에 대한 모방도 아니고 진짜에 대비되는 가짜도 아니다) 정도(접힘/펼침)의 차이이다. 예를 들어, 마르셀 프루스트(Marcel Proust)의 소설 『잃어버린 시간을 찾아서(In Search of Lost Time)』에서 무의식에 잠재되어 있던 주인공의 기억이 홍차와 마들렌 과자라는 물질적 계기를 통해 우연적으로 혹은 비자발적으로 시간-이미지로서 펼쳐지면서, 현실적(수량적, 등질적, 반복적, 선형적) 시공간과는 상이한 시공간이 출현한다. 이처럼 가상(잠재)에서 현실로의 펼침은 이미 완성된 모습을 미리 갖고 있는 퍼즐 놀이가 아니라 우연과 차이를 담고 있는 주사위 놀이와 같으며, 기존 현실 공간의 질서에 균열과 차이를 발생시킨다. 들뢰즈의 공간은 (또는 포스트구조주의 공간은) 비가시적인 것으로서 질적인 다수성이며 이질성일 것이고, 현실적인 다수 공간을 생산하는 근거가 될 것이다. 이 비가시성이 '잠재성(virtual)'으로 불린다는 것은 잘 알려진 사실이며, 바로 이 용어 때문에 포스트구조주의 공간을 말할 때는 언제나 가상 공간, 사이버스페이스, 온라인 등이 그 관심의 대상이 되고는 한다.(신지영, 2011, 50-51)

가상과 현실에 대한 들뢰즈의 관점을 통해 정보 통신 기술에 의해 형성된 오늘날 시공간을 볼 때, 그것은 뫼비우스 띠처럼 상호 침투적으로, 상호 연결적으로 존재하는 '현실과 가상 공간의 이중적 실재(dual reality of actual and virtual spaces)'로 규정될 수 있다(Virilio, 1998a). 이때, 가상 공간과 상호 연결된 현실 공간은 어떻게 변화할 것인가? 이것이 현실–가상 공간에 대한 지리적 연구의 핵심 질문이다. 장소 사이의 경계를 가로지르는 가상 공간의 네트워크에 연결된 장소에는 외부 이미지가 유입되고 복제 이미지가 증가할 것이며 결국 그 장소의 고유한 정체성은 흐려질 것이다. 이러한 우려는 인간주의 및 구조주의 지리학 모두에서 나타나며, 장소 상실(placelessness)(Relph, 1976), 비장소(non-place)(Augé, 1995; Webber, 2004), 초공간(hyperspace)(Jameson, 1991) 등으로 표현되어 왔다. 특히 인간주의 지리학의 철학적 기반을 제공한 마르틴 하이데거(Martin Heidegger)의 다음과 같은 언급에는 그러한 우려가 잘 나타나 있다.

먼 거리가 제거됨으로써 모든 것이 우리에게 동일하게 가깝고 동일하게 멀 때 일어나는 것은 무엇인가? 사람들이 가깝지도 멀지도 않게 되고, 또 모든 것이 하나같이 무거리화되는 이 단조로움은 무엇인가? 모든 것이 동일한 무거리성의 물결 속에 떠내려가고 있다. 얼마만큼이나? 이렇게 무거리성으로 접근해 들어간다는 것은 모든 사물이 폭발해 버리는 것보다 더 섬뜩한 것이 아닐까? (강학순, 2006, 38에서 재인용)

내부와 외부의 확고한 경계를 통해 유지되어 온 순수하고 완전한 이데아적 장소를 전제로 할 때, 무거리성과 무장소성을 수반하는 가상 공간은 타락의 공간일 수밖에 없다. 하지만 가상 공간과 연결된 오늘날의 현실 공간에는 대중문화학자 레이몬드 윌리엄스(Raymond Williams)의 용어로 말하자면, 오늘날만의 새로운 느낌의 구조(structure of feeling)가 수반되어 있다. 물론 그러한 느낌의 구조는 정보 통신 기술과 그 하부 구조가 집중되어 있는 도시 경관에 특히 두드러지게 나타날 것이다. 본 글은 이동성, 하이퍼텍스트성, 혼종성, 하이퍼리얼리티라는 서로 관련된 네 가지 개념을 통해 기술−문화적 도시 경관에 나타나는 새로운 느낌의 구조를 찾고자 한다.

2) 가상 공간과 도시 경관

(1) 이동성(mobility)

인간, 사물, 정보의 이동성은 교통 및 통신 기술 발달과 더불어 지속적으로 증대되어 왔으나, 현재 인터넷, 휴대전화 등의 가상 공간은 현실 공간에서의 이동성과는 질적으로 다른 이동성을 수반해 왔다(Urry, 2007). 가상 공간에서의 이동성을 이해하기 위해서는 시간−지리학(time-geography)의 측면에서 현실 공간에서의 이동성과 비교하는 것이 도움이 되는데(Adams, 1995; Graham and Marvin, 1996; 그림 1), 여기에서는 순차적으로 유추될 수 있는 세 가지 차이점을 제시하고자 한다. 첫 번째, 가상 공간을 통한 이동은 이동의 시공간 거리를 변화시킨다. 현실 공간에서 한 지점에서 다른 지점으로의 물리적 이동은 반드시 일정한 크기의 시간을 필요로 하기 때문에 시공간 프리즘에서 이동 경로는 일정한 공간적 범위 내에서 이동 수단에 따라 급경사든 완경사든 일정한 기울기를 갖는다(Hägerstand, 1975). 하지만 거리 마찰이 거의 소멸된 가상 공간에서의 이동 경로는 기울기를 거의 갖고 있지 않으며 이동 거리에 관계없이 항상 수평으로 길게 뻗어 있다. 기술적 및 제도적 조건이 갖추어진 상황이라면, 가상 공간에서 이동 거리는 세계 수준까지 팽창되고 이동 시간은 제로 수준까지 수축될 수 있다. 그 결과 일상생활의 시공간 프리즘에는 현실 공간에서 나타나는 수직선 및 사선 경로에 가상 공간에서 나타나는 다양한 길이의 수평선 경로가 추가되어 교차할 것이다. 예를 들어, 2007년 어느 중학교에서 필자는 "세계화란 말을 들었을 때 머리 속에서 가장 먼저 떠오르는 것이 뭐냐?"라는 질문을 한 적이 있는데, 어느 남학생이 "(스타크래프트) 게임!"이라고 말했다. 다른 나라에 거주하는 사람들과의 실시간 게임이 가능하기

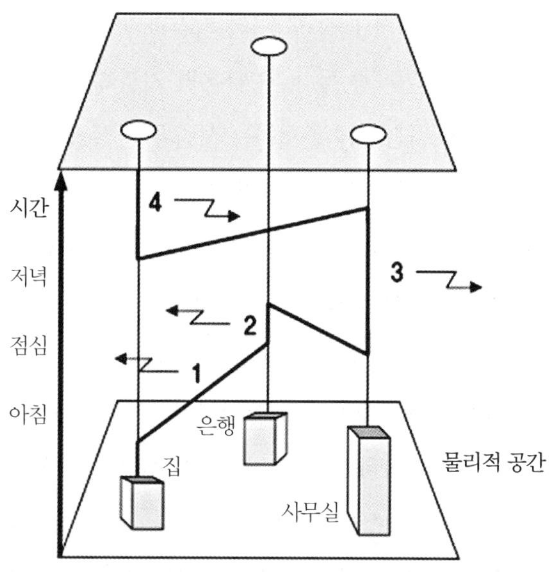

그림 1. 일상생활의 시간–지리학에서 가상 공간 (자료: Graham and Marvin, 1996, 192; 강현수, 2007, 60에서 재인용)

때문이다. 이것을 시공간 프리즘으로 나타내면, 현실 공간에서는 세계적 범위에서 분포하는 집이나 PC방과 같은 스테이션(station)을 중심으로 서로 분리된 수직선 경로가 나타나며, 가상 공간에서는 게임 시간 동안 그 스테이션 사이를 연결하면서 누적된 수평선 경로가 나타날 것이다.

두 번째, 가상 공간을 통한 이동은 다중적 지점에서의 동시적 존재를 가능하도록 한다. 현실 공간에서 사람은 두 개 이상의 지점에 동시에 존재할 수 없으며 한 시점에는 한 지점에 존재할 수밖에 없다(Hägerstand, 1975). 하지만 가상 공간에서는 다중적 네트워크(예를 들어, 여러 개의 인터넷 창)로 여러 지점과 동시에 연결될 수 있기 때문에 현실 공간과 가상 공간에 혹은 가상 공간 내 다수의 지점에 동시적으로 위치할 수 있게 된다. 즉 현실 공간의 한 지점 A에 존재하는 사람은 가상 공간을 통하여 현실 공간에서 B, C 등 다수의 지점에 존재하는 장소와 사람과 동시적으로 연결될 수 있다. 벨은 컴퓨터 앞에 앉아 있는 자신의 이와 같은 지리를 다음과 같이 묘사한다. "내가 경험하는 두 가지의 지리가 동시에 존재한다. 하나는 세계적 연결의 지리, 비물질적이고 비공간적인 '모든 곳(everywhereness)'의 지리. 다른 하나는 '여기(hereness)'의 지리, 국지성과 장소의 지리."(Bell, 2009, 468) 가상 공간을 통해, "우리는 지금/여기에서(now/here) 동시에 두 장소에 있을 수 있을 뿐만 아니라, 우리는 어디라도(everywhere) 있을 수 있고 … 어디에도(no/where) 없을 수 있다."(Soja, 2000, 336) '지금/여기에서'라는 말은 가상 공간에는 이동의 시공간적 마찰과 육체의 물리적 이동이 없다는 말이고, '어디라도'라는 말은 가상 공간이 이동의 제약이 없는 무한한 공간이라는 말이며, '어디에도'라는 말은 가상 공간이 실제로 존재하지 않는 공간이라는 말이다. 육체는 현실 공간에 고정된 채, 탈육체화되고 탈물질화된 정신은 가상 공간에서 자유롭게 이동한다는 점에서 가상 공간을 정신/육체의 위계적 이분법에 바탕을 둔 데카르트적 주체의 공간으로 설명하기도 한다.

마지막 세 번째, 가상 공간을 통한 이동은 현존(presence)과 부재(absence)의 경계를 투과적으로 만든다. 현실 공간에서는 현존과 부재의 경계가 물리적으로 뚜렷하며, 면대면 상호 작용을 위해서는 물리적 거리를 좁혀 특정한 현장에서 공현존하는 것이 필수적이다. 하지만 가상 공간은 그러한 현존(내부)과 부재(외부)의 경계가 애매모호한 데리다적 공간을 만들어 낸다. 즉 현실 공간에서 물리적으로 서로 분리되어 있는 사람들이라도 가상 공간에서는 음성, 문자, 영상 등 다양한 방법을 통하여 실시간으로 상호 작용을 할 수 있다. 여기서 물리적으로는 부재하는 사람들이 (마치 현존하는 사람들처럼) 가상 공간에서 상호 작용을 하는 원격현존(telepresence)의 경관을 현존적 부재(present absence)라 할 수 있으며, 그 과정에서 물리적으로는 공존하는 사람들이 (마치 부재하는 사람들처럼) 현실 공간에서 상호 작용을 하지 않는 경관을 부재적 현존(absent presence)이라 할 수 있다(Gergen, 2002; cf. Urry, 2007). 현존(내부)과 부재(외부)가 역전된 이러한 경관은 집, 학교, 직장, PC방 등과 같은 고정된 공간 그리고 버스나 지하철과 같은 움직이는 공간 모두에서 쉽게 관찰될 수 있다. 특히, 오늘날 전자 스크린은 기차 객실이나 기차역 등 근대적 이동성의 미시 공간에서 물리적으로 근접해 있는 다른 사람들과 눈 마주침을 피하고 일정한 사회적 거리를 유지하기 위한 매체로 이용된 신문이나 책의 역할을 대신한다(Urry, 2007, 106). 가상 공간을 통한 '부재적 현존'은 국지적 장소에서 사회적 삶을 파편화시키고 더욱 얇게 만드는 경향이 있다(Gergen, 2002; Lee, 2006b).

가상 공간을 통한 이동과 그 영향에 관한 논의에는 유토피아적 관점과 디스토피아적 관점이 상충한다. 1980~1990년대 우리나라 정보화 정책의 분위기 속에서 정보 통신 기술의 사회적 영향에 관한 다수의 책들이 번역 소개되었다. 예를 들어, 앨빈 토플러(Alvin Toffler)의 『미래 쇼크(Future Shock)』(1989년에 번역 출판), 윌리엄 미첼(William Mitchell)의 『비트의 도시(City of Bits)』(1995년에 번역 출판), 니콜라스 네그로폰테(Nicholas Negroponte)의 『디지털이다(Being Digital)』(1999년에 번역 출판), 프랜시스 케언크로스(Frances Cairncross)의 『거리의 소멸(The Death of Distance)』(1999년에 번역 출판) 등이 있다. 이들의 시각은 전형적인 유토피아적 관점인데, 이들은 '장소의 구속성'에 초점을 두고 '지리의 붕괴'나 '거리의 죽음'을 통한 그 소멸을 찬양한다. 반면 디스토피아적 관점은 '장소의 다양성'에 초점을 두고 그 소멸을 개탄한다. 예를 들어, 데이비드 하비(David Harvey, 1989)는 시공간 압축(time-space compression) 과정에서 시간에 의한 공간의 소멸(annihilation of space by time)을, 마뉴엘 카스텔(Manuel Castells, 1996)은 네트워크 사회에서 흐름의 공간(space of flows)에 의한 장소의 공간(space of places)의 대체를 비판한다. '흐름의 공간'은 자연적 생물 시간이나 기계적 시계 시간과는 다른 시간, 즉 실시간(real-time)과 같은 초월적 시간(timeless time)이 지배하는 공간이다.

실시간 이동과 관련한 디스토피아적 시각의 극치는 폴 비릴리오(Paul Virilio)의 속도학 혹은 질주학(dromology)에서 찾아볼 수 있다. 그에 따르면 가상 공간에서 정보의 실시간 이동은 세계를 '0차원의 점'으로 압축시킨다. 이것은 실시간 이동에 의해 공간적 차원과 시간적 차원 모두가 소멸된 세계이며, 비릴리오는 이것을 제3의 간격(third interval)으로 설명한다. 제3의 간격은 '지리적 공간(연장)'과 '역사적 시간(지속)', 즉 공간적 간격과 시간적 간격을 소멸시키는 '빛의 간격'을 의미한다(Virilio, 1997). 사실 그것은 간격이 없는 간격이다. 그러한 실시간 이동은 결과적으로 인간 육체를 한 지점에 고정시키는 영향을 야기하는데, 비릴리오는 이것을 극 관성(polar inertia)이라 부른다(Virilio, 1998b). 마치 지구가 엄청난 속도로 자전축을 중심으로 움직이고 있지만 자전축의 중심인 극은 항상 제자리에 위치하는 것처럼, 정보는 빛의 속도로 인간 육체의 주변을 이동하지만 그 육체는 컴퓨터 스크린이라는 시각 기계(vision machine) 앞에서 부동의 상태로 존재한다는 것이다.

비릴리오가 제시하는 '시각 기계'와 '극 관성'의 경관이 전형적으로 나타나는 곳은, 아마도 마크 오제(Marc Augé, 1995)가 강조한 (공항과 같은) 이동성의 '비장소'에 해당되는, 우리나라의 PC방일 것이다. 공항이 현실 공간에서의 이동성을 위한 대표적인 비장소라면, "풍부한 삶과 유리된 공간 혹은 정체성 없는 비장소의 풍경을 재현"(윤명희, 2011, 80)하는 PC방은 가상 공간에서의 이동성을 위한 대표적인 비장소이다. PC방은 현실/가상, 인간/기계, 공적/사적, 세계/국지의 경계들이 흐려진 공간이며, 사람과 사람 사이의 상호 작용보다는 사람과 기계 사이의 상호 작용이 지배하는 비장소이다(Lee, 2007). 24시간 동안 가상 공간과 현실 공간이 끊임없이 연결되는 논스톱 온라인 상태에 있는 PC방에는 사람들이 가상 공간에서는 끊임없이 움직이지만 현실 공간

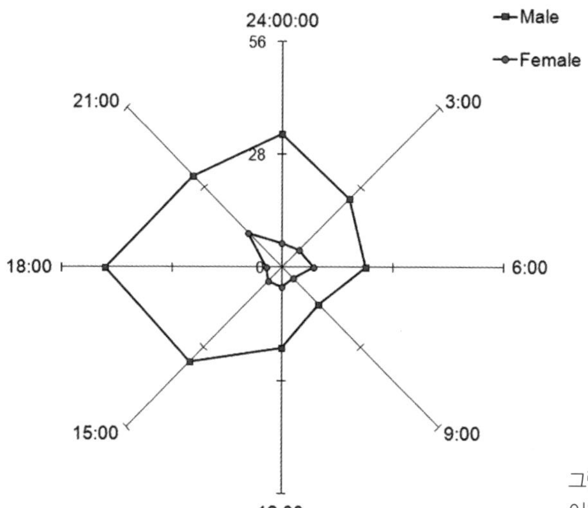

그림 2. 서울 신촌의 한 PC방에서의 시간대별 이용자 수 (자료: Lee, 2007, 718)

에서는 제자리에 고정된 채로 많은 시간을 보내는 인간-기계 경관, 특히 남성-중심적으로 젠더화된(gendered) 인간-기계 경관이 나타난다(그림 2).

가상 공간을 통한 이동성 증대가 현실 공간의 지리적 및 사회적 조건을 초월하여 현실 공간을 유토피아적 세계이든 디스토피아적 세계이든 하나의 방향으로 이끌고 간다고 생각하는 것은 위험하다. 유토피아적 관점과 마찬가지로 기술적 시공간이 지리적 시공간을 획일화하고 등질화시킨다는 하비, 카스텔, 비릴리오의 디스토피아적 관점 역시 기술 결정론에 해당된다(Massey, 1993; Graham, 1997; Thrift, 2004a). 그러한 기술 결정론에 빠지지 않기 위해서는 어떻게 기술, 사회, 공간이 연결되어 관계적 (사회-기술) 공간을 구성하는지를 생각할 필요가 있다. 동일한 사회라도 어떤 기술과 연결/분리되느냐에 따라 혹은 동일한 기술이라도 어떤 사회와 연결/분리되느냐에 따라 다른 공간이 구성된다. 예를 들어, 일종의 이동성 기계로서, '커뮤니케이션을 고정된 지점에서 해방시키고 신체를 확장시키는 휴대전화(Urry, 2007, 159)'를 생각해 보자. 우리나라 (대구) 대학생들의 휴대전화 사용에 관한 한 연구에 따르면(Lee, 2008), 휴대전화는 한편으로는 친구들과의 연락, 약속 시간과 장소 변경 등을 쉽게 하도록 함으로써[3] 시공간적 '자유'를 제공하기도 하지만, 다른 한편으로는 일상 생활, 귀가 시간에 대한 부모의 통제 수단이 됨으로써 시공간적 '구속'을 제공하기도 한다. 이동성 기술로서 휴대전화는 자유의 시공간을 구성할 수도 있고 반대로 구속의 시공간을 구성할 수도 있으며, 그로 인해 '연결'에 대한 욕망을 야기할 수도 있고 반대로 '분리'에 대한 욕망을 야기할 수도 있다(Lee, 2008; Coyne, 2010). 즉 동일한 기술적 매체라도 그것이 어떠한 사회적 상황과 연결/분리되느냐에 따라 상이한 공간적 결과가 구성된다.

(2) 하이퍼텍스트성(hypertextuality)

하이퍼텍스트성은 이동성의 연장선에서 생각될 수 있다. 일반적으로 텍스트는 정해진 방향과 일정한 순서를 따라 구성되어 있으며, 사람들은 그러한 방향과 순서를 따라가면서 그 텍스트를 해독한다. 즉 텍스트는 선형적(linear) 경로를 갖고 있다. 하지만 전자 네트워크를 통해 다중적인 텍스트와 연결된 하이퍼텍스트는 그러한 선형적 질서를 해체한다. 가상 공간은 하이퍼텍스트를 통해 하나의 공간에서 또 다른 공간으로 예측 불가능한 우연적이고 즉시적인 방식으로 이동하는 비선형적(nonlinear) 공간이다. 하이퍼텍스트의 경로를 통한 이동을 시간−지리학의 시공간 프리즘으로 나타내는 것은 거의 불가능할 것이다. 들뢰즈(Deleuze and Guattari, 1987)의 용어로 말하자면, 하이퍼텍스트는 '탈영토화'의 공간이며 '중심이 없는(n-1)' 리좀(rhizome)의 공간이다. 데리다(Derrida, 1997)의 용어로 말하자면, 하이퍼텍스트는 텍스트의 내부(현존)와 외부(부재)의 경계가 무너진 공간이며, 존재와 의미가 끊임없이 유동하는 차연(différance) 혹은 흔적(trace)으로 구성된 기표 공간이다. 하이퍼텍스트는 서로가 서로를 반영하는 무수한 구슬이 연결된 '인드라망'과 흡사하다.

영화 〈매트릭스 2: 리로디드(The Matrix Reloaded)〉(2003)에서 문을 열면 하나의 세계에서 다른 세계로 이동하고 그곳에서 또 문을 열면 또 다른 세계로 이동하듯이, 하이퍼텍스트는 다른 공간으로 연결된 수많은 문으로 구성되어 있다. 즉 하이퍼텍스트에는 다중적 공간이 잠재되어 있다. 하이퍼텍스트 공간은 프레드릭 제임슨(Frederic Jameson, 1991)이 비판한 '초공간(하이퍼스페이스)'으로서 거리 및 방향 감각을 흩트리고 인지 지도화(cognitive mapping) 능력을 상실시킬 수 있다. 하지만 그것은 자기-동일적, 자기-폐쇄적, 타자-배타적 장소감에서 벗어난 외향적 장소감, 즉 도린 매시(Doreen Massey, 1993)가 진보적 장소감(progressive sense of place)이라 부른 것을 갖도록 할 수도 있다.

이와 관련하여 하이퍼텍스트 공간이 제공하는 중요한 지리적 함의 중 하나는 관계적(relational) 지리에 대한 인식이다. 최근 지리학에서 강조되고 있는 관계적 접근은 실증주의 지리학에서 전제하는 데카르트적인 절대적 공간, 인간주의 지리학에서 전제하는 하이데거적인 정주주의적 장소, 그리고 구조주의 지리학에서 전제하는 마르크스적인 결정론적 공간을 거부하는 후기구조주의 지리학과 밀접한 관련을 갖는다. 관계적 접근을 통해 도시를 볼 때 그것은 단일한 지리적 규모에서 영토화된 순수하게 사회적인 공간도, 순수하게 기술적인 공간도 아니다. 도시는 다중적인 지리적 규모를 가로지르는 다양한 교통 및 통신 네트워크를 통해 끊임없이 실천되고 구성되면서, 외부적으로는 개방적이고 내부적으로는 파편적인 사회-기술적 공간이다(Graham and Marvin, 1996; 2001; Amin and Thrift, 2002). 현실 공간의 어딘가에 물질적 기반을 두고 있는 무수한 웹사이트들이 상호 연결되어 있는 하이퍼텍스트 그 자체가 이미 관계적 네트워크라는 점에서 그것은 다른 어떠한 네트워크보다도 우리의 지리를 더욱 관계적으로 만든다. 하이퍼텍스트를 통한 연결과 이동은 그것이 구성되고 실천되는 도시나 장소의 내부(현존)와 외부(부재) 사이의 경계를 투과적으로 만든다.

절대적 공간에 대한 관계적 공간의 관계는 선형적 공간에 대한 비선형적 공간의 관계로 이해될 수 있다. 19세기 산업화 과정에서 런던, 파리, 비엔나 등 서구의 주요 도시에서는 대규모의 도시 계획을 통해 직선적인 도로망과 이동 경로가 건설됨에 따라 '선형적' 혹은 '순환적' 공간 질서와 공간 인식이 형성되었으며(Urry, 2007; Sennett, 1994), 20세기 초반 우리나라의 서울(경성)에서도 일제의 근대적 도시 계획을 통해 그러한 유형의 도시 공간이 등장하였다(김백영, 2009). 그와 같은 선형적 도시 공간은 사람과 상품의 물리적 이동뿐만 아니라 그들에 대한 통치와 통제를 효율적으로 만든다. 물론 지금도 우리의 생활 세계는 여전히 그러한 모더니즘의 선형적 공간 질서에 의해

그림 3. 서울 신촌의 어느 거리에서의 PC방 분포 (자료: Lee, 2007, 714)

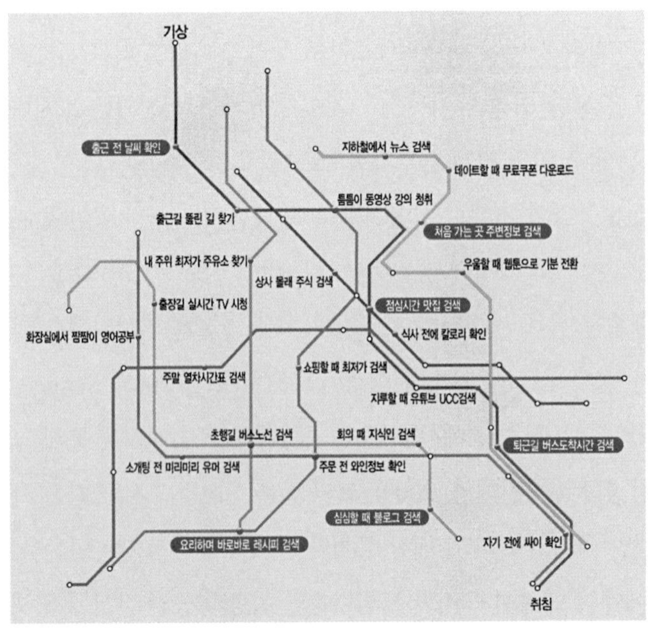

그림 4. 이동통신 서비스 광고 (자료: 2009년 LG텔레콤 광고의 일부) (선형적 현실 공간에서 비선형적 가상 공간으로의 이동이 잘 묘사되어 있다)

배열되고 구획된다. 하지만 도시 공간이 점차 하이퍼텍스트의 비선형적 이동 경로를 수반하는 가상 공간에 연결되고 가상 공간이 도시적 삶의 또 다른 장이 되면서, 도시 공간은 더 이상 선형적으로만 생각될 수 없다.

오늘날 도시 공간에는 그 선형성에 균열을 내는 가상 공간이 유동적으로 출현하는 물리적 및 기호적 경관이 점차 등장하고 있는데, 그 대표적인 것이 일종의 인터넷 카페인 PC방 그리고 휴대전화(스마트폰)와 QR코드이다. 이들은 영화 〈매트릭스(The Matrix)〉(1999)에서 현실 공간과 가상 공간 사이를 연결하는 전화박스처럼 혹은 소설 『이상한 나라의 앨리스(Alice in Wonderland)』에서 현실 세계에서 비현실 세계로 들어가는 우물처럼 혹은 『잃어버린 시간을 찾아서』에서 선형적 시공간에서 비선형적 시공간을 출현시키는 홍차와 마들렌 과자처럼, 현실 공간과 가상 공간을 이어 주는 매개체의 역할을 한다. 먼저, PC방은 사람들의 이동이 많은 도시 거리에 많이 분포하면서, 집, 직장, 학교가 아닌 그 주변이나 그 사이의 거리에서 사람들이 가상 공간에 비교적 쉽게 접속할 수 있는 터미널의 역할을 한다. 서울 신촌의 어느 거리를 관찰한 한 연구에 따르면(Lee, 2007), 그곳에는 인터넷 속도, 스크린 크기 등 기계 성능에 대한 안내와 함께 '환상적인 경험!'과 같은 문구가 적힌 광고판이 붙어 있는 다수의 PC방들이 분포하고 있었다. 그들은 약 500m의 거리에서 평균 약 16m의 간격으로 위치하면서 전화박스 사이의 간격보다 더 조밀하게 분포하고 있었다(그림 3). 이러한 PC방의 분포는 거리에서의 인터넷 접속을 가능하도록 함으로써, 가상 공간으로의 빈번한 이동을 촉진한다.

더 나아가 최근 휴대전화(스마트폰)와 QR코드의 발달은 선형적 도시 공간을 더욱 흩트린다. 휴대전화는 사이공간(interspace)(Urry, 2007)으로서 거리와 도로를 따라 이동하는 인간 육체와 거의 항상 결합되면서, 물리적 이동 중 가상 공간으로의 이동이라는 행동유도(affordance)를 사람들에게 제공한다(그림 4). 또한 이 기계를 통해 현실 공간에서 가상 공간으로 바로 연결시켜 주는 QR코드는 물리적 공간마저도 하이퍼텍스트 속성을 수반하도록 만든다. 거리, 건물, 상품, 광고, 잡지, 여행 안내서 등 수많은 물질적 공간과 사물에 부착되어 있는 QR코드에 휴대전화를 접근시키면 지리 정보를 포함한 다양한 정보가 입력되어 있는 가상 공간이 스크린 위에 펼쳐진다. 특히 정보 통신 기술과 그 하부 구조가 집중되어 있는 도시 공간에는 수많은 QR코드가 존재하며, 'QR코드에 서울을 담아라!'라는 서울시의 정책 보도 자료(2010년 5월 18일)의 제목에서 보듯이(그림 5), 우리나라 지방 자치 단체는 도시 공간의 다양한 정보를 제공하기 위하여 거리와 건물 곳곳에 QR코드를 설치하고 있다. 이와 같은 QR코드는 도시를 컴퓨터 코드에 의해 움직이고 열리는 공간, 즉 롭 키친(Rob Kitchin)과 마틴 도지(Martin Dodge)가 코드/공간(code/space)이라 부른 공간(Kitchin and Dodge, 2011)으로 전환시키고, 가상의 보이지 않는 도시(invisible city)(Batty, 1990)를 형성한다. 비유하자면, QR코드는 현실 공간에서 가상 공간으로 이동하는 문이고 휴대전화는 문을 여는 열쇠이다.

이처럼 거리와 건물 곳곳에 분포하면서 가상 공간을 유동적으로 출현시켜 도시 공간의 선형성에 균열을 내는 PC방, 휴대전화(스마트폰), QR코드 등은 오늘날 기술-문화적 도시 경관을 구성하는 중요한 요소이다. 그렇다면 도시는 신문화지리학에서 제시된 텍스트로서의 도시(city as text)(Duncan, 1990)를 넘어 하이퍼텍스트로서의 도시

그림 5. 서울광장의 QR코드 (자료: 서울시, 2010)

(city as hypertext)로 바라볼 필요가 있다. '텍스트로서의 경관'에서는 다양한 의미 체계가 서로 경합한다면, '하이퍼텍스트로서의 경관'에서는 다양한 의미 체계가 서로 결합되어 있으며, 다중적 및 잠재적 공간이 펼침과 접힘을 반복한다. 펼쳐진 하나의 공간에는 또 다른 공간들이 접혀져 있고, 그 접혀진 공간이 펼쳐지면 또 다른 공간들이 접혀져 있다. 이것은 러시아 인형 마트로시카처럼 더 큰 규모의 공간 A 속에 더 작은 규모의 공간 B가 포함되어 있는, 혹은 공간 A 다음에 공간 B가 위치하는 위계적, 절대적, 선형적 질서의 공간이 아니라 공간 A 속에 공간 B가 존재하는 동시에 공간 B 속에도 공간 A가 존재하는 관계적이고 비선형적인 공간이다. 도시 공간은 시간-지리학에서 재현되는 것처럼 사람들이 선형적으로 혹은 순환적으로 이동하는, 이미 고정적으로 주어진 데카르트적 절대 공간이 아니라, 사람과 기계의 결합과 실천 그리고 그에 따른 가상 공간의 출현에 의해 변화하는 가변적이고 유동적인 공간으로 설명되어야 한다.

현실 공간의 경관과 영역을 변형시킬 수 있는 잠재력을 갖고 있는 가상 공간이 현실 공간과는 상이한 질서를 갖고 있기는 하지만, 그 두 공간 사이에는 일종의 상호텍스트성(intertextuality)이 존재하기도 한다. 즉, '비트와 네트'(Mitchell, 1995)의 가상 공간이 '살과 돌'(Sennett, 1994)의 현실 경관을 문화적으로 반영하는 경우가 나타난다. 예를 들어, 서울의 사이버 문화를 연구한 안소니 타운센드(Anthony Townsend, 2007; 2008)는 다소 놀라운 관찰을 하였다. 우리나라의 대표적인 포털사이트, 예를 들어 다음(Daum)이나 네이버(Naver)의[4] 홈페이지에 나타나는 미학적 및 시각적 디자인이 우리나라의 도시 경관과 매우 흡사하다는 것이다. 거리나 건물 벽면 여기저기에 각양각색의 기호, 광고, 네온사인 등이 화려하게 번쩍이는 것처럼 홈페이지 여기저기에도 수많은 정보와 광고가 깜빡이며, 도시 거리의 쇼윈도에 옷이 보이는 것처럼 홈페이지 배너나 팝업 창에도 옷이 보인다. 이와 같은 홈페이지 경관은 미국의 광활한 공간과 한적한 교외 지역의 경관을 반영하는 야후(Yahoo)나 구글(Google)의 홈페이지 경관과 대조된다. 우리에게는 익숙하지만 서구의 도시 연구자들에게는 각양각색의 기호가 거리와 건물을 가득 채우고 있는 도시 공간의 텍스트 경관뿐만 아니라 그것과 유사한 모습을 갖고 있는 가상 공간의 하이퍼텍스트 경관 역시 흥미롭게 보이는 듯하다.

(3) 혼종성(hybridity)

이동성은 경계를 가로지른다. 특히 가상 이동성의 기계로서 컴퓨터, 인터넷, 휴대전화 등과 같은 정보 통신 기술의 발달은 이분적이고 위계적인 영역 사이의 경계를 흩트리고, 그 사이에서 다양한 혼종적 및 관계적 공간을 생산하고 있다. 그러한 흐름과 맥락 가운데 여기서 보고자 하는 혼종 공간은 '현실-가상 공간'과 '인간-기계 공간'이다. 가상 현실(virtual reality), 증강 현실(augmented reality), 혼합 현실(mixed reality), 확장 현실(amplified reality), 대체 현실(substitutional reality) 등 여러 기술 용어가 현실-가상의 혼종 공간을 나타내기 위해 고안되어 왔다. 급속한 기술 발달로 용어 또한 현기증이 날 정도로 다양하게 등장하고 있다. 변화하는 환경을 하나의 용어로 표현하기도 어렵고, 여러 용어로 구별하기도 힘들며, 그런 용어를 개념적으로 구분하는 것도 쉽지 않다. 이는 그만큼 현실 공간과 가상 공간이 매우 복잡하고 다양한 방식으로 혼합되고 있음을 나타낸다. 여기서는 '증강 현실(공간)'과 그 기술적 배경이 되는 마크 와이저(Mark Weiser)의 유비쿼터스 컴퓨팅(ubiquitous computing)을 중심으로 보고자 한다.

증강 현실은 가상 현실보다 더 발달된 혼종 공간으로서 그것과 대조적인 측면을 갖는다. 이에 대해 레프 마노비치(Lev Manovich)는 다음과 같이 설명한다.

가상 현실(VR)의 사용자는 가상 시뮬레이션을 통해 작업하고, 확장 현실(AR)의 사용자는 현실 공간에서 현실 사물로 작업한다. 전형적인 가상 현실(VR) 시스템은 사용자의 직접적인 물리적 공간과 전혀 관련이 없는 가상 공간을 사용자에게 나타낸다. 반대로 전형적인 확장 현실(AR) 시스템은 사용자의 직접적인 물리적 공간과 관련된 정보를 추가시켜 나타낸다.(Manovich, 2006, 224-225)

즉 가상 현실은 현실이 컴퓨터 스크린을 통해 가상 속으로 들어가는 방식으로 만들어진 혼종 공간이라면, 반대로 증강 현실은 유비쿼터스 컴퓨팅 시스템을 통해 가상이 현실 밖으로 나오는 방식으로 만들어진 혼종 공간이다(Weiser, 1991; 그림 6). 컴퓨터 게임이나 시뮬레이션 등의 가상 현실이 현실의 환경을 모방한 2차원이나 3차원의 가상 공간이라면, 증강 현실은 사용자의 시각장에 가상의 정보가 실시간으로 겹쳐진 현실 공간이다(Manovich, 2006). 가상 현실이 가상 공간에 더 접해 있는 혼종 공간이라면 증강 현실은 현실 공간에 더 접해 있는 공간이다(cf. Milgram and Keshino, 1994).

영화 〈마이너리티 리포트(Minority Report)〉(2002)에서는 현실 공간에서 사람이 지나갈 때 보이지 않는 기술 시스템이 그 사람의 정보를 자동적으로 파악하고, 자동적으로 나타난 광고 이미지와 목소리가 그 사람에게 적합한 상품 정보를 알려 주는 장면이 등장한다. 이 장면은 우리가 상상할 수 있는 최고 형태의 증강 현실일 것이다. 이처럼 증강 현실을 구체화시키기 위해서는 사람들이 그 존재를 인식하지 못하는 조용한 기술(calm technology)로서 그리고 맥락—인식적(context-aware) 기술로서 사물에 내재된 유비쿼터스 컴퓨팅, 육체가 가지고 다닐 수 있는 포터블 컴퓨팅(portable computing), 의류에 삽입된 웨어러블 컴퓨팅(wearable computing) 등 다양한 정보 통신 기술 시스템이 필수적이다(Weiser, 1991; Manovich, 2006). 그러한 시스템 중 현재 가장 대중화된 기술은 스마트폰이다. 현실 공간을 인식하고 현실 공간의 정보를 실시간으로 제공하는 스마트폰의 스크린을 통해 현실 공간은 가상 공간(정보)과 겹쳐지면서 보완되고 확장된다. 이러한 유비쿼터스 컴퓨팅 환경에서 상호 작용은 인간—인간 사이에만 국한되어 나타나지 않고, 인간—기계 사이에서 더 나아가 기계—기계 사이에서도 일어난다. 또한 인간만이 기계와 공간을 인식하는 것을 넘어서서, 기계가 공간과 인간을 인식하게 되고, 공간이 기계와 인간을 인식하게 되고, 인간의 공간 인식은 기계의 공간 인식에 의존하게 된다(이것은 스마트폰의 어플리케이션, 자동차의 내비게이션, 건물의 지문 인식기, 은행의 ATM, 지하철과 버스의 교통 카드, 운동화의 센서칩 등에서 찾아볼 수 있다). 데카르트적 주체, 객체, 공간의 관계가 붕괴된다.

마이크 크랑(Mike Crang)과 스티븐 그레이엄(Stephen Graham)은 도시 공간에 비가시적으로 내재된 유비쿼터스 컴퓨팅 시스템을 통해 도시 환경이 움직이는 세 가지 방식을 설명한다(Crang and Graham, 2007, 792-794). 첫째, 증강 공간(augmenting space). 위에서 언급했듯이 미디어는 우리의 세계를 모방하기보다는 그 세계에 추가되며, 스크린은 우리의 환경으로부터 우리를 분리하기보다는 그 환경에 내장되고 이동된다. 둘째, 활성 공간(enacting space). 유비쿼터스 컴퓨팅 기술이 내장된 공간은 단순히 사용자의 활동에 대해 수동적으로 반응하지 않고, 보다 능동적으로 움직인다. 즉 이것은 거리, 건물 등 물리적 환경이 귀, 눈, 뇌를 갖는 공간이 된다는 것을 뜻한다. 셋째, 변환 공간(transducing space). 인간과 기계의 반복적이고 수행적인 실천 속에서

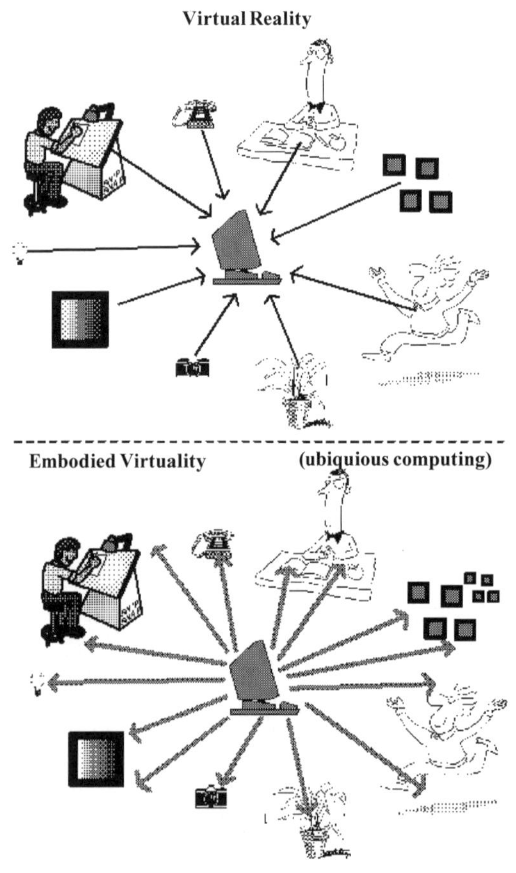

그림 6. 마크 와이저(Mark Weiser)의 유비쿼터스 컴퓨팅 (자료: http://www.ubiq.com/hypertext/weiser/VRvsUbi.gif)

공간은 계속해서 새롭게 변화되고 생성된다. 유비쿼터스 컴퓨팅은 단순히 네트워크화된 사물이나 물체라기보다는 사회-기술적 절차와 수행을 수반하는 것을 의미한다(Galloway, 2004, 400). 도시 환경에 비가시적으로 내장된 컴퓨터 코드, 프로그램, 소프트웨어 등은 일정한 절차와 수행에 따라 공간을 자동적으로 생산하면서, 사람과 사물을 인식하고 배열하고 이동시키지만(Kitchin and Dodge, 2011; Thrift and French, 2002; Graham, 2005), 사람들은 일상생활에서 그러한 기술 공간의 배경과 배치를 무의식적으로 인식하고 실천한다(Thrift, 2004b). 컴퓨터 코드에 의해 공간이 작동되며 코드에 문제가 생기면 공간이 정지되는 (이때 사람들은 기술 공간을 의식하게 된다) 공항과 같은 공간을 '코드/공간'이라 하는데(Kitchin and Dodge, 2011), 현대 도시의 특징 중 하나가 그것이 점차 공항처럼 코드/공간으로 되어 가고 있다는 것이다(Urry, 2007).

이처럼 증강 현실, 유비쿼터스 컴퓨팅 등과 같은 기술은 공간을 변화시키고, 그러한 기술-공간의 변화는 육체를 변화시킨다.[5] 기술-육체-공간은 삼각형의 각 꼭짓점처럼 서로 연결되어 영향을 주고받는 공진화(co-evolution) 혹은 비평행 진화(a-parallel evolution)의 관계에 있다. 특히, 증강 현실이나 유비쿼터스 컴퓨팅 환경에 인간이 적응해 살기 위해서는 스마트폰과 같은 포터블 컴퓨팅 장치나 웨어러블 컴퓨팅 장치를 육체에 장착하는 등 진화해야 한다. 기술의 변화는 '현실-가상'의 혼종 공간뿐만 아니라, 기계와 육체가 결합하는 내파(implosion)와 기계에 의해 육체가 확장하는 외파(explosion)를 수반하는 '인간-기계'의 혼종 공간을 생성한다. 기술, 공간, 육체의 관계에 관한 엘리자베스 그로스(Elizabeth Grosz, 1992, 250-251)의 설명처럼, "도시는 육체를 구성하는 능동적인 힘이며, 또한 주체의 육체에 그 흔적을 항상 남긴다. 따라서 정보 혁명의 결과로서 도시의 극적인 변형에 대응하는 것은 육체의 변형에 직접적인 영향을 가질 것이다." 근대 파리와 같은 도시가 비유적으로 육체처럼 되고 있었다면(Sennett, 1994), 오늘날 전자 도시에 거주하는 "육체는 도시처럼 되고 있다."(Olalquiaga, 1992, 93)

비릴리오가 "교통 및 통신 수단에 의해 지리적 세계가 식민화되었듯이, 기술에 의해 인간 육체가 식민화될 가능성이 존재한다."(Der Derian, 1998, 20)라고 주장하듯, 혹은 인간이 만든 기계가 도리어 인간을 통제·지배하는 SF 소설과 영화처럼, 우리는 기계 세계에 의한 인간 세계의 종말을 생각할 수도 있다. 하지만 사회와 기술에 관한 후기 구조주의의 관점, 특히 브뤼노 라투르(Bruno Latour)의 행위자-네트워크 이론(ANT: Actor-Network Theory)이나 도나 해러웨이(Donna Haraway)의 사이보그(cyborg= cybernetic+organism) 페미니즘 담론에서 본다면, 그러한 관점은 주체/객체의 위계 적 이분법에 기반을 둔 근대적 세계관이다. 라투르(Latour, 1993)는 『우리는 결코 근 대인이었던 적이 없다(We Have Never Been Modern)』에서 세계는 순수한 주체나 순 수한 객체가 아니라 반-주체(quasi-subjective)와 반-객체(quasi-objective)로 구성되 어 있음을 주장한다. 즉, 인간과 기계가 '공진화'하는 세계에서 인간은 순수한 주체가 아니라 반-주체이며 기계 역시 순수한 객체가 아니라 반-객체라는 것이다. 해러웨이 (Haraway, 1991)는 『유인원, 사이보그 그리고 여자(Simians, Cyborgs, and Women)』에 서 인간과 기계의 경계에 존재하는 사이보그의 정치적 함의를 제시한다. 즉, 사이보그 는 다양한 위계적 이분법에 대한 경계-가로지르기를 통해 순수한 것처럼 보이는 정체 성에 기반을 둔 인간-중심적, 남성-중심적, 백인-중심적, 서구-중심적 세계를 무너 트릴 수 있는 잠재력을 지니고 있다는 것이다. 들뢰즈의 리좀처럼 라투르의 행위자- 네트워크나 해러웨이의 사이보그는 특정 영역에 고정된 등질적인 존재가 아니라 다양 한 경계를 가로지르는 이질적인 아상블라주(assemblage)이며 위계적 존재론과 대조되 는 평평한 존재론(flat ontology)을 수반한다.

　사이보그라고 할 때 우리는 SF 영화에 나오는 고도 기술의 인간-기계를 생각할 수 있으나(그림 7),[6] 사실 우리는 이미 일상생활에서 인간-기계의 상태로 살고 있다. 예 를 들어, 자동차에 대한 미미 쉘러(Mimi Sheller)와 어리의 설명처럼, "자동차 시스 템과 정보 통신 기술은 지능 도시를 이동하는 혼종적 사이버 자동차 속으로 융합" (Sheller, 2004)하며, "자동차-운전자는 단지 자율적인 인간이 아니라 기계, 도로, 건 물, 신호, 이동성 문화의 혼종적 결합"(Sheller and Urry, 2000)이다. 이처럼 인간뿐 만 아니라 다양한 기술, 기계, 네트워크로 구성된 오늘날의 도시는 사이보그 도시화

그림 7. 영화 〈공각기동대〉 (이 애니메이션에는 기술, 육체, 공간의 관계가 잘 나타난다)

(cyborg urbanization)(Graham and Marvin, 2001; Chatzis, 2001; Gandy, 2005) 단계에 있다. 핸드폰과 결합된 육체, PC방에서 컴퓨터와 인터넷과 결합된 육체, GPS가 내장된 자동차와 결합된 육체, 이 모든 것이 사이보그 도시화의 경관이다. 그곳에서 우리는 인간 중심이 된 세계에서 벗어나 기계와 상호 구성적으로 존재하는 후기 인간(posthuman)의 세계로 진화한다(Stelarc, 1998; Hayles, 1999). 사라 와트모어(Sarah Whatmore, 1999; 2002; 2004)는 인간 주체가 중심이 된 인문지리(human geography)에서 인간은 무엇인가라는 의문을 제기하면서 인간−이상의 지리(more-than-human geography), 즉 인간과 비인간(non-human)의 혼종 지리(hybrid geography)를 추구해야 한다고 주장한다.

인간-기계 혼종은 변화하는 공간에 단순히 적응하지 않고 그 공간을 다시 변화시킨다. 이것을 우리나라의 두 가지 사례를 통해 보자. 첫 번째 사례는 모바일 인터넷을 이용할 수 있는 주머니 속의 휴대전화(스마트폰)에 관한 것이다. 우리나라 수도권 10~30대 휴대전화(스마트폰) 사용자들을 대상으로 한 한 연구에 따르면(이동후, 2010), 그것은 사용자의 공간 경험을 두 가지 방향으로 재구성한다. 하나는 '장소 기반 정보와 장소감'이다. "그냥 어디서 친구랑 만나는데 거기를 제가 처음 가요. 그러면 낯선 장소잖아요. … 뭔가 애(휴대전화)가 있어서 덜 불안하고 덜 심심한 거 같아요."(여, 22세, 대학생)라고 말한 한 인터뷰 대상자의 경우처럼, "휴대전화가 즉흥적으로 가 보고 싶은 장소를 찾아 줄 뿐만 아니라 모르는 장소에 혼자 있어도 혼자 있다는 느낌을 덜 받고 낯섦의 두려움을 덜 느끼게 해 주는 일종의 가상 안내자(virtual guide)와 같은 역할을 해 주고 있다."(이동후, 2010, 139) 다른 하나는 '다중적인 공간 경험'이다. 통화, 메시지, 인터넷, 게임 등 여러 기능을 담고 있는 휴대전화로 인해 하나의 "물리적 장소는 '일시적으로' 개인이 저마다 다양한 활동을 전개할 수 있는 다중적(multi-layered) 공간으로 탈바꿈"(이동후, 2010, 142)한다는 것이다. 여기서 알 수 있는 것은 육체와 결합된 휴대전화는 물리적으로 동일한 공간을 '낯선 공간에서 친숙한 공간으로' 그리고 '단일 공간에서 다중 공간으로' 전환시킨다는 것이다. 즉 인간-기계 결합은 '절대적' 공간을 '상대적' 혹은 '관계적' 공간으로 변화시킨다.

첫번째 사례가 개인적, 정서적, 미시적 차원이라면 두 번째 사례는 대중적, 정치적, 거시적 차원으로서, 광우병과 관련하여 미국 쇠고기 수입을 반대하는 '2008년 촛불 시위'에서 찾아 볼 수 있다(이 사건 자체가 세계-국지, 인간-동물, 인간-기계의 사이 공간에서 나타난 혼종성을 반영한 것이다). 그 당시 "노트북-와이브로-카메라-무선 마이크라는 간단한 이동식 장비를 들고 시위 현장을 누비며 실시간 현장 중계를 하여 촛불 시위의 열기를 장기간 지속시킨 중요한 동력이 되었던 수많은 1인 방송"(심광현, 2009, 50)에서 그 진행자들은 다양한 기계와 결합된 일종의 사이보그로 볼 수 있다. 그들 육체는 노트북, 휴대전화, 카메라 등 여러 기계와 결합되었고 현장(현실 공간)에서 벌어지는 상황을 인터넷(가상 공간)을 통해 실시간으로 외부 지역으로 전송하였다. 시위 현장에 대한 가상 공간에서의 실시간 생중계는 서울시청 앞 광장, 광화문 광장 등 현실 공간에서의 촛불시위를 유발하였고, 이것은 다시 가상 공간에서의 실시간 생중계로 이어졌으며, 그리고 이것은 다시 현실 공간에서의 촛불 시위 확대로 이어졌다. 이러한 양의 피드백 과정은 물리 공간(제1공간)과 전자 공간(제2공간)이 순환적으로 연결되는 유비쿼터스 공간(제3공간)에서 나타나는 문화적 놀이 및 정치적 저항의 경관으로 설명될 수 있다(심광현, 2009). 여기서 알 수 있는 것은 인간-기계 결합은 사람과 자동차가 지나가는 광장이나 도로와 같은 '물리적' 공간을 '문화적' 혹은 '정치적' 공간으로 전환시킨다는 것이다. 이 두 사례를 통해, 육체가 휴대전화, 인터넷 등과 같은 기계와 연결될 때 그 이전의 공간과 그 이후의 공간은 달라질 수 있으며, 도시의 물리적 공간에 감정적, 사회적, 문화적, 정치적 공간 등 다양한 층위가 가변적으로 혹은 다중적으로 나타난다는 것을 알 수 있다.

(4) 하이퍼리얼리티(hyperreality)

하이퍼리얼리티는 현실과 가상의 흔들리는 경계와 혼종 공간에서 등장한다. 여기서는 2011년에 필자와 대화를 나눈 어느 고등학교 여학생의 경우를 이야기하면서 시작하고자 한다. 그 학생이 소백산에서 야영 활동을 하고 왔다고 하기에 소백산에서 가장 기억나는 것이 뭐냐고 물었더니, 그 학생은 특별히 기억나는 건 없고 고생만 하고 왔다면서, 그래도 밤하늘에서 너무나도 아름답고 선명하게 빛나는 무수한 별은 기억에 남는다고 말했다. 도시에서 그런 밤하늘의 별을 보기가 힘들 것이다. 그런데 그 학생이 이어서 한 말이 너무나도 인상적이었다. "컴퓨터에서 보는 것 같았어요!" 일반적으로 현실 세계가 먼저 존재하고 컴퓨터의 가상 세계는 그것을 모방한 세계로 생각지만, 그 학생의 말에는 그것이 바뀌어 있었다. 즉 현실 세계가 컴퓨터의 가상 세계를 모방한 듯이 말했던 것이다. 이것은 현실 세계를 보는 방식에 있어서 가상 세계의 영향이 크다는 것을 의미한다. 이 사례는 "하이퍼리얼리티의 증거는 어디에든 있다."라고 말하면서, "나는 텔레비전에서 영국 중부 호수 지역의 아름다움에 대해 감탄하는 미국 관광객을 본 적이 있는데 그는 적당한 칭송의 말을 고르다가 '마치 디즈니랜드 같아요'라고 했다."(강준만, 2003에서 재인용)라는 대중문화학자 존 스토리(John Storey)의 경험과 유사하다. 실재(현실)에 대한 모방을 넘어선 가상, 실재보다 더 실재 같은 가상, 이것이 하이퍼리얼리티이다. 발터 벤야민(Walter Benjamin)은 사진, 영화와 같은 근대 기계 복제가 예술 작품이 갖고 있는 고유한 아우라(aura)를 파괴했다고 주장했지만, 일종의 기계 복제로서 하이퍼리얼리티는 진짜와 가짜의 구별 자체가 무의미한 앤디 워홀(Andy Warhol)의 작품처럼 실재를 넘어선 또 다른 아우라를 수반하고 있는 셈이다.

1957년 롤랑 바르트(Roland Barthes)의 신화론, 1967년 기 드보르(Guy Debord)의 스펙터클 사회론, 1977년 로버트 벤츄리(Robert Venturi)의 라스베이거스 기호학에서도 비슷한 논의가 있으나, 하이퍼리얼리티에 관한 본격적인 논의는 움베르토 에코(Umberto Eco, 1990)의 『하이퍼리얼리티에서의 여행(Travels in Hyperreality)』과 보드리야르(Baudrillard, 1994)의 『시뮬라크르와 시뮬라시옹(Simulacra and Simulation)』에서 시작되었다. 보드리야르는 시뮬라크르의 하이퍼리얼리티 세계를 설명하기 위해 제국의 지도 제작자들이 정밀한 지도를 만들면서 결국은 지도가 영토를 거의 덮어 버리고 만다는 보르헤스(Jorge Luis Borges)의 이야기를 가져온다. 보드리야르에 따르면, 과거에는 제국이 사라지면 지도도 먼지로 사라지지만, 오늘날에는 지도가 영토에 선행하고 심지어 영토를 만들어 낸다. 여기서 사라진 영토는 원본이고, 남은 지도는 원본(실재) 없는 복제(가상)인 시뮬라크르이며 실재보다 더 실재 같은 가상인 하이퍼리얼리티이다. 오늘날 하이퍼리얼리티는 광고, 영화, 테마파크, 쇼핑몰, 박물관 등 소비 공간에서 두드러지게 나타나며, 가상과 현실의 경계에서 이데올로기적 이미지를 통해 사람들의 생활 세계를 지배한다. 감옥 밖 세계가 패놉티콘이라는 사실을 감추기 위해서 감옥이 존재한다는 미셸 푸코(Michel Foucault)의 설명처럼,[8] 보드리야르는 디즈니랜드가 존재하는 이유를 그곳을 둘러싼 로스앤젤레스와 미국이 하이퍼리얼리티라는 사실을 숨기기 위해 존재한다고 말한다.

보드리야르의 설명은 영화 〈트루먼 쇼(The Truman Show)〉(1998)의 가상 도시를 떠올리게 한다(그의 사상은 영화 〈매트릭스〉에 직접적으로 영향을 주었다). 그 영화에서 주인공은 그가 살아온 고향인 캘리포니아의 전원적 소도시가 실은 어느 곳에서나 24시간 그를 추적하는 수많은 카메라가 장치된 거대한 스튜디오 세트이고, 함께 살아온 주민들은 실은 배우이며 엑스트라이고, 그 자신은 24시간 실시간으로 전 세계로 방송되는 TV쇼의 주인공이라는 것을 모르고 살아간다. 주인공은 차차 자신이 살고 있는 곳이 실재 세계가 아니라는 것을 알아채고 자신의 정체성을 찾아 그 가상 세계 밖으로 나가면서 그 가상 세계 이야기는 끝난다. 보드리야르의 허무주의적 관점에서 본다면, 우리가 살고 있는 세계는 스튜디오 밖에서 가상 세계를 시청하는 실재 세계가 아니라 스튜디오 안 가상 세계이며, 그 영화와는 달리 가상 세계 밖으로 나가는 것은 불가능하다.

하이퍼리얼리티에 대한 보드리야르의 사상은 캘리포니아학파 지리학자 에드워드 소자(Edward Soja, 2000)가 『포스트메트로폴리스(Postmetropolis)』에서 포스트모던 도시의 표본실로 일컬었던 로스앤젤레스에 대한 논의에 영향을 주었다. 소자는 로스앤젤레스의 지리적 재구조화에 관한 여섯 가지 담론을 설명한다. 첫째, 정보 기술, 유연적 생산 체제 등으로 구성된 포스트포디즘 도시(posfordist industrial metropolis), 둘째, 세계화, 다문화 등으로 구성된 세계 도시(cosmopolis), 셋째, 외곽 도시, 엣지시티 등으로 구성된 외부 도시(exopolis), 넷째, 사회경제적 양극화, 민족 모자이크 등으로 구성된 프랙털 도시(fractal city), 다섯째, 감시 시스템, 빗장 공동체 등으로 구성된 감옥 도시(carceral archipelago), 여섯째, 시뮬라크르, 테마파크 등으로 구성된 심시티(sim-cities). 이 중 가상 도시를 건설하고 경영하는 컴퓨터 게임의 이름인 심시티에서 소자는 로스앤젤레스와 캘리포니아 지역을 컴퓨터 게임의 하이퍼리얼리티 세계에 비유한다. 즉 심시티 컴퓨터 게임을 하듯이, 그 지역은 테마파크(시뮬라크르) 건설에 몰두하며 무분별한 경영으로 결국 파산까지 했다는 것이다.

디즈니랜드, 할리우드 유니버설 스튜디오 등 여러 테마파크가 위치한 로스앤젤레스는 물리적 하이퍼리얼리티의 대표적 도시일 뿐만 아니라, 인터넷의 시초인 아르파넷이 1969년에 최초로 연결된 도시로 사이버스페이스라는 전자적 하이퍼리얼리티의 상징적 도시들 중 한 곳이다. 사이버스페이스라는 용어가 최초로 사용된 깁슨의 SF 소설 『뉴로맨서(Neuromancer)』에서 등장인물은 육체(두뇌)와 기계(컴퓨터) 사이의 전자 네트워크를 통해 현실 공간과 가상 공간 사이를 이동한다. 사이버스페이스에 관한 많은 저서에서 인용되는 깁슨의 사이버스페이스 경관은 다음과 같다.

> 사이버스페이스(cyberspace). 전 세계에서 수억의 정규직 오퍼레이터와 수학을 배우는 어린이들이 매일 경험하는 공감각적 환상(consensual hallucination) … 인류의 조직 안에 존재하는 모든 컴퓨터의 데이터뱅크에서 유추된 자료 구조와 시각적 재현. 그 상상을 초월한 복잡함(unthinkable complexity). 정신 속의 공간 아닌 공간(nonspace), 자료의 성운과 성단을 가로지르는 빛의 선. 도시의 불빛처럼 사라지는….(Gibson, 1984; 김창규 역, 2005, 85)

‘상상을 초월한 복잡성’을 갖는 ‘비공간’으로서 사이버스페이스에 대한 깁슨의 심상 지도는 여러 연구자들에게 지리적 상상력을 제공하였다. 깁슨으로부터 영감을 받은 크리스틴 보이어(Christine Boyer 1996)는[9] 전자 네트워크로 연결된 오늘날의 도시를 사이버시티(cybercities)로 명명하고 그 특징을 지리의 에테르화(etherealization of geography)로 설명한다. 보이어는 다음과 같이 말한다. “사이버스페이스의 매트릭스가 그러하듯이, 철저하게 탈중심화된 비장소의 도시 경관은 너무나도 흩어져 있기 때문에 상상 가능한 형태로 존재하지 않는다.”(Boyer, 1996, 139) “도시 매트릭스의 이미지는 컴퓨터 매트릭스의 이미지로 되어가며, 그 역도 마찬가지이다.”(Boyer, 1996, 145) 사이버시티의 이미지는 우리나라 정보고속도로(KII)의 허브 도시이며, “세계에서 가장 높은 수준으로 초고속 인터넷에 연결된 도시인 서울”(Townsend, 2007, 396) 그리고 아시아의 미디어 및 문화 산업의 허브로 성장하기 위해 일종의 이미지 공학(imagineering)으로서 디지털 미디어 시티(DMC)라는 경관과 명칭을 내부에 부여한 도시인 서울을 전자 회로로 구성된 디지털 도시로 묘사한 한 장의 이미지맵에도 나타난다(그림 8). USB 메모리, 휴대전화, 노트북, 공중전화, (케이블) 텔레비전, 인터넷, 정보고속도로, 위성 시스템 등 다양한 규모의 기계와 네트워크에 연결된 오늘날 도시는 더 이상 우리가 상상할 수 있는 모습이 아니다. 사이버시티에서 세계/국지, 현존/부재, 현실/가상의 경계들을 포함한 견고한 모든 것은 깁슨이 말한 '비공간' 속에 녹아 버린다(본 글의 서론에서 인용한 하이데거의 설명은 바로 이에 대한 우려이다).

비빌리오(Virilio, 1998b)는 그러한 전자 도시 환경에서 '시각 기계'의 역할과 중요성을 비판적으로 강조하면서, 사람들은 전자 스크린을 통해 세계를 바라보며, 전쟁도 전자 스크린 위에서 벌어진다고 설명한다. 비슷하게 보드리야르(Baudrillard, 1994)도 전자 스크린에 특별한 관심을 가지면서, 정보가 급증하는 (정보의 외파) 과정에서 실재와 가상의 구별이 사라지고 실재의 의미가 사라지는 (의미의 내파) 과정에 주목한다. 예를 들어, 그는 1991년 "걸프전은 일어나지 않았다!"(Baudrillard, 1995)라는 엉뚱한 말을 했다. 걸프전은 중동의 사막에서 벌어진 전쟁이라기보다는 레이더 스크린과 텔레비전 스크린 위에서 벌어진 전쟁이라는 것이다. 이미 짜인 프로그램이나 시나라오에 따라 움직이는 컴퓨터 게임이나 영화처럼 그 전쟁도 그렇게 실행되었고 방송되었다. CNN이나 우리나라 텔레비전은 그 전쟁 경관을 마치 컴퓨터 게임이나 영화 이미

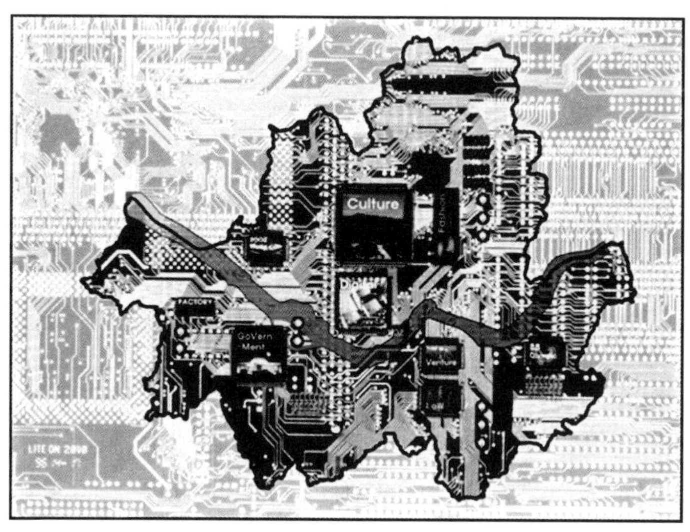

그림 8. 서울 이미지맵 ≪디지털 서울≫ (자료: 서울시 http://www.metro.seoul.kr, 2001 서울 이미지맵 콘테스트)

지처럼 방송했으며, 그 스펙터클 경관을 지켜본 많은 사람들도 실제로 그렇게 느꼈다. 보드리야르는 다음과 같이 말한다. "우리는 더 이상 가상(virtual)에서 현실(actual)로의 이동이라는 논리에 있지 않고, 가상(virtual)에 의한 실재(real)의 억제라는 하이퍼리얼(hyperreal)의 논리에 있다."(Baudrillard, 1995, 27) 이처럼 보드리야르는 극단적인 사례를 통해 허무주의적인 발언을 하지만, 그럼에도 불구하고 우리가 사는 세계는 실재가 아니라 가상이며, 우리가 가상을 실재로 생각하고 산다는 그의 주장은 오늘날 컴퓨터와 인터넷의 가상 공간으로 둘러싸여 사는 우리들에게 너무나도 강렬하게 와 닿는다. 보드리야르가 가상을 실재처럼 조작하고 인식하는 것을 비판한다면, 슬라보예 지젝(Slavoj Žižek)은 실재를 가상처럼 조작하고 인식하는 것이 더 큰 문제라고 강조한다. 지젝은 『실재계 사막으로의 환대(Welcome to the Desert of the Real)』에서 다음과 같이 말한다.

> 가상화 과정의 끝에 가서 벌어지는 일은 우리가 '실재적인 현실' 그 자체를 가상의 실체로 경험하기 시작하는 것이다. 대부분의 대중들한테는 세계 무역 센터의 폭발이 TV 스크린에 나오는 사건들이었다. 또한 우리가 붕괴되는 고층 빌딩에서 피어오른 거대한 먼지구름 앞에 설치된 카메라 쪽을 향하여 달려오는 깜짝 놀란 사람들의 화면을 여러 번 반복된 쇼트로 봤을 때, 그 쇼트 구성 자체는 대재난 영화의 웅장한 쇼트를 생각나게 해 주지 않을까? (Žižek, 2002; 김종주 역, 2003, 38-39)

지젝의 책 제목은 영화 〈매트릭스〉에서 현실로 믿었던 컴퓨터 매트릭스의 가상계에서 실재계로 깨어나 기계가 인간을 지배하는 불타는 시카고를 본 네오에게 모피스가 한 말이다. 지젝은 실재계에서 불타는 시카고의 장면과 9·11 당시 불타는 뉴욕의 모습이 너무나 유사하다고 말한다(가상계에서 실재계로의 이동과 그에 따른 충격이라는 상황의 유사성). 지젝에 따르면, 9·11 사건은 〈인디펜던스 데이(Independence Day)〉(1996)와 같은 수많은 할리우드 영화에서 반복적으로 보아 온 불타는 뉴욕이 더

그림 9. 전자 스크린 위 하이퍼리얼리티 (2006년 2월 7일 미국의 한 케이블 채널은 알카에다의 로스앤젤레스 테러 계획을 방송하면서 테러 대상 건물이 폭파되는 영화 〈인디펜던스 데이〉의 장면을 보여 주었다)

이상 가상이 아니라 실재라는 것을 일깨워 주었다. 즉 9·11사건이 영화의 가상 이미지가 현실화된 경우였지만, 그와 유사한 장면을 스크린에서 반복적으로 보아 온 사람들에게 텔레비전 스크린 위 그 실재는 도리어 영화의 가상 이미지처럼 보였다(그림 9). 계획된 시간적 간격을 두고 날아온 두 대 비행기의 충돌(첫 번째 충돌은 CNN과 같은 글로벌 미디어를 모으기 위한 것이고 두 번째 충돌은 세계 사람들의 눈을 모으기 위한 것이었다) 그리고 화염 속에 붕괴되는 쌍둥이 빌딩, 이 초현실적인 9·11 경관을 담고 있는 텔레비전 스크린의 한 구석에서 '라이브(Live)'라는 단어가 '이건 가상이 아니라 실재'라고 말했지만, 들뢰즈는 '언젠간 세상은 영화가 될 것이다.'(정성일·정우열, 2010)라고 말했던가?

지젝은 그의 또 다른 책에서 다음과 같이 말한다. "사이버 공간의 진정한 공포는 (생략) 사람이 아닌 가상을 마치 사람처럼 다룬다는 데 있는 것이 아니라 차라리 그 정반대에 있다. 우리는 진짜 사람들과 상호 작용하면서 이 진짜 사람을 마치 가상적 실체인 것처럼 (생략) 다룬다."(Žižek, 2001; 한보희 역, 2008, 209) 가상 공간의 게임이 현실 공간의 폭력으로 이어지는 것도 바로 그러한 이유 때문일 것이다. 2008년 촛불 시위 당시 인터넷 텔레비전 칼라 TV의 1인 방송 앵커 역할을 한 진중권(2008)은 네티즌이 컴퓨터 게임 속 캐릭터를 조정하듯이 인터넷 채팅창이나 게시판 그리고 휴대전화 통화나 문자를 통해 직접적으로 취재나 행동 지시를 하였고 캐릭터에게 아이템을 마련해 주듯이 장비가 고장 나면 후원금을 보내 새로운 장비를 마련할 수 있게 해 주는 등, 자신이 마치 컴퓨터 게임 속 캐릭터가 된 상황을 경험하였다고 말했다. 또한 핸드헬드 카메라로 촬영된 현장의 흔들리는 저해상 영상을 인터넷(컬러 TV)을 통해 본 어떤 이는 마치 영화 〈클로버필드(Cloverfield)〉(2008)를 보는 듯하다고 말했다(진중권, 2008). 컴퓨터 스크린 속 장소가 현실 공간인지, 게임 공간인지, 영화 공간인지, 내가 스크린 밖 여기에 있는지, 스크린 안 저기에 있는지, 현실과 가상의 착란 현상이 발생한 것이다. 라캉에 따르면 가짜를 진짜로 보는 것은 동물에게도 가능하지만 진짜를 가짜로 보는 것은 인간에게만 가능하다고 한다(Žižek, 2002; 김종주 역, 2003, 53). 사람들은 가상을 실재처럼 보이도록 하는 하이퍼리얼리티 환경에 너무 익숙한 나머지 도리어 실재를 가상처럼 보는 경향이 있다. 보드리야르가 언급한 영토와 지도에 비유하자면, 영토(실재)를 대신하는 지도(가상)를 보는 데에 너무 익숙하다보니 이젠 영토(실재)를 봐도 그것이 지도(가상)로 보인다.

3) 결언

비록 가상 공간이 무거리성이나 무장소성을 수반한다고 하지만 그것이 현실 공간과 결합될 때 그 현실 공간에는 새로운 '느낌의 구조'가 발생한다. 본 글은 기술-문화적 도시 경관에 반영되어 있는 새로운 느낌의 구조를 이동성, 하이퍼텍스트성, 혼종성, 하이퍼리얼리티라는 네 가지 개념을 통해 설명하였다. 인터넷, 휴대전화(스마트폰), 증강 현실, 유비쿼터스 컴퓨팅, QR코드, PC방 등 다양한 정보 통신 기술과 그 하부 구조가 집중되어 있는 도시, 그곳의 실재 공간은 물리적 현실 공간과 전자적 가상 공간이 뫼비우스 띠처럼 상호 연결되고 상호 침투하는 세계이다. 현실 공간과 가상 공간의 연결 과정에서 '관계적 지리'가 형성된다. 수평적으로는 현실/가상, 현존/부재, 내부/외부, 인간/기계, 주체/객체, 공적/사적, 세계/국지 등 이분적이고 위계적인 영역 사이의 경계가 유동적으로 해체되면서 '혼종 공간'이 생성되며, 수직적으로는 도시의 물리적 공간에 감정적, 사회적, 문화적, 정치적 공간 등 다양한 층위가 유동적으로 나타나면서 '다중 공간'이 생성된다.

현실 공간과 가상 공간의 연결 과정에서 나타나는 흥미로운 점 중 하나는 현실과 가상 사이에 몇몇 역전 현상이 나타나는 것이다. 첫째, 가상 현실을 통해 현실이 가상 공간으로 들어가는 것을 넘어서서 증강 현실을 통해 가상이 현실 공간으로 나온다. 이것은 가상이 현실의 의미를 소멸시키는 공간이라기보다는 차라리 가상이 현실의 의미를 증대시키는 공간이다. 둘째, 유비쿼터스 컴퓨팅의 도시 환경에서는 인간이 도시의 물리 공간을 인식하는 것을 넘어서서 도시의 전자 공간이 인간을 인식한다. 컴퓨터 코드와 기계가 내장된 도시 공간은 인간의 인식 대상으로만 존재하지 않고, 도리어 인간을 관찰하고 검증하는 경우가 늘고 있다. 셋째, 하이퍼리얼리티 세계에서 가상 공간이 현실 공간으로 인식되는 것을 넘어서서 현실 공간이 가상 공간으로 인식되기도 한다. 이것은 가상 공간이 현실 공간을 단순히 재현하는 것이 아니라 현실 공간을 보는 방식에 영향을 끼친다는 것을 의미한다.

마지막으로 강조하고 싶은 것은 우리의 삶이 영위되는 세계는 A나 B와 같이 본질적이고 단일적인 어떤 것이 아니라 A와 B 사이 어딘가에 위치한다는 것이다. 그것은 위치, 형태, 색깔이 이미 정해진 퍼즐 조각들로 완성된 세계가 아니라, 조각들이 떨어져, 겹쳐, 뒤집혀 있는 세계이며, 위치, 형태, 색깔이 서로 맞지 않는 다양한 조각들로 구성된 세계이다. 그러한 지리는 절대적, 본질적, 위계적 존재(being)의 지리가 아니라 관계적, 혼종적, 횡단적 생성(becoming)의 지리이다(Massey, 1993; Doel, 1999; Whatmore, 2002; Murdoch, 2006). 현실 공간과 가상 공간 사이의 도시 그 자체가 하이퍼텍스트처럼 구성되고 있는 것이다. 스리프트(Thrift, 2008; Thrift and French, 2002)가 후기구조주의의 비재현 이론(non-representational theory)을 통해 주장하듯이, 그러한 지리는 다양한 지리적 규모와 경계를 가로지르는, 그리고 다양한 물질, 실천, 수행, 지식, 기억, 정서, 감정 등을 수반하는 인간과 비인간(소프트웨어, 프로그램, 코드, 기계, 사물, 동물 등) 사이의 (재)결합을 통해 지속적으로 구성된다.

● **요약**

1. 정보 통신 기술과 그 하부 구조가 집중되어 있는 도시의 '실재 공간'은 물리적 '현실 공간'과 전자적 '가상 공간'이 뫼비우스 띠처럼 상호 연결되고 상호 침투하는 세계이며, 가상 공간과 연결된 현실 공간은 단순히 무거리성이나 무장소성으로 이어지기보다는 새로운 느낌의 구조를 수반한다.

2. 현실 공간과 가상 공간의 연결 과정에서 '관계적 지리'가 형성된다. 수평적으로는 현실/가상, 현존/부재, 내부/외부, 인간/기계, 주체/객체, 공적/사적, 세계/국지 등 이분적이고 위계적인 영역 사이의 경계가 유동적으로 해체되면서 '혼종 공간'이 생성되며, 수직적으로는 도시의 물리적 공간에 감정적, 사회적, 문화적, 정치적 공간 등 다양한 층위가 유동적으로 나타나면서 '다중 공간'이 생성된다.

3. 현실 공간과 가상 공간의 연결 과정에서 현실과 가상 사이에 몇몇 역전 현상이 나타난다. 가상 현실을 통해 현실이 가상 공간으로 들어가는 것을 넘어서서 증강 현실을 통해 가상이 현실 공간으로 나온다. 유비쿼터스 컴퓨팅의 도시 환경에서는 인간이 도시의 물리 공간을 인식하는 것을 넘어서서 도시의 전자 공간이 인간을 인식한다. 하이퍼리얼리티 세계에서 가상 공간이 현실 공간으로 인식되는 것을 넘어서서 현실 공간이 가상 공간으로 인식되기도 한다.

● **핵심어(Key words)**

가상 공간, 가상 현실, 증강 현실, 유비쿼터스 컴퓨팅, 코드/공간, 사이보그 도시화, 하이퍼텍스트, 관계적 지리

virtual space, virtual reality, augmented reality, ubiquitous computing, code/space, cyborg urbanization, hypertext, relational geography

● 읽어 볼 문헌

• 강현수, 2007, 『도시, 소통과 교류의 장: 디지털 시대 도시의 역할과 형태』, 삼성경제연구소. 비록 책의 크기는 작지만, 책의 내용은 정보 통신 기술의 도시지리학이라 불러도 무방할 정도로 매우 훌륭하다. 인터넷, 휴대전화 등 디지털 기술 발달에 따른 도시의 사회-공간적 변화와 문제를 최신의 지리학적 및 사회학적 이론을 통해 매우 명쾌하게 설명한다. 시간-지리학, 입지론, 증강 현실, 가상 공동체, 감시 사회 등 다양한 개념과 주제를 담고 있다.

• 하원규·김동환·최남희, 2003, 『유비쿼터스 IT혁명과 제3공간』, 전자신문사. 우리나라에서 2000년대 초반에 본격적으로 등장한 유비쿼터스 컴퓨팅 공간 논의를 비교적 선구적으로 매우 체계적으로 정리하고 있는 책으로서, 다양한 분야의 관련 연구자들이 많이 인용하고 있다. 기술적 논의 속에 풍부한 공간적 함의가 들어 있으며, 특히 물리 공간을 제1공간, 전자 공간을 제2공간, 그리고 유비쿼터스 공간을 제3공간으로 규정한다.

• 홍성욱, 2002, 『파놉티콘: 정보사회 정보감옥』, 책세상. 우리나라의 대표적인 과학사학자인 저자는 다양한 사례를 통해 푸코의 패놉티콘 담론을 정보사회에 적용한다. 전자 감시 사회는 데이터베이스, CCTV, GPS 등의 정보 통신 기술을 통해 감시가 더욱 치밀해지는 가상 패놉티콘 사회이기도 하지만, 소수의 권력자 역시 다수의 사람들에게 노출되는 시놉티콘 사회임을 강조하는 매우 흥미로운 책이다.

• Baudrillard, J. 1994, *Simulacra and Simulation*, Ann Arbor, The University of Michigan Press (하태원 역, 2001, 『시뮬라시옹』, 민음사). 영화 〈매트릭스〉에도 등장한 책으로서, 예외적 가짜를 만들어 보편적 가짜를 가짜가 아닌 것처럼 보이도록 한다는 것이 핵심 내용이다. 우리가 경험하는 세계가 진짜가 아닌 가짜라는 주장은 마지막 절의 제목처럼 허무주의적이다. 그럼에도 이 책이 중요한 이유는 우리의 삶이 기술적으로, 제도적으로 이미 프로그램화된 환경에서 이루어지기 때문이다.

• Holloway, S. L. and Valentine, G. 2003, *Cyberkids: Children in the Information Age*, London: RoutledgeFalmer (이인재·박균열·김은수 역, 2008, 『사이버키즈와 정보윤리』, 인간사랑). 어린이 지리를 연구해 오던 저자들이 그것을 현실 공간에서 가상 공간으로

확대시켜 연구한 수준 높은 논문들을 엮은 책이다. 가정, 학교 등을 중심으로 현실/가상 공간, 공적/사적 공간, 세계/국지 공간의 상호 관계 속에서 나타나는 어린이들의 일상 지리에는 어른들이 일반적으로 생각하는 모습과는 다른 그들만의 실천과 의미가 들어 있음을 강조한다.

주

1 이 공식은 본 절에서 임의적인 것으로서, 본 글의 전체 내용을 읽을 때 얽매일 필요는 없다. 연구자에 따라 가상(virtual)의 반대를 실재(real)로 설정하기도 하고 현실(actual)로 설정하기도 하며, 'real'과 'actual' 양자를 실재(實在), 실제(實際), 현실(現實)로 번역하기도 한다.

2 사이버스페이스에 관한 유용한 지도와 자료는 http://personalpages.manchester.ac.uk/staff/m.dodge/cybergeography/atlas/에서 볼 수 있다(Dodge and Kitchin, 2001b의 내용을 담고 있는 웹사이트이다).

3 휴대폰을 통해 약속 시간과 장소를 즉시적으로 미세하게 정하고 변경시키는 것을 미시−조정(micro-coordination)이라 한다(Ling and Yttri, 2002). 휴대폰은 시계와 시간표에 기반을 둔 정시성의 시간 체계를 유동적(fluid) 조정이 가능한 시간 체계로 전환시키며, 또한 사람들이 집, 직장, 여가 장소 사이를 이동하는 동안 휴대폰을 이용해 사회적 연결을 증대시킨다는 점에서 사이공간(interspace)의 중요성을 증대시킨다(Urry, 2007, 172).

4 가상 공간에는 수많은 사람들이 접속하는 웹사이트는 극히 소수이며 대다수의 웹사이트는 소수의 사람들이 접속하는 네트워크 구조가 나타나는데, 이를 척도 없는 네트워크(scale-free network)라 부른다(Barabási, 2002). 이것은 정규 분포를 따르지 않는 독특한 분포 형태이지만 지리학을 공부하는 사람에게는 익숙한데, 도시의 순위−규모 법칙(rank-size rule)이 그러한 분포 형태이기 때문이다.

5 와이저(Weiser)가 강조한 '조용한 기술'로서 유비쿼터스 컴퓨팅은 기술, 육체, 공간의 관계에 대한 중요한 함의를 던져 준다(유비쿼터스 컴퓨팅 공간에 대해서는 하원규 외, 2003 참고). 이종관(2012, 357-358)은 "유비쿼터스 컴퓨팅은 누구도 그것의 현존을 알아차리지 못하는 기술 혹은 조용한 기술"이라는 와이저의 언급은 "도구는 도구에 의탁해 펼쳐지는 인간의 실존에 거리 없이 밀착되어 있기 때문에, 우리에게 눈에 띄지 않는 방식으로 있다."라는 하이데거(Heidegger)의 논의와 일치한다고 설명하면서, 와이저의 유비쿼터스 컴퓨팅은 하이데거적 장소 건설의 가능성을 갖는다고 주장한다. 조광제(2007, 65-66)는 "유비쿼터스 기술을 통해 컴퓨터가 보이지 않게 사물 속으로

숨어 들어감으로써 우리들이 컴퓨터화된 사물들을 아무런 불편함과 특별한 노력 없이 무의식 중에 사용하게 된다는 마크 와이저의 언급은 유비쿼터스 기술에 의한 공간이 몸 공간과 동일한 특성을 지녔다는 것을 확인해 준다. (생략) 유비쿼터스 공간은 내가 나의 몸속에서 일어나는 엄청 복잡한 정보 소통의 과정과 결과를 전혀 인식하지 않고 이미 사용하고 있는 것과 동일한 구도를 지니고 있기 때문이다."라고 주장한다.

6 영화 〈공각기동대(Ghost in the Shell)〉(1995)와 〈블레이드 러너(Blade Runner)〉(1982)는 사이보그 세계에서 정체성의 문제를 다루고 있는데, 사이보그의 육체적(물질) 및 정신적(기억) 정체성은 사라지기보다는 도리어 끊임없이 추구되고 있다(이정우, 2001). 흥미롭게도〈공각기동대 2: 인노센스(Ghost in the Shell 2: Innocence)〉(2004)에 나오는 한 연구원 이름으로 '해러웨이(Haraway)'가 사용된다. 〈공각기동대〉의 사이보그 도시 경관을 스피노자(Spinoza)와 들뢰즈(Deleuze)의 철학을 통해 설명하는 한 지리학 연구에 따르면(Curti, 2008), 그 도시 경관은 인간(사이보그)에 대해 수동적으로 존재하지 않고 능동적으로 작용한다.

7 2002년에 동시에 출판된 사라 와트모어(Sarah Whatmore)의『혼종 지리(Hybrid Geographies)』와 프랜시스 후쿠야마(Francis Fukuyama)의『우리 후기인간의 미래(Our Posthuman Future)』와 관련하여 지리학술지『환경과 계획 A(Environment and Planning A)』(2004년, 36권)는 '후기 인간'에 관한 특집 논문을 실었다. 연구자들은 후쿠야마의 종말론적 인간중심주의에 대한 대안으로 와트모어의 혼종 지리를 제시하였다.

8 푸코(Foucault)가 주장하는 판옵티콘과 같은 고정적 공간을 통한 규율(discipline) 사회를 넘어, 들뢰즈(Deleuze, 1997)는 전자 네트워크로 연결된 이동적 공간을 통한 통제(control) 사회를 강조한다. 최근 CCTV, GPS 등 정보 통신 기술의 발달로 전자 판옵티콘에 대한 논의가 활발하다. 미디어학자 마크 포스트(Mark Poster)는 기업에게 필요한 정보를 자발적으로 제공하는 소비자의 데이터베이스를 슈퍼판옵티콘(superpanopticon)이라 불렀으며, 범죄학자 토마스 매티슨(Thomas Mathiesen)은 전자 감시를 통해 감시당하는 다수가 소수의 권력자를 역감시(쌍방향 감시)하는 것을 시놉티콘(synopticon)이라 불렀다(홍성욱, 2002). 이러한 복잡한 감시 세계는 영화 '본' 시리즈 〈본 아이덴티티(The Boune Identity)〉(2002), 〈본 슈프리머스(The Boune Supremacy)〉(2004), 〈본 얼티메이텀(The Boune Ultimatum)〉(2007)에 잘 나타난다(심혜련, 2009). 정보 통신 기술은 권력자의 감시와 통제 수단으로만 사용되는 것이 아니라, 대중의 정치적 참여와 저항에도 이용될 수 있는데(Rheingold, 2003), 그 대표적 사례로는 멕시코 남부 치아파스 주에서 신자유주의적 세계화와 내부의 사회적 모순에 대항하면서 1994년에 시작된 사파티스타(Zapatista) 운동이 있다.

9 사이버시티에 대한 보이어(Boyer)의 관점은『석영의 도시(City of Quartz)』에서 디스토피아적 도시 로스앤젤레스를 분석한 캘리포니아학파 도시학자 마이크 데이비스(Mike Davis, 1990)와 유사

하다. 흥미롭게도 지리적 현실 공간에 대한 데이비스의 텍스트와 문학적 가상 공간에 대한 깁슨
(Gibson)의 텍스트 사이에는 상호 텍스트성이 존재하는데, 깁슨의 소설은 데이비스의 지리적 상상
력에 영향을 주었고, 데이비스의 저서는 다시 깁슨의 문학적 상상력에 영향을 주었다(Kitchin and
Kneale, 2001).

참고문헌

강준만, 2003, 대중문화의 겉과 속 2, 인물과사상사.

강학순, 2006, "하이데거에 있어서 실존론적 공간해석의 현대적 의의", 하이데거 연구, 14, 5-43.

강현수, 2007, 도시, 소통과 교류의 장: 디지털 시대 도시의 역할과 형태, 삼성경제연구소.

김백영, 2008, 지배와 공간: 식민지도시 경성과 제국 일본, 문학과지성사.

박해천, 2009, 인터페이스 연대기: 인간, 디자인, 테크놀러지, 디자인플럭스.

서울시, 2010, QR코드에 서울을 담아라!, 보도자료(2010. 05. 18).

신지영, 2011, "들뢰즈에게 있어서 공간의 문제", 도시인문학연구소 편, 현대철학과 사회이론의 공간
     적 선회, 라움, 45-78.

심광현, 2009, "유비쿼터스 시대의 도시공간과 미디어공간의 문화정치적 상호작용", 도시인문학연
     구, 1(1), 29-59.

심혜련, 2009, "디지털 노마드와 유비쿼터스: 영화 〈본 시리즈〉를 중심으로", 인문학연구, 38, 69-94.

윤명희, 2011, "PC방의 네트워크 일상풍경", 문화와 사회, 10, 67-75.

이동후, 2010, "휴대전화 모바일 인터넷 이용과 공간 경험", 한국방송학보, 24(1), 113-151.

이정우, 2001, 기술과 운명: 사이버펑크에서 철학으로, 한길사.

이종관, 2012, 공간의 현상학, 풍경 그리고 건축, 성균관대학교 출판부.

정성일·정우열, 2010, 언젠가 세상은 영화가 될 것이다, 바다출판사.

조광제, 2007, "유비쿼터스 공간의 매체 철학적 함축에 대한 고찰", 시대와 철학, 18(2), 49-80.

진중권, 2008, "개인방송의 현상학", 문화과학, 55, 170-181.

하원규·김동환·최남희, 2003, 유비쿼터스 IT혁명과 제3공간, 전자신문사.

홍성욱, 2002, 파놉티콘: 정보사회 정보감옥, 책세상.

Adams, P. C., 1995, "A reconsideration of personal boundaries in space-time", *Annals of the Asso-
     ciation of American Geographers*, 85(2), 267-285.

Amin, A. and Thrift, N., 2002, *Cities: Reimagining the Urban*, Cambridge: Polity.

Augé, M., 1995, *Non-places: An Introduction to an Anthropology of Supermodernity*, London:

Verso.

Barabási, A.-L., 2002, *Linked: The New Science of Networks*, Cambridge, MA: Perseus Publishing (강병남·김기훈 역, 2002, 링크, 동아시아).

Batty, M., 1990, "Invisible cities", *Environment and Planning B: Planning and Design*, 17, 127-130.

Baudrillard, J., 1994, *Simulacra and Simulation*, Ann Arbor: The University of Michigan Press (하태원 역, 2001, 시뮬라시옹, 민음사).

Baudrillard, J., 1995, *The Gulf War Did Not Take Place*, Bloomington: Indiana University Press.

Bell, D., 2009, "Cyberspace/Cyberculture", in Kitchin, R. and Thrift, N. (eds), *International Encyclopedia of Human Geography*, 2, Oxford: Elsevier, 468-472.

Boyer, M. C., 1996, *Cybercities: Visual Perception in the Age of Electronic Communication*, New York: Princeton Architectural Press.

Castells, M., 1996, *The Rise of the Network Society*, Oxford: Blackwell (김묵한·박행웅·오은주 역, 2003, 네트워크 사회의 도래, 한울).

Chatzis, K., 2001, "Cyborg urbanization", *International Journal of Urban and Regional Research*, 25(4), 906-911.

Coyne, R., 2010, *The Turning of Place: Social Spaces and Pervasive Digital Media*, Cambridge, MA: MIT Press.

Crang, M., Crang, P. and May, J., (eds) 1999, *Virtual Geographies: Bodies, Space and Relations*, London: Routledge.

Crang, M. and Graham, S., 2007, "Sentient cities: ambient intelligence and the politics of urban space", *Information, Communication and Society*, 10(6), 789-817.

Curti, G. H., 2008, "The ghost in the city and a landscape of life: a reading of difference in Shirow and Oshii's Ghost in the Shell", *Environment and Planning D: Society and Space*, 26(1), 87-106.

Davis, M., 1990, *City of Quartz: Excavating the Future in Los Angeles*, London: Verso.

Deleuze, G., 1988, *Bergsonism*, New York: Zone Books (김재인 역, 1996, 베르그송주의, 문학과지성사).

Deleuze, G., 1997, "Postscript on the societies of control", in Leach, N. (ed.) *Rethinking Architecture: A Reader in Cultural Theory*, London: Routledge, 309-313.

Deleuze, G. and Guattari, F., 1987, *A Thousand Plateaus: Capitalism and Schizophrenia*, Minneapolis: University of Minnesotapress (김재인 역, 2001, 천개의 고원, 새물결).

Der Derian, J., 1998, "Is the author dead? An interview with Paul Virilio", in Der Derian, J. (ed.), *The Virilio Reader*, Oxford: Blackwell, 16-21.

Derrida, J., 1997, *Of Grammatology*, Baltimore: Johns Hopkins University Press (김응권 역, 2004, 그라마톨로지에 대하여, 동문선).

Dodge, M. and Kitchin R., 2001a, *Mapping Cyberspace*, London: Routledge.

Dodge, M. and Kitchin R., 2001b, *Atlas of Cyberspace*, Harlow: Addison-Wesley.

Doel, M., 1999, *Poststructuralist Geographies: The Diabolical Art of Spatial Science*, Lanham: Rowman & Littlefied Publishers.

Duncan, J., 1990, *The City as Text: The Political of Landscape Interpretation in the Kandyan Kingdom,* Cambridge: Cambridge University Press.

Eco, U., 1990, *Travels in Hyperreality*, Fort Washington, PA: Harvest Books (김정하 역, 2009, 가짜 전쟁, 열린책들).

Galloway, A., 2004, "Intimations of everyday life: ubiquitous computing and the city", *Cultural Studies*, 18(2/3), 384-408.

Gandy, M., 2005, "Cyborg urbanization: complexity and monstrosity in the contemporary city", *International Journal of Urban and Regional Research*, 29(1), 26-49.

Gergen, K. J., 2002, "The challenge of absent presence", in Katz, J. and Aakhus, M. (eds), *Perpetual Contact: Mobile Communication, Private Talk, Public Performance*, Cambridge: Cambridge University Press, 227-241.

Gibson, W., 1984, *Neuromancer*, London: Grafton Books (김창규 역, 2005, 뉴로맨서, 황금가지).

Graham, S., 1997, "Cities in the real-time age: the paradigm challenge of telecommunications to the conception and planning of urban space", *Environment and Planning A*, 29(1), 105-127.

Graham, S. (ed.) 2004, *The Cybercities Reader*, London: Routledge.

Graham, S. and Marvin, S., 1996, *Telecommunications and the City: Electronic Spaces, Urban Places*, London: Routledge.

Graham, S. and Marvin, S., 2001, *Splintering Urbanism: Networked Infrastructures, Technological Mobilities and the Urban Condition*, London: Routledge.

Grosz, E., 1992, "Bodies-cities", in Colomina, B. (ed.), *Sexuality and Space*, New York: Princeton Architectural Press, 241-253.

Hägerstand, T., 1975, "Space, time and human conditions", in Karlqvist, A., Lundqvist, L. and Snikars, F. (eds), *Dynamic Allocation of Urban Space*, Farnborough: Saxon House, 3-14.

Haraway, D., 1991, *Simians, Cyborgs, and Women: The Reinvention of Nature*, London: Routledge (민경숙 역, 2002, 유인원, 사이보그 그리고 여자, 동문선).

Harvey, D., 1989, *The Condition of Postmodernity*, Oxford: Blackwell (구동회·박영민 역, 1997, 포스트모더니티의 조건, 한울).

Hayles, N. K., 1999, *How We Became Posthuman: Virtual Bodies in Cybernetics, Literature, and Informatics*, Chicago: The University of Chicago Press.

Holloway, S. L. and Valentine, G., 2003, *Cyberkids: Children in the Information Age*, London: RoutledgeFalmer (이인재·박균열·김은수 역, 2008, 사이버키즈와 정보윤리, 인간사랑).

Jameson, F., 1991, *Postmodernism or, the Cultural Logic of Late Capitalism*, London: Verso.

Kitchin, R., 1998, *Cyberspace: The World in the Wires*, Chichester: John Wiley & Sons.

Kitchin, R. and Dodge, M., 2011, *Code/Space: Software and Everyday Life*, Cambridge, MA: MIT Press.

Kitchin, R. and Kneale, J., 2001, "Science fiction or future fact? Exploring imaginative geographies of the new millennium", *Progress in Human Geography*, 25(1), 17-33.

Latour, B., 1993, *We Have Never Been Modern*, Cambridge, MA: Harvard University Press (홍철기 역, 2009, 우리는 결코 근대인이었던 적이 없다, 갈무리).

Lee, H., 2006a, "Virtual bodies/identities and symbolic/linguistic spaces on the screen", *Journal of Cultural and Historical Geography*, 18(2), 72-91.

Lee, H., 2006b, "The time-space patterns of Internet use and the urban mediascapes of fragmentation", *The Geographical Journal of Korea*, 40(3), 309-324.

Lee, H., 2007, "Hybrid urbanscapes of PC Bangs and their socio-spatial effects on human bodies", *Journal of the Korean Geographical Society*, 42(5), 710-727.

Lee, H., 2008, "Mobile networks, urban places and emotional spaces", in Aurigi, A. and De Cindio, F. (eds), *Augmented Urban Spaces: Articulating the Physical and Electronic City*, Aldershot: Ashgate, 41-60.

Ling, R. and Yttri, B., 2002, "Hyper-coordination via mobile phones in Norway", in Katz, J. and Aakhus, M. (eds), *Perpetual Contact: Mobile Communication*, Private Talk, Public Performance, Cambridge: Cambridge University Press, 139-169.

Manovich, L., 2001, *The Language of New Media*, Cambridge, MA: MIT Press (서정신 역, 2004, 뉴미디어의 언어, 생각의 나무).

Manovich, L., 2006, "The poetics of augmented space", *Visual Communication*, 5(2), 219-240.

Massey, D., 1993, "Power-geometry and a progressive sense of place", in Bird, J., Curties, B., Putnam, T., Robertson, G. and Tickner, L. (eds), *Mapping the Futures: Local Cultures, Global Change*, London: Routledge, 59-69.

Milgram, P. and Kishino, F., 1994, "A taxonomy of mixed reality visual displays", *IEICE Transactions on Information and Systems*, E77-D(12), 1321-1329.

Mitchell, W. J., 1995, *City of Bits: Space, Place, and Infoban*, Cambridge, MA: MIT Press (이희재 역, 1999, 비트의 도시, 김영사).

Murdoch, J., 2006, *Post-Structuralist Geography: A Guide to Relational Space*, London: Sage.

Olalquiaga, C., 1992, *Megalopolis: Contemporary Cultural Sensibilities*, Minneapolis: University of Minnesota Press.

Relph, E., 1976, *Place and Placelessness*, London: Pion (김덕현·김현주·심승희 역, 2005, 장소와 장소상실, 논형).

Rheingold, H., 1993, *The Virtual Community: Homesteading on the Electronic Frontier*, Reading, MA: Addison-Wesley.

Rheingold, H., 2003, *Smart Mobs: The Next Social Revolutionary*, New York: Basic Books (이윤영 역, 2003, 참여군중, 황금가지).

Sennett, R., 1994, *Flesh and Stone: The Body and the City in Western Civilization*, New York: W.W. Norton (임동근·박대영·노권형 역, 1999, 살과 돌, 문화과학사).

Sheller, M., 2004, "Mobile publics: beyond the network perspective", *Environment and Planning D: Society and Space*, 22, 39-52.

Sheller, M. and Urry, J. 2000, "The city and the car", *International Journal of Urban and Regional Research*, 24(4), 737-757.

Soja, E., 2000, *Postmetropolis: Critical Studies of Cities and Regions*, Oxford: Blackwell.

Stelarc, 1998, "From psycho-body to cyber-systems: images as post-human entities", in Dixon, J.B. and Cassidy, E.J. (eds), *Virtual Futures: Cyberotics, Technology and Post-human Pragmatism*, London: Routledge, 116-123.

Thrift, N., 2004a, "Cities without modernity, cities with magic, in Graham", S. (ed.), *The Cybercities Reader*, London: Routledge, 98-103.

Thrift, N., 2004b, "Remembering the technological unconscious by foregrounding knowledges of position", *Environment and Planning D: Society and Space*, 22, 175-190.

Thrift, N., 2008, *Non-Representational Theory: Space, Politics, Affect*, London: Routledge.

Thrift, N. and French, S., 2002, "The automatic production of space", *Transactions of the Institute of British Geographers*, 27, 309-335.

Townsend, A., 2007, "Seoul: birth of a broadband metropolis", *Environment and Planning B: Planning and Design*, 34, 396-413.

Townsend, A., 2008, "Public space in the broadband metropolis: lessons from Seoul", in Aurigi, A. and De Cindio, F. (eds), *Augmented Urban Spaces: Articulating the Physical and Electronic City*, Aldershot: Ashgate, 219-234.

Tuan, Y-F., 1977, *Space and Place: The Perspective of Experience*, Minneapolis: University of Minnesota Press (구동회·심승희 역, 1995, 공간과 장소, 대윤).

Turkle, S., 1984, *The Second Self: Computers and the Human Spirit*, New York: Simon and Schuster.

Urry, J., 2007, *Mobilities*, Cambridge: Polity Press.

Virilio, P., 1997, *Open Sky*, London: Verso.

Virilio, P., 1998a, "We may be entering an electronic gothic era", *Architectural Design*, 68(1/2), 61.

Virilio, P., 1998b, "The vision machine", in Der Derian, J. (ed.), *The Virilio Reader*, Oxford: Blackwell, 134-151.

Webber, M., 2004, "The urban place and the non-place urban realm", in Graham, S. (ed.), *The Cybercities Reader*, London: Routledge, 50-52.

Weiser, M., 1991, "The computer for the 21st century", *Scientific American*, 265(3), 94-104.

Whatmore, S., 1999, "Hybrid geographies: rethinking the 'human' in human geography", in Massey, D., Allen, J. and Sarre, P. (eds), *Human Geography Today*, Cambridge: Polity, 22-39.

Whatmore, S., 2002, *Hybrid Geographies: Natures, Cultures, Spaces*, London: Sage.

Whatmore, S., 2004, "Humanism's excess: some thoughts on the 'post-human/ist' agenda", *Environment and Planning A*, 36, 1360-1363.

Žižek, S., 2001, *Did Somebody Say Totalitarianism?*, London: Verso (한보희 역, 2008, 전체주의가 어쨌다구?, 새물결).

Žižek, S., 2002, *Welcome to the Desert of the Real*, London: Verso (김종주 역, 2003, 실재계 사막으로의 환대, 인간사랑).

Understanding Contemporary Cultural Geographies

제3부

문화지리학의 연구 주제

10. 문학과 지리학의 만남, 문학지리학[*]

청주교육대학교 **심승희**

1) 문학과 지리학을 잇는 끈

  문학은 영어로 literature로서 '기록'을 의미하는 라틴어 'litteratura'에서 유래했다고
한다. 문학은 언어를 매개로 작가가 창작한 주관적 예술 작품이지만, 자연과학과 인문
사회과학이 문학 작품을 연구 대상으로 삼는 이유는 그것이 인간의 삶과 사회적 현상
의 기록이라는 특성을 갖고 있기 때문이다.

  지리학(geography)은 '땅(geo)에 대한 기술(graphy)'이자 '인간과 환경 간의 상호 작
용'을 연구하는 학문이다. 이 때문에 지리학 역시 문학 작품을 연구 대상으로 한 문학
지리학(literary geography)이라는 연구 분야를 구축해 왔다. 대부분의 문학, 특히 소설
은 인물, 배경, 사건을 구성 요소로 창작되는데 배경의 하위 구성 요소 중 하나가 공간
적 배경이며, 많은 문학 작품은 이야기를 이끌어 가는 중요한 요소로 공간을 활용하고
있다. 따라서 지리학은 문학의 이 같은 특성에 끌릴 수밖에 없으며, 문화지리학자 마

---

[*] 본 글은 『문학교육학』 제37호(2012년)에 게재한 논문 "지리학과 지리교육이 문학에 접근하는 방식"을 수정하고
  재구성한 것임.

이크 크랭(Mike Crang)은 "지리학과 문학은 둘 다 장소와 공간에 대한 글쓰기"(1998, 44)라고 지리학과 문학의 공통점을 명시한 바 있다.

문학과 지리학의 오랜 관계를 잘 보여 주는 사례가, 서양 고대 지리학의 아버지 중 한 사람이 『일리아드』와 『오디세이』의 작가 호메로스라는 점이다. 『일리아드』와 『오디세이』는 대서사시이면서 지리서이다(이희연, 1991, 22). 고대 지중해 일대의 땅과 민족에 대한 기록이 담겨 있기 때문이다. 주인공의 이름 오디세우스에서 파생된 오디세이(Odyssey)라는 단어가 '장기간의 방랑, 모험'이라는 의미를 담은 보통명사가 된 것도 여행서로서의 성격 때문이다. 일곱 살 때 읽은 호메로스의 서사시에 매혹되어 트로이 유적 발굴에 헌신하고 마침내 보물을 발견한 행운의 사나이 슐리만이 트로이 유적을 발굴할 수 있었던 것도 호메로스가 서사시 속에 남긴 지리적 단서들에 기초했기 때문이었다(심승희, 2006, 42).

또한 18세기에 출현한 소설은 그 이전의 지배적 문학 형식이었던 서사시나 희곡에 비해 공간적 배경을 더 중요하게 다뤘다. 역사지리학자 다비(Darby, 1948)는 19세기 영국 남부 웨섹스(Wessex) 지역을 배경으로 연작 소설을 발표한 토마스 하디에 이르러 진정한 지역 소설(regional novel)이 탄생했다고 선언했다. 그만큼 문학 작품은 지역의 묘사에 일정한 역할을 해 왔다.

또한 작가들은 소설이나 시 같은 창작 문학을 통해서뿐만 아니라 탁월한 문학적 감수성을 바탕으로 직접 지역을 관찰하고 기술하는 지리학자의 역할까지 겸하고 있다. 1980년대 판 『동국여지승람』이라 일컬어지던 인문지리서 『한국의 발견』(뿌리깊은나무 편, 1985) 시리즈는 지리학자뿐 아니라 국문학자, 역사학자, 민속학자, 기자들도 참여했지만 윤후명 같은 소설가도 참여했다. 또한 소설가 박태순의 『국토와 민중』(1983)이나 시인 강제윤의 『섬을 걷다』(2008) 등도 기행 에세이류의 창작 문학이면서 일종의 지리서이다. 시인 강제윤(2008, 7)은 "어쩌면 우리는 배를 타고 섬으로 가는 마지막 세대가 될지도 모른다. 끝내는 소멸해 버릴 섬들, 섬의 풍경들, 그 마지막 모습을 포획하기 위해 다시 섬으로 간다."라고 책의 집필 동기를 밝히고 있다. 이 시인의 모습에서 지리학자의 모습이 겹쳐 보인다.

지리학이 일찍부터 문학과 작가에 관심을 가져온 것은 바로 이러한 배경 때문이다. 프랑스 인문지리학의 초석을 다진 비달 드 라 블라쉬(Vidal de La Blache)는 『오디세 이』의 지리에 관한 짧은 글을 쓴 바 있으며, 근대 지리학의 아버지인 폰 훔볼트(Von Humboldt) 역시 『코스모스(Cosmos)』(1847)에서 문학과 회화에 대한 흥미로운 통찰을 제시한 바 있다고 한다(Brosseau, 2009, 212). 문학지리학(literary geography)이라는 용어를 처음으로 사용한 지리학자는 1907년 영국의 샤프(Sharp)로서, 여러 소설가의 소설 속에 나타난 지역을 지도화하여 만든 단행본의 제목으로 사용했다(이은숙, 1992, 149). 하지만 문학 작품 속 공간의 지도화로서의 문학지리학이 아니라, 문학 작품이 지리학적 연구에 실질적으로 활용될 수 있는 자료의 원천(sources)이 될 수 있음을 분 명하게 밝힌 지리학자는 라이트(Wright)였다(Brosseau, 2009, 212). 라이트(Wright, 1926)는 지리학의 역사는 학자들에 의해 엄밀한 학문적 방법론에 따라 수행된 과학적 지리학뿐만 아니라 보통 사람들의 지리적 관심과 생각, 활동, 즉 비과학적 지리학까지 포괄해야 한다고 주장했다. 이때 보통 사람들의 지리적 관심과 활동을 보여 주는 하나 의 매체가 문학이라고 주장했다. 하지만 1970년대 이전까지만 해도 문학 작품에 대한 지리학자들의 관심과 연구 성과는 상당히 미미하고 산발적이었다.

문학지리학이 지리학 내 하위 연구 분야로서 일정한 자리를 잡게 된 것은 1970년대 부터인데, 그 계기는 1974년 미국지리학회(AAG) 연례학술대회에서 솔터(Salter)의 주 도로 구성된 '문학에서의 경관(Landscape in Literature)'이라는 분과 위원회였다. 그 이후부터 본격적으로 축적된 문학지리학에 대한 연구 성과는 1977년 솔터와 로이드 (Salter & Lloyd)가 편집 책임을 맡아 출간된 『문학 속의 경관(Landscape in Litera-ture)』인데, 이 책의 핵심적 주장은 문학 작품이 경관에 대한 의미를 발견하는 데 유용 한 자료가 될 수 있다는 것이다(이은숙, 1992). 이를 바탕으로 이은숙(1992, 149)은 문 학지리학을 경관에 대한 해설로서의 문학 작품이나 또는 지리학적 현상으로서의 문학 작품을 연구하는 것이라고 정의내린 바 있다.

하지만 '지리학적 현상으로서의 문학 작품을 연구하는 것'이라는 문학지리학의 정의 는 상당히 포괄적이고 추상적이다. 따라서 지리학적 현상으로서의 문학 작품을 어떤 관점이나 어떤 방법론에 따라 접근하느냐에 따라 다양한 유형의 문학지리적 연구 결과를 도출할 수 있다. 본 글에서는 그동안 문학지리학이란 이름으로 지리학이 문학에 접근해 온 방식을 몇 가지로 분류한 뒤 그 구체적 연구 사례를 소개하고자 한다.[1]

지리학이 문학에 접근하는 방식에 대해서는 인본주의 지리학자 투안(Tuan, 1978)이 두 가지로 나누어 제시한 바 있다. 하나는 문학 작품을 객관적으로 이용하는 방식인데 문학 작품으로부터 특정 공간에 대한 사실적 자료를 수집하는 방법이다. 다른 하나는 문학 작품을 주관적으로 이용하는 방식인데 문학 작품으로부터 환경과 경관에 대한 인간의 감정, 관점, 태도, 가치에 관한 지식을 획득하는 방법이다(이은숙, 1992, 160에서 재인용). 국내 지리학계에서는 최초로 문학지리학의 역사와 이론적 논의들을 소개한 이은숙(1992) 역시 투안(Tuan, 1978)의 두 가지 방식을 적용하여 그 하위 영역을 구체적으로 제시한 바 있다.

지리학이 문학에 접근하는 또 다른 방식으로는 문학지리학의 발달 과정에 따라 유형화한 브로소(Brosseau, 2009)의 분류법이 있다. 브로소는 문학지리학을 1970~1980년대의 문학지리학과 1990년대 이후의 문학지리학으로 양분했다. 구분의 기준은 문학 작품이 담고 있는 지리적 내용이 실제의 지리적 현상을 '반영'하는 텍스트라고 보느냐, 아니면 문학 작품에 담긴 지리적 내용이 실제의 지리적 현상을 '구성'하는 매체나 담론이라고 보느냐에 있다. 이 기준에 의하여 문학지리학의 접근법을 양분하고, 다시 전반기인 1970~1980년대의 문학지리학을 각각 지역지리적 접근, 인본주의적 접근, 급진적·유물론적 접근으로 세분하였으며, 후반기인 1990년대 이후의 문학지리학을 신문화지리학의 발달과 함께 복잡하고 다양해진 연구 주제에 따라 대안적인 인식론적 접근과 비판적 접근으로 세분하였다.

국내에서는 심승희(2001)가 브로소처럼 문학지리학의 발달 과정에 따라 문학지리학의 접근 방식을 지리적 사실을 담고 있는 창고로서의 문학과 지리적 세계를 변화시키는 담론의 힘으로서의 문학으로 분류했다. 이후 심승희(2006, 2012)는 이 두 가지 분류 방식을 '장소 기억하기'로서의 문학과 '장소 만들기'로서의 문학으로 재명명한 바 있다. 이 같은 분류 방식은 문학의 영역에서도 마찬가지인 것으로 보인다. 고전문학자 염은

열(2010)은 조선 시대 금강산 가사 작품들의 분석을 통해 문학이 지리적 상상력을 추체험하게 할 수 있으며(이는 장소 기억하기로서의 문학이다), 나아가 문학이 장소 정체성의 형성 및 재생산에 관여한다(이는 장소 만들기로서의 문학이다)는 점을 강조하고 있다.

이 글에서도 지리학이 문학에 접근하는 방식을 '장소 기억하기'로서의 문학과 '장소 만들기'로서의 문학으로 나누고 각각의 접근 방식이 다시 구체적 연구물들을 통해 어떻게 세분될 수 있는지 보여 주고자 한다. 그런데 본래 '장소 기억하기'라는 명명은 '장소 기록하기'라는 의미를 문학적으로 표현한 것인데, '기억'이라는 단어가 '기록'이라는 단어보다 훨씬 많은 의미를 함축하여 과잉 해석될 위험이 있으므로, 여기서는 '장소 기록하기'로 재명명하고자 한다.

2) '장소 기록하기'로서의 문학

지리학이 문학을 일종의 장소 기록하기로 본다는 것은 문학이 '지리적 사실'을 담고 있는 기록물이라는 점에 주목한 것이다(심승희, 2006, 42). 또한 문학의 바로 이러한 특성 때문에 지리교육에서 문학 작품을 지리 교재로 많이 활용하고 있다(Brosseau, 2009, 212; 심승희, 2012). 그런데 지리학자들이 문학 작품에서 읽어 내는 '지리적 사실'이 구체적으로 무엇이며, 이 지리적 사실에 접근하는 방식이 어떠한가에 따라 실증주의적 접근, 인본주의적 접근, 구조주의적 접근으로 나누어 볼 수 있다.

(1) 실증주의적 접근

문학지리학의 실증주의적 접근이란 문학이 담고 있는 지리적 사실을 객관적인 사실로 제한하며, 인간이 장소에 대해 느끼는 감정이나 정서 등은 연구 대상에서 제외한다는 의미이다. 그런데 문학이 담고 있는 객관적인 지리적 사실은 다시 문학 작품 속의 지리적 사실과 문학 작품 밖의 지리적 사실로 나눌 수 있다.

① 문학 작품 속의 지리적 사실

지리학은 일찍부터 문학 작품 속에 기술된 객관적인 지리적 사실을 발췌하여 실증적 자료로 사용해 왔다. 특히 이런 접근은 지리적 연구물이 축적되지 못한 먼 과거의 지리적 현상을 연구할 때 많이 적용된다. 그래서 지리학의 하위 영역인 기후학은 기상 관측 자료가 없는 고기후의 특성을 밝히고자 할 때 문학 작품을 포함한 각종 문헌 및 예술 작품에 나타난 기후 관련 자료를 자주 활용한다. 예를 들어 중세 바이킹족의 전설인 『붉은털 에리크의 전설(saga)』을 통해 AD 900~1300년대까지 스칸디나비아의 바이킹족이 그린란드에 정착해서 살았을 만큼 기후 환경이 양호해 중세 최적기를 이룬 시기였다는 증거를 찾을 수 있다(Lamb, 1995; 김종규 역, 2004). 김연옥(1985) 역시 우리나라 고기후의 특성을 추적하기 위하여 『삼국사기』 등의 사료를 비롯하여, 속담, 전설, 일기류, 문학 작품, 기행문 등을 자료로 사용하였다.

문학 작품을 객관적인 지리적 사실로서 많이 접근하는 또 다른 분야가 특정 지역의 역사지리학이다. 이 때문에 브로소(Brosseau, 2009)는 문학지리학의 발달 단계에서 첫 번째 단계를 지역지리적 접근으로 꼽았다. 역사지리학자 다비(Darby, 1948)는 토마스 하디의 웨섹스 지역 관련 소설들을 통해 과거 웨섹스 지역의 지리를 복원하고자 하였다. 정치영(2003a) 역시 조선 시대의 『유산기(遊山記)』를 통해 당시 지리산지의 촌락 경관을 복원하는 연구를 수행하였다. 송성대(2010)는 우리나라와 중국 간 이어도를 둘러싼 영유권 분쟁에서 중국 측이 근거 자료로 제시하고 있는 『산해경』 속의 지명이 실제 이어도가 아님을 주장하고 있다. 이러한 접근 역시 문학 작품을 객관적인 지리적 사실로 활용한 예이다.

또한 특정 시대, 특정 공간과 관련된 여행 문학을 분석함으로써 당시의 여행 문화를 연구한 일종의 여행지리적 연구물도 있다. 정치영(2003b; 2005; 2009)은 조선 시대 사대부들이 남긴 유산기를 금강산, 청량산, 지리산 등 여행지별로 나누어 여행자의 성격, 동기, 여행의 경로, 여행의 방식을 비교 분석하였다.

이처럼 문학 작품 속에 나타난 객관적인 지리적 사실을 통해 지리적 연구를 수행하는 접근에 대해 투안은 별로 바람직하지 않다고 했다. 이는 문학 작품의 가치를 최선으로 이용한 것이 아니라고 보았기 때문이다. 지리학자들은 사료가 거의 없는 먼 과거 시대를 연구하는 것이 아니라면, 문학 작품보다 훨씬 객관적이고 전문적인 공식적 정보를 활용할 수 있다(Tuan, 1978; 이은숙, 1992, 159에서 재인용). 스리프트(Thrift, 1978) 역시 문학 작품은 하나의 완결된 예술 작품이기 때문에 전체로서 이해되어야 하는데, 지리학자들이 지리적 요소만을 쪼개어 목록화하는 오류를 범하고 있다고 비판한 바 있다. 이처럼 문학 작품을 객관적인 지리적 사실로서만 접근하는 방식은 문학 작품 전체의 맥락에서 단편적 지식만을 추려냄으로써 비맥락적으로 활용하는 한계가 있다.

② 문학 작품 밖의 지리적 사실

문학 작품을 객관적인 지리적 사실로 접근하는 또 다른 방법은 문학 작품의 생산과 관련된 지리적 사실을 탐구하는 것이다. 여기서는 이러한 접근을 문학 작품 밖의 지리적 사실을 다루는 접근이라고 명명하였다. 이 접근에 대해서는 한 지리학자의 질문, 즉 "왜 19세기에 지리적 배경 묘사가 중요시되는 사실주의 문학이 출현했을까?"라는 질문(Brosseau, 1994)이 중요한 단초를 제공해 준다. 이 질문에 대한 답변은 분명 당시 유럽의 지리적 영역 확대와 그에 따른 지리 지식의 확대 속에서 검토해 보아야 할 것이다(심승희, 2001, 71). 결국 이 접근은 지리적 환경이 문학 작품의 생산에 어떤 영향을 주었나를 밝히는 것이다.

이와 관련된 연구로 미첼(Mitchell, 1987)은 영국과 미국, 캐나다 문학의 성격을 각 나라의 자연 환경과 관련지어 설명하고자 했다. 예를 들어 영국은 섬나라이기 때문에 영국 문학 작품에서는 고립적이면서도 통합적인 세계관이 나타나며 민감한 사회적 관계를 주로 다룬다고 했다. 반면 미국의 초기 문학 작품에는 신대륙의 황무지를 정복하고 길들이는 슈퍼맨 같은 영웅이 많이 나타나며, 캐나다의 경우 추위와 얼음이라는 적대적 자연 속에서 고립되고 소외된 왜소한 인간을 다루는 문학 작품이 많다고 주장했다. 사실 미첼의 연구는 인간(문학)-환경 관계에 대해 무리한 일반화를 시도하고 있어서 동의하기 어렵다. 하지만 지리학자들은 문학 작품과 자연 환경 간의 관계에 많은 관심을 갖고 있고, 이를 설명할 수 있는 고리를 찾아내고자 한다.

지리적 환경이 문학 작품의 생산에 미친 영향에 대한 또 다른 접근으로, 과학 기술의 발달에 따른 지리적 세계의 확대가 문학 작품에 어떤 영향을 주었는가에 대한 연구가 있다. 사례 연구로는 서구 제국주의의 발흥에 따른 지리적 세계 및 지리적 지식의 확대가 근대 모험 소설과 어떤 관계를 맺고 있는지를 다룬 이희상(2008)의 연구가 있다. 프랑스의 작가 쥘 베른은 『기구를 타고 5주일』(1863), 『지구 속 여행』(1864), 『지구에서 달까지』(1865), 『해저 2만 리』(1870), 『80일간의 세계 일주』(1873), 『15소년 표류기』(1888) 등 엄청난 양의 모험 소설을 썼으며 상업적으로도 성공했다. 쥘 베른의 모험 소설은 19세기 당시의 과학적 성과나 기대가 반영되어 있다는 점에서 과학 소설의 성격도 가지고 있다. 즉 그의 소설은 과학의 발달에 따른 지상, 지하, 해상, 해저, 공중, 우주 세계 등 다양한 미지의 세계로의 공간적 이동과 확장을 다루고 있다. 특히 『80일간의 세계 일주』는 19세기 새로운 교통수단의 발달에 따른 '시-공간 압축' 현상에 대한 이야기이다. 실제로 베른은 전 세계의 지리적 사실과 현상에 많은 관심을 갖고 있었으며, 자신의 지리적 관심과 지식을 그의 수많은 소설에서 드러냈다(이희상, 2008).

이종찬(2012)은 19세기의 대표적 자연과학자였던 알프레드 월리스(Wlfred Wallace)의 열대성에 대한 생물지리학적 인식이 영국의 소설가 조셉 콘래드(Joseph Conrad)의 『올메이어의 우매함』, 『섬에서 추방된 사람들』 같은 동남아시아 작품 세계에 어떤 영향을 미쳤는지를 규명하기도 했다. 그에 따르면 콘래드는 『말레이 군도(Malay Archipelago)』에 나타난 월리스의 생물지리학적 사유에 근거하여 열대의 식생이 만들어내는 정확하고, 조화롭고, 아름다운 유기체적 자연의 거대한 힘의 균형을 문학적으로 형상화하였다.

또 다른 사례로는 교통수단의 발달이 문학 작품 읽기에 어떤 영향을 주었는가에 대한 연구가 있다. 비록 지리학자는 아니지만 독일의 인문학자인 볼프강 쉬벨부쉬(Wolfgang Schivelbusch)는 철도가 우리의 시간과 공간을 어떻게 변화시켰는지를 연구했다 (Schivelbusch, 1977; 박진희 역, 1999). 그에 따르면 철도 여행이 보편화된 19세기 중반 무렵에는 여행 중의 독서가 문화적으로 확고하게 자리 잡게 되었다. 왜냐하면 "여행자는 열차 칸에 들어서자마자 아무 일도 못한다는 선고를 받게 된다. … 아세트와 동료는 장시간의 여행이 가져다주는 이 강요된 무위와 지루함을 모든 이들의 유희와 학습 시간으로 바꾸어 놓는 아이디어를 개발했다. 그들은 편안한 형식과 저렴한 가격으로 제공되는 흥미 위주의 작품을 갖춘 철도역 서점의 건립"(박진희 역, 1999, 89)을 생각해 냈기 때문이다. 이러한 맥락에서 영국에서는 1840년대 철도역 서점 조직과 도서 대여 거래 조직도 생겨났다. 또한 런던 루틀리지(Routledge) 출판사는 이 새로운 수요를 만족시키기 위하여 쿠퍼, 호돈, 뒤마 등의 소설로 구성된 '철도 총서'를 발간하기 시작했으며, 머레이(Murray) 출판사는 '열차용 문학'을 제공하였는데 유용한 안내와 건전한 오락이 함께하는 작품들로 구성되었다(박진희 역, 1999, 87-88). 이런 철도 소설이 교통수단의 발달에 따라 새롭게 변신한 형태가 공항 소설(airport novel)이다.

이와 같은 지리적 환경과 문학 작품의 생산에 관한 접근은 많은 지리학자가 매력을 느끼는 주제이다. 이는 인간–환경 관계라는 지리학의 전통적 연구 주제 중 하나이기 때문이다. 하지만 이런 접근의 연구물은 의외로 많지 않다. 미첼의 연구에서 보았듯이 예술 작품으로서의 독창성과 상상력을 가진 문학 작품의 생산과 지리적 환경과의 관계를 실증적으로 증명해 내기에는 무리한 일반화의 위험과 어려움이 따르기 때문이다.

실제로 지리학 내에서 문학 작품을 대상으로 한 연구물이 활발히 생산되는 분야는 다음에서 다루게 될 인본주의적 접근과 구조주의적 접근이다.

(2) 인본주의적 접근

전통적으로 지리학은 지표면에 가시적으로 드러난 지역의 경관을 연구 대상으로 삼아 왔다. 따라서 비가시적(非可視的)인 것, 즉 인간이 땅을 어떻게 경험하고, 지각하고, 인지하는지, 그리고 땅에 어떠한 의미를 부여하는지 등을 학문적 연구 대상으로 명시하지는 않았다. 물론 훔볼트나 사우어(Sauer) 같은 지리학의 거두들도 인간이 땅에 대해 느끼는 경험이나 감정, 지각을 연구할 필요가 있음을 인정하였으나, 실제 이를 지리학 내에서 일정 부분을 차지하는 연구 영역으로 설정해야 한다고까지는 주장하지 않았다.

그러나 1947년 미국 지리학회 회장으로 취임한 라이트는 회장 취임 연설에서 지리학은 이제까지 발견되지 않은 '미지의 세계(terra incognitae)'를 탐험해야 한다고 주장했다. 그가 말한 미지의 세계란 사람들이 경험하고 학습하고 느끼고 있는 땅으로서, 지리학적 상상력과 미학적 상상력이 결합된 주관적 세계이다. 그는 이 미지의 세계를 탐험하기 위해서는 작가들이 진실을 효과적으로 표현하기 위해 창작한 소설이나 서사시를 활용할 필요가 있다고 역설했다(Wright, 1947). 라이트는 흥미롭게도 어머니와 형이 유명한 작가로서 문학에 친숙한 분위기 속에서 성장한 지리학자였다. 라이트의 주장이 지리학계에 큰 반향을 일으키기는 하였으나, 실제로 후속 연구가 그나 그의 후학을 통해 의미 있게 생산되지는 못했다.

지리학에서 인간의 장소 경험을 이해하기 위한 수단으로 문학 작품을 활발히 연구하기 시작한 것은 실증주의 지리학을 비판하며 등장한 1970년대 인본주의 지리학자들에 의해서였다. 인본주의 지리학자들이 생각하는 지리란, 인간이 고려되지 않거나 또는 계량화를 위해 표준화된 인간을 전제한 상태에서 지리적 사실을 탐구하는 것이 아니라, 누군가가 존재하는 장소이고 사람들이 기억하는 장소나 경관이다. 지리란 우선적으로 의미로 가득 찬 세계를 심오하고 직접적으로 경험하는 것이며, 인간 실존의 기초 같은 것이다. 이러한 인간의 직접적인 장소 경험을 이해할 수 있는 통로로 문학만큼 훌륭한 안내자도 없다(Relph, 1976; 김덕현·김현주·심승희 역, 2005).

소설가는 보통 사람들이 표현하기 어렵고 무의식 속에 숨어 버려 의식 밖으로 끌어내기 어려운 '불완전한 경험'에 목소리를 부여하며(Tuan, 1976), 장소에 대한 통찰을 제공한다. 또한 문학 작품은 작가의 상상력에 의한 허구이지만 "허구적 진실은 단순한 사실을 초월하는 진실이다. 허구적 실재는 물리적인 일상적 실재를 초월하며 그보다 더 많은 진실을 내포하고 있다."(Pocock, 1981) 그뿐 아니라 문학 작품은 작가 개인의 주관적 경험의 산물이기 때문에 인간의 보편적인 장소 경험을 이해하기 어렵다는 비판에 대해서도 "보편적인 것을 이해하는 데 특수한 것을 이용"(Entrikin, 1996) 할 수 있다는 논리를 편다. 이러한 관점 속에서 인본주의 지리학자들은 장소에 뿌리 내림과 장소로부터 뿌리 뽑힘, 일정 영역에 대한 심리적 내부성과 외부성 같은 장소와 인간과의 애착·유대를 통한 장소감이나 장소 정체성 형성을 연구하는 데 문학 작품을 많이 활용했다(심승희, 2001, 72). 예를 들어 렐프(Relph, 1976)는 프랑스의 작가 카뮈가 알제리의 도시 오랑에 대해 쓴 에세이를 통해 장소의 정체성을 구성하는 기본 요소와 요소 간의 관계를 분석했다.

또한 투안이나 렐프를 포함한 많은 인본주의 지리학자들은 집(넓게는 고향)을 인간 실존의 근원이자 인간 정체성 형성의 토대이며, 애착과 뿌리 내림이란 감정의 대상이자, 의미의 중심으로 보았다(Cresswell, 2004, 24). 이 때문에 인본주의적 접근을 취한 문학지리 연구로는 집이나 고향에 대한 주제가 많다. 투안(Tuan, 1977)이나 렐프(Relph, 1976) 역시 소설이나 희곡, 수필 등을 통해 인간이 집이나 고향에 대해 느끼는 보편적이면서도 다양한 장소감을 보여 주었다.

국내에서는 이은숙(2004)이 해방 전 재미 한인 이민 문학을 통해 그들의 고향 인식을 분석한 바 있다. 김진영(2011)은 단순히 소설 속에 나타난 집, 고향 이미지의 분석을 넘어, 장소성(=장소감) 프로세스라는 분석 도구를 개발하여 소설 『토지』 속 평사리의 장소성을 분석하였다. 즉, 인간, 경험 양식, 물리적 환경을 장소성 형성의 3요소로 설정하고, 경험 양식을 다시 지각과 감정, 애착, 의례로 세분하는 장소성 분석 방법을 사용하였다. 이러한 시도는 문학 작품 속에 나타난 장소감 분석을 통해 인간-환경의 관계에 대한 이해의 지평을 넓히려는 보다 진전된 인본주의적 접근이라고 볼 수 있다.

브로소(Brosseau, 2009, 213)는 이 같은 인본주의적 접근이 지리적 탐구에 있어서 문학의 유용성을 구체적으로 보여 주었고, 이를 통해 인문 및 문화지리학의 의제에 문학 작품 연구가 확고히 자리 잡게 되었다고 평가했다.

(3) 구조주의적 접근

인본주의적 접근은 인간의 장소 경험이 가진 보편성과 고유성(사람마다 다른 장소감을 가질 수 있다)을 이해하는 데 많은 기여를 했다. 하지만 인본주의적 접근의 한계는 인간의 장소 경험을 개인이나 공동체 수준에서 접근하는 경향이 강하다는 점이다. 그러나 실제로 우리의 삶은 공동체의 범위를 넘어 자본주의, 산업화, 도시화, 정보 통신 기술 등 다양한 사회 구조적 요인에 의해 변화하고 있으며, 자신이 속한 계급, 성(gender), 인종, 민족, 국가 등 다양한 사회 집단을 통해 공간을 바라보고 경험한다. 그래서 다양한 사회 구조적 요인을 통해 변화하는 지리적 현상과 사람들의 장소 경험을 이해하고자 하는 구조주의적 접근이 대두하게 되었다. 그러나 그레고리(Gregory, 1980)의 지적처럼 구조주의적 접근은 인본주의적 접근을 배제하지 않고 결합시킴으로써 객관적인 사회 구조와 주관적인 개인의 의미 세계가 상호 작용하면서 나타나는 지리적 현상과 인간의 장소 경험을 연구 대상으로 삼았다.

산업화나 도시화 같은 근대화는 지리적 환경을 엄청나게 변화시켰고 그에 따른 사람들의 장소 경험 역시 심대한 변화를 가져왔다. 이 변화에 대해서는 지리학뿐만 아니라 문학에서도 폭넓은 관심을 갖고 관련 주제들을 탐구했다. 따라서 도시화나 산업화를 연구하는 지리학적 연구물 중에는 문학 작품을 분석 대상으로 삼는 경우도 있는데, 보통 구조주의적 접근은 문학 작품을 선택할 때부터 도시화나 산업화를 주제로 한 문학 작품을 선택하기 때문에 작품의 일부만을 활용하는 경향이 있는 실증주의적 접근에 비해 문학 작품을 전체적으로 활용하는 경향이 강하다.

버치(Birch, 1981)는 토마스 하디의 웨섹스 소설을 대상으로 산업화와 도시화로 인한 농촌 공동체의 붕괴와 그로 인한 장소감의 변화를 분석하였다. 버치는 하디의 웨섹스 소설을 초기작과 후기작으로 나누어 소설의 주요 공간적 배경을 지도화하였다. 초기작들은 산업화와 도시화가 본격적으로 이루어지기 전 시대로서 공간적 배경이 자연 지역 또는 작은 지역 내에 고정되어 있는 반면, 후기작들은 등장인물이 더 넓은 지역으로 공간적 이동을 하는 사건이 자주 등장한다. 이에 따라 등장인물들의 삶 역시 역동적으로 변화한다. 후기작 『테스』의 주인공인 테스는 블랙무어 계곡에서 안정된 어린 시절을 보내지만, 가족이 토지를 잃게 되어 알렉 더버빌이라는 신흥 부자가 살던 트란트릿지에 고용 노동자로 갔다가 순결을 잃는 비극을 맞는다. 또한 플린트컴 애쉬에서 비참한 이동 노동자 생활을 하다가 철도 교통으로 발흥한 신흥 도시 샌드본에서 살인을 저지르게 된다. 이 같은 테스의 비극적 삶의 배경에는 자본주의의 발달에 따라 나타난 엔클로저 운동으로 많은 소작농이 토지를 잃고 신흥 부르주아 농장주 밑에서 이동 노동자로 일하거나 철도 교통 등으로 발달한 도시로 이주하여 도시 빈민으로 살아가게 된 실제의 사회적·지리적 현상들이 반영되어 있다.

이은숙·김희순·정희선(2008)은 우리나라 수도권을 공간적 배경으로 창작된 1950년 이후의 도시 소설을 통해 수도권의 도시화에 따른 공간적 변화와 삶의 모습을 분석하였다. 사실 수도권의 도시화에 관한 연구는 실증적 자료가 상당히 많아 굳이 문학 작품을 연구 대상으로 삼을 필요가 없다. 그러나 연구자들은 도시 소설이 통계 자료나 정량적 분석으로 제시할 수 없는 사실을 상세히 보여 주고 장소의 의미를 그곳 주민의 입장에서 심도 있게 이해할 수 있는 기회를 제공하기 때문에 분석 대상으로 삼았다고 밝히고 있다. 지리학자는 아니지만 건축학자인 박철수(2006)와 장림종·박진희(2009) 역시 우리 문학 속에 표현된 아파트에 대한 분석을 통해 우리나라에서 아파트가 어떻게 도입되고 확산되었으며, 아파트라는 주거 유형을 사람들이 어떻게 받아들였고, 이후 우리나라에서 아파트가 가지는 권력과 상징이 어떤 변화를 겪었는지 보여 주었다. 이 같은 구조주의적 접근은 학교에서 가르치는 지리 과목에서 상당한 비중을 차지하는 산업화, 도시화 주제를 많이 다루고 있기 때문에 이 분야의 연구 성과가 지리교육에서 활발히 활용되고 있다.

엄밀하게 말하면 실증주의적 접근이나 구조주의적 접근 모두 문학 속에 표현된 객관적인 지리적 현상을 분석한다는 점에서는 유사하다. 여기서 실증주의적 접근과 구조주의적 접근을 나눈 기준은 다음과 같다. 문학 속에 기술되고 있는 특정 지역에 대한 구체적인 지리적 사실에 초점을 맞춘 연구는 실증주의적 접근으로, 반면 산업화나 도시화 같은 보편적인 지리적 현상을 만들어 내는 사회적 메커니즘에 주목한 연구는 구조주의적 접근으로 분류하였다. 이 기준에 따른다면, 앞에서 실증주의적 접근의 한 유형으로 분류한 '문학 작품 밖의 지리적 사실'에 주목한 문학지리적 연구는 실증주의적 접근과 구조주의적 접근 사이에 걸쳐 있다고 보는 것이 타당할 것이나, 편의상 실증주의적 접근에서 소개하였다.

(4) '장소 기록하기'로서의 문학이 가지는 한계

이처럼 문학 작품을 장소에 대한 기록(구체적인 지리적 사실, 인간의 장소 경험, 사회 구조와의 관계 속에서의 지리적 세계의 변화)으로 접근하는 방식은 지리학 및 지리교육에서 유용하게 활용되고 있다. 하지만 이런 식의 접근에 대한 한계와 비판도 존재하는데 브로소(Brosseau, 2009, 213-214)는 이를 다음과 같이 정리하였다.

이 접근에 대한 핵심적인 비판은 문학 작품을 지리학이 기존에 정립한 지리적 가정(假定)이나 인식론적 관점을 재확인하거나 구체적으로 기술하는 '도구'로 활용할 뿐이라는 것이다. 더구나 이 접근에서는 문학의 허구적 차원이 별로 문제되지 않거나 중요하지 않게 취급되어, 연구자가 주장하고자 하는 사회과학적 논리를 입증하는 데 필요한 텍스트만을 문학 작품 속에서 추출하여 가공할 뿐이다. 이는 결국 문학 텍스트의 본질적 특성인 밀도, 복잡성, 모호성을 무시하는 것이며, 지리학자들이 문학 작품 연구를 통해 전통적인 지리학적 관점에 의문을 제기하고 새로운 지리학적 질문과 그 답을 찾는 방법을 생산해 내지 못한 이유이기도 하다.

지리학자들은 문학의 담론적 차원, 다시 말해 시, 수사학, 표현법 같은 언어적 특성과 문학적 관례, 장르, 구성, 서사 구조 같은 형식이 문학비평가나 문학이론가의 영역이지 지리학자의 영역은 아니라고 치부해 왔다. 그래서 대부분의 지리학자들은 문학 텍스트가 전달하고자 하는 메시지를 읽어 내는 일이 별 문제없는 단순한 작업이라고 보았으며, 따라서 특별한 지리학적 독해를 시도할 필요성 또한 느끼지 않았다. 따라서 이런 접근의 지리학자들은 문학 작품을 단순히 현실을 그대로 모방하는 커뮤니케이션의 영역으로 보았을 뿐, 재현의 영역에 속한다는 점을 간과했다. 그러나 1990년대 들어 신문화지리학이 발달하면서 많은 지리학자들은 문학 작품이 가진 재현과 텍스트성 (textuality)의 문제로 관심을 돌리게 되었다. 이러한 접근을 여기서는 '장소 만들기'로 서의 문학이라고 명명하였고, 이 접근이 다음 장에서 다뤄질 주제이다.

3) '장소 만들기'로서의 문학

1990년대부터 문학지리학은 크게 세 가지 변화를 겪게 되었다. 하나는 정규화(nor-malization)인데 문학 작품이 지리학적 연구의 대상으로 활용되는 사례가 보편화되고 정규화되었다. 두 번째는 세련화(sophistication)로서 문학지리학의 연구 방법이 문학 이론과 페미니즘, 포스트구조주의, 포스트식민주의 같은 비판 이론의 영향을 받아 세 련화되었다. 세 번째는 다양화(diversification)로서 문학지리학의 연구 대상으로 삼는 문학 작품의 범위가 도시 소설, 아동 소설, 범죄 소설, 과학 소설, 판타지 소설, 시, 만 화 등으로 폭넓어졌다. 이러한 변화는 담론과 텍스트성에 관심을 갖게 된 인문 및 문 화지리학의 연구 사조와 연결되어, 허구와 실재 그리고 지리학적 담론과 문학적 담론 간의 불분명한 경계를 의제화하게 되었다. 또한 이러한 변화는 현대의 지리학이 문학 작품에 어떻게 접근하고 있는가를 하나의 일관된 그림으로 그리기 어렵게 되었음을 의미하기도 한다(Brosseau, 2009, 214).

그럼에도 불구하고 문학지리학의 변화에서 가장 중요한 흐름을 잡는다면, 그것은 문 학에 대한 구성주의적 접근이라고 볼 수 있다. 구성주의적 접근은, 문학 작품이 지리 적 세계를 있는 그대로 반영하기만 한다는 관점에 이의를 제기한다. 문학 작품은 세 계를 바라보는 관점을 제공한다. 세계를 바라보는 관점을 제공한다고 해서 문학 작품 의 주관적 특성만을 말하는 것은 아니다. 오히려 문학 작품은 사회적 산물이고 사회적 의미화 과정이다. 따라서 문학 작품은 지리적 세계를 구성하는 사회적 매개이다. 특 정 시대 사람들의 이데올로기와 신념이 문학 작품을 만들어 내기도 하지만 역으로 문 학 작품에 의해 특정 시대 사람들의 이데올로기와 신념이 만들어지기도 한다. 예를 들어 근대적 도시 경험에 대한 다양한 관점과 스타일의 문학 작품은 근대 도시에 대한 다양한 상상의 지리를 창조하며, 독자들은 이 상상의 지리를 통해 근대 도시의 특성을 이해하고 경험하며, 이 과정 속에서의 실천을 통해 특정한 근대 도시의 모습을 형성하기도 한다. 이에 따라 19세기 중엽 프랑스의 시인 보들레르가 창조한 만보객(漫步客, flâneur)이라는 근대적 인물은 사람들에게 근대 도시 파리를 바라보고 경험하는 한 가지 방법을 보여 주었을 뿐 아니라, 그 자체로 근대 도시의 한 특성을 형성하기도 했다 (Crang, 1998). 문학과 지리적 세계 간의 이 같은 상호 구성적 특성에 대해 스리프트 (Thrift, 1981)는 다음과 같이 정리한 바 있다.

장소 경험을 문학적으로 형상화하는 것 즉 문학 작품 쓰기와 장소의 의미를 문학적으로 경험하는 것 즉 문학 작품의 독해를 통한 장소 경험은 둘 다 왕성한 문화적 창조와 파괴 과정의 일부이다. 이 과정은 한 사람의 작가에서 시작하는 것도, 멈추는 것도 아니다. 또한 텍스트 안에 있지도 않으며 작품의 생산과 확산 과정 속에 있지도 않다. 이 과정은 독자들의 어떤 패턴이나 성격에 따라 시작하는 것도 멈추는 것도 아니다. 이 과정은 이 모든 것, 그리고 그 이상의 것의 결과이다. 이것들은 항상 나선형적인 의미화의 역사가 축적된 것이다.(Thrift, 1981)

문학의 이러한 구성적 특성을 '장소 만들기'라고 명명할 수 있는데, 여기서는 장소 만들기로서 문학의 영향력이 실제 세계에서 두드러지게 나타나는 두 유형을 소개하고자 한다. 하나는 장소에 대한 시선을 형성하는 문학이고 다른 하나는 장소를 물리적으로 변화시키는 문학인데, 실제로는 이 두 유형이 중첩되어 나타나는 경우가 많다.

(1) '장소에 대한 시선'을 형성하는 문학

작가들은 작품 속에서 장소를 재구성하려고 시도한다. 그 결과물인 특정 문학 작품이 대중성을 갖게 되면 그 문학 작품에서 묘사된 장소에 대한 시선이 작품 자체를 벗어나 실제의 장소를 대표하는 정체성이 되기도 한다. 예를 들어 디킨즈의 런던, 박태원의 경성, 이문구의 관촌, 김용택의 섬진강, 신경림의 남한강처럼 특정 장소가 작가에 의해 재현되는 과정에서 특정한 지리적 상상력을 구성하게 되면, 그 결과 특정한 장소 정체성이 형성된다. 즉 그동안 사람들에게 인식되지 못했던 다양한 장소의 정체성과 의미가 작가에 의해 생생하게 생산되는 것이다.

지리학자 뉴비(Newby, 1981)는 영국의 호수와 산은 18세기 말에 와서야 '발견되었다'라고 했다. 18세기 말 이전에 쓰인 여행기에서는 레이크 지방의 자연미를 찬미하는 묘사가 나타나지 않는다. 레이크 지방의 진정한 발견자는 워즈워드를 비롯한 일군의 낭만주의 시인들이었다. 레이크 지방은 화산 활동과 빙하의 영향으로 독특하고 아름다운 바위와 호수, 계곡이 많았는데, 호수파 시인들은 낭만주의 시를 통해 이를 찬미했다. 그 결과 레이크 지방은 19세기 영국에서 가장 아름답고 낭만적인 자연을 간직한 장소가 되었다(Squire, 1988). 마찬가지로 심승희(2000)는 유홍준의 『나의 문화유산답사기』를 통해 '남도의 오지'였던 해남·강진 지역이 1990년대에 이르러 '남도 답사 1번지'로 새롭게 재구성되는 과정을 연구한 바 있다.

문학 작품에 의한 장소에 대한 시선의 형성 사례는 긍정적인 측면이 많다. 예를 들어 대중에게 장소에 대한 통찰력 있는 감성, 경험, 지식을 제공하고, 지역 주민들에게는 지역에 대한 이해, 긍지를 제공할 뿐 아니라 지역의 문화적 자산이 되기도 한다. 하지만 지리학자들은 이 같은 긍정적 측면 외에 부정적 측면에도 관심을 갖는다. 특정 문학 작품에서 묘사된 특정 장소에 대한 시선이 대중에게 수용되는 과정에서 고정된 시선, 스테레오타입화된 시선으로 변화하는 현상이 그것이다. 또한 이 고정된 시선이 특정 집단의 권력 생산 및 재생산에 기여하게 되는 현상에도 주목한다.

미국의 지리학자 쇼트리지(Shortridge, 1991)는 미국 내 여러 지역의 장소 이미지를 전국적으로 확산시킨 주요 결정 인자로 대중 소설을 들었다. 그래서 그는 이런 소설을 '장소를 규정하는 소설(place-defining novel)'이라고 불렀다. 그러나 이 같은 장소에 대한 고정된 시선은 장소가 가진 다양한 의미와 특성을 과장하거나 과소평가하고 또는 편파적이거나 과도하게 단순화함으로써 일종의 장소 신화(place myth)를 형성하기도 한다. 장소는 그 장소를 점유하며 살아가는 사람들에 의해 항상 새롭게 해석될 때만이 살아 있는 장소가 된다. 장소가 타자에 의해 하나의 이미지로 규정될 때 그것은 장소 신화가 된다(심승희, 2004).

이 같은 장소 신화에 대한 연구는 에드워드 사이드(Edward Said)의 『오리엔탈리즘』에 영향을 받은 신문화지리학자들에 의해 많이 수행되었다. 신문화지리학자인 샤프(Sharp)는 『포스트식민주의의 지리』(Sharp, 2009; 이영민·박경환 역, 2011)에서 사이드의 오리엔탈리즘이란 유럽에 의한 동양의 상상의 지리(imaginative geography)라고 설명하고 있다. 즉 유럽인들은 다양한 사람, 문화, 환경으로 이루어진 세계를 동양이라는 하나의 '단일한' 문화로 규정했다. 이러한 동양에 대한 상상의 지리를 형성하는 데는 여행과 탐험 문학, 소설, 회화 등도 많은 기여를 했다. 또한 이 상상의 지리가 단순히 상상의 수준에 그치지 않고 군사적·경제적·문화적 식민지 지배를 통해 실제 동양이라는 공간에서 사실의 지리(real geographies)를 형성하는 힘을 갖게 되었다. 그러나 이희상(2008)은 쥘 베른의 『80일간의 세계 일주』가 서구 중심주의적 담론과 재현을 내포하고 있어 오리엔탈리즘을 재생산할 수 있지만, 오히려 이 소설을 탈식민주의적 관점에서 비판적으로 독해함으로써 우리 안의 오리엔탈리즘을 극복할 수 있다고 주장하기도 했다. 즉 문학 작품이 일방적으로 장소에 대한 시선을 규정함으로써 이데올로기로 작동할 수 있지만, 비판적 독해의 가능성은 열려 있다.

(2) 장소를 물리적으로 변화시키는 문학

특정 문학 작품이 대중성을 획득해서 장소에 대한 시선을 형성하게 되면, 그 시선의 영향을 받아 장소의 물리적 특성 자체가 변화하면서 장소가 새로 만들어지는 현상이 나타나기도 한다. 특히 이런 현상은 관광의 영역에서 왕성하게 나타난다. 곡성의 심청 축제, 장성의 홍길동 축제, 남원의 춘향제, 평창의 효석 문화제, 원주의 토지문학관, 남원의 혼불문학관 등등 대한민국 사람이라면 누구나 잘 알고 있는 작가나 소설의 인지도를 이용해 관련 지역이 관광객을 끌어들이려는 장소 마케팅은 1990년대 지방 자치제가 실시된 이후로 급속히 늘고 있다. 지역의 이러한 노력은 지명을 바꾸는 것으로도 나타나는데, 2004년 경춘선 신남역은 김유정역으로 개명하였으며, 2009년 영월군의 하동면은 김삿갓면으로 개명했다. 이런 현상은 국내뿐 아니라 외국에서도 자주 발견된다.

티베트인들 사이에서 내려오던 불국정토의 이상향 샹발라(Shamballah: 香巴拉)의 전설이 샹그리라(Shangri-La)라는 이름으로 세계에 알려지게 된 것은 영국의 제임스 힐턴이 1933년 발표한 소설 『잃어버린 지평선』에 의해서이다. 이 소설과 이를 원작으로 한 영화가 세계적으로 인기를 끌게 되면서 히말라야 설산 너머 어딘가에 있다는 샹그리라가 실제로 어디에 존재하는지가 관심사로 떠올랐다. 샹그리라가 허구의 지명임에도 불구하고 그 지명이 지닌 경제적 효용 가치 때문에 중국의 각 지역은 저마다 자기 고장이야말로 진정한 샹그리라라고 주장하며 치열한 경쟁을 펼쳤다. 결국 중국 중앙 정부는 1996년 샹그리라 탐사대를 편성하여 소설 속에 등장하는 자연 및 인문 환경과 가장 유사한 지역을 찾아 나섰다. 그 결과 윈난 성 디칭 짱족 자치주의 중뎬 현(中甸縣)이 최종 선정되어 2001년 공식적으로 샹거리라(香格里拉)로 개명했다(김용표, 2007).

이처럼 문학 작품으로 널리 알려지게 된 장소는 많은 사람들에게 공통된 강렬한 장소감을 느끼게 하며 이는 자연스럽게 방문 욕구로 이어져 관광지로 변화하게 된다. 토마스 하디로 인해 웨섹스 지역이 널리 대중적으로 알려지게 되자 『소설과 시에 나오는 웨섹스 지도』가 출판되었으며, 워즈워드의 낭만주의 시가 인기를 얻게 되자 레이크 지방 역시 『호수로의 여행 안내』라는 안내서가 출판되었다(Squire, 1988). 이러한 특성을 이용해 서울시는 2005년 청계천 복원의 마케팅 수단으로 작가들에게 재정적 지원을 하여 청계천 다리를 소재로 한 '맑은 내 소설선' 11편을 출판하기도 했다(이은숙·정희선·장은미, 2007, 64).

지리학자 뉴비(Newby, 1981)는 문학 작품이 특정 장소로의 관광 욕구뿐만 아니라 관광의 스타일에도 영향을 미친다고 주장했다. 예를 들어 워즈워드는 낭만주의 시를 통해 레이크 지방의 풍경 관광이라는 고상한 취향을 유행시켰으며, 『위대한 개츠비』

의 저자 스콧 피츠제럴드는 작가로서의 명성을 이용해 미국 상류 사회에 지중해 관광이라는 유행을 창조했으며, 로렌스 더렐은『장소의 정신』이라는 저술을 통해 지역마다 가지고 있는 고유한 장소성을 음미하려는 학습 관광을 유행시키게 되었다고 주장했다. 이러한 관광 스타일의 변화는 실제 장소의 변화를 초래함으로써 새로운 장소 만들기로 이어지기도 한다.

이은숙·정희선·장은미(2007)는 문학 공간[2]을 장소 마케팅에 활용하는 방안을 모색하기 위해 문학 공간을 활용한 장소 마케팅의 강점과 약점을 분석했다. 이들은 강점으로 문학 작품을 통해 특정 장소에 대한 대중의 관심과 방문을 효과적으로 유도할 수 있다는 점, 지역의 독특한 이미지를 부각시키고 그 지역에 대한 이해를 증진시키며 지역 문화 정보를 확대하는 역할을 한다는 점, 장소의 매력도를 높이고 장소가 가지는 느낌을 독자에게 효과적으로 전달할 수 있다는 점을 꼽았다. 약점으로는 대중에게 널리 알려지지 않은 문학 작품은 장소 마케팅에 활용될 수 없다는 점, 우리 문학 작품이 해외에는 잘 알려져 있지 않아 해외 방문객을 끌어들이기 어렵다는 점, 작품 속에서 특정 장소에 대한 묘사가 부정적일 경우 부정적 장소 이미지가 형성될 가능성이 있다는 점을 꼽았다.

또한 이은숙·장은미(2001)는 문학과 지리학의 관계에 대한 매우 흥미로운 발견을 했다. 즉 특정 문학 작품에 의해 대중적으로 알려진 장소가 관광지로 상업화되면서 변화한 장소의 특성이 또 다른 문학 작품 속에 반영되는, 문학 작품과 현실 공간 사이의 순환적 과정이 나타난다는 것이다. 구체적 사례는 정동진이다. 넓은 의미의 문학 작품인 드라마 〈모래시계〉에 의해 정동진이 상업화되자 주민들의 삶도 변화하게 되었는데, 2001년 강원일보 신춘문예당선작인 박명애의『바다의 벽』은 바로 정동진에서 모래시계 관광 상품을 팔며 살아가는 주민들의 이야기를 그리고 있다.

그런데 이 같은 지리학적 연구들은 문학 작품과 관련된 장소의 변화 과정을 문학 작품의 힘만으로 단순하게 파악하지는 않는다. 심승희(2000)는 유홍준의『나의 문화유산답사기』로 인해 남도의 오지 강진·해남 지역이 남도 답사 1번지로 변화하기는 했지만, 여기에는 1980년대 이후 우리나라 여가 환경의 변화가 중요한 배경이 되었다고 지적

한다. 즉 우리나라는 1980년대 중반 이후부터 도시 가구당 여가 지출비, 자가용 등록 대 수, 정기 간행물 종 수 등 문화 및 여가 관련 사회 지표 수치가 급증했다. 특히 자가용 승용차의 증가는 국내 관광에 획기적인 변화를 가져왔으며, TV나 정기 간행물 같은 대중 매체의 급증은 보다 전문화된 여가 정보를 제공해 주었다. 이러한 조건은, 여가를 휴식이나 기분 전환보다 자기 계발을 위한 창조적 활동으로 사고하게 된 계층들의 여가 욕구와 결합하여 문화 관광을 발전시키게 되었다. 이런 배경에서 1993년 출판된 『나의 문화유산답사기』는 문화 관광의 일종인 학습 관광을 유행시키게 되었고 그 과정에서 책에서 묘사된 특정 지역들이 새롭게 태어나게 되었다.

스콰이어(Squire, 1994)는 문학 관광을 넓은 의미의 문화유산 산업(heritage industry)의 일부로 보고, 보다 광범위한 관광, 문화, 사회의 관계에 주목했다. 그녀는 『피터 래빗』으로 유명한 영국의 전원 소설가이자 아동문학가인 포터의 책 때문에 레이크 지방에 문학 관광을 온 사람들에게 인터뷰를 했다. 관광객들 대부분은 어린 시절과 가족 생활, 시골에 대한 이상화된 이미지를 가지고 있었는데, 스콰이어는 이 이미지가 포터의 소설만이 가지고 있는 이미지라기보다, 일반 대중들이 가지고 있는 보편적 가치이자 태도라고 보았다. 다시 말해서 어린 시절과 가족, 시골의 연상 관계는 지배적인 문화적 전통에 의해 유지되는 것으로, 이것이 문학과 영화에서부터 대중음악, TV, 잡지, 광고에 이르는 모든 것을 통해 유통되고 있다. 따라서 문학 관광이란 단순히 '문학적' 영향의 결과가 아니라, 문화적으로 구성된 태도와 가치를 구현하도록 하는 매개로 해석된다.

따라서 지리학자들은 문학과 장소 만들기 간의 관계를 고찰할 때 문학 작품이 순수한 문학적 맥락에서 벗어나 더 광범위한 문화적 담론으로 수용되는 사회적·문화적 과정에 초점을 맞추고자 한다. 이렇게 보면 장소 만들기로서의 문학지리학은, 현재 문화 및 사회지리학에서 주요 연구 주제이자 방법론으로 삼고 있는 공간의 사회적 구성론(social construction of space) 연구의 흐름 속에 놓여 있다고 볼 수 있다.

4) 문학지리학의 가능성

이상에서 보았듯이 문학지리학은 크게 '장소 기록하기'로서의 문학과 '장소 만들기'로 서의 문학이라는 두 가지 접근으로 발전해 왔다. 국내 문학지리학의 연구물을 살펴보 면, '장소 기록하기'로서의 문학에 대한 접근은 지리학 보다 지리교육 분야에서 상대적 으로 많은 연구물이 생산되고 있다(장윤정, 1995; 오은강, 2006; 조효령, 2009; 전수 린, 2009; 김덕식, 2010 등). 지리교육에서 문학 작품을 많이 다루는 이유는 문학 작품 의 지리교육적 가치 때문이다.

김혜숙(1996)은 문학 작품의 지리교육적 가치를 다음과 같이 정리한 바 있다. 첫째 는 자료 준비의 용이성인데, 문학 작품은 어디서나 쉽게 구할 수 있고 특별한 장치나 준비를 필요로 하지 않는다. 두 번째는 가장 중요한 가치인데, 지리적 상상력을 발달 시킨다는 점이다. 문학은 예술의 한 분야로서 상상력을 본질적 요소로 하기 때문에 지 리적 관련성이 있는 문학 작품을 통해 상상하는 방법을 가르침으로써 지리적 상상력 을 발달시킬 수 있다. 세 번째는 문학적 서술이 학습 내용을 오래 기억하게 한다는 점 이다. 문학 작품이 담고 있는 사실에 대한 감정과 느낌, 이야기를 표현하는 상상적 문 체, 생동감 등이 우리의 기억을 더 오래 유지하게 한다. 네 번째는 경험의 확대이다. 문학 작품을 통해 감정 이입, 공감, 동일시 등을 배우며 간접 경험의 기회가 주어져 경 험의 폭을 넓힐 수 있다. 다섯 번째는 가치 판단 능력의 개발이다. 작품 속의 인물에 감정 이입하고 문제 상황을 동일시함으로써 가치 판단의 기회가 제공된다. 여섯 번째 는 흥미 유발과 자발적 참여 효과이다. 매력적인 문학 작품은 학습자의 흥미를 유발하 여 능동적이고 자발적인 참여를 이끌어낼 수 있다. 일곱 번째는 이해의 용이성이다. 문학은 딱딱한 교과서의 서술보다 이해하기 쉽다. 여덟 번째는 사고력의 배양이다. 학 습자는 문학 작품을 읽으면서 단순히 읽는 단계를 넘어 자료가 담고 있는 의미나 관계 를 파악해야 하는데 이를 통해 사고력이 증진된다.

그런데 여기서 특히 강조하고자 하는 문학 작품의 지리교육적 가치는 두 가지이다. 첫 번째는 지리교육의 목적이기도 한 장소감 고양에 많은 기여를 할 수 있다는 점이다. 문학 작품은 장소에 대해 독자의 주의를 환기시켜 막연하고 비가시적인 세계에 대한 이미지를 떠올리게 하는데(Salter & Lloyd, 1977; 이은숙, 1992, 148에서 재인용), 이를 통해 장소감이 고양될 수 있다. 라이트(Wright, 1947) 역시 지역지리를 가르치는 데 있어 가장 가치 있는 것은 학생들에게 장소에 대한 감정이 가장 훌륭하게 표현된 작품들 중에서 몇 문장을 발췌하여 읽힘으로써 장소에 대한 감각을 길러 주는 것이라고 했다.

두 번째는 특히 지역지리 영역에서 많이 발휘되는데, 지역에 관한 풍부한 자료의 원천이라는 점이다. 사실 한국지리나 세계지리 과목에서 활용할 수 있는 지리 자료는 상당히 한정적이다. 특히 지리적 개념이나 일반화와 관련된 지식에 비해 특정 지역의 환경적 특성과 그 속에서 펼쳐지는 인간의 삶을 생생하게 보여 주는 자료는 상당히 부족하다. 이때 그 지역을 배경으로 한 소설이나 여행기 같은 문학 작품은 이를 보완해 줄 수 있는 귀중한 자료가 된다.

이 같은 문학 작품의 지리교육적 가치 때문에 지리 교과서에서는 문학 작품을 교과서 텍스트의 인용 자료 등으로 활용해 왔다. 조철기(2011)는 7차 교육 과정 고등학교 한국지리 검인정 교과서 8종을 대상으로 어떤 문학 작품이 어떤 지리 학습 주제에 활용되고 있는지 분석한 바 있다. 그에 따르면 문학 작품 중에서도 수필(기행문)이 가장 많이 활용되었고 그 다음은 시, 소설 순이었다. 소설 중 가장 많이 활용된 것은 조정래의 『아리랑』으로 '평야 지역의 생활' 단원에서 '징게 맹갱 외에밋들'로 표현되는 호남평야 지역에 대한 서술에 주로 활용되었다. 그 다음으로 많이 활용된 소설은 양귀자의 『원미동 사람들』로서 '수도권의 생활' 단원에서 수도권의 위성 도시화 현상에 대한 서술로 활용되었다. 이효석의 『메밀꽃 필 무렵』은 지역 지리 관련 단원이 아닌 '서비스 산업'이라는 계통지리 단원에서 정기 시장의 발달 배경에 대한 서술 자료로 활용되었다. 중등뿐 아니라 대학의 지리에서도 문학 작품이 활용되고 있다. 예를 들어 도시사회지리학 교재로 널리 읽히는 녹스와 핀치(Knox & Pinch)의 『도시사회지리학의 이해(Urban Social Geography)』(박경환 외 역, 2012, 95)에서는 도시사회지리학과 관련된 주요 소설 목록을 제시해 주고 있다.

이뿐 아니라 대학의 지리에서는 문학 작품을 지리적 글쓰기의 모델로 활용하는 방안이 인본주의 지리학자들에 의해 일찍이 제기된 바 있다. 라이트(Wright, 1948)는 '상상력 있는 인상의 차용'이라는 명명하에 지리적 연구에서 지리학자 자신의 상상력에만 의존하거나 지리학자만의 오리지널리티를 고집할 필요가 없다고 했다. 다른 사람들의 상상력이 넘치는 지각이나 많은 감수성 풍부한 여행자들이 기록해 온 장소에 대한 감정이 지리학자의 것보다 더 예리하고 정확할 수 있기 때문에 종종 그것들을 차용해 올 수 있다는 것이다. 따라서 모든 면에서 똑같은 능력을 가진 두 지리학자가 있다고 할 때, 영국을 다룬 상상력 넘치는 영국 문학을 많이 접한 사람이 영국에 대해 더 훌륭한 지역지리를 쓸 수 있다고 주장했다.

따라서 인본주의 지리학이 풍미하던 시기에는 '지리적 글쓰기'에 새바람이 불었다. 지리학을 통해 사람들에게 장소에 대한 풍부한 이해를 전달하는 것이 지리학의 진정한 존재 이유라면, 문학 작품의 글쓰기 스타일을 본받아 한 편의 예술 작품처럼 기술해야 한다는 공감대가 형성되기 시작한 것이다(심승희, 2001). 그래서 버티머(Buttimer, 1971)는 프랑스의 인문지리학자 비달 드 라 블라쉬가 지리학에 끼친 기여를 정리하면서 그가 남긴 지역지리서인『프랑스 지리(Tableau de la géographie de la France)』는 경험과 인상과 연구가 결합된 한 편의 예술 작품, 즉 '마그나 카르타가 아니라 모나리자'라고 찬미하였다. 하트(Hart, 1982) 역시 지역지리학은 지리학의 최상의 예술 작품이 되어야 한다고 주장하였다. 예술 작품으로서의 지리적 글쓰기를 주장한 분야는 주로 지역지리학이었다. 하지만 지역지리서가 아니더라도 인본주의 지리학자 투안이 쓴『공간과 장소(Space and Place)』같은 인간의 보편적 장소 경험에 대한 성찰을 다룬 책은, 문학비평가인 바슐라르의『공간의 시학』과 비슷한 분위기가 있다는 지적(Relph, 1994)을 받았을 만큼 문학적이다.

지리교육이 아닌 지리학 분야에서는 '장소 만들기'로서의 문학에 대한 접근이 보다 활발해지고 있다. 공간의 사회적 구성론이 대두되면서 공간이란 특정한 사회적·문화적·경제적·정치적 조건에서 특정한 의미와 상징을 획득함으로써 특정한 모습으로 구성되고 지속적으로 변화한다는 관점이 널리 확산되었다. 따라서 공간의 사회적 구성

과정을 분석할 때 공간에 부여된 사회적 의미와 상징을 읽어 내는 통로로서 문학을 포함하여 영화, TV, 광고, 미술 같은 다양한 매체를 연구하는 경향이 늘어나고 있기 때문이다.

그뿐 아니라 최근 지리학 내에서 장소 마케팅 연구가 활발히 진행되고 있는데, 장소 마케팅의 수단으로 문학 작품을 활용하려는 시도가 많이 이루어지고 있다. 앞에서 이은숙 등(2001; 2007)의 연구에서 보았듯이, 국내에서 발표된 문학 작품을 지역별로, 주제별로 데이터베이스화하여 문화 콘텐츠 산업의 자원으로 만들고 있다. 이는 문학을 상업적으로 이용한다기보다, 문학을 통해 지역의 정체성을 고양하고 지역 문화를 풍성하게 할 뿐만 아니라 대중에게 문학 작품에 대한 관심을 높이는 긍정적 측면이 많다. 또한 문학 작품이 장소 마케팅으로 성공하는 맥락에 어떠한 사회적·문화적·경제적 과정이 작동하는지에 대한 보다 심도 깊은 연구가 진행됨으로써 지리학의 발전에도 기여할 것으로 보인다.

이러한 흐름에서 볼 때, 브로소(Brosseau, 2009, 217)가 통찰한 문학지리학에 대한 관점 및 발전 가능성은 매우 타당해 보인다. 그에 따르면, 오늘날 문학지리학은 그 자체로 지리학의 하위 연구 분야를 구성하기보다, 지리학자들이 사회적 삶의 공간성에 대한 이해의 지평을 넓히는 많은 방식 중 하나라고 보는 편이 타당하다. 따라서 문학지리학의 발달은 인문 및 문화지리학의 발달과 병행할 수밖에 없다. 브로소의 이 같은 지적은 앞으로 문학지리학은 인문 및 문화지리학이 발달할수록 다양한 형태와 의미로 변화를 거듭할 것이며, 지리학은 결코 문학에 대한 관심을 거두지 않을 것이라는 선언이기도 하다.

● 요약

1. 문학지리학이란 장소와 경관에 대한 해설로서의 문학 작품이나 지리학적 현상으로서의 문학 작품을 연구하는 것이다.
2. 문학지리학은 문학 작품에 대한 접근 방법에 따라, '장소 기록하기'로서 문학 작품과 '장소 만들기'로서 문학 작품으로 나눌 수 있다.

3. '장소 기록하기'로서 문학 작품에 접근하는 방법은 다시 문학 작품에 나타난 지리적 사실에 초점을 맞추는 실증적 접근, 문학 작품에 재현된 인간의 장소 경험 이해에 초점을 맞춘 인본주의적 접근, 문학 작품에 나타난 사회 구조와 지리적 세계의 변화 관계에 초점을 맞춘 구조주의적 접근으로 유형화할 수 있다.

4. '장소 만들기'로서 문학 작품에 접근하는 방법은 공간의 사회적 구성론적 입장에 토대하고 있는데, 연구 경향은 장소에 대한 시선을 형성하는 문학적 현상에 초점을 맞춘 연구와 장소를 물리적으로 변화시키는 문학적 현상에 초점을 맞춘 연구로 나뉠 수 있다.

● 핵심어(Key words)

문학지리학, 문학, 장소 기록하기로서의 문학, 장소 만들기로서의 문학, 공간의 사회적 구성
literary geography, literature, literature as place recording, literature as place making, social consturction of space

● 읽어 볼 문헌

- 김태준 외, 2005, 『문학지리 한국인의 심상공간』, 논형. 지리학, 문학, 사회학 등 다양한 분야의 학자들이 함께 쓴 문학지리서이다. 총 세 권으로 구성되어 있는데 문학지리학이란 무엇인가에 대한 국문학자와 지리학자의 입문적 글을 시작으로 우리나라의 각 지역과 강, 산, 섬 같은 자연환경, 그리고 지옥, 무릉도원 같은 한국인의 대표적 심상 공간, 한국인과 밀접한 관련을 맺고 있는 외국 지역이 문학 작품 속에서 어떻게 재현되고 있는가를 통해 각 장소가 한국인에게 갖는 의미를 탐색하고 있다.

- 박철수, 2005, 『소설 속 공간 산책』 시공문화사. 건축학자가 월간 주택 전문 잡지 『하우진(Houzine)』에 연재한 글을 세 권의 책으로 묶었다. 이 책은 44편의 한국 현대 소설 속에 재현된 건축과 도시 풍경을 통해 우리의 생활 공간과 일상 환경의 구조를 풍부하게 읽어 내고 있다.

- Tuan, Y. F., 1977, *Space and Place: the perspective of experience*, Minnesota Univ. Press (구동회·심승희 역, 2007(2판), 『공간과 장소』, 대윤). 인본주의 지리학을 대표하는

저작으로서 중국계 미국인 지리학자 이푸 투안이 썼다. 인간의 장소 경험 특성을 다양한 문화 집단이 생산해 낸 신화나 시, 소설, 에세이, 문화적 관습 속에서 통찰력 있게 탐구하고 있다. 문학 작품을 통한 장소 경험의 탐구와 이해 사례를 살펴 볼 수 있다.

주

1 여기서 다룬 연구물은 대부분 지리학자에 의해 수행된 것이지만, 굳이 지리학자가 아니더라도 지리학적 성격의 연구물일 경우는 지리학 연구물에 포함하였다.
2 이들은 문학 공간을 작가 중심의 문학 공간, 작품 중심의 문학 공간, 특정 문학 작품이 발표된 후 형성되는 가시적 문학 공간이라는 세 측면으로 구분했다. 작가 중심 문학 공간이란 작가의 생가, 거주지, 활동 무대, 이동사와 관련된 공간이고, 작품 중심 문학 공간은 대표적인 소설과 시의 배경이 된 공간, 문학 작품의 줄거리와 연계된 공간, 주인공의 생활 공간을 의미한다. 가시적 문학 공간이란 문인들의 모임 장소, 작가와 작품을 활용한 지명, 특정 문학 작품을 기리기 위해 설치된 기념비나 문학관이 위치한 장소를 통칭했다(이은숙·정희선·장은미, 2007, 54).

참고문헌

강제윤, 2008, 섬을 걷다, 홍익출판사.
권정화, 1997, "지구화 시대의 국제이해교육: 초등 사회과교육에서의 지리적 상상력의 의의", 지리교육논집, 37, 1-12.
김덕식, 2010, 중등학교 지리수업에서 문학 작품을 활용한 구성주의 학습원리의 구현, 상명대학교 석사학위논문.
김선희, 2009, "유산기를 통해 본 조선시대 삼각산 여행의 시공간적 특성", 문화역사지리, 21(2), 132-150.
김연옥, 1985, 한국의 기후와 문화, 이화여자대학교 출판부.
김용표, 2007, "'샹그리라'의 위치와 자연 및 지리환경에 대한 고찰", 중국연구, 39, 69-94.
김진영, 2011, 인간주의 지리학 관점에서의 장소성 프로세스를 적용한 문학지리학 연구: 소설『토지』속 평사리의 장소성을 중심으로, 서울대학교 석사학위논문.
김태준 외 저, 2005, 문학지리 한국인의 심상공간, 논형.
김혜숙, 1996, 문학 작품을 활용한 지리수업, 고려대학교 석사학위논문.

박철수, 2005, 소설 속 공간산책, 시공문화사.

박철수, 2006, 아파트의 문화사, 살림.

박태순, 1983, 국토와 민중, 한길사.

뿌리깊은 나무 편, 1985, 한국의 발견, 한길사.

송성대, 2010, "한·중 간 이어도해 영유권 분쟁에 관한 지리학적 고찰", 대한지리학회지, 45(3), 414-429.

심승희, 2000, 문화관광의 대중화를 통해서 본 공간의 사회적 구성, 서울대학교 박사학위논문.

심승희, 2001, "문학지리학의 전개과정에 관한 연구 -토마스 하디의 소설을 중심으로", 문화역사지리, 13(1), 67-84.

심승희, 2004, 서울 시간을 기억하는 공간, 나노미디어.

심승희, 2006, "'장소 기억하기'와 '장소 만들기'로서의 문학", 문학수첩, 겨울호, 39-53.

심승희, 2012, "지리학과 지리교육이 문학에 접근하는 방식", 문학교육학, 37, 87-124.

염은열, 2010, "금강산 가사의 지리적 상상력과 장소 표현이 지닌 의미", 고전문학연구, 38, 3-36.

오은강, 2006, 지리교육에서 문학 작품의 활용 연구: 학습자 성별에 다른 효과 분석, 이화여대 석사학위논문.

이몽현, 2010, "소설 『연금술사』의 지리적 해석", 지리교육논집, 54, 59-69.

이은숙, 1992, "문학지리학 서설: 지리학과 문학의 만남", 문화역사지리, 4, 147-166.

이은숙, 1993, "문학 작품 속의 도시경관: 채만식의 탁류를 중심으로", 상명여대 사회과학연구소, 사회과학연구, 5, 1-27.

이은숙, 2004, "해방 전 재미한인 이민문학에 나타난 고향인식과 그 지리적 의미", 문화역사지리, 16(1), 183-196.

이은숙·김희순·정희선, 2008, "1950년 이후 도시소설에 투영된 수도권의 도시화에 의한 공간변화", 지리학 연구, 42(4), 605-620.

이은숙·장은미, 2001, "한국 문학 공간의 특성과 Web GIS 구축자료에 관한 기초 연구", 문화역사지리, 13(1), 17-34.

이은숙·정희선·장은미, 2007, "문학 공간을 활용한 장소마케팅 방안: 종로지역을 사례로", 지리학 연구, 41(1), 53-65.

이종찬, 2012, "알프레드 월리스와 조셉 콘라드의 '熱帶性'에 대한 인식: 생물지리학과 문학적 상상력의 융합적 지평", 문화역사지리, 24(2), 93-110.

이희상, 2008, "대중지리와 학교지리의 문화적 텍스트로서 모험소설 읽기: 쥘 베른의 『80일간의 세계일주』를 사례로", 한국지리환경교육학회지, 16(3), 215-236.

이희연, 1991, 지리학사, 법문사.

장림종·박진희, 2009, 대한민국 아파트 발굴사, 효형출판.

장윤정, 1995, 문학 작품을 지리교육에 활용하기 위한 기초 연구, 부산대학교 석사학위논문.

전수린, 2009, 북부지방의 학습주제와 문학자료의 탐색, 충북대학교 석사학위논문.

정치영, 2003a, "'유산기'를 통해 본 조선시대 지리산지의 촌락경관 복원", 문화역사지리, 15(2), 83-96.

정치영, 2003b, "'금강산유산기'를 통해 본 조선시대 사대부들의 여행관행", 문화역사지리, 15(3), 17-34.

정치영, 2005, "유산기로 본 조선시대 사대부의 청량산 여행", 한국지역지리학회지, 11(1), 54-70.

정치영, 2009, "조선시대 사대부들의 지리산 여행 연구", 대한지리학회지, 44(3), 260-281.

조철기, 2011, "지리 교과서에 서술된 내러티브 텍스트 분석", 한국지리환경교육학회지, 19(1), 49-66.

조효령, 2009, 문학적 내러티브를 활용한 지리개념 학습에 관한 연구: 『괭이부리말 아이들』을 사례로, 경북대학교 석사학위논문.

최수나, 2004, 지리교육에서 상상하여 글쓰기 활용에 관한 연구, 서울대학교 석사학위논문.

Birch, B. P., 1981, "Wessex, Hardy and the nature novelists", *Transactions of the Institute of British Geographers*, 6(3), 348-358.

Brosseau, M., 1994, "Geogrpahy's literature", *Progress in Human Geography*, 18(3), 333-353.

Brosseau, M., 2009, "Literature", in Kitchin R. & N. Thrift *et als* (eds.), *International Encyclopedia of Human Geography*, Oxford: Elsevier, 212-218.

Buttimer, A., 1971, "Contribution of Paul Vidal de la Blache", in *Society and Milieu in the French Geographic Tradition*, AAG Monograph Series, No.6, Chapter III, 43-58.

Crang, M., 1998, "Literary landscapes: writing and geography", *Cultural Geography*, London: Routledge, 43-58.

Cresswell, 2004, *Place*, Oxford: Blackwell Publishing (심승희 역, 2012, 장소, 시그마프레스).

Darby, H. C., 1948, "The Regional geography of Thomas Hardy's Wessex", *Geographical Review*, 38, 426-443.

Entrikin, J. N., 1996, "Place and region 2", *Progress in Human Geography*, 20(2), 215-221.

Gregory, D., 1980, "Human agency and human geography", *Transactions of the Institute of British Geographers*, 6, 1-18.

Hart, J. F., 1982, "The highest form of the geographer's art", *Annals of the Association of Ameri-*

can Geographers, 72, 1-29.

Knox, P. & S. Pinch, 2010 (6th), *Urban Social Geography: An Introduction*, Pearson Education Ltd (박경환·류연택·정현주·이용균, 2012, 도시사회지리학의 이해, 시그마프레스).

Lamb, H. H., 1995 (2nd), *Climate, History and the Modern World*, London: Routledge (김종규 역, 2005, 기후와 역사, 한울).

Mitchell, K., 1987, "Landscape and Literature", W.E. Malllory & P. Simpson-Housley (eds), *Geography and Literature,* Syracuse: Syracuse University Press, 23-29.

Newby, P. T., 1981, "Literature and the fashioning of tourist taste", in Douglas C.D. Pocock (ed.), *Humanistic Geography and Literature: Essays on the Experience of Place*, London: Croom Helm, 130-141.

Pocock, D. C. D., 1981, "Place and the novelist", *Transactions of Institute of British Geographers,* 6(3), 337-347.

Relph, E., 1976, *Place and Placelessness*, London: Pion (김덕현·김현주·심승희 역, 2005, 장소와 장소상실, 논형).

Relph, E., 1994, "Classics in Human Geography Revisited: Topophilia", *Progress in Human Geography*, 18(3), 355-359.

Salter, C. L. & Llyod, W. J., 1977, *Landscape in Literature*, Washington D.C.: Association of American Geographers.

Schivelbusch, W., 1977, *Geschichte der Eisenbahnreise*, München: Carl Hanser Verlag (박진희 역, 1999, 철도여행의 역사, 궁리).

Sharp, J. P., 2009, *Geographies of Postcolonialism*, London: SAGE Publications (이영민·박경환 역, 2011, 포스트식민주의의 지리, 여이연).

Shortridge, J. R., 1991, "The concept of the place-defining novel in American popular culture", *Professional Geographer*, 43, 280-291.

Squire, S. J., 1988, "Wordsworth and Lake District tourism: romantic reshaping of the landscape", *The Canadian Geogrpaher*, 32(3), 237-247.

Squire, S. J., 1994, "The cultural values of literary tourism", *Annals of Tourism Research*, 21(1), 103-120.

Thrift, N., 1978, "Letters to the editor: Landscape and literature", *Envrionment and Planning A*, 10, 347-349.

Thrift, N., 1981, "Literature, the production of culture and the politics of place", *Antipode*, 12, 12-

23.

Tuan, Y. F., 1976, "Literature, experience, and environmental knowing", in Moor, G. T. & Golledge, P. G. (eds), *Environmental Knowing*, Dowden, Hutchinson and Ross, Strouds-berg, PA, 260-272.

Tuan, Y. F., 1977, *Space and Place*, Minneapolis: Universtity of Minnesota Press (구동회·심승희 역, 1995, 공간과 장소, 대윤).

Tuan, Y. F., 1978, "Literature and Geography: Implications for Geographical Research", in D. Ley & M. S. Samuels (eds), *Humanistic Geography: Prospects and Problems*, Chicago: Maaro-ufa Press.

Wright, J. K. 1926, "Plea for the history of geography", *Isis*, 8(3), 477-491.

Wright, J. K., 1947, "Terrae incognitae: the place of the imagination in geography", *Annals of the Association of American Geographers*, 37(1), 1-15.

11. 관광지리, 사회문화적 접근[*]

한국문화관광연구원 **조아라**

1) 사회문화적 현상으로서 관광

(1) 관광은 중요하다

세계관광기구(UNWTO, 2012)의 통계에 따르면, 2011년 9억 8천 3백만 명이 국경을 넘어 여행을 떠났다. 전 세계 인구가 70억으로 추정되는 것을 고려하면 한 해 동안 7명 중 1명이, 또는 우리나라 인구의 거의 20배에 달하는 사람들이 국제 관광객이 된 셈이다. 1950년대만 하더라도 전 세계 국제 관광객 수가 2천 5백만 명에 불과했던 것을 감안하면, 오늘날 관광이 얼마나 중요해졌는지 실감할 수 있다. 한국인의 국제 관광객 수도 1988년 서울 올림픽 이후 해외여행이 자유화되면서 매년 크게 증가를 거듭했다. 그 결과 1989년 약 1백 2십만 명에 불과했던 해외여행 출국자 수가 2011년 1천 2백만 명 이상으로 10배 넘게 증가했다. 해외여행뿐 아니라 국내 여행도 급증하여, 2011년에는 전 국민의 70%에 해당되는 3천 5백만 명이 국내 여행을 떠난 것으로 나타났다(문

---

* 이 글의 일부 내용은 "다크투어리즘과 관광경험의 진정성: 동일본대지진의 재난관광을 사례로"라는 제목으로 『한국지역지리학회지』 제19권 제1호에 수록되어 있다.

화체육관광부, 2012). 한국을 방문하는 외래 관광객도 꾸준히 증가하여 2012년 드디어 천만 명을 돌파하였고, 이에 정부는 외래 관광객 2000만 명을 유치하기 위한 정책을 적극 수립하기에 이르렀다. 우리나라뿐 아니라 전 세계 각 국가는 성장 산업으로서 관광 산업을 육성하기 위해 앞다퉈 경주하고 있다. 2000년대 후반 전 세계적인 글로벌 금융 위기 이후 불안한 세계 경제 상황 속에서도 관광은 빠르게 회복하여 성장세를 지속하고 있기 때문이다.

그런데 많은 사람들이 관광을 떠난다는 것은 산업적인 측면에서만 중요한 의미를 지니는 것이 아니다. 오히려 이는 관광이 하나의 라이프스타일로 완연히 정착되었다는 것을 보여 주는 동시에, 관광객을 맞이하는 지역이 폭발적으로 증가하였다는 것을 시사한다. 관광으로 인해 전 세계인이, 또 이들이 살고 있는 세상이 크게 변화하고 있다는 것이다. 한때는 전쟁과 군사적 침략에 대한 이야기가 우리와 타자를 구별하는 핵심 영역이었다면(Thomas & Thomas, 2005, 121), 지금은 관광이 이를 구별 짓는 중요한 요소가 되었다. 과거 그리스인들은 알렉산더 대왕을 통해 동방의 지리와 문화를 습득했고, 중세 유럽인들은 십자군 전쟁을 통해 이슬람 혹은 동양을 타자화함으로써 '우리'를 만들어 냈다. 근현대에 이르러서는 제국주의와 식민지, 그리고 두 차례에 걸친 세계대전을 통해 사람들은 세계에 대해 인식하였다. 그러나 지금은 직접 타 지역을 관광함으로써, 혹은 TV의 여행 다큐멘터리·여행 잡지·인터넷의 이미지를 통해 간접적으로 여행을 떠남으로써 우리는 세계에 대한 상상의 지리를 구축해 간다.

그런데, 사람들은 왜 관광을 떠나게 되었는가? 그리고 관광으로 우리가 살고 있는 세상은 어떻게 바뀌고 있는가? 지난 30년간 지리학 및 인접 학문에서는 이러한 질문에 대해 그 답을 찾고자 많은 시도를 해 왔다. 본격적인 논의에 앞서서 지리학자들이 어떠한 접근을 해 왔는지 간략히 살펴보자.

(2) 관광자원 연구에서 사회문화적 접근까지

지난 30여 년간 전 세계 관광지리학자들은 특히 관광 자원 분포, 관광객 행태, 관광 개발에 중점을 두고 앞에서 제기한 질문에 대답을 찾고자 했다. 한국의 지리학자 역시 이러한 측면에 집중하고 있었는데, 특히 1980~1990년대에는 관광 자원에 초점을 두고, 관광 자원의 유형화와 공간적 분포, 관광 자원에 대한 선호 및 해석, 관광 자원의 개발에 대한 경제적·사회적 영향에 대한 연구가 다수 진행되어 왔다(권용우·김선희, 1994). 이러한 관광 자원에 대한 연구는 곧 관광과 지역 발전에 대한 논의로 이어졌고, 어떤 자원을, 누구를 대상으로, 어떠한 수단을 사용하여 개발할 것인가에 대한 연구가 본격적으로 이루어지게 되었다.

그러나 앞서 언급했듯이 관광은 경제적 현상을 넘어선 사회문화적 현상이다. 관광은 관광객의 자아 정체성에 영향을 주고(혹은 이를 반영하며), 관광객의 세계 인식을 만들어 내고, 관광지의 물리적·상징적 의미를 변화시킨다. 관광지리와 그 인접 학문에서 관광을 사회문화 이론으로 접근한 연구는 소수에 그치고 있는데, 이에 최근 몇 년 간 산업 정책 부문에 편향되어 있는 관광 연구 경향에 대해 우려하는 목소리가 지속적으로 제기되었다. 관광 연구도 예외적인 노선을 취할 것이 아니라, 지리학 혹은 인접 학문에서 제기되어 온 이론적 논의를 적극 받아들여 진행되어야 한다는 것이다(Squire, 1994; Morgan & Prtichard, 1998; Davis, 2001; Hannam, 2002; Hall & Page, 2002; 조아라, 2011; 신용석, 2005; 2011 등).

이 장은 관광을 사회문화적으로 접근한 지리학 및 인접 학문의 성과를 중심으로 서술하고자 한다. 따라서 그동안 지리학에서 오랫동안 진행되어 왔던 관광 자원 분석이나 응용 지리적 접근(관광객 행태, 관광 산업, 관광 개발)은 제외되어 있음을 서두에 밝혀 둔다.[1]

2) 관광객은 왜 여행을 떠나는가?

(1) 고전적인 접근

관광객의 여행 동기를 설명하는 가장 고전적인 접근 방법은 개인의 동기에 초점을 맞춰서 이를 설명하는 것이다. 관광 동기를 설명하는 대부분의 논의는 매슬로우(Maslow, A.)의 고전적인 요구 이론을 수정한 형태로 제시되고 있다.[2] 예를 들면, 김효중·김시중(2012)은 계룡산 국립 공원 방문객에 대한 연구 속에서 관광 동기를 '신체적 동기', '문화적 동기', '대인적 동기'로 구분하여 조사를 하고 있다. 특히 이들은 국립 공원을 선택함에 있어서 가장 큰 영향을 주는 동기는 신체적 동기로 성취감과 여가 시간을 즐기고 모험과 스릴을 즐기며, 다양한 이벤트 행사에 참여하는 것이었다고 지적한다. 그리고 이에 맞춰서 국립 공원 관광 자원을 개발하고 발전 전략을 수립할 필요가 있다고 주장하고 있다. 한편 관광사회학자인 댄(Bucky Dann, 1981)은 개인적 동기에 관광지의 특성을 더하여, 배출(Push) 요인과 유인(Pull) 요인으로 구분하여 관광 동기를 설명하고 있다. 즉 관광지의 특성인 기후, 일광욕, 햇살, 훌륭한 풍경, 문화역사 유산 등을 유인 요인으로, 아노미와 자기 고양(ego-enhancement)을 배출 요인으로 설명하고 있다.

그러나 개인 심리적 접근 방법은 관광객의 진정한 동기를 이해하는 데 적절하지 못하다(인태정, 2007). 우선, 지금까지 연구에서 제시된 동기들은 관광객의 해석인지 관광 연구자의 해석인지 불분명하다. 또한 관광객 스스로도 인식하지 못한 관광 동기가 있을 수 있을뿐더러, 다양한 개인의 상이한 경험을 동일한 차원에서 측정하기 때문에 피상적이 되기 쉽다. 더 심각한 문제는 관광을 사회적·역사적 맥락은 무시한 채 개인적 현상으로 본다는 것이다. 관광은 여행을 계획하는 순간부터 집에 돌아오는 순간까지 사회적 기제 혹은 권력 관계(정부, 기업, 대중문화) 속에서 자유로울 수 없다.

(2) 대중 관광의 출현과 확산

관광이 단지 개인적 현상이 아니라는 것은 근대 이전 관광 여행을 생각하면 쉽게 이해가 될 것이다. 과거 여행은 위험하고 비싸고 고통스럽고 불안한 것이었다. 조선 시대에 동래에서 한양까지 과거 시험을 보러 간다고 생각해 보자. 오늘날에는 KTX로 두 시간 반이면 도착하지만, 당시에는 도보로 한 시간에 4km씩 부지런히 걷는다고 쳐도, 열흘은 족히 걸리는 거리였다. 숙소를 미리 예약하고 떠나는 것은 있을 수 없는 일이거니와, 자칫 어두운 산길을 헤매다가 호랑이나 도적을 만나게 될지 모르는 불안한 여정이다. 중세 서양에서도 마찬가지여서, 여행자의 대부분은 종교적 목적으로 떠나는 순례자 혹은 치료를 목적으로 온천을 방문하는 사람이었다. 그러나 이러한 여행은 현대로 접어들면서 '즐거움'을 목적으로 하는 관광으로 크게 변화되게 된다.

월리엄스(Williams, 1998)는 여행에서 관광으로 전환하는 데 기여한 요소를 크게 네 가지로 언급한다. 첫째, 시간의 흐름에 따른 관광에 대한 태도와 동기 변화, 둘째, 도시의 중간 계급의 사회적 경제적 해방, 셋째, 효율적이고 저렴한 교통 체계의 발달, 넷째, 관광 산업을 위한 시설과 인력의 공급이다. 시간에 따른 태도 변화를 보여 주는 단적인 예는 19세기에 인기를 끌었던 해변 리조트에서 찾을 수 있다. 근대 이전에 바다는 심오한 미스터리 그 자체이며, 괴물의 집 혹은 성경에서 전하는 노아의 대홍수가 남긴 자취로 여겨졌었다. 해변은 해적과 밀수꾼에 의한 침략 장소로 공포와 긴장과 혐오의 장소였다. 그러나 19세기 과학적 사고의 체계화와 낭만주의 운동의 고양 속에서 바다와 해변은 대중적 상상력의 장소가 되었다. 관광 목적지가 내륙 온천지에서 해변 리조트로 지리적 변동이 나타난 것이다.

한편 대중 관광이 확산되기 위해서는 유급 휴가의 실현, 잉여 소득의 저축 등으로 관광을 떠날 수 있는 계층이 등장해야 한다. 한국에서는 1980년대 이후 여가와 관광에 대한 국민적 관심이 고양되었다고 평가되는데, 이는 평균 소득 및 근로 소득의 변화에 따라 '일 중심'에서 '여가 중심'으로 생활의 가치관이 변화했기 때문이다.[3] 교통 체계의 발달도 크게 기여했는데, 19세기 후반에는 철도가 그리고 제2차 세계대전 이후에는 민간 항공의 발달이 국제 관광을 가능케 하였다.

닝왕(2004)은 이러한 요소에 더해 '자본주의적 상품화'를 꼽았다. 즉 산업자본주의는 여가 여행의 필요성을 창조하고, 이를 충족시키기 위한 표준화되고 평범하고 상업적인 방식의 관광 산업을 촉진한다는 것이다. 그는 관광이란 본질적으로 '경험을 상품화한 것'이라고 정의한다. 상품화를 위해서는 관광에 필요한 모든 것(광고비, 교통비, 숙박비, 입장료 등)이 상세히 계산될 필요가 있으며(양화, quantification), 최소 투입과 최대 산출이라는 원칙에 따라 불확실성과 우연성 등은 통제될 필요가 있다(합리화). 또한 상품의 품질은 동일하고 일관되게 표준화되어야 한다. 이는 특정 목적지(예를 들면 해변 리조트)의 동질화와 대체 가능성을 낳게 된다. 이러한 관광의 상품화는 여행 경험을 (과거와 달리) 단절시키고 고립시켰고, 이에 따라 '대중 관광객'에 대한 비판이 사회적으로 제기되기에 이르렀다.

미국의 문화인류학자 스미스(Valene L. Smith)는 그의 유명한 책 『Hosts and Guests』 (1977)에서 관광객의 유형을 일곱 가지로 구분하고 있다. 즉 관광객의 수, 여행지의 생활 양식에 대한 적응도, 여행지 문화에 대한 인식도, 여행지 문화에 대한 영향도라는 네 가지 기준을 토대로, 새로운 발견이나 지식을 구하는 탐험가(Explores), 엘리트 관광객(Elite tourist), 일탈적 관광객(Off-beat tourist), 색다른 관광객(Unusual tourist), 초기 대중 관광객(incipient mass tourist), 대중 관광객(mass tourist), 단체 전세 관광객까지 일련의 스펙트럼을 제시하고 있다. 스미스의 책이 관광객이 현지 사회에 미치는 사회적, 문화적 영향력을 성찰하고 있음을 고려한다면, 대중 관광에 대한 비판적 시각도 이해 가능하다. 이러한 비판은 "탐험가는 발견되지 않은 것을(위험), 여행자는 역사 속에서 마음으로 발견된 것을, 관광객은 기업가들이 발견하고 대량 기술로 준비한 것(안전)을 찾아 나선다"라는 푸셀(Fussell, 1980)의 지적과도 일맥상통한다. 그러나 대중 관광은 정말로 비난 받아야 마땅한 것일까? 대중 관광에 대한 이런 시선에는 "너는 관광객이고 나는 여행자이다."(MacCannell, 1976)라는 엘리트적 시선이 포함된 것은 아닐까? 이처럼 관광이 현대 사회에서 중요한 생활 양식이 되면서, 관광객에 대한 논의는 '진정성'을 둘러싼 공방으로 이어지게 되었다.

(3) 관광객과 진정성

학계에서 본격적으로 대중 관광에 대한 비판의 포문을 연 사람은 부어스틴(Daniel J. Boorstine)이었다. 그는 『이미지와 환상』(1962) 속에서 "대중 관광은 문화의 산업화와 관광 경험의 동질화 및 표준화를 초래한 가짜 이벤트(pseudo-event)"라고 비판하였다. 나아가 "관광객 스스로도 낯선 문화의 진정한 산물은 별로 좋아하지 않는다. 관광객은 비진정적으로 고안된 매력물에서 즐거움을 찾고, 밖에 있는 진짜 세상은 무시한다."라고 지적하였다.

> 오늘날 관광객들이 보는 관광 명소는 그 나라의 핵심이나 본질이 아니다. 오늘날 관광객들이 보는 것은 살아 있는 문화가 아니라 인공적인 것들, 즉 관광객을 위해서 방부제로 처리되어 한데 모아 놓은 박제품이거나 관광객을 위해서 일부러 공연되는 이벤트들이다. … 관광 명소들은 가짜 이벤트일수록 관광객들을 끌어들일 수 있다. … 원주민들은 가장 편리한 시간과 가장 좋은 계절에 관광객들의 구미에 맞춰 준비된 행사를 선보이기 위해서 그들의 제전, 명절, 민속 축제를 모조리 변질시켰다.(Boorstine, 1962)

이에 대해 맥켄넬(Deam MacCannel)은 『관광객』(1976)이라는 책에서, 부어스틴의 논의는 도덕적으로는 뛰어나지만 사회에 대한 과학적 연구가 될 수 없다고 비판하며, 부어스틴의 분석 속에 내재된 엘리트주의적, 개인주의적 한계를 극복하고자 했다. 맥켄넬에 의하면 관광의 본질은 일상적인 현대 생활 속에서 부재하다고 생각되는 진정성을 추구하는 것이다. 즉 관광은 현대 생활에서 느끼는 소외로부터 탈출하기 위한 여행이며, 관광객은 자신의 일상을 떠나 다른 시대와 다른 장소 속에서 진정성을 추구하는 존재이다. 따라서 관광객이 보는 것은 가짜 이벤트라기보다는 '무대화된 진정성(staged authenticity)'이라는 것이다.

한편 코헨(Erik Cohen, 1979)은 모든 관광객이 진정성을 추구한다는 맥켄넬의 주장은 동의하기 힘들다고 비판하였다. 즉 멕켄넬은 "새로운 경험을 찾아 전 세계를 헤매는" 현대 서구 관광의 중간 계급에 대한 모형을 제시했을 뿐이라는 것이다(Cohen, 1979). 코헨은 관광이 매우 피상적인 경험에서부터 순례와 비슷한 성격을 갖는 만남에 이르기까지 폭넓은 범위에 걸쳐 있다고 주장하였다.[4] 코헨은 태국을 대상으로 진행한 일련의 연구 속에서, 북부 치앙마이를 찾는 관광객은 최소한 고산지 소수 민족의 진정한 삶에 대해 각별한 관심이 있었던 반면, 푸켓 등 섬 관광지를 찾는 관광객은 단지 휴양과 레크리에이션에만 관심이 있었다는 것을 깨달았던 것이다(이진형, 2007). 따라서 코헨에 따르면 관광객은 진정하지 않은 것, 예를 들면 테마파크와 같은 가상의 세계에서도 만족을 느낄 수 있다고 주장하였다(심승희, 2000, 24).

관광객이 '진정성을 추구하는가'라는 논의는 그 뒤로도 반복적으로 이어졌고, 이에 진정성에 대한 소모적인 논쟁을 그만두는 것이 필요하다는 주장도 제기되었다. 예를 들면, 모란과 프리차드(Moran & Pritchard, 1998)는 "우리는 결코 고정된 세상 속에서 살고 있는 것이 아니기 때문에, 비진정성 혹은 진정성 논쟁은 부적절하고 비논리적"이라고 비판하면서 무엇이 진정한 것인지 이야기할 수 없다고 하였다.

최근 닝왕(Ning Wang, 2004)은 진정성에는 세 가지 종류가 있다고 제안하며, 이러한 논쟁에 종지부를 찍으려 하였다. 즉 진정성에는 위조품의 반대어로서 진품을 의미하는 객관적 진정성, 관광 주체가 관광 경험에서 느끼는 주관적 진정성인 실존적 진정성, 마지막으로 상대적이고 협상 가능하며 특정한 맥락에 의해 결정되며 심지어 이데올로기적인 구성적 진정성이 있다는 것이다. 특히 관광객이 느끼는 '실존적 진정성'에 초점을 두며, 닝왕은 관광이 "근대성의 구조적 비진정성에 대한 반응으로 진정성을 추구하는 한 형태"라고 결론 내린다. 즉 연휴의 경험은 단순히 관광 매력물과 구매한 서비스에 대한 경험이 아니며, 오히려 다른 사람들과 함께 특정한 상품을 소비하는 사회적 경험이라는 것이다. 따라서 관광 매력물이 진정하지 않다고 할지라도, 관광객은 실존적 진정성, 즉 진정한 자기 자신 혹은 상호 주관적 진정성을 추구하므로, 관광 매력물이 진정한가 아닌가는 별로 중요한 문제가 아니라고 하였다.

닝왕의 이야기에 의하면 관광객은 비진정성의 대표인 테마파크와 같은 가상의 세계에서도 진정함을 찾을 수 있다. 또한 코헨에 의해 위락형으로 구분되었던 해변 리조트 관광객도 실존저 진정성의 측면에서 보면 진정한 자아 정체성을 찾는 사람늘이다. 근대성에 의한 노동의 상품화는 '평일의 작업장'과 같은 특수한 구조적 시공간 속에서 노동과 육체의 훈육을 수반하는데, 이는 소외 문제가 정신적인 것뿐만이 아니라 육체적임을 의미한다. 노동 분업에서 신체는 자기 통제, 자기 억제, 조직적 조정의 대상이었다면, 해변 휴가에서 신체는 바로 그 자체가 주체가 된다. 나아가 휴가는 가족과 같은 집단에게 진정한 함께하기를 성취하는 기회가 된다. 결국 "관광은 '구원'을 약속하는 그림으로, 사람들이 그럭저럭 살아가게 하는 근대성의 기제이다."(닝왕, 2004)

(4) 포스트포디즘 관광

관광객은 왜 관광을 떠나는가? 지금까지의 논의에 의하면 이에는 근대성의 맥락이 작동하고 있다. 그렇다면 최근 등장하고 있는 포스트포디즘적인 관광 행태는 어떻게 해석될 수 있을까? 래쉬(Scott Lash)와 어리(John Urry)는『기호와 공간의 경제』(1996)에서 포스트포디즘적 관광 행태에 대해 세 가지로 지적하고 있다. 첫째, 관광객의 기호와 취향이 매우 다양해지면서, 유연하고 분화·주문된 새로운 관광으로 이동하고 있다. 둘째, 단체 관광으로 인한 폐해가 지적되면서, 지속 가능성과 성찰적 관광을 강조하는 대안적 관광으로 변화되고 있다. 셋째, 가상 현실로 실제 관광을 대체하는 탈관광 패러다임이 대두되고 있다.

첫 번째 변화는 관광에서 탈분화가 이루어지고 있음을 의미한다. 대중 관광에서 관광객이 방문하는 관광지와 관광 자원은 매우 제한적이었고, 관광객의 행동 역시 단순했다. 관광 상품은 관광객의 소비 패턴과 기호를 고려하지 않았으며 소수의 한정된 단체 관광 상품으로 대부분 구성되어 있었다. 그러나 포스트 포드주의적 입장에서는 소비자의 영향력이 증대됨과 동시에 공급자 역시 소비자 지향적으로 변모됨으로써, 소수 인원이 경험할 수 있도록 관광 상품의 유연적 공급이 나타났다. 또한 관광 상품과 관광지에 대한 소비자의 기호가 고정되지 않고 항상 변동되기 때문에, 관광지의 수명은 예전에 비해 훨씬 단축되었으며 민감한 유행의 변화를 타고 있다(오정준, 2004).

두 번째 대안 관광으로의 변화는 대중 관광에 대한 성찰과 더불어, 관광의 탈분화 속에서 새롭게 탄생하거나 부각된 변화로, 문화 관광, 생태 관광, 체험 관광, 녹색 관광 등이 대표적이다. 이러한 대안 관광은 즐거움과 오락에 치중하는 '보는 관광'에 더하여, 학습, 성찰, 체험적 측면을 강조한다(조아라, 2002). 관광객들은 생태 관광이나 농촌 관광을 통해, 자신들의 관광이 현지 사회의 환경과 문화에 가하는 충격을 최소화하는 목적지를 선택하고자 한다.

마지막으로 탈관광 패러다임의 변화는 의미 작용에서 실재(reality)와 재현(representation)의 문제와 연결되는 사항이다. 포스트모더니즘에서 소비되는 것은 기호와 재현이다(Urry, 2002; 오정준, 2004에서 재인용). 따라서 관광객은 수많은 기호와 이미지의 대상을 보기 위해 집을 떠날 필요가 없다. 가상 현실을 통한 관광이 등장하게 된 것이다. 또한 우리가 점점 더 소비하게 되는 것은 기호나 이미지이기 때문에, 이런 표상과 구분되는 단일한 '실재'는 있을 수 없다. 탈관광객은 자신이 관광객이라는 것, 단일한 진짜 체험이란 존재하지 않는다는 것을 알고 있는, "관광을 가면 끊임없이 줄을 서야 하고, 그럴싸한 브로슈어는 대중문화의 한 조각에 불과하며, 진짜인 듯한 현재 오락은 사회적으로 고안된 것에 불과하고, 정취 있는 전통적인 어촌은 관광 수입 없이는 생존할 수 없는 곳"임을 알고 있는 냉소적이고 냉정하며 자의식적인 관광객이다(Lash and Urry, 1996).

래쉬와 어리는 포스트포디즘 사회에서 관광은 조직화된 관광에서 벗어나 거의 '관광의 종말'이라고 묘사할 수 있을 만큼 훨씬 더 차별화되고 분화된 이동 패턴으로 나아가고 있다고 주장한다. 즉 탈조직 자본주의에서 사회적 일상생활과 관광은 명확히 구분되지 않는다. 실제로 이동하고 있든 아니면, 믿을 수 없을 정도로 유동하는 다수의 기호와 전자 이미지에 의해서 모의 이동을 체험할 뿐이든 사람들은 대부분의 시간 동안 관광객이 된다. 결국 관광의 특수성이 사라지면서, 대량 생산되고 패키지화된 관광은 '종언'을 맞이하게 된다는 것이다.

이러한 논의에 기반하여 한국의 대표적인 관광 목적지인 제주 관광의 변화를 오정준

표 1. 포스트포디즘 관광객의 행태

포스트포디즘적 소비	관광객의 행태
소비자가 더욱 지배하게 되며, 생산자는 소비자 지향적이 됨	특정 형태의 대중 관광 거부(휴가 캠프, 값싼 패키지 관광 등), 선호의 다양성 증대
소비자 선호의 휘발성	낮은 재방문률, 대안적 관광지, 매력물 생산
시장 분화의 증가	휴가 유형의 다각화, 생활 스타일에 기반한 관광 상품
소비자 운동 증가	미디어를 통한 대안 관광과 관광 상품에 관한 풍부한 정보
짧은 상품 생산 주기를 가지는 신상품 개발	유행의 급격한 변화로 인한 관광지/그 경험의 급속한 전환
대량 생산/대량 소비의 감소	소비자 맞춤형 숙박 증대, 녹색 관광 증대
덜 기능화되고 더 심미화되는 소비	레저, 문화, 교육, 스포츠, 여가와 관광의 차별화

(2004)의 논의를 통해서 살펴보자. 제주도 관광 산업은 1990년대 초반 획기적인 전환점을 맞이한다. 1980년대까지 제주도 관광은 국가, 기업, 혹은 자본가에 의한 대규모 개발에 의해 추진되었다. 제주도민은 관광 개발의 모든 과정에서 배제되었고, 이는 경제적 측면에서 관광 수익의 지역 외부로의 유출 문제, 외지인 토지 소유 문제, 고용의 질적 문제를 제기하였다. 사회·문화적 측면에서는 관광객과 제주도민 간의 공간적 격리와 반목, 소비 문화의 도입을 통한 지역의 향락화와 범죄 발생율 증가 등의 문제가 나타났으며, 환경적 측면에서는 관광지 환경의 파괴, 쓰레기 문

그림 1. 제주도 한라산 (자료: www.jejutour.go.kr)

그림 2. 제주도 올레길 (자료: www.jejuolle.org)

제, 수질 오염 문제 등이 나타났다. 이러한 문제는 1990년대 초반 제기된 '제주도 개발 특별법'의 제정 과정에서 표출되었고, 이후 어느 정도 관광 개발에 지역 주민이 참여하는 양상이 나타났다.

한편, 이 시기 관광객의 기호가 다변화되면서, 제주도에서도 대안 관광이 등장하게 된다. 제주도의 대표적인 대중 관광지인 한라산, 해수욕장, 천지연폭포나 만장굴, 성산일출봉 등을 방문하는 관광객은 줄어들고, 새로운 관광지와 장소, 예를 들면 오름이나 4.3 유적, 트레킹, 감귤 체험 농장 등에 대한 방문이 활성화되어 왔다. 이러한 대안 관광은 주제화, 지성화(intellectualization), 전문화(professionalization)를 추구함으로써, 심층적인 관광 자원의 소비로 이어지고 있다. 그 결과 제주도의 관광지는 기존 해안 중심의 자연 관광지에서 탈피하여, 수직적, 수평적으로 확대되고 있다.

3) 관광으로 지역은 어떻게 변화되는가?

(1) 관광지의 생애 주기

관광객이 증가함에 따라 관광지는 어떻게 변화하게 되는가? 이를 설명하는 고전적인 이론이 버틀러(Butler, 1980)가 제안한 관광지 생애 주기론이다. 버틀러는 중심지이론으로 유명한 크리스탈러(Walter Christaller)의 설명에 덧붙여, 관광지의 발달 과정을 상품 생애 주기 이론에 대입하여 모델화하였다.

전형적인 과정은 다음의 패턴을 따른다. 화가들은 그림을 그리기 위해 손상되지 않은 장소를 찾는다. 점점 그 장소는 예술가의 거주지로 불리게 되고, 곧 시인, 다른 화가, 영화인, 미식가, 귀공자들이 그 뒤를 따르게 되어, 장소는 유명해지고, 어촌이나 누추한 오두막은 숙박 업소와 호텔로 바뀐다. 그동안 화가들은 다른 주변부로 떠나고 상업적인 성향을 지닌 예술가만 남는다. 점점 더 많은 도시인이 이 장소를 택하고, 이는 유행에 따라 홍보되어, 결과적으로 귀공자와 진정한 여가를 찾는 사람들은 떠나게 된다. 관광 중개인들은 관광 상품 비율을 늘리고, 결국 대중이 기피하게 된다. 동시에 다른 장소에서 비슷한 주기가 이루어지고, 점점 더 많은 장소가 유행이 되어, 관광지의 출몰이 일상적인 곳으로 바뀐다.(Christaller, 1963; Butler, 1980에서 재인용)

관광지는 탐험, 연루, 개발, 강화, 정체, 쇠퇴의 6단계를 거쳐 발달하게 되는데, 특히 여섯 번째 단계에 이르면 지역의 수용력이 한계에 다다르면서 쇠퇴하게 된다. 단, 이때 관광지에 특별한 매력물이 부가되면 관광객 수는 다시 증가하게 되고, 또한 시간을 초월한 매력물이 있는 독특한 지역(예를 들면 나이아가라 폭포)에서는 쇠퇴 과정이 나타나지 않는다.

이후 버틀러의 모델에 근거하여 관광지의 수명 주기를 분석하는 논의가 다수 이어졌

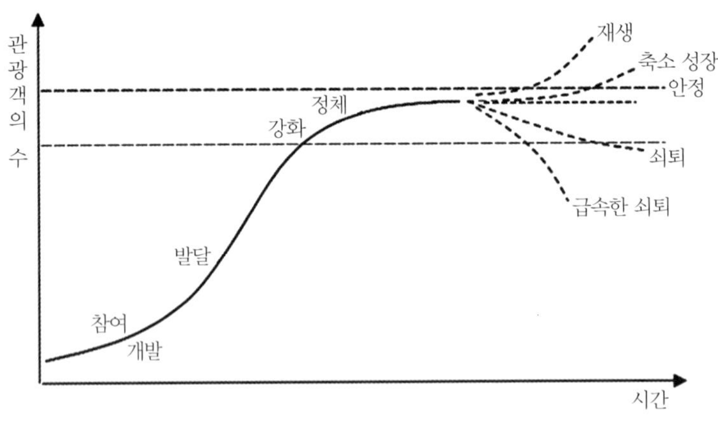

그림 3. 버틀러의 관광지 생애주기론 (자료: Butler, 1980)

다. 그중 한 사례로 테마파크 에버랜드에 대한 연구(박양춘·최정수, 2002)를 간략히 살펴보자. 1976년 자연농원이 개장했을 당시에는 여가 공간이었다기보다는 교육적 효과를 목적으로 한 시설이었다. 그러나 1980년대 국민 소득 향상에 따라 여가의 선호도가 농원이나 과수원에서 유원지나 대공원으로 전환되었고, 이에 자연농원도 종합 위락 시설로의 전환이 도모되었다. 한편 1988년 롯데월드, 1989년 서울랜드 등 경쟁 테마파크가 등장하면서, 자연농원은 획기적인 변화가 필요해졌다. 이에 1996년 CI를 에버랜드로 변경하고, 당시 세계 최대의 워터파크를 건립함으로써 복합 테마 리조트 파크로 전환시키기에 이른다. 이는 관광지의 쇠퇴를 막기 위해서는 끊임없는 변화와 혁신이 필요하다는 것을 보여 준 단적인 사례이다.

버틀러 모델이 오랫동안 주목을 받았던 이유는 관광지를 관리할 필요가 있음을 이 모델이 보여 주고 있기 때문이다. 관광객이 지역의 수용력을 능가하여 증가할 경우, 결과적으로 환경적(토지 부족, 수질·공기 오염), 물리적(교통, 숙박, 기타 서비스의 악화), 사회적(혼잡, 지역 주민의 적대감)으로 부정적인 영향이 나타나 지역은 쇠퇴할 수밖에 없다(표 2). 따라서 적절한 관리를 통해 지속 가능한 관광이 이루어지도록 한다는 점에서 이 이론은 관광 개발에 큰 시사점을 주고 있다.

그런데 버틀러의 모델로는 관광지의 변화를 모두 설명하기 힘들다는 반론이 제기되

영향	긍정적	부정적
경제	• 관광 지출의 증가 • 고용 창출	• 이벤트 동안 비용 증가 • 부동산 투기
물리	• 새로운 시설 건설 • 기반 시설 개선	• 환경 파괴 • 과밀
사회	• 자원봉사 등 공동체 조직 신장 • 지역 이벤트에 대한 지역 참여 증가	• 이기주의 발달 • 과도한 도시화 등 가속화
심리 심리	• 지역 자부심과 공동체 정신 증가 • 지방 외부에 대한 인식 증가	• 방어적 태도의 경향 • 주민/방문객 적대감 초래 가능성
문화	• 타문화 노출, 새로운 사상 신장 • 지역 전통과 가치 신장	• 상업화와 개인주의 • 이벤트/활동이 관광에 따라 변용됨
정치	• 지역에 대한 외부인식 증진 • 정부/주민의 정치적 가치관 전파	• 정치인의 야망 위해 주민이 이용당함 • 현재 정치 체제를 반영하여 이벤트 왜곡

자료: Ritchie, 1987

었다. 버틀러의 모델은 관광 개발에 대한 양적 수준의 분석은 이루어졌지만, 관광지의 역사적·사회적 속성은 고려하지 못하고 있다는 것이다(Saarinen, 1998). 이에 관광지의 상징적 의미 변화에 주목하고자 한 연구가 진행되었다.

(2) 문화 순환과 관광객의 시선

관광지의 변화는 크게 물리적 변화와 상징적 변화로 나누어 설명된다. Ashworth & Dietvorst(1995)에 따르면, 생산자(공급 부문)는 관광 시설을 건설하거나 매력물의 용도를 전환하는 등 직접적인 개발을 통해서 지역의 자연 자원이나 사회문화 자원을 물리적으로 변화시키며 지역에 '의미'를 부여해서 상징적 변화를 이끌어낸다. 반면 소비자(관광객)는 지역을 방문하여 관광 활동을 함으로써 지역 자원을 물리적으로 변화시키고 지역의 의미를 재해석하고 수정하게 된다. 이러한 관광지 개발과 소비의 상호 작용은 '문화 순환' 이론으로 설명된다(그림 4).

문화 순환 이론을 적용하면, 관광지는 생산(production), 텍스트(text), 독해(read-

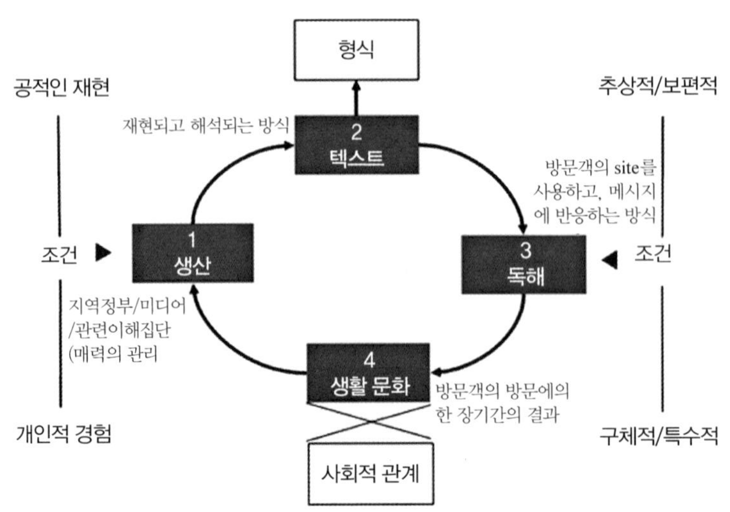

그림 4. 관광지의 문화 순환 이론 (자료: Johnson, R. 1986, The story so far and further transformation, in Punter, D. ed., Introduction to Contemporary Cultural Studies, Longman; 심승희(2000)에서 재정리)

ing), 생활·문화에의 영향(impact)이라는 네 단계를 거쳐서 순환적으로 변화하게 된다. 생산은 관광지 판촉과 이미지, 개발에 대한 결정이 이루어지는 단계이며, 텍스트는 이러한 결정이 장소에 부여되는 단계이다. 주의해야 할 점은 이때 텍스트가 단순히 문헌을 의미하는 것이 아니라는 것이다. 텍스트의 개념은 경관, 사회, 경제, 정치적 제도까지 확장되기도 하는데, 즉 현실을 보여 주는 것이 아니라 현실을 구성하는 것으로 이해될 수 있다. 독해는 방문객이 지역을 사용하고 생산된 메시지에 반응하는 단계로, 읽는 것을 넘어서 '읽는 방식'으로 다시 쓰는 단계이다(Barnes *et al.* eds., 1992). 영향 단계는 방문객의 태도와 가치가 장기간에 걸쳐서 지역의 생활문화에 영향을 주는 단계이다.

문화 순환에 따른 관광지 변화는 강진과 해남을 대상으로 한 연구(심승희, 2000)를 통해서 보다 쉽게 이해된다. 현재 '남도 답사 1번지'로 알려진 강진과 해남은 1980년대까지만 해도 낙후된 농촌, 중앙에서 가장 먼 곳, 대규모 관광 시설이 부족한 곳 등 부정적인 관광 이미지를 지니고 있던 곳이었다. 그러나 1990년대 '답사 여행' 형태의 문화 관광이 대중화되기 시작하면서, 강진과 해남은 평화로운 농촌 풍경, 때 묻지 않은 자연, 유서 깊은 문화유적지로 특징지어지는 '남도 문화 전체'를 표상하는 지역이 된다. 이러한 이미지 형성에 가장 큰 영향을 미친 것이 바로 당시 베스트셀러가 되었던 유홍준의 『나의 문화유산답사기』였다. 강진과 해남의 이미지는 지역 외부에서 기인된 것이었으나, 이는 지역의 정체성과 어긋나는 것이 아니었고, 이후 강진과 해남은 문화 관광에 상당한 기대(경제 활성화)를 걸며 적극적으로 남도 답사 1번지의 이미지를 받아들이게 되었다.[5]

그림 5. 강진의 가우도 (자료: www.gangjin.co.kr)

그림 6. 해남의 두륜산 (자료: www.haenam.go.kr)

그림 7. 강진군청 홈페이지의 베너
(자료: www.gangjin.co.kr)

한편, 한국의 유명한 문화유적 관광지인 '안동 하회마을'에 대한 일련의 연구 속에서도 관광지의 문화 순환에 따른 상징적 변화가 잘 드러나고 있다. 1984년 이전 안동 하회마을은 비록 학계의 주목은 받고 있었으나, 대중적 관심을 끌지는 않는, 다른 농촌 지역과 차이가 없는 곳이었다. 다만 당시 박정희 정권은 군사 정권이라는 태생적 한계를 극복하기 위해 안동 지역의 유교 문화, 선비 문화에 주목하여 이를 활용한 바 있다(문옥표, 2000). 하회마을이 크게 변화하기 시작한 것은 1984년 하회마을 전체가 중요 민속자료로 지정되면서부터이다. 이때부터 옛 건물과 생활양식이 원형 그대로 보전되어 있는 '살아 있는 민속촌'으로 알려지면서, 하회마을을 찾는 관광객이 급증하였다.[6] 흥미로운 것은 1990년대 중반 이후 하회마을은 '선비의 고장'보다는 '안동탈춤'이 관광 상품의 전면에 내세워지게 되었다는 점이다. 1997년 제1회 안동국제탈춤 페스티벌이 개최되면서, 안동탈춤은 한국을 대표하는 예술로 상품화되는데, 이에 결정적인 쐐기를 박은 것은 1999년 엘리자베스 여왕의 방문이었다. 이러한 변화의 내면에는 전통 문화의 보전과 재현을 둘러싼 갈등이 존재한다. 노영순(2007)에 의하면, 본래 하회탈과 별신굿은 양반의 문화가 아니었다. 현재 하회 별신굿 연행자도 외부의 문화 전수자이다. 주민들 중에는 별신굿 문화가 마을의 대표 문화로 전면에 내세워지는 것에 대해 우려를 보이는 사람도 있다. 하회마을 사례는 지역의 의미가 지역 내외의 공급자(정부, 지자체, 학계), 관광객, 현지 주민 간의 갈등과 협상을 통해서 만들어지고 변화되고 있음을 보여준다.

최근 뜨거운 이슈인 한류가 한국이라는 이미지에 어떠한 영향을 주었는가에 대한 연구도 흥미롭다. 최경은(2007)에 따르면, 한류 형성 이전 시기에 중국인은 한국을 경제적 측면에서는 높게 평가하였으나, 사회문화적 측면에서는 상대적으로 낮게 평가하였다. 그러나 한류를 통해 유행 문화, 전통 문화 등이 높게 평가되면서, 한국의 지리적 이미지도 재구성되고 있다.[7]

한편, 어리(Urry, 1990)는 이러한 관광지의 상징적 변화 중, 관광객에 의한 변화에 주목하며, '관광객의 시선(Tourist gaze)'이라는 개념을 제안하였다. 관광객의 시선이란, 관광객이 특정 지리적 세계를 이해하고 바라보고 해석하고 향유하는 방식으로 이는 사회적, 역사적으로 구성된다. 어리는 다양한 역사적 시기에 관광객의 시선이 어떻게 변화되고 발전해 왔는지에 관심을 가지며, 누가 그리고 무엇이 시선에 권위를 부여하고, 그 대상이 되는 장소들에 어떠한 결과를 초래했는가를 밝히고자 한다. 위에

그림 8. 하회마을 사진

그림 9. 하회 별신굿 탈놀이
(자료: 안동하회마을 홈페이지 www.hahoe.or.kr)

서 제시한 사례에 적용해 보면, 강진과 해남 답사 여행자의 '시선'에 영향을 준 것은 전문가의 '서적'이었으며, 안동의 선비의 문화는 중앙 정부의 권력이, 하회탈춤의 고장이라는 이미지는 외부의 권위 있는 소비자의 시선(엘리자베스 여왕)이 영향을 준 것이라 할 수 있다. 그런데 이러한 관광객의 시선은 푸코의 원형감옥(panopticon)에서의 시선처럼 권력을 지니고 있다.

관광지에서도 원형 감옥이 시사하는 내면화(interiorization)의 과정을 그대로 볼 수 있다. 즉 관광객들이 항상 모여 있는 '벌통(honeypots)'에 사는 사람들은(원주민), 사람들이(관광객) 항상 자기를 보고 있다고 믿는다. 비록 관광객이 바라보려 하지 않더라도, 원주민은 '시선을 받고 있다는(under the gaze)' 느낌을 받기 때문에, 이를 거부하거나 이에 맞도록 적절히 순응하게 된다. 푸코가 주장하듯이, 엄밀하고 준엄한 권력에 순응하기 위해 존재하는 보편적 시각성(visibility)인 '시선의 내면화(the interiorization of gaze)'가 일어나는 것이다.(Urry, 1992, 177-178; 김사헌, 2008, 98)

'관광객의 시선' 개념이 제안된 뒤 이에 대한 수많은 문헌이 쏟아져 나왔고, 당연히 일부에서는 이에 대한 비판도 제기되었다. 특히 어리의 관광객 시선은 관광객이 현지민을 바라보는 일방적인 시선이라는 점에서 비판되었는데, 그래서 이를 보충하는 개념으로서 '현지 시선(local gaze)'이라는 개념이 제안되기도 하였다(Maoz, 2006; 박상훈·김사헌, 2011에서 재인용). 이와 함께 관광객이 규율을 어떻게 내면화하는가를 설명하고자 한 연구도 진행되었다(예를 들면, 오정준(2008)).[8]

한편 권력이 내재된 '관광객의 시선' 또는 '관광객에 대한 시선'이라는 개념에 대해서는 비판하는 목소리도 있다. 즉, 원형감옥에서 감시하는 시선과 관광객의 한가로운 시선은 성격이 전혀 다르다는 것이다(김사헌, 2008). 원형감옥의 수감자는 자신의 의지와 상관없이 비자율적으로 갇혀 있는 것이지만, 관광객의 경우는 스스로의 선택에 따라 여행을 떠나기 때문이다. 그럼에도 불구하고 어리의 관광객의 시선이라는 개념은 여전히 관광의 사회적 측면을 다루는 데 유용한 개념이며, 특히 제3세계 국가를 여행하는 선진국 '관광객'의 시선에 대한 비판적 성찰을 제공해 준다는 점에서 그 의의가 크다.

(3) 관광지의 사회적 구성

지금까지 살펴본 바에 의하면, 관광지의 의미는 객관적인 '진짜 의미'가 있어서, 발견되고, 조사되고, 소비되기를 기다리고 있는 것이라기보다는, 각 시대의 사회적 관계 속에서 구성되고 있는 것임을 알 수 있다. 즉 관광 목적지는 특정 공간과 시간 속에서 사회·정치·경제적 관계의 어떤 조합의 끊임없이 변화하는 상품으로 이해된다(Sarrinen, 2004). 이는 환언하면, 관광지가 무엇이라 정의되고, 무엇을 재현하는지, 그리고 이를 변화시키는 역사적, 현재적 실천은 어떠한 것인지 이해하는 연구가 필요하다는 것을 의미한다.

쉴즈(Rob Shields, 1991)는 이를 '장소 신화'라는 용어로 설명하고자 한다. 쉴즈에 따르면, 장소 신화란 중심적 장소 이미지를 핵으로 하는 일련의 장소 이미지 군으로 형성되는 것이다. 쉴즈는 이러한 중심 이미지가 공동체의 내부와 외부를 구별하고, 개인의 경험보다 우선시된다고 설명하며, 이는 담론 권력의 힘으로 사회적 관계 속에서 형성된다고 주장하였다. 결국 관광지의 이미지나 재현은 가치 중립적인 것이 아니며, 인종과 젠더 등 역사적, 경제적, 사회적, 정치적 관계 구조 속에서 형성된다(Morgan & Prtichard, 1998). 이는 관광지의 의미를 만들어 내는 이데올로기, 혹은 그 의미가 "출현하고, 제도화하고, 소멸되는 일련의 과정"(Paasi, 1996)에 대한 연구가 필요함을 의미한다.

관광은 지리적 현상으로 다양한 스케일(scale)에서의 지역 정체성 생산과 관련된다(Urry, 1990; 1995). 우선 관광지의 의미는 국가 정체성을 표현하고 강화하는 측면을 지니고 있다. 역사 유적 관광지는 '우리 역사'라는 국가의 역사적 상징에 의존함으로써, 국가다움(nationhood)의 개념을 정의한다. 영국의 역사 관광에서 끊임없이 재등장하는 경관, 성(castle), 농촌의 집, 명예와 용기 등은 영국인에게 국가에 대한 신체적·경험적 연계와 소속감을 제공한다(Palmer, 1999). 센서스나 지도, 박물관과 마찬가지로 국가의 역사적 증거를 전시하고 국가다움을 제시함으로써, 국가 정체성 형성에 기여하고 있는 것이다(Pretes, 2003). 뉴질랜드의 관광에서 자주 재현되는 '농촌 이미지'는 뛰어난 자연 자원과 풍요로움을 지닌 유럽 개척자의 기회의 땅이자, 영국 도시에는 부재하다고 여겨졌던 강인한 노동 윤리와 도덕적 건전함, 가족적 이상향 등으로 이상화되어 선전되고 있다(Bell, 1997).

그러나 한편으로 관광지 의미는 로컬리즘에 의해 강화되기도 한다. 지역 관광은 지방이 자신을 세계와 국가 속에 위치하게 할 수 있는 적극적인 정치적 장으로 기능하고 있으며(Thompson, 2004), 다양한 행위 집단이 스스로의 정체성과 관심을 주장하게 된다(Dredge & Jenkins, 2003). 따라서 역사 유적지나 농촌 경관은 국가 정체성과 밀접한 관계를 지니면서도, 동시에 지역의 특성을 형성하고 지방의 역사가 된다(Bell, 1997, 155; Brace, 1999).

최근 관광지리에서도 인간주의 지리학 및 비판지리학에서 제기되고 있는 '공간의 사회적 구성론'에 적극 참여하고 있다. 몇 가지 사례 연구를 소개해 보자. 먼저 관광의 장에서 '자연'의 사회적 구성론을 다룬 연구를 살펴보자. 본래 인간은 유기체로서 필연적으로 자연적 질서의 일부이다. 그러나 근대 사회 이후 인간 사회와 자연을 구분하려는 경향이 나타나면서, 자연은 사회의 외부에 있는(external) 것, 혹은 자연에 대한 객관적 진리가 존재하는 것으로 여겨지게 되었다. 그러나 한국의 명산 '금강산'의 이미지만 떠올려보아도, 순수한 자연이라는 것은 존재하지 않는다는 것을 알 수 있다.

진종헌(2005)은 금강산 관광[9]을 분석하여 특정한 자연 경관이 어떻게 여러 집단에 의해 차별적으로 경험되고 정치적으로 동원되는지 설명하였다. 즉, 금강산 관광은 단지 경치 좋은 곳으로의 관광일 뿐 아니라 민족의 성지를 향한 순례의 의미를 담고 있다. 전후 남한 사람들의 금강산에 대한 민족적 그리움은 국토 통일의 정치학(politics)과 시학(poetics)이 교차하는 지점을 상징했다. 금강산 관광의 성공은 남북 화해, 정치적/이데올로기적 차이를 뛰어넘는 민족 동질성 회복을 위한 의미 있는 발걸음으로 간주되거나, 북한 사회주의에 대한 남한 자본주의/민주주의 체제의 승리의 결과물로 해석되고는 했다. 한편 북한에서 금강산은 사회주의적 이상 세계의 아이콘이었다. 북한에서 자연(산, 폭포)의 신성함은 공식적으로 사회주의 체제의 영원불멸성에 대한 상징으로 해석되었다. 금강산 바위에는 '조선노동당 만세' 등의 정치 선전 문구가 새겨졌고, 경관은 탈자연화되었다. 그러나 금강산 관광이 시작된 이후, 금강산은 민족적 순수함의 상징이나 사회적의적 이상 세계의 아이콘이라는 단일한 이미지로 재현

그림 10. 금강산의 아름다운 경치(자료: 현대아산 금강산 관광 HP http://www.mtkumgang.com/)

되고 있지 않다. 오히려 금강산은 남과 북의 정부 측, 그리고 사회단체가 만나는 일종의 중립 지대가 되었고, 민족애의 감동적 연출을 통해 화해와 통일의 경관으로 상징화 혹은 자연화되고(naturalized) 있다.

관광지의 의미가 역사적, 사회적, 정치적 변화에 따라 다변하는 것은 조아라(2010)가 제시한 일본 홋카이도의 사례 속에서 극명히 나타난다. 홋카이도는 1869년 뒤늦게 일본에 편입된 지역으로 그 전에는 아이누 민족이 살고 있는 아이누 모시리(인간의 땅), 혹은 에조치(오랑캐의 땅)라고 불리었다. 관광의 장에서 홋카이도는 전후 고도 경제 성장기의 대량 관광 시대, 지역주의·독자성 담론과 함께 등장한 고향 관광 시대, 차이와 친환경의 미학이 강조되는 포스트모던 관광 시대별로 차별적으로 재현되었다.

대량 관광 시대 당시에는 미개척 자연의 원시성, 개척 프론티어 정신(혹은 자기 희생), 소수 민족 아이누 관광의 타자화 등이 주요 관광 담론으로 강조되었다. 이러한 담론의 배경에는 당시 시대적 맥락이 존재한다. 홋카이도는 일본에 편입된 이후 국가의 이익을 위한 개척지로서 식량 생산, 자원 공급지의 역할을 수행할 것이 기대되었던 것

그림 11. 개척의 역사를 보여 주는 삿포로 시계탑

그림 12. 북방권 자연을 대표하던 바다표범

그림 13. 아이누 문화 관광과 문화 전승

이다. 그러나 1970년대 석유 파동과 함께 일본의 고도 성장기가 막을 내리면서, 국가의 일방적인 역할론에 대한 비판과 반성이 제기되었고, 지역주의와 독자성 담론이 제기되는 한편, 아이누 민족 운동도 활발해지기 시작한다. 홋카이도 관광 담론도 원시적 자연이 아닌 북방권의 자연이, 아이누 관광의 타자화된 시선이 아닌 주체적인 시선이 강조되게 되었다. 최근에는 포스트모던 사회가 도래하면서, 홋카이도 관광도 다양화되고 차별화되고 있는데, 차이에 대한 강조와 소비의 미학 속에서 전반적으로 홋카이도의 관광 담론은 탈정치화, 이상화되고 있다. 자연은 은혜로운 대지로 묘사되고, 아이누 문화는 민족보다는 자연과 공생하는 친환경적 문화라는 가치가 강조되는 양상까지 나타나고 있다. 이는 각 시기마다 홋카이도의 장소 신화에 대한 강력한 지배적인 담론이 존재하고 있었음을 보여 주는 동시에, 이러한 지배적인 담론은 주변부적 담론과의 경합 속에서 새로운 시선으로 전환되고 있음을 보여 준다.

이처럼 관광지를 사회적 구성 과정이라는 측면에서 접근할 경우, 지역의 의미에 대해서 질문하게 될 수 있다. 즉 지역 정체성이 형성되는 과정은 한편으로는 사회적 약자를 억압하는 방식으로 작동되고는 하는데, 그 과정을 면밀히 살펴봄으로써 윤리적으로 바람직한 관광지 인식 또는 세계의 지리적 인식이 가능해질 수 있는 것이다. 이는 또한 향후 관광지 개발에 있어서 고려해야 할 문제를 제기하고 있다.

4) 사회문화지리적 관광 연구를 향하여

이 장은 관광을 사회문화적인 현상으로 접근한 지리학 및 인접 학문의 성과를 제시하였다. 오늘날 관광은 중요하다. 래쉬와 어리의 '관광의 종말'이 이야기하는 것은 여행과 일상생활의 경계가 무너지면서, 이동성(주체의 이동이든 기호의 이동이든)이 일상화되는 것을 의미한다. 국제 관광객의 증가와 이를 월등히 뛰어넘는 국내 관광객의 증가, 혹은 관광 통계로 잡히지 않는 수많은 이동을 고려하면, 관광의 중요성은 관광산업의 영역을 뛰어넘는다. 우리는 관광을 함으로써, 진정한 '자아'를 찾아 나서고, 세계에 대한 인식을 만들어가며, 세계 각지는 주요 산업인 '관광'을 통해 스스로의 장소를 재정의하고 있다. 이는 관광 산업 또는 관광 개발의 측면을 넘어서서 관광 연구가 진행되어야 함을 의미한다. 관광 연구에 대한 문화지리적 접근이 필요한 이유이다.

관광객은 왜 여행을 떠나는가? 단순히 일상에서의 탈출이나, 모험, 휴식만으로는 설명되지 않는 사회적·문화적 맥락이 있음을 우리는 앞서서 살펴보았다. 근대 사회에 접어들면서 '경험을 상품화'한 표준화된 대중 관광이 등장하게 되었고, 여행의 목적은 순례 혹은 치유에서 노동의 안티테제로서의 '즐거움'으로 크게 변화되었다. 대중 관광은 현지 사회에 미치는 영향력이 컸는데, 특히 그 부정적 영향으로 인해서, '비진정성'을 추구하는 관광객에 대한 비난이 제기된다. 그러나 관광객이 현대적 생활에서 느끼는 소외로부터 탈출하기 위해 여행을 하는 것이라는 멕켄넬의 논의, 나아가 관광객은 진정한 '자아', '상호 주관적 진정성'을 찾아나서는 것이므로 관광 대상물의 '진정성'이 문제가 되지는 않는다는 논의는 대중 관광객을 옹호하고 있다. 포스트포디즘 관광객은 한편에서는 대중 관광에 대한 반성에 기반한 대안 관광으로, 혹은 관광 상품의 유연성을 초래하는 탈분화된 관광으로, 혹은 재현이 실제가 되는 탈관광 패러다임으로 변화하고 있다. 이러한 현상은 앞으로 어떻게 될 것인가? 향후 이러한 관광객의 동기와 행태를 사회문화적으로 접근해서 고찰할 필요가 있다.

관광지는 어떻게 발전 혹은 변화하는가? 한편으로는 지속가능한 개발을 위한 관광지의 물리적 개발의 관리가 중요하다는 연구가 진행된 한편, 관광지의 의미 나아가 정체성이 어떻게 구성되는가에 대한 연구가 진행되었다. 관광지의 의미는 생산자(관광공급자)와 소비자(관광객)의 상호 작용 속에서 변화하는데, 이는 어리의 '관광객의 시선'이 제안하듯, 자연스럽거나 중립적인 과정이 아닌 권력이 발현되는 정치적인 과정으로 이해된다. 이는 인문지리학에서 뜨겁게 달궈지고 있는 '공간과 사회'의 관계에 대한 이론적 논쟁에 관광 연구자가 적극 동참할 필요가 있음을 보여 준다. 이는 전통적인 관광지리가 접근해 왔던 관광 자원론, 즉 어느 지역에 어떠한 자원이 경쟁우위에 있으며, 이 지역은 어떠한 관광지(해안 관광지, 산악 관광지, 온천 관광지 등)로 개발해야 하는지를 분석함으로써, 경쟁력을 갖춘 관광 개발을 위한 제언을 해 왔던 과학적, 객관적 지표를 개발해 왔던 방법과는 다른 접근이 필요함을 의미한다. 오히려 관광지의 의미가 사회적으로 구성되는 '과정'을 연구함으로써 이 지역, 공간, 자연 경관, 문화유산이 어떠한 의미를 내포하게 되었는지, 어떤 집단이 왜 주장을 하였고, 이것이 어떻게 제도화되었는지, 공간 스케일 혹은 사회집단 사이에서 발생하는 갈등, 경합, 타협 과정은 어떻게 이루어지며, 이것이 또 지역의 의미를 어떻게 변화시키는지에 대한 역동적인 연구가 진행될 필요가 있다.

● 요약

1. 관광은 산업적인 측면을 넘어 사회문화적으로 중요하다. 관광은 오늘날 우리의 세계에 대한 상상의 지리를 구축하고, 창조해 가는 원동력으로 부상하였다.

2. 관광 동기에는 개인적 차원으로는 설명되지 않는 사회적, 문화적 맥락이 있다. 근대 사회는 경험의 상품화를 통해 대중 관광을 만들어 냈는데, 관광객의 '진정성'에 대한 논의도 이러한 맥락에서 이해될 수 있다.

3. 관광지의 생애주기론은 관광지의 지속가능한 개발을 위해 물리적 개발의 관리가 중요하

다는 것을 보여 준다.

4. 관광지의 사회적 구성론은 관광지의 의미가 자연스럽거나 중립적인 과정이 아닌 권력이
   발현되는 정치적인 과정임을 보여 준다.

● 핵심어(Key words)

관광 동기, 무대화된 진정성, 포스트포디즘 관광, 관광지의 생애주기론, 관광객의 시선, 관
광지의 사회적 구성

tourist motivation, staged-authenticity, post-Fordism tourism, tourism area life cycle,
tourist gaze, social construction of tourist destination.

● 읽어 볼 문헌

• MacCannell, D., 1976, *The Tourist: a New Theory of the Leisure Class*, New York:
  Schocken Books (오상훈 역, 1994, 『관광객』, 일신사). 관광 연구의 고전으로 관광객에
  대한 사회 이론적 통찰이 돋보이는 연구이다.

• Urry, J., *1990, The Tourist Gaze*, SAGE Publications. '관광객의 시선'이라는 개념으로 관
  광을 사회 공간적 현상으로 접근한 연구물이다. 이제는 관광 연구의 고전 중의 고전이
  되었다.

• Hall, C.M. and Paage, S.J., 2006, *The Geography of Tourism and Recreation: Envi-
  ronment*, Place and Space. 관광지리학 분야의 주요 참고 서적으로 꼽을 만하다.

• *Tourist Geographies*. 관광을 사회문화적으로 연구할 필요성을 본격 제시한 학술지로,
  다양한 관광지리가 존재한다는 점을 강조하기 위해 'Geography'의 복수형인 'Geogra-
  phies'를 취했다. 흥미로운 논문이 많이 실린다는 점에서 눈여겨볼 만하다.

주

1 참고로 이러한 접근의 성과 및 과제에 대한 논의는 권용우·김선희(1994), 김종응·이승곤(2000)

등이 상세하다.

2 주지의 사실이다시피 매슬로우의 동기욕구이론은 '생리적(physiological)', '안전(safety/security)', '귀속', '자아 존중', '자아 실현' 단계 등으로 제시된다.

3 참고로 1986년 한국인의 근로시간은 주 54.7시간이었다. 주 40시간 근무제(주5일 근무제)가 법적으로 시행에 들어간 것은 2004년이었다.

4 코헨은 관광객을 위락형(recreational mode), 기분전환형(diversionary mode), 경험형(experiential mode), 실험형(experimental mode), 실존주의형(existential mode)으로 유형화했는데, 앞의 두 유형은 자문화권에서 탈일상을, 뒤의 세 유형은 타문화권에서 고유성을 추구하는 관광객이다(Cohen, 1979).

5 답사 여행은 대중 관광의 부정적 측면을 극복하려는 대안 관광의 하나로 제기되었으나, 전문가의 보는 시선을 그대로 답습하는 경우도 있었고(예를 들면, 『나의 문화유산답사기』를 들고 다니면서, 몇 년 전에 이미 세상을 떠난 '누렁이'를 찾는 답사여행가), 이에 따라 이미지의 정형화라는 문제가 대두되기도 하였다.

6 노영순(2007)에 의하면, 당시 문화재 지정 이후 가옥 개보수를 둘러싼 주민과 정부 간 갈등이 발생하게 되었고, 동시에 관광객이 급증하자 농작물 무단 채취, 가옥 무단 침입, 문화재 도난 등의 사건이 발생하였다. 결국 이러한 갈등을 해결하기 위해 1994년 마을 관리를 위한 기금 확보 및 주민들의 재정 지원을 목적으로 입장료를 징수할 것을 결정하게 되면서 마을은 본격적으로 관광지화되었다. 한편 관광지화에 따라 지역 공동체 내부에서 갈등이 나타나 분화되기 시작하는데, 이에 대한 자세한 논의도 흥미로우니 위 문헌을 참고하기 바란다.

7 최경은(2007)은 중국 관광객을 대상으로 한 인터뷰를 통해서, "한국 드라마를 보고 … 매우 예의 바르다는 것, 특히 한국사람들은 부모님을 공경하고 효도한다는 것을 알게 되었습니다." 또는 "한국의 패션 및 미용 분야는 아시아 유행을 선도하고 있다고 생각해요." 등 문화적 측면이 상당히 높게 평가되면서, 한류 관광 상품 형성 이외에 한국에 대한 지리적 상상력을 확대, 또는 재구성하게 되었다고 밝히고 있다.

8 일례로 오정준(2008)은 베트남으로 간 한국인 단체 관광객에 대한 논의에서, 가이드는 현지에 대한 전문적인 지식을 동원하여 관광객을 통제하고자 했고, 관광객은 이를 내면화하여, 호치민 영묘에 반바지를 입고 돌아다니지지 않았고, 정해지지 않은 장소를 방문하지 않았으며, 현지에서 공급되는 수돗물은 먹지 않았다고 지적하며, 패키지 관광에서 나타난 권력은 관계적, 생산적, 편재적으로 나타나고 있다고 설명하고 있다.

9 금강산 관광은 1998년 11월 현대그룹에 의해 금강산을 국제적 리조트 단지로 개발하려는 야심찬 장기적 계획으로 시작되었다. 이는 당시 햇볕정책에 기초한 남한 정부의 간접적, 제도적 후원에

힘입어, 현대그룹과 북한 정부 간의 협상으로 시작되었는데, 2008년 7월까지 약 10년간 진행되다가 현재는 잠정 중단된 상태이다.

참고문헌

권용우·김선희, 1994, "관광자원에 대한 지리적 연구동향", 대한지리학회지, 29(2), 202-215.

김사헌, 2008, "어리의 관광시선론 再論: 視線主義의 비판과 확장", 관광학연구, 32(6), 85-103.

김종응·이승곤, 2000, "관광에서의 지리학의 역할과 접근방법 모색", 대한지리학회지, 36(2), 365-372.

김효중·김시중, 2012, "계룡산 국립공원 방문객의 관광동기가 만족도 및 행동의도에 미치는 영향: 관광 목적을 조절효과로", 한국경제지리학회지, 15(2), 314-330.

노영순, 2007, 전통민속마을의 문화관광지화에 관한 연구: 하회마을, 외암마을, 낙안읍성마을을 사례로, 서울대학교 대학원 지리학과 박사학위논문.

문옥표, 2000, "관광을 통한 문화의 생산과 소비: 하회 마을의 사례를 중심으로", 한국문화인류학, 33(2), 79-110.

문화체육관광부, 2012, 2011년 기준 관광동향에 관한 연차보고서.

박상훈·김사헌, 2011, "어리의 시선이론가 이의 비판론에 대한 통합적 고찰: 에릭 코헨의 관광객 유형 분류를 기준으로", 관광학연구, 35(10), 13-31.

박양춘·최정수, 2002, "테마파크 에버랜드의 수명주기 특성", 한국지역지리학회지, 8(1), 20-39.

신용석, 2005, "영미 관광지리학의 변천에 대한 통시적 고찰: 연구접근법과 연구주제를 중심으로", 대한지리학회지, 40(4), 387-401.

신용석, 2011, "관광학연구에서 지리학적 접근법의 모색: 텍스트로서 경관의 비판적 연구방법을 중심으로", 관광학연구, 35(2), 49-68.

심승희, 2000, 문화관광의 대중화를 통한 공간의 사회적 구성에 관한 연구: 강진, 해남 지역을 사례로, 서울대학교 사범대학 박사학위논문.

오정준, 2004, "탈분화의 공간적 반영: 제주관광을 사례로", 대한지리학회지, 39(3), 391-408.

오정준, 2008, "관광 공간에서 나타나는 규율 권력에 관한 소고: 베트남 패키지 관광을 중심으로", 한국지역지리학회지, 14(4), 436-451.

이진형, 2007, "에릭 코헨의 관광사회학: 지식사회적 접근", 관광학연구, 31(1), 33-54.

인태정, 2007, "관광 연구의 비판적 고찰", 경제와 사회, 73, 356-441.

전경수 편역, 1994, 관광과 문화, 일신사.

조아라, 2002, 문화매체의 입지와 문화관광지의 발달: 경북 문경시를 사례로, 서울대학교 지리학과 석사학위논문.

조아라, 2010, "일본 홋카이도의 지역개발 담론과 관광이미지의 형성: 전후 고도성장기 대량관광에서 포스트모던 관광까지", 문화역사지리, 22(1), 79-96.

조아라, 2011, 관광으로 읽는 홋카이도: 관광 산업과 문화정치, 서울대학교출판원.

진종헌, 2005, "금강산 관광의 경험과 담론분석: '관광객의 시선'과 자연의 사회적 구성", 문화역사지리, 17(1), 31-46.

최경은, 2007, "중국인의 방한관광에 대한 한류의 영향", 대한지리학회지, 42(4), 526-539.

Ashworth, G. J. and Dietvorst, A. G. J. ed., 1995, *Tourism and Spatial Transformation: Implications for Policy and Planning*, CAB International (박석희 역, 2000, 관광과 공간변형, 일신사).

Barnes, T. & Duncan, J. S. ed., 1992, *Writing Worlds: Discourse Text and Metaphor in the Representation of Landscape*, Routledge.

Bell, C., 1997, "The "real" New Zealand: rural mythologies perpetuated and commodified", *The Social Science Journal*, 34(2), 145-158.

Boorstin, D. J., 1992, *The Image: a Guide to Pseudo-Events in America*, Vintage Books (정태철 역, 2004, 이미지와 환상, 사계절).

Brace, C., 1999, "Gardenesque imagery in the representation of regional and national identity: the Cotswold garden of stone", *Journal of Rural Studies*, 15, 365-376.

Butler, R., 1980, "The concept of a tourist area cycle of evolution: Implications for management of resources", *The Canadian Geographers*, 24(1), 5-12

Christaller, W., 1963, "Some considerations of tourism location in Europe: the peripheral regions - underdeveloped countries - recreation areas", *Regional Science Association Papers*, 12(1), 95-105.

Cohen, E., 1979, "A phenomenology of tourist experiences", *Sociology*, 13, 179-201.

Dann, Graham M. S., 1981, "Tourist motivation an appraisal", *Annals of Tourism Research*, 8(2), 187-219.

Davis, J., 2001, "Commentary: tourism research and social theory-expanding the focus", *Tourism Geographies*, 3(2), 125-134.

Dredge, D. and Jenkins, J., 2003, "Destination place identity and regional tourism policy", *Tourism Geographies*, 5(4), 383-407.

Fussell, P., 1980, *Abroad: British Literary Traveling between the Wars*, Oxford University Press.

Hall, M. C. and Page, S. J., 2002, *The Geography of Tourism and Recreation*, London and New York: Routledge.

Hall, S., 1997, *Representation: Cultural Representations and Signifying Practices*, London: Sage.

Hannam, K., 2002, "Tourism and development 1: globalization and power", *Progress in Development Studies*, 2(3), 227-234.

Herbert, D. T., 1996, "Artistic and literary places in France as tourist attraction", *Tourism Management*, 17, 77-85.

Lash, S. & Urry, J. 1996, *Economies of Signs and Space*, SAGE Publications Ltd (박형준·권기돈 역, 1998, 기호와 공간의 경제, 현대미학사).

MacCannell, D., 1976, *The Tourist: a New Theory of the Leisure Class*, New York: Schocken Books (오상훈 역, 1994, 관광객, 일신사).

Maoz, D., 2006, "The Mutual gaze", *Annals of Tourism Research*, 33(1), 221-239.

Morgan, N. and Pritchard, A., 1998, *Tourism Promotion and Power: Creating Images, Creating Identities*, John Wiley & Sons Ltd.

Ning Wang, 2000, *Tourism & Modernity: a Sociological Analysis*, Elsvier Science Ltd (닝왕 저, 이진형·최석호 역, 2004, 관광과 근대성: 사회학적 분석, 일신사).

Paasi, A., 1996, *Territories, Boundaries and Consciousness*, John Wiley & Sons.

Palmer, C., 1999, "Tourism and the symbols of identity", *Tourism Management*, 20(3), 313-321.

Pretes, M., 2003, "Tourism and nationalism", *Annals of Tourism Research*, 30(1), 125-142.

Ritchie, B., 1987, "Tourism marketing and the quality of life", in Samli, C. ed., *Marketing and the Quality of Life Interface*, New York: Quorum Books.

Saarinen, 2004, "Destination in change: the transformation process of tourist destinations", *Tourist Studies*, 4(2), 161-179.

Shields, R., 1991, *Places on the Margin: Alternative Geographies of Modernity*, London and New York: Routledge.

Smith, V.L., 1977, *Hosts and Guests*, University of Pennsylvania Press.

Squire, S.J., 1994, "Accounting for cultural meanings: the interface between geography and tourism studies re-examined", *Progress in Human Geography*, 18(1), 1-16.

Thomas, R. and Thomas, H., 2005, "Understanding tourism policy-making in urban areas, with particular reference to small firm", *Tourism Geographies*, 7, 121-137.

Thompson, C.S., 2004, "Host produced rural tourism: Towa's Tokyo Antenna Shop", *Annlas of Tourism Research*, 31(3), 580-600.

UNWTO, 2012, *Tourism Highlight*. UNWTO.

Urry, J., 1990, *The Tourist Gaze*, SAGE Publications.

Urry, J., 1992, "Tourist gaze revisited", *American Behavioral Scientists*, 36(2), 172-186.

Urry, J., 1995, *Consuming Places*, Routledge.

Williams, S., 1998, *Tourism Geography*, Routledge (신용석·정선희 역, 1999, 현대 관광의 이론과 실제, 한울).

12. 영화에 투사된 현실의 탐구:
영화지리학의 접근 방식과 연구 동향[*]

상명대학교 **정희선**

1) 들어가며

영화와 지리학이라고 하면 두 단어 사이의 공통점을 떠올리기 쉽지 않다. 일견 영화와 지리학의 관련성에 의문이 생길 수 있지만 실제 두 분야 사이의 공통점과 연관성은 매우 크다. 먼저 영화는 관객에게 특정 지역의 경관과 생활상을 보여 주고 그 의미와 성격을 가시적으로 전달해 줄 수 있다는 점에서 일찍부터 지리교육의 도구로 이용되어 왔다. 특히 다큐멘터리는 현실 자체를 있는 그대로 전달하고자 하는 장르[1]이므로 지리학에서 사진과 함께 기록 매체로 활용되기도 한다(Peckham, 2008, 423). 그러나 이보다 더 근본적으로 영화와 지리학은 시각적 이미지를 기반으로 한다는 점에서 공통점을 찾아볼 수 있는데, 지리학이라는 학문은 경관·장소·지역의 본질, 공간의 패턴과 프로세스, 인간과 환경과의 상호 작용 등을 설명하는 데 있어서 시각적 이미지를 필요로 한다(Clifford *et al.*, 2010, 131).

---

[*] 이 글은 2013년 『문화역사지리』, 제25권 제1호에 게재된 논문 "현실과 시뮬라크르의 경계넘기: 영화에 대한 문화지리학적 고찰"을 수정·보완한 것임.

영화와 지리학 간에 이와 같은 공통분모가 있음에도 불구하고 영화에 대한 지리학적 연구가 체계적으로 시작된 것은 오래전의 일이 아니다. 영미권 지리학계에서 영화를 주제로 한 연구가 증가하기 시작한 것은 1990년대 이후이고, 국내 지리학계에서는 1990년대 후반부터 영화에 대한 저술이 출간되기 시작하였다(Kennedy and Lukinbeal, 1997, 34; Aitken and Dixon, 2006, 326-327). 1990년대 이전 영미권에서 이루어진 연구들은 주로 영화의 지리교육적 효과에 주안점을 두었다.[2] 이에 비해 독일과 프랑스에서는 각각 1950년대와 1970년대부터 영화 속 장소에서 나타나는 사회문화적 특성을 분석한 연구가 발표되었다.[3]

영화에 대한 지리학적 연구의 출발이 타 분야에 비해 상대적으로 늦은 이유는 영화가 대중 지향적 상업주의 문화의 일부로 인식되었기 때문이다. 그러므로 1990년대부터 영화지리학적 연구가 본격적으로 시작되었다는 것은 이때부터 지리학, 특히 문화지리학 분야에서 대중문화에 대해 학문적 관심을 기울이기 시작하였으며, 장소·공간에 대한 개인과 사회의 인식이 형성되는 데 있어서 영화가 수행하는 역할에 주목하게 되었다는 것을 의미한다(Kennedy and Lukinbeal, 1997, 33-34; Peckham, 2008, 420).

영화에 대한 무관심이 지속된 또 다른 원인으로는 지리학 분야의 사회공간적 연구에서 장소의 물리적 환경 조건을 분석하는 것에 우선순위를 두었으며, 현실 세계의 재현(representation)은 물리적 실체에 종속되어 있다고 간주해 왔다는 데 있다. 그러나 공간과 장소는 사회적, 문화적, 정치적 역학과 서로 불가분의 관련성을 맺고 있고, 영화 속에서 장소가 이용되고 묘사되는 방식은 지배적인 문화 규범, 도덕관, 사회 구조, 이데올로기를 반영한다. 동시에 영화는 관객에게 일종의 간접 체험을 통해 사회적, 문화적, 환경적인 경험의 틀을 형성시킨다(Aitken and Zonn, 1994, 5). 따라서 영화 속 경관과 장소의 재현, 공간의 생산과 소비 등은 지리학적 연구의 대상이 될 수 있다.

영화에 대한 문화지리학적 연구는 주로 영화 텍스트를 분석하기 때문에 '영상지리학'이라고 표현될 수 있다. 그러나 '영화지리학(geography of cinema, 혹은 geography of film)'이라는 용어가 영화의 스토리 발굴, 제작, 배포, 상영 등에 나타난 사회공간적 측면도 내포할 수 있으므로 이 글에서는 영화지리학이라는 용어를 사용하고자 한다. 영화지리학은 영화가 현실에 미치는 영향뿐만 아니라 영화를 텍스트로 삼아 장소가 사회적으로 구성되어가는 방식을 이해하고자 하는 분야로서 문화지리학적 연구[4]의 일부분을 차지한다. 영화지리학에서는 영화 내적으로 콘텐츠, 스타일, 형태, 미적 가치, 그리고 영화 외적으로 영화의 생산, 배포, 상영 등[5]과 연관된 사회 공간적 특성이 검토될 수 있다. 그러나 안톤 에셔(Anton Escher, 2006)가 지적하였듯이 영화지리학이 서로 다른 성격의 연구 분야를 단순히 배합하여 이제까지 영화학, 언론학, 문학 비평 등의 분야에서 다루지 못한 주제들을 보충하는 정도로 그쳐서는 안 되며, 지리학만의 고유한 관점, 즉 경관, 입지, 이동성, 네트워크, 스케일 등을 영화 분석에 적용해야만 학문 분야로서의 전문성을 갖출 수 있다.

이 장에서는 문화지리학의 세부 분야로서 영화지리학의 주요 접근 방법을 먼저 살펴보고, 그 분석 사례들을 중심으로 주요 연구 주제를 소개하고자 한다. 전술한 바와 같이 영화지리학적 연구가 시작된 것이 오래되지 않았으며, 특히 국내 지리학계에서는 충분한 연구 사례가 축적되지 않은 상태여서 주로 영화학(filmologie) 분야의 연구들 가운데 문화지리학적인 주제를 다룬 논문들을 참고하였다.

2) 영화에 대한 문화지리학의 사유 방식

1990년대부터 본격적으로 영화지리학적 연구가 이루어졌지만 지리학에서 영화에 대한 고유한 이론과 접근 방법을 발전시켰다고 보기는 어렵다. 대부분의 연구들은 문학과 영화의 비평 이론을 정치학, 역사학, 지리학 등 전통적인 학문 분야의 해석 방법과 결합시키고 있다(Aitken and Zonn, 1994, 5). 또한 연구 주제도 아직까지 다소 한정되어 영화지리학적 연구들은 공간과 장소가 특정 영화 작품, 혹은 특정 영화 장르 전체에 걸쳐 재현되는 방식에 초점을 두고 있다. 지리학에서 영화는 '현실의 재현(representation of reality)'으로 이해되며(Peckham, 2008, 420), 문학 작품, 회화, 사진, 뉴스, 음악 등의 매체(medium)에 의해 재현된 공간을 분석하는 방식이 영화에 적용되고 있다.

영화 텍스트 속 현실의 재현에 대한 접근 방법은 다음과 같이 크게 두 가지로 구분해 볼 수 있다. 첫 번째는 특정 영화 작품이 촬영된 장소와 실재하는 장소를 비교하는 것으로서, 영화 작품 속에 그려진 장소와 그 장소에서 살아가는 사람들의 삶이 얼마나 정확하게 재현되었는가를 살펴보는 것이다. 이 연구 방식에서 기본이 되는 가정은 우리가 살고 있는 세계가 존재론적으로 안정되어 있으며, 이 세계에 대한 인간의 인식 자체는 어떤 매체나 힘의 영향을 받지 않았다는 것이다. 따라서 인간의 삶과 인간이 살아가고 있는 세계가 영화에 의해 얼마나 잘 모사되었는지에 중점을 둔다(Cresswell and Dixon, 2002, 2). 이를 다시 표현하면, 카메라의 렌즈가 인물, 사물, 경관 등을 훑어나가면서 보여 주는 것 자체는 변화하지 않는다는 것이고, 이를 바탕으로 재현의 정확성과 진정성에 관한 평가가 이루어진다. 그 결과, 등장인물의 성격을 잘못 규정하거나 배경 장소를 적절하지 않게 설정하는 것과 같은 명백한 오류가 지적될 수 있다.[6]

그런데 철학적 사고에서는 현실에서의 삶에 대한 경험이 시간과 공간의 연속체(spatial and temporal continuum)상에서 일어나지만 영화가 이러한 시공간 연속체상에 나타나는 고유한 실재(reality)와 삶의 경험을 정확하고 완벽하게 모방할 수 없으므로 영화는 본질적으로 실재에 비해 열등한 대체물일 수밖에 없다고 여겨진다. 여기에서 시간과 공간이 지니고 있는 불가분의 상호 연관성을 '크로노토프(chronotope)'라고 부르며, 이 용어는 러시아의 철학자이며 문학평론가였던 미하일 바흐친(Mikhail Bakhtin)이 고안하였다(나병철, 2011, 154). 영화지리학 분야에서는 영화학에서와 마찬가지로 영화에 표현된 크로노토프, 즉 특정 시대와 장소의 교직에서 나타나는 시공성에 관심을 기울인다.

그러나 문화지리학적 관점에서는 단순히 재현의 정확성에만 초점을 두지 않고 영화 텍스트에 나타난 재현의 사회문화적 정치를 드러내고, 영화를 통해 현실의 장소를 보다 더 잘 이해하고자 한다.[7] 로스 깁슨(Ross Gibson)은 오스트레일리아를 배경으로 한 영화에서 독특한 관목이 펼쳐진 아웃백이 자주 등장하는 것을 오스트레일리아의 백인 사회가 국가의 역사적 근원을 원주민(aborigine)의 영토 위에 뿌리 내리려는 의도라고 해석하였다(Gibson, 1992, Duncan *et al.*, 2008, 421에서 재인용). 깁슨과 마찬가지로 문화정치의 관점에서 위경혜(2010)는 6·25 전쟁 이후부터 1960년대까지 정부의 기획으로 한국 문화의 해외 홍보를 목적으로 제작되었던 이른바 '문화 영화'가 지역을 재현한 방식을 분석하였다. 이 연구에서는 6·25 전쟁 이후 영화를 통해 지역을 일정한 시각적 틀에 맞추어 보여 준 것이 전쟁 경험의 지역별 차이를 지우고 지역 고유의 역사성과 장소성을 배제시키면서, 이데올로기 표현에 치우쳐 각 지역을 포섭시켰다고 주장하였다(위경혜, 2010, 359). 또한 1960년대 문화 영화의 향토 담론이 산업화 논리에 따라 비도시 지역을 주변, 지방, 지방민으로 자리매김하였음을 지적하였다(위경혜, 2010, 360).

한편 영화를 통한 현실의 이해로서 스튜어트 에이트켄(Stuart C. Aitken)과 리오 존(Leo E. Zonn, 1994)은 빔 벤더스(Wim Wenders) 감독의 1984년 작 〈파리, 텍사스(Paris, Texas)〉를 예로 들었다. 이 영화에서는 황량한 텍사스의 사막에서 자기 자신의 기억과 가족을 찾아 헤매는 주인공 트래비스(Travis)를 통해 가족의 해체와 견딜 수 없는 고통에서 벗어나기 위해 정신적 해리(dissociation)를 겪는 현대인의 모습을 투영시키고 있다(Aitken and Zonn, 1994, 3). 영화에 등장하는 고속도로가 끝없이 뻗어 있는 광활한 사막은 미국 내에서 개척해야 할 마지막 프론티어로서 자유를 상징하던 사막이 아니라 삭막한 현대 사회를 상징하는 대체물로 보인다. 또한 텍사스와 어울리지 않는 파리(Paris)라는 실제 지명, 사막의 일몰이 역광으로 비추는 희미한 모텔의 네온사인, 솔로 기타의 애처로운 음악은 현대 사회의 가치관과 정체성의 상실, 고독, 병리를 직접적으로 확인하게 해 준다.

영화 텍스트 속의 재현에 대한 두 번째 접근 방법은 영화에서 포착한, 훨씬 더 복잡한 현실에 대한 이해를 요구하는 것으로서 마르크스주의 이론을 바탕으로 1960년대 후반 이후 프랑스의 영화 평론가들을 중심으로 제기되었다. 영화비평가 장 루이 코몰리(Jean-Louis Comoli)와 장 나르보니(Jean Narboni)는 모든 영화가 이데올로기에 의해 생산되므로 정치적이라고 주장하였다(Cresswell and Dixon, 2002, 3). 이들이 주목한 것은 영화가 현실에 의해 생산되지만, 영화는 현실을 재생산하기도 한다는 것으로 영화가 지배적인 이데올로기의 표현이며, 이데올로기라는 가면을 쓰고 현실을 재생산한다는 점이었다. 이와 같은 영화와 현실 사이의 관계에 대한 정치경제적 해석은 영화에 대한 정교한 분석을 필요로 한다. 지리학자들도 대중 영화가 현실을 호도하고 자본주의 사회의 이데올로기를 위장(camouflage)시키기 때문에 관객으로 하여금 자본주의 사회를 당연한 것으로 받아들이게 한다고 지적한다. 그러므로 연구자로서 지리학자들의 역할도 이데올로기에 의해 숨겨진 자명한 이치(truism)를 드러내는 것이며, 더 나아가 후기 자본주의의 헤게모니적 특성을 보여 주기 위해 이미지의 힘을 빌려야 한다는 주장이 제기된다(Cresswell and Dixon, 2002, 3).

위의 두 번째 접근 방법을 적용한 연구 사례로 심경석(2006)이 제임스 카메론(James Cameron) 감독의 1997년 작 〈타이타닉(Titanic)〉과 게리 마샬(Garry Marshall) 감독의 1990년 작 〈귀여운 여인(Pretty Woman)〉을 마르크스주의 비평의 관점에서 분석한 연구를 들 수 있다.[8] 심경석은 이 두 작품이 미국의 아메리칸 드림을 주요 테마로 하면서도 심각한 계급 장벽, 저항, 갈등의 문제는 과거사나 판타지로 만들었음을 지적하였다. 이를 통해 피지배 계급이 체제에 저항하는 것이 바람직하지 않다는 메시지를 전하여 지배 계급의 권력을 더욱 강화시킨다고 보았다(심경석, 2006, 167). 〈타이타닉〉의 일등 선실과 삼등 선실, 〈귀여운 여인〉의 폴로 경기장과 오페라하우스, 그리고 이에 대비되는 쓰레기장과 거리의 모습은 계급 간의 격차를 보여 주는 공간적 대비이다. 그러나 〈타이타닉〉과 〈귀여운 여인〉에서와 같이 자본주의의 생산과 계급 담론이 영화에서 쉽게 적용되거나 드러나지 않는 경우가 많으며, 내러티브에 담겨진 정치경제적 시스템과 이데올로기의 메커니즘을 파악하는 것이 용이하지 않다.

사회과학 분야에서 상업 영화, 특히 할리우드 영화가 계급, 인종, 젠더 등에 대한 편견과 비뚤어진 이미지를 재생산하고 고착화시킨다는 비난은 일찍부터 제기된 것이다(심경석, 2006, 154). 영화의 스토리와 이미지에 가려져 자본주의에 수반되는 빈곤, 범죄, 생태파괴의 문제를 파악하지 못하게 한다는 비난 역시 마르크스주의 관점에서 강하게 주장되어 왔다. 무엇보다도 자본주의 체제하에서 영화는 사람과 장소를 판매될 상품 패키지(commodification of people and places)로 전락시킨다는 것이 강조된다

(Aitken and Dixon, 2006, 327). 이러한 자본주의 사회의 구조적 문제에 대한 비판은 영화 비평이나 학문적 분석을 통해 제기되기도 하지만 영화 작품의 주제로 다루어지기도 한다. 국내 영화 작품으로서 〈구로아리랑〉(박종원 감독, 1989년 작), 〈아름다운 청년 전태일〉(박광수 감독, 1995년 작), 〈초록물고기〉(이창동 감독, 1997년 작) 등은 노동자, 빈민, 폭력배 등 사회적으로 소외되거나 배척된 사람들의 삶에 대한 직·간접적인 영상과 스토리로 자본주의의 실체를 고발(구동회 엮음, 1999)하고[9] 현실에 대한 '문화적 공론의 장'으로서의 역할을 수행하고자 한 대표적인 사례들에 속한다(조흡·오승현, 2012).[10]

그러나 국내 지리학계에서 마르크스주의에 기반을 두어 영화를 분석한 연구는 찾아보기 어렵다. 다만 지리학 분야에서는 공간에 의한, 동시에 공간에 투영된, 자본주의의 작용 기제를 영화를 통해 우회적으로 언급한 연구를 찾아볼 수 있다. 안종욱(2006)은 인천을 배경으로 한 영화 〈고양이를 부탁해〉(정재은 감독, 2001년 작), 〈파이란〉(송해성 감독, 2001년 작), 〈슈퍼스타 감사용〉(김종현 감독, 2004년 작)을 대상으로 '자본, 권력, 중심'을 상징하는 서울과 경계선에 사는 사람들로 형상화된 인천의 종속적이며 주변적인 이미지를 살펴보았다(안종욱, 2006, 512). 일제 강점기 일본이라는 중심부(core)를 지탱하기 위한 주변부(periphery)로서 한반도가 착취당하면서 경인선과 인천항을 통해 수탈의 통로 역할을 했고, 이후 제조업 및 물류 시스템으로 서울과의 종속적 관계가 이어졌던 인천의 장소 정체성이 영화 속에 드러난다. 카메라 렌즈에 잡힌 경인선, 폐철로, 인천여객터미널, 화교학교, 낡은 아파트, 좁은 골목, 부서진 슬레이트 지붕 등은 인천의 도시 기능을 상징적으로 암시하는 이미지들로 부각된다.

영화는 단순한 현실의 이미지나 사회정치적으로 어떤 영향도 받지 않은 심상의 표현으로 간주되지 않으며, 오히려 우리가 인지하고 있는 세계를 계속해서 구성하고 해체하는 사회적 프로세스의 구현이라는 점이 강조되고 있다. 오늘날에는 영화가 사실적 재현을 위해 현상을 기록하고 서사를 통해 인간의 욕망을 표현하는 예술 활동에서 한층 더 진화하고 있는데, 하이퍼리얼리티 영화(hyperreality cinema)나 3D 영화(three-dimensional film)에 의해 완성된 사실감은 새로운 텍스트를 형성하고 있다(정승욱,

2011, 139). 사실 그대로의 '리얼리티'를 뛰어넘어 사실 그대로 보다 더 진짜 같은 '하이퍼리얼리티(극사실성)'의 영화들이 제작되고 있는 것이다. 디지털 테크놀로지가 발전함으로써 원본보다 더 원본 같은 과잉실재의 가상적 리얼리티의 세계가 확대되고 있다(진경아·임양미, 2010, 94).

3) 미메시스와 시뮬라크르의 개념을 통해 본 현실과 영상 이미지의 관계

오늘날 현실과 영상 이미지의 관계는 매우 복잡하며, 주로 '미메시스(mimesis)'와 '시뮬라크르(simulacre)'의 관점에서 의미가 탐색된다. '미메시스'는 그리스어로 모방을 의미하는 단어이다. 플라톤에 의하면 사물의 본질적인 원형은 이데아(idea)로서 신이 창조한 것이며, 인간이 지각하는 구체적인 사물은 이데아의 모방이다. 플라톤은 원본을 모방하거나 흉내 내는 것, 즉 미메시스는 이데아의 모방으로서 절대적으로 이데아가 될 수 없기 때문에 열등한 것으로 보았다. 그러므로 회화, 조형, 문학, 음악 등은 모방된 것을 다시 모방한 것으로서 본질에서 벗어나 있다고 여겨졌다(진경아·임양미, 2010, 96). 플라톤은 이데아의 모방을 다시 '이미지(eikōn, 모사물),' 즉 최상의 유사성을 띠는 모방과 외형적으로만 유사성을 띠는 모방인 '판타즈마(phantasma, 유사 영상)'로 구분하였다(김영범, 2009, 108). 플라톤에게 유사 영상인 판타즈마는 이데아의 모사물인 이미지보다도 질적인 순수성이 떨어지는 존재일 뿐이었다.

플라톤의 미메시스에 대한 개념은 현대의 시뮬라시옹(simulation)으로 이어진다. 프랑스의 철학자이며 사회학자였던 장 보드리야르(Jean Baudrillard)는 원본을 모방한 이미지가 현실을 대체한다는 시뮬라시옹 이론과 더 이상 모방할 실재가 존재하지 않으면서 실재보다 더 실재 같은 하이퍼리얼리티가 생산된다는 이론을 제시하였다(Baudrillard, 1981). 오늘날 미디어의 이미지들은 현실을 모방하고 실재를 따라잡을 뿐만 아니라 오히려 실재를 뛰어넘어 새로운 실재를 규정하는 하이퍼리얼리티 상태에 이르렀다. 미디어에 등장하는 기호는 대상을 지시하거나 재현한다기 보다는 오히려 실재를 능가한 새로운 기호를 창출한다. 보드리야르는 이렇게 기호에 의해 자연적 실재를 능가하는 하이퍼리얼리티가 산출되는 과정이 시뮬라시옹(simulation)이라고 설명하였다. 하이퍼리얼리티는 원본이나 실재가 없이 실재적인 것의 모형들에 의해 만들어진 것을 가리키는 것이다. 영상 매체에 관심을 기울였던 보드리야르는 실재가 외부 세계와 직접적으로 경험하여 파악되는 것이 아니라 텔레비전 화면이나 영화관의 스크린을 통해 주어진다고 보았다. 그에 따라 이야기와 진짜 사건 사이의 경계는 불명확해진다(하태환 역, 2001). 보드리야르가 시뮬라크르와 시뮬라시옹의 개념에서 강조한 바와 같이 원형과 모방물 사이의 주객전도 현상은 현실(공간과 장소)과 영화 사이의 관계에서 잘 드러난다. 영화의 배경으로 촬영된 장소의 이미지가 현실의 장소를 변화시키며,[11]심지어 영화나 드라마와 같은 영상이 현실 보다 선행하고, 현실을 만들어 가기도 한다. 현실은 더 이상 영화에 선행하지 않는다.

영화 속 촬영장의 모사물을 테마파크로 전환한 미국의 유니버설 스튜디오(Universal Studio)는 영화가 현실을 전도하여 실제 세계를 바꾸어 놓은 예가 될 수 있다. 유니버설 스튜디오는 관람객이 영화 속 장면을 직접 체험하고, 영화의 스턴트를 쇼로 관람할 수 있게 한 영화 테마파크로 미국의 할리우드와 올랜도(Orlando)뿐만 아니라 일본과 싱가포르에도 설립되어 있다. 〈워터월드(Water World)〉(Kevin Reynolds 감독, 1995년 작), 〈쥬라기 공원(Jurassic Park)〉(Steven Spielberg 감독, 1993년 작), 〈슈렉(Shrek)〉(Andrew Adamson과 Vicky Jenson 감독, 2000년 작) 등의 영화 촬영 장소와 영화 속의 장면 등을 그대로 옮겨 놓은 이 테마파크는 영화를 원본으로 하고 이를 모방한 일종의 시뮬라크르이다. 여기에서 이 시뮬라크르의 원본이 영화에만 존재하는 상상의 세계라는 점과 이 시뮬라크르가 우리 삶의 경험에 영향을 준다는 것을 인식하는 것이 중요하다.

현실에서 영화의 배경이 된 장소의 모사물뿐만 아니라 최근에는 가상 현실과 3D 기술을 통해 판타즈마를 쉽게 접할 수 있다. 제임스 카메론(James Cameron) 감독의 2009년 작 〈아바타(Avatar)〉는 3D 기술을 대중화시키고, 영화 속 새로운 공간을 체험하게 했다는 점에서 주목을 받았다. 이 영화에서는 '이미지들이 제한적이지만 실재로 재현되는 존재감과 현장성의 극대화를 통해 극사실성'을 보여 주었으며, 기존의 물리적 공간에 디지털 정보를 투사시키는 '뉴미디어'가 창출되었음을 알려주었다(박성희, 2012, 39). 〈아바타〉에서 존재하지 않지만 존재하는 것처럼, 혹은 아주 생생히 인식된 유토피아 공간인 '판도라' 행성은 시뮬라크르이며, 이 시뮬라크르를 관객은 3D 안경을 통해 실제처럼 체험할 수 있다.

플라톤은 복제물을 다시 복제한 것을 의미하는 판타즈마(phantasma)가 의미 없다고 했지만 프랑스의 철학자 질 들뢰즈(Gilles Deleuze)는 오히려 원형, 즉 순수성을 찬양하는 것에 수반되는 위험성과 오류를 지적하고, 원형과는 다른 정체성을 가진 역동적인 존재물로서 시뮬라크르를 인식해야 한다고 주장하였다. 이는 인간이 모방된 것에 대하여 희열을 느끼고, 모방 자체는 인간에게 인식의 즐거움을 가져다준다고 지적하며 감각에 의한 인식 자체에 가치를 부여한 아리스토텔레스의 관점과 같은 맥락을 갖는다(진경아·임양미, 2010, 94).

오늘날 플라톤이 얘기한 이데아, 이미지(eikōn), 판타즈마 사이의 관계는 분리시킬 수 없을 정도로 서로 뒤엉켜 있다. 워쇼스키 남매(Larry (Lana) and Andy Wachowski)가 감독·제작한 〈매트릭스(The Matrix)〉 시리즈 영화 속의 가상 현실은 이러한 복잡성을 가중시킨다. 영화가 단순히 스크린에 비친 이미지로 간주되지 않으며, 뉴미디어와 컴퓨터 그래픽 기술의 진화로 현실 같은 가상 현실과 판타즈마가 우리가 알고 있는 세계에 대한 인식을 지속적으로 해체하고 재구축하며 현실의 삶에 영향을 주고 있는 것이다. 그로 인해 무엇이 원본이고 무엇이 진정한 것인지에 대한 혼돈은 '재현의 위기(crisis of representation)'로 표현되고 있다(Aitken and Dixon, 2006, 327). 영화로 촬영될 명료하고 일관된 현실의 실체가 존재한다고 가정할 수 없기 때문에 영화가 현실을 재현하거나 흉내 낸다고 말할 수 없게 된 것이다. 그러므로 원본을 알 수 없는 텍스트가 끊임없이 생성되는 과정에서 앞 절에서 언급했던 영화 속 시공간 재현의 정확성에 대한 논의[12]는 극영화(narrative film)에 있어서는 점점 더 그 철학적 기반을 찾기 어렵다는 것을 알 수 있다.

4) 영화에 투사된 포스트모더니티

데이비드 하비(David Harvey)는『포스트모더니티의 조건(The Condition of Post Modernity)』(구동회·박영한 역, 1994)에서 영화 속에 나타난 포스트모더니티의 특성들을 분석하여 제시하였다. 하비는 영화를 연구하는 것이 포스트모던 문화에 대한 이론적 논쟁을 새로운 관점에서 조망하게 하는 가치를 지니고 있으며, 영화는 시간성과 공간성 사이의 다양한 조합 관계를 보여 준다고 강조하였다.[13] 그는 리들리 스콧(Ridley Scott) 감독의 1982년 작 〈블레이드 러너(Blade Runner)〉와 빔 벤더스(Wim Wenders) 감독의 1987년 작 〈베를린 천사의 시(Wings of Desire)〉를 대상으로 갈등과 혼란으로 가득찬 시공간을 배경으로 한 스토리 전개와 표현 방식을 분석하였다. SF 영화의 고전이 된 〈블레이드 러너〉는 2019년을 배경으로 미래 디스토피아(dystopia) 경관을 가시적으로 보여 주고 있는데, 하비는 이 영화에 그려진 미래 도시의 경관과 기능이 포스트모던 미학의 많은 측면들을 반영하는 분절화와 불확실성의 조건을 탁월하게 보여 주고 있다고 보았다. 그는 〈블레이드 러너〉에서 "창조적 파괴의 이미지"(Harvey, 1990; 구동회·박영민 역, 1994, 362)를 찾았으며, 〈베를린 천사의 시〉에서는 베를린을 배경으로 "흑백의 무표정한 포스트모던 정서 경관"(Harvey, 1990; 구동회·박영민 역, 1994, 362)을 살펴보았다.

하지만 하비는 두 영화 작품의 스토리가 모두 개인화되고 심미적으로 표현된 엔딩으로 멜로드라마적인 성향을 넘어서지 못하며, 정형화된 '보는 방식(ways of seeing)' 다시 말해 사상(features and phenomena)을 인지하고 이해하는 기존의 방식을 전복시키지 못하였다고 비판하였다. 〈블레이드 러너〉에는 남성우월주의가 투영되어 있으며, 인간과 복제 인간을 통한 계급 관계가 그려져 있지만 전체 계급의 수준에서 체제의 불합리성을 능동적으로 폭로하고 해결하려 하지 않았다고 지적하였다. 마찬가지로 〈베를린 천사의 시〉에서는 사회적 문제가 개인과 국가 사이의 상호 양립할 수 없는 관계 속에서 발생한다고 치부하며, 근본적인 계급 관계와 계급 의식의 문제를 다루지 못했다고 비판하였다(Harvey, 1990; 구동회·박영민 역, 1994, 374-375). 그는 상업 영화의 본질적 한계로 인해 미학적인 측면을 강조한 영화의 이미지가 시공간 경험의 갈등적 조건을 초월할 수 있는 힘을 갖고 있지 않다고 주장하였다.

그런데 하비의 분석에서와 같이 주로 경관 전체에 포함된 건축 양식, 조경, 색채 등에 투영된 포스트모더니티의 징후들을 찾아내는 것은 상대적으로 용이할 수 있지만 장르적으로나 텍스트적으로 포스트모던 영화를 명확하게 구분하여 보여 주기는 쉽지 않다. 포스트모던 영화는 장르를 혼합하거나 해체하고, 서술과 서사 구조를 파괴하거나 단편화시키며, 전위적이고 실험적인 이미지를 강조해서 보여 주려고 하는 등 장르와 표현 양식의 경계가 명확하게 나타나지 않는다(김석준·홍미희, 2002). 무엇보다도 불확정적이고, 파편화되었으며, 혼성적인, 그리고 때로는 재현 불가능한 스토리와 이미지가 전개된다(오세정·김기국, 2011, 225). 또한 리얼리즘에 대한 패러디로서 환상적이고 자의식적인 기법을 사용하므로 경우에 따라 포스트모더니즘을 영화의 스타일로 바라보는 것이 이해를 도울 수 있다. 홍콩이 영국에서 중국으로 반환되기 전 사회 전체가 안았던 불안과 분열, 그리고 그 속에 살아가는 사람들의 허무와 고독이 투사되었던 왕자웨이(王家衛) 감독의 〈중경삼림(重慶森林, Chungking Express)〉(1994)과 같이 주로 파편화된 사건들을 중심으로 고정되지 않은 채 끊임없이 부유하는 카메라의 시선을 통해 탈중심적인 포스트모더니티의 특성을 확인할 수 있다(구동회 엮음, 1999, 143; 지용신, 2009, 18). 이러한 포스트모더니즘 형식의 전위적이거나, 비선형적인 시공간성은 쿠엔틴 타란티노(Quentin Tarantino)의 1992년 작 〈펄프 픽션(Pulp Fiction)〉 속의 경관에서도 드러나는데, 이 영화에서의 경관은 고정된 구체적인 장소가 없이 분출하는 감정과 폭력 사이에서 파편화된 이미지로만 등장한다(Aitken and Dixon, 2006, 330-331).

그러나 제한적이지만 일부 영화에서는 포스트모더니티의 조건들을 영화 텍스트상의 소재와 서사 구조를 통해 확인할 수 있다. 존 매든(John Madden) 감독의 1998년 작 〈셰익스피어 인 러브(Shakespeare In Love)〉와 같이 실존 인물을 대상으로 허구의 스토리를 창작해 보여 주는 방식이 점차 대중화되고 있는데, 이 작품에는 포스트모더니즘의 일반적 특성들이 잘 드러난다. 오세정·김기국(2011)은 영화 속에서 연극 〈로미

오와 줄리엣(Romeo and Juliet)〉, 〈십이야(The Twelfth Night)〉, 〈베로나의 두 신사
(The Two Gentlemen of Verona)〉가 전개되는 것이 연극과 영화라는 이종 장르를 혼
합하고, 타 작품의 플롯이나 스타일을 차용하여 이를 복제하거나 재창출하는 패스티
시(pastiche), 즉 혼성 모방이 잘 드러나고 있다고 보았다. 또한 셰익스피어(William
Shakespeare, 1564-1616), 엘리자베스 1세(Elizabeth I, 1533-1603), 크리스토퍼 말로
우(Christopher Marlowe, 1564-1593)와 같은 실존 인물을 패러디하고 가공의 인물을
등장시키지만 역사적 고증을 거쳐 정교하게 재현한 런던의 시가지, 극장, 왕실 등을
배경으로 후기산업사회의 특성을 모티브로 한 단편적 스토리들이 포함되어 전개되는
점을 포스트모더니즘의 특성으로 이해하였다(오세정·김기국, 2011).

영화학 분야에서 포스트모더니즘은 복잡하고 비선형적인 서사 구조를 통해 분석되
기도 하지만 촬영 기법이나 미장센(mise-en-scène)[14]을 통해서 가시적으로 드러난다.
포스트모더니즘 영화 역시 파편화된 이미지 속에 부조리한 현실 세계의 실상을 잊도
록 만든다는 비판이 제기되기도 하지만 지리학적으로는 중심성, 통일성, 확실성보다
는 다양성, 다원성, 차이점을 강조하는 포스트모더니티의 사회공간적 특성을 영화를
통해 더 용이하게 이해할 수 있다.

5) 영화지리학의 정체성: 공간, 장소, 경관의
사회문화적 의미에 대한 탐색

앞서 언급한 바와 같이 영화지리학의 고유한 학문적 정체성과 역량은 지리학적 관
점에서 찾아볼 수 있다(Cresswell and Dixon, 2002; Escher, 2006; Aitken and Dixon,
2006). 경관, 공간, 장소, 지역, 스케일, 이동성, 네트워크 등의 개념과 관점이 부재하
다면 영화지리학의 고유성과 차별성이 확보되지 않는다. 에이트켄과 딕슨(Aitken and
Dixon, 2006)은 영화지리학적 연구에서 가장 많이 다루어진 경관에 대한 분석 방법을
다음의 세 가지로 구분하고 보다 더 사회비평적 관점에서의 접근이 필요하다고 주장

하였다. 첫 번째는 경관을 매체(medium)로 인식하는 것으로서 영화 속의 경관은 인간이 환경과 상호 작용하는 방식을 효과적으로 보여 줄 수 있고, 특히 영화에 묘사된 자연 경관은 지리교육에서 활용성이 크다(Aitken and Dixon, 2006, 328-329)(양희경 외, 2007; Golda *et al.*, 1996). 두 번째는 마치 배우와 같이 주어진 배역을 수행하는 행위체로서의 경관인데, 경관이 일종의 연기를 담당한다는 의미로서 감독이 어떻게 경관을 연출에 이용하는지, 혹은 경관이 영화 속 인물들의 감정을 어떤 방식으로 돋보이게 하는지를 분석한다.[15] 세 번째는 인간 행위의 산물이기도 하며, 사회의 변화를 가져오는 동인으로서의 경관이다. 사실상 사회적 행위체로서 내러티브, 등장인물, 아이디어, 태도, 감정 등을 구축하는 능동적인 역할을 수행한다고 간주하는 것이다. 에이트켄과 딕슨(2006)은 위의 세 가지 경관에 대한 인식과 분석 방법이 영화지리학 내에서 경관 연구의 방향 전환을 말해 주는 것이기도 하며 이를 바탕으로 영화 속 경관을 보다 더 심층적으로 논할 수 있는 이론적 발전이 필요하다고 지적하였다.

영화는 우리가 현실에 존재하는 경관과 공간을 깊이 이해할 수 있게 해줄 뿐만 아니라 무한한 지리적 상상력의 세계를 살펴볼 수 있는 기회를 제공한다. 사극 영화를 통해서는 과거의 공간을, SF 영화를 통해서는 미래의 공간을 체험하며, 꿈과 현실 세계, 과거와 현재, 실재와 허상, 자아와 타자 등이 서로 얽힌 복잡한 서사 구조의 스토리가 전개된 〈인셉션(Inception)〉(크리스토퍼 놀란(Christopher Nolan) 감독, 2010년 작)과 같이 무의식의 세계에 자리 잡은 공간까지도 탐구의 영역으로 삼아 지리학의 학문적 지평을 넓혀 갈 수 있다. 에셔(Escher, 2006)는 영화지리학이 발전하기 위해서 첫째, 지역의 구조, 기능, 변화를 이해하게 하고 지역·장소와 사회와의 상호 연관성을 보여 주기 위한 이론을 개발하는 것, 둘째, 전통적인 지리학의 핵심적인 주제를 강조하기 위해 영화 속 경관의 역할, 기능, 구성을 이해하는 것, 셋째, 영화적 상상력과 현실의 장소·공간 사이의 상호 작용에 대해 분석하는 것이 필요하다고 지적하였다(Escher, 2006, 308). 이에 덧붙여 영화 장르에 따른 시공간 재현의 양상이나 지역의 스케일의 차이점을 찾아볼 필요가 있다.

영화지리학의 연구 대상이 영화 텍스트, 즉 영상에만 한정된 것은 아니므로 영화의 시공간성을 이용한 문화 정치를 살펴볼 수도 있다. 가령 1970년대와 1980년대의 사극 영화였던 〈난중일기〉(장일호 감독, 1977년 작), 〈세종대왕〉(최인현 감독, 1978년 작), 〈어우동〉(이장호 감독, 1985년 작), 〈연산군〉(이혁수 감독, 1987년 작)을 대상으로 시대의 흐름에 따른 영화 제작, 검열, 소비 등에 있어 국가의 개입을 분석한 이현경(2008)의 연구와 같이 영화와 사회공간적 권력관계를 탐구해 볼 수도 있다. 이현경(2008)은 1970년대의 사극 영화가 민족을 내세우며 국가 통합의 이데올로기를 구현하는 데 이용되었지만, 1980년대의 사극 영화는 대중들의 정치에 대한 무관심을 의도적으로 조성하기 위한 수단으로써 흥행을 위해 대중성이 강조되었다고 보았다. 그러나 두 시기의 사극 영화 모두 국가의 통치를 유리하게 하기 위한 정치적 개입을 보여 준다는 점을 지적하였다. 선택된 과거의 시공간에서 펼쳐진 사건들에 대한 영화의 재해석에 담겨진 정치적 함의도 주요 연구 주제이다.

이와 같이 영화지리학적 연구의 유용성과 가치는 매우 크지만 지리학 내에서 영화와 영상물에 대한 활용도가 낮은 데 대해 브래들리 가렛(Bradley Garret, 2010)은 지리학자들이 영화를 분석하는 것에 만족할 것이 아니라 한걸음 더 나아가 적극적인 영상물의 생산에도 참여할 필요가 있다고 주장하였다. 가렛은 문화인류학에서 다큐멘터리 영화가 오랫동안 이국적인 장소와 사람들을 연결시키는 매체로서 기능해 온 것처럼 지리학에서도 영화를 비롯한 영상물을 제작하여 이를 학문적으로 활용해야 한다고 보았다. 시각과 청각을 포함한 다감각적 매체로서 영화와 영상물은 멀티미디어 시대에 지리학의 연구를 용이하게 하고 학문적 성과를 효과적으로 전달할 수 있는 매체로 그 활용성을 보다 더 증대시킬 필요가 있다.

6) 나가며

이 장에서는 문화지리학의 세부 분야로서 영화지리학의 주요 접근 방법과 연구 주제를 살펴보았다. 영미권 지리학계에서는 공간, 장소, 지역, 경관 등에 대한 재현의 사회

문화적 의미에 대한 탐색이 고조되기 시작한 1990년대 이후 영화에 대한 사회문화적 분석이 본격적으로 시작되었다. 영화지리학은 이종 학문 분야의 관심사를 단순히 합성하는 것에 그쳐서는 안 될 것이며, 지리학이 가진 고유한 학문의 핵심 주제와 관점을 적용하고 이론을 개발하여 학문적 전문성과 역량을 확보해야 한다. 영화지리학적 연구에서는 영화 속에 나타나는 현실의 재현이 정확한지, 그리고 그 사회문화적 의미가 무엇인지에 관심을 둔다. 이와 함께 영화에 그려진 특정 경관의 문화정치적 함의와 이데올로기에 좌우되는 현실의 문제도 살펴본다.

한편 영화에 의해 위장된 현실의 정치경제적 문제를 분석하고, 영화 작품 자체가 이데올로기를 비판하며 현실에 대한 사회문화적 공론의 장으로서의 역할을 수행할 수 있다는 점에 주안점을 두고 접근할 수도 있다. 지리학적으로는 영화를 통해 공간·지역에 반영된 이데올로기의 작용 메커니즘에 대한 분석이 이루어진다.

스크린에 보이는 이미지는 현실에 대한 모방이지만 실재하는 현실보다 더 사실적인 이미지를 창조하여 관객에게 하이퍼리얼리티를 체험하게 해 준다. 영화 속 이미지는 현실을 흉내 내는 미메시스를 넘어서서, 현실을 바꾸어 놓는 상황으로 전개되고 있다. 영화의 장면을 그대로 옮겨다 놓은 테마파크, 쇼핑몰, 상업 간판 등의 예에서처럼 영화의 이미지가 현실을 변화시키기도 한다. 무엇보다도 영화의 스토리 발굴, 제작, 상영, 관람을 통해 현실 세계에 대한 개인과 사회의 인식이 해체되기도 하고 새롭게 구축되기도 한다.

후기산업사회의 사회문화적 특성들은 포스트모더니티라는 용어로 축약될 수 있으며 영화를 통해 이와 같은 포스트모더니티의 조건들을 확인해 볼 수 있다. 포스트모던 영화는 장르적으로 쉽게 구분하기 어렵지만 스토리 속에 또 다른 스토리들이 전개되는 중층적 서사 구조, 결과를 예측할 수 없으며 시계열적으로 공간의 변화가 이어지지 않는 비선형적 시공간성, 유기적으로 연결되지 않고 파편적이며 전위적인 이미지의 구성 등이 나타난다. 포스트모던 영화는 후기 자본주의의 사회공간적 속성을 파악할 수 있게 해 준다는 점에서 분석이 이루어지고 있다.

최근의 컴퓨터 그래픽 기술과 디지털 기기의 발달로 영상으로 재현되는 시공간성에 무한한 가능성이 열리고 있다. 이와 같이 영화 속에서 펼쳐지는 무한한 지리적 상상력은 영화지리학적 연구에 대한 새로운 도전이며, 동시에 학문적 지평을 넓힐 수 있는 가능성이라고 할 수 있다. 마찬가지로 지리학에서 영화를 분석 대상으로만 인식할 것이 아니라 영화를 포함한 영상물의 제작에 참여함으로써 새로운 학문 연구 방식으로 발전시킬 수 있는 가능성도 탐구해 보아야 할 것이다.

● 요약

1. 영화와 지리학은 시각적 이미지를 기반으로 한다는 점에서 공통점을 찾아볼 수 있는데, 지리학이라는 학문은 경관·장소·지역의 본질, 공간의 패턴과 프로세스, 인간과 환경과의 상호 작용 등을 설명하는 데 있어서 시각적 이미지를 필요로 한다.

2. 영화 속에 재현된 시공간성은 영화지리학의 관심 주제이며, 실재하는 현실에 대한 재현뿐만 아니라 지리적 상상력을 바탕으로 묘사된 허구의 시공간도 영화지리학의 분석 대상이 된다.

3. 영화지리학 분야에서는 영화에 표현된 크로노토프, 즉 특정 시대와 장소의 교직에서 나타나는 시공성에 관심을 기울인다.

4. 영화는 단순한 현실의 이미지나 사회적·정치적으로 어떤 영향도 받지 않은 심상의 표현이 아니며, 개인과 사회가 세계를 인지하는 방식을 해체하기도 하고 새롭게 구축하기도 한다.

5. 영화 속 포스트모더니티의 사회공간적 특성으로서 다원성, 다중성, 차별성, 분산성, 경계 해체 등이 나타난다.

● 핵심어(Key words)

실재, 재현, 이미지, 미장센, 크로노토프, 시뮬라크르, 하이퍼리얼리티, 극영화, 다큐멘터리

reality, representation, images, mise-en-scène, chronotope, simulacre, hyperreality, narrative film, documentary

● 읽어 볼 문헌

• 구동회 엮음, 1999, 『영화 속의 도시』, 한울. 월간『국토』에 실렸던 22편의 에세이들이 담겨진 단행본으로서 국내외 영화 속에 배경이 된 도시들의 특성들이 분석되어 있다. 북아메리카, 유럽, 아시아의 도시들, 그리고 서울과 같이 현실의 도시와 지리적 상상력을 바탕으로 그려진 미래의 도시가 영화 속에 어떻게 투영되어 있는지 살펴보았다.

• 양희경 · 장영진 · 심승희, 2007, 『영화 속 지형 이야기』, 푸른길. 영상에 포함된 다양한 지형의 형태와 성인(成因)에 대한 설명을 통해 인문경관과 자연경관을 종합적으로 이해하고자 한 『영화 속 지형 이야기』(양희경 외, 2007)는 영화에 대한 새로운 시각의 접근이라고 할 수 있다. 영화의 장르를 한정 짓지 않고, 영상의 배경으로 드러나는 각종 지형들에 대해 영화의 내러티브와 적절하게 조화를 이루어 설명하고 있다.

주

1 다큐멘터리 영화는 현실을 가능한 있는 그대로 카메라에 포착하려 하지만 극영화(fiction film)와 마찬가지로 감독의 연출이 필요하고, 현실에 대한 사회정치적 메시지를 전달할 뿐만 아니라 관객을 계몽하고자 하는 기능을 포함하므로 정치적 · 상업적 측면으로부터 자유롭지 못하다.

2 영미권에서는 1953년 『Geographical Magazine』에 실린 로저 멘벨(Roger Manvell)의 "The geography of film-making"을 지리학자가 쓴 최초의 영화지리학 연구로 간주한다(Aitken and Dixon 2006, 326-327). 영화지리학(geography of film)이라는 용어를 사용하여 처음 출간된 단행본으로는 1994년 스튜어트 에이트켄(Stuart C. Aitken)과 리오 존(Leo E. Zonn)이 영화지리학 관련 논문들을 엮어 편저서로 출간한 『Place, Power, Situation, and Spectacle: A Geography of Film』을 꼽을 수 있다. 국내에서는 1999년 『영화 속의 도시』(구동회 엮음, 1999)가 출간되었는데 이는 국토연구원에서 발간하는 월간『국토』에 1997년 1월부터 1998년 12월까지 연재되었던 "영화 속의 도시"에 관한 에세이를 묶은 것이다. 이 책이 국내 지리학 분야에서 처음으로 출간된 영화지리학 관련 저술이라고 할 수 있다.

3 독일 지리학계에서는 유겐 비르트(Eugen Wirth)(1952)의 박사학위논문이며, 단행본으로 출간된 『Stoffprobleme des Films』를 영화에 대한 지리학적 연구의 시작으로 간주한다(Lukinbeal and Zimmermann, 2006, 316). 프랑스에서는 1976년에 발표된 이브 라코스테(Yves Lacoste)의 논문 『Cinéma-Géographie』를 최초의 영화지리학적 연구로 본다(Escher 2006, 307).

4 문화지리학과 사회지리학을 구분하는 것이 점차 무의미해져 가고 있으므로(윤홍기, 2009), 영화
지리학은 문화지리학과 사회지리학의 영역에 동시에 걸쳐 있다고 보는 것이 더 적합하다.

5 영화의 촬영지와 상영관 등의 분포에 대한 기존의 연구들은 주로 경제지리학적 관점에서 이루어
져, 문화지리학적 연구와는 상당한 거리가 있다.

6 국내 지리학계에서 발표된 영화 속 경관 재현의 의미를 살펴본 연구로서 서영애 · 조경진(2008)의
논문이 있다. 이 연구에서는 우디 앨런(Woody Allen)이 감독 · 제작한 일련의 영화 작품들에서 등
장하는 맨해튼 센트럴 파크의 의미를 분석하였다.

7 극영화(narrative film)에서 보여 주는 허구의 세계를 '디에게시스(diegesis)'라고 부르며, 영화에서
디에게시스적 요소는 심지어 그것이 스크린에서 보이지 않더라도 허구적 세계를 구성하는 활동과
장소를 포함한다. 이러한 허구의 세계도 지리학적 연구의 대상이 된다.

8 심경석(2006)은 영화에 대한 마르크스주의 비평을 위해 다음과 같은 질문을 던져 볼 것을 제안한
다. 그 질문은 "첫째, 주요 인물들의 사회경제적 지위는 어떠한가? 둘째, 인물들의 신분, 지위가
의상이나 배경, 또는 대사를 통해 드러나는가? 셋째, 여러 사회 계층의 인물들이 어떻게 상호 관계
를 맺고 있는가? 넷째, 단역이나 조연을 맡은 배우들의 유형에서 어떤 뚜렷한 패턴을 찾을 수 있는
가? 다섯째, 부와 물질에 대한 야망과 소유가 인물에게 중요한가? 여섯째, 영화는 전통적인 가치
체계를 찬양하는가 아니면 의문을 제기하는가?" 등이다(심경석, 2006, 154).

9 조진희(2008)는 〈구로아리랑〉과 〈아름다운 청년 전태일〉이 노동의 문제를 논하면서도 젠더의 이
슈에 대해서는 간과하였다는 점을 지적하였다. 영화 속에서조차 여성노동자, 즉 여공은 부차적인
역할에만 제한적으로 등장하여 노동운동에서 이중적으로 소외되는 현상에 대한 인식이 필요하다
고 보았다.

10 2000년대 이후에는 한국 사회에 새롭게 부각된 소외 계층의 문제를 다룬 영화들이 제작되고 있
다. 다문화 가정을 소재로 한 〈완득이〉(이한 감독, 2011년 작)와 장애인의 인권 문제를 다룬 〈도가
니〉(황동혁 감독, 2011년 작)가 대표적이다(허정 2012; 조흡 · 오승현, 2012).

11 현실의 장소 이미지와 영화 속 장소 간의 관계에 대한 논의로는 장윤정(2005)의 연구를 참고할
수 있다.

12 다큐멘터리 형식의 영화나 자연경관과 자연현상을 다룬 경우에 적용될 수 있다.

13 하비를 비롯한 마르크스주의 비평가들은 포스트모더니즘과 같은 용어가 후기산업사회의 경
제 와 사회 질서를 말해 주는데, 새로운 디지털 기술이 정보와 이미지를 전 세계로 전파하는 속도
를 가속화시키고 있으며, 이것이 포스트모더니티의 특징으로 나타나고 있다고 지적한다(Harvey,
1990; 구동회 · 박영한 역, 1994).

14 '미장센(mise-en-scène)'이라는 용어는 프랑스어로 '연출'을 뜻하며, 영어로는 '무대에 배치하기

(putting on stage)'라는 의미이다. 19세기 연극에서 기원하였으며, 연극과 영화 등에서 연출가가 무대 위의 모든 시각적 요소들을 배열하는 작업을 일컫는다. 조명, 의상, 움직임, 소품 등 연극과 영화에 필수적인 요소 가운데 무대는 미장센에 가장 중요한 요소이다. 무대는 영화의 주된 특성으로 간주되며, 주요 장면의 배경일 뿐만 아니라 내러티브의 표현적 요소가 된다. 국내 영화를 중심으로 미장센에 나타난 포스트모더니즘의 특징을 분석한 사례로 최상열(2010)의 연구를 참고할 수 있다.

15 데이비드 린(David Lean) 감독의 1962년 작 〈아라비아의 로렌스(Lawrence of Arabia)〉에서 사막의 열기, 모래바람, 거대한 황금빛의 사구 등이 주인공의 심리 상태를 반영하여 묘사되었는데 이와 같은 주인공의 감정과 경관의 묘사 방식에 대한 분석이 대표적인 예가 될 수 있다(Aitken and Dixon, 2006, 329-330).

참고문헌

강윤주, 2007, "영화 〈웰컴 투 동막골〉의 '지정학적 미학'", 문화와 사회, 2, 55-82.

구동회 외 15인, 1999, 영화 속의 도시, 한울.

김석준·홍미희, 2002, "포스트모더니즘이 현대 영상에 미친 영향에 관한 연구", 시각디자인학연구, 10, 184-194.

김영범, 2009, 철학 갤러리, 풀로엮은집.

나병철, 2011, "식민지 근대의 공간과 탈식민적 크로노토프", 현대문학이론연구, 47, 151-178.

박성희, 2012, "영화 〈아바타〉와 상영공간의 뉴미디어화: 영화 〈아바타〉에 나타나는 공간의 미디어화를 중심으로", 언론과학연구, 12(1), 39-67.

서영애·조경진, 2008, "영화에 나타난 센트럴 파크의 문화 경관 해석: 우디 앨런 영화를 중심으로", 문화역사지리, 20(2), 62-78.

심경석, 2006, "맑스주의 비평이론과 영화: 〈타이타닉〉과 〈귀여운 여인〉에 나타난 계급 갈등과 이데올로기," 문학과영상, 7(2), 151-170.

안종욱, 2005, "영화를 통한 인천의 장소 정체성 분석", 한국지역지리학회지, 11(6), 501-516.

양희경·장영진·심승희, 2007, 영화 속 지형이야기, 푸른길.

오세정·김기국, 2011, "영화 〈셰익스피어 인 러브(Shakespeare in Love)〉의 스토리텔링과 포스트모던적 특성", 인문콘텐츠, 23, 213-235.

위경혜, 2010, "한국전쟁 이후~1960년대 문화영화의 지역 재현과 지역의 지방화", 대중서사연구, 24, 337-363.

윤홍기, 2009, "영어권에서 문화지리학의 발전과 연구동향", 문화역사지리, 21(1), 13-30.

이나경, 2012, "환상과 현실의 경계에서: 크리스토퍼 놀런 영화에 나타나는 주체의 모색", 신영어영문학, 51, 135-154.

이승환, 2010, "대중영화를 통해 확인해보는 한국사회의 포스트모던적 징후들: 베트남전 소재의 영화들을 중심으로", 영화연구, 44, 207-225.

이현경, 2008, "1970, 80년대 한국 사극영화의 정치학", 국제어문, 43, 361-388.

장윤정, 2005, 영화를 통한 장소이미지의 교류: 북제주군 우도를 사례로, 서울대학교 대학원 석사학위논문.

장윤정, 2013, 인천상륙작전 영화 속 장소 재현: 제작자 포지셔널리티를 중심으로, 서울대학교 대학원 박사학위논문.

정승욱, 2011, "하이퍼리얼리티 영화의 시각적 유희에 대한 담론의 재구성: CGI(Computer Generated Imagery) 기반 영화를 중심으로", 한국영상학회논문집, 9(1), 137-155.

조진희, 2008, "여공, 스크린 재현의 정치학", 영화연구, 35, 77-104.

조흡·오승현, 2012, "문화적 공론장으로서 〈도가니〉: 인식론적 커뮤니케이션에서 감성 커뮤니케이션으로", 문학과영상, 13(4), 837-864.

지용신, 2009, "왕가위 초기 영화 연구: 〈아비정전〉과 〈중경삼림〉을 중심으로", 동서문화연구, 12, 193-214.

진경아·임양미, 2010, "디지털 기술에 의한 매체예술의 리얼리티 표현에 관한 연구", 디지털디자인학연구, 10(3), 94-102.

최상열, 2010, 한국 영화에 나타난 포스트모더니즘의 미장센 ―장준환, 이명세, 박찬욱 감독의 영화를 중심으로―, 영남대학교 조형대학원 박사학위논문.

허정, 2012, "〈완득이〉를 통해 본 한국 다문화주의", 다문화콘텐츠연구, 12, 95-138.

황보성진, 2005, "포스트모더니즘과 영화," 현대영화연구, 1, 151-180.

Aitken, S. C., 1994, "I'd rather watch the movie than read the book", *Journal of Geography in Higher Education*, 18(3), 291-307.

Aitken, S. C. and Dixon, D. P., 2006, "Imagining Geographies of Film", *Erdkunde*, 60, 326-336.

Aitken, S. C. and Zonn, L. E. (eds.), 1994, *Place, Power, Situation, and Spectacle: A Geography of Film*, Lanham, Maryland: Rowman and Littlefield Publishers Inc.

Baudrillard, J., 1981, *Simulacres et Simulation*, Paris: Éditions Galilée (하태환 역, 2001, 시뮬라시옹, 민음사).

Cheng, Khoo Gaik, 2008, "Urban Geography as Pretext: Sociocultural Landscapes of Kuala Lumpur in Independent Malaysian Films", *Singapore Journal of Tropical Geography*, 29, 34-54.

Clifford, N., French, S. and Valentine, G. (eds.), 2010, *Key Methods in Geography*, Los Angeles, California: Sage.

Cresswell, T. and Dixon, D. (eds.), 2002, *Engaging Film: Geographies of Mobility and Identity*, Lanham, Maryland: Rowman and Littlefield Publishers Inc.

Duncan, J. S., Johnson, N. C. and Schein, R. H., 2008, *A Companion to Cultural Geography*, Malden, Massachusetts: Blackwell Publishers.

Escher, A., 2006, "The Geography of Cinema – A Cinematic World", *Erdkunde*, 60(4), 307-314.

Garrett, B. L., 2010, "Videographic Geographies: Using Digital Video for Geographic Research", *Progress in Human Geography* 35(4), 521-541.

Gibson, R., 1992, *South of the West: Postcolonialism and the Narrative Construction of Australia*, Bloomington: Indiana University Press.

Golda, J. R., Revillb, G. and Haighc, M. J., 1996, "Interpreting the dust bowl: Teaching environmental philosophy through film", *Journal of Geography in Higher Education*, 20(2), 209-221.

Harper, G. and Rayner, J., 2010, *Cinema and Landscape*, Chicago: The University of Chicago Press.

Harvey, D., 1990, *The Condition of Postmodernity: An Enquiry into the Origins of Cultural Change*, Malden, Massachusetts: Blackwell Publishing (구동회·박영민 역, 1994, 포스트모더니티의 조건, 한울).

Kennedy, C. and Lukinbeal, C., 1997, "Towards a Holistic Approach to Geographic Research on Film", *Progress in Human Geography*, 21(1), 33-50.

Lacoste, Y., 1976, "Cinéma Géographie", *Hérodote*, 2, 153-158.

Lukinbeal, C., 2012, ""On Location" Filming in San Diego County from 1985-2005: How a Cinematic Landscape Is Formed Through Incorporative Tasks and Represented Through Mapped Inscriptions", *Annals of the Association of American Geographers*, 102(1), 171-190.

Lukinbeal, C. and Zimmermann, S., 2006, "Film Geography: A New Subfield", *Erdkunde*, Band, 60, 315-325.

Lury, K. and Massey, D., 1999, "Making Connections", *Screen*, 40(Autumn), 229-238.

Manvell, R., 1953, "The geography of film-making", *Geographical Magazine*, 25, 640-650.

Manvell, R., 1956, "Geography and the Documentary Film", *Geographical Magazine*, 29, 417-422.

Peckham, R. S., 2008, "Landscape in Film", in Duncan, J. S., Schein, J., Richard, H., *A Companion to Cultural Geography*, Malden, Massachusetts: Blackwell Publishers, 420-429.

13. 아트지리학의 가능성 탐색: 진화하는 현대 미술을 중심으로

경인교육대학교 **김이재**

1) 예술 또는 미술?: 아트지리학(들)의 가능성

"아트(art)란 무엇인가?"라는 질문에 대한 해석과 대답은 문화권에 따라, 전공·전문 분야에 따라, 개인의 경험과 취향에 따라 달라질 것이다. 우선 용어를 정의하고 번역하는 단계부터 다양한 관점이 병합한다. '아트(art)'를 일반인들은 단순하게 '예술'이라고 번역하지만, 미술 전공자들은 '미술'이라고 번역할 것이다. 그러나 일부 미술 전공자들은 '아트'를 '미술'로 정의하는 것은 협소한 개념이며 '시각 예술(visual art)'로 보아야 한다고 주장한다. '미술(美術)'이라는 단어 자체가 '아름다움'이라는 의미를 내포하고 있는데 아트는 '아름다움'뿐 아니라 '추하고 평범한 대상'도 표현하는 장르라는 것이다. 빠르게 진화하는 현대 미술의 세계에서는 시각 이외에도 청각·후각·촉각·미각 등 다양한 감각이 동원된다. 또한 현대 미술의 장르는 개념 미술, 영화·다큐멘터리 형식의 종합 예술, 음악·무용·연극과 융합된 행위 예술 등으로 진화하고 있기에 아트를 시각 예술로 한정하는 것은 적절치 않다는 반론도 가능하다.

예술뿐 아니라 '문화(culture)' 역시 한마디로 정의 내리기 어려운 개념인데다가 '지리학'이라는 학문의 성격도 국가별로 다양하다. 설상가상으로 문화지리학은 그 다양성 때문에 정의 내리기 어려운 분야로 꼽히는데, 실제로 현대 문화지리학은 전통적인 지리학의 하위 전공 영역에 국한되기 보다는 연구 범위와 대상이 정치, 경제, 사회, 환경 등의 다양한 분야로 계속 확장되고 있다.[1] 정의 내리기조차 어려운 예술(art)과 문화지리학(cultural geographies)을 어떻게 연결시켜 논의를 전개해야 할지, 복수 명사로서 '아트지리학(art geographies)'의 설명 방식을 결정하는 일부터 쉽지 않았다.

고민 끝에 예술의 다양한 장르 중에서 '미술, 시각 예술'을 중심으로 논의를 시작하며, 예술 작품, 예술가 및 예술(전시) 공간, 현대 미술을 포함하는 광의의 아트(art) 개념과 문화지리학과의 관계를 살펴보기로 했다. 공간에 실재하여 지리학과 가장 관련성이 높은 예술 분야인 '미술, 시각 예술' 중에서도 대지 미술(Land Art), 공공 미술(Public Art) 등 문화지리학과 연계될 잠재력이 풍부한 현대 미술의 장르와 새로운 동향을 중점적으로 소개하고자 하였다. 특히 다양한 장르로 진화하는 현대 미술과 지리학이 조응할 수 있는 지점을 발견하고 아트지리학의 가능성을 탐색하는 데 집중하였다. 용어 사용에 있어 혼동을 줄이기 위해 'art'를 '미술 또는 예술'로 번역하기보다는 '아트(art)'라는 용어를 그대로 사용하고, '예술지리학'이 아닌 '아트지리학(art geographies)'이라고 지칭하였다. 반면 'artist'는 '예술가', 'artwork'은 '예술 작품', 'Contemporary Art'는 '현대 미술'로 번역하였다.

구체적인 사례로는 지리학적 아이디어와 상상력을 많이 활용하는 현대 미술의 대표적인 예술가와 예술 작품을 소개하여 단수 명사가 아닌 복수 명사로서 '아트지리학(art geographies)'의 다양한 가능성을 탐색하고, 미술관 및 갤러리 등 예술 작품 전시 공간이 도시 및 지역의 변화에 끼치는 영향, 문화 정책과 창조 산업에서의 현대 미술의 중요성을 재조명하였다. 또, 전통적인 예술 작품을 전시하는 정형화된 전시 공간뿐 아니라 개념 미술, 공공 미술, 그래피티 아트 등 진화하는 현대 미술의 새로운 장르와 연계된 다양한 장소와 공간, 지리적 상상력도 아트지리학의 연구 대상과 주요 영역으로 포섭하고자 하였다. 또, 저자가 개인적으로 참여한 현대 미술 프로젝트의 경험을 공유하고 미국과 영국 지리학계의 최근 연구 동향과 논의를 정리하여 소개하는 작업도 병행하였다.

2) 재현으로서의 예술 작품과 지리적 상상력

(1) 경관을 재현하는 예술 작품

다양한 예술 장르 중에서 미술 또는 시각 예술은 항상 어떤 장소와 공간을 재현해 왔다는 점에서 지리적이다. 풍경화, 정물화, 인물화, 종교화, 역사화 등으로 분류되는 예술 작품들은 특정한 장소와 경관을 배경으로 등장하는 사람들 또는 사물들을 묘사함으로써 다양한 의미를 생산해 왔다. 이미지와 시각적 자료의 해석을 중시하는 전통적 문화지리학에서 풍경화를 비롯한 다양한 예술 작품 속에 등장하는 배경과 경관은 주요한 연구 대상이 되었다(Tuan, 2004). 한편 예술 작품은 다양한 경관을 재현해 왔을 뿐 아니라 물리적으로 특정한 장소에 설치된다. 교회나 신전, 궁전이나 귀족의 저택에 걸려 있던 예술 작품들이 19세기 이후에는 미술관이나 갤러리와 같은 예술 작품 전시 공간에 배치되었는데, 이때 관람자들은 미술관이나 갤러리에 작품이 설치된 맥락보다는 작품 속 배경과 경관에 주목하였다.

예술가들이 작품의 배경으로 삼은 장소를 인식하고 경관을 재현하는 방식도 전통적 문화지리학의 주요한 관심사였는데(Tuan, 1994), 예술 작품과 그 배경 지역은 밀접하게 관련되어 있다. 고갱의 타히티, 고흐의 파리와 프로방스 등 예술 작품의 배경으로서 지역이 중요해지면서, 예술가들의 작품 세계를 깊게 이해하기 위해 그들이 영감을 얻고 작품 활동을 한 국가나 지역도 재조명 된다. 실제로 서구의 유명 미술관에서 작품의 이해를 돕기 위해 작품 옆에 아티스트의 국적과 함께 작품 활동을 주로 수행하는 국가나 도시를 소개하고 있는 것만 보아도 장소가 예술가의 창작 활동에 미치는 영향력과 중요성을 확인할 수 있다. 예를 들어 고흐의 경우 네덜란드 출신이었지만 프랑스에서 그의 걸작 대부분을 그렸기에, 고흐 작품의 배경지로서 프랑스 프로방스 및 파리

그림 1. 고흐의 작품 배경 설명 현장

인근 지역은 고흐 팬들의 필수 방문 코스가 되었다.

(2) 예술 작품으로서의 지도

근대 유럽에서 지도는 전통 장인들과 예술가들이 주로 제작해 왔고, 특히 영국 왕실과 귀족 가문에서는 정교하고 아름다운 지도 제작에 관심이 많았다. 해외에서 초빙된 예술가들이 담당하던 지도 제작을 16세기 중반 이후 영국에서는 국내 출신의 기술자들이나 젠트리 계급이 주로 맡게 되었다(설혜심, 2007, 170-171). '아틀라스의 시대(the age of atlases)'라고 불리는 16세기 후반부터 약 백여 년 간 네덜란드를 비롯한 유럽에서는 세계 지도가 많이 제작되었는데 아름다운 지도로 저택의 벽을 장식하는 풍습이 유럽의 왕실과 귀족들 사이에서 유행하였다. 당시 예술가들에 의해 그려진 지도에는 다양한 인물과 동물이 등장하는데, 조국에 대한 충성심이나 새로운 세계에 대한 지리적 상상력을 담고 있다.

지도는 과학적이고 객관적인 정보를 담고 있는 과학적 매체이기도 하지만, 다양한 정치·사회적 담론과 지리적 상상력을 재현하는 예술 작품으로 독해될 수도 있다

(Curnow, 1999). 현대 예술 작품에서도 지도는 인기 있는 소재이며, 지도를 통해 표현되는 상징과 지리적 상상력의 재현은 다양한 방식으로 활용되고 있다. 특히 현대 미술 작품에서 지도를 오브제로 직접 도입하거나 작품의 의미와 맥락을 구체적으로 설명하기 위해 지도 및 지리적 재현을 활용하는 사례가 증가하고 있으며, 오쿠이 엔위저(Okwui Enwezor)가 총 감독한 2008 광주비엔날레에서도 장소성과 지리적 공간을 작품의 주요 주제로 반영하거나 세계 각 지역의 현실을 지역 연구 다큐멘터리처럼 구현한 예술 작품이 집중적으로 전시되었다.

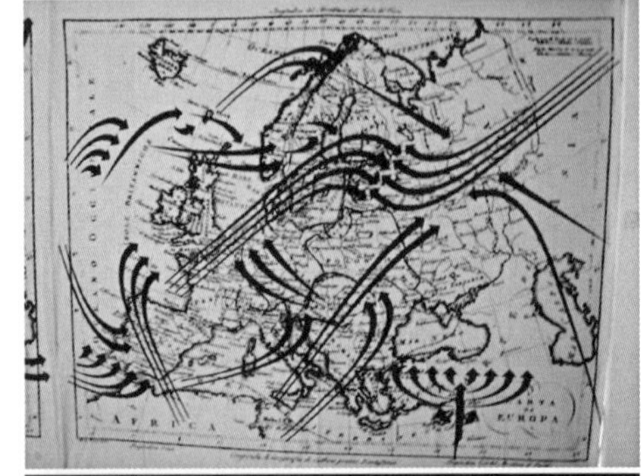

그림 2 지도를 활용한 예술 작품의 사례

(3) 시각을 넘어서: 지리적 상상력을 자극하는 예술 작품

썩어 가며 악취를 풍기는 물고기를 미술관에 전시하면 어떻게 될까? 과연 전시할 수는 있을까? 실제로 한국 출신의 조각가 이불(Bul Lee)은 1997년 현대 미술의 중심지 뉴욕의 현대 미술관(MoMA) 초대전에서 죽은 물고기의 몸통을 화려한 구슬과 반짝이는 스팽글로 장식한 예술 작품, '화엄(Majestic Splendor)'을 전시하였다. 시각적 오브제로서의 물고기뿐 아니라 자연스럽게 썩어 가는 냄새까지 전시하고자 했던 그녀의 도발적인 시도는 고약한 냄새에 항의하는 관람객들에 의해—작가의 반대 의사에도 불구하고—10여 일 만에 철거되는 수모를 겪었지만 역사적으로 서양 미술계의 권위와 시각 중심적 서구 미술사에 용감하게 저항한 사례로 평가된다.

근대 유럽의 계몽주의로 인해 강화된 민족적 편견과 감각적 불균형을 시정하고 시각, 청각에 비해 상대적으로 소외되었던 후각, 미각, 촉각 등의 감각에 주목하여 문화와 학문의 영역으로 포섭해야 한다는 주장은 미술계에서 활발히 제기되고 있다(Risatti, 2000). 실제로 시각 중심적, 서구 중심적, 엘리트적, 가부장적 전통에서 벗어나 다양한 시선과 감각을 도입하려는 현대 미술의 실험이 활발하게 진행되고 있다. 현대 미술의 후원자, 구겐하임 미술관의 베를린 전시장에서는 벼를 키우는 거대한 인큐베이터를 미술관 내에 도입하여 현대 사회에서 농업의 의미를 오감을 통해 경험하도록 유도하고 있으며, 리크리트 티라바니자(Rirkrit Tiravanija)는 뉴욕, 베니스, 도쿄, 라이프치히 등 세계 각지의 전시장을 주방 겸 식당으로 변모시키고 직접 태국 카레를 요리하여 관객에게 나눠 주는 '요리 접대 프로젝트'를 통해 상대적으로 현대 미술에서 소외된 감각이었던 미각, 후각, 청각, 촉각을 복원하고 관계 미학(relational aesthetics)을 실천했다는 평가를 받고 있다(양은희, 2006). 특히 후각은 정서, 기억, 무의식, 욕망, 섹슈얼리티와 직접적으로 연결되는 감각이며(Classen, C. *et al.*, 1994), 현대 미술에서 강렬한 메시지와 새로운 개념을 전달하는 도구로 사용되는 경향이 있다. 실제로 후각을 이용한 다양한 예술 작품들은 현대 미술의 지평을 확장하는 중요한 역할을 수행하였을 뿐 아니라 예술가와 관람객의 지리적 상상력을 자극하고, 새로운 관점과 다양한 해석을 요구하고 있다. '시각 중심적인 현대 서구 사회의 건축과 미술은 한계에 직면하였고 공간에 대한 새로운 해석과 실천이 필요하다'라는 주장이 설득력을 얻고 있는 것이다(박영욱, 2007). 시각 중심적인 서구 현대 사회에서 문화적 다양성(cultural diversity)이 꽃피려면 '감각적 전환(sensual turn)이 필수적(Classen, C. *et al.*, 1994)'이라는 견해는 문화지리학에서도 유효하다.

지리적 상상력은 공간, 장소, 지역, 스케일 등 지리학의 주요 개념과 연계되어 예술 작품을 해석하는 과정에서 다양하게 활용될 수 있으며, 주관적, 감성적, 해석적, 미학적, 인간주의 지리학의 계보와 연결되어 있다(김학희, 2008; Gregory, 1994). 한편, 예술 작품이 설치된 맥락과 실천된 장소로서의 공간은 현대 미술에서 점점 더 중요한 요소로 인식되고 있으며 '특정 장소'와 더불어 예술 작품이 놓이게 되는 '정치, 경제, 사회, 문화, 역사, 자연을 포괄하는 지리적 환경'은 포스트모더니즘 미술의 본질을 이해하는 기반이 된다(윤난지, 2007; 전혜숙, 2006). 특히 최태만(2008)은 미술 작품을 제대로 해석하기 위해서는 '특정 미술이 나타났던 시대와 사회의 사회적·문화적 환경뿐 아니라 당대를 지배했던 미의식, 정서적, 지적 풍토를 규명할 필요가 있다.'라고 주장하였는데, 그가 제시한 사회적 상상력은 지리적 상상력과 유사하다.

3) 아트를 통한 도시·공간·지역의 변화

21세기 '문화와 감성의 시대'를 맞아 기업의 가치 창출과 국가 경쟁력의 결정 요소로 디자인과 아트는 새로운 화두로 부상하고 있다. 도시 및 지방 정부에서도 도시 간 치열한 경쟁에서 생존하기 위해 문화 및 예술의 역할에 주목하고 있고, 아트를 통한 공간·도시·지역의 변화는 문화지리학에서 새로운 연구 주제로 각광받고 있다(박삼철 역, 2000; Rantisi & Leslie, 2006; Venkatesh & Meamber, 2006). 특히 예술에서도 미술 및 시각 예술 분야는 구체적인 장소 및 도시 공간과의 관련성이 매우 높다는 점에서 다른 예술 장르와 차별화될 수 있다. 예술가는 자신이 거주하고 활동하는 지역의 특성에 주목하여 그림이나 조각, 미디어 아트 등 다양한 작품을 창작하고 자신의 예술 작품 전시를 위해 미술관과 갤러리 등의 구체적인 공간을 필요로 한다.

(1) 도시 재활성화를 견인하는 예술 공간

후기자본주의 시대의 도시는 경쟁력을 유지하기 위해 투자 자본, 첨단 기술과 함께 창조 경제(creative economy)를 뒷받침하는 문화·예술·관광·오락 시설과 레저·쇼핑·위락 공간 등의 기반 시설(infrastructure)을 구축해야 한다. 최근 '선별된 미술 작품을 저장하고 전시하는 공간'이라는 협소한 의미에서 벗어나 '한 도시를 대표하는 기념비적 건축물', '매력적인 문화·관광 자원'으로서 미술관의 가치는 새롭게 조명되고 있다(Plaza, 2006). 미술관·갤러리 등 예술 작품 전시 공간은 관광객 유치와 장소 마케팅을 위한 도구로 활용되고 있으며, 도시 재활성화, 문화·예술 정책 수립 및 실행 과정에서 도시의 경쟁력을 결정하는 중요한 요소로 인식되고 있다(박태욱·최유식, 2008; 임근혜, 2010; Evans, 1996; Grosenick & Stange, 2005; Miles, 1997; Thompson, 2010).

스페인 북부 바스크 지방에 위치한 빌바오(Bilbao)는 철광석 광산과 조선업에 기반한 경제 구조를 가진 지방의 중소 공업 도시였는데, 1980년대 조선/철강 산업의 경쟁력이 약화되면서 경제의 활력을 잃었고 특히 바스크 분리 독립주의자들의 테러로 치안이 극도로 불안해지는 등 최악의 상황이었다. 1990년대 초 바스크 정부는 빌바오를 회생시킬 수 있는 유일한 수단은 문화 산업이라고 판단하고 세계적인 건축가 프랑크 게리(Frank Gerry)에게 뉴욕 구겐하임 미술관 분관의 설계를 맡기게 된다. 1997년 독특하고 실험적인 미술관이 완공되고 세계 언론과 문화계의 주목을 받으면서 구겐하임 빌바오 미술관(Guggenheim Museum Bibao)은 도시의 새로운 랜드마크(landmark)로 급부상하였고 관광 산업의 성장을 통해 도시 경제의 활성화에 기여하게 되었다. 더불어 지역 주민의 정체성과 공동체 의식을 강화시키고 문화 생활의 질을 제고하였다는 긍정적인 평가를 받고 있다(Vicario & Monje, 2003).

영국 런던의 테이트 모던(Tate Modern) 미술관도 영국을 찾는 관광객이 가장 가 보고 싶어하는 대표적인 관광 명소로 부상하였고 런던의 도시 재활성화에 기여하고 있다(임근혜, 2010). 테이트 모던은 런던의 템즈 강 남쪽 강변에 위치한 뱅크사이드 화력 발전소 건물을 리모델링하여 건축되었는데 테이트 브리튼(Tate Britain)이나 국립 미술관(National Gallery) 등 기존의 보수적인 미술관이 수용하지 못했던 실험적인 현대 미술 작품을 혁신적인 방식으로 전시하여 영국 현대 미술의 흐름을 주도하고 언론과 대중 매체의 주목을 받고 있다(Chong, 1999). 영국에서 미술관과 갤러리는 단순한 미술 전시 공간에 그치지 않고 만남, 사교, 휴식, 교육 및 세미나의 장소로 활용되면서 인근 지역 주민들에게는 열린 문화 공간으로서 기능하고 있다. 또한 1990년대 등장한 화이트 큐브(White Cube), 화이트채플 아트갤러리(Whitechaple Art Gallery) 등의 상업 화랑(commercial art gallery)들은 뉴욕, 파리, 뒤셀도르프 등에 뒤쳐졌던 런던을 현대 미술의 중심지로서 기능을 활성화시켰고 특히 런던의 낙후된 쇼디치/혹스턴(Shoreditch/Hoxton) 지역의 젠트리피케이션(gentrification)을 가속화시켰다(Artfield, 1999; While, 2003).

현대 미술의 새로운 중심지로 급부상하고 있는 베를린은 1989년 베를린 장벽이 무너진 이후 도시 전체가 도시 계획·건축과 현대 미술의 거대한 실험장이 되었다. 베를린의 새로운 미술관인 함부르거 반호프(Hambruger Bahnhof)는 1847년부터 19세기 후반까지 베를린과 함부르크를 오가는 기차역으로 이용되었으나 제2차 세계대전으로 폐허가 되었다. 이후 40여 년간 방치되었다가 리모델링 작업을 거쳐 1996년 국립 현대 미술관으로 개관하였는데, 1968년 이후 세계 현대 미술을 집중적으로 전시하고 있으며 새로운 베를린의 상징으로서 도심 재활성화에 기여하고 있다. 또한 구 동독의 중심지였던 미테(Mitte)지역과 베를린 장벽이 있었던 브란덴부르크 문 주변을 중심으로 현대 미술 작품을 주로 전시하는 미술관과 갤러리들이 집중적으로 입지하면서 베를린은 뒤셀도르프, 쾰른, 뮌헨, 프랑크푸르트 등 다른 독일의 도시를 제치고 세계 현대 미술의 중심지로 급부상하고 있으며 도시 경제의 활력과 성장에 기여하고 있다(Grosenick & Stange, 2005). 국내에서는 서울의 갤러리 입지를 분석하는 연구(Kim, 2007), 창조 경제에서 미술관 및 갤러리가 끼치는 영향에 관한 연구(김학희, 2007)가 발표되어 도시에서 예술 작품 전시 공간이 갖는 의미를 고찰하였다.

(2) 아트 이벤트를 통한 장소 마케팅과 문화·예술 정책

미술관이나 갤러리와 같은 물리적 전시 공간 외에도 비엔날레나 아트 페어(Art Fair) 같은 미술 관련 이벤트는 도시 경제에 새로운 활력을 부여한다. 세계 3대 아트 페어로 꼽히는 바젤·쾰른·시카고 아트 페어를 비롯해 베를린·프랑크푸르트·피악(FIAC: 파리)·샌프란시스코·스톡홀름·밀라노·멜버른 아트 페어, 아트 마이애미, 아트 팜비치, 아르코(Arco: 마드리드) 등은 세계 각국의 도시에서 경쟁적으로 개최되고 있다(최병식, 1999). 아트 페어는 국적을 초월한 판매망 확충과 새로운 시장의 개척을 위해 한 장소에서 세계 각국의 다양한 갤러리들이 모여 4, 5일간의 집단 전시를 통해 작품을 판매하는 방식으로 운영되는 대규모 전시회인데, 미술 애호가를 위한 다양한 볼거리와 미술 전문인들을 위한 파티가 풍부하게 제공되는 일종의 미술 축제이기도 하다. 아트 페어를 통해 유명 미술관의 관장, 큐레이터를 비롯한 미술관 및 갤러리 관계자, 아트 딜러, 기업 및 개인 컬렉터, 언론인 등 미술과 관련된 다양한 계층의 사람들이 최신 정보를 교환하고 국제적인 네트워크를 구축하는데, 개최 도시에는 주최 측의 기본 인력부터 통역, 물류, 국내외 운송에 관련된 업체, 숙박 업체, 중장비 업체 등이 연계되어 다양한 고용 창출 효과를 발생시킨다(박파랑, 2003).

독일의 중소 공업 도시 카셀에서 5년에 한 번씩 개최되는 현대 미술 행사인 카셀 도큐멘타(Kassel Documenta)도 개최 도시의 위상을 높이고 생활 환경의 개선에 기여함으로써 미학 내부의 폐쇄된 논의를 넘어 공공 미술로서 예술의 중요성을 확인하게 하는 기회를 제공하고 있다. 또한, 10년마다 한 번씩 개최되는 뮌스터 조각 축제(Muenster Sculpture Project)를 통해 설치된 장소 특정적(site-specific) 예술·조각 작품들은 제2차 세계대전으로 폐허가 되었던 작은 도시가 세계에서 가장 환경친화적이고 살기 좋은 도시로 부상하는 데는 크게 기여하였다는 평가를 받고 있다(Risatti, 2000). 2008년 우리나라에서 개최된 두 번의 국제 비엔날레에서도 이러한 트렌드를 확인할 수 있다. 광주 비엔날레의 경우 실내 미술관 중심 전시의 방식에서 벗어나 구도심에 위치한 대인시장에, 부산 비엔날레의 바다 미술제의 경우에는 해운대해수욕장의 백사장에 일부 작품이 전시되었다.

(3) 도시 공간의 형성자로서의 예술가의 역할과 흔적

뉴욕, 런던, 파리와 같은 기존 상위 계층의 세계 문화 도시뿐 아니라 빌바오, 리버

풀과 같은 서구의 지방 중소 도시에서도 미술관 건립과 공공 미술을 통해 도시 이미지 제고, 관광 및 문화 산업 성장, 낙후된 도심의 재생 등 다양한 효과를 창출하고 있다(Evans, 1996; Plaza, 2006; Vicario & Monje, 2003). 현대 미술 전시는 단순한 시각적 볼거리를 넘어 사회, 역사적으로 중요한 사건들을 해석하고, 이를 바탕으로 대중의 사회적 인식이나 미의식을 재구성하는 역할을 담당하기도 한다(Brown, 2002; Hall & Robertson, 2001; Venkatesh & Meamber, 2006). 한편 예술가들은 도시 공간을 답사하고 예술 작품을 통해 장소를 재해석함으로써 지역의 다양한 문제를 이슈화할 뿐 아니라 지역의 정체성을 형성하고 비판적으로 재구성하는 데 기여한다(Hamilton *et al.*, 2001; Morris & Cant, 2006; Phillipas, 2004).

예술가들은 도시의 낙후된 슬럼 지역에 거주하면서 주변 환경을 새롭게 해석하고 미화시키는 과정에서 주요한 역할을 담당한다. 뉴욕, 파리, 런던, 베를린의 예술가 집단 거주 지역의 형성 과정에서 보듯 예술가들은 살인적인 물가를 견디면서 자신의 삶의 기반이 되기도 하는 현대 도시 문명의 모순을 드러내기 위해 버려진 옛날 공장 건물이나 창고에서 거주하면서 작품 생활을 지속한다. 예술가들이 점점 더 많이 이주하게 되면 낙후되고 범죄 발생률이 높던 지역이 안정되며, 예술가들을 위한 편의 시설이 늘어나면서 주변 생활 환경도 조금씩 쾌적해지고 세련되지기 시작한다. 그러나 카페, 레스토랑, 중고 CD 및 책방, 골동품 상점, 빈티지(vintage) 패션 상점, 갤러리 등의 소비 공간이 확산되고 임대료가 순식간에 상승하면서 예술가는 높은 임대료를 감당하지 못하고 곧 그 지역을 떠나게 된다(Artfield, 1999; Kostelanetz, 2003). 정부나 시 당국의 문화·예술 정책이 부재한 경우, 낙후된 슬럼 지역을 미화시키는 데 기여했던 예술가들이 새로운 거주·작업 공간을 찾아 도시의 또 다른 슬럼 지역으로 이주할 수밖에 없는 역설적 상황이 주기적으로 발생하게 되는 과정을 규명하는 도시 생태학적 연구들(Deutsche, R., 1996; Zukin, 1982)은 문화지리학적 관점에서도 흥미로운 이슈를 담고 있다.

한편 낙서화(graffiti)는 전위적인 예술가들이 스프레이나 페인트를 가지고 짧은 시간에 거리의 건물 외벽이나 대중교통 수단에 낙서하듯 그림을 그리는 방식을 말하는

데(장소현, 1994), 도시 공간에서 예술가들의 영역을 표현하는 지표(sign)나 흔적이 된다. 런던 시 당국은 낙서화를 공공 재산을 훼손하는 범죄 행위로 인식하고 이를 지우는 전담반을 운영할 정도로 낙서화에 대해 엄격하지만, 해크니(Hackney)와 같은 런던 동부(East End) 지역의 건물 외벽이나 대중교통 시설 주변에서는 낙서화를 쉽게 찾아볼 수 있다. 저소득층과 다양한 국적의 이민자들이 밀집되어 있고 각종 사회 문제와 범죄가 자주 발생하는 상황에서 런던 시 당국이 낙서화까지 단속할 여력이 없다는 현실적인 배경도 있었지만 클럽과 갤러리, 예술가, 보헤미안들이 밀집한 곳이라는 지역적 특성으로 낙서화에 대한 관용도가 높아지게 된 것이다.

독일의 새로운 연방 수도인 베를린에서도 통독 이후 정부의 통제력이 약했던 정치적·사회적 변혁기에 낙서화가 도시 곳곳에서 번성하게 된다. 특히 베를린 장벽이나 구 동독 지역의 거리, 기찻길 주변의 담벽, 공공시설이나 건물의 외벽은 화려한 색채와 정치적 풍자, 성적인 암시로 가득찬 낙서화로 뒤덮여 있으며, 낙서화는 단순한 예술의 장르를 넘어서 정치적 저항의 메시지를 담고 있기도 하다. 최근 낙서화는 전문 갤러리를 통해 아방가르드 예술가의 저항 정신을 소유하고 싶어하는 고소득 계층에게 고가로 팔리는 등 인기를 끌면서 현대 미술의 새로운 장르로 부상하고 있다(Ganz, 2004).

4) 진화하는 현대 미술과 비판적 문화지리학의 실천

(1) 화이트 큐브를 넘어서: 환경 문제와 대응하는 대지 미술(Land Art)

근대 미술관 제도의 정착에 따라 예술 작품은 원래의 창작 공간에서 분리되어 '화이트 큐브(White Cube)'로 상징되는 무색무취의 중성적 공간에 정형화된 방식으로 전시되어 왔다. 그 결과 예술적·미학적 가치만 남은 예술 작품은 사회로부터 분리되어 신성화되었으며 미술관은 탈문맥화된 작품들을 선택적인 서술 구조로 배열함으로써 정치적·이데올로기적 맥락을 은폐시킬 뿐 아니라 자본주의 체제 내의 미술을 합리화시 켰다는 비판에 직면하게 되었다(윤난지 편, 2002; Risatti, 2000). 리처드 세라(Richard Serra)는 "작품을 그 장소로부터 옮기는 것은 작품을 파괴하는 것이다."라는 명제를 제 시하며 예술 작품을 설치하는 장소가 작품의 의미를 형성하는 중요한 조건임을 환기 시켰다. 순수한 갤러리 전시 공간을 상징하는 '화이트 큐브(White Cube)'가 실은 권력 과 차이를 무력화시키고 모더니즘이라는 특정한 맥락을 은폐하기 위한 수단이자 중성 성을 가장한 공간임을 고발하는 예술 작품이 연달아 발표되었다.[2]

특히 1960년대 후반 서구에서 시작된 대지 미술(Land Art)은 '환경 미술(Environment Art), 과정 미술(Process Art)'로도 불린다. 대지 미술은 당시 활발해진 반물질주 의운동 및 환경주의운동의 영향을 받았는데, 1960년대 말 이후 서구 사회에서는 베트 남 전쟁을 반대하는 운동과 함께 대량 생산·대량 소비를 부추기는 자본주의 체제에 대한 회의에서 시작되었다.[3] 대지 미술은 기존 미술 제도에 대한 저항으로 장소 특정 적 작품을 제작하거나 광활한 대지를 배경으로 거대한 작품을 전시하는 등 미술관에 서 벗어나 야외의 인문·자연 환경으로 전시 공간을 확장시켰을 뿐 아니라 대중과의 소통을 보다 쉽게 하기 위해 언어, 사진, 지도, 신문, 잡지, 영화 등 다양한 매체를 사 용하였다(Romley, 1987). 장소와 규모 등이 갖는 특성 때문에 사진에 의한 도큐먼트 (document)로 남겨질 수밖에 없는 대지 미술 작품의 형태는 예술 작품이라고 하는 형 태 자체를 불필요하게 한다. 대지 미술은 자연 환경과 공간을 해석하고 재창조하는 새 로운 실험으로 지리적 상상력을 자극하고 자연을 바라보는 새로운 관점을 제공한다.

대지 미술은 1960년대의 두 가지 주요 관심사를 공유하고 있는데, 현대 미술의 지나친 상업화에 대한 반발과 환경 운동에 대한 지지로 요약할 수 있다(Lailach & Grosenick, 2007). 1960~1970년대 미국 현대 미술을 풍미한 앤디 워홀이 "예술 작품 은 결국 상품이고 예술가는 사업가"라고 선언할 정도로 미술 작품과 자본주의의 결합 이 자연스러운 상황에서 장소 특정적 대지 미술은 상업화된 현대 미술에 대한 해독제 였다. 누구나 쉽게 접근할 수 있고 감상할 수 있게 대자연 속에 설치된 로버트 스미슨 (Robert Smithson)의 '나선형 방파제(Spiral Jetty)'라는 대지 미술 작품은 센세이션을 불러일으켰다. 유타 주의 솔트레이크에서 자연스러운 침식의 과정을 거치며 방파제에 맺히는 소금 결정도 자연스럽게 일부가 되는 이 작품은 자연의 힘을 받아들이고 자연의 변화 속에서 일시적일 수밖에 없는 대지 미술의 속성을 잘 드러낸다. 최근에는 '나선형 방파제' 역시 대규모 공사로 자연에 변형을 가했기에, 환경주의의 영향을 받은 1970년대 대지 미술도 실제로는 환경 친화적이 아니었다는 지적이 제기되기도 하지만 대지 미술가들은 환경 문제에 대한 대중의 관심을 고취시키기 위해 지속적으로 노력해 왔다.

거리, 공원, 건축물과 같은 인조 환경뿐 아니라 섬, 계곡, 해안, 바위 등 자연환경을 이용하여 인간과 자연의 관계에 대한 새로운 시각을 제공하는데, 사진, 판화, 포스터 등 작품을 위해 선택하는 표현 방법은 매우 다양하다. 사막·산악·해변·설원(雪原) 등의 넓은 땅을 파헤치거나 거기에 선을 새기고 사진에 수록하여 작품으로 삼기도 하고, 잔디 등의 자연물을 그릇에 담거나 직접 화랑에 운반하여 전시하기도 하는 등 작가에 따라 다르다. 하지만 대지 미술의 표현 방식은 모두 예술의 일시적 성격, 재료 또는 재질로서의 자연의 재인식, 자연환경의 창조적 응용 등을 강조한 수법이다(Lailach & Grosenick, 2007). 대지 미술가들의 폭넓은 방법과 목표는 다양한 사례를 통하여 드러나는데, 시카고 현대 미술관, 파리의 퐁뇌프, 독일 국회의사당 건물 자체를 포장하는 대형 프로젝트로 유명해진 크리스토 야바체프(Christo Javacheff)는 '대지 미술(Land Art, Earthworks)의 선구자'로 꼽힌다.[4] 리차드 롱(Richard Long)은 세계 곳곳을 걸어 다니며 발견한 돌, 나뭇가지, 흙 등을 그 자리에서 소규모로 재배열해 사진을 찍고 그것을 갤러리에서 재현해 관람자가 자연을 호흡하도록 유도한다(Romley, 1987).

(2) 지역 개발의 도구로서 공공 미술(Public Art)의 유행

장소 특정적 예술에 대한 공감이 확산되는 가운데 공공 미술(Public Art)이라는 새로운 현대 미술의 장르가 등장하였다. 공공 미술은 근대 미술관이 예술 작품만을 돋보이게 하기 위해 거세했던 맥락과 상황을 드러내고 그동안 분리되었던 예술과 사회, 예술 행위와 현실 사이에 위치하며 지역의 현실과 공동체와 소통할 수 있는 예술 작품, 공간과 인간의 관계 복원을 시도한다(박삼철, 2006; Hall & Robertson, 2001). '시간과 공간을 초월하는 예술 작품은 마침내 그들의 존립 근거가 될 수 있는 도시 생활의 현실적 조건마저도 무시하고 있다.'(Deutsche, 1996)라는 비판을 수용하는 공공 미술은 화이트 큐브에 갇혀 있던 예술 작품을 공공장소로 해방시킨다.

최근 안양은 우리나라에서 공공 미술의 메카로 인식되고 있다. 낙후된 공업 도시라는 기존의 이미지를 극복하고 품격 있는 문화 예술 도시로 도약하기 위해 안양시는 다른 지방 자치 단체보다 앞서 도시 계획 및 행정에 공공 디자인과 공공 미술의 개념을 적극적으로 도입하였다. 안양시는 2002년부터 '안양아트시티21' 프로젝트를 추진하였는데, 건축물, 옥외 광고물, 공공시설물, 가로 시설 및 공공녹지 분야에 디자인 가이드 라인을 적용하여 도시 미관 개선 측면에서 나름대로 성공을 거두었다는 평가이다(조광희, 2007). 2003년부터 추진한 '안양 공공 미술 프로젝트(APAP2005)'는 관악산 계곡에 위치한 안양유원지를 안양예술공원으로 변모시킨 공공 미술 프로젝트였다. 2005년 석수동 안양예술공원을 재개장하면서 국내외 작가들을 초청해 안양유원지를 답사하게 하고 그 환경에 어울리는 조형물을 제작하도록 하여 시민들이 편안하게 휴식을 취할 수 있는 공공 미술 공간을 조성하였다. 도로 정비와 계곡 수질 개선에도 440억 원을 투입하여 낙후된 유원지를 재생시키고자 하였는데, 안양시의 홍보 자료에 의하면 "1차 프로젝트 이래 200만 명이 다녀가고 29개 지방 자치 단체에서 벤치마킹해 가고 있으며 도시 미관 및 지역 경제에 도움이 되고 있다."라는 주장이다(http: //apap. ayac.or.kr).

공공 미술이 실제 안양 지역 경제와 환경 개선에 기여한 효과, 주민 생활이나 의식에 미친 영향에 대해서는 정교한 후속 연구가 필요하겠지만, 현대 미술이 안양–평촌 지역이 가졌던 부정적 이미지, 즉 '경부선이 지나가는 낙후된 공업 도시', '아파트만 즐비한 개성 없는 신도시'라는 이미지를 극복하고 새로운 정체성을 형성하는 데 기여한 것으로 평가되고 있다(박태욱·최유식, 2008, 898). 최근 서울시에서도 도시 경쟁력을 제고하기 위한 '디자인 서울' 사업, '세계 디자인 수도' 선정, 아트 팩토리 조성 등을 추진하고 있고, 지방의 낙후 지역 환경을 개선하기 위한 '아트 인 시티(Art in City)'와 같은 관 주도의 공공 미술 프로젝트가 진행되는 등 공공 미술에 대한 수요와 유행은 전국적으로 확산되고 있는 양상이다. 국내외에서 공공 미술을 통해 도시 재활성화, 지역 개발이 이루어지는 사례가 늘어나고 지역 주민의 정체성이 변화하면서, 공공 미술의 효과에 대한 다양한 연구가 수행되었다(박삼철, 2006; Brown, 2002; Hall & Robertson, 2001; Hamilton *et al.*, 2001; Miles, 1997; Morris & Sarah, 2006; Philipas, 2004). 공공 미술에 대한 정치

그림 3. 안양 시내에 설치된 공공 미술 조형물

적·경제적·사회적 담론이 활발하게 형성되는 가운데 비판적 문화지리학과의 접점도 넓어지고 있다.

광장, 공원, 대기업 본부 건물 등이 있는 공공장소의 매력을 높이는 예술 작품은 진정한 의미에서 공공 미술로 보기 어렵다는 시각이 대두되면서, '새로운 장르로서의 공공 미술(New Genre Pubic Art)'이 그 대안으로 자연스럽게 부상하였다(Lacy, 1995). 주디스 바카(Judith Baca)는 '공원에 대포 놓기'라는 다소 과격한 표현을 통해 공공 미

안양, 군포, 의왕 등 7개 시와 금천, 구로 등 서울의 7개 구를 관통하여 한강에 합류하는 안양천을 중심으로 한 공공 미술 프로젝트이다. Flower(생태 미술), Land(대지 미술), Object(무목적적 오브제), Wall(벽)을 화두로 현대 미술을 안양천에 녹여낸 FLOW 프로젝트는 생태학적 상상력과 지역에 기반한 공공 미술을 표방하며 플럭서스(Fluxus)의 실험 정신을 계승한다(안양천프로젝트운영위원회, 2005).

산업화와 도시의 인구 증가로 20년 이상 극도로 오염되어 있던 안양천 생태계를 복원하려는 노력이 '안양천 살리기 네트워크'와 같은 27개 시민 단체 연대 조직 및 안양시, 광명시에 의해 이루어졌고, 이러한 안양천에 대한 생태적 관심은 2004년 안양천 프로젝트를 통해 예술의 영역으로 확장되었다. 즉, 근대화 과정에서 안양의 변화를 가장 명확하게 실증하는 안양천을 배경으로 다양한 공공 미술 프로젝트를 진행함으로써 지역 주민의 안양천에 대한 관심을 환기시키고 하천과 관련된 다양한 역사적 경험과 이야기를 드러낼 뿐 아니라 장소에 대한 새로운 시각과 정체성을 제안하고 있다.

이 프로젝트는 서울 중심 중앙 집권적 문화 구도를 극복하고 지역의 문화적 현실과 일상적이고 구체적인 경험을 중시하는 '지역주의(localism)', 인간과 자연의 관계, 하천의 생태 환경에 주목하는 '생태주의', 오브제로 남기기보다는 과정과 행위에 초점을 둔, 지역 주민의 삶과 밀착된 '공공 미술'을 표방하였다(안양천프로젝트운영위원회, 2005, 32-38). 특히 예술 작품의 전시 장소로서 삼덕제지 폐공장 창고를 선택함으로써 FLOW 프로젝트가 전달하고자 하는 메시지를 효과적으로 전달하였다고 본다.

즉, 삼덕제지는 우리나라에서 손꼽혔던 대규모 제지 공장으로써 안양의 산업화를 주도하고 많은 노동자에게 일자리를 제공하였지만 산업화 이전 오랫동안 안양 주민의 생활 및 휴식 공간으로 기능하였던 안양천을 오염시킨 현장이기도 하다. 지금은 폐허가 되어 버려진 삼덕제지 공장 터는 그 자체가 산업화의 빛과 그림자를 증언하는 현장이 될 수 있었지만 안양시가 이를 안양시 개발의 역사를 보여 주는 산업 문화유산으로 인식하거나 안양의 역사적 문화적 정체성의 일부로 포섭하는 일에 소극적이었기 때문에 삼덕제지의 부지를 기증받게 되자 고철업자에게 삼덕제지 건물을 팔게 된다. 결국 공장 부지에는 본 공장의 굴뚝과 창고 두 동만 남게 되었는데, FLOW 프로젝트에 참가한 예술가들이 창작 활동 및 전시 장소로 이용함으로써 잊혔던 안양의 산업화 공간은 언론의 주목을 받게 되고 안양천은 지역 주민의 관심을 끌게 되었다.

술이 대다수 사람들을 배제한 채 국가 중심의 역사를 미화하는 조각품들의 전시가 될 위험성을 경고했다(Lacy, 1995). 환경을 재생시키고 인간화하는 수단으로 간주되던 공공 미술이 실제로는 조각 시장을 확장시키려는 힘에서 비롯되었고, 공공 미술을 기존의 고급 미술을 위한 전시 공간인 미술관과 갤러리를 넘어 공공의 영역으로까지 확장시키고자 하는 탐욕스러운 주류 세력의 불순한 의도라는 해석이었다.

(3) 새로운 장르로서 실천주의적 공공 미술의 부상

최근 공공 미술은 영구적인 설치보다는 일시적인 프로젝트로, 오브제 자체보다는 담론과 과정으로 무게 중심이 이동하고 있으며, 그 결과 공동체의 참여, 공동체와의 공동 작업이 주요 쟁점으로 부상하게 되었다(박삼철, 2006). 공공 미술은 페미니스트, 소수 민족, 마르크스주의자, 미디어 아티스트들과 연대하여 새로운 실험을 도모하였고, 미국의 '행동하는 문화'의 사례에서 보듯 예술 작품의 제작에 참여하는 공동체에 대한 교육적 배려, 작품 제작 과정에서의 소통 및 현지조사의 중요성이 강조되고 있다(김윤경, 2004). 캘리포니아 미술공예대학(California College of Arts and Crafts)이 후원한 '도시의 장소들: 예술가들과 도시 전략(City Sites: Artists and Urban Strategies)'이라는 프로그램에서 시작된 공공 미술 프로젝트는 지역 공동체와 함께 선택한 주제들과 관련된 장소를 직접 찾아 나섰다. 홈리스 보호소, 스페인어를 사용하는 공동체의 도서관, 교회, 자동차 정비소, 환자 요양소, 초등학교, 나이트클럽 등 비주류 계층의 존재와 목소리를 드러낼 수 있는 다양한 도시 공간을 탐색해 왔다(Lacy, 1995).

급진적인 행동주의 예술가로서 지난 30여 년간 미국의 대안적 공공 미술의 역사가 되어버린 수잔 레이시(Suzanne Lacy)는 기존의 공공 미술 활동은 '공공장소에의 미술'이었으며 새로운 장르의 공공 미술은 심미적 감수성이 전제된 정치·사회적 활동을 포함한다고 보았다(Lacy, 1995). 이러한 입장은 페미니스트, 소수 민족, 동성애자를 대변하는 그녀의 작품을 통해 구체화되었는데, 2012년 영국 테이트 모던 미술관의 새로운 대안 전시 공간, 탱크(Tank)에서는 '크리스탈 퀼트(Crystal Quilt)'를 비롯하여 공공

그림 4. 2010년 수잔 레이시와 저자가 협업한
안양 공공 미술 프로젝트

그림 5. 2013년 테이트모던에서 진행된 공공 미술 프로젝트

영역에서 소외된 계층의 존재와 다양한 목소리를 드러내어 새로운 이슈를 제기해 온 그녀의 작품들이 소개되었다.

수잔 레이시는 2010년 안양 공공 미술 프로젝트에 참여하여 '우리들의 방 −안양 여성들의 수다'라는 작품을 통해 지역 사회를 조직하는 독특한 능력을 보여 주며 한국 사회에서 공공 미술의 가능성을 실험하였다. 의미 없는 말하기로 폄하되는 여성들의 '수다'를 공공장소로 이끌어내고 그 내용을 추출하여 정책에 반영할 수 있도록 제안함으로써 도시 생활에서 여성의 경험을 공공 공간에 드러내고 소외된 계층의 참여를 유도하였다. 기획 회의를 하고 참여자를 섭외하는 과정에서 여성학자, 지리학자, 도시 연구자들을 비롯한 학자들과 예술가들의 협업이 이루어졌다. 2013년 초 수잔 레이시는 영국의 평범한 노인 여성들을 테이트 모던 미술관으로 초대하여 그들의 경험을 이야기하게 하는 퍼포먼스를 기획하고 이러한 과정을 사진 기록, 설치, 전시 등의 예술적 결과물로 남기며 여성 정책의 주요 의제(agenda)로 전환을 시도하였다. 새로운 장르로서 공공 미술 프로젝트에서는 예술가와 지리학자, 인류학자, 사회학자의 역할은 구별하기 어렵고, 협력 관계로 보는 관점이 타당할 듯하다.

5) 다양한 가능성과 열린 미래

예술 작품은 예술가의 지리적 상상력을 재현하고 해석하는 도구로서 전통적 문화지리학의 주요한 연구 대상이 되었다. 창조 경제에서 미술관과 예술가는 장소·도시·지역의 낡은 이미지를 쇄신하고 도시를 재활성화하는 과정에서 주목받고 있으며, 기존 미술관 및 갤러리 역시 단순한 예술 작품 전시 공간에서 탈피하여 복합 문화 공간으로 진화하고 있다(김학희, 2007). 각종 전시회, 비엔날레, 아트 페어, 공공 미술 등 아트 관련 프로젝트는 장소 마케팅, 지역 개발, 문화·예술·교육 정책과 연계되어 문화지리학의 연구 주제로 부상하고 있다. 특히 공공 미술을 비롯한 현대 미술은 문화지리학뿐 아니라 경제지리학, 도시지리학, 사회지리학, 정치지리학, 지리교육과 연계되어 다양한 연구 주제로 확장될 가능성이 높다(김학희, 2009).

2012년 2월 뉴욕에서 개최된 미국지리학자회(AAG; Association of American Geographers) 연례학술대회에서는 "지리와 예술(Geography and the Art)"이라는 큰 주제하에 시각 예술을 비롯하여 다양한 예술 장르를 연계하고 통섭하는 실험적 논문들이 다수 발표되었다. 최근 현대 미술은 박제화된 오브제로서 미술관과 갤러리 안에서만 머무르지 않고 대지 미술, 공공 미술, 장소 특정 미술, 그래피티 아트(graffiti art) 등 다양한 장르로 진화하고 있다. 화이트 큐브 밖으로 나온 예술 작품은 주변 환경과 도시민의 경험을 변화시키는 실험적인 전시·설치 방식을 통해 도시 공간에 대한 새로운 해석을 제공할 뿐 아니라 지역 주민의 정체성을 재확인하고 기존 질서에 저항하는 투쟁의 도구가 되기도 한다.

예술가들의 날카로운 관찰력과 창의적인 실험 정신, 예술 작품이 갖는 명쾌한 설명력은 지역 환경에 대한 새로운 관점을 제시하고 장소에 대한 새로운 해석을 가능하게 한다. 지리학자와 예술가의 협업은 창의적인 문제 해결을 위한 시너지 효과를 극대화하고(Conway-Gomez, K. *et al.*, 2011), 지역에 대한 새로운 해석과 실천적 대안을 가능하게 한다(Morris and Sarah, 2006; Phillipas, 2004). 현대 미술의 새로운 경향과 다양한 관점을 도입하는 문화지리학을 통해 지리학의 성격 역시 건조한 계량주의적 접

근이나 시각 중심의 모더니즘적 경향에서 벗어나 대중과 부드럽게 소통하고 다양한
가능성을 실험하는 열린 학문으로 변화할 수 있을 것이다.

● 요약

1. 음악, 미술, 연극, 영화 등 다양한 예술 장르 중에서 특히 미술(시각 예술)은 문화지리학
의 다양한 영역과 연계될 가능성이 높다.

2. 영국 및 유럽에서는 전통적으로 예술가들이 풍경화(landscape painting) 등을 통해 지리
적 상상력을 재현하였고, 다양한 시각 자료와 예술 작품을 대상으로 경관을 해석하는 방
식을 이해하기 위한 연구가 수행되었다. 다양한 아이콘, 이미지 및 예술 작품을 해석하
거나 지도를 예술적으로 제작·해석함으로써 지리적 상상력을 계발할 수 있다.

3. 현대 미술을 통한 장소와 공간의 변화, 문화·예술 정책의 일환으로서 도시 재활성화 및
지역 개발 전략, 창조 경제에서 예술가의 역할 등은 문화지리학의 주요한 주제이다. 미술
관, 갤러리 등 예술 작품을 전시하는 공간은 도시 재활성화를 견인해 왔고, 다양한 예술
작품을 설치하는 일, 전시회, 비엔날레 등 아트 관련 행사는 장소 마케팅의 도구로 활용
되고 있다.

4. 현대 미술의 장르는 대지 미술, 개념 미술, 공공 미술, 그래피티 아트 등으로 계속 확장
되고 있으며, 환경 문제, 공간적 불평등, 정체성 혼재 등 현대 사회의 다양한 이슈와 연
계되어 비판적 문화지리학의 실천과 연계된다.

5. 현대 미술의 장르 간 경계가 희미해지고 예술가와 관람자의 구분이 모호해지는 가운데
새로운 실험이 계속되고 있으며 예술가와 지리학자의 협업 사례는 증가하는 추세이다.

● 핵심어(Key words)

현대 미술, 예술가, 아트지리학, 지리적 상상력, 도시 재활성화, 창조 경제, 장소 마케팅,
대지 미술, 공공 미술

contemporary art, artist, art geographies, geographical imaginations, urban regenera-
tion, creative economy, place marketing, land art, public art

● 읽어 볼 문헌

• Miles, M., 1997, *Art, space and the city: public art and urban futures*, Routlege (박삼철 역, 2000, 『미술·공간·도시』, 학고재). 공공 미술은 공공의 영역에서 행해지기 때문에 이에 대한 비평은 필연적으로 도시에 사는 사람들과 그 문화의 다양성, 공공장소의 의미와 기능에 대한 철학적 사색과 연결된다. 즉, 장소·공간과 연계된 젠더 문제, 권력의 작용, 도시 내 다양한 주체의 역할 등 지리학적 문제로 확장될 수밖에 없고, 이러한 이슈들은 공공 미술뿐만 아니라 건축, 도시, 디자인, 도시 계획과도 깊은 관련을 갖는다. 이 책은 공공 미술과 도시의 미래를 지리학의 개념 및 관점과 연결시켜 설명하는 데 도움을 준다.

• 윤난지, 2007, 『현대 미술의 풍경』, 한길아트. '포스트모던 시대'라고 불리는 1980년대 이후 미술 세계에서는, 유일한 작가 주체의 존재가 의문시되어 '작가의 죽음'이라는 평가가 등장하고 장르 간의 벽이 허물어지고 있다. 그 결과 현대 미술가의 작업은 그 수만큼이나 다양하여 범주화할 수 없는 상황이고, 미술 비평에서도 양식 탐구보다는 서술적 기능, 특히 그것이 속한 사회적 맥락을 이야기하는 일이 중시되고 있다. 이 책에서는 현대 미술계를 대표하는 서구 예술가의 작품 세계와 그 현장을 풍경처럼 스케치하고 있어 현대 미술과 지리학적 아이디어와 연계되는 지점을 탐색하는 데 도움이 된다.

• 박삼철, 2006, 『왜 공공 미술인가』, 학고재. '왜 공공 미술인가, 무엇이 공공 미술인가, 어디에 공공 미술이 있는가, 어떻게 공공 미술이 되는가, 누가 공공 미술을 만드는가, 언제 공공 미술은 살아있는가' 여섯 가지 질문을 던지며 우리식 공공 미술에 대해 탐구한 이론서이다. 서양 공공 미술의 이론적 체제를 옮겨 놓거나 정리하는 데 머물지 않고, 저자 자신이 직접 다양한 창작 현장에 뛰어들어 예술가들과 함께 수많은 문제 상황을 체험하며 공공 미술의 의미에 대해 고민해 왔기에 여러 가지 생각할 거리를 던져 준다.

• Thompson, D., 2010, *The $12 Million Stuffed Shark: The Curious Economics of Contemporary Art*, Palgrave Macmillan (김민주·송희령 역, 2010, 『은밀한 갤러리』, 리더스북). 현대 미술 세계와 비즈니스 세계를 신랄하게 해부한 책으로 갤러리, 미술관, 경매장 뒤편의 거래 세계를 보여 주고 국제 시장에서 작품 가격이 형성되고 예술 작품이 거래되

는 과정과 매커니즘을 흥미롭게 설명한다. 특히 영국의 **yBa**가 현대 미술 세계의 슈퍼스타로 부상하는 과정을 창조 경제의 특성, 예술품 거래 시장에서의 컬렉터의 역할과 관련시켜 역동적으로 보여 주고 있다.

- 임근혜, 2010, 『창조의 제국』, 지안출판사. 현대 미술 최강국으로 떠오른 영국의 신화적 도약 과정을 구체적인 사례를 통해 설명하고 있다. **yBa**의 부상과 현대 미술의 부흥이 영국의 문화 예술 정책, 박물관 및 미술관 활성화 방안과 어떻게 유기적으로 연계되어 있는지 자세하게 분석하고, 영국 현대 미술의 센세이션이 런던의 도시 재활성화, 영국의 창조 경제, 2012년 런던 올림픽, 시민들의 일상생활에 끼치는 영향을 고찰한다.

주

1 현대 문화지리학은 복잡하고 다층적인 정체성을 형성하며 계속 진화하고 있으므로 단수 명사가 아닌 복수 명사 '문화지리학(cultural geographies)'으로 지칭하는 것이 타당할 것이다.

2 아무 예술 작품도 걸지 않은 흰 갤러리 공간을 '빈 공간'이라는 타이틀을 붙여 1958년 전시한 이브 클라인(Yves Klein)의 패러디를 시작으로 '무색무취의 순수한 미술관(갤러리)'이라는 장소의 신화를 벗겨내려는 미니멀리즘이 1960년대 서구 미술계에서 유행하였다.

3 젊은이들은 풀어헤친 긴 머리에 맨발을 한 히피가 되어 자연 친화적인 삶을 추구하였고, 서구의 자연 정복 사상에 반발해 애니미즘과 동양의 무위자연 사상이 재조명되었다. 그린피스(Greenpeace) 같은 범세계적 환경 단체가 설립되었고, '로마 클럽'은 에너지 고갈로 인한 파국을 예언했다. 1970년대 말에는 지구 전체를 하나의 거대한 생명체로 인식하는 가이아 이론(Gaia Theory)이 등장하여 문명과 사회에 대한 생태론적 관점을 확산시켰다(Lailach & Grosenick, 2007).

4 크리스토 야바체프(Christo Javacheff)는 일상적인 환경을 일시적인 미적 대상으로 변화시킴으로써 역사적 상징물을 재조명하거나 시대와 장소의 정치적 상황과 연결시킨다(김희승, 2000).

참고문헌

김윤경, 2004, "공공 미술, 또 하나의 접근법: '행동하는 문화' 사례를 중심으로", 현대 미술사연구, 16, 227-262.

김학희, 2007, "문화소비공간으로서 삼청동의 부상: 갤러리 호황과 서울시 재활성화 전략에 대한 비판적 성찰", 한국도시지리학회지, 10(2), 127-144.

김학희, 2008, "현대 미술에서 지리적 상상력의 중요성", 대한지리학회 연례학술대회 발표문.

김학희, 2009, "지리교육의 소재로서 현대 미술", 기전문화연구, 35, 85-100.

김희승, 2000, "크리스토의 프로젝트에 나타난 공공 미술적 특성", 현대 미술사연구, 10, 27-55.

박삼철, 2006, 왜 공공 미술인가, 학고재.

박영욱, 2007, "시각중심적 건축의 한계와 불투명성으로서의 공간", 시대와 철학, 18(4), 37-69.

박태욱·최유식, 2008, "도시 공공공간에서의 아트마케팅 적용에 관한 연구: 공공 미술 중심으로", 기초조형학연구, 9(2), 893-901.

박파랑, 2003, 어떤 그림 좋아하세요?: 어느 불량 큐레이터의 고백, 아트북스.

설혜심, 2007, 지도만드는 사람, 도서출판 길.

양은희, 2006, ""식사하세요!": 리크리트 티라바니자의 태국요리 접대와 세계 공동체 만들기", 현대 미술사연구, 20, 145-180.

윤난지 편, 2002, 전시의 담론, 눈빛.

윤난지, 2007, 현대 미술의 풍경, 한길아트.

임근혜, 2010, 창조의 제국, 지안출판사.

장소현, 1994, 거리의 미술, 열화당.

전혜숙, 2006, "실천된 장소로서의 공간: 프란시스 앨리스의 'paseo'", 현대 미술사연구, 20, 91-122.

조광희, 2007, "공공디자인을 통한 도심 정비방안: 안양아트시티21 사례를 중심으로", 국토, 306, 27-37.

최병식, 1999, 미술시장과 경영: 한국미술품 유통구조의 현황과 개선방향, 서울: 동문선.

최태만, 2008, 미술과 사회적 상상력, 국민대학교 출판부.

Artfield, A., 1999, "Brad and circues?: The making of Hoxton's cultural quarter and its impact on urban regeneration in Hackney", *Rising East: The Journal of East London Studies*, 1(3), 133-154.

Brown, J., 2002, "ARTzone: environmental rehabilitation, aesthetic activism and community empowerment", *Cultural geographies*, 9, 467-471.

Chong, D., 1999, "A 'Family of Galleries': Repositioning the Tate Gallery", *Museum Management and Curatorship,* 18(2), 145-157.

Classen, C., Howes, D. and Synnott, A., 1994, *Aroma,* London: Routldge.

Conway-Gomez, K., Williams, N., Atkinson-Palombo, C., Ahlqyist, O., Kim, E. & Morgan, M., 2011, "How to Tap Geography's Potential for Synergy with Creative Instructional Approaches", *Journal of Geography in Higher Education*, 35(3), 409-423.

Curnow, W., 1999, "Mapping and the Expanded Field of Contemporary Art", in Cosgrove, D., *Mappings*, Reaktion Books, 253-268.

Deutsche, R., 1996, *Evicions: Art and Spatial Politics*, MIT Press, Cambridge,MA.

Evans, R., 1996, "Liverpool's urban regeneration initiative and the arts: a review of policy development and strategic issues", in P. Lorente (eds.), *The Role of Museums and the Arts in the Urban Regeneration of Liverpool*, Centre for Urban History, University of Leicester, 17-22.

Ganz, N., 2004, *Graffiti World: Street Art from Five Continents*, New York: Harry Abrams.

Gregory, D., 1994, *Geographical Imaginations*, Cambridge, MA: Blackwell.

Grosenick, U. and Stange R. (eds.), 2005, *International Art Galleries: Post-War to Post-Millennium*, London: Thames & Hudson.

Hall, T. and I. Robertson, 2001, "Public Art and Urban Regeneration: advocacy, claims and critical debates", *Landscape Research*, 26(1), 5-26.

Hamilton, J., L. Forsyth and D. de Iongh, 2001, "Public Art: A local authority perspective", *Journal of Urban Design*, 6(3), 283-296.

Kim, H., 2007, "Creative Economy and Urban Art Clusters: Locational Characteristics of Art Galleries in Seoul", *Journal of the Korean Geographical Society*, 42(2), 212-226.

Kostelanetz, R., 2003, *SoHo: The Rise and Fall of an Artists' Colony*, London: Routldge.

Lacy, S. (eds), 1995, *Mapping the Terrain: New Genre Public Art*, Bay Press (이영욱·김인규 역, 2010, 새로운 장르 공공 미술: 지형그리기, 문학과학사).

Lailach, M. and Grosenick, U., 2007, *Land Art*, Taschen.

Miles, M., 1997, *Art, space and the city: public art and urban futures*, Routlege (박삼철 역, 2000, 미술·공간·도시, 학고재).

Morris, N. J. and Sarah G. Cant, 2006, "Engaging with place: artists, site-specificity and the Hebdenbridge Sculpture Trail", *Social & Cultural Geography*, 7(6), 863-888.

Phillipas, P., 2004, "Doing art and doing cultural geography: the fieldwork/field walking project", *Australian Geographer*, 35(2), 151-159.

Plaza, B., 2006, "The return on investment of the Guggenheim Museum Bilbao", *International Journal of Urban and Regional Research*, 30(2), 452-467.

Rantisi, N. M. and Leslie, D., 2006, "Branding the Design Metropole: The Case of Montreal, Canada", *Area*, 38(4), 364-376.

Risatti, H. (eds.), 2000, *Postmodern Perspectives: Issues in Contemporary Art,* New Jersey: Prentice Hall.

Romey, W., 1987, "The artists as geographer: Richard Long's Earth Art", *Professional Geographer,* 39(4), 450-456.

Thompson, D., 2010, *The $12 Million Stuffed Shark: The Curious Economics of Contemporary Art,* Palgrave Macmillan (김민주·송희령 역, 2010, 은밀한 갤러리, 리더스북).

Tuan, Y-F., 1990, "Realism and Fantasy in Art, History, and Geography", *Annals of the Association of American Geographers*, 80(3), 435-446.

Tuan, Y-F., 2004, *Place, art, and Self,* Santa Fe, University of Virginia Press.

Venkatesh, A. and Meamber, L. A., 2006, "Arts and aesthetics: Marketing and cultural production", *Marketing Theory,* 6(1), 11-39.

Vicario, L. and Monje, M. M., 2003, "Another 'Guggenheim effect'?: the generation of a potentially gentrification neighbourhood in Bilbao", *Urban Studies,* 40(12), 2383-2400.

While, A., 2003, "Locating art worlds: London and the making of young British art", *Area*, 35(3), 251-263.

Zukin, S., 1982, *Loft Living: Culture and Capital in Urban Change*, The Johns Hopkins University Press, Baltimore.

14. 장소 기억의 정치

서울시립대 **한지은**

1) 지리학과 기억

오늘날 '기억(記憶, memory)'은 각종 기념 의식에서 뿐만 아니라, 박물관, 기념품, 관광, 영화 등 대중문화 영역과 건축 및 지역 개발에 이르기까지 다양한 분야의 주제로 활용된다. 학술 영역에서도 과거 철학과 심리학, 정신과학의 범주로만 여겨졌던 '기억'이라는 단어는 역사학, 사회학, 인류학을 비롯하여 지리학의 주요 개념으로 등장하고 있다.

이러한 '기억'에 대한 갑작스러운 관심을 어떻게 이해해야 할까? 학자들은 최근 서구 사회에서 나타나는 기억에 대한 '강박증적 몰두'에 대해 다양한 분석을 내놓는다. 먼저 오늘날 기억에 대한 관심은 미디어 공학의 발달과 급변하는 세계 속에서 시간 개념의 와해로 인하여 발생한 '진보 이데올로기와 근대화의 명백한 위기'의 증상이며 이는 혼잡한 세계에서 일종의 안식처를 찾으려는 시도라는 분석이 있다(Huyssen, 1995). 그 외에도 사회주의 이데올로기의 쇠퇴와 현실 사회주의의 붕괴(Wood, 1994; Nora, 1984; 김인중 외 역, 200), 탈식민주의적 상황하에서 독자적인 기록을 갖지 못한 이른

바 '역사 없는 민족'이 되살려 낸 담론 형태로서의 기억의 등장이 그 배경으로 지적되기도 한다(최갑수, 2006). 그러나 무엇보다 역설적이게도 "요즘 우리가 기억에 관해 그토록 이야기를 많이 하는 것은 바로 기억이 더 이상 존재하지 않기 때문"(Nora, 1984; 김인중 외 역, 2005, 286)일지도 모른다. 즉 기억에 관한 담론이 넘치는 현대의 상황은 전통적인 공동 지식의 토대가 사라지면서 시대와 세대 간의 의사소통이 단절된 후 나타난 기억의 위기 그 자체에 대한 반작용이라고도 볼 수 있을 것이다.

사전적 의미에서 '기억'이라는 말은 '과거의 사물에 대한 것이나 지식 따위를 머릿속에 새겨 두어 보존하거나 되살려 생각해 내는 것'을 의미한다. 과거의 경험을 인간의 정신 속에 간직하고 되살리는 행위로서 기억이라는 문제는 고대부터 철학자들의 중요한 질문 중 하나였다. 먼저 플라톤은 유명한 '밀랍 판(wax table)' 비유를 통해 기억을 설명했는데, 기억이란 마음속에 있는 밀랍 판에 도장을 찍듯이 '흔적(tupos)'을 남기는 것이라고 이해했다. 또한 로마의 철학자이자 웅변가인 키케로는 기억의 내용을 구조화된 공간의 특정한 '장소(loci)'에 배치하는 '기억술'[1]로 유명했다(Casey, 2000, 182-183). 이처럼 역사적으로 기억을 설명하는 데는 밀랍 판, 도서관, 창고, 새장, 금고에 이르기까지 다양한 공간적 메타포가 사용되어 왔으며(Draaisma, 1995), 대표적으로 기억 행위를 층층이 쌓여 있는 기억의 퇴적층을 발굴하는 과정으로 파악한 프로이트(Sigmund Freud)와 벤야민(Walter Benjamin)의 이른바 '고고학적' 메타포에서도 기억의 공간적 성격은 분명히 드러난다.

이처럼 일반적으로 시간적 문제로 여겨진 기억의 중심에는 장소가 있다. 장소는 기억을 확인하고 보존하는 역할을 할 뿐 아니라 동시에 우리의 장소 경험에서 기억은 매우 결정적 역할을 한다(Lowenthal, 1985; Tuan, 1977). 따라서 우리 기억의 대부분이 "특정한 장소에서 발생한 사건이나 장소 안의 사람과 관련되어 있거나, 혹은 장소 그 자체(대표적으로 어린 시절의 집처럼)인 반면에 장소와 무관한 사람이나 사건을 기억하는 일은 매우 드물다."라는 지적은 매우 공감할 만하다(Casey, 2000, 183). 이처럼 장소가 기억을 떠올리는 데 필수적인 유형물인 까닭에 집단 기억의 파괴는 주로 그들에게 중요한 장소에 대한 공격과 말살로 나타났다. 로마의 카르타고 섬멸에서부터 종교적 성지의 약탈, 프랑스 혁명 시기 조형물과 대저택의 훼손, 나치에 의한 유대교의 예배당 '시너고그(synagogue)'가 조직적으로 파괴된 일에서처럼 역사적으로 이러한 사례는 셀 수 없이 많다(Bevan, 2006).

2) 집단 기억과 장소

개인적 기억뿐 아니라, 기억을 전 세대에서 이후 세대, 혹은 한 집단에서 다른 집단으로 전달하는 가장 효과적인 매체 또한 장소임에 분명하다. 우리의 기억을 불러일으키는 장소들은 보통 현재의 사회적 요구에 의해 출몰되는 경우가 많다. 사람들은 현재의 사회적이고 공간적 맥락에 물리적으로 자리한 채 과거를 기억하게 되며, 이처럼 특정한 장소에 소속된 경험을 통해 자신들의 과거에 대해 재상상하기 때문이다(Till, 2005, 14)

기억이 단순히 개인적인 문제가 아니라 집단적인 것, 나아가 사회적인 문제로 파악되면서 지리학을 비롯한 사회과학의 주요한 연구 대상이 될 수 있었는데 이는 '집단 기억(collective memory)'이라는 개념을 정립한 프랑스의 사회학자 알브박스(Maurice Halbwachs)의 영향이 컸다. 알브박스는 사람들은 일반적으로 사회 속에서 기억을 얻는 동시에 사회 속에서 기억을 회상하고 인식하고 구체화한다고 보았다. 즉 기억은 개인이 하는 것이지만, 개인의 기억은 그 소속 집단이라는 맥락을 떠나서는 일관되고 지속된 양식으로 나타날 수 없다는 것이다(Halbwachs, 1992). 뒤르켐(Emile Durkeim)의 '집단 의식' 개념의 영향을 받은 알브박스는 특정 집단을 이루는 구성원들 간의 의사소통과 상호 작용을 기억의 '사회적 구성 틀(cadre sociaux)'로 정의하면서, 기억이란 이러한 사회적 구성 틀을 통해서 매개되며 오직 그 내부에서만 유효하다고 주장했다(전진성, 2005, 48). 즉 "기억은 내가 외부에서 불러오는 것이며 내가 소속된 집단은 언제든지 기억을 재구성할 수 있는 수단을 내게 주기 때문"이라고 보았다(Halbwachs, 1992, 38).

알브박스는 나아가 이러한 집단 기억은 특정한 공간을 통해 실체화되며, 공간을 창조함으로써 공고해진다고 파악함으로써 집단 기억에서 공간이 갖는 중요성을 드러냈다. 이때 '공간'이란 상호 작용의 장일 뿐 아니라 특정 집단의 정체성이 구체화되는 장소를 의미한다(전진성, 2005, 48). 대표적으로 『성지에서 복음서들의 전설적 지형: 집단적 기억 연구(La Topographie légendaire des évangiles en terre sainte: étude de mémoire collective)』에서 알브박스는 종교사의 중요한 사건들이 왜 성지와 같은 구체적 장소를 통해 기억되는지, 나아가 이러한 순례 장소를 재구성하는 과정을 통해 집단 기억이 어떻게 변화하고 지속되는지를 분석하였다.

집단 기억에서 공간이 갖는 중요성은 이후 프랑스의 사학자 노라(Pierre Nora)의 기념비적 역작인 『기억의 장소(Les Lieux de mémoire)』[2]를 통해 더욱 주목받게 된다. 노라는 이 책에서 프랑스인이 민족에 갖고 있는 엄청난 종류의 기억의 장소들을 망라하는데, 이들 장소들에는 전사자기념비, 베르사유, 루브르, 기록물보관소 등의 물리적 장소뿐만 아니라, 삼색기와 국가(國歌), 퇴역군인협회에서부터 교과서, 비달(Paul Vidal de la Blache)의 『프랑스의 지리적 모습(Les Géographies française)』과 같은 서적도 포함된다. 노라가 말하는 '장소(lieux)'는 물질적·상징적·기능적 의미를 갖는데, 먼저 물질적 차원의 기억의 장소에는 기념비나 동상과 같은 기념비적 장소나 샤르트르 성당이나 베르사유 궁전 등의 건축뿐 아니라 유대인의 율법서처럼 휴대 가능한 기억의 장소가 있다. 반면 기능적 차원의 기억의 장소에는 『두 어린이의 프랑스 일주(Le Tour de la France par deux enfants)』 등의 교과서나 사전, 유언장, 일기 등이 포함되고, 상징적 차원의 기억의 장소들에는 사크레쾨르 성당(Basilique du Sacré-Cœur)이나 루드르(Lourdes)의 민중 순례지, 샤르트르(Jean Paul Sartre)의 장례식과 같은 기억의 장소들이 있다. 각각의 장소에는 물질적·상징적·기능적인 세 가지 속성이 모두 공존하지만 각 장소에서 드러나는 특정 속성의 정도는 서로 다르다(Nora, 1984; 김인중 외 역, 2010, 1권, 155).

그렇다면 이러한 기억의 장소는 어떻게 만들어지는 것일까? 노라는 기억과 역사의 대비를 통해 이를 설명하는데, 기억의 장소를 만들어 내는 것은 바로 기억하려는 의지이며 기억하려는 의지가 없다면 기억의 장소는 '역사의 장소'가 되고 말 것이라고 주장한다. 즉 과거에는 자생적인 경험을 통한 진짜 기억이 가능했지만 오늘날 기억은 역사 기록으로만 남아 있는 '역사화된 기억(mémoire historisee)'으로 변모해 버렸다. 이처럼 생생하게 존재하던 기억의 진정한 '환경(mileux)'이 매스미디어와 세계화 등의 영향으로 파괴되었기 때문에, 오늘날 우리는 그것의 '흔적'인 기억의 '장소(lieux)'[3]를 탐구해야 하는 절실한 상황에 놓이게 된 것이다. 결국 기억의 장소가 주목받게 된 시기는 우리가 기억의 내면성 속에서 살아가던 그 엄청난 기억 재산이 사라져 버리고, 단지 재구성된 역사학의 시선 아래서만 살게 된 바로 그 순간을 의미하는 것이기도 하다(Nora, 1984; 김인중 외 역, 2010, 1권, 41).

오늘날 그 남아 있는 흔적이나마 탐색해야 할 기억은 누구의 것일까? 노라의 책에서 집단 기억의 주체는 프랑스 민족이다. 노라는 『기억의 장소』의 구상과 관련하여 "우리의 집단 유산이 응축된 지점들을 선별해서 학문적으로 탐색하는 것, 달리 말하자면 민족적 기억이 붙박고 있는 주요 '장소들'−기억이라는 단어의 모든 의미에서−의 목록, 즉 상징으로 본 프랑스의 방대한 지형도를 만드는 것이다."라고 밝힌 바 있다(Nora, 1984; 김인중 외 역, 2010, 3권, 16). 그러나 국가 경계와 민족국가의 결합이 약화된 지구화 시대, 양차 세계대전의 비극적 기억이 남아 있는 유럽에서 왜 다시 민족의 기억을 이야기하려는 것일까? 노라는 근대 이후 민족은 민족 정체성을 통한 연속성을 제공하기 위해 민족의 역사 서사에 의존하면서 그 영향력을 획득하여 왔지만, 과거 민족 공동체의 자리를 사회가 대신하게 된 오늘날 정체성의 토대로서의 민족은 점점 힘을 잃었고 기억으로 지탱되던 민족은 이제 그저 흔적으로만 남게 되었다고 주장한다. 따라서 프랑스의 민족 기억이 급속히 소멸하는 시기에 그 기억을 남달리 체현하고 있는 장소들의 목록을 작성하는 것이 요구되는 것이다(Nora, 1984; 김인중 외 역, 2010, 1권, 201).

그러나 기억을 집단이라는 틀로 해석하려는 알브박스와 노라의 연구는 집단 기억을 물화하고 본질화한다는 점에서 한계를 지적받는다. 이에 개인적 기억의 중요성을 인정하면서 기억의 사회적 차원을 강조하는 연구들도 등장하였다(Fentress and Wickham, 1992; Olick, 2007). 이들은 개인을 초월한 객관적 상징이나 심층 구조를 집단 기억이라고 정의할 경우 집단 의식이 형이상학으로 전락하거나 정치적 편견과 물화의 위험이 있다고 주장한다. 보통 '집합 기억(collected memories)'이라고 불리는 관점을 취하는 연구들에서는 한 사회의 기억은 개별 기억들의 느슨한 '집합'으로 이뤄져 있다고 본다. 따라서 한 사회의 집합 기억을 이해하기 위해서는 구성원 개개인의 기억을 수집해야 하며, 이는 주로 구술사, 전기 및 일기 수집 등의 방법을 통해 다양한 개인의 기억들 사이에 존재하는 차이와 갈등을 드러내야만 한다. 오늘날 '사회적 기억(social memory)'과 관련한 연구는 기억의 문제를 단일하고 확고한 집단의 기억이 아니라 공식 기억(official memory)과 대항 기억(counter memory), 공적 기억(public memory)과 사적 기억(private memory), 그리고 근대 이후 국가 주도적 기억에 의해 주변화된 토착 기억(vernacular memory)이나 민속 기억(folk memory)에 이르기까지 다양한 차원의 기억이 경합하는 장으로 파악한다(Fentress and Wickham, 1992).

3) 기억의 정치

집단 기억은 집단 구성원들이 스스로를 다른 집단과 구별하게 하는 특수한 정체성을 제공한다. 집단 기억은 집단 외부에 대해서는 배타적인 반면 집단 내부에서는 지속성·연속성·동질성 의식을 낳기 때문이다. 집단 기억은 집단의 소속감을 다지는 역할뿐 아니라, 집단이 자신들만의 '상상의 공동체'를 형성하는 데 필요한 기준이 되기도 한다. 즉 집단 기억은 집단 내의 모든 차이를 평준화하고 변화를 은폐하는 전통이 되고, 구성원들의 기억은 그 틀 안으로 통합된다(전진성, 2005, 48). 더욱이 기억과 정체성을 고정된 것이 아니라 정치적이며 사회적인 구성물로 이해한다면, 집단 기억은 현재의 정체성에 맞추기 위해 끊임없이 수정될 수 있다(Gillis, 1994, 3).

따라서 과거의 상징과 의미를 공유하는 집단들은 '기억 공동체(mnemonic community)'를 구성한다. 기억 공동체를 이해하기 위해서는 공동체가 공유하는 재현과 상징을 파악하는 것이 중요한데, 이는 주로 '기념(commemoration)'의 형식을 통해 드러난다. 이때 기념이란 공공 차원에서 이루어지는 기억으로, 주체적 의식이 두드러지는 행위 영역을 말하는데 기념일, 기념제, 기념비 등의 다양한 형식으로 나타난다.[4] 기념 행위의 중요한 특성은 특정 집단의 정체성을 형성하기 위한 배타적 행위라는 것이고, 이와 같은 방식으로 작동하는 집단의 대표적 사례는 물론 '민족(nation)'이다(Gillis, 1994, 9).

그동안 지리학자들에 의해 기념비, 기념물, 기념사업과 이를 둘러싼 (민족)국가 정체성에 관한 여러 연구들이 수행되어 왔다(Charlesworth, 1994; Dwyer, 2000; Foote *et al.*, 2000; Forest and Johnson, 2002; Hayden, 1995; Johnson, 1995; Leitner and Kang, 1999; Withers, 1996; Till, 1999; 2005). 이러한 민족적 정체성과 기억에 대한 지리학 연구들은 민족을 『상상의 공동체(Imagined Community)』로 주장하는 앤더슨(Benedict Anderson)과 홉스봄(Eric Hobsbawm)의 『만들어진 전통(Invention of Tradition)』 등 민족주의에 관한 구조주의적 연구에 크게 의존하고 있다(Hobsbawm and Ranger, 1983; Anderson, 1991).

무엇보다 '전통들(traditions)'이라 불리는 것의 그 기원들을 따져보면 대부분 극히 최근의 것이거나, 심지어는 종종 발명된 것이라는 홉스봄의 주장은, 이후 민족의 공적 기억과 정체성의 문제에 관한 상당수 연구의 바탕이 되고 있다. 홉스봄이 정의하는 이른바 '만들어진 전통'이란 공인된 규칙에 의해 지배되고 특정 의례나 상징적 성격을 갖는 일련의 관행들을 의미한다. 이처럼 만들어진 전통은 특정한 가치와 행위 규준을 반복적으로 주입함으로써 인위적으로 과거와의 연속성을 내포하고자 하는 특징을 보이는데(Hobsbawm and Ranger, 1983; 박지향·장문석 역, 2004, 120-121),[5] 따라서 전통의 창조는 국가 과거의 특정 부분을 조작하고 집단적 기억을 선택적으로 활용하는 방법이 된다. 이처럼 만들어진 과거의 기억과 전통은 대부분 지배자와 피지배자 사이에 새로운 정체감을 만들어 내는 수단으로 이용될 수 있기 때문에 비판적으로 검토되어야 한다(Said, 2000, 178).

민족이나 국가의 전통이 정치적 목적에 따라 구성될 수 있다는 이들의 연구관점은 민족적 정체성의 형성에서 기념비와 박물관 등 국가의 기념비적 건축들의 역할을 강조하는 연구들로 발전되어 왔다. 이때 지리학자들의 주된 관심은 특정한 민족적 기억과 관련한 상징적 경관들의 구성에 반영된 지배 엘리트들의 의도와 이러한 경관을 구성하는 과정에서 사회에 존재하는 다양한 집단의 목소리들이 기억의 장소의 의미를 둘러싸고 끊임없이 교차하고 충돌하는 과정을 밝히는 데 있다.

한 사회의 기억에 대한 통제는 주로 권력 관계에 따라 좌우된다(Connerton, 1996). 지배적 사회 계급에게 민족에 대한 기억은 지배를 위한 도구로 사용되기도 한다. 하비(David Harvey)가 파리 몽마르트르의 샤크레쾨르 성당이 프랑스 혁명과 파리 코뮌에 대한 기억의 정치와 계급 투쟁의 공간적 결과를 드러내는 점을 다룬 것을 시작으로(Harvey, 1979), 국가 정체성의 형성 과정에서 공공 기념비의 역할(Johnson, 1995), 전쟁 관련 기념비와 민족주의의 결합을 다룬 연구들(Heffernan, 1995; Withers, 1996) 등 민족국가가 기념비를 통해 영토에 귀속된 단일한 정체성을 구성하는 과정과 이러한 기억의 정치에서 사회의 지배 엘리트들의 역할에 관한 연구 등이 이루어졌다.

한편 민족과 같은 특정 집단 기억의 장소는 고정된 것이 아니라 끊임없이 협상되고 구성되는 것이다. 특히 한 장소와 관련하여 대립하는 기억들이 다양하게 공존하는 경우에 이 장소를 어떠한 기억의 장소로 만드느냐는 문제는 다양한 이익 집단들이 갈등·경합·협상하는 장이 되기도 한다. 대표적으로 틸(Karen E. Till)은 베를린의 전몰지추도관인 '노이에 바헤(Neue Wache)'[6] 계획에서 성지가·희생자·역사전문가·지역 주민이 공적 기억을 놓고 벌이는 갈등과 협상을 다룬 것을 시작으로, 독일 역사박물관의 건설, 나아가 '통일 이후 베를린(New Berlin)'의 다양한 장소에 나타나는 복잡한 기억과 망각의 과정 등을 세밀하게 다루었다(Till, 1999; 2001; 2005). 이처럼 한 장소에서 발생한 적대적 역사와 관련된 기념에서 발생하는 다양한 정치적 집단의 행위와 관련하여 드와이어(Owen J. Dwyer)는 이미 건설된 기념비에 기념적 요소를 덧붙이는 '상징적 부착(symbolic accretion)'[7]이라는 개념을 이용하여 기존의 기념비에 새로운 의미와 아젠더가 결합되는 양상을 추적하였다. 한편 특정한 장소와 관련된 기억의 갈등은 집단 사이에서 뿐만 아니라 '스케일(scale)'에 따라 발생하기도 하는데, 한 사례로 이스라엘의 경우 국가적 스케일의 계획 정책에서는 유대인의 집단적 정체성의 고양을 강조하고 팔레스타인의 역사적 보전이나 기념 활동이 무시되는 반면, 지방적 수준의 계획에서는 팔레스타인에 대한 기억이 완전히 배제되기 보다는 오히려 협상적인 과정이 된다(Fenster, 2004).

1990년대 중반부터 한국에서도 기억의 정치에 대한 연구가 역사학, 사회학, 인류학 등을 중심으로 활발히 전개되기 시작하였다(김영범, 1998; 2004; 김미정, 2002; 정근식, 2001; 정호기, 2000; 2004) 민족적 정체성과 기억의 정치에 주목한 서구와 달리, 한국에서 기억과 관련한 연구는 주로 '공식 기억'과 '대항 기억', '공적 기억'과 '사적 기억' 간의 경합과 갈등 등, 이른바 '기억의 투쟁'에 집중되어 있다(김영범, 2004; 이동진, 2009; 정호기, 2004). 이러한 사실은 기억을 둘러싼 담론이 해방 전후사와 근대화, 민주화를 넘어 오늘날 한국 사회에서 관련 담론을 창출해 내는 일종의 정치적 장이 되고 있음을 보여 준다.[8]

한국 사회에서 이처럼 기억의 정치가 중요한 문제로 부상하게 된 것은 '기억 투쟁의 격전지'라 불리는, 소위 '과거 청산'을 둘러싼 정치적 갈등 때문이었다(정호기, 2004, 255). 연구자들은 해방 이후 한국의 권위주의적 체제하에서 국가의 이른바 '관제 기억'이 공적 기억으로 국민들에게 주입되면서, 수많은 사적 기억들이 공공의 기억에서 배제되고 망각되었다고 주장한다. 따라서 현재에 이처럼 잊혀진 기억들을 다시 활성화시켜 대항 기억으로 공적 기억에 맞서야 한다는 것이다(김영범, 1998). 그러나 임지현(2002)이 주장하듯이 과거 청산을 둘러싼 기억 담론이 '한국인 대 일본인, 피해자 대 가해자, 선 대 악이라는 이분법적 구도'에 한정됨으로써 국가 권력의 담론 전략이나 주변부적 기억이 매몰되었다는 지적은 주목해야 할 점이다(임지현, 2002; 전진성, 2006).

한국에서 기억의 정치와 관련하여 가장 활발한 연구가 이루어진 분야는 기념비와 기념관, 기념건축에 대한 연구들이다(김경학, 2005; 김미정, 2002; 김백영·김민환, 2009; 김종엽, 1999; 박명규, 1997; 박정석, 2005; 윤정란, 2005; 이경화, 2007; 정근식, 1995; 2005; 정호기, 2005; 2006; 한성훈, 2008). 먼저 정근식(1995)은 항일운동기념탑이 드러내는 집단 기억이 '지우고 싶은 역사'와 '드러내고 싶은 역사'의 복합적 구성물임을 지적하면서, 기념탑의 건설 과정에서 다양한 집단들의 역사적 경험이 갈등하는 양상과 기념탑 설립 주체의 의도와 그것의 독해는 다르게 나타날 수 있다는 점을 지적하였다. 이어 김종엽(1999)은 서울 동작동 국립현충원의 공간 분석을 통해 이는 조국·충성·희생·애국과 같은 국가주의적 이데올로기가 지배하는 정치적 상징이자 위계적이고 남성 중심적인 공간임을 지적하였다. 김미정(2002)은 1950년대 자유민주주의와 1960년대의 반공민족주의와 같은 관제 담론들이 '다부동전적비', '백마고지세용사상', '맥아더 동상', '육탄동사상' 등 한국전쟁 관련 기념조형물에 재현된 양상과 이들 기념비의 사회적 기능을 검토하였다.

한편 민주화와 시민사회의 성장으로 국가주도적 기념비에 비해 그동안 주변화되었던 기념물에 대한 탐구도 시작되었다. 전남 영광의 두 마을을 사례로 한국전쟁과 관련한 집단 기억을 탐구한 김경학(2005)은 전쟁과 관련한 고통스러운 기억들은 "족보에, 묘지에, 제삿날에, 순교비에, 폐가에, 마을의 여러 공간에 휴화산처럼 남아 있다."라고 지적했다. 박정석(2005)은 한국전쟁 이후 마을에 세워진 공덕비는 마을 사람들로 하여금 고통과 불쾌한 기억에서 벗어나게 하는 전략적 산물이자, 희생자에 대한 살아남은 자의 심리적 부채를 청산하고 전쟁폭력에 대한 기억을 마을 전체의 경험으로 집합하는 역할을 수행한다고 분석하였다.

그동안 한국에서 기억의 정치 관련 연구가 주로 기념비와 기념물에 집중되어 왔지만, 지리학자들은 동상, 건축, 공원, 광장, 골목, 도시 등 다양한 장소들에서 나타나는 기억의 정치로 연구의 범위를 확장하여 왔다(전종한, 2009; 정희선, 2006; 진종헌, 2005; 2006, 진종헌·신성희, 2006). 먼저 진종헌(2005)은 구 조선총독부 건물의 해체 과정에서 나타난 국가 정체성을 둘러싼 기억의 투쟁을 다루었다. 제국주의 지배의 주요 '도상(icon)'이었던 구 조선총독부 건물의 철거와 보존 논쟁을 통해, 건축물에 축적된 식민 경험과 이데올로기적 갈등, 군사 독재라는 사회적 기억들이 민족주의 담론과 국가 정체성의 재구성에 어떠한 역할을 하는지 검토하였다. 이어 정희선(2006)은 인천 자유공원에 위치한 '맥아더 동상'과 관련한 논쟁을 집단 기억과 기억 투쟁의 관점에서 분석하였고, 진종헌·신성희(2006)는 오랫동안 외세에 의한 식민주의와 냉전 이데올로기의 상징이었던 인천의 '자유공원'을 아시아와 유럽인이 공존한 이국적이며 국제적인 '만국공원'으로 새롭게 기억하려는 최근의 전시회 및 복원 담론의 검토를 통해, 이는 자신들이 이상화하는 특정한 시기의 기억을 지배적인 과거로 선택·복원하고, 이를 도시 정체성의 기반으로 삼으려는 시도라고 분석하였다. 그 외에 진종헌(2006)은 여의도 광장에 대한 사회적 기억과 정체성의 경합을 다룬 글에서 상징 경관으로서 여의도 광장의 건설은 반공 이데올로기에 기반한 공식 기억에 의해 이루어진 것이었지만, 이후 광장이 다양한 공적 점유에 의해 정치화되고 일상화되면서 그 정치적 상징성이 쇠퇴하는 과정을 추적하였고, 전종한(2009)은 서울 종로의 피맛골을 사례로 종로 대로의 뒤안길로 여겨지던 이곳에 퇴적된 중층적 장소 기억들을 분석하고 오늘날 현대 도시 서울의 장소로서 이러한 기억 간의 경합을 고찰하였다.

드와이어와 앨더만(Dwyer and Alderman)은 기존 지리학자들의 연구들을 분석하여 지리학자들이 '기념비적 경관(memorial landscape)'을 이해하는 데 주로 다음의 세 가지 개념적 도구가 활용되고 있다고 주장했다. 첫째는 '텍스트(text)' 메타포로, 기념비

그림 1. 1888년 건설된 한국 최초의 근대식 공원인 인천 중구 자유공원(옛 만국공원)의 정상에 자리한 '맥아더 동상'(좌)은 인천상륙작전 7주년 기념으로 1957년에 제작되었으나, 2004년부터 동상의 철거와 보존을 놓고 이데올로기적 갈등이 계속되고 있다. 한편 '존스턴 별장'(우)은 1905년 개항 후 각국 조계의 공원의 정상에 자리했던 미국인 부호 제임스 존스턴(James Johnston)의 별장으로 1936년 인천부에 매입된 후에는 영빈용 숙박 시설로 '인천각'으로 불리기도 했다. 그러나 1950년 인천상륙작전 당시 파괴되어 그 자리에 '한미수교100주년기념탑'이 건설되었다. 건축적 아름다움과 인천 정체성의 회복이라는 측면에서 2000년대 중반부터 알렌 별장, 영국영사관 등과 함께 복원이 추진되었으나 사업은 현재 여러 가지 이유로 난항을 겪고 있다.

의 내용과 형태에 드러나거나 감추어진 역사와 이데올로기, 그리고 공간 기억의 역동적 특성에 대한 비판적 독해를 강조하는 것이다. 둘째는 '경기장(arena)' 메타포로, 역사의 의미에 관해 적극적으로 논쟁하는 사회 집단들을 위한 장소들로 활용되거나 정체성에 대한 보다 광범위한 투쟁 과정의 일환으로 기념 활동을 조정하는 기념비의 능력에 주목하는 연구들이다. 마지막으로 '수행(performance)' 메타포를 취하는 연구들에서는, 신체적 활동, 기념 의례, 문화 전시 등이 기념비의 의미를 구성하는 데 중요한 역할을 하는 점을 강조하고, 신체는 그 자체로 기억의 장소가 될 수 있음을 주장한다(Dwyer and Alderman, 2008, 166). 각각의 메타포에서도 확인할 수 있듯이 기념비와 기억의 정치와 관련하여 지리학의 연구 영역은 매우 다양하며, 지역의 다양한 역사적·정치적 맥락에 따라 앞으로 더욱 다양한 기억의 정치 연구들이 등장할 것이 예상된다.

4) 기억 산업의 지리

기억의 위기, 심지어 기억의 종말을 이야기한 노라와 달리 문화학자 얀 아스만(Jan Assmann)은 오늘날 우리는 오히려 과거보다 훨씬 첨예한 기억의 문제에 봉착해 있다고 주장한다. 기억의 문제가 야기되는 이유는 현대 사회에서는 전 시대 사람들의 경험 기억이 미디어나 정치를 통한 '문화적 기억(Kulturelles Gedächtnis)'으로 전환되어 후대 사람들에게 전달되기 때문이다. 기억을 '사회적 구성 틀'로 보았던 알브박스와 달리 아스만은 기억을 '의미'로 파악하는데, 모방적인 관습적 행위가 제의의 차원으로 승격되어 도구적 목적성 외에 의미가 부여될 때 '문화적 기억'이 된다고 보았다. 소통적 기억이 작동하는 시간적 범위가 기껏해야 40~80년간이라고 보았을 때, 오늘날 문화적 기억은 그중요성이 더욱 강력해졌다고 할 수 있다(Assmann, 1992; 김학이, 2005).[9]

한편 주로 기억 담론을 역사적으로 분석한 영문학자 알라이다 아스만(Aleida Assmann)은 '홀로코스트(holocaust)'를 예로 들면서 어떠한 기억은 시간이 지나면서 퇴색

되는 것이 아니라 오히려 더 가깝고 생생해진다는 점을 지적한다. 이는 공동 지식의 토대가 사라지고 세대 간의 의사소통이 단절되면서, 구두로 전승되는 소통적 기억이 매체와 정치에 의존하는 문화적 기억으로 전환되었기 때문이다. 이러한 문화적 기억 **10**에서 기억이 머무는 장소를 의미하는 『기억의 공간(Erinnerungsräume)』은 중요한 의미를 갖는데, 그것이 문화적 기억의 물질적 기반이자 보조 수단인 매체이기 때문이다. 이러한 매체에는 종교적·역사적 또는 개인적으로 의미 있는 사건을 통해 기억의 장소가 되는 현장들도 포함되는데, 이들 장소들은 집단적 망각의 단계를 넘어 기억을 확인하고 보존하게 하는 외부적 기억 매체가 된다. 예를 들면 기억의 전승이 단절된 후, 순례자와 관광객들이 자신들에게 의미심장한 장소를 방문할 때 이들은 폐허나 기념비, 풍경 등과 마주하게 되지만, 동시에 그곳에서 방문객들은 기억의 부활을 경험하게 된다. 즉 장소가 기억을 되살리고 기억이 장소를 되살리는 경험이며, 이는 개인적 기억과 문화적 기억이 그 장소로 들어오는 것이 아니라, 이 장소들이 기억의 과정을 자극하고 강화하기 때문이다(Assmann, A., 1999; 변학수 외 역, 2011, 24).

기억 매체들에 주목할 때 우리는 기억의 생산과 수용이 동일하지 않다는 사실 또한 발견하게 된다. 즉 매체의 재현 양상에 따라 기억은 축소나 왜곡, 심지어 도구화될 수도 있는 것이다. 이러한 특성을 가장 극명하게 드러내 주는 것이 바로 정신적 외상(外傷)을 가리키는 '트라우마(trauma)'**11**적 과거의 재현이다(Charlesworth, 1994; Kansteiner, 2006; Sturken, 1997; Young, 1993). 트라우마적 과거 기억의 가장 유명한 사례는 핀켈슈타인(Norman G. Finkelstein)이 '홀로코스트 산업'이라고 불렀을 만큼, 오늘날 전 세계 유대인들의 집단적 정체성의 핵심이자, 이른바 '기억 산업(memory industry)'의 대표 상품이 된 홀로코스트를 들 수 있다(최갑수, 2006, 108).

홀로코스트처럼 소름끼치는 과거의 기억이 기념제와 박물관뿐 아니라, 뒤늦게 문학과 영화, TV시리즈에 이르기까지 수많은 매체를 통해 대중적으로 논의가 되는 최근의 상황에 대해, 이러한 기억 산업의 유행은 상처나 억압과 같은 트라우마의 정신적 해결을 위한 것이 아니라, 정치적 이해와 기획에 따른 것이라는 비판적 관점이 존재한다. 대표적으로 핀켈슈타인은 '홀로코스트 산업'은 홀로코스트를 절대적으로 유일무이한 역사적 사건이자, 비이성적인 이교도(유대인) 증오의 절정이라는 교리를 확산시켜 홀로코스트를 신성화하고 있다고 통렬하게 비판하기도 하였다(Finkelstein, 2003).

물론 죽음과 같이 부정적 기억의 장소를 기념하거나 찾는 행위가 홀로코스트의 사례에만 국한된 것은 아니다. 피라미드를 비롯해 동서양의 수많은 왕과 영웅들의 무덤은 역사적으로 많은 사람들이 찾는 곳이었고,[12] 오늘날에도 '그라운드 제로(Ground Zero)'[13]나 일본의 히로시마, 중국 쓰촨 성(四川省) 등 전 세계의 테러와 재난, 전쟁의 현장에는 늘 애도의 행렬이 넘친다. 그러나 최근 '다크 투어리즘(Dark Tourism)'으로 대표되는 죽음이나 고통 등 어둡고 부정적인 역사적 장소를 대상으로 한 관광 유형의 열기는 현대적 의미에서 '기억 산업' 발전의 또 다른 양상으로 파악할 수 있다. 현대 사회에서 우리는 폭력적인 방법이나 불의의 사고로 목숨을 잃은 유명 인사들의 무덤이나 사망 장소, 대규모 학살이 일어난 이른바 '블랙 스팟(Black Spots)'이 대중 매체에 의해 무대화되고 심지어는 스펙터클한 장소로 변모하여 상업적으로 개발되는 사례를 쉽게 찾을 수 있다(Rojek, 1993). 레논과 폴리(Lennon and Foley) 또한 『다크 투어리즘:

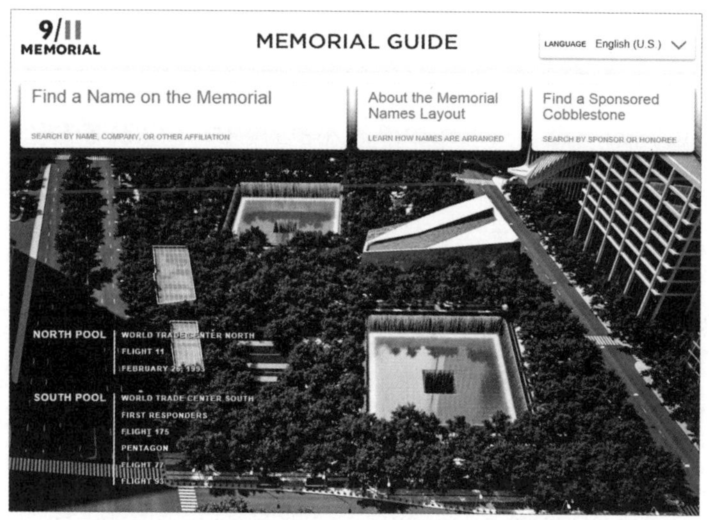

그림 2. 9·11 테러로 붕괴된 세계무역센터의 재건축안으로 최종 선정된 계획은 대니얼 리베스킨드(Daniel Libeskind)의 '기억 토대(Memory Foundation)'이다. 사진에서 보듯이 기념관은 파괴된 쌍둥이 빌딩이 있던 자리에 건물을 짓지 않고 네모나게 파인 자국과 붕괴된 기저부의 벽을 그대로 남긴 채로 건설하여 관람객들에게 그 흔적을 드러내도록 건설되고 있다. (자료: 9/11기념관 홈페이지 http://names.911memorial.org/)

죽음과 재난의 매력(Dark Tourism: The Attraction of Death and Disaster)』에서 다크 투어리즘은 대중매체의 영향, 교육적 요소의 관광 상품화, 근대성에 대한 불안과 같은 탈근대적 속성을 그 특징으로 함을 강조하였다(Lennon & Foley, 2000).

최근 국내외에서는 홀로코스트 유적지를 비롯하여, 우리나라의 비무장지대(DMZ) 등 전쟁 관련 장소, 묘지, 감옥 등 다양한 부정적 기억의 장소들을 대상으로 하는 상품화가 활발하다(Bigley, 2010; Miles, 2002; 류주현, 2008; 박진빈, 2009; 손정훈, 2011; 송재호·김향자, 2009; 정호기, 2009; 최영환·이혁진, 2010). 그러나 9·11 테러의 장소인 뉴욕 세계무역센터의 재건축 계획은 상실과 폭력에 대한 기억을 중심으로 하는 것과 동시에 뉴욕의 경제를 활성화하기 위한 도심 재생의 맥락이 자리하고 있다는 점을 주목해야 한다(박진빈, 2009). 『기억의 장소』로 유명한 프랑스의 경우 1990년대 말부터 국방부가 중심이 되어 전 국토를 일곱 개의 '기억의 영토(territoires de mémoire)'로 나누고, 주요 전쟁 유적지와 관련 장소들을 연결하는 루트를 개발하여 '기억의 길(Chemin de la mémoire)'이라 명명하는 등 이른바 '기억 관광(Tourisme de mémoire)'을 추진하고 있는 사례 또한 매우 흥미롭다(손정훈, 2011).

프랑스에서 기억 산업의 부상은 노라가 책에서 지적하였듯이, 민족적인 것에 대한 자의식이 사라지고 역사적 무중력 상태에서 '뿌리 뽑힌' 경험이 나타난 1980년대[14]를 전후하여, 민족적인 것에서 '문화유산'으로 기억의 중심이 급격하게 이동하기 시작한 상황과 맞닿아 있다. 즉 '상속받아 소유하는 재산'이라는 '유산(heritage)'의 개념이 '우리를 오늘날의 우리로 만들어 준 모든 자산'으로 그 의미가 확대되면서, 과거가 마치 갖고 싶고 팔기 좋은 소비품처럼 변모한 것이다(Nora, 1984; 김인중 외 역, 2010, 5권, 407).[15] 원래의 기능과 삶의 맥락을 상실한 대상들이 박물관의 유물로 수집·전시되는 것과 마찬가지로, 우리의 삶과 경험의 토대 또한 생생한 현실과 단절되었고, 박물관의 유물이 심미화되는 것처럼 우리의 기억의 장소에 대한 아우라도 확대되고 있다(Assmann, A., 1999; 변학수 외 역, 2011, 467-468). 이처럼 19세기 중반부터 '노스탤지어(nostalgia)'[16]는 박물관이나, 도시의 기념비 등으로 제도화되었고, 과거는 '문화유산'이 되었다. 20세기에 들어 미디어와 대중 사회가 가속화된 오늘날에는 더 많은 노스탤지어의 공급과 그에 대한 막대한 수요가 발견된다.

보임(Boym, 2001)은 개인과 집단과의 상호 작용에 따라 '복고적 노스탤지어(restorative nostalgia)'와 '반성적 노스탤지어(reflective nostalgia)'를 구분하는데, 복고적 노스탤지어는 잃어버린 집을 다시 건설하고 기억의 격차를 메우고자 하는 것이라면, 반성적 노스탤지어는 열망과 상실에 자리하면서 기억의 불완전한 과정에 존재한다. 따라서 반성적 노스탤지어가 좀 더 개인적이고 문화적 기억과 관련되어 있다면, 복고적 노스탤지어는 국가적 상징과 신화로 돌아가기 위하여 과거의 기념비를 재구성하는 국가주의나 민족주의자들의 행위로 드러나는 경우가 많다.

오늘날 노스탤지어의 유행은 특정 국가에만 국한된 현상이 아니라 세계 문화적 성격을 보인다. 로버트슨(Roland Robertson)은 이른바 '고안된 노스탤지어(wilful nostalgia)'가 문화 정치의 한 형태로서 세계화의 주요 특성이 되고 있다고 주장한다. 19세기 말과 20세기 초에 이러한 노스탤지어가 다분히 국가의 정치적 목적에 따라 주도되었던 것과 달리, 20세기 후반에는 주로 대중 매체에 의해 유도되는 '소비주의'와 밀접하게 연계되어 있는 것이다(Robertson, 1992). 즉 주로 상업 광고 등에서 활용되는 노스탤지어들은 대부분 자신들이 결코 잃어버린 바 없는 것을 그리워하도록 소비자에게 호소한다. 제임슨(Frederic Jameson)이 "현재에 대한 노스탤지어(nostalgia for the present)"라고 묘사한, 결코 존재하지 않았던 것에 대한 이른바 '상상의 노스탤지어'가 판매 전략의 핵심적 특징이 되고 있으며, 이러한 현상을 아파두라이(Arjun Appadurai)는 생생한 경험이나 집단의 역사적 기억을 가지고 있지 않은, 즉 이미 만들어진 노스탤지어를 자신의 것으로 인식한다는 의미에서 '안락의자의 향수(armchair nostalgia)'라고 불렀다(Appadurai, 1996; 차원현 외 역, 2004, 14).

노스탤지어와 관련된 기억 산업의 유행과 관련하여 최근에 발견되는 또 다른 흥미로운 측면은 탈사회주의나 탈식민주의적 경험을 가진 국가와 도시 등에서 고통스러운 기억을 잊으려 하는 것이 아니라 오히려 노스탤지어를 통하여 과거의 기억을 불러일으키는 일이 증가하고 있다는 사실이다(Lowenthal, 1985; Boym, 2001; Foote *et al.*, 2000; Forest and Johnson, 2002; Leggs, 2005; Said, 2000). 오늘날 동유럽과 동아시

그림 3. 헝가리 부다페스트에 위치한 사회주의 시기(1949-1989)의 조각상들을 모아 만든 야외 조각공원인 '기억 공원 (Memento Park)'과 관광객들 (자료: 헝가리 메멘토 파크 홈페이지)

아 여러 국가의 경관에서 과거 체제의 유산들은 제거되거나 망각되는 한편으로, 그중 일부 대상들은 어느 때보다 활발하게 기억되고 있다.

탈사회주의적 장소 기억의 문제와 관련하여 먼저 포레스트와 존슨(Forest and John-son)은 1991년부터 1999년까지 러시아의 국가 정체성의 변화 과정에서 수도인 모스크바의 기념비 등 기억의 장소들이 이상화, 제거, 경합되는 제 양상을 추적하였다. 특히 자신들의 권력을 강화하기 위한 이데올로기적 투쟁에서 정치적 엘리트들이 기억의 장소들을 어떻게 이용하는지를 추적하면서, 소비에트 시대와 이후 기억의 장소들의 운명은 그것이 상징하는 대상의 정치적 지위와 관련됨을 밝혔다(Forest and Johnson, 2002). 또한 동유럽 헝가리에서 이데올로기의 변화에 따라 과거 공산주의 통치를 기념하는 기억의 장소들을 파괴하는 이른바 '성상 파괴적' 행위의 양상은 매우 흥미롭다. 1990년대 헝가리에서 과거 사회주의를 기념하는 장소들이 모조리 파괴된 것이 아니라, 역사적 의미의 복잡한 재해석 과정을 거쳐 어떠한 장소는 제거되었지만 어떠한 장소는 오히려 복구되었고, 심지어 어떠한 장소들은 새롭게 기념되고 있는 것이다(Foote *et al.*, 2000).

한편 식민주의를 경험한 국가들에서 기억의 문제는 더욱 복잡한 양상을 나타낸다. 탈식민주의 국가들은 자신들의 새로운 민족적 정체성을 확립하기 위해서 주로 독립된 현재를 재현하기에 적합한 토착 문화와 식민지 문화를 선택적으로 복구하고 전유하기 때문이다(Yeoh, 2001, 459). 따라서 식민지 경험과 관련된 과거 기억의 선택적 복구와 전유는 동아시아의 여러 지역에서 공통적으로 경험되는 현상이다. 포르투갈의 식민지를 겪은 동남아시아 국가들에서는 새로운 지위를 만들기 위해 자신들의 전통과 문화 유산을 변화시키는 '카멜레온 같은 능력'을 보여 주고 있으며(Sarkissan, 1997), 인도네시아의 탈식민주의적 정체성은 역설적이거나 갈등적이며, 비진정성에 대해 걱정하며, 보통은 상대적으로 문제가 덜한 식민지 문화에 대한 수용과 다른 식민지 문화에 대한 거부로 구성되고 있다(Kusno, 1998, 550). 대표적으로 식민주의와 근대성과 관련한 대립적 기억의 대상이 되어 온 중국 상하이에서 근대와 관련된 상징적 경관들은 정치적 변화 속에서 끊임없이 제거되거나 이용되어 왔으며, 오늘날에는 개혁 개방 이후 형성된 근대와 관련한 노스탤지어를 통해 새롭게 구성되고 소비되는 양상을 보이고 있다(한지은, 2008).

5) 소결

시간의 측면에서 다루어지던 기억의 문제가 오늘날에는 지리학의 중요한 관심 주제가 되었다. 알브박스와 노라 등의 작업을 기초로 기억을 순전히 개인적인 문제가 아니라, 집단적인 것, 나아가 사회적인 것으로 파악하게 되면서 기억이 지리학을 비롯한 사회과학의 연구 대상으로 자리 잡게 된 것이다. 그동안 지리학자들은 주로 기념비, 기념물 등 특정 집단의 상징적 장소들에서 나타나는 정체성과 기억의 정치를 연구해 왔다. 특히 기억의 장소를 둘러싼 다양한 집단의 경합과 협상, 재구성의 과정과 관련한 여러 연구들은 기억의 정치 연구에서 지리학적 관점이 지니는 의의를 보여 주었다.

한편 현대 사회에서 대중 매체와 정치를 통해 (재)구성되는 문화적 기억이 보편화되면서 기억의 문제는 개인의 수준을 넘어 일종의 산업의 지위로 격상되고 있다. 오늘날 부정적이고 고통스러운 과거의 트라우마나 심미적 노스탤지어는 모두 박물관과 문화유산에 머물러 있지 않는다. 기억은 영화와 TV 등 각종 매체의 단골 레퍼토리이자, 새로운 관광의 핵심 상품이 되었으며, 나아가 쇠퇴한 도시 및 지역을 재활성화하는 주요 주제로 활용되면서 엄청난 상업적 가치를 만들고 있는 것이다.

결론적으로 식민주의와 산업화, 냉전이데올로기를 거쳐 온 한국적 상황에서 기억의 정치, 나아가 기억의 투쟁은 현재 진행 중이라는 점에 주목해야 한다. 이는 그동안 국가 주도적 공적 기억에서는 다루어지지 못했던 지방적이며 대안적 기억과 기억의 장소들에 대한 관심과 발굴이 요청되는 이유이다. 다른 한편으로 다양한 기억의 장소들을 오늘날로 불러내는 힘에 개입된 정치적이고 경제적이며 문화적인 힘들에 대해서도 보다 정밀한 이해가 필요하다.

● 요약

1. 시간의 측면에서 다루어지던 기억의 문제가 오늘날에는 지리학의 중요한 관심 주제가 되었다.

2. 지리학자들은 주로 기념비, 기념물 등 특정 집단의 상징적 장소들에서 나타나는 정체성과 기억의 정치를 연구하고 있다.

3. 식민주의와 산업화, 냉전이데올로기를 거쳐 온 한국적 상황에서 기억의 정치, 나아가 기억의 투쟁은 현재 진행 중이다.

4. 현대 사회에서 대중 매체와 정치를 통해 (재)구성되는 문화적 기억이 보편화되면서 기억의 문제는 개인의 수준을 넘어 일종의 산업의 지위로 격상되고 있다.

5. 오늘날 과거에 대한 고통스러운 트라우마나 심미적 노스탤지어는 모두 엄청난 상업적 효과를 만들어 내고 있으며, 이러한 활동에 개입된 정치적·경제적·문화적인 힘에 대한 연구가 필요하다.

● **핵심어(Key words)**

집단 기억, 사회적 기억, 기억의 장소, 기념, 정체성, 기억의 정치, 전통, 문화적 기억, 다크 투어리즘, 문화유산, 노스탤지어

collective memory, social memory, place of memory, commemoration, identity, politic of memory, tradition, cultural memory, dark tourism, heritage, nostalgia

● **읽어 볼 문헌**

- Nora P. (directed by), 1984, *Les Lieux de mémoire*, Paris: Gallimard (김인중 외 역, 2010, 『기억의 장소』, 나남). 1984년부터 1992년까지 총 일곱 권이 발간된 대저작으로 2005년 5권의 한국어 번역본이 출간되었다. 이 책은 "기억을 육체에서 심리적 사건으로, 개인에서 구조적 과정으로, 문서 집단에서 문화적 행위에 이르는 사건으로, 해석하도록 지평을 넓혔다."(Radstone, 2000)라고 평가받으며, 기억에 관한 연구가 인류학, 사회학을 비롯한 지리학의 영역으로 확장하는 데 크게 공헌하였다.

- Hobsbawm, E. and Ranger T. (eds), 1983, *The Invention of Tradition*, Cambridge: Cambridge University Press (박지향·장문석 역, 2004, 『만들어진 전통』, 휴머니스트). 이 책은 18세기 중반 이후 국민 국가의 권위를 높이기 위해 '만들어진 전통'이 역사적 전통으로 자리 잡게 되는 과정을 추적하고 있는데, 특히 집단적 기념 행위가 국민 정체성을 형성하기 위한 전략으로 사용되며, 국가와 관련된 신화와 의례가 '공식 기억'을 위해 의도적으로 활용되었다는 점을 밝히고 있어 기억의 정치를 이해하는 데 좋은 저작이다.

- Till, K. E., 2005, *The New Berlin: Memory, Politics, Place*, Minneapolis: University of Minnesota Press. 이 책은 주로 독일을 중심으로 다양한 집단과 장소에서 벌어지는 기억의 정치를 다루어 온 지리학자 카렌 틸의 단행본으로 문화지리학과 지리민족지(geo-ethnography)적 방법을 사용하여 통일 후 수도 베를린의 다양한 장소에 나타나는 복잡한 기억과 망각의 과정을 다루고 있다.

주

1 '기억술(arts memorativa)'이란 고대 그리스부터 르네상스에 이르기까지 연설가들이 즐겨 사용하던 수사학적 방법으로, 긴 문장과 복잡한 세부 사항을 기억하기 위한 정교한 개념 구조를 뜻한다. 즉 기억해야 할 요소 하나하나를 기억이라는 상상의 궁전에 두는 것이다. 그러면 이 궁전을 관념적으로 돌아다니면서 적절한 장소에서 원하는 요소를 쉽게 찾아낼 수 있다(Olick, 2007; 강경이역, 2011, 190).

2 노라의 『기억의 장소』는 1984년부터 1992년까지 총 7권이 발간된 대 저작으로 2010년 3권의 한국어판으로 편역 되는 등 전 세계적으로 상당한 영향을 주었다. 프랑스를 중심으로 한 노라의 저작에 영향을 받아 벨기에, 네덜란드, 독일 등 유럽 각지에서는 자국의 '기억의 장소' 관련 연구들이 진행되고 있다(이용재, 2011).

3 기억의 장소에서 핵심적 개념인 'lieux'는 영어 문헌에서 'sites', 'places', 'realms' 등으로 번역되어 왔고, 영문판 『기억의 장소』의 제목은 *Realms of Memory: Rethinking the French Past*이다.

4 Young(1993)은 승리와 관련된 것을 '기념비(monuments)'로, 상실감을 체현하는 것을 '기념물(memorials)'로 나누는 전통적인 구분의 무용성을 주장한다. 그보다 기념비는 '기념물적 텍스트(memorial text)'의 한 종류이며 과거에 대한 기억과 망각을 위해 고안된 다양한 매체 중 하나인 장소라고 보았다. 또한 '기념비'는 일반적 용어인 '기념물'과는 달리 보통 조각 예술과 관련된 물질과 형태를 차용한 기념 유형을 가리키며, 기념물이 매우 오래된 역사를 갖고 있는 반면, 기념비의 건설은 최근의 현상이라고 지적하였다. 한편 승전을 기념하고 조형물을 세우는 전통은 고대부터 시작된 것이지만, 무명의 병사들을 추모하고 그들을 집단적으로 묘지에 안장하는 형태의 전쟁기념비는 나폴레옹 전쟁 이후 시작되는 새로운 현상이었다(Hobsbawm and Ranger, 1983).

5 만들어진 전통들은 첫째, 특정 집단이나 공동체의 사회 통합과 소속감을 구축하거나 상징화하고자 할 때, 둘째, 영토나 제도, 지위 및 국가 권위 등을 정당화하거나 확립하고자 할 때, 마지막으로, 다양한 사회 구성원들에게 신념, 가치 체계, 행위 규범 등을 주입하고자 하는 목적으로 만들어진다(Hobsbawm and Ranger, 1983).

6 '노이에 바헤'는 1818년 프로이센의 프리드리히 빌헬름 3세가 나폴레옹전쟁에서 사망한 병사들을 추모하고 왕의 호위 초소로 사용하기 위해 건축한 것으로, 1931년부터는 제1차 세계대전 전몰 병사를 위한 추모관으로 사용되었고 구 동독 시절에는 '파시즘과 군국주의 희생자를 위한 추모관(Mahnmal für die Opfer von Faschismus und Militarisums)'으로 불렸다. 그러나 통일 후 콜(Helmut Kohl) 총리가 이를 통일 독일의 중앙 추모관으로 건설하려는 계획을 발표하면서 독일 내부에 격렬한 논쟁을 낳았다. 즉, 이곳을 전쟁과 폭력 지배의 희생자를 위한 공간으로 건설하려는

계획에 따르면 제2차 세계대전 시기 사망한 독일군과 나치즘에 희생된 유대인 및 각종 희생자들을 동일한 장소에서 기념해야 했기 때문이다. 결국 이러한 갈등은 희생자 개별 집단을 구체적으로 언급하는 비문을 입구에 부착하는 방식으로 봉합되었다(Till, 1999; 탁선미, 2009).

7 Dwyer(2004)는 미국 앨라배마 셀마(Selma) 시의 다양한 기념비 분석을 통해, 지배적 담론을 강화하고 확고히 하기 위한 '동조적 부착(allied accretion)'과 기념비의 기존 메시지와 대립하거나 조정하기 위한 대항적 의도를 가진 '대조적 부착(antithetical accretion)'의 사례를 분석하였다.

8 전진성(2006)의 분석에 따르면 한국 사회에서 기억 투쟁을 공론화하기 시작한 것은 민주화를 이끈 소위 진보진영에 의해서였다. 진보진영이 해방 전후사에 가려졌던 민간인 학살이나 인권 탄압의 무고한 희생자를 부각시키며 기억의 문제를 제기한 반면, 이른바 보수진영에서는 조국을 위해 스스로를 희생한 호국영령들을 기념하는 데에만 관심을 가졌다. 그러나 두 진영의 기억 투쟁은 결국 과거의 '희생자'와 자신들을 동일시하는 기억의 투쟁을 통해 각각의 현실에서 정치적 담론의 헤게모니를 장악하려는 시도라는 한계를 가지고 있었다.

9 얀 아스만은 요리법이나 도구의 사용법처럼 인간의 일상적 행위를 가능하게 해 주는 학습 기억을 '모방적 기억'으로, 침대와 식탁, 집, 마을 도로처럼 인간이 자기 자신을 투여한 시간적 차원을 갖는 기억을 '사물의 기억'으로, 한 시대가 당대의 과거에 대해 보유하는 기억을 '소통적 기억'으로 정의하고, 마지막으로 의미를 전승해 주는 기억을 '문화적 기억'으로 정의했다(Assmann, 1992; 김학이, 2005, 240 재인용).

10 알라이다 아스만은 문화적 기억을 공적으로 활성화된 '기능 기억'과 현재와의 활성화된 관계를 상실한 '저장 기억'으로 구분한다. 주로 학설이나 개념, 상징처럼 질서와 형상을 갖춘 기능 기억은 명징한 서사 구조를 갖추고 집단 정체성을 형성해 주는 역할을 하는 반면에 저장 기억은 정돈되지 않은 채 무의식과 같은 상태에 있지만 언제나 기능 기억과 연결될 수 있는 가능성을 갖고 있다(Assmann, 1999).

11 '트라우마'는 '상처'를 의미하는 그리스어에서 기원하며 주로 신체 조직에 생긴 상처를 가리키는 의학 용어였다. 그러나 정신분석의 창시자인 프로이트가 이를 외부의 강렬한 자극에 의해 주체가 감당할 수 없는 자극이 내부에 유입되는 사건으로 파악하면서 정신적 외상이라는 의미를 갖게 되었다. 특히 프로이트는 외상성 신경증 환자들에게는 트라우마가 내면의 상처로 숨어 있다가 예상 밖의 상황에서 반복적으로 되풀이 된다고 주장한다(Freud, 1920; 박찬부 역, 1997, 299).

12 죽음에 대한 생각을 뜻하는 'thanatopsis'를 바탕으로 죽음과 관련된 장소를 방문하는 관광 행태를 '사거관광(Thanatourism)'으로 개념화한 시턴(A. V. Seaton)은 이러한 관광 행위의 시작은 중세의 순례 여행으로 거슬러 올라간다고 주장하며 역사성을 강조하였다(Seaton, 1996; 1999).

13 1946년 뉴욕타임스에서 제2차 세계대전 중 일본 히로시마와 나가사키에 떨어진 원자폭탄의 피

폭 지점을 일컬으며 사용된 말로, 핵폭탄의 피폭 지점이나 지진과 같은 재난의 현장을 가리키던 것이 그 의미가 점차 확장되어 급격한 변화의 중심, 예루살렘, 우주의 시작점 등을 가리키는 데 사용되었다. 그러나 2001년 9·11 테러 발생 이후에는 그 현장이었던 세계무역센터(World Trade Center)의 붕괴 지점을 의미하게 되었다.

14 노라는 프랑스에서 1970년대 말부터 경제 성장으로 인해 농촌 세계가 잠식된 상황, 프랑스의 위대성을 주창하던 드골 정부에 대한 환멸, 사회주의의 몰락과 함께 오랫동안 믿고자 했던 혁명의 조국이라는 허상의 붕괴, 이 세 가지를 주요한 충격의 원인으로 파악한다(Nora, 1984; 김인중 외 역, 2010, 5권).

15 노라는 과거 역사적인 기념물에 대한 관심이 문화유산 전반으로 확대되면서 '기억의 장소'라는 용어가 민족적 가치를 나타내는 역사적 기념물이 아닌, 보통 사람들의 생활과 관련된 수많은 2류 건축물을 표현하는 말들로 확대된 상황에 우려를 표현한다. 기억의 장소에서 '장소'라는 개념은 건축물과 같은 물리적 장소만이 아니라 상징적인 속성을 갖는다는 점이 간과될 수 있기 때문이다(Nora, 1984; 김인중 외 역, 2010, 5권). 그러나 이러한 문제는 공간적 현상으로서 입지, 분포, 스케일 등 지리적 속성을 가지는 동시에, 재현과 상징 작용의 중요 기반이자 장소의 정체성을 구성하는 장소적 속성을 갖는 '문화유산' 개념의 본질적인 '불협화음'에 기인하는 것이라고도 볼 수 있다(Tunbridge and Ashworth, 1996; Grahma *et al*, 2000).

16 'nostalgia'는 '열망'을 의미하는 그리스어인 'algia'와 '집으로 돌아가다'라는 뜻의 'nostos'가 결합된 말로서, 더 이상 존재하지 않거나 결코 존재하지 않았던 집을 향한 열망을 말한다. 본래 이 용어는 17세기 고향을 떠난 스위스 용병에게 발생한 육체적 질병을 설명하기 위해서 사용된 말이었지만 20세기에 들어와 단순한 개인적 질병이 아니라 현대적 징후, 즉 '사회적 질병'으로 이해되기 시작하였다(Lowenthal, 1985; Boym, 2001; Leggs, 2005).

참고문헌

김경학, 2005, "한국전쟁 당시의 집단학살 및 좌우익에 대한 기억들", 김경학 외, 전쟁과 기억—마을 공동체의 생애사, 한울아카데미, 15-43.

김미정, 2002, "1950·60년대 한국전쟁기념물: 전쟁의 기억과 전후 한국국가체제 이념의 형성", 한국근대미술사학, 10, 273-311.

김백영·김민환, 2009, "학살과 내전, 공간적 재현과 담론적 재현의 간극", 전진성·이재원 엮음, 기억과 전쟁, 휴머니스트, 369-397.

김영범, 1998, "집합기억의 사회사적 지평과 동학", 지승종 외, 사회사연구의 이론과 실제, 한국정신문화연구원, 157-221.

김영범, 1999, "알바쉬(Maurice Halbwachs)의 기억사회학 연구", 사회과학연구, 6(3), 대구대 사회과
학연구소, 557-594.

김응종, 2011, "피에르 노라의 기억의 장소에 나타난 '기억'의 개념", 프랑스사연구, 24, 113-128.

김종엽, 1999, "동작동 국립묘지의 형성과 그 문화·정치적 의미", 박영은 외, 한국의 근대성과 전통
의 변용, 한국정신문화연구원, 177-206.

김학이, 2005, "얀 아스만의 문화적 기억", 서양사연구, 33, 227-258.

류주현, 2008, "부정적 장소자산을 활용한 관광 개발의 필요성", 한국도시지리학회지, 11(3), 67-79.

박명규, 1997, "역사적 경험의 재해석과 상징화—동학농민전쟁의 기념물", 사회와 역사, 51, 41-74.

박정석, 2005, "여순사건에 대한 기억", 김경학 외, 전쟁과 기억—마을공동체의 생애사, 한울아카데
미, 177-212.

박진빈, 2009, "9·11 기념공간의 탈역사화와 미국의 예외주의 신화", 전진성·이재원 엮음, 기억과
전쟁, 휴머니스트, 255-276.

손정훈, 2011, "프랑스의 '기억관광'—프랑스 전쟁관광 개념의 형성과 전개—", 프랑스문화예술연구,
38, 503-530.

송재호·김향자, 2009, "Dark Tourism의 장소로서 민중공원의 개념화에 대한 시론적 연구", 관광연
구저널, 23(1), 71-97.

신성희, 진종헌, 2006, "도시정체성 형성을 위한 '과거'의 선택적 복원 과정: 인천시의 '만국공원(현
자유공원)' 복원론을 사례로", 국토지리학회지, 40(2), 241-255.

오미일·배윤기, 2009, "한국 개항장도시의 기념사업과 기억의 정치—인천의 집단기억과 장소성을 중
심으로", 사회와 역사, 83, 45-81.

윤정란, 2005, "한국전쟁과 기독교 순교비의 사회·종교적 역할", 김경학 외, 전쟁과 기억—마을공동
체의 생애사, 한울아카데미, 213-238.

이경화, 2007, "기념물을 통한 동학농민혁명의 기억과 전승", 인문콘텐츠, 10, 187-209.

이동진, 2009, "기억의 '인혁당': 기억 운동과 기억 체제 사이", 사회와 역사, 83, 5-43.

이용재, 2011, "'기억의 장소'의 국제적 확산과 변용", 프랑스사 연구, 25, 201-202.

임은진, 2012, "6·25전쟁에 대한 문화적 기억", 문화역사지리, 24(2), 155-166.

임지현, 2002, "식민주의적 죄의식을 넘어서, 기억과 역사의 투쟁", 당대비평 특별호, 삼인, 9-18.

전종한, 2009, "도시 뒷골목의 '장소 기억'; 종로 피맛골의 사례", 대한지리학회지, 44(6), 779-796.

전진성, 2005, 역사가 기억을 말하다. 휴머니스트.

전진성, 2006, "기억의 정치학을 넘어 기억의 문화사로—'기억' 연구의 방법론적 진전을 위한 제언",

역사비평, 가을호, 451-483.

정근식, 1995, "집단적 역사경험과 그 재생의 지평-소안도 항일기념탑의 사회사", 사회와 역사, 47, 184-232.

정근식, 2005, "기념관·기념일에 나타나는 한국인의 8·15기억", 아시아평화와 역사교육연대 편, 한·중·일 3국의 8·15기억, 역사비평사, 111-148.

정호기, 2000, "5·18과 도시공간의 상징적 구성", 공간과 사회, 14, 130-155.

정호기, 2004, "민주화운동 기념사업의 정치·사회적 과정과 자원 동원, 한국사회학", 38(2), 221-247.

정호기, 2006, "전쟁사자 추모공간과 추모의례", 공제욱·정근식 편, 식민지의 일상, 지배와 균열, 문화과학사, 356-400.

정호기, 2011, "전쟁상흔의 사회적 치유를 위한 시선의 전환과 공간의 변화: 한국에서의 전쟁기념물을 중심으로", 전진성·이재원 엮음, 기억과 전쟁, 휴머니스트, 501-535.

최갑수, 2006, "홀로코스트, 기억의 정치, 유럽중심주의", 사회와 역사, 70, 103-147.

최영환·이혁진, 2010, "다크투어리즘을 활용한 역사교훈 관광지의 이해", 한국사진지리학회지, 20(3), 101-113.

최호근, 2003, "집단기억과 역사", 역사교육, 85, 159-189.

탁선미, 2009, "포스트 트라우마 시대의 기억문화-그 쟁점과 함의", 독일어문학, 44, 467-490.

한성훈, 2008, "기념물을 둘러싼 기억의 정치와 집단 정체성-거창사건의 위령비를 중심으로", 사회와 역사, 78, 35-63.

한숙영·박상곤·허중욱, 2011, "다크 투어리즘에 대한 탐색적 논의", 관광연구저널, 25(2), 5-18.

한지은, 2008, "탈식민주의 도시 상하이에서 장소기억의 경합", 문화역사지리, 20(2), 43-61.

홍금수, 2009, "경관과 기억에 투영된 지역의 심층적 이해와 해석: 경관과 기억에 투영된 지역의 심층적 이해와 해석", 문화역사지리, 21(1), 46-94.

Anderson, B., 1991, *Imagined Communities: Reflections on the Origin and Spread of Nationalism*, London: Verso (윤형숙 역, 2002, 상상의 공동체: 민족주의의 기원과 전파에 대한 성찰, 나남).

Appadurai, A., 1996, *Modernity at Large: Cultural Dimensions of Globalization*, Minneapolis: Regents of the University of Minnesota (차원현 외 역, 2004, 고삐 풀린 현대성, 현실문화연구).

Assmann, A., 1999, *Erinnerungsräume. Formen und Wandlungen des kulturellen Gedächtnisses*, München: C.H. Beck (변학수 외 역, 2011, 기억의 공간, 그린비).

Assmann, J., 1992, *Das kulturelle Gedächtnis: Schrift, Erinnerung und politische Identität in frühen Hochkulturen*, München: C.H. Beck.

Atkinson, D. and Cosgrove, D., 1998, "Urban rhetoric and embodied identities: city, nation, and empire at the Vittorio Empanuele II monuement in Rome, 1870-1945", *Annals of the Association of American Geographers*, 88, 28-49.

Atkinson, D., 2007, "Kitsch geographies and the everyday spaces of social memory", *Environment and Planning A*, 39, 521-540.

Azaryahu, M. and Kellerman, A., 1999, "Symbolic places of national history and revival: a study in Zionist mythical geography", *Transaction of the Institute of British Geographers*, 24, 109-123.

Bennet, T., 1995, *The Birth of the Museum: History, Theory, Politics*, London: Routledge.

Bevan, R., 2006, *The Destruction of Memory: Architecture at War*, London: Reaktion Books (나현영 역, 2011, 집단기억의 파괴, 알마).

Bigley, J. D. *et al*, 2010, "Motivations for war-related tourism: Korean Demilitarized Zone", *Tourism Geographies*, 12(3), 371-394.

Bodnar, 1992, *Remaking America: Public Memory, Commemoration, and Patriotism in the Twentieth Century*, Princeton: Princeton University Press.

Boyer, M., 1994, *The City of Collective Memory: Its Historical Imagery and Architectural Entertainments*, Massachusetts: The MIT Press.

Boym, S., 2001, *The Future of Nostalgia*, New York: Basic Books.

Casey, E. S., 1987, *Remembering: A Phenomenological Study*, Bloomington: Indiana University Press.

Charlesworth, A., 1994, "Contesting places of memory: the case of Auschwitz", *Environment and Planning D: Society and Space*, 12, 579-593.

Connerton, P., 1996, *How Societies Remember*, Cambridge: Cambridge University Press.

Coser, L. A., 1992, "Introduction", in Coser, L. A.(edited and translated by), 1992, *On Collective Memory*, Chicago: The University of Chicago Press, 1-34.

Cresswell, T., 2008, "Place: encountering geography as philosophy", *Geography*, 93(3), 132-139.

Draaisma, D., 1995, *De Metaforenmachine een geschiedenis van het geheugen*, Groningen: Historische Uitgeverij (정준형 역, 2006, 기억의 메타포, 에코리브르).

Dwyer, O. J. and Alderman, D. H., 2008, "Memorial landscapes: analytic questions and metaphors", *Geojournal*, 73, 165-178.

Dwyer, O. J., 2000, "Interpreting the civil rights movement: place, memory, and conflict", *Profes-sional Geographer*, 52(4), 660-671.

Dwyer, O. J., 2004, "Symbolic accretion and commemoration", *Social & Cultural Geography,* 5(3), 419-435.

Edensor, T., 1997, "National identity and the politics of memory: remembering Bruce and Wallace in symbolic space", *Environment and Planning D: Society and Space*, 15(2), 175-194.

Fenster, T., 2004, "Belonging, memory and the politics of planning in Israel", *Social & Cultural Geography*, 5, 403-417.

Fentress, J. and Wickham, C., 1992, *Social Memory*, Oxford: Blackwell.

Finkelstein, N.G., 2003, *The Holocaust Industry: Reflections on the Exploitation of Jewish Suffer-ing*, London, New York: Verso (신현승 역, 2004, 홀로코스트 산업: 홀로코스트를 초대형 돈벌이로 만든 자들은 누구인가?, 한겨레신문사).

Foote, K., 2003, *Shadowed Grounds: America's Landscapes of Violence and Tragedy,* Austin: University of Texas Press.

Foote, K., Tóth, A., and Árvay, A., 2000, "Hungary after 1989: inscribing a new past on place", *The Geographical Review*, 90(3), 301-334.

Forest, B. and Johnson, J., 2002, "Unraveling the threads of history: soviet-era monuments and post-soviet national identity in Moscow", *Annals of the Association of American Geogra-phers*, 92(3), 524-547.

Freud, S., 1920, *Jenseits des Lustprinzips* (박찬부 역, 1997, 쾌락 원칙을 넘어서, 열린책들).

Gillis, J. R.(ed.), 1994, "Memory and identity: The history of a relationship", in Gillis, J. R.(ed.), *Commemorations: the Politics of National Identity*, Princeton: Princeton University Press.

Gillis, J. R., 1994, "Introduction—memory and identity: the history of a relationship", in Gillis, J. R.(ed.), *Commemorations: The Politics of National Identity*, Princeton: Princeton Univer-sity Press, 3-24.

Graham, B., Ashworth, G. J., and Tunbridge, J. E., 2000, *A Geography of Heritage: Power, Cul-ture and Economy*, London: Arnold.

Halbwachs, M. (edited, translated, and with introduction by Coser, L. A.), 1992, *On Collective Memory*, Chicago: The University of Chicago Press (translated from: *Les cadres sociaux de la mémoire*, 1952, Paris: Presses Universitaires de France; and from *La topographie légendaire des évangiles en terre sante: Etude de mémoire collective, 1941,* Paris: Presses Universitaires de France).

Harvey, D., 1979, "Monument and myth", *Annals of the Association of American Geographers,* 69, 362-381.

Hayden, D., 1995, *The Power of Place: Urban Landscapes as Public History,* Cambridge: MIT Press.

Heesun, C., 2006, "Reflecting collective memories on landscapes: disputes over the status of General Douglas MacArthur in Incheon, South Korea", *The Geographical Journal of Korea,* 40(2), 169-184.

Heffernan, M., 1995, "For ever England: the Western Front and the politics of remembrance in Britain", *Ecumene,* 2, 293-324.

Hobsbawm, E. and Ranger, T. (eds.), 1983, *The Invention of Tradition,* Cambridge: Cambridge University Press (박지향·장문석 역, 2004, 만들어진 전통, 휴머니스트).

Hoelscher, S. and Alderman, D. H., 2004, "Memory and place: geographies of a critical relationship", *Social & Cultural Geography,* 5(3), 347-355.

Hutton, P. H., 1993, *History as an Art of Memory,* Hanover: University Press of New England.

Jameson, F., 1989, "Nostalgia for the present", *South Atlantic Quarterly,* 88(2), 517-537.

Johnson, N., 1995, "Cast in stone: monuments, geography, and nationalism", *Environment and Planning D: Society and Space,* 13, 51-65.

Johnson, N., 1999, "The spectacle of memory: Ireland's remembrance of the Great War, 1919", *Journal of Historical Geography,* 25, 36-56.

Jong-Heon, J., 2005, "Contested urban landscape and the transformation of the official discoures of the nation: The demolition of the government-general building of Choson", *The Geographical Journal of Korea,* 39(1), 15-30.

Jong-Heon, J., 2006, "Reading cultural symbolism of urban landscape: identity, memory and ideology in Youido Square", *The Geographical Journal of Korea,* 40(1), 41-52.

Kieth, M. and Pile, S. (eds.), 1993, *Place and the Politics of Identity,* London: Routledge.

Kusno, A., 1998, "Beyond the postcolonial: architecture and political cultures in Indonesia", *Public Culture,* 10, 549-575.

Legg, S., 2005, "Sites of counter-memory: the refusal to forget and the nationalist struggle in colonial Delhi", *Historical Geography,* 33, 180-221.

Legg, S., 2007, "Reviewing geographies of memory/forgetting", *Environment and Planning A*, 39, 456-466.

Leitner, H. and Kang, P., 1999, "Contested urban landscapes of nationalism: the case of Taipei", *Ecumene*, 6, 214-233.

Lennon, J. and Foley, M., 2000, *Dark Tourism: The Attraction of Death and Disaster*, London: Continuum..

Lowenthal, D., 1979, "Age and artifact", in Meinig D. W. (ed.), *The Interpretation of Ordinary Landscapes: Geographical Essays*, Oxford: Oxford University Press, 103-128.

Lowenthal, D., 1985, *The Past is a Foreign Country*, Cambridge: Cambridge University Press (김종원·한명숙 역, 2006, 과거는 낯선 나라다, 개마고원).

Maier, C., 1988, T*he Unmastable Past: History, Holocaust, and German National Identity*, Cambridge: Harvard University Press.

Miles, W., 2002, "Auschwitz: museum interpretation and darker tourism", *Annals of Tourism Research*, 29(4), 1175-1178.

Nora P.(directed by), 1984, *Les Lieux de mémoire*, Paris: Gallimard (김인중 외 역, 2010, 기억의 장소(1-5권), 나남).

Nora, P., 1989, "Between memory and history: les leux de mémoire", *Representation*, 26, 7-24.

Olick, J. K., 2003, *States of Memory: Continuities, Conflicts, and Transformations in National Retrospection*, Durham and London: Duke University Press (최호근 외 역, 2006, 국가와 기억, 오름).

Olick, J. K., 2007, *The Politics of Regret*, New York: Routledge (강경이 역, 2011, 기억의 지도, 옥당).

Olick, J. K. and Robbins, J., 1998, "Social memory studies: from 'Collective Memory' to the historical sociology of mnemonic practices", *Annual Review of Sociology*, 24.

Osborne, B., 1998, "Constructing landscapes of power: the George Etinenne Cartier Monument, Montreal", *Journal of Historical Geography*, 24, 431-458.

Radstone, S. (ed.), 2000, *Memory and Methodology*, Oxford; New York: Berg.

Robertson, R., 1992, *Globalization: Social Theory and Global Culture*, London: Sage Publications Ltd.

Rojek, C., 1993, *Ways of Escape: Modern Transformation in Leisure and Travel*, Basingstoke. Hampshire: Macmillan.

Said, E. W., 2000, "Invention, memory, and place", *Critical Inquiry*, 26, 175-192.

Sarkissian, M., 1997, "Cultural chameleons: Portuguese Eurasian strategies for survival in post-colonial Malaysia", *Journal of Southeast Asian Studies*, 28(2), 249-262.

Schwartz, B., 1982, "The social context of commemoration: a study in collective memory", *Social Forces*, 61, 374-402.

Seaton, A. V., 1996, "Guided by the dark: from thanatopsis to thanatourism", *International Journal of Heritage Studies*, 2(4), 234-244.

Seaton, A. V., 1999, "War and thanatourism: Waterloo 1815-1914", *Annals of Tourism Research*, 26(1), 130-158.

Sturken, M., 1997, *Tangled Memories: the Vietnam War, the AIDS Epidemic, and the Politics of Remembering*, CA: University of California Press.

Till, K. E., 1999, "Staging the past: landscape designs, cultural identity and erinnerungspoltik at Berlins' Neue Wache", *Ecumene*, 6(3), 251-283.

Till, K. E., 2001, "Reimagining national identity: "Chapters of Life" at the German Historical Museum", in Adams, P. *et al*(eds.), *Textures of Place: Rethinking Humanist Geographies*, Minneapolis: University of Minnesota Press, 273-299.

Till, K. E., 2003, "Places of memory", in Agnew, J. *et al*(eds.), *A Companion to Political Geography*, Malden: Blackwell, 289-301.

Till, K. E., 2005, *The New Berlin: Memory, Politics, Place*, Minneapolis: University of Minnesota Press.

Tuan, Y. F., 1977, *Space and Place: The Perspective of Experience*, Minneapolis: University of Minnesota Press (구동회·심승희 역, 1995, 공간과 장소, 대윤).

Tunbridge, J. E. and Ashworth, G. J., 1996, *Dissonant Heritage: The Management of the Past as a Resource in Conflict*, Chichester; New York: John Wiley.

Wagner-Pacifici, R. and Schwartz, B., 1991, "the Vietnam Veterans Memorial: commemorating a difficult past", *American Journal of Sociology*, 97, 376-420.

Whelan, Y., 2002, "The construction and destruction of a colonial landscape: monuments to British monarchs in Dublin before and after independence", *Journal of Historical Geography*, 28(4), 508-533.

Winter, J., 1995, *Sites of Memory, Sites of Mourning: The Great War in European Cultural History*, Cambridge: Cambridge University Press.

Withers, C. W. J., 1996, "Place, memory, monument: memorializing the past in contemporary Highland Scotland", *Ecumene*, 3(3), 325-344.

Wood, N., 1994, "Memory's remains: *Les Lieux de memoire*", *History and Memory*, 6, 123-150.

Yates, F. A., 1966, *The Art of Memory*, London: Routldege and Kegan Paul.

Yeoh, B. S. A., 2001, "Postcolonial cities", *Progress in Human Geography*, 25(3), 456-468.

Young, J., 1993, *The Texture of Memory: Holocaust Memorials and their Meaning*, New Haven: Yale University Press.

경향신문. 2009. 5. 18, 각국공원 복원사업 치열한 논쟁 http://news.khan.co.kr/kh_news/khan_art_view.html?artid=200905180200095&code=920100

헝가리 메멘토공원 홈페이지. http://www.mementopark.hu/

15. 지명의 문화 정치

한국교원대학교 **김순배**

1) 지명이란 무엇인가?

(1) 지명의 정의와 의의

지명(地名, toponym)이란 지리적 실체(geographical features)의 이름을 말한다. 각각의 지리적 실체들을 가리키는 지명은 인간에 의해 의미와 가치가 부여된 곳을 다른 곳과 구별해 주는 일종의 고유 명사이다. "당신은 어디에 있느냐, 어디 사람이냐?"라는 물음에 우리는 다른 곳과 구별되는 "서울에 있다, 충청도 사람이다."라는 대답을 한다. 이런 의미에서 사람은 땅 위가 아니라 땅 이름인 지명 위에 존재한다고 할 수 있다. 땅과 이름의 만남인 지명은 바로 일상생활 속에 자리 잡고 있는 우리 사이의 언어적 약속이자 우리를 표현하는 문화적 상징인 것이다.

그런데 일정한 약속이자 상징물인 지명은 한번 명명되면 쉽게 변하지 않는 존속성을 가지고 있는 동시에 끊임없이 변화하는 가변적인 존재이기도 하다. 이런 의미에서 지헌영(2001, 9)은 인간에 의해 습득된 지명이 하나의 지점에 정착하여 우리의 기억에 남아 존속하려는 지향과 함께 망각되려는 성격을 동시에 지니고 있다고 말하였다. 지리적 실체와의 고착성이 강한 지명은 쉽게 변하지 않는다. 그러나 인간의 편의와 쓸모를 위해 실체의 구획을 재편하고 거기에 새로운 이름을 붙이면서 고유했던 지명이 점차 사라지거나 형태의 변질을 경험하게 된다.

지명은 여러 분야에서 다양하게 정의되어 왔다. 이러한 정의들을 관통하는 공통된 기준은 크게 지명이 가지는 구별의 기능과 기호로서의 역할이다. 이와 관련하여 도수희(2003, 15)는 지명을 인간이 생활하면서 필요에 따라 소유의 선을 긋고 그 나누어진 구역 안의 땅에 붙인 이름으로, 두 사람 이상의 인간 사이에서 한 장소를 다른 장소와 구별할 때에 사용하는 공통의 언어적 기호라 정의하였다. 아울러 지헌영(2001, 9)은 우리의 일상생활에 빈번하게 오르내리는 존재로서 언어의 특수한 표현이라고 지명을 설명하였다.

이밖에도 지명을 지구 상의 한 지점이나 지역을 지칭하는 고유 명사로서 일종의 사회적 계약물이자 특수한 언어적 기호라고 정의하거나, 장소의 이미지를 반영하는 지리학적 언어라고 정의하기도 하였다. 즉 지명은 지리적 실체들을 서로 구별해 주는 언어적 표현으로써 일정한 환경에서 인간이 경험하고 지각하여 만든 음성과 문자 언어 형태의 고유 명사라 정의할 수 있다. 최근 국토지리정보원에서 논의되고 있는 지명법안(제1장 제2조)에서는 지명을 특정 장소, 지형, 시설물에 부여된 이름으로 규정하고, '자연 지명', '인공 지명', '해양 지명', '행정 지명'으로 분류하여 별도의 정의를 내리고 있다. 한편 언어학계에서는 지명이 지닌 언어적 측면을 강조하여 '지명'이라는 용어 대신 '지명어(地名語)'라는 용어를 사용하기도 한다.

이 같은 정의와 함께 사전적 의미의 지명 정의가 영어권에서 논의되어 왔다. 즉 지명이란 지표 위에 표현된 여러 지리적 실체에 붙여진 명칭으로 지명을 연구하는 '지명학'은 'Toponym' 또는 'Toponymy'라고 부른다. 이때 'Toponym'은 지형적 실체(topographic feature)에 붙이는 고유 명사를 뜻하기도 하며, 넓은 의미로는 'Geographical Name'과 지구 밖 이름(Extraterrestrial Name)을 포괄하는 용어이다. 한편 지구 내의 지명을 총체적으로 지칭하는 경우에는 'Geographical Name'이라는 용어를 사용하는

데 이는 개개의 지리적 실체를 나타내는 고유의 명칭을 총괄하여 의미한다.

'Geographical Name'은 대상물의 종류에 따라 자연물의 명칭 또는 지형을 나타내는 'Toponym' 혹은 'Feature Name'과 거주지의 명칭을 가리키는 'Place Name'으로 구분되기도 한다. 자연물의 경우 'Natural Feature' 또는 'Physical Feature'라 지칭하며 이름을 가진 자연적 실체나 지형, 즉 자연 지명을 한정하여 가리킨다. 자연 지명들 중 수체(水體)의 경우에는 육수와 해수 모두 'Hydrographic Feature' 또는 'Hydronym'이라고 구별하여 지칭하기도 한다. 인문 지명인 'Place Name'의 경우 'Place'는 'Inhabited Place' 혹은 'Populated Place'를 뜻하며 사람이 모여 사는 곳을 의미한다. 또한 인공물에 한해 'Cultural Feature'라 지칭하며 인간에 의하여 만들어진 것 또는 사람의 손길이 가해진 인공 시설물과 그 명칭들을 모두 포함한다.

인간에 의해 이용되는 지명은 학술적이고 일상적인 다양한 의의를 지니고 있다. 한국인으로서 지명 연구를 최초로 제시한 이희승(1932, 47-49)은 지명이 고어(古語)를 가장 충실하고 풍부하게 제공하고 있으며 지명 연구를 통해 의문으로 남아 있는 고지명과 여타의 모든 명칭들이 얼음 풀리듯 이해될 수 있을 거라 기대하였다. 한글학회(1966, 머리말 2)는 지명을 통해 우리나라의 역사, 지리, 풍속, 제도, 문화 등의 연구에 도움을 주고, 우리의 옛말, 말소리의 변천, 말의 꼴과 뜻의 변천, 민족의 성립과 이동을 규명하는 데 중요한 기틀이 될 뿐만 아니라 순우리말을 되살리는 데에도 필수적인 자료임을 강조하였다.

한국문화역사지리학회(2008, 15)는 지명이 장소를 다른 곳과 구별할 수 있게 하고 장소의 지리 정보를 전달하는 수단이기 때문에 중요하게 다루어져 왔다고 지적하였다. 곧 지명은 인간이 땅을 개척하면서 생활 공간에 남긴 일종의 문화 경관으로써 거주 집단의 의지가 반영되어 있으며, 지역 경관의 변화 내용을 담고 있는 기호화된 텍스트라는 것이다. 나아가 여러 유형의 지명 분포를 통해 인간에 의한 자연 환경의 개조와 문화의 전파 과정을 추적할 수 있는 단서를 제공받을 수도 있다.

한편 지명은 사람들이 장소, 지역, 경관을 어떻게 이해하고 판별하는지를 규명하는 중요한 실마리를 제공해 준다. 이러한 인식을 기초로 하여 지명이 생활 환경에 대한 인간의 인지적 표현이자 시공간적으로 변화하는 역사·문화적 산물로 이해되면서 지역의 역사성과 지역성을 이해하는 유용한 기초 자료가 되기도 한다. 한편 물질적이고 형태적인 지리들을 언어적으로 표현한 지명은 인간의 다양한 인식 과정을 수용하면서 물질을 넘어 정신의 영역으로 확장되기도 한다.

최근에는 사회적 구성물이자 재현물로서 지명의 가치가 주목받고 있다. 즉 지명은 장소를 형성하는 경관 텍스트이자 의사소통 체계를 구성하며, 다양한 집단 간의 사회적 관계를 반영하면서 일정한 역할을 수행하는 사회적 구성물이라는 것이다. 사회적이고 정치적인 구성물로 지명을 바라보는 이 같은 관점은 지명이 단순히 대상을 지칭하는 지시적 수준을 넘어 특정한 사회적 주체의 정체성과 이데올로기, 그리고 권력관계를 재현해 준다는 논의로 심화되었다. 이는 바로 지명이 타자로부터 우리의 경계와 영역을 구별해 주는 강력한 도구임을 강조하는 것이다. 이러한 시각은 최근 확산되고 있는 사회 집단, 혹은 국가 사이의 영역 갈등과 영유권을 둘러싼 분쟁이 바로 지명 분쟁으로 표면화되고 있는 상황을 통해 쉽게 확인할 수 있다.

(2) 지명의 재현 기능

지명은 사회적 주체의 정체성과 이데올로기를 재현하는 기능을 가지고 있다. 공간이 가지고 있는 구체성과 물리성은 지명이라는 언어적 요소를 통해 인간 주체의 존재를 재현하는 매개 내지 수단으로 이용될 수 있다. 인간과 공간 내부의 복잡한 사회적 관계 속에서 나를 다른 사람과 구별하고 효과적으로 지칭하는 방법은 나의 이름에 공간을 부착시키는 것이다. 사회적 주체의 이름에 공간의 이름인 지명을 덧붙임으로써 자아와 관계 맺고 있는 위치와 영역을 지칭할 뿐만 아니라 자아의 정체성과 이데올로기를 우회적이고 간접적으로 재현한다. 일정한 대상을 지칭하는 지명의 기능은 단순히 대상을 지칭하려는 목적을 넘어 특정한 사회적 주체의 정체성과 이데올로기, 그리고 이들 사이의 권력관계를 재현하려는 목적을 위한 것이기도 하다.

지명은 자연·주체·타자의 존재를 지칭하는 과정에서 때때로 특정한 사회적 주체의 특질을 재현하기도 한다. 하나의 주체가 이름을 얻고 존재로서 출현하는 과정을 현실에서 실천하려면 위치와 영역이라는 구체적인 공간이 확보되어 있어야 한다. 이때 지명은 주체의 이름 주변에 부착되어 사회적 주체의 출신지, 거주지, 활동 영역에 관한 정보를 타자에게 제공해 준다. 이로써 사람의 이름에 붙여진 지명은 그 사회적 주체의 정체성과 이데올로기를 대변해 주는 특정한 문자로 표기되기도 한다.

예를 들어 한국인의 성씨 앞에 수식어처럼 따라다니는 본관(本貫)의 명칭이 다름 아닌 지명이고('南陽' 洪氏, '慶州' 李氏), 출가한 남성과 여성의 호칭으로 쓰이는 택호(宅號)의 상당수도 지명을 사용한다('安城' 댁, '奉化' 댁). 또한 조선 시대 통용되던 사람의 아호(雅號)에도 흔히 지명이 사용되었다('退溪' 이황, '栗谷' 이이, '沙溪' 김장생). 이와 같이 주체의 이름에 공간적 정보인 지명을 붙이는 사례는 이슬람교도, 즉 무슬림들 (muslims)의 경우에도 흔히 발견되는데, 무슬림들은 자신들의 출신지를 강조하기 위해 출신지의 지명을 자신의 이름으로 대용하기도 하였다. 또한 한국에서 성씨가 확립되기 이전의 고대인들은 이름 앞에 출신지 지명을 붙여 특정한 집단에 소속되어 있음을 표시하기도 하였으며, 1970년대 까지만 해도 여러 장터를 떠돌며 장사를 하던 장돌뱅이들의 이름에는 '김여수', '황서울', '백토산', '윤구례' 등과 같이 성 뒤에 연고지의 지명을 붙여 서로를 구별하거나 자신들의 정체성을 나타내기도 하였다.

이와 달리 조선 시대 군현의 명칭, 본관과 성씨의 명칭을 전부 지명소로 사용하여 사회적 주체의 정체성을 간접적으로 재현하고 거주지의 영역과 경계를 외부에 표시하는 경우가 있다. 예를 들면, 김촌(金村), 송촌(宋村), 이뜸(李뜸), 김씨동(金氏洞), 차가동(車哥洞), 진주강촌(晉州姜村), 태인허촌(泰仁許村), 송산소리(宋山所里), 한산소리(韓山所里) 등과 같이 본관과 성씨의 명칭을 붙여 지명으로 사용하거나, 공주말(公州말), 부여두리(扶餘頭里), 노성편(魯城편), 석성말(石城말), 연산뜸(連山뜸), 은진뜸(恩津뜸) 등과 같이 조선 시대 군현 명칭이라는 고유 명사를 전부 지명소로 붙이는 경우가 발견된다.

이러한 경우들은 주체의 이름 앞에 지명을 부가하여 주체와 관련된 공간적 정보를 타인에게 제공하는 데 그치지 않고 주체의 정체성과 이데올로기를 대변하여 주체의 현존성을 입증하는 효과를 가진다. 이와 같이 공간을 수단으로 하여 주체의 존재를 표상하는 지명의 기능은 언어 요소이자 공간 요소로 존재하는 지명의 내재적인 특성에서 기인한 것이다. 또한 이러한 지명은 주체의 정체성과 이데올로기를 재현하는 도구로 활용되어 지배적인 정체성과 이데올로기를 구축하고 전파하는 데 기여한다.

특히 지명의 이데올로기 재현 기능을 '이데올로기적 기호' 이론을 통해 구체적으로 살펴볼 수 있다. 사회적 주체가 소유한 특정 이데올로기를 지명 표기에 반영시켜 실천한 한 사례로서 동일한 지명 유연성과 표기를 지닌 고유 지명이 그곳에 거주하는 상호 대립적인 사회적 주체의 특정 이데올로기에 의해 다양하게 변이되어 특수한 이데올로기적 기호로 바뀐 과정을 들 수 있다. 먼저 이데올로기적 기호(ideological sign)라는 개념은 러시아의 마르크스주의 언어철학자 바흐친(Mikhail Mikhailovich Bakhtin)이 사회적 맥락과 행동 내에서 언어를 이해해야 한다고 주장하면서 제시한 것이다. 그의 이데올로기적 기호 이론은 언어(기호)가 바로 사회 내에서 이데올로기적인 특성을 지니며, 이데올로기적 계급 투쟁과 실천의 장소임을 주장한 것이다.

특히 그가 제시한 기호의 다액센트성(multiaccentuality)은 서로 다른 계급에서 서로 다른 의미를 갖게 되는 기호의 특성을 지칭하는 것이며, 기호가 계급 투쟁의 전쟁터임을 주장한 것이다. 이 개념은 기호의 다의성으로 말미암아 기호가 계급 투쟁의 매개가 될 수 있다는 사실뿐만 아니라 특정한 기호의 의미를 둘러싼 투쟁이 계급 투쟁의 일부라는 사실까지 지적하는 것이다. 이데올로기적 기호와 기호의 다액센트성 개념은 언어 기호로서의 지명을 이데올로기적이고 사회적인 맥락 속에서 바라볼 수 있게 해 주는 새롭고 근원적인 시선을 제공한다. 이 같은 지명의 이데올로기적 기호화 과정을 '물이 맑은 골' 혹은 '무쇠가 많이 나는 골'이라는 의미를 지니고 있는 '무쇠골'을 사례로 살펴보면 다음과 같다.

먼저 '무쇠골'이라는 지명이 특정한 사회적 주체들(대장장이/풍수·지관/유학자·사족)의 담론 과정에 들어가면 그 지명은 특정 주체의 담론 내에 놓인 다른 이데올로기적 단어들(쇠, 낫, 쟁기, 합금, 철광석, 단금질, 노동/氣·陰陽五行·感應·藏風得水·形局·明堂/性理學·漢學·仁·敬·修己·主一無適)과 일정한 방식으로 관계를 맺어, 제각기 특정한 지명의 의미(무쇠가 풍부하게 생산되는 '무쇠골'/仙人舞袖形 吉地로서의 '舞袖峙'/근심 없이 편안한 '無愁洞')를 생산하게 된다. '수철리(水鐵里)', '무수치(舞袖峙)', '무수동(無愁洞)'이라는 지명들은 지명이 자리한 장소에 어떠한 사회적 특성을 지닌 주체가 거주하느냐에 따라 상이한 이데올로기적 기호화 과정을 거쳐 명명된 것들이다. 이렇게 생산된 특정하고 상이한 지명 의미는 해당 지명 영역에 거주하는 집단의 사회적 특성을 재현해 줌과 동시에 지명 경관을 통해 그들의 경계와 영역을 구분해 주는 역할을 하기도 한다.

이와 같이 동일한 표기자인 '무수골~무쇠골'은 다양하고 상이한 사회적 주체들에 의해 각기 다른 이데올로기적 기호로 생성되었다. 이러한 이데올로기적 기호화는 지명에 사회적 주체들의 사회적 가치를 부여하고 그들의 존립에 물질적이고 정신적인 조건으로서 지명을 평가하면서 다양한 지명 변천을 야기하였다. 또한 상이한 사회적 주체들에 의해 각각의 특정한 지명 의미가 생산되면서 지명을 둘러싼 갈등과 경합을 발생시키는 지명 기호의 다액센트성과 이데올로기적인 계급 투쟁 영역으로서의 지명 기호를 확인할 수 있다.

이데올로기적 기호로서의 지명 논의는 1990년대 이후 영미권의 지명 연구에서 나타난 정치적 기호로서의 기념적 지명(commemorative place names) 연구와 비교될 수 있다.[1] 지명 연구의 기호학적 접근, 특히 지명 명명의 정치 기호학은 지명이라는 기호가 가치의 권위적 배분(authoritative allocation), 그리고 국가 권력을 획득, 유지, 조정, 행사하는 기능, 과정, 제도, 나아가 모든 인간관계에 내재한 권력 관계에 일정한 영향을 미친다는 전제에서 출발한다. 장소 명명과 정치적 권력 사이의 기호학적 결합은 서양의 지난 역사를 통해 추적될 수 있다. 즉 알렉산더 대왕의 사례로부터 헬레니즘(그리스) 사회와 로마 제국에 이르기까지 새로운 도시들이 황제의 이름을 따서 명명되었다. 비슷한 사례로 미국 서부에 설립된 새로운 주거지들은 정치적 지도자와 유명한 시민을 기념하기 위해 명명된 경우가 있으며, 과거 소비에트 연방에 있는 도시들은 사회주의 영웅들의 이름을 따서 명명되기도 하였다. 항공 교통이 획기적으로 발전한 20세기 후반 여행의 시대에는 많은 공항들이 국가적 영웅의 이름으로 명명되기도 하였다.

일부 연구들 중에는 기념적 도로 명명의 정치적 기호학을 분석하기 위해 움베르토 에코(Umberto Eco)의 작품을 인용하였다. 그 연구에서 기호에는 겉으로 '지시되는(denoted)' 1차적인 실용적 기능(utilitarian functions)과 함께 '암시되는(connoted)' 복잡하고 2차적인 상징적 기능(symbolic functions)이 있으며 이들 사이의 상호 작용을 언급하였다. 후자인 상징적 기능은 기호의 상징적 메시지와 관련되는 문화적 가치, 사회적 규범, 그리고 정치적 이데올로기를 포함한다. 이에 반해 지명의 실용적 기능은 공간적 방향 설정과 관련되어 서로 다른 '장소'를 가리키는 기능을 말한다. 그러나 국가의 공적 기관에 의한 장소의 공식적 명명은 그들의 기념적 역량 내에서, 지배적인 사회정치적 질서에 놓여 있는 이데올로기적 전제에 적합하고 그에 일치하는 이름들을 만들 가능성을 열어 놓았다. 이러한 기념적 차원은 지명에게 이데올로기적 의미(ideological meaning) 뿐만 아니라 정치적 의의(political significance)를 부여해 왔다.

(3) 지명의 변천과 차자 표기

중국에서 '地名'이라는 용어는 "선왕의 자취가 이미 오래되었고 지명 또한 여러 번 바뀌어(先王之迹旣遠 地名又數改易)"라는 기록으로 『한서(漢書)』(권 28상 지리지 8상)에 최초로 등장하고 있어 전한(前漢: B.C. 202~A.D. 8) 이전부터 써 오는 말이다. 우리나라의 경우 『삼국사기(三國史記)』(신라본기 제1 지마이사금 1년조)(112년 10월)에 "왕이 허루에게 일러 말하되 이곳 지명이 대포이다(王謂許婁曰 此地名大庖)."라는 말로 처음 나타난다. 기록으로 남겨진 가장 오래된 지명은 메소포타미아에서 출토된 점토판에 B.C. 2500년경에 창제된 설형 문자로 표현된 지도에 남아 있다. 그러나 이 같이 오랜 역사적 연원을 가진 지명들도 시대의 변화와 함께 끊임없이 변천해 왔다.

앞서 언급한 바와 같이 지명은 존속성과 함께 지명이 자리 잡은 언어적, 정치적, 사회적, 지리적 환경과 연동하여 변화되는 가변적인 특성도 지니고 있다. 특히 우리나라 지명의 생성과 변천 과정에는 한반도가 자리한 경계적이고 점이적인 지정학적 위치와 영역의 특성이 큰 영향을 미쳐 왔다. 한반도는 정치 경제적인 측면에서는 중국·러시아와 일본·미국, 사회주의와 자본주의, 대륙 세력과 해양 세력이 경계하는 자리이며, 사회문화적인 측면에서는 불교, 유교, 기독교의 유행과 상호 대립, 한문, 한글, 일문, 영문의 시대별 전용과 혼용, 생태 환경적인 측면에서는 대륙과 해양, 건조와 습윤, 열대와 한대가 점이적으로 투과하는 지대이기도 하다. 한반도의 경계적이고 점이적인 특성은 바로 우리나라 지명의 활발한 변화와 다양성을 낳은 구조적 배경으로 작용해 왔다.

일례로 한국인이 지닌 언어 생활의 이중성은 고스란히 우리나라 지명에 투영되어 있다. 우리나라는 훈민정음(조선 세종 28년, 1446년)이 창제된 15세기 중반까지 고유한 표기 문자를 가지지 못했으며, 훈민정음 창제 이후 조선 말기까지도 훈민정음이라는 고유한 문자가 활발히 통용되지 못하였다. 당시 한국인은 일상생활에서 발화하는 음성 언어로 한국어를 사용하였으나, 문자 언어로는 이웃한 중국의 한문이나 혹은 한자를 빌어 차자 표기하는 문예문의 향찰(鄕札), 실용문의 이두(吏讀), 번역문의 구결(口訣) 같은 변형된 표기법을 사용하였다. 이러한 상황에서 순수한 우리말로 불리어 오던 고유 지명이 오랜 역사 시기를 거치면서 다양한 차자 표기법(借字 表記法)을 통해 한자 지명으로 표기되었던 것이다.[2]

음성 언어와 문자 언어의 불일치라는 언어생활의 이중성은 바로 사회 신분에 따른 언어생활의 차별을 낳았다. 특히 조선 시대에는 신분적 계층에 따라 언어생활이 분리되어 지배층(사족), 중인층(향리), 피지배층(평민, 천민)이 각각 한문, 이두, 한글(諺文, 암클)을 사용하였다. 이러한 기형적이고 차별적인 언어생활의 이중성은 갑오개혁(1894)이 있었던 구한말까지 제도적으로 존속되었다.

이러한 언어생활의 이중성은 지명 표기의 변화를 야기하였고, 이 과정에서 특정한 사회적 주체가 소유한 정체성과 이데올로기가 지명 명명과 표기에 반영되었다. 특히 조선 시대 통치 이데올로기를 내장하고 있던 지배층들은 한문 지식과 유교적 소양을 바탕으로 지명을 한어화(漢語化), 즉 한자화(漢字化) 내지는 한역화(漢譯化)하였고, 중인층인 향리층은 이두로 고유 지명을 차자 표기하였다. 피지배층으로서의 평민이나 천민들은 문자 생활을 하지 못하는 경우가 대부분이었지만, 순수한 우리말과 한글을 통해 지명을 말하거나 표기하면서 자신들의 정체성을 자연스럽게 지명에 반영하게 되었다.

언어생활의 이중성이 동반한 지명 표기의 다양성은 국가 및 지방 스케일에서 수행된 통치의 효율성과 지배 이데올로기의 전파를 목적으로 하는 획일적인 지명 개정으로 인하여 더욱 복잡한 양상을 띠게 되었다. 즉『삼국사기(地理志)』(1145)에 기록된 고구려 장수왕의 한강 유역 지명 개정(474), 멸망한 백제와 고구려 영토에 대한 당 고종의 지명 개정(총장 2년, 669년), 그리고 통일신라 경덕왕에 의해 국가적 스케일로 단행된 2자식 한자 지명으로의 개정(757)은 고려와 조선을 거쳐 일제 강점기 식민지 권력의 구심적이고 독백적인 지명 개정(1914)으로 이어지면서 한국 지명의 다양성과 중층성을 배가시켰다. 특히 한국전쟁(1950~1953) 이후 이질적으로 전개되고 있는 남북한의 정치·경제 체제는 한반도의 허리를 사이에 두고 자본주의 시장 경제 체제와 사회주의 계획 경제 체제라는 대립적인 역사 시대를 형성시켰다.[3] 이러한 당대의 역사적 상황과 사회문화적, 정치경제적 구별과 차별은 남북한의 지명 변천에 영향을 끼쳐 상이한 사회적 주체들의 정체성과 이데올로기, 그리고 권력관계가 차별적이고 배타적으로 지명에 투영되어 왔다.

우리나라 고유 지명에 대한 한자화와 한역화 과정은 과거 고유한 표기 문자를 보유하지 못했던 우리 민족의 필연적인 지명 표기 방법이었다. 앞서 제시한 바와 같이 순 우리말의 고유 지명을 한자로 표기하는 차자 표기 방법은 고유 지명의 발음[소리]이나 의미[뜻]를 한자로 옮겨 적는 이두식 표현과 유사한 것들이었다. 그런데 고유 지명의 한자화는 표기법상의 특수성으로 인하여 지명 본래의 의미를 변질시키는 결과를 가져왔다. 또한 이미 한자화한 지명이 원래의 지명 표기자를 동음이의자(同音異義字)로 음차(音借) 및 훈음차(訓音借) 하거나 이음유의(異音類義)의 다른 한자로 대치하는 훈차(訓借)의 경우도 발생하였다. 두 지역이 한 단위의 행정 구역으로 개편될 때에는 각 지명에서 한 자씩을 취하여 하나의 지명을 이룬 혼성 지명들도 양산되었다.

이렇게 만들어진 지명들은 본래의 소리와 뜻을 상실하고 있어 현재 호칭되고 있는 한자 지명만을 대상으로 지명의 음과 의미를 단정하는 오류를 범하지 않도록 올바른 차자 표기법에 대한 지식과 이해를 갖추어야 한다. 즉 고유 지명을 한자로 차자 표기하는 방법에 대한 올바른 이해가 선행되어야 한자 지명의 정확한 해독이 가능하다. 우리말의 차자 표기는 지명, 관직명, 인명 같은 고유 명사의 표기에서 비롯된 것으로 알려져 있다. 이를 바탕으로 체계적인 차자 표기법으로 발전한 것들이 이른바 이두, 향찰, 구결이다. 도수희(1999, 69)는 고대 신라, 고구려, 백제, 가야의 시조 이름이 아주 이른 시기에 '블구내(弗矩內)', '주모(鄒牟)', '온조(溫祚)', '수로(首露)'와 같이 차자 표기되었고, 초기 이들 국가의 수도 이름도 '사로(斯盧)', '홀본(忽本)', '위례(慰禮)'와 같이 차자 표기되었음을 지적하였다.

구전의 고유 지명에 대한 차자 표기는 초기에 음차 표기가 주를 이루었으나, 후대로 내려오면서 훈차 표기가 추가로 발생한 것으로 알려져 있다. 이는 음차 표기가 안고 있는 불완전한 의미 전달 기능을 보완하기 위하여 고안된 것으로 음차 표기된 지명은 표기 당시의 한자음으로 읽으면 고유어가 실현된다. 그러나 '훈차+음차'로 차자 표기된 지명을 한자음 그대로 음독하게 되면 지명의 발음과 의미에 곡해가 발생한다. 특히 음차 표기된 지명은 조선 후기 이래 표기 한자의 뜻이 중시되는 경향으로 인해 이를 단순히 풀어 해석하면 지명 의미의 왜곡이 발생할 수 있어 주의를 요한다.

이른 시기부터 수행되어 왔던 고유 지명에 대한 차자 표기 역사는 국가와 지식인들의 기록 과정과 공식적 지명의 생산 과정을 통해 점차 순수한 한자 지명 표기로 변화하였다. 우선적으로 전국의 주요 산과 하천 또는 대단위 주요 행정 구역 등이 음성 상태로 구전되어 오던 고유 지명을 대신하는 한자 지명으로 새로 부여되었다. 이 과정을 통해 우리나라의 지명은 전체적으로 한자의 소리[音]보다는 뜻[訓], 즉 의미가 중시되는 순수한 한자 지명으로 전환되는 과정을 겪어 온 것이다.

그런데 지명의 한자화와 한역화 과정에서 그 이면에 개입된 다양한 정치적, 사회적, 상징적 의미를 찾아낼 수 있다. 특히 통일신라와 고려 시대에는 전국에 산재하는 유명 산천에 기존의 고유한 산 지명을 대체하는 조계산(曹溪山), 상왕산(象王山), 가야산(伽倻山) 등과 같은 불교를 상징하는 지명들이 활발히 부여되었고, 조선 시대에는 무이구곡(武夷九曲), 화양동(華陽洞), 숭정산(崇禎山) 등 성리학적 이데올로기가 반영된 지명들이 수없이 명명되고 표기되기에 이른다. 다시 말해 한국의 지명은 시대별로 다양한 지배 이데올로기를 재현하면서 그 의미의 누층을 지명 형태소, 즉 지명소(地名素) 안에 겹겹이 담고 있다.[4] 이러한 역사적 경험은 지배 이데올로기를 주변과 지방에 강요하는 중앙 권력이나 유력한 사회적 주체들에 의해서 이데올로기의 동일시와 비동일시가 작용한 경합과 갈등의 전쟁터(battle field)를 우리나라 지명 곳곳에 각인시켜 왔다.

일례로 유교 지명을 비롯한 이데올로기적 지명들은 사회적으로 지배적인 위치에 있던 상층민들에 의해 두드러지게 생성되고 재현되었으며, 지배 이데올로기의 변화와 함께 그 표기와 의미가 변형 혹은 변질되기도 하였다. 우리나라의 경우 오랫동안 고유한 문자를 보유하지 못한 채 중국의 한자와 사상을 빌려오면서, 유교 이데올로기를 유교적 한자 및 한문 수용과 동일시하는 경향이 증가해 왔다. 이러한 과정은 조선 시대 유교, 특히 성리학적 이데올로기가 반영된 수많은 한자 지명을 출현시켰고, 심지어는 기존의 고유 지명과 불교 지명을 유교적으로 대체하거나 변질시키기도 하였다.[5] 불교 지명의 유교화 과정은 조선 개국의 주역이자 제도적 기반을 마련한 정도전(1342~1398)의 『불씨잡변(佛氏雜辨)』에서 그 지명 개정의 원동력이 제공되었다. 그는 유교적 관점을 통해 고려 불교의 폐단과 모순을 혹독하게 지적하면서, 국가 이데올로기를 불교에서 유교로 대체하려는 의지를 보여 주었다. 정도전의 불교관은 이후 조선조 유학자들의 불교에 대한 일반적 태도를 결정짓는 것으로 '나쁜' 불교 지명을 '좋은' 유교 지명으로 대체하는 한 지표가 되어 주었다.

한자 지명으로의 개정에는 일정한 순위가 발견되는 것으로 알려져 있다. 이는 한자 지명으로의 개정에 계층 확산적 특징이 확인됨을 뜻하는 것이다. 일찍이 지명이 공식화되고 문자로 기록되는 과정에서 국가적으로 중요한 지명에 대해 인위적이고 우선적으로 한자화되는 경향이 보인다. 새로운 왕조의 탄생 또는 국토의 확장 및 통일, 그리고 중앙 집권적 체제가 공고화되어 가는 시기의 지명 개정은 그 개정의 순서에 있어 특질적인 유형이 발견된다. 즉 국가 및 지방 통치의 원활하고 효율적인 수행을 위해 정치적이고 군사적인 중요성이 큰 지역의 지명이 먼저 개정되는 특성이 있다. 주요 대단위 행정 구역의 이름이나 군사적 요충지, 혹은 사전(祀典) 제도하에서 국가적 규모의 산천 숭배와 관련된 주요 산천에 대한 지명 개정이 우선적으로 이루어졌던 것이다.

그러나 전국적인 규모로 실시된 동리(洞里) 단위의 촌락 지명의 한자화는 국가 권력에 의한 수취 체제가 강화되고 중앙 집권적 행정력이 자연 촌락의 수준에까지 미치게 되는 조선 중기 및 후기에 이르러서야 가능하게 되었다.[6] 특히 조선 시대 중앙 행정 권력이 군현 단위 지명을 통일하려는 작업과 궤를 같이하여 지방의 관인층과 사족들은 전래의 세 글자 이상의 고유한 촌락 지명을 두 글자의 유교적이고 미화적인 지명으로 획일화하고 표준화하는 작업을 국지적 스케일의 촌락 단위에서 실천함으로써 지명의 구심력을 강화하기도 하였다.[7] 한편 이 시기는 유교적 성격이 강한 종족 촌락이 형성되면서 촌락 구성원들에 의한 유교적인 한자 지명의 명명과 이로 인한 고유 지명의 변형이 발생하는 때이기도 하다.

2) 지명 연구의 방법론

(1) 지명 연구의 관점 변화

우리나라 지명에 대한 체계적인 연구는 구한말 외국인 학자들에 의해 본격적으로 이루어졌다. 일본의 역사학자인 시라토리 구라키치(白鳥庫吉, 1895~1896)는 조선 고대 지명에 대한 역사학적·언어학적 연구를 시도하였으며 이 연구가 국내 지명 연구의 최초 사례로 알려져 있다. 한편 한국인으로서는 처음으로 지명 연구를 제안한 이로 이희승(1932)이 있다. 그는 지헌영, 도수희와 함께 지명 연구의 통합적 접근, 특히 공간적이고 시간적인 지명 연구를 제시하고 실천한 학자들로서 한국 지명 연구사에서 차지하는 학문적 업적이 크다.

현재까지 우리나라 지명 연구를 주도하고 있는 국어학계에서는 지명 언어학이라는 이름으로 수행하고 있으며, 대체로 지명의 형성과 변화에 영향을 미친 사회관계와 권력관계에 주목하기 보다는 언어 내적인 순수한 음운 변화, 형태 변화, 고어 재구, 어원

연구, 방언 연구 등을 수행해 오고 있다. 또한 과거 사우어식(Sauerian) 전통 문화지리학이 수행해 오고 있는 지명 연구는 문화 전파와 문화 생태적 연구를 중심으로 형태적인 결과로서의 물질적 지명 요소에 집중해 왔다. 그 결과 문화적 사실과 현상에 내재된 현실 사회의 권력관계와 구성적이고 과정적인 문화에 대한 사회 맥락적 이해에는 소홀한 것이 사실이었다.

이 같은 학문적 패러다임은 국내 지리학 분야의 지명 연구에도 지배적인 영향을 미치게 되어 오늘에 이르고 있다. 기존 지명 지리학에서 수행한 연구들은 한국 지명이 간직한 차자 표기의 특수성과 다양성을 간과한 채 단순히 지명 표기자의 뜻[訓]을 기준으로 명명 유연성(命名 有緣性), 즉 지명 명명의 동기이자 근거를 분류하면서 분류의 신뢰성을 의심받았고, 이러한 분류에 터하여 지명 유형들의 지리적 분포를 확인하는 데 머문 정태적이고 형태적인 연구가 주류를 이루었다.

일례로 과거 지리학계에서 이루어진 지명 연구는 대체로 지명의 유형별 분포와 지리적 환경과의 상관성을 고찰한 연구들로서 산지 지역과 평야 지역 간 지명의 유형을 비교·분석하여 그 차이점을 고찰하거나, 자연 촌락명을 수집하여 지명을 의미론적으로 유형 분류한 연구, 특정 지역의 지명을 수집하여 접두어와 접미어별로 유형 분류하고 명명의 의미론적, 유연성적 측면과 그 분포의 특색을 파악한 연구, 혹은 명명 기반에 따른 지명 유형을 분류하여 지명과 지리적 환경과의 상관성을 규명하고 그 분포의 특색을 파악한 연구 등이 있었다. 그런데 이들 연구는 지명의 명명 유연성 분류에 있어 수집한 지명들을 표기하고 있는 한자 혹은 한글을 차자 표기법과 관련된 국어학적인 검토 없이 표기 문자의 의미 그대로 단정하여 분류함으로써 유형 분류의 정확성에 있어 그 신뢰도가 떨어지는 한계를 안고 있다.

천지자연의 이치[理]는 곧 천지자연의 문채[文], 즉 물질적이고 감각적인 형태로 드러나기 마련이다. 공간의 실체와 원리로서의 지리와 이 실체와 원리를 언어로 표현한 문채로서의 이름, 즉 지명은 선현들의 지리 철학적 고민 속에 오랫동안 스며 있었다. 지명 연구의 관점 변화를 구체적으로 논의하기에 앞서 지명과 연결된 세 가지의 관계, 즉 '사이들'을 말하려는 것은 21세기의 지명 연구, 그중 문화 정치적인 지명 지리학을 소개하기 위한 근본적인 전제가 되기 때문이다. 세 가지의 '사이들'이란 바로 '지리와 지명의 사이', '존속성[久]과 가변성[變]의 사이', 그리고 '분류(형태)와 권력(관계)의 사이'를 말한다.

먼저 지리와 지명은 '사이'가 있는가? 있다면 어떤 사이인가? 지명이라는 고유 명사는 일차적으로 물질로서의 지표면을 지시하여 구별하는 일종의 언어적 표현이다. 표면적으로 지명은 지리가 구사하는 언어에 다름 아니며, 이때 지리는 지명의 시간을 다루는 역사와 얽혀 지명의 공간을 말하는 것일 뿐이다. 우리가 어느 지역의 지리를 말할 때 지명이라는 언어를 필연적으로 제시할 수밖에 없는 한계도 바로 지리의 다른 이름이 곧 지명이기 때문이다. 이것은 "당신은 어디에 사느냐?"라는 지리적 질문에 대해 일정한 지명을 제시해야 하는 언어적 조건에서도 확인할 수 있다.

그러나 지리는 하나의 언어 체계이기 이전에 유형의 물질적 실체를 기초로 하고 있어 지명 이상의 것을 담고 있다. 이 때문에 지명이라는 언어는 반드시 지명을 이름 하게 된 물질적 근거와 동기, 즉 명명 유연성을 떠나서는 거론될 수 없다. 지리는 바로 지명 형성과 존립의 근거이자 토대가 된다. 그래서 지명은 물질적 지리에 대한 인간의 언어적 표현이라 정의할 수 있고 인간의 다양한 인식 과정을 수용하면서 물질을 넘어 정신의 영역으로 확장될 수 있다. 즉 지명은 작게는 사회적 주체를 재현하는 수준을 넘어 누군가의 정체성과 이데올로기를 담고 정치적인 기호이자 통치성의 도구로 활용되면서 인간 사이의 무수한 권력관계를 품게 된다.

시선을 잠시 지명의 시간성에 두게 되면 거기에 '존속성과 가변성의 사이'가 있다. 앞서 언급한 바와 같이 지명은 한번 명명되면 쉽게 변하지 않는 존속성 혹은 보수성이 있으며, 동시에 지리적, 역사적, 사회적 변동에 노출되어 꾸준히 변하는 가변성도 가지고 있다. 지명의 존속성으로 인해 언어학에서의 어원 조사와 고어 재구가 가능했으며 지리학에서는 언어 집단의 기원과 이주, 그리고 언어의 분포와 전파를 확인하는 지표로 활용되어 왔다. 이에 비해 지명의 가변성은 20세기 이래 추동되어 온 자아와 주체에 대한 구성적이고 관계적인 접근이 확산되고, 특히 1990년대 이후 본격적으로 진행되고 있는 언어적 전환 이후의 공간적 전환과 비판적 전환의 흐름을 수용하면서 주목받기 시작하였다.

고정불변하고 안정적인 지명, 그리고 독립적이며 투명한 객관적인 지명에 대한 선입 관은 이제 사회적 맥락과 권력 관계에 의해 끊임없이 변화되는 불안정하고 구성적인 존재로서 지명을 바라보게 되었다. 그 결과 자아와 사회적 주체의 정체성과 이데올로 기를 재현하는 지명, 구성적이고 관계적인 지명 명명, 나아가 대립적인 사회적 주체들 사이에서 벌어지는 지명의 기명(inscription), 파괴(subversion), 그리고 개정(revision) 에 수반된 다양한 과정들을 이해하려는 연구가 전개되고 있다. 상호 경합적이고 갈등 적인 사회적 주체들이 자신들이 선호하는 지명으로 기존 지명을 바꾸거나 공식 지명 으로서의 지위를 유지하기 위해 권력관계를 행사하는 모습에서 구성적이고 가변적인 사회적 구성물로서의 지명 속성을 읽어 낼 수 있다.

문화 전쟁(culture wars)의 대상으로 주목되는 지명의 가변적 특성은 1990년대 이 후 '분류(형태)와 권력(관계)의 사이'에 천착하는 문화 정치적(cultural politics)인 지명 연구, 내지는 비판적-정치적인 지명 연구(critical-political toponymy)를 발생시켰다. 최근 영미권 인문지리학계에서 이루어진 지명 연구들은 어원학(etymology)과 분류 법(taxonomy)에 기반한 전통적인 연구 방법을 넘어, 장소 명명의 실천(place-naming practices)을 둘러싼 정치를 검토하면서 문화 정치적이고 비판적인 재조직화를 경험하 고 있다. 구체적으로는 지명의 의미와 명명 과정의 이면에 존재하는 사회-정치적인 의미, 즉 집단 정체성을 지명에 반영하고자 하는 문화 정치적인 움직임과 이 과정에서 수반된 집단 간 갈등과 투쟁을 주된 연구 주제로 하는 비판적-정치적 경향이 나타나 고 있는 것이다.

지난 20세기의 지명 연구는 지명 명명 자체의 사회-공간적 실천을 분석하기 보다는 장소의 이름들을 축적하고 목록화하는 것에 열중해 왔으며, 이로 인해 지명학을 '정치 에 무지한 분야'로 인식하게 만들었다. 이러한 관점에서 볼 때 지난 20년간 수행된 비 판적-정치적 지명 연구는 대체로 '형태에서 관계로', '분류에서 권력으로'의 큰 흐름을 체화해 가고 있음을 알 수 있다. 즉 전통적 지명 연구가 취해 온 어원적이고 분류적인 연구 방식은 지명 명명을 둘러싼 사회적 구성 과정과 권력 관계를 분석하는 방향으로 변화해 가고 있다.

일례로 1920년대 말, 당시의 지명 연구 동향을 정리한 라이트(Wright, 1929)는 지명 연구의 전통적 접근이 식물학적 수집자(botanical collector)에 비유될 수 있다고 주장하였다. 이로 인해 그는 '지명 수집가의 작업이 지명의 목록을 작성하고 각각의 기원과 의미를 고려한 세부 목록을 모으는 것'이라고 제시하였다. 개별 지명들의 기원과 어원에 대한 집중은 지명 명명의 과정을 둘러싼 정치적 갈등(political struggles)을 소홀히 취급하는 경향이 있어 왔다. 위더스(Withers, 2000)가 비판한 바와 같이, 땅 위 혹은 역사 지도 위에서 지명을 취급하는 것은 결국 지명 자체만을 중시하게 되는 위험을 안고 있으며, 지명 명명의 권위적 행위에 수반되는 본질적인 사회적 과정을 소극적으로 다루게 하였다.

그러나 최근 전개되고 있는 공간적 명명에 대한 문화 정치적이고 비판적인 분석들은 특정한 공간에 고정 불변한 정체성을 고착시키려는 본질주의자(essentialist)들의 요구에 도전하는 가장 효과적인 전략으로 제시되고 있다. 게다가 장소의 명명은 확연히 구별되는 공간적 정체성(spatial identities)을 구축하기 위한 주요한 수단이며, 그 결과 공간적 명명과 관련된 지명 실천들(toponymic practices)이 발생시키는 다양한 사회적·정치적 갈등을 비판적으로 분석하는 작업이 수행되고 있다.

이를 반영하여 최근 영미권에서 수행된 비판적—정치적 지명 연구도 지명 명명의 불균등한 권력관계와 정치적 갈등을 논의하였다. 즉 다양한 스케일의 정치적 정체성을 구축하고 합법화하는 상징적 전달자(symbolic conduit)로서 지명 명명을 다루거나 지명을 통한 스케일의 재구축(toponymic rescaling) 과정을 연구하기도 하였다. 또한 지명 경관(toponymic landscape, namescape)에 내재된 권력과 의미를 고찰하거나, 기억의 텍스트(text of memory)로서의 기념적 도로명을 분석하는 등 이데올로기적 담론과 권력의 헤게모니적 구조화를 재현하는 지명의 의미를 강조하기도 하였다. 대체로 이들 연구들은 지명 명명과 인식 과정에 내재된 권력관계를 정치적으로 분석하거나 지명 실천을 통한 장소의 문화적 생산에 주목하는 능동적 기표로서의 지명 연구 경향을 보이고 있다.

앞으로 전통적 지명 연구가 노정했던 백과사전적이고 골동품 수집적인 경험주의를 보완하는 이론적이고 방법론적인 고민들이 필요하다. 이미 결정되어 있는 지리적 대상 혹은 인공물, 나아가 투명한 기표(transparent signifier)로서 지명을 바라보던 오래된 시선 위에, 지명의 명명과 인식, 관리에 작동하고 있는 경합하는 공간적 실천들(contested spatial practices)의 문화 정치, 그 결과 형상화, 제도화되는 지명 영역들의 문화 정치 논의가 포개져야 할 것이다.

그러나 지명의 명명 유연성이자 존재 근거로서의 지리를 간과할 수 없듯이 지명의 참뜻을 규명하여 본래의 형태를 복원하고 밝혀진 참뜻과 형태에 근거하여 유형별로 지명을 분류하여 (역사) 지도를 제작하는 작업 또한 소중한 연구이다. 특히 복잡한 언어적 배경을 가진 한국 지명의 경우 선학들의 피와 땀으로 이룩한 전통적 차자 표기법과 언어학적 음운, 음성, 어휘, 형태에 관한 지식들을 계승하여 우리나라 지명의 특수성과 보편성을 세계의 지명사 위에서 규명해야 하는 과제가 후학들에게 남아 있다.

다시 오래된 것과 새로운 것의 사이에서 지명 명명 및 표기의 연륜과 유래를 살피고, 지명 변천과 실천에 개재되어 있는 문화 정치적 면모를 비판적으로 분석하는 작업을 고민해야 한다. 이 같은 고민들은 '올바른' 지명이란 무엇인가, '올바른' 지명은 만들어지는 것인가에 대한 물음 속에 그 해답으로 자리 잡고 있다. 미래의 지명 연구가 지향하는 궁극적인 지점도 이러한 질문들에 대한 대답의 과정이며 결국에는 지명의 의미와 의미 생산과 관련된 사회적 혹은 분배적 정의, 나아가 공간적 정의(spatial justice)를 고민하는 도덕 지리(moral geographies)의 한 모습일 것이다.[8]

(2) 문화 정치적 지명 연구

문화 연구(cultural studies)의 문화 개념에 이론적 토대를 두고 있는 문화 정치적 연구는 문화를 하나의 사물(thing)이 아닌 투쟁의 대상이 되는 일련의 사회적 관계로 파악한다. 여기에서 사회적 관계란 권력의 구조, 즉 지배와 복종의 구조로 가득 차 있는 관계를 말한다. 문화에 관한 이 같은 사고는 문화를 경제적이고 정치적인 모순들이 충돌하고 해결되는 영역(domain)으로 정의한 것과 맥락을 같이 한다. 나아가 문화는 존재론적 기반이 없는 신기루(mirage)나 실체가 없는 관념(idea)으로 정의되기도 한다. 즉 문화 그 자체는 현실적이고 영구적인 사물로서 존재하지 않으며 대신 문화에 관한 강력한 이데올로기, 즉 문화를 기준으로 사람들이 행동하는 바를 지시하는 이데올로기만이 존재할 뿐이라는 것이다. 이때 문화를 존재하는 것으로 인정한다면, 그 문화는 사회적 상호 작용의 영역(realm)이자 수준(level), 매개(medium)로 존재한다.

문화 연구가 문화 현상을 권력관계가 얽혀 있는 정치적 장으로 바라보는 것과 같이 문화 정치적 연구 또한 문화 개념을 하나의 사회 질서가 전달, 체험, 탐구되는 의미 체계로 파악한다. 이로써 문화는 집단의 사회관계가 구조화되고 형성되는 방식이며, 동시에 그러한 형태가 경험, 이해, 해석되는 매개인 것이다. 따라서 문화는 지배와 종속의 패턴으로 반영되는 권력관계를 함축하며 정치경제적 모순이 충돌되는 장으로 나타난다. 이 같은 인식은 문화 그 자체로부터 의미가 충돌되고 지배·종속 관계가 규정되는 문화 정치의 영역으로 사고가 확대됨을 의미한다. 이러한 인식의 연장선 위에서 쉴러(Schiller, 1997)는 문화 정치를 "권력관계가 생각, 가치, 상징, 그리고 일상생활의 실천에 의해서 주장, 수용, 경합되거나 파괴되는 과정들"을 구성한다고 정의하였고, 에스코바르(Escobar, 1997)는 "사회적 행위자들이 형성되거나, 혹은 상이한 문화적 의미와 실천들이 서로 충돌하게 될 때 일어나는 과정들"이라고 문화 정치를 설명하였다. 특히 소속(belonging)과 관련된 문화 정치 논의는 재현의 권력, 그리고 재현과 구성원 자격(membership)의 결정을 둘러싼 투쟁을 수반한기도 한다.

권력관계와 소속의 개념에 주목하는 문화 정치는 문화지리적 과정(process), 투쟁(struggle), 변동(change)과 같은 문화 전쟁에 관심을 갖는다.[9] 그 결과 문화 정치는 사회적 관계와 제도, 그리고 공간과 장소의 의미와 구조를 둘러싼 투쟁(battle)의 영역으로 문화를 규정한다. 이로써 문화 정치는 관계(relation)와 권력(power)의 문제를 중심으로 문화 생산의 주체는 누구이며 문화 생산의 원인은 무엇인가를 분석한다.

특히 권력은 문화적 실천과 생산, 그리고 문화 정치의 중심에 놓여 있는 주제로 의미 있는 모든 실천들은 권력의 관계를 포함하고 있다. 이러한 인식을 토대로 잭슨(Jackson, 1989)은 새로운 문화지리학이 주목하는 대상은 문화 그 자체가 아니고 문화 정치라고 생각하였다. 또한 이무용(2005)은 공간의 문화 정치를 공간의 생성, 변천, 소멸의 과정을 '공간-주체-권력'의 상호 작용의 관점에서 종합적으로 연구하는 분야라고 정의하였으며, 공간을 둘러싼 물리적, 상징적, 문화적 권력관계와 갈등, 경합의 다양한 과정과 그 지리적 맥락을 탐구하는 비판지리학의 핵심이라고 규정하였다.

이상을 정리하면 문화 연구와 신문화지리학(new cultural geography)에서 논의해 온 문화 정치는 문화와 문화 생산의 의미를 둘러싸고 발생하는 다양한 사회 집단들 간의 갈등과 경합의 권력관계를 분석하는 연구 방법론이다. 문화 및 언어 현상의 하나로 이해할 수 있는 지명의 명명과 인식은 문화 정치적 접근에 쉽게 노출되어 있으며, 여기에 바흐친(Mikhail M. Bakhtin)의 이데올로기적 기호 이론과 페쇠(Michel Pêcheux)의 유물론적 담론 이론 등과 같은 문화 이론 및 언어 이론을 접목해 한국 지명의 문화적·언어적 보편성을 가늠해 볼 수 있을 것이다. 이를 토대로 앞으로의 지명 연구는 전통적 지명 연구의 방법론을 비판적으로 계승하여 문화 정치적인 지명 연구, 즉 지명과 지명 영역의 생성과 변천 과정에 개재된 권력관계를 포착하여 사회적 주체의 정체성과 이데올로기가 재현되고 구성되는 과정을 분석하는 수준으로 확대되어야 할 것이다.

(3) 지명 조사 방법

한국 지명의 문화 정치적 연구라는 기본적인 문제의식을 전개해 나가기 위해서는 관련 학문의 이론적 성과와 지명 연구 방법론을 수용하려는 다학문적이고 학제적인 접근이 견지되어야 한다. 특히 우리나라 지명이 간직한 다양성과 중층성, 나아가 특수성과 보편성을 파악하기 위해서는 지명 고증 작업과 지명별 변천 조사에 지리학적인 조사뿐만 아니라 언어학적, 역사학적 방법들과 자료들이 적용되어야 한다. 지명 자료의 고증에 있어서는 국어학적인 음운 및 어휘 변화와 관련된 개념과 한자 지명의 차자 표기법에 관한 이론들이 적용될 수 있다. 국어학적으로 고증이 불가능한 경우에는 관련 지명이 기재된 고문헌과 고지도, 기타 자료들에 기록된 지명 이표기(異表記)를 비교 분석하는 방법도 활용될 수 있다. 실내 문헌 조사로 풀리지 않은 지명 고증 및 변천 조사에 대해서는 현지 지역의 답사와 현지 주민과의 면담을 통해 보완될 수 있다.

이 과정에서 지명의 고증과 변천 조사가 수행되는 절차와 방법에는 무엇이 있는지 살펴보았다. 지명 조사의 절차는 크게 세 가지로 분류할 수 있다. 이때 한국 지명이 지닌 이중성이라는 특수한 성격으로 인해 순수한 우리말의 고유 지명과 이를 한자로 차자 표기한 한자 지명을 동시에 조사하여야 지명의 본래 의미와 변천 내용을 확인할 수 있다.

첫째, 실내 문헌 조사 단계이다. 이 단계는 다시 세 가지 조사 방법으로 하위분류할 수 있다. 첫째, 해당 지명을 기록하고 있는 (고)문헌 및 문서와 (고)지도 등을 최대한 확보하는 단계로 가능한 많은 지명 자료와 이표기 자료를 수집해야 한다. 둘째, 확보된 지명 표기 자료를 문헌 및 지도 간 비교 분석하는 단계로 이로서 이표기가 얼마만큼 변이되고 어떤 차자 표기가 적용되었는지를 시계열적으로 확인할 수 있다. 셋째, 해당 지명의 다양한 음운 현상과 변화를 고려하는 단계이다. 이 단계에서는 역사학적인 사료 분석과 국어학적인 차자 표기법 및 음운 현상에 관한 지식이 동원되어야 한다.

둘째, 현지 야외 답사의 단계이다. 이 단계는 실내 조사에서 확보된 지명 자료와 다양한 이표기 자료를 토대로 실제 해당 지명이 위치한 장소를 답사하여 지명의 명명 유연성과 지리적 관련성을 조사하는 단계이다. 특히 이 단계에서는 해당 지명을 사용하는 다양한 부류의 지명 언중들과의 면담이 필수적으로 요구된다. 그 이유는 면담 과정에서 언중들이 비공개로 소장하거나 기억하고 있는 음성 및 문자 언어 상태의 각종 지명 자료와 지명 기록 문헌들이 확보될 수 있기 때문이다. 아울러 지명어의 의미와 음운 변화의 실마리, 지리적이고 역사적인 지명 변천 요인, 그리고 언중들 내에 작용하고 있는 다양한 사회관계와 권력관계가 파악될 수 있기 때문이다.

셋째, 종합적 분석 및 이해의 단계이다. 지금까지 수집된 지명 자료를 종합적으로 분석하고, 해석·이해하는 단계이다. 이를 통해 지명의 차자 표기법과 음운 변화 같은 언어 내적인 조사 내용과 함께 지명을 매개로 작용하고 있는 지명 언중들의 정체성과 이데올로기의 재현, 그리고 권력관계 등에 주목하는 언어 외적인 지명 조사를 종합하여 지명의 본래 의미와 변천 과정을 문화 정치적으로 정밀하게 분석할 수 있을 것이다.

이상과 같은 지명 고증과 변천 조사를 통해 수집된 지명들을『신증동국여지승람(新增東國輿地勝覽)』(1530),『동국여지지(東國輿地志)』(1656~1673),『여지도서(輿地圖書)』(1757~1765),『호구총수(戶口總數)』(1789),『동여도(東輿圖)·대동여지도(大東輿地圖)·대동지지(大東地志)』(1800년대 중반),『구한국지방행정구역명칭일람(舊韓國地方行政區域名稱一覽)』(1912),『신구대조조선전도부군면리동명칭일람(新舊對照朝鮮全道府郡面里洞名稱一覽)』(1917),『현대 각 시군 지명지』(20세기 후반 이후 간행) 등, 문헌이 작성된 시기별로 구분하여 지명 변천에 관한 기초적인 도표를 작성할 수 있다.

3) 지명 실천의 문화 정치

지명은 존속성과 함께 가변성을 지니고 있다. 지명이 지닌 가변성은 사회적 맥락(social context)에 따라 끊임없이 변화하는 지명 생성의 사회적 과정으로 드러나며, 그 결과 사회적 구성물(social constructs)로서의 지명이 생산된다. 사회적 구성물로서의 지명은 단순한 지시와 구별의 기능을 넘어 다양한 사회적 주체들의 정체성과 이데올로기를 재현하고 구성하는 수준으로 그 기능이 확대되기도 한다. 이때 정치, 경제, 문화적으로 이해를 달리하는 사회적 주체들 사이에는 지명의 의미를 둘러싼 다양한 갈등과 경합, 나아가 지명전쟁(toponymic warfare)이 발생하기도 한다.

이와 같이 자신들이 선호하고 후원하는 특정 지명을 명명하기 위해 타자의 지명을 배제하고 비동일시하려는 지명 실천의 과정에는 분명 사회 집단의 정체성과 이데올로기를 재현하고 공동체 사이를 구별 짓는 영역적 기표(territorial signifiers)로서의 지명이 강조되고 있다. 궁극적으로는 영역적 기표로 기능하는 지명이야 말로 사람들이 지명을 통해 얻고자 하는 효과이며, 지명 실천의 문화 정치가 주목하는 지점이다.

지명의 명명, 개정, 폐지와 같은 지명 실천들에는 이를 둘러싼 다양한 갈등과 경합이 표출된다. 여기에서는 지명 실천, 즉 지명을 명명하고 외부의 지명을 인식하며, 나아가 지명들을 관리하고 통제하는 과정을 이론적으로 정리하였다. 최근 국내외에서 발생하고 있는 지명 명명, 개정, 폐지를 둘러싼 갈등과 경합 사례들, 예를 들어 2012년 1월 1일부터 시행된 '도로명 새주소'를 둘러싸고 지명도 높은 특정 아파트 이름과 도로명을 새주소에 포함시키고자 하는 사회적 주체들 사이의 갈등과 경합 양상, 미개척지인 남극 대륙에서 영역을 선점하고 확보하기 위해 '남극 인수봉', '미리내 빙하' 같은 한국식 지명을 명명한 사례, 일본해로 표기된 지도에 대한 동해 병기를 주장하는 한국 정부의 노력, '우산봉', '대한봉'이라는 독도 봉우리에 대한 한국 국가지명위원회의 공식 지명 제정에 대응하여 일본어 지명을 명명하려는 일본 정부의 움직임, 센카쿠[尖閣列島] 혹은 댜오위다오[釣魚島]라는 경합 지명을 둘러싼 일본과 중국 정부의 영유권 분쟁 등에서 지명 실천을 둘러싼 다양한 스케일에서의 갈등과 분쟁 양상을 확인할 수 있다.

먼저 지명 명명의 문화 정치에서는 지명 명명 단계에 적용할 수 있는 안게른(Emil Angehrn)의 수적 정체성, 질적 정체성, 자아 정체성의 지명 명명을 사례와 함께 살펴보았다. 지명 인식의 문화 정치에서는 외부의 지명을 인식하는 단계에서 나타나는 현상들을 미셸 페쇠의 동일시 이론과 스튜어트 홀의 기호 해독의 위치를 중심으로 사례와 함께 제시하였으며, 마지막으로 지명 관리의 문화 정치에서는 지명 표준화의 단성성과 독백주의, 통치성의 작동으로 표현되는 지명의 구심력과 사회적, 분배적 정의 및 상징적 저항과 관련된 지명의 원심력 논의를 언급하였다.

(1) 지명 명명의 문화 정치

사회적 주체들의 정체성 재현과 관련된 지명 명명 과정은 정체성의 성격에 따라 두 가지로 하위분류된다. 그 하나는 '내적 정체성', 즉 형성 단계에 있는 정체성들의 재현에 따른 지명 명명(안게른의 수적-질적-자아 정체성과 지명 명명)이고, 다른 하나는 '외적 정체성', 즉 이미 만들어진 기성 정체성들이 외부에 작용하면서 발생하는 지명 명명(카스텔의 정당화-저항-기획 정체성의 지명 명명)이다.

우선 '내적 정체성'의 지명 명명과 관련해서 안게른의 형성 단계에 따른 정체성 구분과 그 지명 명명의 특성을 살펴보았다. 안게른은 정체성이 맥락에 따라 개별성, 성질 그리고 같음 등의 논리적 의미를 지니며, 이는 각각 '수적 정체성(numerical identity)', '질적 정체성(qualitative identity)', 그리고 '자아―정체성(I-identity)'과 연관되어 있다고 보았다.

'수적 정체성'은 개인의 개별성을 기초로 하여 형성되며, 지시적 요소인 '이것'으로 확정되는 단수 주어나 이름 같은 고유 명사를 통해 물질적 개별성의 지시를 확정하는 특성을 지닌다. '수적 정체성'과 관련된 지명 명명은 지명의 기본적인 기능인 특정 장소를 다른 장소와 구별하고 지시하는 기능과 관련된다. 이와 관련된 사례로는 지명 명명 주체가 거주하는 장소의 수적 개별성과 차이를 강조하여 명명한 자연 지명(긴골, 가는골, 양지말 등)이나 방위 지명(동촌, 안골, 뒷골 등) 등이 해당한다.

다음으로 현대 사회학자들에 의해 주목된 내적 단일성을 강조하는 '질적 정체성'이 있다. '질적 정체성'은 개별성이나 차이보다는 내적 단일성이나 같음을 강조하여 "그는 무엇인가? 그는 어떤 종류의 인간인가? 그는 어떤 집단에 속하는가?"라는 물음에 답하면서 형성되는 정체성이다. 개인의 역할 내지는 경험과 기획으로 형성되는 '질적 정체성'은 개인이 지향하는 가치 체계와 소속 공동체의 특성을 표현한다. 이 단계의 정체성과 관련된 지명 명명으로는 특정한 사회적 주체들이 자신들의 이데올로기적 속성을 재현하여 명명한 지명들이 해당된다. 특히 조선 시대 성리학적 이데올로기가 담긴 유교 지명 같은 이데올로기 지명에 잘 재현되어 있다. 예를 들어, 경북 김천시 봉산면의 '인의리(仁義里)', '예지리(禮智里)', '신리(信里)', 김천시 아포읍과 구미시 선산읍에 걸쳐 있는 '인리(仁里)', '의리(義里)', '지리(智里)', '예리(禮里)', '습예리(習禮里)', 평북 평원군 한천면의 '인의동(仁義洞)', '예지동(禮智洞)', '신의리(信義里)' 등은 유교적인 사회적 주체들의 속성을 반영하는 '질적 정체성'에 의한 지명 명명이라 볼 수 있다.

그런데 이러한 '질적 정체성'은 고정되어 있지 않고 끊임없이 변화하는 특성을 지니고 있다. 이러한 '질적 정체성'의 변화와 다양성에도 불구하고 이를 동일한 자신의 것으로 통합하는 정체성이 바로 '자아―정체성'이다. 예를 들어, "나는 누군가의 딸이면서 한 아이의 엄마이기도 하고, 기업인이면서 불교신자이기도 하며, 혹은 공주 사람이자 충청도 사람, 그리고 한국인이다.”라고 할 때, 여러 질적 정체성들이 변화하는 시공간에서도 동일한 자신에게 통합되어 정당화되는 것이 형식적 동일성이자 ‘자아－정체성’인 것이다. ‘자아－정체성’은 ‘질적 정체성’과 마찬가지로 내적 동일성과 같음을 강조하며, 자신의 다양한 질적 정체성들을 모두 동일한 자신의 것으로 통합시켜 내적으로 다르지 않음의 구조에 도달할 때 형성된다. 이러한 의미에서 ‘자아－정체성’은 주체의 통합 능력과 의사소통 능력을 기초로 한다. 내적 동일성과 같음을 강조하는 ‘자아－정체성’에 의한 지명 명명으로는 위에서 ‘충청도 사람’, ‘한국인’이라는 말에서 재현된 ‘충청도’와 ‘한국’이 해당된다.

　내적 정체성에 의한 지명 명명과는 달리 ‘외적 정체성’, 즉 이미 만들어진 기성 정체성들이 외부에 그들의 위치, 상황, 특성 등을 재현하면서 생산한 지명 명명의 사례를 생각해 볼 수 있다. 이는 카스텔(Manuel Castells)의 정당화－저항－기획 정체성과 관련된다. 카스텔은 정체성의 유형을 ‘정당화하는 정체성(legitimizing identity)’, ‘저항 정체성(resistance identity)’, ‘기획 정체성(project identity)’ 등으로 분류하여 제시하였다.

　‘정당화하는 정체성’은 사회 제도를 통하여 다른 사회에 소속된 다른 사람들에 대하여 자신의 우월성을 확대하고 합리화하려고 구성하는 것으로 그 대표적인 실례로 민족주의(nationalism)가 있다. ‘저항 정체성’은 타자에 의해 우월성의 논리로 압박을 당하거나 평가 절하되는 자신의 위치와 상황을 벗어나기 위하여 구성하는 것이다. 특히 일정한 사회 제도에 순응하고 복종하기 보다는 반대하거나 위반하는 원칙을 만들어 자신의 저항과 생존의 전선을 구축하기 위한 정체성이다. ‘정당화하는 정체성’과 ‘저항 정체성’은 일반적으로 사회적 주체 사이의 갈등과 경합의 과정에서 발생하는 경우가 대부분이며, 해당 사례의 하나로 경합 지명으로서의 ‘미호(渼湖)’와 ‘벌말’이 있다. 대전광역시 대덕구 미호동에 있는 ‘渼湖’와 ‘벌말’이라는 지명은 각각 조선 시대 사족과 평민이라는 신분적으로 상이한 사회적 주체들에 의해 명명되고 존속된 지명들로 지배와 정당화로서의 ‘渼湖’ 지명과 이에 대한 저항으로서의 ‘벌말’ 지명 사이의 갈등과 경합 양상을 살필 수 있는 사례이다.

마지막으로 '기획 정체성'은 어느 정도 유리한 사회문화적 여건을 갖추고 있는 사회적 주체들이 사회에서 차지하고 있는 자신의 위치를 더욱 확고히 하기 위하여 구축하는 것이다. 기획 정체성에 의한 지명 명명의 사례로는 대전시 동구 '상소동(上所洞)'과 '하소동(下所洞)'이 해당된다. 원래 해발고도가 낮아 '下所洞[下所田]'이라 명명된 지명이 그곳에 거주하던 지배적 사족 집단인 은진 송씨(恩津 宋氏) 등에 의해 '上所洞[上所田]'이라는 지명으로 강제 변경되어, 사족으로서의 높은 사회적 신분과 '上'이라는 지명 표기자의 의미를 동일시하면서 자신들의 사회적 위치를 지명을 통해 확고히 기획한 사례이다.

(2) 지명 인식의 문화 정치

일상생활에서는 특정한 정체성을 지니고 있는 다양한 사회적 주체들이 이미 외부에 존재하면서 경험되는 지명을 구체적으로 인식하는 과정이 존재한다. 이 과정은 바로 사회적 주체가 일정한 지명을 동일시(同一視), 역동일시(逆同一視), 비동일시(非同一視)하거나, 지명 의미를 해석하고 인식하는 디코딩(decoding), 즉 기호 해독의 과정을 의미한다. 사회적 주체들이 특정 지명을 인식하는 과정에서는 다양한 갈등과 경합 양상이 발생할 수 있으며, 이 과정에 대한 이론적인 분석을 위해서는 페쇠(Pêcheux, 1975)의 동일시 이론과 홀(Hall, 1980)의 디코딩의 위치에 대한 분류를 구체적인 지명 인식과 관련시켜 살펴볼 수 있다.[10]

페쇠는 보편 주체(대주체)(신, 국가, 민족, 언어와 지명)에 대해 주체가 갖는 세 가지 관계 양상을 '동일시', '역동일시', '비동일시'로 구분하여 제시하였다. 그런데 보편 주체를 바라보는 주체의 동일시 양상은 홀이 인코딩(기호 생산)과 디코딩(기호 소비, 기호 해독) 간의 불일치에서 나타나는 세 가지 디코딩의 위치, 즉 '지배적－헤게모니적 위치', '타협적 의미규칙의 위치', '대항적 의미규칙의 위치' 개념과 자연스럽게 연결된다. 먼저, 보편 주체를 '좋은 주체'로 동일시하여 대상과의 같음(sameness)을 추구하면서 자신이 속한 보편 주체, 즉 담론 구성체가 생산해 내는 의미를 자명하고 당연한 것으로 받아들이는 '동일시(identification)' 양상은 '지배적─헤게모니적 위치'와 연결된다. 동일시 양상은 외부에 존재하는 일정한 지명을 특정한 사회적 주체들이 자신들의 정체성을 재현해 주고 강화해 주는 긍정적이고 좋은 지명으로 동일시하거나, 혹은 지배적─헤게모니적으로 인정하거나, 전유하는 경우이다.

다음으로 자신에게 부과된 보편 주체(담론 구성체)를 '나쁜 주체'로 규정하여 불편해하거나 꺼려하고, 대상과의 다름(otherness)과 차이를 지향하면서도 협상의 여지를 남겨 놓는 '역동일시(counter-identification)' 양상은 '타협적 의미 규칙의 위치'와 유사하다. 이 역동일시 양상은 동일시 양상과 함께 특정한 사회적 주체의 정체성을 강화하거나 재생산하고 나아가 보편 주체나 지배구조의 재생산에 기여한다.

이에 반해, 마지막의 '비동일시(disidentification)' 양상은 세계 체제의 작동 방식을 변경시키거나 지배적인 흐름을 거스르는 변혁적 주체를 형성하여 새로운 구조를 생산하려는 전략적 의미를 지니고 있으며, 홀의 디코딩 위치 중 '대항적 의미 규칙의 위치'와 성격이 유사하다. 이와 관련된 지명 사례로는 특정한 사회적 주체가 일정한 지명의 의미를 '나쁘고 거북한 것'으로 역동일시하거나 비동일시하면서 새로운 지명의 의미를 생산해 내기 위해 지명을 인위적으로 개명하거나 폐지시키는 경우가 있다. 이러한 비동일시는 보편 주체와 전혀 다른 대항적 위치로부터 지배적 정체성을 완전히 대체하는 대안적 정체성을 구축하려고 노력한다.

특정한 주체가 자신의 외부로부터 부여된 일정한 지명을 역동일시나 비동일시하는 과정이 확인되는 대표적인 사례로는 '자지텃골'(옛 충남 연기군 남면 갈운리)과 '적곡면(赤谷面)'(충남 청양군)이 있다. 전자는 남성 성기를 지칭하는 우리말인 '자지'를 연상시키면서 일부의 지명 언중들이 공식적으로 부르는 것을 꺼리는 지명이다. 후자는 반공 이데올로기의 영향을 받은 지명 언중들에 의해 그 의미가 '빨갱이 굴', 즉 인민군의 은신처를 연상시킨다는 이유로 결국 1987년에 '장평면(長坪面)'이라는 지명으로 변경되었다. 다양한 정체성에 의한 동일시 양상과 지명 인식의 결과는 사회적 주체들의 권력 실천을 통해 특정한 지명을 강화하거나 혹은 거부하면서 새로운 지명을 생성시키고 기존 지명을 변경, 폐지시키는 갈등과 경합의 문화 정치를 발생시킨다.

(3) 지명 관리의 문화 정치

지명은 국가 기관이나 특정 사회 집단의 효율적인 통치와 지배, 나아가 그들의 정체성과 이데올로기 강화를 위해 반드시 필요한 관리 대상이다. 현재 우리나라에서는 국토지리정보원과 행정자치부 등과 같은 국가 기관에 의해, 국제적으로는 유엔지명표준화회의(UNCSGN)의 실무 기구인 유엔지명전문가그룹(UNGEGN)과 국제수로기구(IHO) 등이 지명 사용의 원활한 소통을 위해 꾸준히 지명 관리를 해 오고 있다. 사회 집단 수준에서는 그들의 거주지 주변에 자신들의 지배적 정체성과 이데올로기를 재현하는 특정 지명과 지명 명명 방식으로 기존 지명을 개정하여 통일하고 표준화해 왔다.

대체로 이들 주류적 기구들은 지명 표준화(standardization)라는 명목하에 그들의 통치성(governmentality)을 강화하기 위한 일정한 지명 표준화의 원칙을 가지고 있다. 지명 표준화의 원칙이란 특정 장소에 대하여 이름을 공식적으로 부여하는 지명의 통일화 과정에 적용되는 기준과 원칙을 의미하며, 공식적인 지명을 제정하여 합리적으로 사용하고 불합리한 지명과 복수 지명들을 변경하는 일정한 원칙과 기준이 요구된다는 것이다. 우리나라의 경우에도 역사와 문화의 변천 과정에서 생성, 변경, 소멸을 반복하는 지명을 체계적으로 정리, 관리하기 위하여 일정한 표준화의 원칙에 따라 명칭을 통일해 왔고 지명 사용에서 발생하는 여러 혼란과 갈등을 방지해 왔다.

그런데 지명 표준화의 원칙을 제정하는 과정에는 여러 문제가 발생할 수 있다. 지명은 특정 사회 집단의 정체성과 이데올로기를 재현하고 이를 통해 경계와 영역을 구획하는 기능을 하기 때문에 지리적 실체가 다른 사회 집단의 경계 혹은 타국의 영역에 걸쳐 분포하는 경우 지명을 하나로 통일하는 표준화 과정과 원칙 설정에 있어 여러 갈등과 분쟁이 야기될 수 있다. 이 같은 갈등과 분쟁의 저변에는 이들 주류 기구들과 사회 집단들이 행사하는 지명의 구심력이 작동한다. 그러나 지명을 하나의 방식으로 표준화하려는 단성성(monophony)과 독백주의(monologism)는 타자로 규정된 다른 정치체나 사회적 주체들에 의해 일정한 정치적·상징적 저항을 발생시키기도 한다. 즉 비주류의 피지배 집단들은 사회적·공간적 정의를 주장하며 배타적인 방식으로 지명의 원심력을 추구하기도 한다.

국가 간, 혹은 상이한 사회 집단 사이에서 발생하는 지명을 둘러싼 갈등과 분쟁은 지명 관리의 차원에서도 다양한 형태로 나타난다. 지명 관리에는 일정한 권력이 작동되고 있다. 그 이유는 하나의 지명은 인간 주체에 의한 가치 평가를 거쳐 수용되거나 거부되기도 하며, 이러한 평가의 과정에는 '좋고, 나쁨'의 기준을 결정하는 권력관계가 개입되기 때문이다. 흔히 이러한 기준은 인간 주체의 정체성과 이데올로기가 되는데, 인간 주체는 이를 근거로 지명을 평가할 때 자기와 같은 것은 포함하고 자기와 다른 것은 배제하며 나와 너 또는 우리들과 그들을 구별한다. 더 나아가 자기와 같다고 평가되는 지명을 타자에게 강요하는 동일성(identity)의 논리로 타자를 지배하거나 억압하기도 한다. 이러한 동일성 논리에 의한 지배와 억압에 대해 피지배자로서의 타자는 경우와 상황에 따라 특정한 지명에 저항(resistance)을 하기도 하고, 동의(consent)나 협상(negotiation)을 하기도 한다.

앞서 제시한 지명 관리란 특정한 사회적 주체가 우리와 그들을 구별하는 포함과 배제의 행위에 다름 아니며 이는 곧 권력이 작용하는 과정 그 자체이다. 특히 이름을 붙이는 행위(naming)는 권력 그 자체로, 무언가를 실재하게 하는 창조적인 힘(power)이며 비가시적인 것을 가시화하는 힘이다. 또한 특정한 장소가 고유한 명칭을 부여받은 다음 정체성이 지속적으로 유지되는 것도 따지고 보면 언어의 힘이다. 그 결과 지명에 대한 권력의 실천이란 특정한 사회적 주체가 동일시하는 지명이 자신의 영역을 정화하고 확장하는 과정을 의미한다. 특정한 사회적 주체가 자신의 정체성과 이데올로기를 재현하는 지명의 표기 방식으로 다른 지명들을 개정하려는 시도는 동일성에 의한 지배와 억압을 뜻한다. 이러한 의미에서 특정한 지명의 영역은 특정한 사회적 주체의 권력이 자기장처럼 힘을 발휘하는 공간적 범위와도 같은 것이다.

바로 이와 같은 이유에서, 바흐친이 언급한 언어의 구심력과 원심력은 언어, 특히 지명을 통한 권력의 실천을 분석할 수 있는 이론적 토대를 제공해 준다. 바흐친의 이론을 지명에 적용해 보면 지명을 둘러싼 권력의 실천에 두 가지 상반되고 대립적인 힘이 존재한다는 것을 알 수 있다. 여기에서 지명의 구심력(centripetal force of toponym)은 모든 것을 동질화하고 한곳으로 집중화하는 힘으로써 단일한 지명(형식과 의미)을 구성하려는 목표를 지향한다. 이때 단일한 지명이라는 현실적인 지명의 다양성과 대립하지만 이러한 다양성을 제한하고 통일성을 강조하는 표준적인 지명 표기 방식을 대표한다. 지명의 구심력을 선호하는 지배 계층은 자신의 기득권과 현상 유지를 위해 무엇보다도 단일성과 통일성을 중시하며 지명을 획일화하고 중앙 집권화하려고 노력한다. 이와 같은 의미에서, 구심적인 지명은 바흐친이 정의한 권위적인 언어이자 절대적인 언어(absolute language)와 유사한 성격을 지닌다.

이에 반해, 지명의 원심력(centrifugal force of toponym)은 모든 단일성과 통일성을 해체하고 분리하여 다양화하고 다층화하려는 힘으로, 중심에서 멀어지려는 방사성과 다양성을 지향한다. 주로 피지배 계층과 소수자들에 의해 사용되는 원심적인 지명은 각 지방에 존속하고 있는 순수 우리말의 고유 지명이 포함되며, 지명의 구심력을 붕괴시키고 지방 분권화하려는 시도를 하는 한편 지명을 단일화하려는 모든 시도를 비판하고 이에 저항한다.

현재 한국에서 지명의 다중성과 복잡성이 상당한 수준에 도달해 있는 이유는 역사상 지금까지 다양한 형태의 지명 변천과 이에 상응하는 지명 영역의 형성과 경합이 끊임없이 빈번하게 전개되어 왔기 때문이다. 특히 순수한 우리말로 호칭되던 고유 지명을 한자화하는 구심적인 지명의 역사는 중국 문명에 호의적이고 사대적이었던 중앙과 지방 권력, 그리고 지배적인 사회적 주체들에 의해 지난 수천 년간 지속되어 왔으며, 이를 통해 특정한 사회적 주체의 정체성과 이데올로기, 그리고 권력이 구심력으로 작용해 왔다. 그 결과 구심적인 지명들은 고유 지명들을 포함한 원심적인 지명들을 지배 내지 억압하고 변형 내지 변질시키면서 지명의 표기와 지명의 영역을 특정한 방식과 형태로 고착화시키고 표준화시켜 왔다.

4) 지명 영역의 문화 정치

다양한 사회적 주체들이 지명을 명명하고 인식하며 관리하는 과정은 지명의 개정과 폐지 등으로 귀결되기도 한다. 그런데 지명은 반드시 배타적으로 통칭되는 지리적 범위, 즉 지명 영역을 가지고 있으며, 지명 개정과 폐지 등의 결과는 반드시 지명 영역으로 형상화되거나 제도화된다. 앞서 말한 것처럼 천지자연의 이치가 문채로 드러나듯이, 영역성의 강화가 지명이라는 문채로 나타나는 것이다. 즉 여러 집단과 공동체 사이의 경계를 구별 짓는 영역적 기표로서의 지명은 이를 둘러싼 인위적인 획득과 쟁탈, 포함과 배제의 권력 관계가 최종적으로 귀착된 일시적인 형상물인 것이다. 그래서 지명을 얻으면 그것이 지칭하는 지명 영역을 얻는 것이고, 지명을 잃으면 그 만큼의 지명 영역을 잃게 된다.

이 때문에 지명을 둘러싼 다양한 지명 갈등과 분쟁이 발생하는 것이며 그 과정에서 지명 영역을 획득하기 위해 스케일 상승(scaling up)과 하강(scaling down)이라는 인위적인 스케일 정치(politics of scale)가 활용되기도 한다. 여기에서는 배타적인 지명 지칭 범위를 지명 영역(toponymic territory)으로 규정하고 그 영역의 성격을 내부적으로 특정하고 단일하게 질서지우고 관리·강화하여 외부적인 침탈에 대항하려는 모든 질서와 제도를 영역성(territoriality)으로 보았다. 이러한 영역성은 외부적으로 팽창하여 다른 영역을 침입·편입시키려는 힘과 그 결과 발생되는 영역 확장이 나타나며 이를 영역화(territorialization)라는 개념으로 구분하여 정리하였다.

이를 경험적으로 설명하기 위해 하나의 지명이 각각 촌락 지명과 면 지명으로 영역 분화된 사례(못골–지곡리–목동면)와 함께, '놀미'라는 작은 촌락 지명이 '논산시'라는 시군 단위 지명으로 영역이 확장된 사례를 통해 지명의 영역 분화와 영역화의 한 단면을 살펴보았다.

(1) 지명 영역의 분화

동일한 지명 유연성에서 유래한 특정 지명이 차자 표기와 영역 형성의 차별적 전개로 인해 상이한 지명 영역을 형성하면서 분화해 간 사례[木洞面/池谷里]가 있다. 충남 청양군 목면[옛 정산현 목동면] 지곡리에 있는 면 지명인 '목동(木洞)'과 촌락 지명인 '지곡(池谷)'은 본래 동일한 지명 유연성, 즉 '못골'에서 유래한 것이다. 현재 청양군 목면 지곡리 1구 안못골에는 '池谷 저수지'가 있으며 이 저수지가 지명 명명의 유연성이 되어 '木洞'과 '池谷'이 생성되었다.

면 지명인 '목동(木洞)'의 '木'은 '못골>목골'로 음운 변화한 뒤에 '목'을 '木'으로 단순 음차 표기한 것이고 '洞'은 '골'을 훈차 표기한 것이다. '木洞面'은 현재 두 번째 음절의 '洞'이 탈락된 채 여섯 개의 행정리를 관할하는 충남 청양군 '목면(木面)'으로 존속하고 있다. 이에 반해 촌락 지명인 '지곡(池谷)'은 '못골'을 훈차 표기한 것으로 이후 '안못골(內池谷)'과 '밖못골(外池谷)'로 분동되어 '지곡리(池谷里)'라는 행정리의 촌락 내에 자리 잡고 있다. 이들 '木洞과 池谷'은 동일한 명명 유연성에서 생성된 지명들이나 이후 서로 다른 차자 표기가 적용되고 지명 영역이 차별적으로 형성, 분화되면서 면 지명과 촌락 지명으로 각기 달리 분포하고 있다.

그런데 표 1에 제시된 바와 같이 '木洞과 池谷'은 『충청도읍지(忠淸道邑誌)』(1835~1849)에 '木洞面'과 '池洞堤堰'으로 동시에 등재되어 있다. 이때 촌락 지명인 '池洞'은 '池谷'의 '谷'이 '洞'과 터쓰인 경우로 보인다. 한편 ≪해동지도(海東地圖)≫(18세기 중

표 1. '못골' 지명의 변천

지명	興地[11] (1757-1765)	戶口 (1789)	東輿·大圖·大志 (1800년대 중엽)	舊韓 (1912)	新舊 (1917)	현재	비 고
못골 목동면	*木洞面,奄田池[《海東》(18세기 중반)] *木洞面[《朝鮮地圖》(18세기 후반)]	木洞面	木洞面 *木洞面,池洞堤堰 (堤堰條) 『忠淸』 (1835-1849)]	外池谷里 內池谷里 木面	池谷里 木面	못골, 밖못골, 안못골, 池谷 里(목면) 木面(충남 청 양군)	*못(골)>木(洞) (음차)(면 지명) *못(골)>池(谷) (훈차) (촌락 지명)

자료: 김순배(2009, 172)

반)에는 '木洞面'과 '목동면' 기록 오른쪽에 '奄田池'가 기재되어 있어, 이 '엄전지'가 바로 '지동제언'일 것으로 추정된다.

그러나 '지동제언'이라는 분명한 명칭이 『충청도읍지』에 기록된 것으로 보아 지곡 저수지는 늦어도 19세기 중반 이전에 축조된 역사를 지니고 있다. 또한 '木洞과 池洞(池谷)'이라는 지명들도 저수지 축조의 시기와 비슷한 시기에 생성된 것으로 보인다. 이후 '木洞面'은 『구한(舊韓)』(1912) 기록에 '木面'으로 등재되어 '洞'이 탈락된 상태로 현재에 이르고 있으며, '池谷'은 '외지곡리(外池谷里)'와 '내지곡리(內池谷里)'로 촌락이 분동되어 등재되어 있다.[12]

그림 1에 나타난 각 지명들의 구체적인 영역을 살펴보면 다음과 같다. 먼저 '못골'이라는 지명 유연성과 '못골'의 전부 지명소를 제공한 '池谷 저수지'가 가장 작은 지명 영역으로 '지곡리(池谷里)' 내에 분포하고 있으며, '지곡 저수지'의 지명 영역을 '안못골'이 둘러싸고 있다. 그리고 '안못골'에서 분동된 '밖못골'이 지명 영역을 달리하면서 '안못

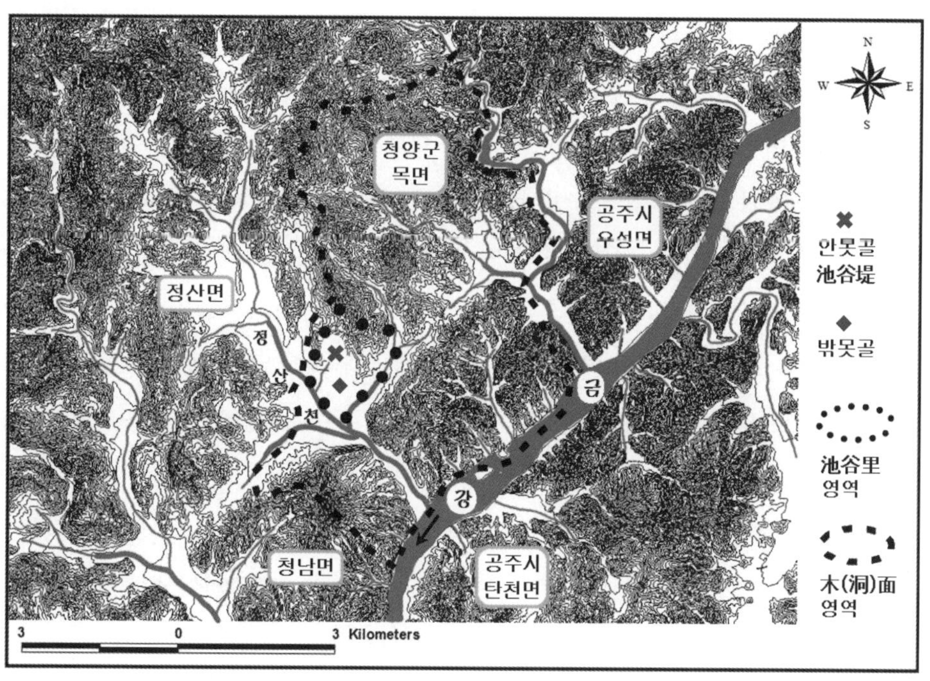

그림 1. '못골·池谷里·木洞面'의 차별적인 지명 영역 형성 (충남 청양군 목동면 지곡리) (자료: 김순배, 2009, 175)

골'의 남동쪽 능선 너머에 인접해 분포하고 있다. '안못골과 밖못골'은 다시 행정리로서의 '池谷里'라는 지명 영역에 포함되어 있으며 현재는 지곡리 1구로 함께 편제되어 있다.

'지곡리'의 지명 영역은 '못골'에서 유래하여 가장 큰 지명 영역으로 스케일 상승(scaling up)한 '木(洞)面' 지명의 지명 영역 안에 둘러싸여 분포하는 형태를 띠고 있다. 이상의 사례를 통해 한국 지명의 영역 형성과 분화에 동일한 지명 유연성에서 유래한 지명들이 각기 다른 지명 영역을 형성하면서 차별적으로 분화해 간 영역 변동 양상을 확인할 수 있다.

(2) 지명의 영역화

권력관계의 동반과 함께 지명을 매개로 전개되는 지명 영역의 확장, 즉 지명의 영역화 사례를 행정 구역의 개편과 통폐합 과정에서 발생한 특정 지명의 행정 구역 확대를 중심으로 살펴보았다. 특정한 사회적 주체가 권력을 행사하여 지명 영역을 확장시킨 사례는 영역성이 강화되어 새로운 영역을 확장시키는 영역화(territorialization) 개념, 즉 영역 내부의 정체성이 더욱 강화되어 영역 외부로도 확장되는 과정과 연관된다. 지명 영역의 확장과 관련된 영역화 양상을 구체적으로 살펴보기 위해 작은 촌락 지명인 '놀미'가 '논산군>논산시'라는 시군 단위의 지명으로 영역화한 사례를 중심으로 분석하였다.

그런데 본 논의에서 제시된 지명의 영역화 사례는 대부분 전국 단위의 행정 구역 개편이 본격적으로 이루어진 1914년 이후 일제 시대의 중앙과 지방의 행정 및 정치적 상황들과 긴밀하게 관련되어 있다.[13] 당시 행정 구역 개편의 과정과 결과, 그리고 개편 과정에서 발생한 지역 간의 다양한 갈등, 경합, 대립의 실증 자료들은 대부분 국가기록원에 소장된 조선총독부기록물(조선총독부 제작, 1911~1925년 생산 문서)과 일제 강점기 신문 자료들에서 확인·수집되었다.

전국 단위의 대규모 행정 구역 개편 및 통폐합 과정과 관련하여 당시 일제 식민지 권력은 조선 강점 초기부터 군면 폐합(郡面 廢合), 부제(府制)와 조선 면제(朝鮮 面制) 실시 등을 서둘러 시행하였다. 그 이유는 조선의 지방 사회가 총독부 권력과 식민지 민중이 격돌하던 주요한 정치 투쟁의 현장이었기 때문이며, 이를 관리·제어할 수 있는 지방 통치 체제의 강화가 절실했기 때문이었다. 이로서 일제는 세 부담의 불균등 문제와 행정 구획의 지리적 불균등 문제를 해소하기 위해 부군면(府郡面)의 통폐합(1910~1914)을 준비하였고 그 결과 총독부의 인가를 받아 1914년 4월 1일 군면 폐합과 부제 실시, 1917년 조선 면제의 시행을 통해 지방 제도의 개편을 완료해 갔다. 이후 1920년에는 지방 자치제 실시와 1931년의 읍제(邑制) 및 도제(道制) 실시가 후속되었다.

이러한 일제 강점기 행정 구역 개편 과정의 이면에는 행정 구역 및 명칭 변경, 도·군·면 소재지 이전 및 입지 선정 문제 등을 둘러싼 지역 사회의 다양한 사회적 주체 간에 발생한 갈등과 민원이 끊이질 않았다. 특히 일제 시대 지방의 유지 집단에 의한 도평의회(道評議會), 부회(府會), 읍회(邑會) 같은 공식적 기구와 상설 유지 단체인 시민회(市民會), 번영회(繁榮會), 기성회(期成會)를 매개로한 진정과 로비의 '유지 정치(有志 政治)'가 전개되면서(국가기록원, 『행정 구역변경 및 명칭변경관련 문서철』 해제, 2008), 권력관계를 동반한 지명전쟁과 그로 인한 지명 영역의 변화를 야기했다. 이 같은 역사적 사실을 토대로 행정 구역 개편과 이로 인해 발생한 행정 단위 승격과 지명 영역의 확장 사례를 중앙의 행정 권력과 지방의 사회적 주체들 간의 권력관계, 그리고 지명의 영역화가 진행된 장소의 사회·경제적 환경과 성장을 중심으로 살펴보았다.

촌락 지명에서 시군 단위 지명으로 그 지명 영역이 크게 확장되어 영역화된 사례로 충남 논산시의 '놀미·놀뫼[論山]'가 있다. 논산은 대전, 부산 등과 함께 일제 시대인 1914년 행정 구역 개편의 가장 큰 수혜 지명이었다. 논산은 조선 시대 은진현 화지산면과 노성현 광석면 소속의 '논산리(論山里)'였고, 대전은 공주목 산내면 '대전리(大田里)', 부산은 동래도호부의 '부산포(釜山浦)'였다가 당시 근대적인 교통과 상업의 중심지로 부상하면서 1914년 부군(府郡) 단위 행정 지명으로의 스케일 상승과 함께 지명 영역이 크게 확대되었다.

논산이라는 지명의 명명 유연성은 현재 논산시 반월동, 화지동, 부창동, 취암동 일대에 펼쳐진 20m 내외의 낮은 구릉에서 유래된 것이다. 고유 지명인 '놀뫼(놀미)'는 인근에 있는 연산(連山)의 고유 지명 '느르뫼'(黃山)와 동일한 전부 지명소에서 변형된 것으로 보이며 '느르뫼>놀뫼>놀미'로 음운 변화된 후 이를 음차+훈차 표기한 것이 바로 '論山'이다. 논산의 지명 유연성을 제공한 이 구릉들은 논산시 남동쪽에 위치한 노령산지의 한 지맥이 대둔산~장재봉~까치봉~옥녀봉~증토산~담배산~배매산~반야산~생매~황화산·구리산(銅山)으로 이어지고 다시 구리산의 한 능선이 현재 논산시 부창동 대림아파트 북쪽의 관음사(觀音寺) 뒷산으로 연결되면서 논산천과 만나는 일대에 형성된 지형들이다.

표 2에 제시된 바와 같이 '논산(論山)'은 『輿地』(1700년대 중반) 기록에 '論山里'(은진현 화지산면), '論山'(山川條), '論山路'(道路條)로 등재되어 있어 지명의 생성 역사는 250년 이상 된 것으로 보인다.[14] 특히 『東輿』(1800년대 중반)와 ≪1872년 지방지도≫〈노성현읍지도(魯城縣邑地圖)〉의 기록에 '論山浦'로 등재되고 있어 당시 포구로서의 기능이 활발했음을 확인할 수 있다.[15]

그런데 『戸口』(1789) 기록에는 은진현 화지면과 니성현(노성현) 광석면에 각각 '論山里'가 등재되어 있어 흥미롭다. 이는 論山浦의 발달로 인해 論山川(漂津江) 양안으로 니성현과 은진현에 동일한 지명이 발생된 것으로 보인다.[16] 이후 『舊韓』(1912) 기록에는 노성군 광석면에만 '論山里'가 등재되어 있어 행정 구역이 노성군으로 편입되었다. 그러나 『朝鮮』(1911?) 기록에는 '魯城郡 光石面 (洞里村名) 論山里(諺文: 논미)'와 함께

표 2. '놀미' 지명의 변천

지명	新增 (1530)	東國 (1656–1673)	輿地 (1757–1765)	戸口 (1789)	東輿·大圖·大志 (1800년대 중엽)	舊韓 (1912)	新舊 (1917)	현재	비고
놀미 (논산)	.	.	論山里(은진현 화지산면) 論山–山川條 論山路–道路條	論山里 (은진현 화지면) 論山里 (니성현 광석면)	論山浦 (《東輿》)	論山里 (노성군 광석면)	論山郡 論山面	놀미, 論山市, 論山川 (충남 논산시)	*論山郡 論山面 (論山里 지명은 소멸)(1914)> 論山郡 論山邑 (1938)>論山市 (1996)

자료: 김순배(2009, 217)

'恩津郡 花枝山面 〈山谷名〉論山(半月里ニ在リ), 〈場市名〉論山市(場垈里ニ在リ), 〈浦口名〉論山浦(場垈里ニ在リ)'로 기록되어 있어 행정 지명은 노성군 광석면에 있으나, 논산포구와 논산장, 논산(산 지명) 등의 실질적인 중심지 기능과 명명 기반은 은진군에 있었음을 알 수 있다.[17]

특히 논산군의 신설 과정에는 군 명칭과 군청 소재지를 두고 논산과 대립·경합이 이루어진 강경에 거주하던 사회적 주체들의 존재가 주목된다. 이들은 군 명칭과 군청 소재지를 둘러싼 논산과의 경합에서 밀리게 되자 강하게 반발하였다. 일본인 거류민과 상업에 종사하던 조선인들이 주축이 된 강경 주민들은 1914년 1월 2일 강경시민대회를 열어 통합 군청의 위치를 강경으로, 군의 명칭을 '강경군(江景郡)'으로 관철시킨다는 내용의 선언서를 낭독하고 결의서를 채택하며 반발하였다. 그러나 강경에 있던 임시 논산군청이 1914년 3월 1일 논산으로 이전된 뒤에는 그 저항의 강도가 점차 낮아지게 되었다.

구한말 당시 논산포를 압도했던 강경포의 중심성은 논산 경찰서(논산시 강경읍 남교리 78-2)와 대전지방법원 논산 지원(논산시 강경읍 대흥리 46-1)의 위치가 아직까지 논산 시내가 아닌 강경읍에 있는 것으로도 짐작할 수 있다. 더구나 '논산 경찰서'와 '논산 지원'의 원래 명칭은 '강경 경찰서', '강경 지원'이었으며 최근에서야 '논산'으로 변경되었다.[18]

이후 소규모의 포구로 존재했던 '논산'이라는 촌락 지명은 중앙의 행정 권력과 논산 거주 일본인 거류민, 그리고 일부 조선인 유지들에 의해 '論山郡 論山面'(1914), '論山郡 論山邑'(1938)으로 성장하였고, 해방 후인 1996년에는 '論山市'로 스케일이 상승하여 시군 단위의 지명으로 크게 영역화되었다.

반면 논산과 인접해 있었던 석성군(石城郡)은 1914년의 행정 구역 통폐합 결과 협소한 면적과 취약한 군세로 인해 당시 부여군과 논산군으로 분할 양분되어 수백 년간 이어 온 군현으로서의 지위가 해체되는 운명에 처하게 되었다[『부군폐합관계서류(府郡廢合關係書類)』(조선총독부, 1912~1914), 217-219)]. 그 결과 지명 영역의 축소로 인한 스케일 하강을 경험하였고, 현재 '석성(石城)'이라는 지명은 지명 영역이 축소된 채 충남 부여군 '석성면(石城面) 석성리(石城里)'라는 면 지명과 촌락 지명으로 간신히 그 명맥을 존속하고 있을 뿐이다. 또한 과거 군현 지명으로 존재했던 노성현(魯城縣), 연산현(連山縣), 은진현(恩津縣)은 각각 논산시 관내의 '노성면(魯城面)', '연산면(連山面)', '은진면(恩津面)'으로 지명 영역이 크게 축소된 채 존속되고 있다.

● 요약

1. 지리적 실체의 이름을 뜻하는 지명은 인간에 의해 의미와 가치가 부여된 곳을 지시하거나 다른 곳과 구별해 주는 일종의 고유명사이다. 사회적이고 정치적인 구성물로서의 지명은 단순히 대상을 지칭하는 수준을 넘어 특정한 사회 집단의 정체성과 이데올로기, 그리고 권력관계를 재현하기도 한다.

2. 지명의 어원과 의미를 조사하여 유형을 분류하던 방식의 전통적인 지명 연구는 최근 지명의 의미와 의미 생산, 지명 영역의 배타적 형성 과정을 둘러싸고 발생하는 다양한 사회 집단들 사이의 갈등과 경합의 권력관계를 분석하는 문화정치적인 지명 연구로 이어지고 있다.

3. 일정한 기준에 맞추어 지명을 새롭게 명명하고 기존 지명을 개정 혹은 폐지하려는 지명 실천의 행위들은 자신들의 정체성과 이데올로기를 합리화하고 제도화하려는 개인과 사회 집단들의 정치적·경제적 이익 등이 재현된 결과물이다.

4. 특정 지명이 배타적으로 통칭되는 지리적 범위를 가리키는 지명 영역은 고정 불변한 것이 아니라 언어적·문화적·사회적·정치적·경제적 관계들로 인해 끊임없이 분화되고 확대, 축소 혹은 소멸되기도 한다. 그러므로 여러 공동체 사이의 경계를 구별 짓는 영역적 기표로서의 지명은 이를 둘러싼 인위적 획득과 쟁탈, 포함과 배제의 권력관계가 최종적으로 귀착된 일시적인 형상물인 것이다.

● 핵심어(Key words)

지명, 지명의 재현, 차자표기법, 문화 정치, 권력관계, 지명 실천, 지명 영역

toponym, representation of toponym, loan transcription, cultural politics, power rela-
tions, toponymic practices, toponymic territory

● 읽어 볼 문헌

• 도수희, 2003, 『한국의 지명』, 아카넷. 당대 한국 지명 연구를 선도하고 있는 저자는 이
  책을 통해 전통적 지명 연구의 개념과 방법론을 집대성해 놓았다. 지명의 차자표기와 해
  독법을 안내한 후 지명어 음운론, 형태론, 의미론 등 언어학적 지명 연구의 방법론을 제
  시하였다. 끝으로 지명 연구의 역사학적·지리학적 관점 등을 보완하기 위해 지명과 전
  설, 지명과 지도의 관계를 강조하였다.

• 김순배, 2012, 『지명과 권력』, 경인문화사. 이 책은 지명 연구의 지리학적, 언어학적, 역
  사학적 방법론을 통합하여 다양한 사회적 주체의 정체성과 이데올로기를 재현하는 지명
  의 지시적이고 상징적인 기능을 분석하였다. 특히 한국 지명의 의미와 영역 쟁탈을 둘러
  싸고 발생하는 사회 집단들 사이의 권력 관계에 주목하여, 장소 정체성, 영역 경합, 스케
  일 정치 개념을 중심으로 지명의 사회적 구성 과정을 소개하였다.

• Berg, L. D. and Vuolteenaho, J. (eds), 2009, *Critical Toponymies: The Contested Poli-
  tics of Place Naming*. 1990년대 이후 영미권 인문지리학계에서 활발히 논의되고 있는
  비판적이고 정치적인 지명 연구를 소개한 이 책은 경험적이고 무비판적인 성격을 지녔
  던 전통적인 지명 연구를 극복하는 새로운 지명 연구들을 강조하였다. 특히 국가적이고
  지방적인 맥락에서 지명을 둘러싸고 발생하는 다양한 갈등 양상을 소개하고 지명 명명
  이 가진 헤게모니적이고 경합적인 실천들을 개념화한 최근의 연구들을 제시하였다.

주

1 UNGEGN(2002, 3)에서 발간한 지명 표준화 용어 사전에서는 기념 지명(commemorative name)
   을 '인물 또는 사건에 경의를 표하거나 기억하는 방법으로 그 인물이나 사건의 이름을 따서 자연
   또는 인공 지리적 실체(geographical feature)에 붙이는 이름'이라고 정의하였다.

2 우리말의 고유 명사를 차자 표기하는 방법에는 크게 네 가지의 기본법이 있는 것으로 알려져 있다(도수희, 1999, 72-73; 김순배, 2009, 22). ① 음차법: 고유 명사를 유사한 한자음으로 음차 표기하는 방법(예 – 다락골: <u>多樂洞</u>), ② 훈차법: 고유 명사를 한자의 훈(새김)을 빌어 적는 방법(예 – 고든골: <u>直洞</u>), ③ 훈음차법: 한자의 본뜻은 버리고 훈의 음만 빌어 적는 방법(예 – 꽃밭: <u>花田</u>), ④ 음·훈 병차법: 음과 훈을 아울러 쓰는 혼합 표기 방법(예 – <u>오구미</u>: <u>五丘山</u>). 이와는 달리 음가자(音假字), 음독자(音讀字), 훈가자(訓假字), 훈독자(訓讀字)로 차자 표기법을 구분한 연구(남풍현, 1981)도 있다. 이 외에 '받쳐적기법', 즉 '훈주음종법(訓主音從法)'이라는 차자 표기법은 '훈+음'의 순서로 표기하는 방법을 말하는데 그 첫째 자는 뜻을, 둘째 자는 음을 나타내어 발음하면 첫째 자의 훈독음이 실현되도록 한 것을 말한다. 즉 첫째 자의 훈독어형(고유어형)의 말음절을 표기하는 방법으로 예를 들어 '赫居(혁거)', '世里(세리)' 등에서 '居(거)', '里(리)'가 바로 그것이다. 이 받쳐적기법은 '혁거', '세리'로 발음해서는 안 된다는 지시로 끝음절을 받쳐 적어 '불거', '누리'와 같이 바르게 발음하도록 유도한 차자 표기의 한 방법이다.

3 남북 분단의 정치적이고 이데올로기적인 대치 상황에서 지난 1950년 1월 대한민국 정부가 북한 정권을 배제(exclusion)하고 비동일시(disidentification)하면서 '조선(朝鮮)'이라는 지명 사용을 제한하거나 변경했던 사례를 다음의 관보에서 확인할 수 있다. "一. 우리나라의 정식 국호는 「大韓民國」이나 사용의 편의상 「大韓」 또는 「韓國」이라는 약칭을 쓸 수 있으되 북한 괴뢰 정권과의 확연한 구별을 짓기 위하여 「朝鮮」은 사용하지 못한다. 二. 「朝鮮」은 지명으로도 사용하지 못하고 「朝鮮海峽」, 「東朝鮮灣」, 「西朝鮮灣」 등은 각각 「大韓海峽」, 「東韓灣」, 「西韓灣」 등으로 고쳐 부른다."[관보 제261호(국호 및 일부 지명과 지도색 사용에 관한 건: 국무원 고시 제7호-8호), 1950.1.16.].

4 지명 형태소(地名 形態素)의 준말인 '지명소'는 '지명을 구성하는 의미 있는 최소 단위'를 뜻하는 용어로, 이는 다시 전부 지명소(성격 요소)와 후부 지명소(분류 요소)로 구분된다. 가령 2개의 형태소로 구성된 '절골(寺洞)'은 '절(寺)'이 전부 지명소, '골(洞)'이 후부 지명소가 된다.

5 퇴계 이황(1501~1570)은 유교를 '정미(正美)'의 구현체로 보고 노장이나 불교를 '사미(邪美)'의 대상으로 여겼다. 불교나 노장학이 자연에 대한 올바른 미의식을 왜곡시키고 있다고 생각한 이황은 소백산 등지를 유람하면서 명산의 승지가 불교의 이름으로 물들어 있는 것을 보고 합리적인 유교적 명칭을 다시 부여하려고 노력하였다. 일례로 이황의 산수에 대한 명명 의식에 영향을 받은 최남복(1759~1814)은 울산광역시 울주군 언양읍 대곡리 반구대 부근에서 백련구곡(白蓮九曲)을 경영하면서 기존의 불교 지명들을 유교적으로 변형시키기도 하였다(이종호, 2010, 133-134).

6 조선 중기 및 후기에 걸쳐 남아 있는 호적대장(彦陽縣戸籍大帳, 蔚山戸籍大帳, 英陽縣戸籍大帳, 尙州帳籍, 大邱帳籍, 丹城戸籍帳籍, 慶尙道山陰帳籍)과 조선 후기 영조~정조 대에 간행된 『여지도서(輿地圖書)』(18세기 후반), 『호구총수(戸口總數)』(1789)에서부터 한자화된 촌락 지명이 대거 등장

하고 있으며, 이들 촌락 지명은 이른 시기부터 주요 사족들이 거주한 일부 촌락을 제외하고 대부분 순수한 우리말의 고유 지명이었으나 이 시기에서부터 차자 표기 등에 의한 한자화와 중국 지명의 인용 과정을 겪게 된다.

7 예를 들면, 조선 중기의 유학자인 정구(1543~1620)는 선조 19년(1586) 함안 군수 재임 시에 군내 14개 리 중 8개의 리 명칭을 중국식 두 글자 한자 지명으로 개정('並火谷>並谷, 阿道>安道, 安尼大>安仁, 山法彌>山翼' 등) 『咸州誌(1587)』하였다. 경북 안동의 읍지인 『永嘉誌(1608)』에는 '辰山>龍山村, 都叱質>道谷村, 今音知>金溪, 上槽谷>上桂谷, 首冬>水東, 西豆所乃>兜率村, 所也>松坡, 逆水村>嘉水村, 伊火於>益友, 末由>武夷, 刀沓>道津, 梅野>馬沙'로의 촌락 지명의 개정 사례가 기록되어 있다(이수건, 1989, 144-146).

8 도덕 지리란 특정한 사람, 사물, 실천이 특정 공간, 장소, 경관에 속해 있으며, 또 다른 공간, 장소, 경관에서는 배제되어 있음을 연구하는 분야이다. 이데올로기적 지리학으로 별칭되는 도덕 지리는 특히 일상에서의 지리와 사회 집단 및 개인의 실천 간의 관계를 형성하는 데 있어 권력의 역할에 주목한다.

9 문화전쟁은 반드시 공간을 필요로 하며 이를 통해 문화전쟁이 바로 영역(territory)을 둘러싼 투쟁임을 알 수 있다. 특히 20세기 후반부터 현재까지 전개되고 있는 문화전쟁은 자기 고유의 형상(shape)과 양식(style)을 지니고 있는 문화적 정체성을 대상으로 하는 투쟁이기도 하다. 문화전쟁은 아이덴티티의 형상과 내용을 결정하고 이들에 일정한 지위를 부여하는 데 필요한 권력을 서로 먼저 차지하려는 전쟁이다.

10 1970년대 홀은 구체적인 문화 연구의 실천과 관련하여 인코딩(encoding)(기호 생산, 암호)과 디코딩(decoding)(기호 소비, 해독) 사이의 불일치를 탐구했다. 그의 "Encoding/ decoding"이라는 논문은 기호의 생산과 소비 간의 간극을 주장하였다. 그는 "인코딩의 단계에서는 디코딩의 단계에서 어떤 의미가 '선호'되고 채택되도록 시도할 수는 있지만, 그러한 의미가 채택되도록 규정하거나 보장할 수는 없다."라고 말하였다. 특히 그는 기호 생산과 기호 소비 간의 간극에 세 가지의 디코딩 위치를 설정하였다. 지배적인 의미규칙 내에서 움직이는, 즉 인코딩의 규칙에 충실한 ① '지배적-헤게모니적 위치(dominant-hegemonic position)', 지배적인 기호 규칙에 동조하면서도 부분적으로 그것에 저항하는 ② '타협적 의미규칙의 위치(negotiated code or position)', 끝으로 지배적 기호규칙을 거슬러 읽는 ③ '대항적 의미규칙(oppositional code)'이 그것이다. 인코딩과 디코딩 간의 간극은 아무리 기호가 특정한 방식으로 생산된다고 하더라도 그것의 소비는 전적으로 생산에 좌우되지 않는다는 점을 지적하는 것이다. 이는 바로 구조화의 과정 내부에 지배와 타협, 그리고 저항이라는 헤게모니 투쟁이 항상적으로 벌어지고 있음을 의미한다(Hall, 1980, 136-138).

11 본 글에서 인용한 고문헌과 고지도 등의 약호는 다음과 같다: 『신증동국여지승람(新增東國輿地

勝覽)』=『新增』, 『동국여지지(東國興地志)』=『東國』, 『여지도서(興地圖書)』=『興地』, 『호구총수(戶口總數)』=『戶口』, 《동여도(東興圖)》=《東興》, 《대동여지도(大東興地圖)》=《大圖》, 『대동지지(大東地志)』=『大志』, 『충청도읍지(忠淸道邑誌)』=『忠淸』, 『조선지지자료(朝鮮地誌資料)』=『朝鮮』, 『구한국지방행정구역명칭일람(舊韓國地方行政區域名稱一覽)』=『舊韓』, 『신구대조조선전도부군면리동명칭일람(新舊對照朝鮮全道府郡面里洞名稱一覽)』=『新舊』, 《해동지도(海東地圖)》=《海東》, 《1872년 지방지도》=《1872》.

12 『朝鮮』(1911년?)에는 "木面, 內池谷里(諺文: 안못골), 外池谷里(밧못골)"(定山郡 木面 洞里村名 항목)로 기록되어 있다.

13 1914년 4월 1일, 부(府)·군(郡)·면(面)의 행정 구획에 대한 폐합 정리가 대규모로 실시되었다. 당시 부·군을 폐치 분합하여 12부로 만들고 군은 317군 중에서 107개 군을 폐합하고 10개의 군이 신설되어 220군이 되었다. 면의 경우 4,322면 중에서 1,801면을 정리하여 2,521면으로 재조정되었다. 당시 군면 폐합의 기준은 군이 면적 40방리(方里), 인구 남부 10만·북부 5만, 1군당 10개면 소속이었고, 면은 면적 4방리에 평균 호수 800호를 기준으로 진행되었다. 또한 면의 명칭, 면사무소의 위치가 크게 변경되었으며 같은 4월 1일자로 부·면 관내의 동리도 대폭으로 통폐합하여 감축하였다(손정목, 1983, 62-63). 이 같은 행정 구역 개편 결과 당시의 전국 행정 구역은 13도 12부 220군 2,521면으로 정리되었다. 당시 면 폐합의 결과 논산군 관내의 면은 40개에서 15개로 감소되었고, 공주군(18개→13개), 연기군(16개→7개), 대전군(19개→12개), 부여군(44개→16개), 서천군(26개→13개), 청양군(21개→10개) 등으로 대폭 감축되었다. 이와 관련된 1914~1917년 행정 구역 개편의 과정과 결과는 「면폐합관계서류(面廢合關係書類)」(면의 폐합에 관한 건: 충청남도 장관) (면 폐합 각 군별 일람: 충청남도) (면의 명칭 및 구역에 관한 건: 충청남도)[조선총독부(1914), 관리번호(CJA0002560)]와 「면동리명칭변경서류(面洞里名稱變更書類)」(면의 명칭 변경의 건: 충청남도) (리의 명칭 변경의 건 보고: 충청남도)[조선총독부(1917년), 관리번호(CJA0002573)] 등에 기록되어 국가기록원 대전서고에 소장되어 있다.

14 관찬 읍지와 지리지를 제외하고 조선 시대에 '논산(論山)'이 등재된 문헌들을 정리하면 다음과 같다: "論山石橋重修諭善文"[白谷集(處能, 1683)], "忠淸道 恩津郡 花枝山面 論山里"[辛未年에 宋光益이 官에 올린 侤音(1811년 ?)]; "命 龍洞宮 所屬 恩津 江景 論山 兩浦 收稅依前施行"[『日省錄』(憲宗 1835년 8월 1일 乙未); "恩津 論山里 民家失火"[『朝鮮王朝實錄』(高宗 4년 1867년 丁卯, 3월 16일 두 번째 기사)]; "論山草浦의 進討"[『東學亂記錄』(先鋒陣日記)(1894년)]; "論山浦店止宿", "論山浦送別金孫陳培"[『叢瑣錄』(吳宖黙, 1898년).

15 실제 18세기 후반 경에 큰 홍수가 발생하여 논산포의 수심과 하폭이 강경포에 비교될 만큼 확대됐으며, 이러한 지형 변화로 인해 논산 상인들이 강경을 출입하던 선박을 유인하였고 이로 인해

두 포구 주민들 사이에 소송이 일어났다는 기록이 있다["江景與尼城論山同浦異岐 江景則浦深而便
於泊船 論山則淺灘而碍於行舟 故大小船隻竝湊於江景 而獨全其利…近年以來 水勢直衝 而論山浦
之深濶無異於江景 而論山之民或要於船路大小船隻之往來者 間多誘引執泊於其浦 而江景之利漸不
如前 兩浦居民互相起訟於營邑…"(『일성록(日省錄)』, 正祖 23년 5월 9일 조)].

16 하천을 경계로 두 개의 군현에 동일한 지명이 존재하는 '논산리'는 이러한 지리적인 근접성으로
인해 조선 후기 이곳에서 발생한 각종 사건 및 현안들의 처리에 있어 노성군수와 은진군수가 공동
으로 참여하는 경우가 많았다. 예를 들어 1899년(光武 3) 5월 「魯城郡 光石面 論山里 致死 女人 朴
召史 屍體 文案」(서울대 규장각 소장, 奎 21641)과 1906년(光武 10) 9월 「恩津郡 花枝面 論山里 致
死 男人 百彔 屍體 初檢 文案」(奎 21403)이라는 제목의 문서들에는 박소사와 백록의 치사 사건에
대해 각각 노성군수 임백순의 초검 보고서와 은진군수 김일현의 복검 보고서, 그리고 은진군수 이
상만의 초검 보고서가 등장하고 있다. 이를 통해 당시 논산리에서 발생한 사건에 대한 행정 처리
가 인접한 두 군에 의해 공동으로 실시되었고, 논산천을 사이에 두고 노성군과 은진군에 동시에
분포하던 쌍자촌(雙子村)으로서의 '논산리'를 살펴볼 수 있다.

17 논산장에 관한 기록은 1770년의 이른 시기에도 나타나고 있다["論山場(매월 3·8일, 월6회 개시),
충남 논산시 논산읍 화지동 소재", 『東國文獻備考』(1770년)]. 논산장의 발전은 일제 시대에도 이어
져 다수의 신문 기사에도 관련 내용이 등장하고 있다["論山의 市場 發展과 海陸貨物 逐日增加로
運送業盛況"(東亞日報, 1921년 9월 5일 기사)].

18 신설될 군의 명칭과 군청 입지를 둘러싼 논산과 강경의 갈등과 경합 상황을 「부폐합관계서류(府
郡廢合關係書類)」(논산 군청 이전 후에 있어서 강경민의 정세에 관한 건: 충청남도) (군폐합과 강
경 시민의 의향에 관한 건: 충청남도) (강경 군청 이전 문제에 관한 건: 진정의 건, 충청남도) (강경
시민의 군폐합에 관한 진정의 건: 충청남도) (강경 시민 대회에 관한 건: 충청남도) (강경 시대 대
회 선언서 등: 충청남도) (강경 시민 진정서 전달의 건: 충청남도) (강경 논산 비교 통계표: 충청남
도) 등에서 자세하게 확인할 수 있다.

참고문헌

강길부, 1997, 땅이름 국토사랑, 집문당.

국토지리정보원, 2010, 지명업무 체계분석 및 개선방안 연구, 국토해양부 국토지리정보원.

국토지리정보원, 2011, 지명관련 제도개선방안에 관한 연구, 국토해양부 국토지리정보원.

국토지리정보원, 2012, 지도 및 기타 자료 편집자를 위한 지명의 국제적 표기 지침서: 대한민국, 국
　　　토해양부 국토지리정보원.

국토지리정보원, 2012, 지명 표준화 편람(제2판), 국토해양부 국토지리정보원.

권선정, 2004, "지명의 사회적 구성", 지리학연구, 38(2), 167-181.

김기빈, 1994, 한국의 지명유래 1: 땅이름으로 본 한국향토사, 지식산업사.

김순배, 2004, 지명 변천의 지역적 요인에 관한 연구: 16세기 이후 大田 지방의 한자 지명을 사례로, 한국교원대학교 석사학위논문.

김순배, 2009, 한국 지명의 문화 정치적 변천에 관한 연구: 구 공주목 진관 구역을 중심으로, 한국교원대학교 박사학위논문.

김순배, 2010, "지명의 이데올로기적 기호화: 유교·불교·풍수 지명을 중심으로", 문화역사지리, 22(1), 33-59.

김순배, 2012, "비판적-정치적 지명 연구의 형성과 전개: 1990년대 이후 영미권 인문지리학계를 중심으로", 지명학, 18, 27-73.

김순배, 2012, 지명과 권력: 한국 지명의 문화 정치적 변천, 경인문화사.

김순배·김영훈, 2010, "지명의 유형 분류와 관리 방안", 대한지리학회지, 45(2), 201-220.

김순배·류제헌, 2008, "한국 지명의 문화 정치적 연구를 위한 이론의 구성", 대한지리학회지, 43(4), 599-619.

도수희, 1994, "지명 연구의 새로운 인식", 새국어생활, 4(1), 3-27.

도수희, 1999, 한국 지명 연구, 이회.

도수희, 2003, 한국의 지명, 아카넷

류제헌 편역, 2002, 세계문화지리, 살림출판사.

서정범 외, 1977, 숨어사는 외톨박이, 뿌리깊은 나무.

손정목, 1983, 일제침략초기 지방행정제도와 행정 구역에 관한 연구(1, 2, 3), 지방행정, 대한지방행정공제회.

손정목, 1996, 일제강점기 도시화과정연구, 일지사.

양보경·정치영, 2006, "한국 지명의 업무체계와 지명 업무의 활성화 방안", 문화역사지리, 18(3), 73-90.

이무용, 2005, 공간의 문화 정치학, 논형.

이수건, 1989, 조선 시대 지방행정사, 민음사.

이종호, 2010, "영남선비들의 구곡경영과 최남복의 백련서사", 영남학, 18, 99-158.

이희승, 1932, "지명연구의 필요", 한글, 1(2), 46-49.

정치영, 2005, "마을명 분석을 통한 마을 입지 및 지역성 연구: 경기도와 함경도의 비교", 문화역사지리, 17(2), 58-73.

주성재, 2011, "유엔의 지명 논의와 지리학적 지명연구에의 시사점", 대한지리학회지, 46(4), 443-465.

지상현, 2012, "지명의 정치지리학: 행정 구역개편으로 인한 시 명칭 결정을 사례로", 한국지역지리학회지, 18(3), 310-325.

지헌영, 2001, 한국 지명의 제문제, 경인문화사.

천소영, 1988, "고유지명의 한어화 유형에 대하여: 서울 지명례를 중심으로", 어문연구, 88.

한국문화역사지리학회, 2008, 지명의 지리학, 푸른길.

한글학회, 1966-1986, 한국 지명 총람(1-18), 한글학회.

朝鮮王朝實錄

新增東國輿地勝覽(1530)

東國輿地志(柳馨遠 著, 1656~1673)

海東地圖(1750~1751)

東國文獻備考(1770)

日省錄(서울대학교 도서관 영인본, 1991).

輿地圖書(국사편찬위원회 영인본, 1973)

戶口總數(서울대학교출판부, 1996)

大東輿地圖(金正浩 著, 1861)

大東地志(金正浩 著, 1861~1866)

1872년 지방지도(1872)

朝鮮地圖(奎 16030, 서울대학교 규장각 소장)

朝鮮地誌資料(54冊)(조선총독부, 1911?)

舊韓國地方行政區域名稱一覽(조선총독부, 1912)

新舊對照朝鮮全道府郡面里洞名稱一覽(越智唯七 著, 1917)

舊韓末 韓半島 地形圖(1: 50,000)(일본육군참모본부, 1894~1906)

近世韓國五萬分之一地形圖(1: 50,000)(조선총독부, 1912~1919)

忠南論山發展史(富村六郎 編, 1914)

魯城郡 光石面 論山里 致死 女人 朴召史 屍體 文案(奎 21641, 서울대 규장각 소장, 1899)

恩津郡 花枝面 論山里 致死 男人 百彔 屍體 初檢 文案(奎 21403, 서울대 규장각 소장, 1906)

府郡廢合關係書類(CJA0002545, 조선총독부, 국가기록원 대전서고 소장, 1914)

面廢合關係書類(CJA0002560, 조선총독부, 국가기록원 대전서고 소장, 1914)

行政區劃關係書類(CJA0002566, 조선총독부, 국가기록원 대전서고 소장, 1914)

面洞里名稱變更書類(CJA0002573, 조선총독부, 국가기록원 대전서고 소장, 1914)

連山郡面 廢合圖(조선총독부, 1910년대)

魯城郡(地圖)(1: 24,000)(조선총독부, 1910년대)

論山里 一部 圖面(조선총독부, 1910년대)

恩津郡(地圖)(조선총독부, 1910년대)

朝鮮總督府 官報, 大韓民國 官報, 東亞日報.

Adamic, M. O., 2004, "The use of exonyms in Slovene language with specific attention on the sea names", Paper presented at the 10th International Seminar on the Naming of Seas: Special Emphasis Concerning International Standardization of the Sea Names, November 4-6, 2004, Cite Internationale Universitaire de Paris, Paris, France.

Alderman, D., 2000, "A street fit for a King: Naming places and commemoration in the American South", *Professional Geographer*, 52(4), 672-684.

Alderman, D., 2003, "Street names and the scaling of memory: The politics of commemorating Martin Luther King, Jr. within the African American Community", *Area*, 35(2), 163-173.

Atkinson, D. et al. (eds), 2005, *Cultural geography: a critical dictionary of key conceps*, London: I.B. Tauris (이영민 외 역, 2011, 현대 문화지리학: 주요 개념의 비판적 이해, 논형).

Hagen, J., 2011, "Theorizing Scale in Critical Place-Name Studies", *ACME: An International E-Journal for Critical Geographies*, 10(1), 23-27.

Jackson, P., 1995, *MAPS Of MEANING: An introduction to cultural geography*, London: Routledge.

Kadmon, N. (ed.), 2002, *Glossary of Terms for the Standardization of Geographical Names*, New York: UNGEGN United Nations.

Kearns, R. A. and Berg, L.D., 2002, "Proclaiming place: towards a geography of place name pronunciation", *Social & Cultural Geograph*y, 3(3), 283-302.

Kim, Sun-Bae, 2010, "The Cultural Politics of Place Names in Korea: Contestation of Place Names' Territories and Construction of Territorial Identity", *The Review of Korean Studies*, 13(2), 161-186.

Kim, Sun-Bae, 2012, "The Confucian Transformation of Toponyms and the Coexistence of Contested Toponyms in Korea", *Korea Journal*, 52(1), 105-139.

Rose-Redwood, R. and Alderman, D., 2011, "Critical Interventions in Political Toponymy", *ACME: An International E-Journal for Critical Geographies*, 10(1), 1-6.

Rose-Redwood, R., 2011, "Rethinking the Agenda of Political Toponymy", *ACME: An International E-Journal for Critical Geographies*, 10(1), 34-41.

Rose-Redwood, R., Alderman, D. and Azaryahu, M., 2010, "Geographies of toponymic inscription: new directions in critical place-name studies", *Progress in Human Geography*, 34(4), 453-470.

UNGEGN, 2002, *Glossary of Terms for the Standardization of Geographical Names*, New York: United Nations [유엔지명전문가그룹 (대한지리학회 역), 2012, 지명 표준화를 위한 용어 사전, 국토해양부 국토지리정보원].

UNGEGN, 2012, *UNGEGN Media Kit*, New York: United Nations [유엔지명전문가그룹 (대한지리학회 역), 2012, 유엔지명전문가그룹 언론자료, 국토해양부 국토지리정보원].

Vuolteenaho, J. and Berg, L.D., 2009, "Towards critical toponymies", In, L.D. Berg and J. Vuolteenaho (eds.), *Critical Toponymies: The Contested Politics of Place Naming*, Aldershot, UK and Burlington, USA: Ashgate, 1-18.

Withers, C., 2000, "Authorizing landscape: 'authority', naming and the Ordnances Survey's mapping of the Scottish Highlands in the nineteenth century", *Journal of Historical Geography*, 26, 532-554.

Wright, J., 1929, "The study of place name: recent work and some possibilities", *Geographical Review*, 19, 140-144.

16. 문화콘텐츠의 공간적 의미

건국대학교 **이병민**

1) 배경

　제조업이 중심이 되던 지난 세기와 비교하여 21세기는 지식 경제를 지나, 창의력과 상상력이 경쟁력의 핵심이 되는 창조 경제 시대로 접어들고 있으며, 발전의 키워드 또한 대량 생산에서 맞춤형 소량 생산, 더 나아가, 맞춤형 대량 생산 등으로 변화하고 있다. 이러한 변화에 맞추어 공간상의 의미도 변화하고 있는데, 각 지역 단위에서의 발전 기준 또한 단순한 양적 경제와 산업 단위에서 문화와 창의성이 중시되는 소프트파워 단위 창조 경제와 문화콘텐츠로 옮겨 가고 있다(이병민, 2010).[1]

　이는 제조업이 중심이 되던 시대에서 감성기반 문화콘텐츠시대로의 진화를 의미하는데, 창의성과 콘텐츠 시대로의 이행과 함께, 문화정책에 있어서는 소비자이자 생산자, 수요자인 국민의 중요성이 더욱 강조되면서, 문화적 삶의 질이 점차 중요해지는 것을 가리킨다 하겠다. 이에 따라 콘텐츠 시대의 패러다임도 산업적으로는 1980년대의 제조업에서 1990년대의 서비스산업으로, 또한 지식·정보산업에서 2000년대 이후 콘텐츠가 중요시되는 감성과 문화기반 경제, 콘텐츠 시대로 순차적으로 변화하고 있으며, 관련 정책의 지원방향도 문화복지와 삶의 질을 중요시하는 행태로 변화하고 있다(Moschella, D.C., 1997).[2]

지역 단위에서 문화콘텐츠는 특히 산업을 통해 다양한 파급 효과를 창출하는 한편, 타 산업의 부가 가치를 높이고 지역 주민에게는 삶의 질을 향상시키고 지역 브랜드를 높인다는 측면에서 매우 큰 의미를 갖는다. 특히, 최근 많은 지역에서 관심을 받고 있는 문화콘텐츠를 기반으로 하는 창의적 지역발전의 경우 주민들의 문화적 삶의 질(quality of life)을 높이고, 지역의 브랜드 가치 등 경쟁력을 높이는 양상과 관계가 있기 때문에 문화의 중요성이 더욱 부각되고 있다(Florida, R., 2003).[3]

이와 같은 현상을 문화지리적 측면에서 고찰해 보면, 최근에는 창의성과 상상력을 통해 문화 도시에서 한발 더 나아간 창조 도시와 관련된 성장 모델도 점차 일반화되고 있다. 예를 들어 지역발전위원회에서는 이와 관련 국내 실정에 맞게 '창조 지역'이라는 이름 아래 사업 가이드라인 마련 등 사업을 본격화하여 지역에 적용하려 하고 있다(지역발전위원회, 2010). 이는 지역 발전을 하나의 잣대(예: 지역 소득)로 비교하는 갈등적 지역주의를 극복하고, 문화를 기반으로 하여 기존과는 차별화된 잣대로 지역의 발전을 모색하는 생산적 지역주의의 창조를 목표로 하고 있다. 이에 지역의 자존심과 정체성을 고양시키며, 정주민들에게 살고 싶은 마음이 생겨나게 할 수 있는 감성적인 문화콘텐츠 개발 등에 집중하도록 유도를 하고 있다.

사실, 문화콘텐츠의 지리학적 의미는 지금까지 지역 문화산업에 집중하여, 지역의 매출과 고용을 창출하고, 산업 입지적인 측면에서 문화산업 클러스터 등의 이론이 주로 쓰인 것이 대부분이었으나, 시대와 환경의 변화에 따라 새로운 틀에 맞춘 문화콘텐츠 관점이 공간상에서 요구되고 있다. 문화콘텐츠의 경우 문화지리적인 특성을 최대한 반영하기 위해서는, 특히, 생산 기능 위주의 제조업 집적지 논의를 지양하고, 문화콘텐츠 중심의 서비스 산업 중심 클러스터 논의를 창조 지역이라는 의미에서 재편하고, 소비와 문화, 창의적인 아이디어로서 콘텐츠가 어떻게 지역에 뿌리내릴 수 있을까를 고민하는 풀뿌리 공간 전략이 불가피하다. 이를 통해, 각 지역의 특성에 맞는 공간 집적 전략과 창조 지역에 대한 발전 전략의 제시가 새롭게 요구되고 있다.

2) 문화콘텐츠의 특성과 공간적 의미

(1) 문화콘텐츠의 개념과 특성

문화콘텐츠가 산업적 특성에서 출발한 탓에 그와 관련된 산업적인 논의가 우선적으로 불가피하며, 정책적인 의미에서 보자면, 문화의 경쟁력이라는 어젠다에서 출발했다고 볼 수 있다. 2000년대 초부터 엔터테인먼트 산업을 중심으로 관련된 문화콘텐츠가 국가 경제 발전의 동인으로 국가 경쟁력을 결정한다는 연구 결과가 많이 나오고 있기 때문이다. 그러나 대부분의 관련 연구들이 산업의 양적 성장을 논하고, 매출과 고용 창출을 이야기하는 데 반해, 문화의 효과 분석에서 질적인 지표를 측정하는 데는 한계가 있는 것이 사실이다. 문화콘텐츠에서 산업적인 논의를 하는 단계에서도 경제적인 가치를 담고 있는 상품의 생산이 근본적으로 비공식적이고, 직관적이며, 때로는 감정적이기까지 한 '문화적 가치'를 담보하고 있기 때문에 정확한 측정이 곤란한 까닭이다(Oakley, K., 2004). 문화콘텐츠는 산업적 특성을 가지고 있기는 하지만, 일반적으로 창의적인 문화 예술을 기반으로 문화의 특성이 강하기 때문에 실제로는 '문화'와 '상업 활동'이 중복되면서 그 경계를 판별하는 것이 어려우며, 어떤 종류의 엔터테인먼트 요소가 포함되느냐에 따라 그 구분이 달라지기 때문에 매우 복잡한 양상을 갖는다. 따라서 문화는 양적인 기대 효과 보다 사회과학적 측면에서 더 많은 사회문화적 질적 효과를 산출하는 것이 더 의미가 크다는 지적도 있으며, 이러한 특성이 문화콘텐츠를 학문적으로, 공간적으로 바라보는 시각에도 반영되어야만 할 것이다. 문화콘텐츠와 관련된 문화의 구분은 일반적으로는 대개 생활 양식으로서의 문화, 창의성을 바탕으로 한 지적 산물로서의 문화, 상징체계로서의 문화로 세 가지 정도로 구분이 가능한데, 지금까지 문화콘텐츠의 특성은 지적 산물로서의 문화를 기반으로 이러한 특징들이 혼재되는 특성을 보여 왔다.[4]

사실 문화콘텐츠와 관련된 비판적인 이론에서는 대중 문화로서의 '문화산업'에 대한 부정적인 요소를 강조하고, 디지털콘텐츠의 경우, 예술적 가치로서의 문화 상품이 갖는 아우라가 상실될 수도 있다는 벤야민(Benjamin)의 주장 등이 강조되어 왔다. 많은 사람들에게 알려져 있듯이, '문화산업'이라는 용어는 『계몽의 변증법(1947)』에서 프랑크푸르트학파의 M. 호르크하이머와 T. 아도르노에 의해 처음으로 비판적인 의미로 제기된 바 있다. 이때의 개념은 긍정적인 이미지를 많이 갖고 있는 현재의 문화콘텐츠와는 다르게, 상당히 부정적인 의미를 나타내었는데, 자본주의적 문화 생산이 가져올지 모르는 폐단과 사회 체제의 모순에 대한 반영으로서의 문화산업에 대한 인식이 기반을 이루고 있었다. 그에 따라, 대중적인 문화의 부정적 측면과 영향력을 지적하기 위한 대표적 개념으로 문화산업이 사용된 것이었다(Adorno, T.W., 1991). 좀 더 부연하자면, 호르크하이머와 아도르노는 문화산업이 계급적 차이를 소멸시키고 계급 의식을 차단하는 역할을 하며, 지배 계층의 사회 통제에 대한 강력한 도구를 제공한다고 주장한 바 있다(이병민, 2010).[5]

그러나, 최근 들어서는 문화와 경제의 경계가 허물어지면서 대중문화로서의 문화산업이 대량 생산과 다량 분배를 통해 이윤 추구만을 목적으로 한다는 주장은 현실감이 떨어지는 것도 사실이다. 더욱이, 최근에는 디지털 기술의 발전으로 인해 아우라가 상실된다는 주장의 의미 자체가 희석되었으며, 상품으로 간주되던 것들에 기호와 상징의 요소가 중시되면서 상품과 예술의 경계가 사라지게 되었다는 주장이 오히려 대두되고 있다. 이러한 특성은 문화의 선택 가치(option value) 증진을 통해 지금 당장 소비되지 않는다고 하더라도 필요한 때에 필요한 사람들이 얼마든지 감상할 수 있는 가능성을 높여 궁극적으로 경제 발전에 기여를 하게 된 측면도 있다.

용어상으로는 문화콘텐츠가 최근 문화콘텐츠 산업, 창조 산업, 엔터테인먼트 산업 등 다양한 용어로 혼용되고 있기는 하지만, 법상으로는 문화산업에 근간을 두고 있다. 일반적으로 문화산업은 '문화 상품의 기획·개발·제작·생산·유통·소비 등과 이에 관련된 서비스를 하는 산업'을 뜻한다고 알려지고 있으며,[6] 이와 관련하여 문화콘텐츠는 콘텐츠에 문화적 요소(예술성, 창의성, 오락성 등)를 추가한 개념으로 이해되고 있어 내용적으로는 거의 유사하게 표현되고 있다.[7] 여기서 문화 상품이란 '예술성·창의성·오락성·여가성·대중성 등의 문화적 요소가 체화되어 경제적 부가 가치를 창출하는 유·무형의 재화(문화콘텐츠, 디지털 문화콘텐츠 및 멀티미디어 문화콘텐츠를 포함)와 서비스 및 이들의 복합체'로 정의되고 있다(유진룡 외, 2009). 이러한 의미에서 보자면, 문화콘텐츠의 가장 중요한 요소는 창의성이며, 그러한 창의성이 정보와 지식의 형태로 어떻게 표출되느냐가 관건이라 하겠다.

이와 관련해서, 세계적으로는 UNESCO, 미국, 영국 등 다양한 분류가 나타나고 있으며, 특히 영국의 경우에는 창조성을 근간으로 하여 창조 산업(Creative Industry)이라는 용어를 사용하고 있는데, 이때는 엔터테인먼트 활동을 인간의 창조성에서 비롯된 생산 활동으로 보고 창조 산업을 '개인의 창의성, 기술, 재능 등을 이용하여 지적 재산권을 설정하고 이를 활용함으로써 부와 고용을 창출할 수 있는 잠재력을 지닌 산업'으로 정의하고 있다. 이에, 국제적으로는 문화산업이나 문화콘텐츠에 대한 정의가 충분히 마련되어 있지 않고 각 나라마다 상이하며, 최근 디지털 컨버전스 현상이 가속화됨에 따라 일관성을 지니지 않고, 체계적으로 분류된 기초 통계 자료의 부족에 따라 직접적인 상대 비교가 어려워, 대략적인 수준에서 문화콘텐츠에 대한 이해가 이루어지고 있는 것이 실정이기도 하다. 특히 최근에는 유·무형의 재화에 문화콘텐츠 및 디지털 문화콘텐츠뿐만 아니라 유비쿼터스 환경 도래에 따라 멀티미디어 콘텐츠를 포함하는 경향까지 있어 그 범위는 더욱 넓어지고 있다. 여기에는 스마트 환경의 도래에 따라 스마트폰, 태블릿 PC, DMB, IPTV, 모바일콘텐츠, 텔레매틱스, 무선 인터넷 등의 등장으로 콘텐츠가 이용될 수 있는 플랫폼과 기기들이 융합·복합되어 다양화되었기 때문이다. 따라서 최근의 실제적인 논의는 문화콘텐츠의 산업적 측면으로만 보고 정리하자면, '산업적 측면에서 문화콘텐츠의 개발, 제작, 생산, 유통, 소비 등과 관련된 산업'으로 인식되는 정도라 할 수 있다(이병민, 2005).

정리하자면, 실질적인 문화콘텐츠와 관련 산업의 개념과 범위를 확정하는 것은 어려운 상황이며, 문화를 토대로 한 엔터테인먼트 산업을 중심으로 부가 가치를 창출하는 산업이라는 대략적 수준에서 그 논의가 이루어지고 있는 것이 현실이다. 또한, 이러한 맥락에서 광의적인 정의로서는 광범위한 문화산업이 모두 고려되어야 하겠지만, 최근 논의의 대상이 되는 산업을 중심으로 한다면, 경제적 고부가 가치를 자랑하는 중요 엔터테인먼트 산업으로서의 문화콘텐츠 산업 정도가 대상이 될 수 있다고 하겠다. 협의의 문화산업이라는 의미를 대입하자면, 엔터테인먼트 요소가 상품의 부가가치에 커다란 역할을 하는 산업, 즉 엔터테인먼트 산업을 말하는 반면에 광의의 문화산업은 전통과 현대를 아우르는 문화와 예술 분야에서 창작되거나 상품화되어 유통되는 모든 단계의 산출물을 가리킬 수 있기 때문이다. 문화지리적인 의미에서 이러한 특성을 기반으로 문화콘텐츠와 관련 산업의 공간적 의미를 논하려 한다.

(2) 문화콘텐츠의 공간적 특성

공간적인 특성과 관련하여, Currid(2009)는 예술과 문화를 도시 경제 발전 전략에서 어떻게 활용할 것인가에 대해 네 가지 스펙트럼을 제시한 바 있다. 도시의 쾌적성과 소비 공간, 재개발에 대한 도구화, 지역의 '브랜드'가치 창출, 고용과 수익의 창출이 그것이다. 이러한 특성과 문화콘텐츠는 밀접한 관련이 있을 수 있다. 문화콘텐츠는 지역에 있어 경제 성장의 주체인 소비자 서비스 사업이며, 콘텐츠의 생산 비용은 어느 정도 들어가지만, 재생산 비용은 저렴하기 때문에 규모의 경제와 범위의 경제(Economies of Scale & Scope)[8]를 통해 수익을 창출할 수 있다. 이에 지역 경제에 있어서 중요한 의미를 갖게 되며, 창의적인 콘텐츠의 의미가 더해지면, 혁신 공간 창출의 중추 역할을 담당할 수 있다.

예를 들어 투자 시나리오에 따라 문화콘텐츠 산업이 활성화되면, 지역 경제의 파급효과가 발생하게 되는데, 투자와 소비 지출에 의한 유발 효과뿐 아니라, 고용 효과, 생산 유발 효과, 부가 가치 창출 효과가 발생하고, 지역 소득이 증대되어 지역의 장기적인 발전 지속 가능의 토대가 마련된다. 이를 통해 지역 실업률 개선 효과와 지역 내 중소기업의 활성화(벤처, 지식 기반 기업화)도 가능해지게 된다. 이러한 외부 효과(externalities)는 지역의 문화 시설 및 축제 등 행사, 문화콘텐츠 관련 시설 및 기자재의 잠재력 효과를 여실히 드러내고 있다. 이외에도 지역 내 관련 산업으로의 파급 효과를 통해 지역 경제뿐 아니라 지역의 이미지 홍보 및 지역의 브랜드 진흥에도 기여를 하게 되는데, 신산업, 파생 산업의 태동을 돕고, 핵심 기능 특화를 통해 국가적인 클러스터 네트워크 역할을 담당하면서, 국제적인 대외 홍보 및 판로 확보, 외국인 투자 여건 개선에 일익을 담당할 수 있기 때문에 큰 의미가 있다.

또한, 문화콘텐츠는 생산의 측면뿐 아니라, 공간과 관련되는 소비자들과도 연관되어, 지역의 발전에 중요한 의미를 던지면서 공간적인 특성을 충분히 포함하고 있다. 문화콘텐츠 생산의 공간은 소비의 공간과 밀접히 연관이 되어 있기 때문이다. 문화콘텐츠의 공간은 개별적으로 존재하기도 하지만 문화의 다양성과 소비자의 문화 욕구 다양성을 고려하여 보았을 때 문화 상품의 전시와 판매 및 소비가 한곳에 집적되는 경향이 있다. 문화 상품의 소비는 인간의 직접적인 접촉과 감상이 전제된 행위이기 때문에 공간적 근접성이 반드시 요구된다. 따라서 대부분의 많은 연구 결과들에 따르면, 문화콘텐츠 관련 산업은 소비자가 많고 문화적 욕구가 높으며 다양한 대도시에 밀집하는 경향을 보인다. 서비스와 감상의 형태를 띠는 문화 상품(연극, 관광, 스포츠 관람 등)의 경우에는 소비의 집적이 일어나지만, 제품의 형태를 띠는 문화 상품(영화, 음반, 출판, 디자인이 가미된 제품 등)의 경우는 생산의 집적이 일어나고 정보 통신과 운송의 발달로 인해 결과물들이 빠른 속도로 전파된다. 소비 집적의 경우는 소비를 위해 장소로 모여들기 때문에 장소의 특화가 일어나 장소의 독점력을 높이지만, 생산의 집적과 상품의 전파는 생산지의 진품성과 명성을 높여 주어 장소의 독특함을 알리는 효과가 발생하기 때문이다(이병민, 2005).

이에 따라 문화콘텐츠와 공간의 발전을 연계하기 위해서 보는 시각은 생산자 지향과 소비자 지향 등 크게 둘로 나뉜다. 소비자 지향 전략은 지역의 삶을 개선하는 문화관광 사업을 개발함으로써 외부로부터 투자와 전문 인력을 유입하는 방안 등이 해당되며(영국의 에딘버러, 노팅힐 등), 생산자 지향 전략은 문화콘텐츠 산업을 직접 개발하는 전략이다. 지역의 문화콘텐츠 전략을 채택할 때 둘 중 하나를 지향하나, 결국에는 두 전략이 수렴하는 방향으로 나가는 것이 일반적인 현상인데, 앞에서 이야기한 바대로, 문화콘텐츠의 가치 사슬 체계가 생산과 소비, 관광 등 모두를 포함하는 특성 때문이다.

이러한 역할은 문화콘텐츠가 다른 산업과는 차별적인 문화 기반의 기본 특성에서 비롯된다. 외부로부터 지역 경제에 소득을 유치하는 기본적인 기능과 함께, 지역 시장의 경제가 내부 순환하는 효과를 가져다줌으로 인해 소득의 유출 방지 기능을 동시에 수행하기 때문이다(구문모, 2001). 지역 시장 수요에 맞는 서비스가 생산되면, 관광 등을 통해 역내 순소득이 증대하게 되고, 지역의 돈이 외부로 빠져나가지 않고 지역 내부에서 순환하게 되면서, 지역 경제에 긍정적인 역할을 하게 된다. 이런 까닭에 문화콘텐츠를 산업화할 경우, 지역에서 제조업 공동화에 대한 대안이자 미래 성장 엔진이 되어줄 것으로 인식되고 있으며, 수출 산업으로서 역외 소득을 얼마나 가져오는가가 지역 발전의 관건이 되고 있다.

이러한 상황은 문화콘텐츠가 갖는 '문화'라는 독특한 특성이 '지역적인 이미지'와 '분위기'에 결합하여 문화콘텐츠가 산업화할 경우 지역에 뿌리내리고 공간적으로 집적하는 데 영향을 준다. 이렇게 지역을 중심으로 결합한 문화 생산은 서로 시너지 효과를 발생시키는데, 스콧(Scott, 1997)은 도시의 문화 생산 시너지 효과를 다음 세 가지 유형으로 구분하고 있다.

첫째, 장인 산업 지역으로 예를 들어 이탈리아 지역의 사례는 프라토의 모직 섬유, 사수올로의 도자기, 페사로의 가구, 플로렌스의 가죽 제품 지역 등이 있다. 둘째, 여행 휴양지로 생산과 서비스의 집적, 문화적 이미지, 접근성 등이 결합된 경우이다. 셋째, 문화산업의 집적으로 도서, 잡지, 방송, 광고, 의류, 보석 등이 결합하여 도시의 문화 산업을 형성하는 경우이다.

(3) 문화콘텐츠와 입지적 특성

'문화콘텐츠'가 지리적 의미를 해석할 때 거론되는 것은 입지적 특성이 다른 산업과 다르기 때문이다. 문화콘텐츠 산업은 문화를 기반으로 한 산업인 동시에 첨단 산업이다. 그런데 입지론의 흐름에서 볼 때 첨단 산업의 입지 논의는 상당히 발전되어 왔지만 문화콘텐츠 산업의 입지론은 거의 진전된 것이 없다. 문화콘텐츠 산업이 첨단 산업이기 이전에 기본적으로 문화를 기반으로 한 산업이기 때문에, 문화콘텐츠에 대한 충분한 이해가 없는 상황에서 문화콘텐츠에 대한 이론적 논의를 전개하기에는 아직 초보적 단계이며 본격적인 논의는 매우 빈약한 상태이기 때문이다.

먼저, 첨단 산업 입지론을 중심으로 관련 입지 모형들을 검토해 보면 다음과 같은 특성들이 나타난다. 첨단 산업의 입지론과 입지 특성에 대한 논의는 기본적으로 공간적 분산론, 공간적 집중론 및 집적론 등으로 대별할 수 있다. 공간적 분산론은 첨단 산업은 고부가 가치의 관련 상품을 취급하고 핵심 인적 자원들의 특성에 의존함으로 이들 산업이 대도시 중심에서 떠나서 공간적 분산을 나타낼 것이라는 관점이다. 이러한 시각은 1970년대에 토플러(A. Toffler) 등 미래학자들에 의해 제기되었는데 여기에는 일부 도시학자나 지리학자들도 같은 의견을 피력한 바 있다. 이러한 시각은 당시 서구 대도시들이 침체하고 특히 대도시 중심부가 슬럼화한 역사적 경험과도 연계된 분석이라 할 수 있다.

이에 대해 공간적 집중론은 1980년대에 주로 대두된 것으로 기획 기능이나 연구 기능과 같은 고급 인력의 중추적 활동은 중심부 지역에 집중되는 데 대해 직접적인 생산과 같은 실행 활동은 주변부로 이전된다는 공간적 분업에서 바라보는 관점이다. 산업 공간 연구에서는 제품수명주기모델(Product Life Cycle)이나 노동의 공간분업론과 기타 관련 이론으로 발전된 바 있다.

이와 관련하여 문화콘텐츠의 공간분업론이 적용될 경우에는 문화콘텐츠 산업의 가치 사슬 중에서 도심에 적합한 것과 교외에 적합한 것, 그리고 지방 도시에 적합한 기능이 나뉘어 그러한 속성에 입각하여 입지 정책, 업종 및 기능의 선정 등 관련 정책을 보다 정교하게 구상해야 한다는 논의도 있다(이정훈, 2004). 한편 1980년대 중반 이후 주목을 받게 된 공간적 집적론은, 첨단적 산업 활동이 지속적인 기술 개발(R&D) 과정을 필요로 하고 유연적 생산 특성을 가지고 있기 때문에 관련 산학연 활동의 공간적 집적을 일으킨다는 논리이다. 이 모델은 세계 각국에서 관련된 첨단 산업 단지들이 지속적으로 성장했을 뿐 아니라 사실상 많은 성공 사례를 낳으면서 경쟁력을 높여감으로써 검증되었다고 할 수 있다. 이후 혁신적 환경론, 유연적 생산공간론, 신산업지구론,

클러스터론 등으로 다양하게 많은 이론으로 전파되어 갔다.

이렇듯 입지론에서 바라보는 문화콘텐츠 관련 논의들은 첨단 산업으로서의 문화콘텐츠 산업을 바라볼 때, 입지 특성에 대해 서로 다른 전망과 관점을 가지고 있다. 더구나 이러한 논의들은 문화를 기본으로 한 산업적 특성들을 바라본 것이 아니기 때문에 단순히 첨단 산업들에 대한 입지 분석 특성을 나타내었을 뿐, 문화적 속성을 바탕에 둔 문화콘텐츠 산업에 대한 본격적인 입지 특성 분석에 이르지 못하였다는 데 이론적 틀로서는 한계를 가지고 있다고 할 수 있다. 이는 영국의 창조 산업의 경우와 같이 문화콘텐츠 산업은 프로젝트에 기반하여 경제 활동을 하는 특징을 지니고 있고, 잘 구축된 사회적 자본이나 긴밀한 사회적 네트워크 특성이 때로는 문화콘텐츠 산업의 창조적인 활동을 행하는 데 있어 오히려 장애가 될 수도 있다는 특징이 있기 때문이다(Florida. R., 2003).

문화콘텐츠 산업의 번창하는 집적 지구, 즉, 문화산업 클러스터의 경우는 제조업의 집적 지구와 판이한 속성을 드러내며, 단순히 여러 개의 기업 군집만으로 형성되는 것이 아니라, 제조업보다 훨씬 더 조밀한 도시의 다양한 지원 기능, 업무 기능, 서비스 기능, 문화 기반 시설과의 관계에 의해 복합적으로 형성된다. 또한, 문화산업이라고는 하지만, 장르적으로 본다면, 음악, 애니메이션, 만화, 캐릭터 등 워낙 다양하고 상이한 업종상의 특성, 브로드밴드 매체를 환경으로 하는 디지털 콘텐츠와 공연 등 아날로그 환경을 태생으로 하는 기능별, 장르별 상이한 특성도 입지적 특성을 한 마디로 정의하지 못하게 하는 원인이 된다.

실제 많은 연구 결과에서 나타나는 분석은 문화콘텐츠 산업이 제조업이나 생산자 서비스보다도 집적의 성향이 훨씬 강한 것으로 해석되고 있으며, 다른 산업의 클러스터 형성 요인과 비교할 때 인력 조달 및 네트워킹이 특히 중요하게 나타나고 있다. 이는 다른 제조업 등에서 나타나는 제도적·공식적 요인보다 비공식적 요인의 중요성이 높은 집적 요인이 필요한 까닭이기 때문이다(주성재, 2006).

이러한 양상은 문화콘텐츠의 경우 제품의 생산 방식, 전달 경로, 소비 행태의 측면에서 전통적인 산업과는 매우 다르게 나타난다. 앞에서도 살펴본 바와 같이 '문화'를 매개로 하여 생산과 소비 방식이 혼재되는 특성을 나타냄으로 인해 기존의 제품과 산업이 가지지 못한 정신적·정성적 영역이 대거 포함되기 때문이다. 이에 입지에 있어서도 기존의 입지 요인들과는 다른 특성을 보일 수밖에 없다. 전통적인 입지 이론에 따라 특성을 나타내는 거리, 용수, 시장 등의 특징과 달리 도시 인프라, 연구 인력, 문화 인프라 등이 입지를 결정하는 데 중요한 특성을 나타내기 때문이다. 특히 초기 산업으로서 정부의 지원이 중요하게 작용하는 우리나라와 같은 경우에는 중앙 정부와 지방 정부, 관련 지원 기관의 존재도 중요한 요인으로 작용하게 된다.

외국의 문화콘텐츠 산업 선진 사례를 토대로 분석한 국내의 입지 특성 분석 연구에서는 산업 네트워크 접근, 학습 네트워크 모델, 혁신적 환경론 등이 거론된 바 있으나, 문화콘텐츠 산업의 특성을 접목시키는 데 미흡한 점이 많이 나타난다.

오히려, 국내 사례를 토대로 분석한 연구에 따르면, 사회적 요인(대도시의 인접, 교통 등 지리적 여건, 주민의 교육 수준, 문화 시설, 쾌적한 주변 환경, 도시의 이미지), 행정적 요인(재정적 지원, 행정적 지원, 기술적 지원, 마케팅 지원, 인적 지원, 물리적 지원-시설 등), 경제적 요인(지식 기반 요인-관련 연구 인력, 대학, 기관 등, 도시 인프라-철도, 도로, 공항, 항만 등, 지가 요인-지가와 임대료, 전문 서비스-금융, 법률, 동종업체 네트워킹, 관련 제조업체 집적) 등 요인들이 문화콘텐츠 산업의 입지에 영향력을 준다고 밝히고 있다(김용천, 2004). 이는 문화콘텐츠 산업의 특성이라 할 수 있는 정보 획득과 트렌드 파악의 이점, 창조적 계급으로서의 사람들이 쉽게 만날 수 있는 다양한 공간과 분위기, 창조성과 아이디어가 배태될 수 있는 환경이 지리적으로 중요하게 인식되고 있음을 보여 주는 것이라 하겠다.

3) 문화지리학과 문화콘텐츠의 의미

(1) 문화적 가치의 변화

지식 기반 사회의 진전에 따라 '문화'는 가치 창출의 새로운 힘으로 인식되고 있는데, 영국의 사례만을 보더라도 토니 블레어 정부는 1997년 이래 'Creative Britain'을 표방하고 문화와 창의성이 사회경제적 가치를 창출하는 핵심 요소임을 강조하고 있다.

앞에서 이야기한 대로, 문화의 개념이 워낙 광범위한데 문화는 경제적 가치를 창출하는 근거가 되면서도 최근에는 다른 사회나 집단과 구분되는 가치관이나 관습 등을 문화 원형으로 승화시켜, 문화를 산업화하는 기반으로 재창출하는 근거가 되기도 한다. 고려 시대의 복식이나, 옛 거북선의 모형을 복원하려는 노력들은 문화 정체성을 기반으로 한 생활 문화의 연장으로 볼 수 있다. 또한, 창의성을 바탕으로 한 지적·예술적 산물로서의 문화적 특성은 문화 원형을 문화 상품으로 창의적으로 전환시켜, 수익 모델로 만드는 노력과 관련된다. 영국의 창조 산업의 경우 이러한 특성에 기반한 저작권과 라이센싱에도 연결된다. 상징체계로서의 문화는 상호 작용과 의사소통의 매개체로서의 문화 특성을 말하는데, 지역의 이미지와 정체성을 형성하는 중요한 요소로서 도시 마케팅(place marketing)의 중요한 요소로 활용될 수 있기 때문에 큰 의미를 담고 있다.

이러한 문화적 특징의 변화에 따라 생산 활동 속에 내재된 기호와 이미지의 상징적인 질서들이 다양한 영역들에 영향을 미치게 된다. 다양한 영역에서 문화적 요소들(디자인, 심미성, 상징성, 감각적 소구력 등)이 깊숙이 개입되어 결정적인 역할을 하게 되는 것이다. 이를 통해 문화의 자원에 대한 인식도 새롭게 변화하고 있는데, 이는 문화의 기능 및 인식 변화에 관련되는 것으로서, 생산 요소로서의 중요성 대두에 따라 문화 상품의 주요 가치가 결정되기 때문이다(Scott, 1997; 이병민, 2005)(표 1).

개인적인 삶의 양태 변화와 웰빙족을 중심으로 하는 소비 패턴의 변화도 이러한 문화의 변화에 기여를 하고 있다. 주 5일제 근무가 확산되고 생활 문화 전반에 엔터테인

표 1. 문화와 관련된 인식의 변화

	종래의 기능·인식	새로운 기능·인식
생산 요소	토지, 노동, 자본	지식과 문화
생산 수단	노동 이후의 여가거리, 사치재, 소비재	문화의 생산 수단화, 자본재화(국가 발전, 기업 성장의 수단)
산업 분류	산업연관표상 문화는 제조업이 아닌, 문화·오락·서비스 산업으로 분류	대표적 서비스 산업으로 부상(전통적인 생산 요소인 노동, 자본, 기술은 상대적으로 중요성이 감소)
인간과 문화	호모 이코노미쿠스로서의 인간	호모 루덴스로서의 인간
자산 가치	생산 요소로서의 문화는 국가 경제 발전이나 기업 성장을 위한 부수적인 요인과 소비 지향적인 것으로 인식	유형 자산보다는 무형 자산에 의한 부가 가치 창출의 중요성이 상대적으로 높아짐
가치 원천	유형 자산(tangible)	무형 자산(intangible)
상품 경쟁력	전통적 상품, 가격, 기능, 품질	문화 상품, 추억, 감성, 창의력, 상상력

먼트화가 가속화되면서, 문화콘텐츠에 대한 수요가 급증하고 있다. 이는 물건으로 자신의 신분을 과시하는 '전리품 문화'를 거부하고 경험과 문화콘텐츠가 가져다주는 정신적인 풍요로움과 단순한 삶을 추구하는 삶의 방식 변화와 관련이 깊다. 고가의 보석이나 승용차 구입 대신 공연 관람, 외식 등에 투자하며, 소위, 콘텐츠 중심의 '여가 상품'이나 '경험 상품'의 소비가 증가하는 추세가 나타나며, 풍부한 경험과 콘텐츠에 기반한 문화 상품의 사회가 도래하여 귀족적 유목민(Nobless nomad)들이 웰빙 가치 추구에 더 많은 비중을 두게 되기 때문이다(Englisch, 2001).

또한, 최근에는 디지털 기술의 발전과 네트워크 사회의 진전으로 인해 콘텐츠에 대한 수요가 급증함에 따라서 이러한 흐름은 더욱 가속화되고 있다. 소위 디지털 융합에 따른 미디어믹스 및 콘텐츠 컨버전스 확대, 문화콘텐츠의 발전에 따른 원소스 멀티유즈 가능성이 확대되었기 때문이다. 홈시어터 기술, 유비쿼터스 기술, 무선 인터넷 등 모바일 발전, 초고속 통신망의 발전 등으로 문화 생활을 누릴 수 있는 콘텐츠 접근성이 더 확대되고 있다.

(2) 문화지리학과 문화콘텐츠

문화지리학을 이야기하기 위해 '콘텐츠'를 고려한다는 것은 발전 인자로서의 '창의성'을 고려하는 것인데, 예를 들어 다양한 지역의 보유 콘텐츠가 산업화할 경우 타 산업들보다도 공간상에서 사회적 관계를 통한 문화적 소양의 근거리 네트워크가 무엇보다도 중요하기 때문에, 물리적으로 도시의 중심이 되며, 주축 인자가 될 수밖에 없는 사실과 관련이 있다. 이는 도시의 집적성을 높이면서, 단순한 수익 구조 창출 이외에도, 브랜드 가치 제고를 통해 지역의 문화적 정체성을 창조하며, 다른 지역과 차별되는 전통 문화와 창의력을 바탕으로 지역의 경쟁력을 창출하고 문화적 인프라를 확충할 수 있는 기반으로 작용하기 때문이다. 이러한 콘텐츠의 특징은 예전과는 또 다른 양태로서의 문화 경관을 창출하며, 다양한 동력들과의 관계성에서 증폭되고, 변화되면서, 관계성을 창출하고 재현(representation)되는 차별적·이화적(異化的: foreignization)[9] 공간 구조를 만들어 가며, '문화 도시'라는 형태의 가시적 성과들을 내놓는 원동력이 된다. 이에 관련 요소들의 관계성을 최대한 고려하여, 시대의 변천과 관련하여 콘텐츠의 생태계라는 측면에서의 고찰과 시각이 필요하다고 여겨진다(이병민, 2012). 프랫(Pratt, 2004)은 창조 산업이 집단화되어 있는 창조 산업 클러스터에 관련된 주요 행위 주제와 그들 간의 관계를 창조 산업 '생태계(ecosystem)'라는 개념을 적용하여 분석하기도 하였다.

잘 알려진 대로, 작금의 지역 발전은 도시의 다양한 문화적 특성의 출현과 도시 공동체 형성 조건이 달라졌으며, 환경의 변화에 따라 점차 문화를 기반으로 한 도시의 중요성이 강조되고, 패러다임의 전환이 필수적으로 요구되고 있다. 이러한 문화적 변화는 결과적으로 장소 판촉(place marketing) 전략의 중요성을 불러오게 되는데, 마케팅이라는 측면에서는 도시의 긍정적 이미지를 창출하고 판매할 필요를 느끼며, 도시 브랜드 전략을 강조하게 되고, 이 같은 도시 판매의 전략은 도시 재생 사업과 긴밀하게 연관되게 된다(최석, 2008).

궁극적으로 도시의 문화콘텐츠가 판매하고자 하는 것은 도시의 이미지인데, 이는 도

시가 가진 신화와 그것을 상품화한 전통(heritage), 그리고 다양한 스펙터클(spectacle)
에 의해 뒷받침된다. 이와 같이 도시의 이미지는 도시의 신화가 된다. 지역에서는 의
도적으로 문화와 역사를 하나의 패키지로 묶어서 기획하고 판매하며, 그것들은 문화
콘텐츠로 투영된 테마 공원, 의례와 과거의 사건에 대한 다양한 축제와 기념물 형태로
나타나게 된다. 이에 도시의 경우에는 한 도시가 갖는 경험을 더 많은 사람들에게 일
반화하여 어떻게 전파하는가가 문화콘텐츠의 확산에서 중요한 의미를 갖게 된다. 따
라서, 도시의 신화는 문화 상품으로 기획되어 그 도시의 문화콘텐츠와 관광 산업을 발
전시키는 촉매가 된다(원도연, 2008).

　우리나라의 경우, 이와 같은 경제적 필요에 의해 문화콘텐츠를 바탕으로 한 도시의
전략들이 제기되었으며, 이에 따라 대상인 역사 문화·전통 도시들은 모두 심각한 도
심 상권 붕괴와 공동화 현상으로 본래의 의도가 달라지는 경향도 나타나고 있다(이병
민, 2011). 콘텐츠의 부재로 인한 또 다른 도시 재생 전략이 핵심 과제로 부상하는 등
생태계 측면에서 보았을 때, 구성 요소의 매칭이 잘 이루어지지 않을 경우, 악순환이
반복되기도 한다.

　따라서, 문화지리학을 중심으로 문화콘텐츠를 살펴보기 위해서는 문화적 요소들로
서의 콘텐츠를 고려해야 하는데, 이에는 전통문화, 예술, 산업, 대중문화 등 다양한 요
소들이 포함되며, 이를 통해 실제적으로는 창의적인 행사와 프로그램, 축제 등이 기획
되는 등 가시적인 성과도 나타난다. 아쉬운 것은 많은 국내 지역들의 경우 이러한 콘
텐츠의 연계가 도시 생태계라는 측면에서, 종합적인 고려 없이 축제와 박물관 프로그
램 등 기본적인 수준에서의 단발적인 프로그램 운영으로 그치고 있어, 효과성을 극대
화하기 어렵다는 점이며, 가치 사슬 측면에서의 고려와 문화 예술, 미디어, 제조업과
서비스업 등 다양한 융합 환경의 고려가 미처 이루어지지 않고 있다는 점이다.

　이러한 특성이 땅이 갖고 있는 역사성과 결합하여 문화적인 지역이 하나의 창조적
인 공간으로 탄생되며, 문화콘텐츠는 지역의 문화적 자원으로 엮어지며, 발전하기 때
문이다. 문화지리학에서 문화콘텐츠가 중요한 의미를 갖는 것은 이와 같이 문화콘텐
츠가 공간적인 '맥락(context)'으로 작용하게 되며, 이를 통해, 지역의 개념을 규정짓는

데 있어 중요한 의미를 갖게 되기 때문이다. 소위, 맥락이라고 하는 것은 문화적 배경, 역사, 사회적 환경, 관계, 사회적 자본(social capital)[10]과 관계가 있는데, 이러한 측면에서 문화는 광의로는 생활 양식이지만, 협의로는 예술, 대중문화 등 장르와 관련하여 도시민 삶의 재현(representation)이라는 특징을 필연적으로 가질 수밖에 없다. 민초(民草)들의 삶이 기반이 되어 역사와 사회적 환경과 관계가 투영되기 때문이다.

이러한 점에서 문화지리학적으로 문화콘텐츠를 고려할 때 플로리다의 이야기가 좀 더 매력적으로 다가올 수 있다. 재능(talent)과 기술적인 요소(technology), 관용성(tolerance)이 중요한 콘텐츠로서 창조 도시를 견인하기 때문이다(Florida. R., 2002).

랜드리(Landry, 2000)는 문화 도시를 조성하는 데 가장 중요한 것은 창조적 능력을 지닌 사람들이 도시에서 거주하면서 창조 활동을 하는 것이며, 이 활동이 도시의 미래와 경쟁력을 결정하게 된다고 강조한 바 있다. 이에 도시의 핵심 자원은 우선적으로 인간의 창의성, 열정, 동기, 상상력과 창조적인 생각이 될 수 있다. 이는 문화적인 분위기와 환경 조성과 관련되는 것으로 최근 문화 발전을 위해 투여하는 자본과 많은 인센티브만으로는 해결이 안 되는 부분이다. 문화지리학적으로 보자면, 공간에 거주하는 사람들의 삶의 양식과 관련이 깊다. 쾌적성(amenity), 환경, 자연경관, 자녀들의 삶과 교육이 지속적으로 보장되는 안정성, 사람들과의 관계 등 많은 부분이 지역의 발전에 밀접한 관련을 맺게 되기 때문이다.

두 번째로는 기술 기반 자기 창조적 시스템의 구축이 중요한데, 문화콘텐츠가 발현되기 위해서는 창의적인 아이디어를 발현시킬 수 있는 창조적인 환경이 지역 발전의 전제 조건이 되기 때문이다. 이는 하드웨어와 선순환 구조를 이루는 인프라 조성이라 할 수 있으며, 교통과 건강, 쾌적성 등을 이루는 지원 서비스라 할 수 있다. 이에 연구 기관, 교육 시설, 문화 시설, 기타 만남의 장소 등 시설들과 인프라 조성을 어떻게 하는가가 지역의 발전에 근간을 이루는 문화콘텐츠로서 중요하게 된다. 최근 광역 경제권의 변화와 IT 및 콘텐츠 산업의 발전에 따라 다양한 클러스터를 구축하려는 지역들이 늘어나는데, 이러한 전략 방향이 더욱 유용하다고 할 수 있다. 문화 예술과 과학 분야의 공통적인 창조성에 주목하고, 지역의 문화콘텐츠와 IT 분야를 결합할 수 있는 방안을 모색하는 것도 좋을 것이다. 예를 들어 지역의 문화 관광 자원의 온라인 DB 및 활용을 통해 체계적인 관광 상품의 발전으로도 이어질 수 있기 때문이다. 주제별 체계적인 문화 관광 콘텐츠 아카이브 시스템을 구축하는 것도 지역 발전의 중요한 과제가 될 수 있다. 도시의 생태적 요소와 철학, 역사 민속학 등 인문학적인 요소가 바탕이 되고, 예술가와 같은 결과물을 만들어 내는 장인과 통신, IT 기술이 결합될 때 높은 수준의 콘텐츠가 나올 수 있다(이병민, 2011, 30).

세 번째로, 지역 개방 환경과 관용성이 문화콘텐츠의 발현을 위해 매우 중요한 요소가 된다. 창조적인 지역에서 문화콘텐츠가 많다는 것은 앞에서 이야기한 창조적 인재들이 선호하는 생활 환경을 의미하는 것으로 다양한 문화 활동이 풍성한 환경과 개방적인 분위기를 일컫는 것이다.

이러한 지역에는 소프트웨어 인프라와 사회적인 네트워크가 잘 갖추어져 있어서 다양한 인적 교류 등이 자유롭게 이루어질 수 있다. 외국의 경우 클럽, 비공식 단체의 정기 모임, 비즈니스 클럽, 마케팅 협회 등 모임도 자연스럽다. 다양한 커뮤니티가 구성되고 자생할 수 있는 환경의 마련이 창조적인 문화콘텐츠의 창출을 위해 중요하다.

또한, 지역의 랜드마크뿐 아니라 박물관, 미술관, 자연환경 등에 어울리는 다양한 축제, 문화 예술의 체험이 가능한 고부가가치 문화 마케팅, 이벤트 성이 강한 문화 소비 형태의 발생 등이 가능하도록 다양한 프로그램의 지원이 필요하다(유승호, 2008).

4) 지역의 문화콘텐츠 발전을 위한 과제

궁극적으로 문화적 정체성을 수반한 콘텐츠 창작 발전소(디자인 창작)로서 지역을 완성해 나가기 위해서는 몇 가지 방향성을 전제로 과제의 도출이 가능한데, 이를 몇 가지 키워드를 중심으로 정리해 볼 수 있다.

첫째, 광역 경제권의 변화에서 공간적인 핵심 지역으로 자리매김하고, 시너지 효과를 내는 문화 허브로서 창조 지역을 구현한다는 점에서 문화콘텐츠 'Cluster'의 구현이라고 할 수 있다.

이는 역사 도시로서의 지역의 전통과 다양한 문화콘텐츠를 기반으로 한 첨단을 결합한 전략 산업 거점의 구축을 의미한다. 지역의 문화 특성을 그대로 담고 있는 지역의 정체성을 현대와 연계하여 조화로운 가시적 산업 도시로 육성함과 함께 국토의 문화콘텐츠 거점(허브 지역)으로서 문화 집적지 전략을 주도해 나가야 한다.

이는 지역의 문화콘텐츠와 관련 산업의 인프라 구축을 어떻게 효율적으로 시행하고, 이를 통해 효과적인 성과를 거두어 낼 것인가 하는 것이다. 온라인뿐 아니라 오프라인이라는 측면에서, 다양한 미디어, 플랫폼, 공연장 등 인프라의 구축은 업계의 발전에 직접적으로 영향을 끼치기 때문이다. 예를 들어 창조 지역으로서의 지역 문화콘텐츠의 발전은 지역의 문화 관광 자원의 온라인 DB 및 활용을 통해 체계적인 관광 상품의 발전으로 이어질 수 있다. 주제별 체계적인 지역의 문화 관광 콘텐츠 아카이브 시스템을 구축하는 것과 세부 지역별 문화콘텐츠 산업 자원의 온라인 DB 및 활용을 통한 광역권 기반 체계적 문화콘텐츠 산업 및 관광 콘텐츠 아카이브 시스템 구축, 지자체 연계의 실용적 제고성 확대가 해당되며, 행정 구역을 넘어서는 협력적 사업 추진이 필요하다.

둘째, 각 지역의 발전 방향 맞추어 창의적인 콘텐츠 육성 인프라를 구축해 나가는 것이다(Creativity). 실제적인 사업이 영위되는 지역의 공간 내에서 활동하는 다양한 기업과 학교, 연구소 등 산-학-연-관의 유기적인 관계가 유지 및 운용되기 위해서는 공공의 역할이 중요하기 때문이다.

창의적인 문화콘텐츠 개발을 위한 공공 역할 강화 및 양질의 콘텐츠 진흥 환경 조성을 위해서 간섭이 아닌 지원의 개념으로 '팔 길이 원칙'에 따라 가려운 곳을 긁어 주는 지역 내 관련 정책 기관들의 입장과 지원이 중요하다.

이에 광역 경제권 내에서 지역의 창의적인 계급으로서의 인력 양성을 위한 교육과, 관련 분야 고용 창출도 기여할 수 있는 지역의 문화 예술 및 문화콘텐츠 분야 고급 인력 양성의 인프라를 지원하는 길이 있다. 이때, 개별 지역뿐 아니라 지역 내, 지역 간 다양한 연계 사업 등의 마련을 통해 효과성을 높여야 할 것이다.

거의 90%에 육박하는 업체들이 수도권에 입지해 있으며, 대부분의 고용 창출이 수도권에서 일어나기 때문에, 지역의 자생을 위해서는 지역의 특성을 바탕으로 한 다양한 고용 창출 전략이 더 부가되어야만 한다.

특히, 미래 고급 인력으로서의 중요성을 깨닫고, 문화콘텐츠 분야 창의적 인재의 시장 진출 지원 방안 등을 고민해야 한다. 이때, 창업 등을 통한 고용뿐 아니라 콘텐츠 분야의 특성을 십분 발휘하여 창직(創職)의 단계로 나아갈 수 있도록 '1인 창조 기업' 활성화 등에 대한 관심을 더욱 각별히 기울여야 할 것이다. 최근에 가장 화두가 되고 있는 애플의 아이폰과 앱스토어의 사례 등에서 이러한 예는 아주 잘 나타나고 있어 문화콘텐츠의 효율적 활용 및 연계를 어떻게 고급 인력 양성에 연계할 것인가가 고민되어야 할 것이다.

셋째, 문화콘텐츠 산업의 경우는 제조업이나 다른 서비스업보다 소비자와의 쌍방향적인 교감과 수요 반영이 중요하다(Consumer).

이는 다양한 정책 지원 방향이 소비자의 참여와 체험에 의해 지원되어야 하는 것을 의미하며, 그러한 결과에 따라 지역에 거주하는 도시민 중심 전략 산업 진흥이 이루어져야 할 것이다. 최근 유행하는 스마트폰과 트위터, UCC 시대 참여, 체험을 강조하는 다양한 참여형 정책들이 영리한 시민들의 반응에 따라 추진되어야 할 것이다.

이와 관련하여, 창조 지역의 발전을 위해 최근에는 생산자–소비자의 관계 변화에 따른 스마트 공간(smart space)의 변화도 목격되고 있다. 가상 공간에서의 기업 활동, 생산자–소비자의 직접 연결, 모바일 & 공간의 컨버전스 등 특징에 따라 기존의 개별 활동들(생산, 판매, 서비스 등)을 순차적인 형태에서 병렬적으로 수행 가능하며, 소비자들의 지혜로운 스마트 소비 수행(QR코드, 증강 현실 등)이 증가하기 때문이다. 이에 인터넷에서 촉발하여 스마트한 모바일 등 가상 공간을 통한 새로운 기업 활동의 등장과 인터넷 몰, 유통 체제의 재편, 1인 창조 기업, 새로운 문화 상품과 비트 상품(전자 상품)의 발달 등은 엄청난 속도로 진화하고 있다. 이러한 발전에 따라, 눈높이가 높아진 소비자들과 주민들의 수요를 만족시켜 주는 창조 지역의 조성이 필연적으로 필요하게 된다. 이에 창조 지역의 발전 관련하여 창의적인 인재는 쾌적함(amenity), 창조

도시는 관용(tolerance)을 선호하며, 효율성(efficiency)의 공간에서 만족(satisfaction)의 공간으로 바뀌고 있다는 연구들이 나오고 있다(이병민, 2010).

또한, 지역의 문화콘텐츠 산업 관련 기관, 각급 학교, 기관 등 다양한 역량의 시너지를 통한 지역 외 진출 및 마케팅 효율화 지원 방안 마련이 필요한데, 광역 경제권으로 변화하면서, 지역 및 도시 브랜드, 마케팅 사업이 행정 구역을 넘어서서 보다 효율적으로 운영이 가능하기 때문이다. 예를 들어 다문화 관련 해당 국가들의 해외 연계 및 자매 결연, 지역 문화산업 마케팅 사업(place marketing) 등도 시너지 효과를 토대로 추진이 용이해질 것이다.

특히, 최근의 환경이 GLOCAL(Global+Local) 환경으로 변화하고, 지역에서 다문화 가정의 비율이 폭발적으로 늘어나 '어머니 국가 바로 알기' 및 문화산업 교류 사업 등이 한류의 연장선상에서뿐 아니라 문화 동반자 사업의 일환으로써 효율성 및 교육 효과가 높아질 수 있는데, 이러한 추진의 근거가 보다 강력해지며, 효과적인 지역 문화콘텐츠 발전의 중심이 되어야 할 것이다.

넓게는 창의적 문화 관련 예술가, 업체, 관련 기관으로의 지원 확대 및 연계화 방안 마련이 포함된다. 문화콘텐츠와 관련된 기관과 주민들, 업체는 그대로 섬처럼 활동하는 것이 아니라 원소스(One Source)를 생산해 내는 다양한 예술 생태계, 문화 환경 인프라와 연을 맺고 있기 때문이다. 이를 위해 특히 앞에서 이야기한 1인 창조 기업이나 중소기업 대상 지원을 중점적으로 시행하고, 자생력을 갖도록 도와주어야 할 것이다.

넷째는 실용성을 담보에 둔 산업의 실질적 성과를 창출하는 것이다. 문화를 기반에 두고는 있지만, 지역 주민들의 발전과 혜택을 위해 전략 산업으로 채택한 문화콘텐츠 산업을 통해 캐쉬카우(Cash Cow)로서 산업을 육성해, 실용적 수익 모델 창출과 지역 경제의 활성화에 도움을 주어야 한다. 이는 실질적으로 주민에게 도움이 되는 소득 창출의 기제로서 산업이 발전해야 함을 일컫는 것이다.

이를 위해 예를 들어 자생적인 발전을 위한 지역 업체의 선순환 시스템 마련을 위한 지원 사업의 확대 같은 경우가 정책적인 지원이 될 수 있다. 이는 시장 구조 속에서 생존하기 어려운 창의적 문화 관련 예술가, 중소기업체, 관련 기관의 지원 확대 및 연계화 방안 마련(클러스터 관련 기관의 운영 지원 포함)인데, 지역 내에서 보다 많은 연계와 자원의 발견, 조합이 가능할 것이다.

이를 위해서는 영국의 **art council** 형태의 지역문화진흥기금 지원 확대와 유럽의 창조도시협의체 방식의 다양한 구성 인자(복권 기금의 지역 활용 등) 구성 및 연계가 가능할 것이다. 또한 지역 특성상 당연히 지원을 필요로 하는 지역의 업체뿐 아니라, 문화의 특성상 역차별 받는 문화 관련 기관, 문화콘텐츠 산업과 직간접적으로 연관이 되는 예술가, 주민 등의 행정 등 관련 규제 완화 공동 대응 등도 포함된다.

5) 결론

문화란 랜드리의 표현대로, 우리 자신이고, 신념의 총합이며, 태도이자 습관이다(2009). 이와 관련하여 잘 알려진 대로 장소 마케팅(place marketing)이란 그 지역의 공공과 민간이 협력하여 쇠퇴한 도시를 하나의 콘텐츠로 인식하고, 콘텐츠 수요자인 기업과 주민, 그리고 관광객이 선호할 제도, 시설과 이미지를 개발하려는 전략이다(주정민·서준교·이효원, 2005). 지역 콘텐츠는 도시의 고유한 역사와 문화를 고스란히 담아, 개성 있는 문화적인 지역의 정체성을 형성해 나가는 중요한 문화 자본이기 때문이다. 이러한 문화콘텐츠는 일상적인 문화와 지역의 정체성, 주민 참여와 문화 향유, 소통과 사회 통합적 특성, 전체 도시의 조화로운 특성 등 다양한 성격을 내포하고 있다. 하나의 지역을 하나의 '콘텐츠'라고 보았을 때, 콘텐츠 생태계라고 하는 것이 완결적 구조를 가지고, 가치 있는 콘텐츠로서의 도시를 완성하고 자원화하며, 산업화하는 다양한 노력들의 결합체라고 할 수 있기 때문이다. 지역이 갖고 있고, 보존·유지해야 하는 전통문화, 주민들의 향수 대상이 되며, 진흥해야 하는 문화 예술, 지역 경제의 기반이 되며, 지원 육성해야 하는 문화콘텐츠 산업, 문화 복지 대상으로서의 생활 문화 등이 문화지리의 올바른 맥락 안에서 서로 균형을 이루며, 인프라와 문화 환경을 적절히 조성해야만 한다. 아쉽게도, 분석 결과에 의하면 우리나라의 지역들은 많은 사례

분석에서도 드러나는 바와 같이 공공의 주도적인 정책에 의한 Top-down 방식의 도시 형성이 대부분이며, 문화산업 육성을 통한 장소 마케팅에만 집중해 왔다. 이는 소득 증대라든가, 일자리 창출, 관광객 증가 등 경제적 효과와 가시적인 도시 경관 개선 등에 집중하는 단기적 성과 기대와 잇닿아 있다. 하지만 지속적인 문화 기반 지역의 성장을 담보하기 위해서는 친환경적인 공간 조성, 주민이 공감하는 지역이미지 및 브랜드 가치의 제고, 지역의 공동체 의식 및 자부심 형성, 사회적 맥락에서 문화 자본의 형성 등이 더 소중하고 중요한 것으로 보인다. 또한 융복합 시대에 맞추어 소중한 지역의 콘텐츠가 지역 내에서 순환하고, 자가발전적인 엔진이 되기 위해서는 문화를 기반으로 한 자생력이 가장 먼저 요구되어야 할 것이다.

물론, 인프라와 시설 등 투자에만 집중하여 기반 조성에 많은 시간이 흐르기는 했지만, 그러한 기반 위에 지역의 문화 및 예술, 생활문화, 지역 구성원들의 조화로운 관계를 어떻게 덧입히는가에 따라 결과는 달라질 수 있을 것으로 보인다. 결국 문화지리적인 측면에서 지역의 문화콘텐츠라고 하는 것은 정체되어 있는 것이 아니라, 진화하는 것이기 때문에 몇십 년이 흘러도 발전을 담보할 수 있는 자기 완결적 생태계를 갖추었느냐 아니냐가 발전의 근거가 될 것이다. 또한 누가 문화지리적인 콘텐츠를 마련하고 발전을 이끌어나갈 것인가에 대해 지자체나 지역 주민이 자발적으로 주도권을 잡아갈 수 있도록 하며, 경제적·산업적 선순환 구조의 환경 조성에 더 많은 힘을 기울여야 한다는 사실이 중요할 것이다.

● 요약

1. 창조 경제 시대의 변화에 따라, 물량 경제 중심의 제조업과 서비스업의 단계를 거쳐, 수요자의 창조성과 콘텐츠가 중요시되는 시대가 도래 했으며, 이러한 변화는 지역의 발전에 있어 매우 중요한 요소가 되고 있다.

2. 문화콘텐츠는 지적재산권과 디지털 환경의 변화에 따라 지역 경제에서 매우 중요한 산업의 핵심 동인이 되고 있으며, 부가가치를 창출하고 있다.

3. 그러나 문화콘텐츠는 문화 기반의 특성과 창의성, 지역의 맥락(context)을 기반으로 하

고 있기 때문에 단순히 타 산업의 공간적 특성과 입지 전략을 산업 육성 전략에 적용해서
는 안 되는 특징이 있다.

4. 특히, 문화지리학의 특성에서 보자면, 문화라는 지역의 무형 자산과 새로운 사회적 공간
의 창출, 창조적 환경의 중요성이 크기 때문에 '문화콘텐츠'를 고려할 때는 다양한 구성
인자들과의 관계에 대한 생태계적 접근이 필수적이다.

5. 따라서 지역에서 문화콘텐츠를 활성화하기 위해서는 다양한 산업적 고려와 함께, 창의
성, 지역 주민의 수요 등을 모두 고려하는 종합적인 지원책이 수반되어야 한다.

● 핵심어 (Key words)

문화콘텐츠, 문화산업, 문화지리학, 창조도시

cultural content, cultural industry, culture geography, creative city

● 읽어볼 문헌

- Landry, C., 2000, *The Creative City*, Routledge (임상오 역, 2005, 『창조도시』, 서울: 해
  냄). 창조도시 이론의 가장 중요한 사람 중의 한 사람인 찰스 랜드리의 유명한 저서로서,
  창조경제 시대의 변화에 맞추어, 도시 전체를 문화콘텐츠로 보고, 의미 있는 도시생활을
  위해서는 혁신적인 활동이 요청된다는 것을 알리고 있을 뿐만 아니라, 우리가 직면하는
  지리적인 문제를 창의적으로 사고하고, 계획하고, 행동하는 방식을 제시하고 있다. 전
  세계를 대상으로 다양한 혁신사례와 도시재생사례 등의 콘텐츠를 포함하고 있어 다양한
  아이디어를 창출하고, 사고방식을 전환하는 데에 도움을 줄 수 있을 것으로 기대되는 책
  이다.
- Florida. R., 2002, *The Rise of the Creative Class*, NY; Basic Books (이원호 외 역,
  2008, 『도시와 창조계급』, 푸른길). 창조적인 지역 발전을 위한 주요 동인을 창조적인 인
  재에 맞추어 규정하고 있는 리처드 플로리다의 저서로서, 미국의 도시 연구 사례를 중심
  으로 창조적인 도시가 어떤 도시에 집중하는가, 창조도시를 만들기 위한 전략은 무엇이
  고, 한계는 무엇인가를 이론과 사례를 통해 설명한 책이다.

• 인문콘텐츠학회, 2006, 『문화콘텐츠 입문』, 북코리아. 문화적인 측면에서 문화콘텐츠를 이해하고, 지역 차원에서 인문학을 기반으로 한 문화콘텐츠의 특성을 기본적으로 적용할 수 있는 수준의 입문서이다. 방송, 음악, 게임, 만화, 축제와 이벤트 등 지역에서 현재 대부분 추진 중인 문화콘텐츠 (특히 산업) 분야의 개념과 특성, 관련 제작 과정, 법규와 정책 문제 등을 다루고 있다. 특히, 연관 분야로서, 디지털 박물관, 테마파크, 관광, 축제와 이벤트 등의 특성을 찾아 적용해 볼 수 있다.

주

1 소위 문화가 중심이 되는 창조도시의 경우 문화를 기반으로 삶의 질을 높이고, 도시의 인프라가 되는 지역 문화콘텐츠의 중요성이 크기 때문에, 패러다임의 변화는 더욱 가속화되고 있다.

2 이에 따른 주요 행위자들도 기업에서 전문가, 소비자에서 일반 개인들로 변화하고 있다.

3 이때, 창의적인 콘텐츠의 핵심에 창의적인 계급, 사람들이 있다.

4 세 가지 분류 중에서도 문화콘텐츠와 밀접한 창조 산업과 관련된 분류는 지적재산권의 창출과 관련되며, 두 번째 분류가 해당이 된다.

5 문화산업이 정치경제학적 의미에서, 문화적 의미를 각성해야 하는 개인을 수동적 관중으로 만들어 버렸다는 주장이다(이병민, 2010, 402).

6 문화산업진흥기본법 제2조(정의) 참조

7 부호 · 문자 · 도형 · 색채 · 음성 · 음향 · 이미지 및 영상 등(이들의 복합체를 포함한다)의 자료 또는 정보 (문화산업진흥기본법 제2조 3항)

8 규모의 경제의 대량 생산의 경우에서와 같이, 생산 규모가 증가함에 따라 생산비에 비해 생산량이 보다 크게 증가함으로써 생기는 경제적 이익을 말하며, 범위의 경제는 한 기업이 2종 이상의 제품을 함께 생산할 경우, 각 제품을 다른 기업이 각각 생산할 때보다 평균 비용이 적게 드는 현상을 말한다. 콘텐츠의 경우는 디지털 특성과 연관 효과로 인해 두 개의 경제 효과가 지역에서 모두 크게 나타날 수 있다.

9 Chikahiro Hanamura, 2012년 SSK 국제세미나(2012.6.5) 발표 자료를 참고하였으며, 차별화된 문화 경관의 창출을 통해 새로운 공간을 만든다는 의미를 강조하고 있다.

10 인적, 물적 자본에 상대되는 개념으로 '사회 구성원들이 공동의 문제를 해결하기 위하여 적극적으로 참여하는 사회의 조건 또는 특성'을 지칭한다. 이는 사회 구성원들이 힘을 합쳐 공동 목표를

효율적으로 추구할 수 있게 하는 사회생활의 특성으로서, 공동 이익을 위한 상호 조정과 협력을 촉진하는 사회적 조직의 특성이라고도 정의할 수 있다. Putman, Coleman, Fukuyama 등 많은 사람들에 의해 발전되었다(이병민, 2011, 18).

참고문헌

구문모, 2001, "지역개발과 지방 문화산업정책, 문화경제연구", 4(2), 1-20, 한국문화경제학회.

김용천, 2004, 문화콘텐츠 산업의 사회적·행정적 입지요인에 관한 연구: 대전광역시를 중심으로, 충남대학교 자치행정 석사학위논문.

문화관광부, 2004, 지방 문화산업 발전전략 기본방향 연구.

문화체육관광부, 2010, 창조경제시대 지역 콘텐츠 산업 발전전략.

원도연, 2008, "문화도시론의 발전과 도시문화에 대한 연구", 인문콘텐츠, 13, 137-164, 인문콘텐츠학회.

유승호, 2002, 디지털시대와 문화콘텐츠, 전자신문사.

유승호, 2008, 문화도시-지역발전의 새로운 패러다임, 일신사.

유진룡 외, 2009, 엔터테인먼트 산업의 이해, 넥서스.

이무용, 2003, 장소마케팅 전략에 관한 문화정치론적 연구, 문화다움.

이병민, 2005, "문화산업을 통한 지역경제의 발전전략과 정책과제", 지리학연구, 39(3), 399-420

이병민, 2010, "광역경제권하에서의 문화산업클러스터의 운용방향과 거버넌스 재편 전략", 문화경제연구, 13(2), 96-125.

이병민, 2011, "창조적 문화중심도시 조성 전략과 문화정책 방향", 문화정책논총, 25(1), 7-36.

이병민, 2012, "콘텐츠 생태계 중심 창조적 문화도시의 발전방향", 인문콘텐츠, 25, 9-38.

이병희·문제철, 2009, 문화콘텐츠 산업의 현황과 과제, 한국은행 조사국 산업분석팀.

이정훈, 2004, "중소도시 지역개발 수단으로서 제3의 문화전략: 관광과 문화산업의 사회·공간적 결합: 부천시를 사례로", 관광경영연구, 22, 257-292

임학순, 2003, 창의적 문화사회와 문화정책, 진한도서.

주성재, 2006, "한국 영화산업의 발전과 공간적 집적 특성: 새로운 부흥의 중심지로서 서울 강남지역의 등장?", 대한지리학회지, 41(3), 245-266.

주정민·서준교·이효원, 2005, 문화도시의 도시재생과 문화콘텐츠, 전남대학교 출판부.

지역발전위원회, 2010, 창조지역사업 가이드라인.

최석, 2008, "장소성에 입각한 하멜의 문화콘텐츠 자원화", 한국콘텐츠학회논문지, 8(4), 137-146.

한국문화경제학회, 2001, 문화경제학 만나기, 김영사.

한국문화콘텐츠진흥원, 2003, 지역문화콘텐츠 산업 활성화와 정책과제.

Adorno, T.W. 1991, *The Culture Industry*, Routledge.

Landry, C., 2007, *The Art of City Making*, Stylus (메타기획컨설팅 역, 2009, 크리에이티브 시티 메이킹, 역사넷).

Currid, E., 2009, "Bohemia as a subculture: "Bohemia" as industry", *Journal of Planning Literature,* 23(4), 368-382.

Florida. R., 2002, *The Rise of the Creative Class,* NY; Basic Books.

Florida. R., 2003, "Cities and creative class", *City and Community,* 2(1), 3-19.

Gundula Englisch, 2001, *Job-Nomaden Statt,* Deuschland (이미옥 역, 2002, 잡노마드 사회: 직업의 유랑자들, 문예출판사).

Hesmondhalgh, D., *The Cultural Industries,* Sage Publications.

Koivunen, H., 1998, *Value Chain in the cultural sector,* paper presented in Association for Cultural Economics International Conference, Barcelona June 14-17.

Landry, C., 2000, *The Creative City*, Routledge (임상오 역, 2005, 창조도시, 서울: 해냄).

Moschella, D.C., 1997, *Waves of Power,* AMACOM, American Management Association.

Oakley, K., 2004, "Not so cool Britannia", *International Journal of Cultural Studies,* 7(1), 67-77.

Pine, B. J., & Gilmore, J. H., 2001, *The Experience Economy,* Harvard Business School Press.

Pratt, A., 2004, "Creative Clusters: Towards the Governance of the Creative Industries Production System?" *Media International Australia incorporating & Culture and Policy,* 112: 52-56.

Scott, A. J., 1997, "The cultural economy of cities", *International Journal of Urban and Regional Research,* 21(2), 323-340.

집필진

이정만

서울대학교 사회과학대학 지리학과 졸업

미국 UC버클리 지리학과 박사

서울대학교 사회과학대학 지리학과 교수

- 대표논문 및 저서: "인간생태학적 지역연구 방법론에 관한 고찰"(1997), 『지식정보사회의 지리학 탐색』(공저, 2012), 『세상읽기와 세상만들기: 사회과학의 이해』(공저, 2008) 등

류제헌

서울대학교 사범대학 지리교육과 졸업

미국 텍사스대학교 지리학과 박사

한국교원대학교 제2대학 지리교육과 교수

- 대표논문 및 저서: "한국인의 장소와 정체성: 한국학을 위한 시론"(2012), "서남해 연안 도서지역의 촌락발달과 경지확대과정"(공저, 2011), "長江三角洲地區 空間構造의 現代的 變容: 1978~2006"(2011), "인천시 아이덴티티의 인구·문화적 요인"(2010), "한국의 문화경관에 대한 통합적 관점"(2009), 『문화정치 문화전쟁: 비판적 문화지리학』(공역, 2011), 『한국문화지리』(2002), 『세계문화지리』(2002), 『Reading the Korean Cultural Landscape』(2000; 2010) 등

진종헌

서울대학교 사회과학대학 지리학과 졸업

미국 UCLA 지리학과 박사

공주대학교 인문사회과학대학 지리학과 교수

- 대표논문 및 저서: "경관연구의 환경론적 함의: 낭만주의 경관을 중심으로"(2009), "Paektudaegan: Memory, Science, Colonialism and Mountain Mapping in Korea"(2009), "Demolishing Colony: The Demolition of the Old Government General Building of Choson"(2008) 등

심승희

서울대학교 사범대학 지리교육과 졸업

서울대학교 사범대학 지리교육과 박사

청주교육대학교 사회과교육과 교수

- 대표논문 및 저서: "지리학과 지리교육이 문학에 접근하는 방식"(2012), "압구정동·청담동 지역의 소비문화경관연구"(공저, 2006), "문화관광의 대중화를 통해서 본 공간의 사회적 구성에 관한 연구"(2000), 『서울스토리』(공저, 2013), 『서울 시간을 기억하는 공간』(2004) 등

박승규

한국교원대학교 제2대학 지리교육과 졸업

한국교원대학교 지리교육학과 박사

춘천교육대학교 사회과교육과 교수

- 대표논문 및 저서: "인문학으로서의 지리학과 지리교육"(2010), 『인문지리학의 시선(개정판)』(공저, 2012), 『일상의 지리학: 인간과 공간의 관계를 묻다』(2009) 등

박경환

서울대학교 사범대학 지리교육과 졸업

미국 켄터키대학교 지리학과 박사

전남대학교 사범대학 지리교육과 교수

- 대표논문 및 저서: "초국가 시대 국가 이주 정책의 제도적 틀의 신자유주의적 선회"(2012), "교차성의 지리와 접합의 정치: 페미니즘과 지리학의 경계 넘기를 위하여"(2009), "육체의 지리와 디아스포라: 후기구조주의 페미니즘과 페미니스트 정신분석 지리학으로의 어떤 초대"(2005), "혼성성의 도시 공간과 정치"(2005), 『공간에 비친 사회, 사회를 읽는 공간: 사회지리학』(역서, 2013), 『도시사회지리학』(공역, 2012), 『포스트식민주의의 지리』(공역, 2011) 등

이영민

서울대학교 사범대학 지리교육과 졸업

미국 루이지애나주립대학교 지리인류학과 박사

이화여자대학교 사범대학 사회과교육과 교수

- 대표논문 및 저서: 『이주』(공역, 2013), 『문화·장소·흔적: 문화지리로 세상 읽기』(공역, 2013), "글로벌시대의 트랜스이주와 장소의 재구성"(2013) 등

정현주

서울대학교 사범대학 지리교육과 졸업

미국 미네소타대학교 지리학과 박사

서울대학교 인문학연구원 부교수

- 대표논문 및 저서: 『페미니즘과 지리학: 지리학적 지식의 한계』(역서, 2011), 『젠더, 정체성, 장소: 페미니스트지리학의 이해』(공역, 2010), 『문화정치 문화전쟁』(공역, 2011), 『도시사회지리학』(공역, 2012), 『도시의 이해』(공저, 2009), "이주여성들의 역설적 공간"(2012), "Let their voices be seen: exploring mental mapping as a visual methodology for feminist migration studies"(2012), "Constructing scales and renegotiating identities" the stories of female marriage migrants in South Korea"(2012), "Contested space, contested imaginations: deconstructing the greenbelt controversy in South Korea"(2011), "대학로 '리틀마닐라' 읽기"(2010) 등

이희상

경북대학교 사범대학 지리교육과 졸업

영국 더럼대학교 지리학과 박사

대구가톨릭대학교 사범대학 지리교육과 겸임교수

- 대표논문 및 저서: "온라인/오프라인 공간의 교차와 도시의 재매개"(2013), "글로벌푸드/로컬푸드 담론을 통한 장소의 관계적 이해"(2012), "결정불가능성의 장소"(2010), "(비-)장소로서 도시 기계 공간"(2009), 『Augmented Urban Spaces: Articulating the Physical and Electronic City』(공저, 2008) 등

조아라

서울대학교 사회과학대학 지리학과 졸업

서울대학교 사회과학대학 지리학과 박사

한국문화관광연구원 부연구위원

- 대표논문 및 저서: "다크투어리즘과 관광경험의 진정성"(2013), "재해 재건과 창조적 관광정책"(2012), "일본 전통경관의 생산과 변화"(2011), "일본 홋카이도 지역개발 담론과 관광이미지의 형성"(2010), "문화관광지의 문화정치와 정체성의 사회적 구성"(2009), 『관광으로 읽는 홋카이도: 관광산업과 문화정치』(2011) 등

정희선

상명여자대학교 인문사회과학대학 지리학과 졸업

미국 루이지애나주립대학교 지리인류학과 박사

상명대학교 인문사회과학대학 지리학과 교수

- 대표논문 및 저서: "근대 산업시설에 투영된 무장소성: 당인리 발전소를 둘러싼 갈등의 이해" (2012), "커뮤니티 아트를 통한 다문화주의의 실천: 안산시 원곡동 '리트머스'의 사례"(2011), "한국 근·현대 구상회화에 나타난 재현경관의 탐색 I: 서울의 공간 표상을 중심으로"(2011), "경관 재구조화에 의한 장소의 경제적 가치 재생에 대한 비판적 검토: 동대문운동장의 사례"(2009), 『세계지리: 세계화와 다양성』(공역, 2012) 등

김이재

서울대학교 사범대학 지리교육과 졸업

서울대학교 사범대학 지리교육과 박사

경인교육대학교 사회교육과 교수

- 대표논문 및 저서: "From Pippi Longstocking to Global Feminist: Incorporating gender and feminist teaching into my geographical life"(2012), "How to Tap Geography's Potential for Synergy with Creative Instructional Approaches"(공저, 2011), "Exploring colourful, smelly and noisy geographies of football"(2010), "Can you smell the geography of Asian food?"(2008), "The Creative Economy and Urban Art Clusters: Locational Characteristics of Art Galleries in Seoul"(2007), 『펑키 동남아』(2012), 『Studying PGCE Geography at M−Level: Reflection, research and writing for professional development』(공저, 2010) 등

한지은

서울대학교 사범대학 지리교육과 졸업

서울대학교 사범대학 지리교육과 박사

서울대학교 지리교육과 시간강사

- 대표논문 및 저서: "근대 중국에서 '향토' 개념의 전개"(2010), "탈식민주의 도시 상하이에서 장소기억의 경합"(2008), 『서울스토리』(공저, 2013), 『지리학의 창으로 보는 중국의 근대』(역서, 2013), 『도시와 장소기억』(2014) 등

김순배

한국교원대학교 제2대학 지리교육과 졸업

한국교원대학교 지리교육학과 박사

한국교원대학교 제2대학 지리교육과 강사

- 대표논문 및 저서: "비판적−정치적 지명 연구의 형성과 전개: 1990년대 이후 영미권 인문지리학계를 중심으로"(2012), "The Confucian Transformation of Toponyms and the Coexistence of Contested Toponyms in Korea"(2012), 『지명과 권력: 한국 지명의 문화정치적 변천』(2012), 『문화정치 문화전쟁: 비판적 문화지리학』(공역, 2011), 『한국지명유래집(충청편, 전라·제주편, 경상편)』(공저, 2010~2011), 『지명의 지리학』(공저, 2008) 등

이병민

서울대학교 사회과학대학 지리학과 졸업

서울대학교 사회과학대학 지리학과 박사

건국대학교 문과대학 문화콘텐츠학과 교수

- 대표논문 및 저서: "대학에서의 창의성 발현을 위한 문화콘텐츠 교육 개선방안 탐색"(2013), "콘텐츠 생태계 중심 창조적 문화도시의 발전방향"(2012), "문화콘텐츠산업의 고용 특성에 대한 통계분석 연구"(2011), 『창의성에 관한 11가지 생각』(2009) 등